AF299271

LE LIVRE NÉCESSAIRE,

POUR LES COMPTABLES,

Avocats, Notaires, Procureurs, Tréforiers ou Caiffiers, & généralement à toutes fortes de Conditions.

PAR M. BARREME.

On y trouve tout faits, par un regard,

Les Changes à tant pour Cent, qui font les Intéréts des Financiers & Négocians, à tel prix qu'ils puiffent arrîver.

Les Efcomptes pour les profits d'avance, pour les Billets & Lettres de Change, &c.

Les Penfions, Rentes viageres, &c., pour telle quantité de mois & de jours qu'on fouhaitera.

Les profits des Négocians & Marchands.

Les Intérêts aux deniers 50, 40, 33 $\frac{1}{3}$, 30, 25, 20, & à toutes fortes de deniers, pour plufieurs années, plufieurs mois & plufieurs jours, dans une feule page.

Les Tarifs très commodes, où fans avoir appris la Divifion, on trouvera toutes les fommes divifées.

La Contribution, les Impofitions, & les Départemens au Sol la Livre, qui s'y font par la feule Addition.

Les Rapports des Deniers d'Intéréts, avec les **Prix du** Change à tant pour Cent.

Et les Tarifs du Prix des Glaces & du Tain.

A PARIS,

Chez DIDOT, Quai des Auguftins, à la Bible d'or.

<hr>

M. DCC. LVI.

AVEC PRIVILEGE DU ROI.

AVANT-PROPOS.

SI j'ai donné à ce Livre le titre de *Né-cessaire pour les Comptables, Avocats, Notaires, Procureurs, Négocians, Tréforiers ou Caiffiers, & généralement à toutes fortes de Conditions*, c'est avec raison, parcequ'en toutes fortes de Conditions on est sujet à emprunter ou à prêter de l'argent à intérêt. Je fais que plufieurs en ont traité, soit par Inftruction, soit par Regle; mais, à mon avis, la Méthode nouvelle, que je viens d'introduire en ce Livre, est la plus facile & la plus parfaite qu'on ait encore vûe, & je m'affure qu'on avouera que j'y ai mis la derniere main. Or comme mon deffein & mon defir ne tendent qu'à être utile à tous, s'il étoit poffible, cette louable paffion m'a fait offrir à toutes fortes de Conditions un Oûvrage que j'avois compofé pour moi-même, & pour mon foulagement; car, comme ordinairement je fuis emploïé aux Comptes, Vérifications & Liquidations, par Meffieurs des Cours Souveraines, de Commerce & de Finances, pour dreffer & calculer les Comptes de Tutelle, de Partages de Biens entre Cohéritiers, des Sociétés, Répartitions pour les Directions des Créanciers, &c. dans lefquels il faut beaucoup de Calculs d'Intérêts, d'Arrérages des Rentes, Penfions, Efcomptes des Billets, il m'étoit néceffaire d'inventer quelque facilité où je

puisse faire dans une heure, ce qu'un autre ne feroit que dans un demi-jour : maintenant je mets cette Méthode au jour pour le soulagement du Public, quoique je ne l'eusse faite que pour le mien propre : je la leur offre comme une piece commode, facile & utile, & par conséquent nécessaire.

Mais la plus forte raison qui m'a obligé de lui donner ce nom, est un Tarif que j'ai inventé, par lequel on peut diviser quelque somme ou quelque nombre que ce soit sans avoir appris la Division, pourvû qu'on sache l'Addition. C'est un sentiment général que des quatres Regles générales, la Division est la plus difficile à pratiquer, & la plus mal-aisée à retenir ; & par-là, je puis soutenir le nom que je donne à mon Livre, parcequ'elle est utile presque à tout le monde.

Je me fonde encore sur la Méthode que je donne & que j'enseigne, pour faire par l'Addition toutes sortes de Contributions & Départemens au Sol la Livre, c'est-à-dire, trouver à plusieurs sommes différentes ce qu'il doit venir à chacune, à proportion de ce qu'elles sont grandes ou petites, & sur le pied de la somme qu'on veut partager. Cet Ouvrage peut soulager beaucoup de gens d'importance ; car il est utile aux Finances, au Palais & au Commerce, & généralement à toutes sortes de Sociétés.

Un nom si général peut être encore soutenu par des Tarifs particuliers que j'ai faits pour le profit de toutes sortes de Marchands, ſoit pour l'Apréciement de leurs Marchandiſes, (ce qui n'avoit point été vû,) ſoit pour les *Changes à tant pour Cent & Eſcomptes*, que j'ai mis ici en meilleur ordre qu'ils n'avoient été faits auparavant, les aïant augmentés de plus du double, afin qu'on y trouve tous les différens prix, ſans changer de Tarif : j'en ai uſé de même aux Intérêts des Conſtitutions, aïant augmenté, dans cette nouvelle Edition, les Intérêts au denier 50, 40, 33 $\frac{1}{3}$, 30, & au denier 25, preſqu'auſſi étendus que le denier 20. Pareillement des Tarifs nouveaux pour les Rentes viageres, Penſions, &c. comptant, dans tous leſdits Tarifs, l'année de douze mois, & le mois de trente jours. Enfin, j'ai cru être obligé de lui donner ce titre à cauſe de ſes utilités, & de le qualifier du nom de NÉCESSAIRE A TOUTES SORTES DE CONDITIONS.

TABLE DES TITRES

contenus en ce Livre.

LES Changes à tant pour Cent, ou les Intérêts pour les Financiers & Négocians, pour leurs emprunts ou prêts d'argent par Billets, commencent à $\frac{1}{8}$ pour 100, & finissent à 50 pour 100,

Et les Explications & Applications sont à la fin du Livre, aux feuillets 498 & 499.

Les Escomptes des Billets & Lettres de Change, commencent à $\frac{1}{8}$ pour 100, & finissent à 20 pour 100,

Et les Explications & Applications, tant de la différence du Change à Escompte, que de ses utilités, sont aux feuillets 62, 63, 64, 103, 104, 500, 501 & 502.

Les Echéances des Lettres de Change,

Les Tarifs nouveaux pour les Pensions, Rentes viageres, Gages, &c. à raison de tant par an, où l'on trouve le montant de telle quantité de mois & de jours qu'on souhaitera, commençant par onze mois, & finissant par un jour,

Les Explications & Applications font au feuillet 505.

Les profits des Marchands à l'apréciement de leurs Marchandises, depuis 10 *pour* 100 *jusqu'à* 25 *pour* 100,

Sont contenus depuis le feuillet 162
jusques & compris le feuillet 168

Et l'Explication est au feuillet 505.

Les Tarifs des Intérêts au denier 50,
pour plusieurs années,
pour plusieurs mois,
& pour plusieurs jours, font tous liquidés & calculés dans une seule page pour chaque somme, commencent par 50000 *liv. & finissent par* 10 *liv.*

Sont contenus depuis le feuillet 169
jusques & compris le feuillet 201

Les Tarifs des Intérêts au denier 40
pour plusieurs années,
pour plusieurs mois,
& pour plusieurs jours, font tous liquidés & calculés dans une seule page pour chaque somme, commencent par 50000 *liv. & finissent par* 10 *liv.*

Sont contenus depuis le feuillet 203
jusques & compris le feuillet 235

Les Tarifs des Intérêts au denier 33 $\frac{1}{3}$.
pour plusieurs années,
pour plusieurs mois,
& pour plusieurs jours, font tous liquidés & calculés dans une seule page pour chaque somme, commencent par 50000 *liv. & finissent par* 10 *liv.*

Sont contenus depuis le feuillet 237
jusques & compris le feuillet 269

Les Tarifs des Intérêts au denier 30,
pour plusieurs années,
pour plusieurs mois,
& pour plusieurs jours, sont tous liquidés &
calculés dans une seule page pour chaque som-
me, commencent par 50000 liv. & finissent
par 10 liv.

Sont contenus depuis le feuillet 271
jusques & compris le feuillet 303

Les Tarifs des Interêts au denier 25,
pour plusieurs années,
pour plusieurs mois,
& pour plusieurs jours, sont tous liquidés &
calculés dans une seule page pour chaque som-
me, commencent par 50000 liv. & finissent
par 10 liv.

Sont contenus depuis le feuillet 305
jusques & compris le feuillet 337

Les Tarifs des Intérêts au denier 20,
pour plusieurs années,
pour plusieurs mois,
& pour plusieurs jours, sont tous liquidés &
calculés dans une seule page pour chaque som-
me, commencent par 50000 liv. & finissent
par 10 sols.

Sont contenus depuis le feuillet 339
jusques & compris le feuillet 380

Tous les autres deniers d'Intérêts s'y trou-
vent tout calculés de même : voïez les feuillets
381, 382, 383 & 504.

Les Temps des Ordonnances sont au feuil-
let   384.

Les differens Poids d'un Sac de mille francs,
suivant les différens prix de l'Ecu, est au
feuillet   388.

PRIVILÉGE DU ROI.

Louis, par la grace de Dieu, Roi de France & de Navarre : A nos amez & féaux Confeillers, les Gens tenans nos Cours de Parlement, Maîtres des Requêtes ordinaires de notre Hôtel, Grand-Confeil, Prevôt de Paris, Baillis, Senéchaux, leurs Lieutenans civils, & autres nos Jufticiers qu'il appartiendra, SALUT. Notre Amé FRANÇOIS AMBROISE DIDOT, Fils aîné, Libraire à Paris, Nous ayant fait expofer qu'il defireroit faire imprimer & donner au Public un Ouvrage qui a pour titre, *Œuvres de M. Barreme*, nouvelle Edition, augmentée ; s'il nous plaifoit de lui accorder nos Lettres de Privilége pour ce néceffaires. A CES CAUSES, voulant favorablement traiter l'Expofant, Nous lui avons permis & permettons par ces Préfentes, de faire imprimer ledit Ouvrage autant de fois que bon lui femblera, & de le vendre, faire vendre & débiter par tout notre Royaume, pendant le temps de quinze années confécutives, à compter du jour de la date des Préfentes. Faifons défenfes à tous Imprimeurs, Libraires, & autres Perfonnes de quelque qualité & condition qu'elles foient, d'en introduire d'impreffion étrangere dans aucun lieu de notre obéiffance ; comme auffi d'imprimer ou faire imprimer, vendre, faire vendre, débiter, ni contrefaire ledit Ouvrage, ni d'en faire aucun extrait fous quelque prétexte que ce puiffe être, fans la permiffion expreffe & par écrit dudit Expofant, ou de ceux qui auront droit de lui, à peine de confifcation des Exemplaires contrefaits, de trois mille livres d'amende contre chacun des Contrevenans, dont un tiers à Nous, un tiers à l'Hôtel-Dieu de Paris, & l'autre tiers audit Expofant, ou à celui qui au-

ra droit de lui , & de tous dépens , dommages &
intéréts. A la charge que ces Préfentes feront en-
regîtrées tout au long fur le Regître de la Com-
munauté des Imprimeurs & Libraires de Paris ,
dans trois mois de la date d'icelles ; que l'im-
preffion dudit Ouvrage fera faite dans notre Roïau-
me & non ailleurs , en bon papier & beaux ca-
racteres , conformément à la feuille imprimée &
attachée pour modèle fous le contre-fcel des Pré-
fentes ; que l'Impétrant fe conformera en tout aux
Réglemens de la Librairie , & notamment à celui
du 10 Avril 1725 ; qu'avant de l'expofer en vente ,
le Manufcrit qui aura fervi de Copie à l'impref-
fion dudit Ouvrage , fera remis dans le même état
où l'Approbation y aura été donnée , ès mains de
notre très-cher & féal Chevalier , Chancelier de
France , le Sieur de la Moignon , & qu'il en fera
enfuite remis deux Exemplaires dans notre Biblio-
theque publique , un dans celle de notre Château
du Louvre , un dans celle de notredit très-cher &
féal Chevalier , Chancelier de France , le Sieur de
la Moignon , & un dans celle de notre très-cher
& féal Chevalier , Garde des Sceaux de France , le
Sieur de Machault , Commandeur de nos Ordres ;
le tout à peine de nullité des Préfentes : Du con-
tenu defquelles vous mandons & enjoignons de
faire jouir ledit Expofant & fes Ayans-caufe , plei-
nement & paifiblement , fans fouffrir qu'il leur foit
fait aucun trouble ou empêchement. Voulons que
la Copie des Préfentes , qui fera imprimée tout au
long au commencement ou à la fin dudit Ouvra-
ge , foit tenue pour dûement fignifiée , & qu'aux
copies collationnées par l'un de nos amés & féaux
Confeillers-Sécretaires , foi foit ajoûtée comme à
l'original. Commandons au premier notre Huiffier
ou Sergent fur ce requis , de faire , pour l'exécu-
tion d'icelles , tous actes requis & néceffaires ,
fans demander autre permiffion , & nonobftant cla-
meur de Haro , Charte Normande , & Lettres à

ce contraires : Car tel est notre plaisir. Donné à
Versailles, le vingt-septiéme jour du mois d'Oc-
tobre, l'an de grace mil sept cent cinquante-cinq,
& de notre régne le quarante-unieme. Par le Roi
en son Conseil.

LE BEGUE.

Je reconnois que les Associés au présent Privi-
lege, sont Messieurs DIDOT Pere, NYON,
SAVOYE, DAVID, DURAND, & autres, chacun
pour leur part. A Paris, ce 19 Octobre 1755.

DIDOT, Fils aîné.

*Regîtré, ensemble la Cession ci-dessus, sur le
Regître treize de la Chambre Roïale des Libraires
& Imprimeurs de Paris, N°. 598, fol. 468, con-
formément aux anciens Réglemens, confirmés par
celui du 28 Février 1723. A Paris, le 31 Octo-
bre 1755.*

DIDOT, Syndic.

LES

LES INTÉRÊTS
TOUS TIRÉS

Pour les Financiers, Négocians, & Marchands.

OU

LES CHANGES
A TANT POUR CENT.

Depuis un Huitieme pour Cent, jufqu'à 50 pour Cent.

Utiles pour les Lettres & Billets de Changes, argent prêté ou emprunté fur la place ; pour calculer pour les Factures, les Affurances, Provifions, ou Commiffions, Droits, &c.

Quoique le Change à tant pour Cent foit un Intérêt qui augmente la fomme dûe, on ne laiffe pas à Paris de s'en fervir pour l'Efcompte des Billets, Lettres de Change, &c.

A

CHANGE
A un Huitieme
pour Cent.
qui eſt 2 ſols 6 d. ſur 100 Liv.

	l	ſ	d
100000 l doiv	125 l		
50000 l doiv	62 l	10 ſ	
10000 l doiv	12 l	10 ſ	
9000 l doiv	11 l	5 ſ	
8000 l doiv	10 l		
7000 l doiv	8 l	15 ſ	
6000 l doiv	7 l	10 ſ	
5000 l doiv	6 l	5 ſ	
4000 l doiv	5 l		
3000 l doiv	3 l	15 ſ	
2000 l doiv	2 l	10 ſ	
1000 l doiv	1 l	5 ſ	
900 l doiv	1 l	2 ſ	6
800 l doiv	1 l		
700 l doiv		17 ſ	6
600 l doiv		15 ſ	
500 l doiv		12 ſ	6
400 l doiv		10 ſ	
300 l doiv		7 ſ	6
200 l doiv		5 ſ	
100 l doiv		2 ſ	6
90 l doiv		2 ſ	3
80 l doiv		2 ſ	
70 l doiv		1 ſ	9
60 l doiv		1 ſ	6
50 l doiv		1 ſ	3
40 l doiv		1 ſ	
30 l doiv			9
20 l doiv			6
10 l doiv			3
9 l doiv			2
8 l doiv			2
7 l doiv			2
6 l doiv			1
5 l doiv			1
4 l doiv			1
3 l doiv			0
2 l doiv			0
1 l doit			0

CHANGE
A un Quart
pour Cent.
qui eſt 5 ſols ſur 100 Livres.

	l	ſ	d
100000 l doiv	250 l		
50000 l doiv	125 l		
10000 l doiv	25 l		
9000 l doiv	22 l	10 ſ	
8000 l doiv	20 l		
7000 l doiv	17 l	10 ſ	
6000 l doiv	15 l		
5000 l doiv	12 l	10 ſ	
4000 l doiv	10 l		
3000 l doiv	7 l	10 ſ	
2000 l doiv	5 l		
1000 l doiv	2 l	10 ſ	
900 l doiv	2 l	5 ſ	
800 l doiv	2 l		
700 l doiv	1 l	15 ſ	
600 l doiv	1 l	10 ſ	
500 l doiv	1 l	5 ſ	
400 l doiv	1 l		
300 l doiv		15 ſ	
200 l doiv		10 ſ	
100 l doiv		5 ſ	
90 l doiv		4 ſ	6
80 l doiv		4 ſ	
70 l doiv		3 ſ	6
60 l doiv		3 ſ	
50 l doiv		2 ſ	6
40 l doiv		2 ſ	
30 l doiv		1 ſ	6
20 l doiv		1 ſ	
10 l doiv			6
9 l doiv			5
8 l doiv			4
7 l doiv			4
6 l doiv			3
5 l doiv			3
4 l doiv			2
3 l doiv			1
2 l doiv			1
1 l doit			0

A 3 Huitiemes pour Cent.

qui eſt 7 ſols 6 d. ſur 100 Liv.

A Demi pour Cent,

qui eſt 10 ſols ſur 100 Livres.

A 3 Huitiemes		A Demi	
100000 l doiv	375 l	100000 l doiv	500 l
50000 l doiv	187 l 10 ſ	50000 l doiv	250 l
10000 l doiv	37 l 10 ſ	10000 l doiv	50 l
9000 l doiv	33 l 15 ſ	9000 l doiv	45 l
8000 l doiv	30 l	8000 l doiv	40 l
7000 l doiv	26 l 5 ſ	7000 l doiv	35 l
6000 l doiv	22 l 10 ſ	6000 l doiv	30 l
5000 l doiv	18 l 15 ſ	5000 l doiv	25 l
4000 l doiv	15 l	4000 l doiv	20 l
3000 l doiv	11 l 5 ſ	3000 l doiv	15 l
2000 l doiv	7 l 10 ſ	2000 l doiv	10 l
1000 l doiv	3 l 15 ſ	1000 l doiv	5 l
900 l doiv	3 l 7 ſ 6	900 l doiv	4 l 10 ſ
800 l doiv	3 l	800 l doiv	4 l
700 l doiv	2 l 12 ſ 6	700 l doiv	3 l 10 ſ
600 l doiv	2 l 5 ſ	600 l doiv	3 l
500 l doiv	1 l 17 ſ 6	500 l doiv	2 l 10 ſ
400 l doiv	1 l 10 ſ	400 l doiv	2 l
300 l doiv	1 l 2 ſ 6	300 l doiv	1 l 10 ſ
200 l doiv	15 ſ	200 l doiv	1 l
100 l doiv	7 ſ 6	100 l doiv	10 ſ
90 l doiv	6 ſ 9	90 l doiv	9 ſ
80 l doiv	6 ſ	80 l doiv	8 ſ
70 l doiv	5 ſ	70 l doiv	7 ſ
60 l doiv	4 ſ	60 l doiv	6 ſ
50 l doiv	3 ſ 9	50 l doiv	5 ſ
40 l doiv	3 ſ	40 l doiv	4 ſ
30 l doiv	2 ſ	30 l doiv	3 ſ
20 l doiv	1 ſ 6	20 l doiv	2 ſ
10 l doiv	9	10 l doiv	1 ſ
9 l doiv	8	9 l d iv	10
8 l doiv	7	8 l doiv	9
7 l doiv	6	7 l doiv	8
6 l doiv	5	6 l doiv	7
5 l doiv	4	5 l doiv	6
4 l doiv	3	4 l doiv	4
3 l doiv	2	3 l doiv	3
2 l doiv	1	2 l doiv	2
1 l doit		1 l doit	1

CHANGE A 5 Huitiemes pour Cent.				CHANGE A 3 Quarts pour Cent.			
qui est 12 ſols 6 d. ſur 100 L.				*qui est 15 ſols ſur 100 Livres.*			
100000 l doiv	625 l			100000 l doiv	750 l		
50000 l doiv	312 l	10 ſ		50000 l doiv	375 l		
10000 l doiv	62 l	10 ſ		10000 l doiv	75 l		
9000 l doiv	56 l	5 ſ		9000 l doiv	67 l	10 ſ	
8000 l doiv	50 l			8000 l doiv	60 l		
7000 l doiv	43 l	15 ſ		7000 l doiv	52 l	10 ſ	
6000 l doiv	37 l	10 ſ		6000 l doiv	45 l		
5000 l doiv	31 l	5 ſ		5000 l doiv	37 l	10 ſ	
4000 l doiv	25 l			4000 l doiv	30 l		
3000 l doiv	18 l	15 ſ		3000 l doiv	22 l	10 ſ	
2000 l doiv	12 l	10 ſ		2000 l doiv	15 l		
1000 l doiv	6 l	5 ſ		1000 l doiv	7 l	10 ſ	
900 l doiv	5 l	12 ſ	6	900 l doiv	6 l	15 ſ	
800 l doiv	5 l			800 l doiv	6 l		
700 l doiv	4 l	7 ſ	6	700 l doiv	5 l	5 ſ	
600 l doiv	3 l	15 ſ		600 l doiv	4 l	10 ſ	
500 l doiv	3 l	2 ſ	6	500 l doiv	3 l	15 ſ	
400 l doiv	2 l	10 ſ		400 l doiv	3 l		
300 l doiv	1 l	17 ſ	6	300 l doiv	2 l	5 ſ	
200 l doiv	1 l	5 ſ		200 l doiv	1 l	10 ſ	
100 l doiv		12 ſ	6	100 l doiv		15 ſ	
90 l doiv		11 ſ	3	90 l doiv		13 ſ	6
80 l doiv		10 ſ		80 l doiv		12 ſ	
70 l doiv		8 ſ	9	70 l doiv		10 ſ	6
60 l doiv		7 ſ	6	60 l doiv		9 ſ	
50 l doiv		6 ſ	3	50 l doiv		7 ſ	6
40 l doiv		5 ſ		40 l doiv		6 ſ	
30 l doiv		3 ſ	9	30 l doiv		4 ſ	6
20 l doiv		2 ſ	6	20 l doiv		3 ſ	
10 l doiv		1 ſ	3	10 l doiv		1 ſ	6
9 l doiv		1 ſ	1	9 l doiv		1 ſ	4
8 l doiv		1 ſ		8 l doiv		1 ſ	2
7 l doiv			10	7 l doiv		1 ſ	
6 l doiv			9	6 l doiv			10
5 l doiv			7	5 l doiv			9
4 l doiv			6	4 l doiv			7
3 l doiv			4	3 l doiv			5
2 l doiv			3	2 l doiv			3
1 l doit			1	1 l doit			1

CHANGE A 7 Huitiemes pour Cent.

qui eſt 17 ſols 6 d. ſur 100 L.

100000 l doiv	875 l	
50000 l doiv	437 l 10 ſ	
10000 l doiv	87 l 10 ſ	
9000 l doiv	78 l 15 ſ	
8000 l doiv	70 l	
7000 l doiv	61 l 5 ſ	
6000 l doiv	52 l 10 ſ	
5000 l doiv	43 l 15 ſ	
4000 l doiv	35 l	
3000 l doiv	26 l 5 ſ	
2000 l doiv	17 l 10 ſ	
1000 l doiv	8 l 15 ſ	
900 l doiv	7 l 17 ſ 6	
800 l doiv	7 l	
700 l doiv	6 l 2 ſ 6	
600 l doiv	5 l 5 ſ	
500 l doiv	4 l 7 ſ 6	
400 l doiv	3 l 10 ſ	
300 l doiv	2 l 12 ſ 6	
200 l doiv	1 l 15 ſ	
100 l doiv	17 ſ 6	
90 l doiv	15 ſ 9	
80 l doiv	14 ſ	
70 l doiv	12 ſ 3	
60 l doiv	10 ſ 6	
50 l doiv	8 ſ 9	
40 l doiv	7 ſ	
30 l doiv	5 ſ 3	
20 l doiv	3 ſ 6	
10 l doiv	1 ſ 9	
9 l doiv	1 ſ 6	
8 l doiv	1 ſ 4	
7 l doiv	1 ſ 2	
6 l doiv	1 ſ	
5 l doiv	10	
4 l doiv	8	
3 l doiv	6	
2 l doiv	4	
1 l doit	2	

CHANGE A un pour Cent.

qui eſt 20 ſols ſur 100 Livres.

100000 l doiv	1000 l	
50000 l doiv	500 l	
10000 l doiv	100 l	
9000 l doiv	90 l	
8000 l doiv	80 l	
7000 l doiv	70 l	
6000 l doiv	60 l	
5000 l doiv	50 l	
4000 l doiv	40 l	
3000 l doiv	30 l	
2000 l doiv	20 l	
1000 l doiv	10 l	
900 l doiv	9 l	
800 l doiv	8 l	
700 l doiv	7 l	
600 l doiv	6 l	
500 l doiv	5 l	
400 l doiv	4 l	
300 l doiv	3 l	
200 l doiv	2 l	
100 l doiv	1 l	
90 l doiv	18 ſ	
80 l doiv	16 ſ	
70 l doiv	14 ſ	
60 l doiv	12 ſ	
50 l doiv	10 ſ	
40 l doiv	8 ſ	
30 l doiv	6 ſ	
20 l doiv	4 ſ	
10 l doiv	2 ſ	
9 l doiv	1 ſ 9	
8 l doiv	1 ſ 7	
7 l doiv	1 ſ 4	
6 l doiv	1 ſ 2	
5 l doiv	1 ſ	
4 l doiv	9	
3 l doiv	7	
2 l doiv	4	
1 l doit	2	

CHANGE
A un & $\frac{1}{8}$
pour Cent.

qui eſt 22 ſols 6 d. ſur 100 L.

100000 l doiv	1125 l			
50000 l doiv	562 l	10 ſ		
10000 l doiv	112 l	10 ſ		
9000 l doiv	101 l	5 ſ		
8000 l doiv	90 l			
7000 l doiv	78 l	15 ſ		
6000 l doiv	67 l	10 ſ		
5000 l doiv	56 l	5 ſ		
4000 l doiv	45 l			
3000 l doiv	33 l	15 ſ		
2000 l doiv	22 l	10 ſ		
1000 l doiv	11 l	5 ſ		
900 l doiv	10 l	2 ſ	6	
800 l doiv	9 l			
700 l doiv	7 l	17 ſ	6	
600 l doiv	6 l	15 ſ		
500 l doiv	5 l	12 ſ	6	
400 l doiv	4 l	10 ſ		
300 l doiv	3 l	7 ſ	6	
200 l doiv	2 l	5 ſ		
100 l doiv	1 l	2 ſ	6	
90 l doiv	1 l		3	
80 l doiv		18 ſ		
70 l doiv		15 ſ	9	
60 l doiv		13 ſ	6	
50 l doiv		11 ſ	3	
40 l doiv		9 ſ		
30 l doiv		6 ſ	9	
20 l doiv		4 ſ	6	
10 l doiv		2 ſ	3	
9 l doiv		2 ſ		
8 l doiv		1 ſ	9	
7 l doiv		1 ſ	6	
6 l doiv		1 ſ	4	
5 l doiv		1 ſ	1	
4 l doiv			10	
3 l doiv			8	
2 l doiv			5	
1 l doit			2	

CHANGE
A un & $\frac{1}{4}$
pour Cent.

qui eſt 25 ſols ſur 100 Livres.

100000 l doiv	1250 l			
50000 l doiv	625 l			
10000 l doiv	125 l			
9000 l doiv	112 l	10 ſ		
8000 l doiv	100 l			
7000 l doiv	87 l	10 ſ		
6000 l doiv	75 l			
5000 l doiv	62 l	10 ſ		
4000 l doiv	50 l			
3000 l doiv	37 l	10 ſ		
2000 l doiv	25 l			
1000 l doiv	12 l	10 ſ		
900 l doiv	11 l	5 ſ		
800 l doiv	10 l			
700 l doiv	8 l	15 ſ		
600 l doiv	7 l	10 ſ		
500 l doiv	6 l	5 ſ		
400 l doiv	5 l			
300 l doiv	3 l	15 ſ		
200 l doiv	2 l	10 ſ		
100 l doiv	1 l	5 ſ		
90 l doiv	1 l	2 ſ	6	
80 l doiv	1 l			
70 l doiv		17 ſ	6	
60 l doiv		15 ſ		
50 l doiv		12 ſ	6	
40 l doiv		10 ſ		
30 l doiv		7 ſ	6	
20 l doiv		5 ſ		
10 l doiv		2 ſ	6	
9 l doiv		2 ſ	3	
8 l doiv		2 ſ		
7 l doiv		1 ſ	9	
6 l doiv		1 ſ	6	
5 l doiv		1 ſ	3	
4 l doiv		1 ſ		
3 l doiv			9	
2 l doiv			6	
1 l doit			3	

CHANGE A un & $\frac{3}{8}$ pour Cent.				CHANGE A un & $\frac{1}{2}$ pour Cent.			
qui eſt 27 ſols 6 d. ſur 100 L.				qui eſt 30 ſols ſur 100 Livres.			
100000 l doiv	1375 l			100000 l doiv	1500 l		
50000 l doiv	687 l	10 ſ		50000 l doiv	750 l		
10000 l doiv	137 l	10 ſ		10000 l doiv	150 l		
9000 l doiv	123 l	15 ſ		9000 l doiv	135 l		
8000 l doiv	110 l			8000 l doiv	120 l		
7000 l doiv	96 l	5 ſ		7000 l doiv	105 l		
6000 l doiv	82 l	10 ſ		6000 l doiv	90 l		
5000 l doiv	68 l	15 ſ		5000 l doiv	75 l		
4000 l doiv	55 l			4000 l doiv	60 l		
3000 l doiv	41 l	5 ſ		3000 l doiv	45 l		
2000 l doiv	27 l	10 ſ		2000 l doiv	30 l		
1000 l doiv	13 l	15 ſ		1000 l doiv	15 l		
900 l doiv	12 l	7 ſ	6	900 l doiv	13 l	10 ſ	
800 l doiv	11 l			800 l doiv	12 l		
700 l doiv	9 l	12 ſ	6	700 l doiv	10 l	10 ſ	
600 l doiv	8 l	5 ſ		600 l doiv	9 l		
500 l doiv	6 l	17 ſ	6	500 l doiv	7 l	10 ſ	
400 l doiv	5 l	10 ſ		400 l doiv	6 l		
300 l doiv	4 l	2 ſ	6	300 l doiv	4 l	10 ſ	
200 l doiv	2 l	15 ſ		200 l doiv	3 l		
100 l doiv	1 l	7 ſ	6	100 l doiv	1 l	10 ſ	
90 l doiv	1 l	4 ſ	9	90 l doiv	1 l	7 ſ	
80 l doiv	1 l	2 ſ		80 l doiv	1 l	4 ſ	
70 l doiv		19 ſ	3	70 l doiv	1 l	1 ſ	
60 l doiv		16 ſ	6	60 l doiv		18 ſ	
50 l doiv		13 ſ	9	50 l doiv		15 ſ	
40 l doiv		11 ſ		40 l doiv		12 ſ	
30 l doiv		8 ſ	3	30 l doiv		9 ſ	
20 l doiv		5 ſ	6	20 l doiv		6 ſ	
10 l doiv		2 ſ	9	10 l doiv		3 ſ	
9 l doiv		2 ſ	5	9 l doiv		2 ſ	8
8 l doiv		2 ſ	2	8 l doiv		2 ſ	4
7 l doiv		1 ſ	11	7 l doiv		2 ſ	1
6 l doiv		1 ſ	7	6 l doiv		1 ſ	9
5 l doiv		1 ſ	4	5 l doiv		1 ſ	6
4 l doiv		1 ſ	1	4 l doiv		1 ſ	2
3 l doiv			9	3 l doiv			10
2 l doiv			6	2 l doiv			7
1 l doit			3	1 l doit			3

CHANGE A un & $\frac{5}{8}$. pour Cent.	CHANGE A un & $\frac{3}{4}$. pour Cent.
qui eſt 32 ſols 6 d. ſur 100 L.	qui eſt 35 ſols ſur 100 Livres.
100000 l doiv 1625 l	100000 l doiv 1750 l.
50000 l doiv 812 l 10 ſ	50000 l doiv 875 l
10000 l doiv 162 l 10 ſ	10000 l doiv 175 l
9000 l doiv 146 l 5 ſ	9000 l doiv 157 l 10 ſ
8000 l doiv 130 l	8000 l doiv 140 l
7000 l doiv 113 l 15 ſ	7000 l doiv 122 l 10 ſ
6000 l doiv 97 l 10 ſ	6000 l doiv 105 l
5000 l doiv 81 l 5 ſ	5000 l doiv 87 l 10 ſ
4000 l doiv 65 l	4000 l doiv 70 l
3000 l doiv 48 l 15 ſ	3000 l doiv 52 l 10 ſ
2000 l doiv 32 l 10 ſ	2000 l doiv 35 l
1000 l doiv 16 l 5 ſ	1000 l doiv 17 l 10 ſ
900 l doiv 14 l 12 ſ 6	900 l doiv 15 l 15 ſ
800 l doiv 13 l	800 l doiv 14 l
700 l doiv 11 l 7 ſ 6	700 l doiv 12 l 5 ſ
600 l doiv 9 l 15 ſ	600 l doiv 10 l 10 ſ
500 l doiv 8 l 2 ſ 6	500 l doiv 8 l 15 ſ
400 l doiv 6 l 10 ſ	400 l doiv 7 l
300 l doiv 4 l 17 ſ 6	300 l doiv 5 l 5 ſ
200 l doiv 3 l 5 ſ	200 l doiv 3 l 10 ſ
100 l doiv 1 l 12 ſ 6	100 l doiv 1 l 15 ſ
90 l doiv 1 l 9 ſ 3	90 l doiv 1 l 11 ſ 6
80 l doiv 1 l 6 ſ	80 l doiv 1 l 8 ſ
70 l doiv 1 l 2 ſ 9	70 l doiv 1 l 4 ſ 6
60 l doiv 19 ſ 6	60 l doiv 1 l 1 ſ
50 l doiv 16 ſ 3	50 l doiv 17 ſ 6
40 l doiv 13 ſ	40 l doiv 14 ſ
30 l doiv 9 ſ 9	30 l doiv 10 ſ 6
20 l doiv 6 ſ 6	20 l doiv 7 ſ
10 l doiv 3 ſ 3	10 l doiv 3 ſ 6
9 l doiv 2 ſ 11	9 l doiv 3 ſ 1
8 l doiv 2 ſ 7	8 l doiv 2 ſ 9
7 l doiv 2 ſ 3	7 l doiv 2 ſ 5
6 l doiv 1 ſ 11	6 l doiv 2 ſ 1
5 l doiv 1 ſ 7	5 l doiv 1 ſ 9
4 l doiv 1 ſ 3	4 l doiv 1 ſ 4
3 l doiv 11	3 l doiv 1 ſ
2 l doiv 7	2 l doiv 8
1 l doit 3	1 l doit 4

CHANGE A un & $\frac{7}{8}$ pour Cent,
qui eſt 37 ſols 6 d. ſur 100 L

100000 l doiv	1875 l	
50000 l doiv	937 l 10 ſ	
10000 l doiv	187 l 10 ſ	
9000 l doiv	168 l 15 ſ	
8000 l doiv	150 l	
7000 l doiv	131 l 5 ſ	
6000 l doiv	112 l 10 ſ	
5000 l doiv	93 l 15 ſ	
4000 l doiv	75 l	
3000 l doiv	56 l 5 ſ	
2000 l doiv	37 l 10 ſ	
1000 l doiv	18 l 15 ſ	
900 l doiv	16 l 17 ſ 6	
800 l doiv	15 l	
700 l doiv	13 l 2 ſ 6	
600 l doiv	11 l 5 ſ	
500 l doiv	9 l 7 ſ 6	
400 l doiv	7 l 10 ſ	
300 l doiv	5 l 12 ſ 6	
200 l doiv	3 l 15 ſ	
100 l doiv	1 l 17 ſ 6	
90 l doiv	1 l 13 ſ 9	
80 l doiv	1 l 10 ſ	
70 l doiv	1 l 6 ſ 3	
60 l doiv	1 l 2 ſ 6	
50 l doiv	18 ſ 9	
40 l doiv	15 ſ	
30 l doiv	11 ſ 3	
20 l doiv	7 ſ 6	
10 l doiv	3 ſ 9	
9 l doiv	3 ſ 4	
8 l doiv	3 ſ	
7 l doiv	2 ſ 7	
6 l doiv	2 ſ 3	
5 l doiv	1 ſ 10	
4 l doiv	1 ſ 6	
3 l doiv	1 ſ 1	
2 l doiv	9	
1 l doit	4	

CHANGE A deux pour Cent,
qui eſt 40 ſols ſur 100 Livres.

100000 l doiv	2000 l	
50000 l doiv	1000 l	
10000 l doiv	200 l	
9000 l doiv	180 l	
8000 l doiv	160 l	
7000 l doiv	140 l	
6000 l doiv	120 l	
5000 l doiv	100 l	
4000 l doiv	80 l	
3000 l doiv	60 l	
2000 l doiv	40 l	
1000 l doiv	20 l	
900 l doiv	18 l	
800 l doiv	16 l	
700 l doiv	14 l	
600 l doiv	12 l	
500 l doiv	10 l	
400 l doiv	8 l	
300 l doiv	6 l	
200 l doiv	4 l	
100 l doiv	2 l	
90 l doiv	1 l 16 ſ	
80 l doiv	1 l 12 ſ	
70 l doiv	1 l 8 ſ	
60 l doiv	1 l 4 ſ	
50 l doiv	1 l	
40 l doiv	16 ſ	
30 l doiv	12 ſ	
20 l doiv	8 ſ	
10 l doiv	4 ſ	
9 l doiv	3 ſ 7	
8 l doiv	3 ſ 2	
7 l doiv	2 ſ 9	
6 l doiv	2 ſ 4	
5 l doiv	2 ſ	
4 l doiv	1 ſ 7	
3 l doiv	1 ſ 2	
2 l doiv	9	
1 l doit	4	

CHANGE
A 2 & ⅛
pour Cent,

qui eſt 42 ſols 6 d. ſur 100 L.

100000 l doiv	2125 l
50000 l doiv	1062 l 10 ſ
10000 l doiv	212 l 10 ſ
9000 l doiv	191 l 5 ſ
8000 l doiv	170 l
7000 l doiv	148 l 15 ſ
6000 l doiv	127 l 10 ſ
5000 l doiv	106 l 5 ſ
4000 l doiv	85 l
3000 l doiv	63 l 15 ſ
2000 l doiv	42 l 10 ſ
1000 l doiv	21 l 5 ſ
900 l doiv	19 l 2 ſ 6
800 l doiv	17 l
700 l doiv	14 l 17 ſ 6
600 l doiv	12 l 15 ſ
500 l doiv	10 l 12 ſ 6
400 l doiv	8 l 10 ſ
300 l doiv	6 l 7 ſ 6
200 l doiv	4 l 5 ſ
100 l doiv	2 l 2 ſ 6
90 l doiv	1 l 18 ſ 3
80 l doiv	1 l 14 ſ
70 l doiv	1 l 9 ſ 9
60 l doiv	1 l 5 ſ 6
50 l doiv	1 l 1 ſ 3
40 l doiv	17 ſ
30 l doiv	12 ſ 9
20 l doiv	8 ſ 6
10 l doiv	4 ſ 3
9 l doiv	3 ſ 9
8 l doiv	3 ſ 4
7 l doiv	2 ſ 11
6 l doiv	2 ſ 6
5 l doiv	2 ſ 1
4 l doiv	1 ſ 8
3 l doiv	1 ſ 3
2 l doiv	10
1 l doit	5

CHANGE
A 2 & ¼
pour Cent,

qui eſt 45 ſols ſur 100 Livres.

100000 l doiv	2250 l
50000 l doiv	1125 l
10000 l doiv	225 l
9000 l doiv	202 l 10 ſ
8000 l doiv	180 l
7000 l doiv	157 l 10 ſ
6000 l doiv	135 l
5000 l doiv	112 l 10 ſ
4000 l doiv	90 l
3000 l doiv	67 l 10 ſ
2000 l doiv	45 l
1000 l doiv	22 l 10 ſ
900 l doiv	20 l 5 ſ
800 l doiv	18 l
700 l doiv	15 l 15 ſ
600 l doiv	13 l 10 ſ
500 l doiv	11 l 5 ſ
400 l doiv	9 l
300 l doiv	6 l 15 ſ
200 l doiv	4 l 10 ſ
100 l doiv	2 l 5 ſ
90 l doiv	2 l 6
80 l doiv	1 l 16 ſ
70 l doiv	1 l 11 ſ 6
60 l doiv	1 l 7 ſ
50 l doiv	1 l 2 ſ 6
40 l doiv	18 ſ
30 l doiv	13 ſ 6
20 l doiv	9 ſ
10 l doiv	4 ſ 6
9 l doiv	4 ſ
8 l doiv	3 ſ 7
7 l doiv	3 ſ 2
6 l doiv	2 ſ 8
5 l doiv	2 ſ 3
4 l doiv	1 ſ 9
3 l doiv	1 ſ 4
2 l doiv	10
1 l doit	5

| CHANGE A 2 & 3/8 pour Cent, | | |
qui eſt 47 ſols 6 d. ſur 100 L.		
100000 l doiv	2375 l	
50000 l doiv	1187 l 10 ſ	
10000 l doiv	237 l 10 ſ	
9000 l doiv	213 l 15 ſ	
8000 l doiv	190 l	
7000 l doiv	166 l 5 ſ	
6000 l doiv	142 l 10 ſ	
5000 l doiv	118 l 15 ſ	
4000 l doiv	95 l	
3000 l doiv	71 l 5 ſ	
2000 l doiv	47 l 10 ſ	
1000 l doiv	23 l 15 ſ	
900 l doiv	21 l 7 ſ 6	
800 l doiv	19 l	
700 l doiv	16 l 12 ſ 6	
600 l doiv	14 l 5 ſ	
500 l doiv	11 l 17 ſ 6	
400 l doiv	9 l 10 ſ	
300 l doiv	7 l 2 ſ 6	
200 l doiv	4 l 15 ſ	
100 l doiv	2 l 7 ſ 6	
90 l doiv	2 l 2 ſ 9	
80 l doiv	1 l 18 ſ	
70 l doiv	1 l 13 ſ 3	
60 l doiv	1 l 8 ſ 6	
50 l doiv	1 l 3 ſ 9	
40 l doiv	19 ſ	
30 l doiv	14 ſ 3	
20 l doiv	9 ſ 6	
10 l doiv	4 ſ 9	
9 l doiv	4 ſ 3	
8 l doiv	3 ſ 9	
7 l doiv	3 ſ 3	
6 l doiv	2 ſ 10	
5 l doiv	2 ſ 4	
4 l doiv	1 ſ 10	
3 l doiv	1 ſ 5	
2 l doiv	11	
1 l doit	5	

| CHANGE A 2 & 1/2 pour Cent, | | |
qui eſt 50 ſols ſur 100 Livres.		
100000 l doiv	2500 l	
50000 l doiv	1250 l	
10000 l doiv	250 l	
9000 l doiv	225 l	
8000 l doiv	200 l	
7000 l doiv	175 l	
6000 l doiv	150 l	
5000 l doiv	125 l	
4000 l doiv	100 l	
3000 l doiv	75 l	
2000 l doiv	50 l	
1000 l doiv	25 l	
900 l doiv	22 l 10 ſ	
800 l doiv	20 l	
700 l doiv	17 l 10 ſ	
600 l doiv	15 l	
500 l doiv	12 l 10 ſ	
400 l doiv	10 l	
300 l doiv	7 l 10 ſ	
200 l doiv	5 l	
100 l doiv	2 l 10 ſ	
90 l doiv	2 l 5 ſ	
80 l doiv	2 l	
70 l doiv	1 l 15 ſ	
60 l doiv	1 l 10 ſ	
50 l doiv	1 l 5 ſ	
40 l doiv	1 l	
30 l doiv	15 ſ	
20 l doiv	10 ſ	
10 l doiv	5 ſ	
9 l doiv	4 ſ 6	
8 l doiv	4 ſ	
7 l doiv	3 ſ 6	
6 l doiv	3 ſ	
5 l doiv	2 ſ 6	
4 l doiv	2 ſ	
3 l doiv	1 ſ 6	
2 l doiv	1 ſ	
1 l doit	6	

CHANGE
A 2 & $\frac{5}{8}$ pour Cent,
qui eſt 52 ſols 6 d. ſur 100 L.

100000 l doiv	2625 l		
50000 l doiv	1312 l	10 ſ	
10000 l doiv	262 l	10 ſ	
9000 l doiv	236 l	5 ſ	
8000 l doiv	210 ſ		
7000 l doiv	183 l	15 ſ	
6000 l doiv	157 l	10 ſ	
5000 l doiv	131 l	5 ſ	
4000 l doiv	105 l		
3000 l doiv	78 l	15 ſ	
2000 l doiv	52 l	10 ſ	
1000 l doiv	26 l	5 ſ	
900 l doiv	23 l	12 ſ	6
800 l doiv	21 l		
700 l doiv	18 l	7 ſ	6
600 l doiv	15 l	15 ſ	
500 l doiv	13 l	2 ſ	6
400 l doiv	10 l	10 ſ	
300 l doiv	7 l	17 ſ	6
200 l doiv	5 l	5 ſ	
100 l doiv	2 l	12 ſ	6
90 l doiv	2 l	7 ſ	3
80 l doiv	2 l	2 ſ	
70 l doiv	1 l	16 ſ	9
60 l doiv	1 l	11 ſ	6
50 l doiv	1 l	6 ſ	3
40 l doiv	1 l	1 ſ	
30 l doiv		15 ſ	9
20 l doiv		10 ſ	6
10 l doiv		5 ſ	3
9 l doiv		4 ſ	8
8 l doiv		4 ſ	2
7 l doiv		3 ſ	8
6 l doiv		3 ſ	1
5 l doiv		2 ſ	7
4 l doiv		2 ſ	1
3 l doiv		1 ſ	6
2 l doiv		1 ſ	
1 l doit			

CHANGE
A 2 & $\frac{1}{4}$ pour Cent,
qui eſt 55 ſols ſur 100 Livres.

100000 l doiv	2750 l		
50000 l doiv	1375 l		
10000 l doiv	275 l		
9000 l doiv	247 l	10 ſ	
8000 l doiv	220 l		
7000 l doiv	192 l	10 ſ	
6000 l doiv	165 l		
5000 l doiv	137 l	10 ſ	
4000 l doiv	110 l		
3000 l doiv	82 l	10 ſ	
2000 l doiv	55 l		
1000 l doiv	27 l	10 ſ	
900 l doiv	24 l	15 ſ	
800 l doiv	22 l		
700 l doiv	19 l	5 ſ	
600 l doiv	16 l	10 ſ	
500 l doiv	13 l	15 ſ	
400 l doiv	11 l		
300 l doiv	8 l	5 ſ	
200 l doiv	5 l	10 ſ	
100 l doiv	2 l	15 ſ	
90 l doiv	2 l	9 ſ	6
80 l doiv	2 l	4 ſ	
70 l doiv	1 l	18 ſ	6
60 l doiv	1 l	13 ſ	
50 l doiv	1 l	7 ſ	6
40 l doiv	1 l	2 ſ	
30 l doiv		16 ſ	6
20 l doiv		11 ſ	
10 l doiv		5 ſ	6
9 l doiv		4 ſ	11
8 l doiv		4 ſ	4
7 l doiv		3 ſ	10
6 l doiv		3 ſ	3
5 l doiv		2 ſ	9
4 l doiv		2 ſ	2
3 l doiv		1 ſ	7
2 l doiv		1 ſ	1
1 l doit			6

CHANGE

100000 l doiv	2875 l		
50000 l doiv	1437 l	10 ſ	
10000 l doiv	287 l	10 ſ	
9000 l doiv	258 l	15 ſ	
8000 l doiv	230 l		
7000 l doiv	201 l	5 ſ	
6000 l doiv	172 l	10 ſ	
5000 l doiv	143 l	15 ſ	
4000 l doiv	115 l		
3000 l doiv	86 l	5 ſ	
2000 l doiv	57 l	10 ſ	
1000 l doiv	28 l	15 ſ	
900 l doiv	25 l	17 ſ	
800 l doiv	23 l		
700 l doiv	20 l	2 ſ	6
600 l doiv	17 l	5 ſ	
500 l doiv	14 l	7 ſ	6
400 l doiv	11 l	10 ſ	
300 l doiv	8 l	12 ſ	6
200 l doiv	5 l	15 ſ	
100 l doiv	2 l	17 ſ	6
90 l doiv	2 l	11 ſ	9
80 l doiv	2 l	6 ſ	
70 l doiv	2 l		3
60 l doiv	1 l	14 ſ	6
50 l doiv	1 l	8 ſ	9
40 l doiv	1 l	3 ſ	
30 l doiv		17 ſ	3
20 l doiv		11 ſ	6
10 l doiv		5 ſ	9
9 l doiv		5 ſ	2
8 l doiv		4 ſ	7
7 l doiv		4 ſ	
6 l doiv		3 ſ	5
5 l doiv		2 ſ	10
4 l doiv		2 ſ	
3 l doiv		1 ſ	8
2 l doiv		1 ſ	1
1 l doit			6

100000 l doiv	3000 l	
50000 l doiv	1500 l	
10000 l doiv	300 l	
9000 l doiv	270 l	
8000 l doiv	240 l	
7000 l doiv	210 l	
6000 l doiv	180 l	
5000 l doiv	150 l	
4000 l doiv	120 l	
3000 l doiv	90 l	
2000 l doiv	60 l	
1000 l doiv	30 l	
900 l doiv	27 l	
800 l doiv	24 l	
700 l doiv	21 l	
600 l doiv	18 l	
500 l doiv	15 l	
400 l doiv	12 l	
300 l doiv	9 l	
200 l doiv	6 l	
100 l doiv	3 l	
90 l doiv	2 l	14 ſ
80 l doiv	2 l	8 ſ
70 l doiv	2 l	2 ſ
60 l doiv	1 l	16 ſ
50 l doiv	1 l	10 ſ
40 l doiv	1 l	4 ſ
30 l doiv		18 ſ
20 l doiv		12 ſ
10 l doiv		6 ſ
9 l doiv		5 ſ 4
8 l doiv		4 ſ 9
7 l doiv		4 ſ 2
6 l doiv		3 ſ 7
5 l doiv		3 ſ
4 l doiv		2 ſ 4
3 l doiv		1 9
2 l doiv		1 ſ 2
1 l doit		7

B

A 3 & ⅛
pour Cent,
qui eſt 3 l. 2 ſ. 6 d. ſur 100 l.

100000 l doiv	3125 l	
50000 l doiv	1562 l 10 ſ	
10000 l doiv	312 l 10 ſ	
9000 l doiv	281 l 5 ſ	
8000 l doiv	250 l	
7000 l doiv	218 l 15 ſ	
6000 l doiv	187 l 10 ſ	
5000 l doiv	156 l 5 ſ	
4000 l doiv	125 l	
3000 l doiv	93 l 15 ſ	
2000 l doiv	62 l 10 ſ	
1000 l doiv	31 l 5 ſ	
900 l doiv	28 l 2 ſ 6	
800 l doiv	25 l	
700 l doiv	21 l 17 ſ 6	
600 l doiv	18 l 15 ſ	
500 l doiv	15 l 12 ſ 6	
400 l doiv	12 l 10 ſ	
300 l doiv	9 l 7 ſ 6	
200 l doiv	6 l 5 ſ	
100 l doiv	3 l 2 ſ 6	
90 l doiv	2 l 16 ſ 3	
80 l doiv	2 l 10 ſ	
70 l doiv	2 l 3 ſ 9	
60 l doiv	1 l 17 ſ 6	
50 l doiv	1 l 11 ſ 3	
40 l doiv	1 l 5 ſ	
30 l doiv	18 ſ 9	
20 l doiv	12 ſ 6	
10 l doiv	6 ſ 3	
9 l doiv	5 ſ 7	
8 l doiv	5 ſ	
7 l doiv	4 ſ 4	
6 l doiv	3 ſ 9	
5 l doiv	3 ſ 1	
4 l doiv	2 ſ 6	
3 l doiv	1 ſ 10	
2 l doiv	1 ſ 3	
1 l doit	7	

CHANGE

A 3 & ¼
pour Cent,
qui eſt 3 liv. 5 ſ. ſur 100 liv.

100000 l doiv	3250 l	
50000 l doiv	1625 l	
10000 l doiv	325 l	
9000 l doiv	292 l 10 ſ	
8000 l doiv	260 l	
7000 l doiv	227 l 10 ſ	
6000 l doiv	195 l	
5000 l doiv	162 l 10 ſ	
4000 l doiv	130 l	
3000 l doiv	97 l 10 ſ	
2000 l doiv	65 l	
1000 l doiv	32 l 10 ſ	
900 l doiv	29 l 5 ſ	
800 l doiv	26 l	
700 l doiv	22 l 15 ſ	
600 l doiv	19 l 10 ſ	
500 l doiv	16 l 5 ſ	
400 l doiv	13 l	
300 l doiv	9 l 15 ſ	
200 l doiv	6 l 10 ſ	
100 l doiv	3 l 5 ſ	
90 l doiv	2 l 18 ſ 6	
80 l doiv	2 l 12 ſ	
70 l doiv	2 l 5 ſ 6	
60 l doiv	1 l 19 ſ	
50 l doiv	1 l 12 ſ 6	
40 l doiv	1 l 6 ſ	
30 l doiv	19 ſ 6	
20 l doiv	13 ſ	
10 l doiv	6 ſ 6	
9 l doiv	5 ſ 10	
8 l doiv	5 ſ 2	
7 l doiv	4 ſ 6	
6 l doiv	3 ſ 10	
5 l doiv	3 ſ 3	
4 l doiv	2 ſ 7	
3 l doiv	1 ſ 11	
2 l doiv	1 ſ 3	
1 l doit	7	

A 3 & ⅜   A 3 & ½

pour Cent,   pour Cent,

qui est 3 l. 7 ſ 6 d. ſur 100 l.   *qui est 3 liv. 10 ſols ſur 100 l.*

100000 l doiv	3375 l		100000 l doiv	3500 l	
50000 l doiv	1687 l 10 ſ		50000 l doiv	1750 l	
10000 l doiv	337 l 10 ſ		10000 l doiv	350 l	
9000 l doiv	303 l 15 ſ		9000 l doiv	315 l	
8000 l doiv	270 l		8000 l doiv	280 l	
7000 l doiv	236 l 5 ſ		7000 l doiv	245 l	
6000 l doiv	202 l 10 ſ		6000 l doiv	210 l	
5000 l doiv	168 l 15 ſ		5000 l doiv	175 l	
4000 l doiv	135 l		4000 l doiv	140 l	
3000 l doiv	101 l 5 ſ		3000 l doiv	105 l	
2000 l doiv	67 l 10 ſ		2000 l doiv	70 l	
1000 l doiv	33 l 15 ſ		1000 l doiv	35 l	
900 l doiv	30 l 7 ſ 6		900 l doiv	31 l 0 ſ	
800 l doiv	27 l		800 l doiv	28 l	
700 l doiv	23 l 12 ſ 6		700 l doiv	24 l 10 ſ	
600 l doiv	20 l 5 ſ		600 l doiv	21 l	
500 l doiv	16 l 17 ſ 6		500 l doiv	17 l 10 ſ	
400 l doiv	13 l 10 ſ		400 l doiv	14 l	
300 l doiv	10 l 2 ſ 6		300 l doiv	10 l 10 ſ	
200 l doiv	6 l 15 ſ		200 l doiv	7 l	
100 l doiv	3 l 7 ſ 6		100 l doiv	3 l 10 ſ	
90 l doiv	3 l 5		90 l doiv	3 l 3 ſ	
80 l doiv	2 l 14 ſ		80 l doiv	2 l 16 ſ	
70 l doiv	2 l 7 ſ		70 l doiv	2 l 9 ſ	
60 l doiv	2 l 6		60 l doiv	2 l 2 ſ	
50 l doiv	1 l 13 ſ 9		50 l doiv	1 l 15 ſ	
40 l doiv	1 l 7 ſ		40 l doiv	1 l 8 ſ	
30 l doiv	1 l		30 l doiv	1 l 1 ſ	
20 l doiv	13 ſ		20 l doiv	14 ſ	
10 l doiv	6 ſ 9		10 l doiv	7 ſ	
9 l doiv	6 ſ		9 l doiv	6 ſ 3	
8 l doiv	5 ſ		8 l doiv	5 ſ 7	
7 l doiv	4 ſ 8		7 l doiv	4 ſ 10	
6 l doiv	4 ſ		6 l doiv	4 ſ 2	
5 l doiv	3 ſ		5 l doiv	3 ſ 6	
4 l doiv	2 ſ		4 l doiv	2 ſ 9	
3 l doiv	2 ſ		3 l doiv	2 ſ 1	
2 l doiv	1 ſ 4		2 l doiv	1 ſ 4	
1 l doit	8		1 l doit	8	

CHANGE
A 3 & ⅜ pour Cent,

qui eſt 3 liv. 12 ſ 6 d. ſur 100 l.

	l	ſ	d
100000 l doiv	3625 l		
50000 l doiv	1812 l	10 ſ	
10000 l doiv	362 l	10 ſ	
9000 l doiv	326 l	5 ſ	
8000 l doiv	290 l		
7000 l doiv	253 l	15 ſ	
6000 l doiv	217 l	10 ſ	
5000 l doiv	181 l	5 ſ	
4000 l doiv	145 l		
3000 l doiv	108 l	15 ſ	
2000 l doiv	72 l	10 ſ	
1000 l doiv	36 l	5 ſ	
900 l doiv	32 l	12 ſ	6
800 l doiv	29 l		
700 l doiv	25 l	7 ſ	6
600 l doiv	21 l	15 ſ	
500 l doiv	18 l	2 ſ	6
400 l doiv	14 l	10 ſ	
300 l doiv	10 l	17 ſ	6
200 l doiv	7 l	5 ſ	
100 l doiv	3 l	12 ſ	6
90 l doiv	3 l	5 ſ	3
80 l doiv	2 l	18 ſ	
70 l doiv	2 l	10 ſ	9
60 l doiv	2 l	3 ſ	6
50 l doiv	1 l	16 ſ	3
40 l doiv	1 l	9 ſ	
30 l doiv	1 l	1 ſ	9
20 l doiv		14 ſ	6
10 l doiv		7 ſ	3
9 l doiv		6 ſ	6
8 l doiv		5 ſ	9
7 l doiv		5 ſ	
6 l doiv		4 ſ	4
5 l doiv		3 ſ	7
4 l doiv		2 ſ	10
3 l doiv		2 ſ	2
2 l doiv		1 ſ	5
1 l doit			8

CHANGE
A 3 & ¾ pour Cent,

qui eſt 3 liv. 15 ſ. ſur 100 l.

	l	ſ	d
100000 l doiv	3750 l		
50000 l doiv	1875 l		
10000 l doiv	375 l		
9000 l doiv	337 l	10 ſ	
8000 l doiv	300 l		
7000 l doiv	262 l	10 ſ	
6000 l doiv	225 l		
5000 l doiv	187 l	10 ſ	
4000 l doiv	150 l		
3000 l doiv	112 l	10 ſ	
2000 l doiv	75 l		
1000 l doiv	37 l	10 ſ	
900 l doiv	33 l	15 ſ	
800 l doiv	30 l		
700 l doiv	26 l	5 ſ	
600 l doiv	22 l	10 ſ	
500 l doiv	18 l	15 ſ	
400 l doiv	15 l		
300 l doiv	11 l	5 ſ	
200 l doiv	7 l	10 ſ	
100 l doiv	3 l	15 ſ	
90 l doiv	3 l	7 ſ	6
80 l doiv	3 l		
70 l doiv	2 l	12 ſ	6
60 l doiv	2 l	5 ſ	
50 l doiv	1 l	17 ſ	6
40 l doiv	1 l	10 ſ	
30 l doiv	1 l	2 ſ	6
20 l doiv		15 ſ	
10 l doiv		7 ſ	6
9 l doiv		6 ſ	9
8 l doiv		6 ſ	
7 l doiv		5 ſ	3
6 l doiv		4 ſ	6
5 l doiv		3 ſ	9
4 l doiv		3 ſ	
3 l doiv		2 ſ	3
2 l doiv		1 ſ	6
1 l doit			9

CHANGE A 3 & $\frac{7}{8}$ pour Cent,

qui est 3 l. 17 f. 6 d. sur 100 l.

100000 l doiv	3875 l	
50000 l doiv	1937 l 10 f	
10000 l doiv	387 l 10 f	
9000 l doiv	348 l 15 f	
8000 l doiv	310 l	
7000 l doiv	271 l 5 f	
6000 l doiv	232 l 10 f	
5000 l doiv	193 l 15 f	
4000 l doiv	155 l	
3000 l doiv	116 l 5 f	
2000 l doiv	77 l 10 f	
1000 l doiv	38 l 15 f	
900 l doiv	34 l 17 f 6	
800 l doiv	31 l	
700 l doiv	27 l 2 f 6	
600 l doiv	23 l 5 f	
500 l doiv	19 l 7 f 6	
400 l doiv	15 l 10 f	
300 l doiv	11 l 12 f 6	
200 l doiv	7 l 15 f	
100 l doiv	3 l 17 f 6	
90 l doiv	3 l 9 f 9	
80 l doiv	3 l 2 f	
70 l doiv	2 l 14 f 3	
60 l doiv	2 l 6 f 6	
50 l doiv	1 l 18 f 9	
40 l doiv	1 l 11 f	
30 l doiv	1 l 3 f 3	
20 l doiv	15 f 6	
10 l doiv	7 f 9	
9 l doiv	7 f	
8 l doiv	6 f 2	
7 l doiv	5 f 5	
6 l doiv	4 f 7	
5 l doiv	3 f 11	
4 l doiv	3 f 1	
3 l doiv	2 f 4	
2 l doiv	1 f 6	
1 l doit	9	

CHANGE A Quatre pour Cent,

qui est 4 livres sur 100 liv.

100000 l doiv	4000 l	
50000 l doiv	2000 l	
10000 l doiv	400 l	
9000 l doiv	360 l	
8000 l doiv	320 l	
7000 l doiv	280 l	
6000 l doiv	240 l	
5000 l doiv	200 l	
4000 l doiv	160 l	
3000 l doiv	120 l	
2000 l doiv	80 l	
1000 l doiv	40 l	
900 l doiv	36 l	
800 l doiv	32 l	
700 l doiv	28 l	
600 l doiv	24 l	
500 l doiv	20 l	
400 l doiv	16 l	
300 l doiv	12 l	
200 l doiv	8 l	
100 l doiv	4 l	
90 l doiv	3 l 12 f	
80 l doiv	3 l 4 f	
70 l doiv	2 l 16 f	
60 l doiv	2 l 8 f	
50 l doiv	2 l	
40 l doiv	1 l 12 f	
30 l doiv	1 l 4 f	
20 l doiv	16 f	
10 l doiv	8 f	
9 l doiv	7 f 2	
8 l doiv	6 f 4	
7 l doiv	5 f 7	
6 l doiv	4 f 9	
5 l doiv	4 f	
4 l doiv	3 f 2	
3 l doiv	2 f 4	
2 l doiv	1 f 7	
1 l doit	9	

CHANGE
A 4 & $\frac{1}{8}$
pour Cent,

qui eſt 4 l. 2 ſ. 6 d. ſur 100 l.

100000 l doiv	4125 l	
50000 l doiv	2062 l 10 ſ	
10000 l doiv	412 l 10 ſ	
9000 l doiv	371 l 5 ſ	
8000 l doiv	330 l	
7000 l doiv	288 l 15 ſ	
6000 l doiv	247 l 10 ſ	
5000 l doiv	206 l 5 ſ	
4000 l doiv	165 l	
3000 l doiv	123 l 15 ſ	
2000 l doiv	82 l 10 ſ	
1000 l doiv	41 l 5 ſ	
900 l doiv	37 l 2 ſ 6	
800 l doiv	33 l	
700 l doiv	28 l 17 ſ 6	
600 l doiv	24 l 15 ſ	
500 l doiv	20 l 12 ſ 6	
400 l doiv	16 l 10 ſ	
300 l doiv	12 l 7 ſ 6	
200 l doiv	8 l 5 ſ	
100 l doiv	4 l 2 ſ 6	
90 l doiv	3 l 14 ſ 3	
80 l doiv	3 l 6 ſ	
70 l doiv	2 l 17 ſ 9	
60 l doiv	2 l 9 ſ 6	
50 l doiv	2 l 1 ſ 3	
40 l doiv	1 l 13 ſ	
30 l doiv	1 l 4 ſ 9	
20 l doiv	16 ſ 6	
10 l doiv	8 ſ 3	
9 l doiv	7 ſ 5	
8 l doiv	6 ſ 7	
7 l doiv	5 ſ 9	
6 l doiv	4 ſ 11	
5 l doiv	4 ſ 1	
4 l doiv	3 ſ 3	
3 l doiv	2 ſ 5	
2 l doiv	1 ſ 7	
1 l doit	9	

CHANGE
A 4 & $\frac{1}{4}$
pour Cent,

qui eſt 4 liv. 5 ſols ſur 100 l.

100000 l doiv	4250 l	
50000 l doiv	2125 l	
10000 l doiv	425 l	
9000 l doiv	382 l 10 ſ	
8000 l doiv	340 l	
7000 l doiv	297 l 10 ſ	
6000 l doiv	255 l	
5000 l doiv	212 l 10 ſ	
4000 l doiv	170 l	
3000 l doiv	127 l 10 ſ	
2000 l doiv	85 l	
1000 l doiv	42 l 10 ſ	
900 l doiv	38 l 5 ſ	
800 l doiv	34 l	
700 l doiv	29 l 15 ſ	
600 l doiv	25 l 10 ſ	
500 l doiv	21 l 5 ſ	
400 l doiv	17 l	
300 l doiv	12 l 15 ſ	
200 l doiv	8 l 10 ſ	
100 l doiv	4 l 5 ſ	
90 l doiv	3 l 16 ſ 6	
80 l doiv	3 l 8 ſ	
70 l doiv	2 l 19 ſ 6	
60 l doiv	2 l 11 ſ	
50 l doiv	2 l 2 ſ 6	
40 l doiv	1 l 14 ſ	
30 l doiv	1 l 5 ſ 6	
20 l doiv	17 ſ	
10 l doiv	8 ſ 6	
9 l doiv	7 ſ 7	
8 l doiv	6 ſ [illegible]	
7 l doiv	5 ſ 11	
6 l doiv	5 ſ 1	
5 l doiv	4 ſ 3	
4 l doiv	3 ſ 4	
3 l doiv	2 ſ 6	
2 l doiv	1 ſ 8	
1 l doit	10	

A 4 & ⅜ pour Cent, qui eſt 4 l. 7 ſ. 6 d. ſur 100 liv.		A 4 & ½ pour Cent, qui eſt 4 liv. 10 ſ. ſur 100 liv.	
100000 l doiv	4375 l	100000 l doiv	4500 l
50000 l doiv	2187 l 10 ſ	50000 l doiv	2250 l
10000 l doiv	437 l 10 ſ	10000 l doiv	450 l
5000 l doiv	393 l 15 ſ	9000 l doiv	405 l
8000 l doiv	350 l	8000 l doiv	360 l
7000 l doiv	306 l 5 ſ	7000 l doiv	315 l
6000 l doiv	262 l 10 ſ	6000 l doiv	270 l
5000 l doiv	218 l 15 ſ	5000 l doiv	225 l
4000 l doiv	175 l	4000 l doiv	180 l
3000 l doiv	131 l 5 ſ	3000 l doiv	135 l
2000 l doiv	87 l 10 ſ	2000 l doiv	90 l
1000 l doiv	43 l 15 ſ	1000 l doiv	45 l
900 l doiv	39 l 7 ſ 6	900 l doiv	40 l 10 ſ
800 l doiv	35 l	800 l doiv	36 l
700 l doiv	30 l 12 ſ 6	700 l doiv	31 l 10 ſ
600 l doiv	26 l 5 ſ	600 l doiv	27 l
500 l doiv	21 l 17 ſ 6	500 l doiv	22 l 10 ſ
400 l doiv	17 l 10 ſ	400 l doiv	18 l
300 l doiv	13 l 2 ſ 6	300 l doiv	13 l 10 ſ
200 l doiv	8 l 15 ſ	200 l doiv	9 l
100 l doiv	4 l 7 ſ 6	100 l doiv	4 l 10 ſ
90 l doiv	3 l 18 ſ 9	90 l doiv	4 l 1 ſ
80 l doiv	3 l 10 ſ	80 l doiv	3 l 12 ſ
70 l doiv	3 l 1 ſ 3	70 l doiv	3 l 3 ſ
60 l doiv	2 l 12 ſ 6	60 l doiv	2 l 14 ſ
50 l doiv	2 l 3 ſ 9	50 l doiv	2 l 5 ſ
40 l doiv	1 l 15 ſ	40 l doiv	1 l 16 ſ
30 l doiv	1 l 6 ſ 3	30 l doiv	1 l 7 ſ
20 l doiv	17 ſ 6	20 l doiv	18 ſ
10 l doiv	8 ſ 9	10 l doiv	9 ſ
9 l doiv	7 ſ 10	9 l doiv	8 ſ 1
8 l doiv	7 ſ	8 l doiv	7 ſ 2
7 l doiv	6 ſ 1	7 l doiv	6 ſ 3
6 l doiv	5 ſ 3	6 l doiv	5 ſ 4
5 l doiv	4 ſ 4	5 l doiv	4 ſ 6
4 l doiv	3 ſ 6	4 l doiv	3 ſ 7
3 l doiv	2 ſ 7	3 l doiv	2 ſ 8
2 l doiv	1 ſ 9	2 l doiv	1 ſ 9
1 l doit	10	1 l doit	10

CHANGE
A 4 & $\frac{5}{8}$ pour Cent,
qui eſt 4 l. 12 ſ. 6 d. ſur 100 l.

100000 l doiv	4625 l	
50000 l doiv	2312 l	10 ſ
10000 l doiv	462 l	10 ſ
9000 l doiv	416 l	5 ſ
8000 l doiv	370 l	
7000 l doiv	323 l	15 ſ
6000 l doiv	277 l	10 ſ
5000 l doiv	231 l	5 ſ
4000 l doiv	185 l	
3000 l doiv	138 l	15 ſ
2000 l doiv	92 l	10 ſ
1000 l doiv	46 l	5 ſ
900 l doiv	41 l	12 ſ 6
800 l doiv	37 l	
700 l doiv	32 l	7 ſ 6
600 l doiv	27 l	15 ſ
500 l doiv	23 l	2 ſ 6
400 l doiv	18 l	10 ſ
300 l doiv	13 l	17 ſ 6
200 l doiv	9 l	5 ſ
100 l doiv	4 l	12 ſ 6
90 l doiv	4 l	3 ſ 3
80 l doiv	3 l	14 ſ
70 l doiv	3 l	4 ſ 9
60 l doiv	2 l	15 ſ 6
50 l doiv	2 l	6 ſ 3
40 l doiv	1 l	17 ſ
30 l doiv	1 l	7 ſ 9
20 l doiv		18 ſ 6
10 l doiv		9 ſ 3
9 l doiv		8 ſ 3
8 l doiv		7 ſ 4
7 l doiv		6 ſ 5
6 l doiv		5 ſ 6
5 l doiv		4 ſ 7
4 l doiv		3 ſ 8
3 l doiv		2 ſ 9
2 l doiv		1 ſ 10
1 l doit		11

CHANGE
A 4 & $\frac{3}{4}$ pour Cent,
qui eſt 4 liv. 15 ſ. ſur 100 l.

100000 l doiv	4750 l	
50000 l doiv	2375 l	
10000 l doiv	475 l	
9000 l doiv	427 l	10 ſ
8000 l doiv	380 l	
7000 l doiv	332 l	10 ſ
6000 l doiv	285 l	
5000 l doiv	237 l	10 ſ
4000 l doiv	190 l	
3000 l doiv	142 l	10 ſ
2000 l doiv	95 l	
1000 l doiv	47 l	10 ſ
900 l doiv	42 l	15 ſ
800 l doiv	38 l	
700 l doiv	33 l	5 ſ
600 l doiv	28 l	10 ſ
500 l doiv	23 l	15 ſ
400 l doiv	19 l	
300 l doiv	14 l	5 ſ
200 l doiv	9 l	10 ſ
100 l doiv	4 l	15 ſ
90 l doiv	4 l	5 ſ 6
80 l doiv	3 l	16 ſ
70 l doiv	3 l	6 ſ 6
60 l doiv	2 l	17 ſ
50 l doiv	2 l	7 ſ 6
40 l doiv	1 l	18 ſ
30 l doiv	1 l	8 ſ 6
20 l doiv		19 ſ
10 l doiv		9 ſ 6
9 l doiv		8 ſ 6
8 l doiv		7 ſ 7
7 l doiv		6 ſ 7
6 l doiv		5 ſ 8
5 l doiv		4 ſ 9
4 l doiv		3 ſ 9
3 l doiv		2 ſ 10
2 l doiv		1 ſ 10
1 l doit		11

CHANGE A 4 & $\frac{7}{8}$ pour Cent,

qui est 4 l. 17 s. 6 d. sur 100 l.

100000 l doiv	4875 l		
50000 l doiv	2437 l	10 s	
10000 l doiv	487 l	10 s	
9000 l doiv	438 l	15 s	
8000 l doiv	390 l		
7000 l doiv	341 l	5 s	
6000 l doiv	292 l	10 s	
5000 l doiv	243 l	15 s	
4000 l doiv	195 l		
3000 l doiv	146 l	5 s	
2000 l doiv	97 l	10 s	
1000 l doiv	48 l	15 s	
900 l doiv	43 l	17 s	6
800 l doiv	39 l		
700 l doiv	34 l	2 s	6
600 l doiv	29 l	5 s	
500 l doiv	24 l	7 s	6
400 l doiv	19 l	10 s	
300 l doiv	14 l	12 s	6
200 l doiv	9 l	15 s	
100 l doiv	4 l	17 s	6
90 l doiv	4 l	7 s	9
80 l doiv	3 l	18 s	
70 l doiv	3 l	8 s	3
60 l doiv	2 l	18 s	6
50 l doiv	2 l	8 s	9
40 l doiv	1 l	19 s	
30 l doiv	1 l	9 s	3
20 l doiv		19 s	6
10 l doiv		9 s	9
9 l doiv		8 s	9
8 l doiv		7 s	9
7 l doiv		6 s	9
6 l doiv		5 s	10
5 l doiv		4 s	10
4 l doiv		3 s	10
3 l doiv		2 s	11
2 l doiv		1 s	11
1 l doit			11

CHANGE A cinq pour Cent,

qui est 5 l. sur 100 l. ou 1 s. pour l.

100000 l doiv	5000 l	
50000 l doiv	2500 l	
10000 l doiv	500 l	
9000 l doiv	450 l	
8000 l doiv	400 l	
7000 l doiv	350 l	
6000 l doiv	300 l	
5000 l doiv	250 l	
4000 l doiv	200 l	
3000 l doiv	150 l	
2000 l doiv	100 l	
1000 l doiv	50 l	
900 l doiv	45 l	
800 l doiv	40 l	
700 l doiv	35 l	
600 l doiv	30 l	
500 l doiv	25 l	
400 l doiv	20 l	
300 l doiv	15 l	
200 l doiv	10 l	
100 l doiv	5 l	
90 l doiv	4 l	10 s
80 l doiv	4 l	
70 l doiv	3 l	10 s
60 l doiv	3 l	
50 l doiv	2 l	10 s
40 l doiv	2 l	
30 l doiv	1 l	10 s
20 l doiv	1 l	
10 l doiv		10 s
9 l doiv		9 s
8 l doiv		8 s
7 l doiv		7 s
6 l doiv		6 s
5 l doiv		5 s
4 l doiv		4 s
3 l doiv		3 s
2 l doiv		2 s
1 l doit		1 s

CHANGE

A 5 & $\frac{1}{8}$ pour Cent.

qui eſt 5 l. 2 ſ. 6 d. ſur 100 l.

100000 l doiv	5125 l	
50000 l doiv	2562 l	10 ſ
10000 l doiv	512 l	10 ſ
9000 l doiv	461 l	5 ſ
8000 l doiv	410 l	
7000 l doiv	358 l	15 ſ
6000 l doiv	307 l	10 ſ
5000 l doiv	256 l	5 ſ
4000 l doiv	205 l	
3000 l doiv	153 l	15 ſ
2000 l doiv	102 l	10 ſ
1000 l doiv	51 l	5 ſ
900 l doiv	46 l	2 ſ 6
800 l doiv	41 l	
700 l doiv	35 l	17 ſ 6
600 l doiv	30 l	15 ſ
500 l doiv	25 l	12 ſ 6
400 l doiv	20 l	10 ſ
300 l doiv	15 l	7 ſ 6
200 l doiv	10 l	5 ſ
100 l doiv	5 l	2 ſ 6
90 l doiv	4 l	12 ſ 3
80 l doiv	4 l	2 ſ
70 l doiv	3 l	11 ſ 9
60 l doiv	3 l	1 ſ 6
50 l doiv	2 l	11 ſ 3
40 l doiv	2 l	1 ſ
30 l doiv	1 l	10 ſ 9
20 l doiv	1 l	6
10 l doiv		10 ſ 3
9 l doiv		9 ſ 2
8 l doiv		8 ſ 2
7 l doiv		7 ſ 2
6 l doiv		6 ſ 1
5 l doiv		5 ſ 1
4 l doiv		4 ſ 1
3 l doiv		3 ſ
2 l doiv		2 ſ
1 l doit		1 ſ

CHANGE

A 5 & $\frac{1}{4}$ pour Cent,

qui eſt 5 liv. 5 ſ. ſur 100 livr

100000 l doiv	5250 l	
50000 l doiv	2625 l	
10000 l doiv	525 l	
9000 l doiv	472 l	10 ſ
8000 l doiv	420 l	
7000 l doiv	367 l	10 ſ
6000 l doiv	315 l	
5000 l doiv	262 l	10 ſ
4000 l doiv	210 l	
3000 l doiv	157 l	10 ſ
2000 l doiv	105 l	
1000 l doiv	52 l	10 ſ
900 l doiv	47 l	5 ſ
800 l doiv	42 l	
700 l doiv	36 l	15 ſ
600 l doiv	31 l	10 ſ
500 l doiv	26 l	5 ſ
400 l doiv	21 l	
300 l doiv	15 l	15 ſ
200 l doiv	10 l	10 ſ
100 l doiv	5 l	5 ſ
90 l doiv	4 l	14 ſ 6
80 l doiv	4 l	4 ſ
70 l doiv	3 l	13 ſ 6
60 l doiv	3 l	3 ſ
50 l doiv	2 l	12 ſ 6
40 l doiv	2 l	2 ſ
30 l doiv	1 l	11 ſ 6
20 l doiv	1 l	1 ſ
10 l doiv		10 ſ 6
9 l doiv		9 ſ 5
8 l doiv		8 ſ 4
7 l doiv		7 ſ 4
6 l doiv		6 ſ 3
5 l doiv		5 ſ 3
4 l doiv		4 ſ 2
3 l doiv		3 ſ 1
2 l doiv		2 ſ 1
1 l doit		1 ſ

A 5 & $\frac{3}{8}$ pour Cent,   A 5 & $\frac{1}{2}$ pour Cent,

qui est 5 l. 7 f. 6 d. sur 100 l.   *qui est 5 liv. 10 f. sur 100 liv.*

100000 l doiv	5375 l		100000 l doiv	5500 l	
50000 l doiv	2687 l 10 f		50000 l doiv	2750 l	
10000 l doiv	537 l 10 f		10000 l doiv	550 l	
9000 l doiv	483 l 15 f		9000 l doiv	495 l	
8000 l doiv	430 l		8000 l doiv	440 l	
7000 l doiv	376 l 5 f		7000 l doiv	385 l	
6000 l doiv	322 l 10 f		6000 l doiv	330 l	
5000 l doiv	268 l 15 f		5000 l doiv	275 l	
4000 l doiy	215 l		4000 l doiv	220 l	
3000 l doiv	161 l 5 f		3000 l doiv	165 l	
2000 l doiv	107 l 10 f		2000 l doiv	110 l	
1000 l doiv	53 l 15 f		1000 l doiv	55 l	
900 l doiv	48 l 7 f 6		900 l doiv	49 l 10 f	
800 l doiv	43 l		800 l doiv	44 l	
700 l doiv	37 l 12 f 6		700 l doiv	38 l 10 f	
600 l doiv	32 l 5 f		600 l doiv	33 l	
500 l doiv	26 l 17 f 6		500 l doiv	27 l 19 f	
400 l doiv	21 l 10 f		400 l doiv	22 l	
300 l doiv	16 l 2 f 6		300 l doiv	16 l 10 f	
200 l doiv	10 l 15 f		200 l doiv	11 l	
100 l doiv	5 l 7 f 6		100 l doiv	5 l 10 f	
90 l doiv	4 l 16 f 9		90 l doiv	4 l 19 f	
80 l doiv	4 l 6 f		80 l doiv	4 l 8 f	
70 l doiv	3 l 15 f 3		70 l doiv	3 l 17 f	
60 l doiv	3 l 4 f 6		60 l doiv	3 l 6 f	
50 l doiv	2 l 13 f 9		50 l doiv	2 l 15 f	
40 l doiv	2 l 3 f		40 l doiv	2 l 4 f	
30 l doiv	1 l 12 f 3		30 l doiv	1 l 13 f	
20 l doiv	1 l 1 f 6		20 l doiv	1 l 2 f	
10 l doiv	10 f 9		10 l doiv	11 f	
9 l doiv	9 f 8		9 l doiv	9 f 10	
8 l doiv	8 f 7		8 l doiv	8 f 9	
7 l doiv	7 f 6		7 l doiv	7 f 8	
6 l doiv	6 f 5		6 l doiv	6 f 7	
5 l doiv	5 f 4		5 l doiv	5 f 6	
4 l doiv	4 f 3		4 l doiv	4 f 4	
3 l doiv	3 f 2		3 l doiv	3 f 3	
2 l doiv	2 f 1		2 l doiv	2 f 2	
1 l doit	1 f		1 l doit	1 f 1	

CHANGE
A 5 & $\frac{5}{8}$
pour Cent,
qui eſt 5 l. 12 ſ. 6 d. ſur 100 l.

CHANGE
A 5 & $\frac{3}{4}$
pour Cent,
qui eſt 5 liv. 15 ſ. ſur 100 liv.

CHANGE A 5 & 5/8		CHANGE A 5 & 3/4	
100000 l doiv	5625 l	100000 l doiv	5750 l
50000 l doiv	2812 l 10 ſ	50000 l doiv	2875 l
10000 l doiv	562 l 10 ſ	10000 l doiv	575 l
9000 l doiv	506 l 5 ſ	9000 l doiv	517 l 10 ſ
8000 l doiv	450 l	8000 l doiv	460 l
7000 l doiv	393 l 15 ſ	7000 l doiv	402 l 10 ſ
6000 l doiv	337 l 10 ſ	6000 l doiv	345 l
5000 l doiv	281 l 5 ſ	5000 l doiv	287 l 10 ſ
4000 l doiv	225 l	4000 l doiv	230 l
3000 l doiv	168 l 15 ſ	3000 l doiv	172 l 10 ſ
2000 l doiv	112 l 10 ſ	2000 l doiv	115 l
1000 l doiv	56 l 5 ſ	1000 l doiv	57 l 10 ſ
900 l doiv	50 l 12 ſ 6	900 l doiv	51 l 15 ſ
800 l doiv	45 l	800 l doiv	46 l
700 l doiv	39 l 7 ſ 6	700 l doiv	40 l 5 ſ
600 l doiv	33 l 15 ſ	600 l doiv	34 l 10 ſ
500 l doiv	28 l 2 ſ 6	500 l doiv	28 l 15 ſ
400 l doiv	22 l 10 ſ	400 l doiv	23 l
300 l doiv	16 l 17 ſ 6	300 l doiv	17 l 5 ſ
200 l doiv	11 l 5 ſ	200 l doiv	11 l 10 ſ
100 l doiv	5 l 12 ſ 6	100 l doiv	5 l 15 ſ
90 l doiv	5 l 1 ſ 3	90 l doiv	5 l 3 ſ 6
80 l doiv	4 l 10 ſ	80 l doiv	4 l 12 ſ
70 l doiv	3 l 18 ſ 9	70 l doiv	4 l 6
60 l doiv	3 l 7 ſ 6	60 l doiv	3 l 9 ſ
50 l doiv	2 l 16 ſ 3	50 l doiv	2 l 17 ſ 6
40 l doiv	2 l 5 ſ	40 l doiv	2 l 6 ſ
30 l doiv	1 l 13 ſ 9	30 l doiv	1 l 14 ſ 6
20 l doiv	1 l 2 ſ 6	20 l doiv	1 l 3 ſ
10 l doiv	11 ſ 3	10 l doiv	11 ſ 6
9 l doiv	10 ſ 1	9 l doiv	10 ſ 4
8 l doiv	9 ſ	8 l doiv	9 ſ 2
7 l doiv	7 ſ 10	7 l doiv	8 ſ
6 l doiv	6 ſ 9	6 l doiv	6 ſ 10
5 l doiv	5 ſ 7	5 l doiv	5 ſ 9
4 l doiv	4 ſ 6	4 l doiv	4 ſ 7
3 l doiv	3 ſ 4	3 l doiv	3 ſ 5
2 l doiv	2 ſ 3	2 l doiv	2 ſ 3
1 l doit	1 ſ 1	1 l doit	1 ſ 1

CHANGE

A 5 & 7/8 pour Cent, | A ſix pour Cent,

qui eſt 5 l. 17 ſ. 6 d. ſur 100 l.   qui eſt 6 livres ſur 100 livres.

A 5 & 7/8 pour Cent		A ſix pour Cent	
100000 l doiv	5875 l	100000 l doiv	6000 l
50000 l doiv	2937 l 10 ſ	50000 l doiv	3000 l
10000 l doiv	587 l 10 ſ	10000 l doiv	600 l
9000 l doiv	528 l 15 ſ	9000 l doiv	540 l
8000 l doiv	470 l	8000 l doiv	480 l
7000 l doiv	411 l 5 ſ	7000 l doiv	420 l
6000 l doiv	352 l 10 ſ	6000 l doiv	360 l
5000 l doiv	293 l 15 ſ	5000 l doiv	300 l
4000 l doiv	235 l	4000 l doiv	240 l
3000 l doiv	176 l 5 ſ	3000 l doiv	180 l
2000 l doiv	117 l 10 ſ	2000 l doiv	120 l
1000 l doiv	58 l 15 ſ	1000 l doiv	60 l
900 l doiv	52 l 17 ſ 6	900 l doiv	54 l
800 l doiv	47 l	800 l doiv	48 l
700 l doiv	41 l 2 ſ 6	700 l doiv	42 l
600 l doiv	35 l 5 ſ	600 l doiv	36 l
500 l doiv	29 l 7 ſ 6	500 l doiv	30 l
400 l doiv	23 l 10 ſ	400 l doiv	24 l
300 l doiv	17 l 12 ſ 6	300 l doiv	18 l
200 l doiv	11 l 15 ſ	200 l doiv	12 l
100 l doiv	5 l 17 ſ 6	100 l doiv	6 l
90 l doiv	5 l 5 ſ 9	90 l doiv	5 l 8 ſ
80 l doiv	4 l 14 ſ	80 l doiv	4 l 16 ſ
70 l doiv	4 l 2 ſ 3	70 l doiv	4 l 4 ſ
60 l doiv	3 l 10 ſ 6	60 l doiv	3 l 12 ſ
50 l doiv	2 l 18 ſ 9	50 l doiv	3 l
40 l doiv	2 l 7 ſ	40 l doiv	2 l 8 ſ
30 l doiv	1 l 15 ſ 3	30 l doiv	1 l 16 ſ
20 l doiv	1 l 3 ſ 6	20 l doiv	1 l 4 ſ
10 l doiv	11 ſ 9	10 l doiv	12 ſ
9 l doiv	10 ſ 6	9 l doiv	10 ſ 9
8 l doiv	9 ſ 4	8 l doiv	9 ſ 7
7 l doiv	8 ſ 2	7 l doiv	8 ſ 4
6 l doiv	7 ſ	6 l doiv	7 ſ 2
5 l doiv	5 ſ 10	5 l doiv	6 ſ
4 l doiv	4 ſ 8	4 l doiv	4 ſ 9
3 l doiv	3 ſ 6	3 l doiv	3 ſ 7
2 l doiv	2 ſ 4	2 l doiv	2 ſ 4
1 l doit	1 ſ 2	1 l doit	1 ſ 2

C

A 6 & $\frac{1}{8}$ pour Cent,

qui eſt 6 l. 2 ſ. 6 d. ſur 100 l.

		l	ſ	d
100000 l doiv	6125 l			
50000 l doiv	3062 l	10 ſ		
10000 l doiv	612 l	10 ſ		
9000 l doiv	551 l	5 ſ		
8000 l doiv	490 l			
7000 l doiv	428 l	15 ſ		
6000 l doiv	367 l	10 ſ		
5000 l doiv	306 l	5 ſ		
4000 l doiv	245 l			
3000 l doiv	183 l	15 ſ		
2000 l doiv	122 l	10 ſ		
1000 l doiv	61 l	5 ſ		
900 l doiv	55 l	2 ſ	6	
800 l doiv	49 l			
700 l doiv	42 l	17 ſ	6	
600 l doiv	36 l	15 ſ		
500 l doiv	30 l	12 ſ	6	
400 l doiv	24 l	10 ſ		
300 l doiv	18 l	7 ſ	6	
200 l doiv	12 l	5 ſ		
100 l doiv	6 l	2 ſ	6	
90 l doiv	5 l	10 ſ	3	
80 l doiv	4 l	18 ſ		
70 l doiv	4 l	5 ſ	9	
60 l doiv	3 l	13 ſ	6	
50 l doiv	3 l	1 ſ	3	
40 l doiv	2 l	9 ſ		
30 l doiv	1 l	16 ſ	9	
20 l doiv	1 l	4 ſ	6	
10 l doiv		12 ſ	3	
9 l doiv		11 ſ		
8 l doiv		9 ſ	9	
7 l doiv		8 ſ	6	
6 l doiv		7 ſ	4	
5 l doiv		6 ſ	1	
4 l doiv		4 ſ	10	
3 l doiv		3 ſ	8	
2 l doiv		2 ſ	5	
1 l doit		1 ſ	2	

A 6 & $\frac{1}{4}$ pour Cent,

qui eſt 6 liv. 5 ſols ſur 100 liv.

		l	ſ	d
100000 l doiv	6250 l			
50000 l doiv	3125 l			
10000 l doiv	625 l			
9000 l doiv	562 l	10 ſ		
8000 l doiv	500 l			
7000 l doiv	437 l	10 ſ		
6000 l doiv	375 l			
5000 l doiv	312 l	10 ſ		
4000 l doiv	250 l			
3000 l doiv	187 l	10 ſ		
2000 l doiv	125 l			
1000 l doiv	62 l	10 ſ		
900 l doiv	56 l	5 ſ		
800 l doiv	50 l			
700 l doiv	43 l	15 ſ		
600 l doiv	37 l	10 ſ		
500 l doiv	31 l	5 ſ		
400 l doiv	25 l			
300 l doiv	18 l	15 ſ		
200 l doiv	12 l	10 ſ		
100 l doiv	6 l	5 ſ		
90 l doiv	5 l	12 ſ	6	
80 l doiv	5 l			
70 l doiv	4 l	7 ſ	6	
60 l doiv	3 l	15 ſ		
50 l doiv	3 l	2 ſ	6	
40 l doiv	2 l	10 ſ		
30 l doiv	1 l	17 ſ	6	
20 l doiv	1 l	5 ſ		
10 l doiv		12 ſ	6	
9 l doiv		11 ſ	3	
8 l doiv		10 ſ		
7 l doiv		8 ſ	9	
6 l doiv		7 ſ	6	
5 l doiv		6 ſ	3	
4 l doiv		5 ſ		
3 l doiv		3 ſ	9	
2 l doiv		2 ſ	6	
1 l doit		1 ſ	3	

CHANGE A 6 & $\frac{3}{8}$ pour Cent,
qui eſt 6 l. 7 ſ. 6 d. ſur 100 l.

100000 l doiv	6375 l
50000 l doiv	3187 l 10 ſ
10000 l doiv	637 l 10 ſ
9000 l doiv	573 l 15 ſ
8000 l doiv	510 l
7000 l doiv	446 l 5 ſ
6000 l doiv	382 l 10 ſ
5000 l doiv	318 l 15 ſ
4000 l doiv	255 l
3000 l doiv	191 l 5 ſ
2000 l doiv	127 l 10 ſ
1000 l doiv	63 l 15 ſ
900 l doiv	57 l 7 ſ 6
800 l doiv	51 l
700 l doiv	44 l 12 ſ 6
600 l doiv	38 l 5 ſ
500 l doiv	31 l 17 ſ 6
400 l doiv	25 l 10 ſ
300 l doiv	19 l 2 ſ 6
200 l doiv	12 l 15 ſ
100 l doiv	6 l 7 ſ 6
90 l doiv	5 l 14 ſ 9
80 l doiv	5 l 2 ſ
70 l doiv	4 l 9 ſ 3
60 l doiv	3 l 16 ſ 6
50 l doiv	3 l 3 ſ 9
40 l doiv	2 l 11 ſ
30 l doiv	1 l 18 ſ 3
20 l doiv	1 l 5 ſ 6
10 l doiv	12 ſ 9
9 l doiv	11 ſ 5
8 l doiv	10 ſ 2
7 l doiv	8 ſ 11
6 l doiv	7 ſ 7
5 l doiv	6 ſ 4
4 l doiv	5 ſ 1
3 l doiv	3 ſ 9
2 l doiv	2 ſ 6
1 l doit	1 ſ 3

CHANGE A 6 & $\frac{1}{2}$ pour Cent,
qui eſt 6 l. 10 ſols ſur 100 liv.

100000 l doiv	6500 l
50000 l doiv	3250 l
10000 l doiv	650 l
9000 l doiv	585 l
8000 l doiv	520 l
7000 l doiv	455 l
6000 l doiv	390 l
5000 l doiv	325 l
4000 l doiv	260 l
3000 l doiv	195 l
2000 l doiv	130 l
1000 l doiv	65 l
900 l doiv	58 l 10 ſ
800 l doiv	52 l
700 l doiv	45 l 10 ſ
600 l doiv	39 l
500 l doiv	32 l 10 ſ
400 l doiv	26 l
300 l doiv	19 l 10 ſ
200 l doiv	13 l
100 l doiv	6 l 10 ſ
90 l doiv	5 l 17 ſ
80 l doiv	5 l 4 ſ
70 l doiv	4 l 11 ſ
60 l doiv	3 l 18 ſ
50 l doiv	3 l 5 ſ
40 l doiv	2 l 12 ſ
30 l doiv	1 l 19 ſ
20 l doiv	1 l 6 ſ
10 l doiv	13 ſ
9 l doiv	11 ſ 8
8 l doiv	10 ſ 4
7 l doiv	9 ſ 1
6 l doiv	7 ſ 9
5 l doiv	6 ſ 6
4 l doiv	5 ſ 2
3 l doiv	3 ſ 10
2 l doiv	2 ſ 7
1 l doit	1 ſ 3

CHANGE A 6 & ⅝.
pour Cent,
qui est 6 l. 12 f. 6 d. sur 100 l.

CHANGE A 6 & ¾.
pour Cent,
qui est 6 liv. 15 f. sur 100 liv.

Somme	doiv (6 & ⅝)	doiv (6 & ¾)
100000 l	6625 l	6750 l
50000 l	3312 l 10 f	3375 l
10000 l	662 l 10 f	675 l
9000 l	596 l 5 f	607 l 10 f
8000 l	530 l	540 l
7000 l	463 l 15 f	472 l 10 f
6000 l	397 l 10 f	405 l
5000 l	331 l 5 f	337 l 10 f
4000 l	265 l	270 l
3000 l	198 l 15 f	202 l 10 f
2000 l	132 l 10 f	135 l
1000 l	66 l 5 f	67 l 10 f
900 l	59 l 12 f 6	60 l 15 f
800 l	53 l	54 l
700 l	46 l 7 f 6	47 l 5 f
600 l	39 l 15 f	40 l 10 f
500 l	33 l 2 f 6	33 l 15 f
400 l	26 l 10 f	27 l
300 l	19 l 17 f 6	20 l 5 f
200 l	13 l 5 f	13 l 10 f
100 l	6 l 12 f 6	6 l 15 f
90 l	5 l 19 f 3	6 l 1 f 6
80 l	5 l 6 f	5 l 8 f
70 l	4 l 12 f 9	4 l 14 f 6
60 l	3 l 19 f 6	4 l 1 f
50 l	3 l 6 f 3	3 l 7 f 6
40 l	2 l 13 f	2 l 14 f
30 l	1 l 19 f 9	2 l 6
20 l	1 l 6 f 6	1 l 7 f
10 l	13 f 3	13 f 6
9 l	11 f 11	12 f 1
8 l	10 f 7	10 f 9
7 l	9 f 3	9 f 5
6 l	7 f 11	8 f 1
5 l	6 f 7	6 f 9
4 l	5 f 3	5 f 4
3 l	3 f 11	4 f
2 l	2 f 7	2 f 8
1 l (doit)	1 f 3	1 f 4

CHANGE A 6 & $\frac{7}{8}$ pour Cent, | CHANGE A sept pour Cent,

qui eſt 6 l. 17 ſ. 6 d. ſur 100 l. | *qui eſt 7 livres ſur 100 livres.*

A 6 & 7/8 pour Cent		A sept pour Cent	
100000 l doiv	6875 l	100000 l doiv	7000 l
50000 l doiv	3437 l 10 ſ	50000 l doiv	3500 l
10000 l doiv	687 l 10 ſ	10000 l doiv	700 l
9000 l doiv	618 l 15 ſ	9000 l doiv	630 l
8000 l doiv	550 l	8000 l doiv	560 l
7000 l doiv	481 l 5 ſ	7000 l doiv	490 l
6000 l doiv	412 l 10 ſ	6000 l doiv	420 l
5000 l doiv	343 l 15 ſ	5000 l doiv	350 l
4000 l doiv	275 l	4000 l doiv	280 l
3000 l doiv	206 l 5 ſ	3000 l doiv	210 l
2000 l doiv	137 l 10 ſ	2000 l doiv	140 l
1000 l doiv	68 l 15 ſ	1000 l doiv	70 l
900 l doiv	61 l 17 ſ 6	900 l doiv	63 l
800 l doiv	55 l	800 l doiv	56 l
700 l doiv	48 l 2 ſ 6	700 l doiv	49 l
600 l doiv	41 l 5 ſ	600 l doiv	42 l
500 l doiv	34 l 7 ſ 6	500 l doiv	35 l
400 l doiv	27 l 10 ſ	400 l doiv	28 l
300 l doiv	20 l 12 ſ 6	300 l doiv	21 l
200 l doiv	13 l 15 ſ	200 l doiv	14 l
100 l doiv	6 l 17 ſ 6	100 l doiv	7 l
90 l doiv	6 l 3 ſ 9	90 l doiv	6 l 6 ſ
80 l doiv	5 l 10 ſ	80 l doiv	5 l 12 ſ
70 l doiv	4 l 16 ſ 3	70 l doiv	4 l 18 ſ
60 l doiv	4 l 2 ſ 6	60 l doiv	4 l 4 ſ
50 l doiv	3 l 8 ſ 9	50 l doiv	3 l 10 ſ
40 l doiv	2 l 15 ſ	40 l doiv	2 l 16 ſ
30 l doiv	2 l 1 ſ 3	30 l doiv	2 l 2 ſ
20 l doiv	1 l 7 ſ 6	20 l doiv	1 l 8 ſ
10 l doiv	13 ſ 9	10 l doiv	14 ſ
9 l doiv	12 ſ 4	9 l doiv	12 ſ 7
8 l doiv	11 ſ	8 l doiv	11 ſ 2
7 l doiv	9 ſ 7	7 l doiv	9 ſ 9
6 l doiv	8 ſ 3	6 l doiv	8 ſ 4
5 l doiv	6 ſ 10	5 l doiv	7 ſ
4 l doiv	5 ſ 6	4 l doiv	5 ſ 7
3 l doiv	4 ſ 1	3 l doiv	4 ſ 2
2 l doiv	2 ſ 9	2 l doiv	2 ſ 9
1 l doit	1 ſ 4	1 l doit	1 ſ 4

CHANGE A 7 & $\frac{1}{8}$ pour Cent,

qui eſt 7 l. 2 ſ. 6 d. ſur 100 l.

100000 l doiv	7125 l			
50000 l doiv	3562 l	10 ſ		
10000 l doiv	712 l	10 ſ		
9000 l doiv	641 l	5 ſ		
8000 l doiv	570 l			
7000 l doiv	498 l	15 ſ		
6000 l doiv	427 l	10 ſ		
5000 l doiv	356 l	5 ſ		
4000 l doiv	285 l			
3000 l doiv	213 l	15 ſ		
2000 l doiv	142 l	10 ſ		
1000 l doiv	71 l	5 ſ		
900 l doiv	64 l	2 ſ	6	
800 l doiv	57 l			
700 l doiv	49 l	17 ſ	6	
600 l doiv	42 l	15 ſ		
500 l doiv	35 l	12 ſ	6	
400 l doiv	28 l	10 ſ		
300 l doiv	21 l	7 ſ	6	
200 l doiv	14 l	5 ſ		
100 l doiv	7 l	2 ſ	6	
90 l doiv	6 l	8 ſ	3	
80 l doiv	5 l	14 ſ		
70 l doiv	4 l	19 ſ	9	
60 l doiv	4 l	5 ſ	6	
50 l doiv	3 l	11 ſ	3	
40 l doiv	2 l	17 ſ		
30 l doiv	2 l	2 ſ	9	
20 l doiv	1 l	8 ſ	6	
10 l doiv		14 ſ	3	
9 l doiv		12 ſ	9	
8 l doiv		11 ſ	4	
7 l doiv		9 ſ	11	
6 l doiv		8 ſ	6	
5 l doiv		7 ſ	1	
4 l doiv		5 ſ	8	
3 l doiv		4 ſ	3	
2 l doiv		2 ſ	10	
1 l doit		1 ſ	5	

CHANGE A 7 & $\frac{1}{4}$ pour Cent,

qui eſt 7 liv. 5 ſols ſur 100 l.

100000 l doiv	7250 l			
50000 l doiv	3625 l			
10000 l doiv	725 l			
9000 l doiv	652 l	10 ſ		
8000 l doiv	580 l			
7000 l doiv	507 l	10 ſ		
6000 l doiv	435 l			
5000 l doiv	362 l	10 ſ		
4000 l doiv	290 l			
3000 l doiv	217 l	10 ſ		
2000 l doiv	145 l			
1000 l doiv	72 l	10 ſ		
900 l doiv	65 l	5 ſ		
800 l doiv	58 l			
700 l doiv	50 l	15 ſ		
600 l doiv	43 l	10 ſ		
500 l doiv	36 l	5 ſ		
400 l doiv	29 l			
300 l doiv	21 l	15 ſ		
200 l doiv	14 l	10 ſ		
100 l doiv	7 l	5 ſ		
90 l doiv	6 l	10 ſ	6	
80 l doiv	5 l	16 ſ		
70 l doiv	5 l	1 ſ	6	
60 l doiv	4 l	7 ſ		
50 l doiv	3 l	12 ſ	6	
40 l doiv	2 l	18 ſ		
30 l doiv	2 l	3 ſ	6	
20 l doiv	1 l	9 ſ		
10 l doiv		14 ſ	6	
9 l doiv		13 ſ		
8 l doiv		11 ſ	7	
7 l doiv		10 ſ	1	
6 l doiv		8 ſ	8	
5 l doiv		7 ſ	3	
4 l doiv		5 ſ	9	
3 l doiv		4 ſ	4	
2 l doiv		2 ſ	10	
1 l doit		1 ſ	5	

CHANGE A 7 & 3/8 pour Cent,

qui eſt 7 l. 7 ſ. 6 d. ſur 100 l.

100000 l doiv	7375 l	
50000 l doiv	3687 l 10 ſ	
10000 l doiv	737 l 10 ſ	
9000 l doiv	663 l 15 ſ	
8000 l doiv	590 l	
7000 l doiv	516 l 5 ſ	
6000 l doiv	442 l 10 ſ	
5000 l doiv	368 l 15 ſ	
4000 l doiv	295 l	
3000 l doiv	221 l 5 ſ	
2000 l doiv	147 l 10 ſ	
1000 l doiv	73 l 15 ſ	
900 l doiv	66 l 7 ſ 6	
800 l doiv	59 l	
700 l doiv	51 l 12 ſ 6	
600 l doiv	44 l 5 ſ	
500 l doiv	36 l 17 ſ 6	
400 l doiv	29 l 10 ſ	
300 l doiv	22 l 2 ſ 6	
200 l doiv	14 l 15 ſ	
100 l doiv	7 l 7 ſ 6	
90 l doiv	6 l 12 ſ 9	
80 l doiv	5 l 18 ſ	
70 l doiv	5 l 3 ſ 3	
60 l doiv	4 l 8 ſ 6	
50 l doiv	3 l 13 ſ 9	
40 l doiv	2 l 19 ſ	
30 l doiv	2 l 4 ſ 3	
20 l doiv	1 l 9 ſ 6	
10 l doiv	14 ſ 9	
9 l doiv	13 ſ 3	
8 l doiv	11 ſ 9	
7 l doiv	10 ſ 3	
6 l doiv	8 ſ 10	
5 l doiv	7 ſ 4	
4 l doiv	5 ſ 10	
3 l doiv	4 ſ 5	
2 l doiv	2 ſ 11	
1 l doit	1 ſ 5	

CHANGE A 7 & 1/2 pour Cent,

qui eſt 7 liv. 10 ſ. ſur 100 liv.

100000 l doiv	7500 l	
50000 l doiv	3750 l	
10000 l doiv	750 l	
9000 l doiv	675 l	
8000 l doiv	600 l	
7000 l doiv	525 l	
6000 l doiv	450 l	
5000 l doiv	375 l	
4000 l doiv	300 l	
3000 l doiv	225 l	
2000 l doiv	150 l	
1000 l doiv	75 l	
900 l doiv	67 l 10 ſ	
800 l doiv	60 l	
700 l doiv	52 l 10 ſ	
600 l doiv	45 l	
500 l doiv	37 l 10 ſ	
400 l doiv	30 l	
300 l doiv	22 l 10 ſ	
200 l doiv	15 l	
100 l doiv	7 l 10 ſ	
90 l doiv	6 l 15 ſ	
80 l doiv	6 l	
70 l doiv	5 l 5 ſ	
60 l doiv	4 l 10 ſ	
50 l doiv	3 l 15 ſ	
40 l doiv	3 l	
30 l doiv	2 l 5 ſ	
20 l doiv	1 l 10 ſ	
10 l doiv	15 ſ	
9 l doiv	13 ſ 6	
8 l doiv	12 ſ	
7 l doiv	10 ſ 6	
6 l doiv	9 ſ	
5 l doiv	7 ſ 6	
4 l doiv	6 ſ	
3 l doiv	4 ſ 6	
2 l doiv	3 ſ	
1 l doit	3 ſ 6	

CHANGE A 7 & $\frac{5}{8}$ pour Cent,

qui eſt 7 l. 12 ſ. 6 d. ſur 100 l.

100000 l doiv	7625 l
50000 l doiv	3812 l 10 ſ
10000 l doiv	762 l 10 ſ
9000 l doiv	686 l 5 ſ
8000 l doiv	610 l
7000 l doiv	533 l 15 ſ
6000 l doiv	457 l 10 ſ
5000 l doiv	381 l 5 ſ
4000 l doiv	305 l
3000 l doiv	228 l 15 ſ
2000 l doiv	152 l 10 ſ
1000 l doiv	76 l 5 ſ
900 l doiv	68 l 12 ſ 6
800 l doiv	61 l
700 l doiv	53 l 7 ſ 6
600 l doiv	45 l 15 ſ
500 l doiv	38 l 2 ſ 6
400 l doiv	30 l 10 ſ
300 l doiv	22 l 17 ſ 6
200 l doiv	15 l 5 ſ
100 l doiv	7 l 12 ſ 6
90 l doiv	6 l 17 ſ 3
80 l doiv	6 l 2 ſ
70 l doiv	5 l 6 ſ 9
60 l doiv	4 l 11 ſ 6
50 l doiv	3 l 16 ſ 3
40 l doiv	3 l 1 ſ
30 l doiv	2 l 5 ſ 9
20 l doiv	1 l 10 ſ 6
10 l doiv	15 ſ 3
9 l doiv	13 ſ 8
8 l doiv	12 ſ 2
7 l doiv	10 ſ 8
6 l doiv	9 ſ 1
5 l doiv	7 ſ 7
4 l doiv	6 ſ 1
3 l doiv	4 ſ 6
2 l doiv	3 ſ
1 l doit	1 ſ 6

CHANGE A 7 & $\frac{3}{4}$ pour Cent,

qui eſt 7 liv. 15 ſols ſur 100 l.

100000 l doiv	7750 l
50000 l doiv	3875 l
10000 l doiv	775 l
9000 l doiv	697 l 10 ſ
8000 l doiv	620 l
7000 l doiv	542 l 10 ſ
6000 l doiv	465 l
5000 l doiv	387 l 10 ſ
4000 l doiv	310 l
3000 l doiv	232 l 10 ſ
2000 l doiv	155 l
1000 l doiv	77 l 10 ſ
900 l doiv	69 l 15 ſ
800 l doiv	62 l
700 l doiv	54 l 5 ſ
600 l doiv	46 l 10 ſ
500 l doiv	38 l 15 ſ
400 l doiv	31 l
300 l doiv	23 l 5 ſ
200 l doiv	15 l 10 ſ
100 l doiv	7 l 15 ſ
90 l doiv	6 l 19 ſ 6
80 l doiv	6 l 4 ſ
70 l doiv	5 l 8 ſ 6
60 l doiv	4 l 13 ſ
50 l doiv	3 l 17 ſ 6
40 l doiv	3 l 2 ſ
30 l doiv	2 l 6 ſ 6
20 l doiv	1 l 11 ſ
10 l doiv	15 ſ 6
9 l doiv	13 ſ 11
8 l doiv	12 ſ 4
7 l doiv	10 ſ 10
6 l doiv	9 ſ 3
5 l doiv	7 ſ 9
4 l doiv	6 ſ 2
3 l doiv	4 ſ 7
2 l doiv	3 ſ 1
1 l doit	1 ſ 6

A 7 & $\frac{7}{8}$
pour Cent,
qui eſt 7 l. 17 ſ. 6 d. ſur 100 l.

100000 l doiv	7875 l	
50000 l doiv	3937 l 10 ſ	
10000 l doiv	787 l 10 ſ	
9000 l doiv	708 l 15 ſ	
8000 l doiv	630 l	
7000 l doiv	551 l 5 ſ	
6000 l doiv	472 l 10 ſ	
5000 l doiv	393 l 15 ſ	
4000 l doiv	315 l	
3000 l doiv	236 l 5 ſ	
2000 l doiv	157 l 10 ſ	
1000 l doiv	78 l 15 ſ	
900 l doiv	70 l 17 ſ 6	
800 l doiv	63 l	
700 l doiv	55 l 2 ſ 6	
600 l doiv	47 l 5 ſ	
500 l doiv	39 l 7 ſ 6	
400 l doiv	31 l 10 ſ	
300 l doiv	23 l 12 ſ 6	
200 l doiv	15 l 15 ſ	
100 l doiv	7 l 17 ſ 6	
90 l doiv	7 l 1 ſ 9	
80 l doiv	6 l 6 ſ	
70 l doiv	5 l 10 ſ 3	
60 l doiv	4 l 14 ſ 6	
50 l doiv	3 l 18 ſ 9	
40 l doiv	3 l 3 ſ	
30 l doiv	2 l 7 ſ 3	
20 l doiv	1 l 11 ſ 6	
10 l doiv	15 ſ 9	
9 l doiv	14 ſ 2	
8 l doiv	12 ſ 7	
7 l doiv	11 ſ	
6 l doiv	9 ſ 5	
5 l doiv	7 ſ 10	
4 l doiv	6 ſ 3	
3 l doiv	4 ſ 8	
2 l doiv	3 ſ 1	
1 l doit	1 ſ 6	

A huit
pour Cent,
qui eſt 8 livres ſur 100 livres.

100000 l doiv	8000 l	
50000 l doiv	4000 l	
10000 l doiv	800 l	
9000 l doiv	720 l	
8000 l doiv	640 l	
7000 l doiv	560 l	
6000 l doiv	480 l	
5000 l doiv	400 l	
4000 l doiv	320 l	
3000 l doiv	240 l	
2000 l doiv	160 l	
1000 l doiv	80 l	
900 l doiv	72 l	
800 l doiv	64 l	
700 l doiv	56 l	
600 l doiv	48 l	
500 l doiv	40 l	
400 l doiv	32 l	
300 l doiv	24 l	
200 l doiv	16 l	
100 l doiv	8 l	
90 l doiv	7 l 4 ſ	
80 l doiv	6 l 8 ſ	
70 l doiv	5 l 12 ſ	
60 l doiv	4 l 16 ſ	
50 l doiv	4 l	
40 l doiv	3 l 4 ſ	
30 l doiv	2 l 8 ſ	
20 l doiv	1 l 12 ſ	
10 l doiv	16 ſ	
9 l doiv	14 ſ 4	
8 l doiv	12 ſ 9	
7 l doiv	11 ſ 2	
6 l doiv	9 ſ 7	
5 l doiv	8 ſ	
4 l doiv	6 ſ 4	
3 l doiv	4 ſ 9	
2 l doiv	3 ſ 2	
1 l doit	1 ſ 7	

A 8 & $\frac{1}{8}$ pour Cent,

qui eſt 8 liv. 2 ſ. 6 d. ſur 100 l.

A 8 & $\frac{1}{4}$ pour Cent,

qui eſt 8 liv. 5 ſols ſur 100 liv.

Somme	A 8 & ⅛ pour Cent	A 8 & ¼ pour Cent
100000 l doiv	8125 l	8250 l
50000 l doiv	4062 l 10 ſ	4125 l
10000 l doiv	812 l 10 ſ	825 l
9000 l doiv	731 l 5 ſ	742 l 10 ſ
8000 l doiv	650 l	660 l
7000 l doiv	568 l 15 ſ	577 l 10 ſ
6000 l doiv	487 l 10 ſ	495 l
5000 l doiv	406 l 5 ſ	412 l 10 ſ
4000 l doiv	325 l	330 l
3000 l doiv	243 l 15 ſ	247 l 10 ſ
2000 l doiv	162 l 10 ſ	165 l
1000 l doiv	81 l 5 ſ	82 l 10 ſ
900 l doiv	73 l 2 ſ 6	74 l 5 ſ
800 l doiv	65 l	66 l
700 l doiv	56 l 17 ſ 6	57 l 15 ſ
600 l doiv	48 l 15 ſ	49 l 10 ſ
500 l doiv	40 l 12 ſ 6	41 l 5 ſ
400 l doiv	32 l 10 ſ	33 l
300 l doiv	24 l 7 ſ 6	24 l 15 ſ
200 l doiv	16 l 5 ſ	16 l 10 ſ
100 l doiv	8 l 2 ſ 6	8 l 5 ſ
90 l doiv	7 l 6 ſ 3	7 l 8 ſ 6
80 l doiv	6 l 10 ſ	6 l 12 ſ
70 l doiv	5 l 13 ſ 9	5 l 15 ſ 6
60 l doiv	4 l 17 ſ 6	4 l 19 ſ
50 l doiv	4 l 1 ſ 3	4 l 2 ſ 6
40 l doiv	3 l 5 ſ	3 l 6 ſ
30 l doiv	2 l 8 ſ 9	2 l 9 ſ 6
20 l doiv	1 l 12 ſ 6	1 l 13 ſ
10 l doiv	16 ſ 3	16 ſ 6
9 l doiv	14 ſ 7	14 ſ 10
8 l doiv	13 ſ	13 ſ 2
7 l doiv	11 ſ 4	11 ſ 6
6 l doiv	9 ſ 9	9 ſ 10
5 l doiv	8 ſ 1	8 ſ 5
4 l doiv	6 ſ 6	6 ſ 7
3 l doiv	4 ſ 10	4 ſ 11
2 l doiv	3 ſ 3	3 ſ 3
1 l doit	1 ſ 7	1 ſ 7

CHANGE A 8 & 3/8 pour Cent,

qui eſt 8 l. 7 ſ. 6 d. ſur 100 l.

100000 l doiv	8375 l
50000 l doiv	4187 l 10 ſ
10000 l doiv	837 l 10 ſ
9000 l doiv	753 l 15 ſ
8000 l doiv	670 l
7000 l doiv	586 l 5 ſ
6000 l doiv	502 l 10 ſ
5000 l doiv	418 l 15 ſ
4000 l doiv	335 l
3000 l doiv	251 l 5 ſ
2000 l doiv	167 l 10 ſ
1000 l doiv	83 l 15 ſ
900 l doiv	75 l 7 ſ 6
800 l doiv	67 l
700 l doiv	58 l 12 ſ 6
600 l doiv	50 l 5 ſ
500 l doiv	41 l 17 ſ 6
400 l doiv	33 l 10 ſ
300 l doiv	25 l 2 ſ 6
200 l doiv	16 l 15 ſ
100 l doiv	8 l 7 ſ 6
90 l doiv	7 l 10 ſ 9
80 l doiv	6 l 14 ſ
70 l doiv	5 l 17 ſ 3
60 l doiv	5 l 6
50 l doiv	4 l 3 ſ 9
40 l doiv	3 l 7 ſ
30 l doiv	2 l 10 ſ 3
20 l doiv	1 l 13 ſ 6
10 l doiv	16 ſ 9
9 l doiv	15 ſ
8 l doiv	13 ſ 4
7 l doiv	11 ſ 8
6 l doiv	10 ſ
5 l doiv	8 ſ 4
4 l doiv	6 ſ 8
3 l doiv	5 ſ
2 l doiv	3 ſ 4
1 l doit	1 ſ 8

CHANGE A 8 & 1/2 pour Cent,

qui eſt 8 liv. 10 ſols ſur 100 l.

100000 l doiv	8500 l
50000 l doiv	4250 l
10000 l doiv	850 l
9000 l doiv	765 l
8000 l doiv	680 l
7000 l doiv	595 l
6000 l doiv	510 l
5000 l doiv	425 l
4000 l doiv	340 l
3000 l doiv	255 l
2000 l doiv	170 l
1000 l doiv	85 l
900 l doiv	76 l 10 ſ
800 l doiv	68 l
700 l doiv	59 l 10 ſ
600 l doiv	51 l
500 l doiv	42 l 10 ſ
400 l doiv	34 l
300 l doiv	25 l 10 ſ
200 l doiv	17 l
100 l doiv	8 l 10 ſ
90 l doiv	7 l 13 ſ
80 l doiv	6 l 16 ſ
70 l doiv	5 l 19 ſ
60 l doiv	5 l 2 ſ
50 l doiv	4 l 5 ſ
40 l doiv	3 l 8 ſ
30 l doiv	2 l 11 ſ
20 l doiv	1 l 14 ſ
10 l doiv	17 ſ
9 l doiv	15 ſ 3
8 l doiv	13 ſ 7
7 l doiv	11 ſ 10
6 l doiv	10 ſ 2
5 l doiv	8 ſ 6
4 l doiv	6 ſ 9
3 l doiv	5 ſ 1
2 l doiv	3 ſ 4
1 l doit	1 ſ 8

CHANGE A 8 & 5/8 pour Cent,

qui eſt 8 l. 12 ſ. 6 d. ſur 100 l.

100000 l doiv	8625 l
50000 l doiv	4312 l 10 ſ
10000 l doiv	862 l 10 ſ
9000 l doiv	776 l 5 ſ
8000 l doiv	690 l
7000 l doiv	603 l 15 ſ
6000 l doiv	517 l 10 ſ
5000 l doiv	431 l 5 ſ
4000 l doiv	345 l
3000 l doiv	258 l 15 ſ
2000 l doiv	172 l 10 ſ
1000 l doiv	86 l 5 ſ
900 l doiv	77 l 12 ſ 6
800 l doiv	69 l
700 l doiv	60 l 7 ſ 6
600 l doiv	51 l 15 ſ
500 l doiv	43 l 2 ſ 6
400 l doiv	34 l 10 ſ
300 l doiv	25 l 17 ſ 6
200 l doiv	17 l 5 ſ
100 l doiv	8 l 12 ſ 6
90 l doiv	7 l 15 ſ 3
80 l doiv	6 l 18 ſ
70 l doiv	6 l 9
60 l doiv	5 l 3 ſ 6
50 l doiv	4 l 6 ſ 3
40 l doiv	3 l 9 ſ
30 l doiv	2 l 11 ſ 9
20 l doiv	1 l 14 ſ 6
10 l doiv	17 ſ 3
9 l doiv	15 ſ 6
8 l doiv	13 ſ 9
7 l doiv	12 ſ
6 l doiv	10 ſ 4
5 l doiv	8 ſ 7
4 l doiv	6 ſ 10
3 l doiv	5 ſ 2
2 l doiv	3 ſ 5
1 l doit	1 ſ 8

CHANGE A 8 & 3/4 pour Cent,

qui eſt 8 l. 15 ſols ſur 100 liv.

100000 l doiv	8750 l
50000 l doiv	4375 l
10000 l doiv	875 l
9000 l doiv	787 l 10 ſ
8000 l doiv	700 l
7000 l doiv	612 l 10 ſ
6000 l doiv	525 l
5000 l doiv	437 l 10 ſ
4000 l doiv	350 l
3000 l doiv	262 l 10 ſ
2000 l doiv	175 l
1000 l doiv	87 l 10 ſ
900 l doiv	78 l 15 ſ
800 l doiv	70 l
700 l doiv	61 l 5 ſ
600 l doiv	52 l 10 ſ
500 l doiv	43 l 15 ſ
400 l doiv	35 l
300 l doiv	26 l 5 ſ
200 l doiv	17 l 10 ſ
100 l doiv	8 l 15 ſ
90 l doiv	7 l 17 ſ 6
80 l doiv	7 l
70 l doiv	6 l 2 ſ 6
60 l doiv	5 l 5 ſ
50 l doiv	4 l 7 ſ 6
40 l doiv	3 l 10 ſ
30 l doiv	2 l 12 ſ 6
20 l doiv	1 l 15 ſ
10 l doiv	17 ſ 6
9 l doiv	15 ſ 9
8 l doiv	14 ſ
7 l doiv	12 ſ 3
6 l doiv	10 ſ 6
5 l doiv	8 ſ 9
4 l doiv	7 ſ
3 l doiv	5 ſ 3
2 l doiv	3 ſ 6
1 l doit	1 ſ 9

CHANGE

A 8 & $\frac{7}{8}$ pour Cent,

qui est 8 l. 17 s. 6 d. sur 100 l.

100000 l doiv	8875 l	
50000 l doiv	4437 l 10 s	
10000 l doiv	887 l 10 s	
9000 l doiv	798 l 15 s	
8000 l doiv	710 l	
7000 l doiv	621 l 5 s	
6000 l doiv	532 l 10 s	
5000 l doiv	443 l 15 s	
4000 l doiv	355 l	
3000 l doiv	266 l 5 s	
2000 l doiv	177 l 10 s	
1000 l doiv	88 l 15 s	
900 l doiv	79 l 17 s 6	
800 l doiv	71 l	
700 l doiv	62 l 2 s 6	
600 l doiv	53 l 5 s	
500 l doiv	44 l 7 s 6	
400 l doiv	35 l 10 s	
300 l doiv	26 l 12 s 6	
200 l doiv	17 l 15 s	
100 l doiv	8 l 17 s 6	
90 l doiv	7 l 19 s 9	
80 l doiv	7 l 2 s	
70 l doiv	6 l 4 s 3	
60 l doiv	5 l 6 s 6	
50 l doiv	4 l 8 s 9	
40 l doiv	3 l 11 s	
30 l doiv	2 l 13 s 3	
20 l doiv	1 l 15 s 6	
10 l doiv	17 s 9	
9 l doiv	15 s 11	
8 l doiv	14 s 2	
7 l doiv	12 s 5	
6 l doiv	10 s 7	
5 l doiv	8 s 10	
4 l doiv	7 s 1	
3 l doiv	5 s 3	
2 l doiv	3 s 6	
1 l doit	1 s 9	

A neuf pour Cent,

qui est 9 livres sur 100 liv.

100000 l doiv	9000 l	
50000 l doiv	4500 l	
10000 l doiv	900 l	
9000 l doiv	810 l	
8000 l doiv	720 l	
7000 l doiv	630 l	
6000 l doiv	540 l	
5000 l doiv	450 l	
4000 l doiv	360 l	
3000 l doiv	270 l	
2000 l doiv	180 l	
1000 l doiv	90 l	
900 l doiv	81 l	
800 l doiv	72 l	
700 l doiv	63 l	
600 l doiv	54 l	
500 l doiv	45 l	
400 l doiv	36 l	
300 l doiv	27 l	
200 l doiv	18 l	
100 l doiv	9 l	
90 l doiv	8 l 2 s	
80 l doiv	7 l 4 s	
70 l doiv	6 l 6 s	
60 l doiv	5 l 8 s	
50 l doiv	4 l 10 s	
40 l doiv	3 l 12 s	
30 l doiv	2 l 14 s	
20 l doiv	1 l 16 s	
10 l doiv	18 s	
9 l doiv	16 s 2	
8 l doiv	14 s 4	
7 l doiv	12 s 7	
6 l doiv	10 s 9	
5 l doiv	9 s	
4 l doiv	7 s 2	
3 l doiv	5 s 4	
2 l doiv	3 s 7	
1 l doit	1 s 9	

D

CHANGE A 9 & 1/8 pour Cent,

qui eſt 9 l. 2 ſ. 6 d. ſur 100 l.

CHANGE A 9 & 1/4 pour Cent,

qui eſt 9 liv. 5 ſ. ſur 100 liv.

A 9 & 1/8 pour Cent	A 9 & 1/4 pour Cent
100000 l doiv 9125 l	100000 l doiv 9250 l
50000 l doiv 4562 l 10 ſ	50000 l doiv 4625 l
10000 l doiv 912 l 10 ſ	10000 l doiv 925 l
9000 l doiv 821 l 5 ſ	9000 l doiv 832 l 10 ſ
8000 l doiv 730 l	8000 l doiv 740 l
7000 l doiv 638 l 15 ſ	7000 l doiv 647 l 10 ſ
6000 l doiv 547 l 10 ſ	6000 l doiv 555 l
5000 l doiv 456 l 5 ſ	5000 l doiv 462 l 10 ſ
4000 l doiv 365 l	4000 l doiv 370 l
3000 l doiv 273 l 15 ſ	3000 l doiv 277 l 10 ſ
2000 l doiv 182 l 10 ſ	2000 l doiv 185 l
1000 l doiv 91 l 5 ſ	1000 l doiv 92 l 10 ſ
900 l doiv 82 l 2 ſ 6	900 l doiv 83 l 5 ſ
800 l doiv 73 l	800 l doiv 74 l
700 l doiv 63 l 17 ſ 6	700 l doiv 64 l 15 ſ
600 l doiv 54 l 15 ſ	600 l doiv 55 l 10 ſ
500 l doiv 45 l 12 ſ 6	500 l doiv 46 l 5 ſ
400 l doiv 36 l 10 ſ	400 l doiv 37 l
300 l doiv 27 l 7 ſ 6	300 l doiv 27 l 15 ſ
200 l doiv 18 l 5 ſ	200 l doiv 18 l 10 ſ
100 l doiv 9 l 2 ſ 6	100 l doiv 9 l 5 ſ
90 l doiv 8 l 4 ſ 3	90 l doiv 8 l 6 ſ 6
80 l doiv 7 l 6 ſ	80 l doiv 7 l 8 ſ
70 l doiv 6 l 7 ſ 9	70 l doiv 6 l 9 ſ 6
60 l doiv 5 l 9 ſ 6	60 l doiv 5 l 11 ſ
50 l doiv 4 l 11 ſ 3	50 l doiv 4 l 12 ſ 6
40 l doiv 3 l 13 ſ	40 l doiv 3 l 14 ſ
30 l doiv 2 l 14 ſ 9	30 l doiv 2 l 15 ſ 6
20 l doiv 1 l 16 ſ 6	20 l doiv 1 l 17 ſ
10 l doiv 18 ſ 3	10 l doiv 18 ſ 6
9 l doiv 16 ſ 5	9 l doiv 16 ſ 7
8 l doiv 14 ſ 7	8 l doiv 14 ſ 9
7 l doiv 12 ſ 9	7 l doiv 12 ſ 11
6 l doiv 10 ſ 11	6 l doiv 11 ſ 1
5 l doiv 9 ſ 1	5 l doiv 9 ſ 3
4 l doiv 7 ſ 3	4 l doiv 7 ſ 4
3 l doiv 5 ſ 5	3 l doiv 5 ſ 6
2 l doiv 3 ſ 7	2 l doiv 3 ſ 8
1 l doit 1 ſ 9	1 l doit 1 ſ 10

A 9 & $\frac{3}{8}$ pour Cent,
qui eſt 9 l. 7 ſ 6 d. ſur 100 l.

100000 l doiv	9375 l
50000 l doiv	4687 l 10 ſ
10000 l doiv	937 l 10 ſ
9000 l doiv	843 l 15 ſ
8000 l doiv	750 l
7000 l doiv	656 l 5 ſ
6000 l doiv	562 l 10 ſ
5000 l doiv	468 l 15 ſ
4000 l doiv	375 l
3000 l doiv	281 l 5 ſ
2000 l doiv	187 l 10 ſ
1000 l doiv	93 l 15 ſ
900 l doiv	84 l 7 ſ 6
800 l doiv	75 l
700 l doiv	65 l 12 ſ 6
600 l doiv	56 l 5 ſ
500 l doiv	46 l 17 ſ 6
400 l doiv	37 l 10 ſ
300 l doiv	28 l 2 ſ 6
200 l doiv	18 l 15 ſ
100 l doiv	9 l 7 ſ 6
90 l doiv	8 l 8 ſ 9
80 l doiv	7 l 10 ſ
70 l doiv	6 l 11 ſ 3
60 l doiv	5 l 12 ſ 6
50 l doiv	4 l 13 ſ 9
40 l doiv	3 l 15 ſ
30 l doiv	2 l 16 ſ 3
20 l doiv	1 l 17 ſ 6
10 l doiv	18 ſ 9
9 l doiv	16 ſ 10
8 l doiv	15 ſ
7 l doiv	13 ſ 1
6 l doiv	11 ſ 3
5 l doiv	9 ſ 4
4 l doiv	7 ſ 6
3 l doiv	5 ſ 7
2 l doiv	3 ſ 9
1 l doit	1 ſ 10

A 9 & $\frac{1}{2}$ pour Cent,
qui eſt 9 liv. 10 ſols ſur 100 l.

100000 l doiv	9500 l
50000 l doiv	4750 l
10000 l doiv	950 l
9000 l doiv	855 l
8000 l doiv	760 l
7000 l doiv	665 l
6000 l doiv	570 l
5000 l doiv	475 l
4000 l doiv	380 l
3000 l doiv	285 l
2000 l doiv	190 l
1000 l doiv	95 l
900 l doiv	85 l 10 ſ
800 l doiv	76 l
700 l doiv	66 l 10 ſ
600 l doiv	57 l
500 l doiv	47 l 10 ſ
400 l doiv	38 l
300 l doiv	28 l 10 ſ
200 l doiv	19 l
100 l doiv	9 l 10 ſ
90 l doiv	8 l 11 ſ
80 l doiv	7 l 12 ſ
70 l doiv	6 l 13 ſ
60 l doiv	5 l 14 ſ
50 l doiv	4 l 15 ſ
40 l doiv	3 l 16 ſ
30 l doiv	2 l 17 ſ
20 l doiv	1 l 18 ſ
10 l doiv	19 ſ
9 l doiv	17 ſ 1
8 l doiv	15 ſ 2
7 l doiv	13 ſ 3
6 l doiv	11 ſ 4
5 l doiv	9 ſ 6
4 l doiv	7 ſ 7
3 l doiv	5 ſ 8
2 l doiv	3 ſ 9
1 l doit	1 ſ 10

CHANGE

A 9 & 5/8 pour Cent,	A 9 & 3/4 pour Cent,
qui eſt 9 liv 12 ſ 6 d. ſur 100 l.	qui eſt 9 liv. 15 ſ ſur 100 l.
100000 l doiv 9625 l	100000 l doiv 9750 l
50000 l doiv 4812 l 10 ſ	50000 l doiv 4875 l
10000 l doiv 962 l 10 ſ	10000 l doiv 975 l
9000 l doiv 866 l 5 ſ	9000 l doiv 877 l 10 ſ
8000 l doiv 770 l	8000 l doiv 780 l
7000 l doiv 673 l 15 ſ	7000 l doiv 682 l 10 ſ
6000 l doiv 577 l 10 ſ	6000 l doiv 585 l
5000 l doiv 481 l 5 ſ	5000 l doiv 487 l 10 ſ
4000 l doiv 385 l	4000 l doiv 390 l
3000 l doiv 288 l 15 ſ	3000 l doiv 292 l 10 ſ
2000 l doiv 192 l 10 ſ	2000 l doiv 195 l
1000 l doiv 96 l 5 ſ	1000 l doiv 97 l 10 ſ
900 l doiv 86 l 12 ſ 6	900 l doiv 87 l 15 ſ
800 l doiv 77 l	800 l doiv 78 l
700 l doiv 67 l 7 ſ 6	700 l doiv 68 l 5 ſ
600 l doiv 57 l 15 ſ	600 l doiv 58 l 10 ſ
500 l doiv 48 l 2 ſ 6	500 l doiv 48 l 15 ſ
400 l doiv 38 l 10 ſ	400 l doiv 39 l
300 l doiv 28 l 17 ſ 6	300 l doiv 29 l 5 ſ
200 l doiv 19 l 5 ſ	200 l doiv 19 l 10 ſ
100 l doiv 9 l 12 ſ 6	100 l doiv 9 l 15 ſ
90 l doiv 8 l 13 ſ 3	90 l doiv 8 l 15 ſ 6
80 l doiv 7 l 14 ſ	80 l doiv 7 l 16 ſ
70 l doiv 6 l 14 ſ 9	70 l doiv 6 l 16 ſ 6
60 l doiv 5 l 15 ſ 6	60 l doiv 5 l 17 ſ
50 l doiv 4 l 16 ſ 3	50 l doiv 4 l 17 ſ 6
40 l doiv 3 l 17 ſ	40 l doiv 3 l 18 ſ
30 l doiv 2 l 17 ſ 9	30 l doiv 2 l 18 ſ 6
20 l doiv 1 l 18 ſ 6	20 l doiv 1 l 19 ſ
10 l doiv 19 ſ 3	10 l doiv 19 ſ 6
9 l doiv 17 ſ 3	9 l doiv 17 ſ 7
8 l doiv 15 ſ 4	8 l doiv 15 ſ 7
7 l doiv 13 ſ 5	7 l doiv 13 ſ 8
6 l doiv 11 ſ 6	6 l doiv 11 ſ 8
5 l doiv 9 ſ 7	5 l doiv 9 ſ 9
4 l doiv 7 ſ 8	4 l doiv 7 ſ 9
3 l doiv 5 ſ 9	3 l doiv 5 ſ 10
2 l doiv 3 ſ 10	2 l doiv 3 ſ 10
1 l doit 1 ſ 11	1 l doit 1 ſ 11

A 9 & $\frac{7}{8}$ pour Cent,   A DIX pour Cent,

qui eſt 9 l. 17 ſ. 6 d. ſur 100 l.		qui eſt 10 livres ſur 100 liv.	
100000 l doiv	9875 l	100000 l doiv	10000 l
50000 l doiv	4937 l 10 ſ	50000 l doiv	5000 l
10000 l doiv	987 l 10 ſ	10000 l doiv	1000 l
9000 l doiv	888 l 15 ſ	9000 l doiv	900 l
8000 l doiv	790 l	8000 l doiv	800 l
7000 l doiv	691 l 5 ſ	7000 l doiv	700 l
6000 l doiv	592 l 10 ſ	6000 l doiv	600 l
5000 l doiv	493 l 15 ſ	5000 l doiv	500 l
4000 l doiv	395 l	4000 l doiv	400 l
3000 l doiv	296 l 5 ſ	3000 l doiv	300 l
2000 l doiv	197 l 10 ſ	2000 l doiv	200 l
1000 l doiv	98 l 15 ſ	1000 l doiv	100 l
900 l doiv	88 l 17 ſ 6	900 l doiv	90 l
800 l doiv	79 l	800 l doiv	80 l
700 l doiv	69 l 2 ſ 6	700 l doiv	70 l
600 l doiv	59 l 5 ſ	600 l doiv	60 l
500 l doiv	49 l 7 ſ 6	500 l doiv	50 l
400 l doiv	39 l 10 ſ	400 l doiv	40 l
300 l doiv	29 l 12 ſ 6	300 l doiv	30 l
200 l doiv	19 l 15 ſ	200 l doiv	20 l
100 l doiv	9 l 17 ſ 6	100 l doiv	10 l
90 l doiv	8 l 17 ſ 9	90 l doiv	9 l
80 l doiv	7 l 18 ſ	80 l doiv	8 l
70 l doiv	6 l 18 ſ 3	70 l doiv	7 l
60 l doiv	5 l 18 ſ 6	60 l doiv	6 l
50 l doiv	4 l 18 ſ 9	50 l doiv	5 l
40 l doiv	3 l 19 ſ	40 l doiv	4 l
30 l doiv	2 l 19 ſ 3	30 l doiv	3 l
20 l doiv	1 l 19 ſ 6	20 l doiv	2 l
10 l doiv	19 ſ 9	10 l doiv	1 l
9 l doiv	17 ſ 9	9 l doiv	18 ſ
8 l doiv	15 ſ 9	8 l doiv	16 ſ
7 l doiv	13 ſ 9	7 l doiv	14 ſ
6 l doiv	11 ſ 10	6 l doiv	12 ſ
5 l doiv	9 ſ 10	5 l doiv	10 ſ
4 l doiv	7 ſ 10	4 l doiv	8 ſ
3 l doiv	5 ſ 11	3 l doiv	6 ſ
2 l doiv	3 ſ 11	2 l doiv	4 ſ
1 l doit	1 ſ 11	1 l doit	2 ſ

CHANGE
A 10 & ½
pour Cent,
qui eſt 10 liv. 10 ſ. ſur 100 l.

100000 l doiv	10500 l	
50000 l doiv	5250 l	
10000 l doiv	1050 l	
9000 l doiv	945 l	
8000 l doiv	840 l	
7000 l doiv	735 l	
6000 l doiv	630 l	
5000 l doiv	525 l	
4000 l doiv	420 l	
3000 l doiv	315 l	
2000 l doiv	210 l	
1000 l doiv	105 l	
900 l doiv	94 l	10 ſ
800 l doiv	84 l	
700 l doiv	73 l	10 ſ
600 l doiv	63 l	
500 l doiv	52 l	10 ſ
400 l doiv	42 l	
300 l doiv	31 l	10 ſ
200 l doiv	21 l	
100 l doiv	10 l	10 ſ
90 l doiv	9 l	9 ſ
80 l doiv	8 l	8 ſ
70 l doiv	7 l	7 ſ
60 l doiv	6 l	6 ſ
50 l doiv	5 l	5 ſ
40 l doiv	4 l	4 ſ
30 l doiv	3 l	3 ſ
20 l doiv	2 l	2 ſ
10 l doiv	1 l	1 ſ
9 l doiv	18 ſ	10
8 l doiv	16 ſ	9
7 l doiv	14 ſ	8
6 l doiv	12 ſ	7
5 l doiv	10 ſ	6
4 l doiv	8 ſ	4
3 l doiv	6 ſ	3
2 l doiv	4 ſ	2
1 l doit	2 ſ	1

CHANGE
A ONZE
pour Cent,
qui eſt 11 livres ſur 100 liv.

100000 l doiv	11000 l	
50000 l doiv	5500 l	
10000 l doiv	1100 l	
9000 l doiv	990 l	
8000 l doiv	880 l	
7000 l doiv	770 l	
6000 l doiv	660 l	
5000 l doiv	550 l	
4000 l doiv	440 l	
3000 l doiv	330 l	
2000 l doiv	220 l	
1000 l doiv	110 l	
900 l doiv	99 l	
800 l doiv	88 l	
700 l doiv	77 l	
600 l doiv	66 l	
500 l doiv	55 l	
400 l doiv	44 l	
300 l doiv	33 l	
200 l doiv	22 l	
100 l doiv	11 l	
90 l doiv	9 l	18 ſ
80 l doiv	8 l	16 ſ
70 l doiv	7 l	14 ſ
60 l doiv	6 l	12 ſ
50 l doiv	5 l	10 ſ
40 l doiv	4 l	8 ſ
30 l doiv	3 l	6 ſ
20 l doiv	2 l	4 ſ
10 l doiv	1 l	2 ſ
9 l doiv	19 ſ	9
8 l doiv	17 ſ	7
7 l doiv	15 ſ	4
6 l doiv	13 ſ	2
5 l doiv	11 ſ	
4 l doiv	8 ſ	9
3 l doiv	6 ſ	7
2 l doiv	4 ſ	4
1 l doit	2 ſ	2

A 11 & ½ pour Cent,

qui eſt 11 liv. 10 ſ. ſur 100 liv.

A douze pour Cent,

qui eſt 12 livres ſur 100 liv.

100000 l doiv	11500 l		100000 l doiv	12000 l
50000 l doiv	5750 l		50000 l doiv	6000 l
10000 l doiv	1150 l		10000 l doiv	1200 l
9000 l doiv	1035 l		9000 l doiv	1080 l
8000 l doiv	920 l		8000 l doiv	960 l
7000 l doiv	805 l		7000 l doiv	840 l
6000 l doiv	690 l		6000 l doiv	720 l
5000 l doiv	575 l		5000 l doiv	600 l
4000 l doiv	460 l		4000 l doiv	480 l
3000 l doiv	345 l		3000 l doiv	360 l
2000 l doiv	230 l		2000 l doiv	240 l
1000 l doiv	115 l		1000 l doiv	120 l
900 l doiv	103 l 10 ſ		900 l doiv	108 l
800 l doiv	92 l		800 l doiv	96 l
700 l doiv	80 l 10 ſ		700 l doiv	84 l
600 l doiv	69 l		600 l doiv	72 l
500 l doiv	57 l 10 ſ		500 l doiv	60 l
400 l doiv	46 l		400 l doiv	48 l
300 l doiv	34 l 10 ſ		300 l doiv	36 l
200 l doiv	23 l		200 l doiv	24 l
100 l doiv	11 l 10 ſ		100 l doiv	12 l
90 l doiv	10 l 7 ſ		90 l doiv	10 l 16 ſ
80 l doiv	9 l 4 ſ		80 l doiv	9 l 12 ſ
70 l doiv	8 l 1 ſ		70 l doiv	8 l 8 ſ
60 l doiv	6 l 18 ſ		60 l doiv	7 l 4 ſ
50 l doiv	5 l 15 ſ		50 l doiv	6 l
40 l doiv	4 l 12 ſ		40 l doiv	4 l 16 ſ
20 l doiv	3 l 9 ſ		30 l doiv	3 l 12 ſ
30 l doiv	2 l 6 ſ		20 l doiv	2 l 8 ſ
10 l doiv	1 l 3 ſ		10 l doiv	1 l 4 ſ
9 l doiv	1 l 8		9 l doiv	1 l 1 ſ 7
8 l doiv	18 ſ 4		8 l doiv	19 ſ 2
7 l doiv	16 ſ 1		7 l doiv	16 ſ 9
6 l doiv	13 ſ 9		6 l doiv	14 ſ 4
5 l doiv	11 ſ 6		5 l doiv	12 ſ
4 l doiv	9 ſ 2		4 l doiv	9 ſ 7
3 l doiv	6 ſ 10		3 l doiv	7 ſ 2
2 l doiv	4 ſ 7		2 l doiv	4 ſ 9
1 l doit	2 ſ 3		1 l doit	2 ſ 4

CHANGE
A 12 & ½
pour Cent,
qui eſt 12 liv. 10 ſ. ſur 100 l.

100000 l	doiv	12500 l
50000 l	doiv	6250 l
10000 l	doiv	1250 l
9000 l	doiv	1125 l
8000 l	doiv	1000 l
7000 l	doiv	875 l
6000 l	doiv	750 l
5000 l	doiv	625 l
4000 l	doiv	500 l
3000 l	doiv	375 l
2000 l	doiv	250 l
1000 l	doiv	125 l
900 l	doiv	112 l 10 ſ
800 l	doiv	100 l
700 l	doiv	87 l 10 ſ
600 l	doiv	75 l
500 l	doiv	62 l 10 ſ
400 l	doiv	50 l
300 l	doiv	37 l 10 ſ
200 l	doiv	25 l
100 l	doiv	12 l 10 ſ
90 l	doiv	11 l 5 ſ
80 l	doiv	10 l
70 l	doiv	8 l 15 ſ
60 l	doiv	7 l 10 ſ
50 l	doiv	6 l 5 ſ
40 l	doiv	5 l
30 l	doiv	3 l 15 ſ
20 l	doiv	2 l 10 ſ
10 l	doiv	1 l 5 ſ
9 l	doiv	1 l 2 ſ 6
8 l	doiv	1 l
7 l	doiv	17 ſ 6
6 l	doiv	15 ſ
5 l	doiv	12 ſ 6
4 l	doiv	10 ſ
3 l	doiv	7 ſ 6
2 l	doiv	5 ſ
1 l	doit	2 ſ 6

CHANGE
A treize
pour Cent,
qui eſt 13 livres ſur 100 liv.

100000 l	doiv	13000 l
50000 l	doiv	6500 l
10000 l	doiv	1300 l
9000 l	doiv	1170 l
8000 l	doiv	1040 l
7000 l	doiv	910 l
6000 l	doiv	780 l
5000 l	doiv	650 l
4000 l	doiv	520 l
3000 l	doiv	390 l
2000 l	doiv	260 l
1000 l	doiv	130 l
900 l	doiv	117 l
800 l	doiv	104 l
700 l	doiv	91 l
600 l	doiv	78 l
500 l	doiv	65 l
400 l	doiv	52 l
300 l	doiv	39 l
200 l	doiv	26 l
100 l	doiv	13 l
90 l	doiv	11 l 14 ſ
80 l	doiv	10 l 8 ſ
70 l	doiv	9 l 2 ſ
60 l	doiv	7 l 16 ſ
50 l	doiv	6 l 10 ſ
40 l	doiv	5 l 4 ſ
30 l	doiv	3 l 18 ſ
20 l	doiv	2 l 12 ſ
10 l	doiv	1 l 6 ſ
9 l	doiv	1 l 3 ſ 4
8 l	doiv	1 l 9
7 l	doiv	18 ſ 2
6 l	doiv	15 ſ 7
5 l	doiv	13 ſ
4 l	doiv	10 ſ 4
3 l	doiv	7 ſ 9
2 l	doiv	5 ſ 2
1 l	doit	2 ſ 7

A 13 & ½
pour Cent,
qui est 13 *liv.* 10 *s. sur* 100 *l.*

100000 l doiv	13500 l	
50000 l doiv	6750 l	
10000 l doiv	1350 l	
9000 l doiv	1215 l	
8000 l doiv	1080 l	
7000 l doiv	945 l	
6000 l doiv	810 l	
5000 l doiv	675 l	
4000 l doiv	540 l	
3000 l doiv	405 l	
2000 l doiv	270 l	
1000 l doiv	135 l	
900 l doiv	121 l	10 s
800 l doiv	108 l	
700 l doiv	94 l	10 s
600 l doiv	81 l	
500 l doiv	67 l	10 s
400 l doiv	54 l	
300 l doiv	40 l	10 s
200 l doiv	27 l	
100 l doiv	13 l	10 s
90 l doiv	12 l	3 s
80 l doiv	10 l	16 s
70 l doiv	9 l	9 s
60 l doiv	8 l	2 s
50 l doiv	6 l	15 s
40 l doiv	5 l	8 s
30 l doiv	4 l	1 s
20 l doiv	2 l	14 s
10 l doiv	1 l	7 s
9 l doiv	1 l	4 s 3
8 l doiv	1 l	1 s 7
7 l doiv		18 s 10
6 l doiv		16 s 2
5 l doiv		13 s 6
4 l doiv		10 s 9
3 l doiv		8 s 1
2 l doiv		5 s 4
1 l doit		2 s 8

A quatorze
pour Cent,
qui est 14 *livres sur* 100 *liv.*

100000 l doiv	14000 l	
50000 l doiv	7000 l	
10000 l doiv	1400 l	
9000 l doiv	1260 l	
8000 l doiv	1120 l	
7000 l doiv	980 l	
6000 l doiv	840 l	
5000 l doiv	700 l	
4000 l doiv	560 l	
3000 l doiv	420 l	
2000 l doiv	280 l	
1000 l doiv	140 l	
900 l doiv	126 l	
800 l doiv	112 l	
700 l doiv	98 l	
600 l doiv	84 l	
500 l doiv	70 l	
400 l doiv	56 l	
300 l doiv	42 l	
200 l doiv	28 l	
100 l doiv	14 l	
90 l doiv	12 l	12 s
80 l doiv	11 l	4 s
70 l doiv	9 l	16 s
60 l doiv	8 l	8 s
50 l doiv	7 l	
40 l doiv	5 l	12 s
30 l doiv	4 l	4 s
20 l doiv	2 l	16 s
10 l doiv	1 l	8 s
9 l doiv	1 l	5 s 2
8 l doiv	1 l	2 s 4
7 l doiv		19 s 7
6 l doiv		16 s 9
5 l doiv		14 s
4 l doiv		11 s 2
3 l doiv		8 s 4
2 l doiv		5 s 7
1 l doit		2 s 9

CHANGE	CHANGE
A 14 & ½	**A quinze**
pour Cent.	pour Cent,
qui eſt 14 liv. 10 ſ. ſur 100 L.	*qui eſt 15 livres ſur 100 liv.*

100000 l doiv 14500 l	100000 l doiv 15000 l
50000 l doiv 7250 l	50000 l doiv 7500 l
10000 l doiv 1450 l	10000 l doiv 1500 l
9000 l doiv 1305 l	9000 l doiv 1350 l
8000 l doiv 1160 l	8000 l doiv 1200 l
7000 l doiv 1015 l	7000 l doiv 1050 l
6000 l doiv 870 l	6000 l doiv 900 l
5000 l doiv 725 l	5000 l doiv 750 l
4000 l doiv 580 l	4000 l doiv 600 l
3000 l doiv 435 l	3000 l doiv 450 l
2000 l doiv 290 l	2000 l doiv 300 l
1000 l doiv 145 l	1000 l doiv 150 l
900 l doiv 130 l 10 ſ	900 l doiv 135 l
800 l doiv 116 l	800 l doiv 120 l
700 l doiv 101 l 10 ſ	700 l doiv 105 l
600 l doiv 87 l	600 l doiv 90 l
500 l doiv 72 l 10 ſ	500 l doiv 75 l
400 l doiv 58 l	400 l doiv 60 l
300 l doiv 43 l 10 ſ	300 l doiv 45 l
200 l doiv 29 l	200 l doiv 30 l
100 l doiv 14 l 10 ſ	100 l doiv 15 l
90 l doiv 13 l 1 ſ	90 l doiv 13 l 10 ſ
80 l doiv 11 l 12 ſ	80 l doiv 12 l
70 l doiv 10 l 3 ſ	70 l doiv 10 l 10 ſ
60 l doiv 8 l 14 ſ	60 l doiv 9 l
50 l doiv 7 l 5 ſ	50 l doiv 7 l 10 ſ
40 l doiv 5 l 16 ſ	40 l doiv 6 l
30 l doiv 4 l 7 ſ	30 l doiv 4 l 10 ſ
20 l doiv 2 l 18 ſ	20 l doiv 3 l
10 l doiv 1 l 9 ſ	10 l doiv 1 l 10 ſ
9 l doiv 1 l 6 ſ 1	9 l doiv 1 l 7 ſ
8 l doiv 1 l 3 ſ 2	8 l doiv 1 l 4 ſ
7 l doiv 1 l 3	7 l doiv 1 l 1 ſ
6 l doiv 17 ſ 4	6 l doiv 18 ſ
5 l doiv 14 ſ 6	5 l doiv 15 ſ
4 l doiv 11 ſ 7	4 l doiv 12 ſ
3 l doiv 8 ſ 8	3 l doiv 9 ſ
2 l doiv 5 ſ 9	2 l doiv 6 ſ
1 l doit 2 ſ 10	1 l doit 3 ſ

	A 15 & ½	**A seize**
	pour Cent,	pour Cent,
	qui est 15 liv. 10 s. sur 100 l.	*qui est 16 livres sur 100 liv.*
100000 l doiv	15500 l	100000 l doiv 16000 l
50000 l doiv	7750 l	50000 l doiv 8000 l
10000 l doiv	1550 l	10000 l doiv 1600 l
9000 l doiv	1395 l	9000 l doiv 1440 l
8000 l doiv	1240 l	8000 l doiv 1280 l
7000 l doiv	1085 l	7000 l doiv 1120 l
6000 l doiv	930 l	6000 l doiv 960 l
5000 l doiv	775 l	5000 l doiv 800 l
4000 l doiv	620 l	4000 l doiv 640 l
3000 l doiv	465 l	3000 l doiv 480 l
2000 l doiv	310 l	2000 l doiv 320 l
1000 l doiv	155 l	1000 l doiv 160 l
900 l doiv	139 l 10 s	900 l doiv 144 l
800 l doiv	124 l	800 l doiv 128 l
700 l doiv	108 l 10 s	700 l doiv 112 l
600 l doiv	93 l	600 l doiv 96 l
500 l doiv	77 l 10 s	500 l doiv 80 l
400 l doiv	62 l	400 l doiv 64 l
300 l doiv	46 l 10 s	300 l doiv 48 l
200 l doiv	31 l	200 l doiv 32 l
100 l doiv	15 l 10 s	100 l doiv 16 l
90 l doiv	13 l 19 s	90 l doiv 14 l 8 s
80 l doiv	12 l 8 s	80 l doiv 12 l 16 s
70 l doiv	10 l 17 s	70 l doiv 11 l 4 s
60 l doiv	9 l 6 s	60 l doiv 9 l 12 s
50 l doiv	7 l 15 s	50 l doiv 8 l
40 l doiv	6 l 4 s	40 l doiv 6 l 8 s
30 l doiv	4 l 13 s	30 l doiv 4 l 16 s
20 l doiv	3 l 2 s	20 l doiv 3 l 4 s
10 l doiv	1 l 11 s	10 l doiv 1 l 12 s
9 l doiv	1 l 7 s 10	9 l doiv 1 l 8 s 9
8 l doiv	1 l 4 s 9	8 l doiv 1 l 5 s 7
7 l doiv	1 l 1 s 8	7 l doiv 1 l 2 s 4
6 l doiv	18 s 7	6 l doiv 19 s 2
5 l doiv	15 s 6	5 l doiv 16 s
4 l doiv	12 s 4	4 l doiv 12 s 9
3 l doiv	9 s 3	3 l doiv 9 s 7
2 l doiv	6 s 2	2 l doiv 6 s 4
1 l doit	3 s 1	1 l doit 3 s 2

CHANGE A 16 & ½ pour Cent, qui eſt 16 liv. 10 ſ. ſur 100 l.		CHANGE A dix-ſept pour Cent, qui eſt 17 livres ſur 100 liv.	
100000 l doiv	16500 l	100000 l doiv	17000 l
50000 l doiv	8250 l	50000 l doiv	8500 l
10000 l doiv	1650 l	10000 l doiv	1700 l
9000 l doiv	1485 l	9000 l doiv	1530 l
8000 l doiv	1320 l	8000 l doiv	1360 l
7000 l doiv	1155 l	7000 l doiv	1190 l
6000 l doiv	990 l	6000 l doiv	1020 l
5000 l doiv	825 l	5000 l doiv	850 l
4000 l doiv	660 l	4000 l doiv	680 l
3000 l doiv	495 l	3000 l doiv	510 l
2000 l doiv	330 l	2000 l doiv	340 l
1000 l doiv	165 l	1000 l doiv	170 l
900 l doiv	148 l 10 ſ	900 l doiv	153 l
800 l doiv	132 l	800 l doiv	136 l
700 l doiv	115 l 10 ſ	700 l doiv	119 l
600 l doiv	99 l	600 l doiv	102 l
500 l doiv	82 l 10 ſ	500 l doiv	85 l
400 l doiv	66 l	400 l doiv	68 l
300 l doiv	49 l 10 ſ	300 l doiv	51 l
200 l doiv	33 l	200 l doiv	34 l
100 l doiv	16 l 10 ſ	100 l doiv	17 l
90 l doiv	14 l 17 ſ	90 l doiv	15 l 6 ſ
80 l doiv	13 l 4 ſ	80 l doiv	13 l 12 ſ
70 l doiv	11 l 11 ſ	70 l doiv	11 l 18 ſ
60 l doiv	9 l 18 ſ	60 l doiv	10 l 4 ſ
50 l doiv	8 l 5 ſ	50 l doiv	8 l 10 ſ
40 l doiv	6 l 12 ſ	40 l doiv	6 l 16 ſ
30 l doiv	4 l 19 ſ	30 l doiv	5 l 2 ſ
20 l doiv	3 l 6 ſ	20 l doiv	3 l 8 ſ
10 l doiv	1 l 13 ſ	10 l doiv	1 l 14 ſ
9 l doiv	1 l 9 ſ 8	9 l doiv	1 l 10 ſ 7
8 l doiv	1 l 6 ſ 4	8 l doiv	1 l 7 ſ 2
7 l doiv	1 l 3 ſ 1	7 l doiv	1 l 3 ſ 9
6 l doiv	19 ſ 9	6 l doiv	1 l 4
5 l doiv	16 ſ 6	5 l doiv	17 ſ
4 l doiv	13 ſ 2	4 l doiv	13 ſ 7
3 l doiv	9 ſ 10	3 l doiv	10 ſ 2
2 l doiv	6 ſ 7	2 l doiv	6 ſ 9
1 l doit	3 ſ 3	1 l doit	3 ſ 4

CHANGE

A 17 & ½ pour Cent, qui eſt 17 liv. 10 ſ. ſur 100 l.				A dix-huit pour Cent, qui eſt 18 livres ſur 100 liv.			
100000 l doiv	17500 l			100000 l doiv	18000 l		
50000 l doiv	8750 l			50000 l doiv	9000 l		
10000 l doiv	1750 l			10000 l doiv	1800 l		
9000 l doiv	1575 l			9000 l doiv	1620 l		
8000 l doiv	1400 l			8000 l doiv	1440 l		
7000 l doiv	1225 l			7000 l doiv	1260 l		
6000 l doiv	1050 l			6000 l doiv	1080 l		
5000 l doiv	875 l			5000 l doiv	900 l		
4000 l doiv	700 l			4000 l doiv	720 l		
3000 l doiv	525 l			3000 l doiv	540 l		
2000 l doiv	350 l			2000 l doiv	360 l		
1000 l doiv	175 l			1000 l doiv	180 l		
900 l doiv	157 l	10 ſ		900 l doiv	162 l		
800 l doiv	140 l			800 l doiv	144 l		
700 l doiv	122 l	10 ſ		700 l doiv	126 l		
600 l doiv	105 l			600 l doiv	108 l		
500 l doiv	87 l	10 ſ		500 l doiv	90 l		
400 l doiv	70 l			400 l doiv	72 l		
300 l doiv	52 l	10 ſ		300 l doiv	54 l		
200 l doiv	35 l			200 l doiv	36 l		
100 l doiv	17 l	10 ſ		100 l doiv	18 l		
90 l doiv	15 l	15 ſ		90 l doiv	16 l	4 ſ	
80 l doiv	14 l			80 l doiv	14 l	8 ſ	
70 l doiv	12 l	5 ſ		70 l doiv	12 l	12 ſ	
60 l doiv	10 l	10 ſ		60 l doiv	10 l	16 ſ	
50 l doiv	8 l	15 ſ		50 l doiv	9 l		
40 l doiv	7 l			40 l doiv	7 l	4 ſ	
30 l doiv	5 l	5 ſ		30 l doiv	5 l	8 ſ	
20 l doiv	3 l	10 ſ		20 l doiv	3 l	12 ſ	
10 l doiv	1 l	15 ſ		10 l doiv	1 l	16 ſ	
9 l doiv	1 l	11 ſ	6	9 l doiv	1 l	12 ſ	4
8 l doiv	1 l	8 ſ		8 l doiv	1 l	8 ſ	9
7 l doiv	1 l	4 ſ	6	7 l doiv	1 l	5 ſ	2
6 l doiv	1 l	1 ſ		6 l doiv	1 l	1 ſ	7
5 l doiv		17 ſ	6	5 l doiv		18 ſ	
4 l doiv		14 ſ		4 l doiv		14 ſ	4
3 l doiv		10 ſ	6	3 l doiv		10 ſ	9
2 l doiv		7 ſ		2 l doiv		7 ſ	2
1 l doit		3 ſ	6	1 l doit		3 ſ	7

E

CHANGE A 18 & ½ pour Cent,

qui eſt 18 l. 10 ſ. ſur 100 liv.

100000 l doiv	18500 l	
50000 l doiv	9250 l	
10000 l doiv	1850 l	
9000 l doiv	1665 l	
8000 l doiv	1480 l	
7000 l doiv	1295 l	
6000 l doiv	1110 l	
5000 l doiv	925 l	
4000 l doiv	740 l	
3000 l doiv	555 l	
2000 l doiv	370 l	
1000 l doiv	185 l	
900 l doiv	166 l 10 ſ	
800 l doiv	148 l	
700 l doiv	129 l 10 ſ	
600 l doiv	111 l	
500 l doiv	92 l 10 ſ	
400 l doiv	74 l	
300 l doiv	55 l 10 ſ	
200 l doiv	37 l	
100 l doiv	18 l 10 ſ	
90 l doiv	16 l 13 ſ	
80 l doiv	14 l 16 ſ	
70 l doiv	12 l 19 ſ	
60 l doiv	11 l 2 ſ	
50 l doiv	9 l 5 ſ	
40 l doiv	7 l 8 ſ	
30 l doiv	5 l 11 ſ	
20 l doiv	3 l 14 ſ	
10 l doiv	1 l 17 ſ	
9 l doiv	1 l 13 ſ	3
8 l doiv	1 l 9 ſ	7
7 l doiv	1 l 5 ſ	10
6 l doiv	1 l 2 ſ	2
5 l doiv	18 ſ	6
4 l doiv	14 ſ	9
3 l doiv	11 ſ	1
2 l doiv	7 ſ	4
1 l doit	3 ſ	8

CHANGE A dix-neuf pour Cent,

qui eſt 19 livres ſur 100 liv.

100000 l doiv	19000 l	
50000 l doiv	9500 l	
10000 l doiv	1900 l	
9000 l doiv	1710 l	
8000 l doiv	1520 l	
7000 l doiv	1330 l	
6000 l doiv	1140 l	
5000 l doiv	950 l	
4000 l doiv	760 l	
3000 l doiv	570 l	
2000 l doiv	380 l	
1000 l doiv	190 l	
900 l doiv	171 l	
800 l doiv	152 l	
700 l doiv	133 l	
600 l doiv	114 l	
500 l doiv	95 l	
400 l doiv	76 l	
300 l doiv	57 l	
200 l doiv	38 l	
100 l doiv	19 l	
90 l doiv	17 l 2 ſ	
80 l doiv	15 l 4 ſ	
70 l doiv	13 l 6 ſ	
60 l doiv	11 l 8 ſ	
50 l doiv	9 l 10 ſ	
40 l doiv	7 l 12 ſ	
30 l doiv	5 l 14 ſ	
20 l doiv	3 l 16 ſ	
10 l doiv	1 l 18 ſ	
9 l doiv	1 l 14 ſ	2
8 l doiv	1 l 10 ſ	4
7 l doiv	1 l 6 ſ	7
6 l doiv	1 l 2 ſ	9
5 l doiv	19 ſ	
4 l doiv	15 ſ	2
3 l d iv	11 ſ	4
2 l doiv	7 ſ	7
1 l doit	3 ſ	9

qui est 19 liv. 10 s. sur 100 l

qui est 20 livres sur 100 liv.

100000 l doiv	19500 l		100000 l doiv	20000 l	
50000 l doiv	9750 l		50000 l doiv	10000 l	
10000 l doiv	1950 l		10000 l doiv	2000 l	
9000 l doiv	1755 l		9000 l doiv	1800 l	
8000 l doiv	1560 l		8000 l doiv	1600 l	
7000 l doiv	1365 l		7000 l doiv	1400 l	
6000 l doiv	1170 l		6000 l doiv	1200 l	
5000 l doiv	975 l		5000 l doiv	1000 l	
4000 l doiv	780 l		4000 l doiv	800 l	
3000 l doiv	585 l		3000 l doiv	600 l	
2000 l doiv	390 l		2000 l doiv	400 l	
1000 l doiv	195 l		1000 l doiv	200 l	
900 l doiv	175 l 10 s		900 l doiv	180 l	
800 l doiv	156 l		800 l doiv	160 l	
700 l doiv	136 l 10 s		700 l doiv	140 l	
600 l doiv	117 l		600 l doiv	120 l	
500 l doiv	97 l 10 s		500 l doiv	100 l	
400 l doiv	78 l		400 l doiv	80 l	
300 l doiv	58 l 10 s		300 l doiv	60 l	
200 l doiv	39 l		200 l doiv	40 l	
100 l doiv	19 l 10 s		100 l doiv	20 l	
90 l doiv	17 l 11 s		90 l doiv	18 l	
80 l doiv	15 l 12 s		80 l doiv	16 l	
70 l doiv	13 l 13 s		70 l doiv	14 l	
60 l doiv	11 l 14 s		60 l doiv	12 l	
50 l doiv	9 l 15 s		50 l doiv	10 l	
40 l doiv	7 l 16 s		40 l doiv	8 l	
30 l doiv	5 l 17 s		30 l doiv	6 l	
20 l doiv	3 l 18 s		20 l doiv	4 l	
10 l doiv	1 l 19 s		10 l doiv	2 l	
9 l doiv	1 l 15 s	1	9 l doiv	1 l 16 s	
8 l doiv	1 l 11 s	2	8 l doiv	1 l 12 s	
7 l doiv	1 l 7 s	3	7 l doiv	1 l 8 s	
6 l doiv	1 l 3 s	4	6 l doiv	1 l 4 s	
5 l doiv	19 s	6	5 l doiv	1 l	
4 l doiv	15 s	7	4 l doiv	16 s	
3 l doiv	11 s	8	3 l doiv	12 s	
2 l doiv	7 s	9	2 l doiv	8 s	
1 l doit	3 s	10	1 l doit	4 s	

CHANGE
A vingt-un
pour Cent,

qui eſt 21 livres ſur 100 livres.

CHANGE
A vingt-deux
pour Cent,

qui eſt 22 livres. ſur 100 liv.

À vingt-un pour Cent	À vingt-deux pour Cent
100000 l doiv 21000 l	100000 l doiv 22000 l
50000 l doiv 10500 l	50000 l doiv 11000 l
10000 l doiv 2100 l	10000 l doiv 2200 l
9000 l doiv 1890 l	9000 l doiv 1980 l
8000 l doiv 1680 l	8000 l doiv 1760 l
7000 l doiv 1470 l	7000 l doiv 1540 l
6000 l doiv 1260 l	6000 l doiv 1320 l
5000 l doiv 1050 l	5000 l doiv 1100 l
4000 l doiv 840 l	4000 l doiv 880 l
3000 l doiv 630 l	3000 l doiv 660 l
2000 l doiv 420 l	2000 l doiv 440 l
1000 l doiv 210 l	1000 l doiv 220 l
900 l doiv 189 l	900 l doiv 198 l
800 l doiv 168 l	800 l doiv 176 l
700 l doiv 147 l	700 l doiv 154 l
600 l doiv 126 l	600 l doiv 132 l
500 l doiv 105 l	500 l doiv 110 l
400 l doiv 84 l	400 l doiv 88 l
300 l doiv 63 l	300 l doiv 66 l
200 l doiv 42 l	200 l doiv 44 l
100 l doiv 21 l	100 l doiv 22 l
90 l doiv 18 l 18 ſ	90 l doiv 19 l 16 ſ
80 l doiv 16 l 16 ſ	80 l doiv 17 l 12 ſ
70 l doiv 14 l 14 ſ	70 l doiv 15 l 8 ſ
60 l doiv 12 l 12 ſ	60 l doiv 13 l 4 ſ
50 l doiv 10 l 10 ſ	50 l doiv 11 l
40 l doiv 8 l 8 ſ	40 l doiv 8 l 16 ſ
30 l doiv 6 l 6 ſ	30 l doiv 6 l 12 ſ
20 l doiv 4 l 4 ſ	20 l doiv 4 l 8 ſ
10 l doiv 2 l 2 ſ	10 l doiv 2 l 4 ſ
9 l doiv 1 l 17 ſ 9	9 l doiv 1 l 19 ſ 7
8 l doiv 1 l 13 ſ 7	8 l doiv 1 l 15 ſ 2
7 l doiv 1 l 9 ſ 4	7 l doiv 1 l 10 ſ 9
6 l doiv 1 l 5 ſ 2	6 l doiv 2 l 6 ſ 4
5 l doiv 1 l 1 ſ	5 l doiv 1 l 2 ſ
4 l doiv 16 ſ 9	4 l doiv 17 ſ 7
3 l doiv 12 ſ 7	3 l doiv 13 ſ 2
2 l doiv 8 ſ 4	2 l doiv 8 ſ 9
1 l doit 4 ſ 2	1 l doit 4 ſ 4

A vingt-trois
pour Cent,
qui eſt 23 livres ſur 100 liv.

100000 l doiv	23000 l	
50000 l doiv	11500 l	
10000 l doiv	2300 l	
9000 l doiv	2070 l	
8000 l doiv	1840 l	
7000 l doiv	1610 l	
6000 l doiv	1380 l	
5000 l doiv	1150 l	
4000 l doiv	920 l	
3000 l doiv	690 l	
2000 l doiv	460 l	
1000 l doiv	230 l	
900 l doiv	207 l	
800 l doiv	184 l	
700 l doiv	161 l	
600 l doiv	138 l	
500 l doiv	115 l	
400 l doiv	92 l	
300 l doiv	69 l	
200 l doiv	46 l	
100 l doiv	23 l	
90 l doiv	20 l 14 ſ	
80 l doiv	18 l 8 ſ	
70 l doiv	16 l 2 ſ	
60 l doiv	13 l 16 ſ	
50 l doiv	11 l 10 ſ	
40 l doiv	9 l 4 ſ	
30 l doiv	6 l 18 ſ	
20 l doiv	4 l 12 ſ	
10 l doiv	2 l 6 ſ	
9 l doiv	2 l 1 ſ 4	
8 l doiv	1 l 16 ſ 9	
7 l doiv	1 l 12 ſ 2	
6 l doiv	1 l 7 ſ 7	
5 l doiv	1 l 3 ſ	
4 l doiv	18 ſ 4	
3 l doiv	13 ſ 9	
2 l doiv	9 ſ 2	
1 l doit	4 ſ 7	

A vingt-quatre
pour Cent,
qui eſt 24 livres ſur 100 livres.

100000 l doiv	24000 l	
50000 l doiv	12000 l	
10000 l doiv	2400 l	
9000 l doiv	2160 l	
8000 l doiv	1920 l	
7000 l doiv	1680 l	
6000 l doiv	1440 l	
5000 l doiv	1200 l	
4000 l doiv	960 l	
3000 l doiv	720 l	
2000 l doiv	480 l	
1000 l doiv	240 l	
900 l doiv	216 l	
800 l doiv	192 l	
700 l doiv	168 l	
600 l doiv	144 l	
500 l doiv	120 l	
400 l doiv	96 l	
300 l doiv	72 l	
200 l doiv	48 l	
100 l doiv	24 l	
90 l doiv	21 l 12 ſ	
80 l doiv	19 l 4 ſ	
70 l doiv	16 l 16 ſ	
60 l doiv	14 l 8 ſ	
50 l doiv	12 l	
40 l doiv	9 l 12 ſ	
30 l doiv	7 l 4 ſ	
20 l doiv	4 l 16 ſ	
10 l doiv	2 l 8 ſ	
9 l doiv	2 l 3 ſ 2	
8 l doiv	1 l 18 ſ 4	
7 l doiv	1 l 13 ſ 7	
6 l doiv	1 l 8 ſ 9	
5 l doiv	1 l 4 ſ	
4 l doiv	19 ſ 2	
3 l doiv	14 ſ 4	
2 l doiv	9 ſ 7	
1 l doit	4 ſ 9	

CHANGE

A vingt-cinq
pour Cent,
qui eſt 25 livres ſur 100 liv.

CHANGE

A vingt-ſix
pour Cent,
qui eſt 26 livres ſur 100 liv.

Somme	doit (25%)	Somme	doit (26%)
100000 l	25000 l	100000 l	26000 l
50000 l	12500 l	50000 l	13000 l
10000 l	2500 l	10000 l	2600 l
9000 l	2250 l	9000 l	2340 l
8000 l	2000 l	8000 l	2080 l
7000 l	1750 l	7000 l	1820 l
6000 l	1500 l	6000 l	1560 l
5000 l	1250 l	5000 l	1300 l
4000 l	1000 l	4000 l	1040 l
3000 l	750 l	3000 l	780 l
2000 l	500 l	2000 l	520 l
1000 l	250 l	1000 l	260 l
900 l	225 l	900 l	234 l
800 l	200 l	800 l	208 l
700 l	175 l	700 l	182 l
600 l	150 l	600 l	156 l
500 l	125 l	500 l	130 l
400 l	100 l	400 l	104 l
300 l	75 l	300 l	78 l
200 l	50 l	200 l	52 l
100 l	25 l	100 l	26 l
90 l	22 l 10 ſ	90 l	23 l 8 ſ
80 l	20 l	80 l	20 l 16 ſ
70 l	17 l 10 ſ	70 l	18 l 4 ſ
60 l	15 l	60 l	15 l 12 ſ
50 l	12 l 10 ſ	50 l	13 l
40 l	10 l	40 l	10 l 8 ſ
30 l	7 l 10 ſ	30 l	7 l 16 ſ
20 l	5 l	20 l	5 l 4 ſ
10 l	2 l 10 ſ	10 l	2 l 12 ſ
9 l	2 l 5 ſ	9 l	2 l 6 ſ 9
8 l	2 l	8 l	2 l 1 ſ 7
7 l	1 l 15 ſ	7 l	1 l 16 ſ 4
6 l	1 l 10 ſ	6 l	1 l 11 ſ 2
5 l	1 l 5 ſ	5 l	1 l 6 ſ
4 l	1 l	4 l	1 l 9
3 l	15 ſ	3 l	15 ſ 7
2 l	10 ſ	2 l	10 ſ 4
1 l doit	5 ſ	1 l doit	5 ſ 2

A vingt-sept
pour Cent,

qui eſt 27 livres ſur 100 liv.

100000 l doiv	27000 l	
50000 l doiv	13500 l	
10000 l doiv	2700 l	
9000 l doiv	2430 l	
8000 l doiv	2160 l	
7000 l doiv	1890 l	
6000 l doiv	1620 l	
5000 l doiv	1350 l	
4000 l doiv	1080 l	
3000 l doiv	810 l	
2000 l doiv	540 l	
1000 l doiv	270 l	
900 l doiv	243 l	
800 l doiv	216 l	
700 l doiv	189 l	
600 l doiv	162 l	
500 l doiv	135 l	
400 l doiv	108 l	
300 l doiv	81 l	
200 l doiv	54 l	
100 l doiv	27 l	
90 l doiv	24 l	6 ſ
80 l doiv	21 l	12 ſ
70 l doiv	18 l	18 ſ
60 l doiv	16 l	4 ſ
50 l doiv	13 l	10 ſ
40 l doiv	10 l	16 ſ
30 l doiv	8 l	2 ſ
20 l doiv	5 l	8 ſ
10 l doiv	2 l	14 ſ
9 l doiv	2 l 8 ſ	7
8 l doiv	2 l 3 ſ	2
7 l doiv	1 l 17 ſ	9
6 l doiv	1 l 12 ſ	4
5 l doiv	1 l 7 ſ	
4 l doiv	1 l 1 ſ	7
3 l doiv	16 ſ	2
2 l doiv	10 ſ	9
1 l doit	5 ſ	4

A vingt-huit
pour Cent,

qui eſt 28 livres ſur 100 liv.

100000 l doiv	28000 l	
50000 l doiv	14000 l	
10000 l doiv	2800 l	
9000 l doiv	2520 l	
8000 l doiv	2240 l	
7000 l doiv	1960 l	
6000 l doiv	1680 l	
5000 l doiv	1400 l	
4000 l doiv	1120 l	
3000 l doiv	840 l	
2000 l doiv	560 l	
1000 l doiv	280 l	
900 l doiv	252 l	
800 l doiv	224 l	
700 l doiv	196 l	
600 l doiv	168 l	
500 l doiv	140 l	
400 l doiv	112 l	
300 l doiv	84 l	
200 l doiv	56 l	
100 l doiv	28 l	
90 l doiv	25 l	4 ſ
80 l doiv	22 l	8 ſ
70 l doiv	19 l	12 ſ
60 l doiv	16 l	16 ſ
50 l doiv	14 l	
40 l doiv	11 l	4 ſ
30 l doiv	8 l	8 ſ
20 l doiv	5 l	12 ſ
10 l doiv	2 l	16 ſ
9 l doiv	2 l 10 ſ	4
8 l doiv	2 l 4 ſ	9
7 l doiv	1 l 19 ſ	2
6 l doiv	1 l 13 ſ	7
5 l doiv	1 l 8 ſ	
4 l doiv	1 l 2 ſ	4
3 l doiv	16 ſ	9
2 l doiv	11 ſ	2
1 l doit	5 ſ	7

A vingt-neuf
pour Cent,
qui eſt 29 livres ſur 100 liv.

100000 l doiv	29000 l	
50000 l doiv	14500 l	
10000 l doiv	2900 l	
9000 l doiv	2610 l	
8000 l doiv	2320 l	
7000 l doiv	2030 l	
6000 l doiv	1740 l	
5000 l doiv	1450 l	
4000 l doiv	1160 l	
3000 l doiv	870 l	
2000 l doiv	580 l	
1000 l doiv	290 l	
900 l doiv	261 l	
800 l doiv	232 l	
700 l doiv	203 l	
600 l doiv	174 l	
500 l doiv	145 l	
400 l doiv	116 l	
300 l doiv	87 l	
200 l doiv	58 l	
100 l doiv	29 l	
90 l doiv	26 l	2 ſ
80 l doiv	23 l	4 ſ
70 l doiv	20 l	6 ſ
60 l doiv	17 l	8 ſ
50 l doiv	14 l	10 ſ
40 l doiv	11 l	12 ſ
30 l doiv	8 l	14 ſ
20 l doiv	5 l	16 ſ
10 l doiv	2 l	18 ſ
9 l doiv	2 l	12 ſ 2
8 l doiv	2 l	6 ſ 4
7 l doiv	2 l	7
6 l doiv	1 l	14 ſ 9
5 l doiv	1 l	9 ſ
4 l doiv	1 l	3 ſ 2
3 l doiv		17 ſ 4
2 l doiv		11 ſ 7
1 l doit		5 ſ 9

A trente
pour Cent,
qui eſt 30 livres ſur 100 liv.

100000 l doiv	30000 l	
50000 l doiv	15000 l	
10000 l doiv	3000 l	
9000 l doiv	2700 l	
8000 l doiv	2400 l	
7000 l doiv	2100 l	
6000 l doiv	1800 l	
5000 l doiv	1500 l	
4000 l doiv	1200 l	
3000 l doiv	900 l	
2000 l doiv	600 l	
1000 l doiv	300 l	
900 l doiv	270 l	
800 l doiv	240 l	
700 l doiv	210 l	
600 l doiv	180 l	
500 l doiv	150 l	
400 l doiv	120 l	
300 l doiv	90 l	
200 l doiv	60 l	
100 l doiv	30 l	
90 l doiv	27 l	
80 l doiv	24 l	
70 l doiv	21 l	
60 l doiv	18 l	
50 l doiv	15 l	
40 l doiv	12 l	
30 l doiv	9 l	
20 l doiv	6 l	
10 l doiv	3 l	
9 l doiv	2 l	14 ſ
8 l doiv	2 l	8 ſ
7 l doiv	2 l	2
6 l doiv	1 l	16
5 l doiv	1 l	10 ſ
4 l doiv	1 l	4 ſ
3 l doiv		18 ſ
2 l doiv		12 ſ
1 l doit		6 ſ

A trente-un pour Cent,
qui est 31 liv. sur 100 livres.

100000 l doiv	31000 l	
50000 l doiv	15500 l	
10000 l doiv	3100 l	
9000 l doiv	2790 l	
8000 l doiv	2480 l	
7000 l doiv	2170 l	
6000 l doiv	1860 l	
5000 l doiv	1550 l	
4000 l doiv	1240 l	
3000 l doiv	930 l	
2000 l doiv	620 l	
1000 l doiv	310 l	
900 l doiv	279 l	
800 l doiv	248 l	
700 l doiv	217 l	
600 l doiv	186 l	
500 l doiv	155 l	
400 l doiv	124 l	
300 l doiv	93 l	
200 l doiv	62 l	
100 l doiv	31 l	
90 l doiv	27 l 18 f	
80 l doiv	24 l 16 f	
70 l doiv	21 l 14 f	
60 l doiv	18 l 12 f	
50 l doiv	15 l 10 f	
40 l doiv	12 l 8 f	
30 l doiv	9 l 6 f	
20 l doiv	6 l 4 f	
10 l doiv	3 l 2 f	
9 l doiv	2 l 15 f 9	
8 l doiv	2 l 9 f 7	
7 l doiv	2 l 3 f 4	
6 l doiv	1 l 17 f 2	
5 l doiv	1 l 11 f	
4 l doiv	1 l 4 f 9	
3 l doiv	18 f 7	
2 l doiv	12 f 4	
1 l doit	6 f 2	

A trente-deux pour Cent,
qui est 32 livres sur 100 livres.

100000 l doiv	32000 l	
50000 l doiv	16000 l	
10000 l doiv	3200 l	
9000 l doiv	2880 l	
8000 l doiv	2560 l	
7000 l doiv	2240 l	
6000 l doiv	1920 l	
5000 l doiv	1600 l	
4000 l doiv	1280 l	
3000 l doiv	960 l	
2000 l doiv	640 l	
1000 l doiv	320 l	
900 l doiv	288 l	
800 l doiv	256 l	
700 l doiv	224 l	
600 l doiv	192 l	
500 l doiv	160 l	
400 l doiv	128 l	
300 l doiv	96 l	
200 l doiv	64 l	
100 l doiv	32 l	
90 l doiv	28 l 16 f	
80 l doiv	25 l 12 f	
70 l doiv	22 l 8 f	
60 l doiv	19 l 4 f	
50 l doiv	16 l	
40 l doiv	12 l 16 f	
30 l doiv	9 l 12 f	
20 l doiv	6 l 8 f	
10 l doiv	3 l 4 f	
9 l doiv	2 l 17 f 7	
8 l doiv	2 l 11 f 2	
7 l doiv	2 l 4 f 9	
6 l doiv	1 l 18 f 4	
5 l doiv	1 l 12 f	
4 l doiv	1 l 5 f 7	
3 l doiv	19 f 2	
2 l doiv	12 f 9	
1 l doit	6 f 4	

A trente-trois
pour Cent,
qui est 33 livres sur 100 liv.

100000 l doiv	33000 l	
50000 l doiv	16500 l	
10000 l doiv	3300 l	
9000 l doiv	2970 l	
8000 l doiv	2640 l	
7000 l doiv	2310 l	
6000 l doiv	1980 l	
5000 l doiv	1650 l	
4000 l doiv	1320 l	
3000 l doiv	990 l	
2000 l doiv	660 l	
1000 l doiv	330 l	
900 l doiv	297 l	
800 l doiv	264 l	
700 l doiv	231 l	
600 l doiv	198 l	
500 l doiv	165 l	
400 l doiv	132 l	
300 l doiv	99 l	
200 l doiv	66 l	
100 l doiv	33 l	
90 l doiv	29 l 14 f	
80 l doiv	26 l 8 f	
70 l doiv	23 l 2 f	
60 l doiv	19 l 16 f	
50 l doiv	16 l 10 f	
40 l doiv	13 l 4 f	
30 l doiv	9 l 18 f	
20 l doiv	6 l 12 f	
10 l doiv	3 l 6 f	
9 l doiv	2 l 19 f 4	
8 l doiv	2 l 12 f 9	
7 l doiv	2 l 6 f 2	
6 l doiv	1 l 19 f	
5 l doiv	1 l 13 f	
4 l doiv	1 l 6 f 4	
3 l doiv	19 f 4	
2 l doiv	13 f 2	
1 l doit	6 f 7	

CHANGE

A trente-quatre
pour Cent,
qui est 34 livres sur 100 liv.

100000 l doiv	34000 l	
50000 l doiv	17000 l	
10000 l doiv	3400 l	
9000 l doiv	3060 l	
8000 l doiv	2720 l	
7000 l doiv	2380 l	
6000 l doiv	2040 l	
5000 l doiv	1700 l	
4000 l doiv	1360 l	
3000 l doiv	1020 l	
2000 l doiv	680 l	
1000 l doiv	340 l	
900 l doiv	306 l	
800 l doiv	272 l	
700 l doiv	238 l	
600 l doiv	204 l	
500 l doiv	170 l	
400 l doiv	136 l	
300 l doiv	102 l	
200 l doiv	68 l	
100 l doiv	34 l	
90 l doiv	30 l 12 f	
80 l doiv	27 l 4 f	
70 l doiv	23 l 16 f	
60 l doiv	20 l 8 f	
50 l doiv	17 l	
40 l doiv	13 l 12 f	
30 l doiv	10 l 4 f	
20 l doiv	6 l 16 f	
10 l doiv	3 l 8 f	
9 l doiv	3 l 1 f 2	
8 l doiv	2 l 14 f 4	
7 l doiv	2 l 7 f 7	
6 l doiv	2 l 9	
5 l doiv	1 l 14 f	
4 l doiv	1 l 7 f 2	
3 l doiv	1 l 4	
2 l doiv	13 f 7	
1 l doit	6 f 9	

A trente-cinq
pour Cent,
qui eſt 35 livres ſur 100 liv.

100000 l doiv	35000 l	
50000 l doiv	17500 l	
10000 l doiv	3500 l	
9000 l doiv	3150 l	
8000 l doiv	2800 l	
7000 l doiv	2450 l	
6000 l doiv	2100 l	
5000 l doiv	1750 l	
4000 l doiv	1400 l	
3000 l doiv	1050 l	
2000 l doiv	700 l	
1000 l doiv	350 l	
900 l doiv	315 l	
800 l doiv	280 l	
700 l doiv	245 l	
600 l doiv	210 l	
500 l doiv	175 l	
400 l doiv	140 l	
300 l doiv	105 l	
200 l doiv	70 l	
100 l doiv	35 l	
90 l doiv	31 l	10 ſ
80 l doiv	28 l	
70 l doiv	24 l	10 ſ
60 l doiv	21 l	
50 l doiv	17 l	10 ſ
40 l doiv	14 l	
30 l doiv	10 l	10 ſ
20 l doiv	7 l	
10 l doiv	3 l	10 ſ
9 l doiv	3 l	3 ſ
8 l doiv	2 l	16 ſ
7 l doiv	2 l	9 ſ
6 l doiv	2 l	2 ſ
5 l doiv	1 l	15 ſ
4 l doiv	1 l	8 ſ
3 l doiv	1 l	1 ſ
2 l doiv		14 ſ
1 l doit		7 ſ

A quarante
pour Cent,
qui eſt 40 livres ſur 100 liv.

100000 l doiv	40000 l	
50000 l doiv	20000 l	
10000 l doiv	4000 l	
9000 l doiv	3600 l	
8000 l doiv	3200 l	
7000 l doiv	2800 l	
6000 l doiv	2400 l	
5000 l doiv	2000 l	
4000 l doiv	1600 l	
3000 l doiv	1200 l	
2000 l doiv	800 l	
1000 l doiv	400 l	
900 l doiv	360 l	
800 l doiv	320 l	
700 l doiv	280 l	
600 l doiv	240 l	
500 l doiv	200 l	
400 l doiv	160 l	
300 l doiv	120 l	
200 l doiv	80 l	
100 l doiv	40 l	
90 l doiv	36 l	
80 l doiv	32 l	
70 l doiv	28 l	
60 l doiv	24 l	
50 l doiv	20 l	
40 l doiv	16 l	
30 l doiv	12 l	
20 l doiv	8 l	
10 l doiv	4 l	
9 l doiv	3 l	12 ſ
8 l doiv	3 l	4 ſ
7 l doiv	2 l	16 ſ
6 l doiv	2 l	8 ſ
5 l doiv	2 l	
4 l doiv	1 l	12 ſ
3 l doiv	1 l	4 ſ
2 l doiv		16 ſ
1 l doit		8 ſ

A quarante-cinq pour Cent,

qui eſt 45 livres ſur 100 liv.

100000 l doiv	45000 l	
50000 l doiv	22500 l	
10000 l doiv	4500 l	
9000 l doiv	4050 l	
8000 l doiv	3600 l	
7000 l doiv	3150 l	
6000 l doiv	2700 l	
5000 l doiv	2250 l	
4000 l doiv	1800 l	
3000 l doiv	1350 l	
2000 l doiv	900 l	
1000 l doiv	450 l	
900 l doiv	405 l	
800 l doiv	360 l	
700 l doiv	315 l	
600 l doiv	270 l	
500 l doiv	225 l	
400 l doiv	180 l	
300 l doiv	135 l	
200 l doiv	90 l	
100 l doiv	45 l	
90 l doiv	40 l	10 ſ
80 l doiv	36 l	
70 l doiv	31 l	10 ſ
60 l doiv	27 l	
50 l doiv	22 l	10 ſ
40 l doiv	18 l	
30 l doiv	13 l	10 ſ
20 l doiv	9 l	
10 l doiv	4 l	10 ſ
9 l doiv	4 l	1 ſ
8 l doiv	3 l	12 ſ
7 l doiv	3 l	3 ſ
6 l doiv	2 l	14 ſ
5 l doiv	2 l	5 ſ
4 l doiv	1 l	16 ſ
3 l doiv	1 l	7 ſ
2 l doiv		18 ſ
1 l doit		9 ſ

A cinquante pour Cent,

qui eſt 50 livres ſur 100 liv.

100000 l doiv	50000 l	
50000 l doiv	25000 l	
10000 l doiv	5000 l	
9000 l doiv	4500 l	
8000 l doiv	4000 l	
7000 l doiv	3500 l	
6000 l doiv	3000 l	
5000 l doiv	2500 l	
4000 l doiv	2000 l	
3000 l doiv	1500 l	
2000 l doiv	1000 l	
1000 l doiv	500 l	
900 l doiv	450 l	
800 l doiv	400 l	
700 l doiv	350 l	
600 l doiv	300 l	
500 l doiv	250 l	
400 l doiv	200 l	
300 l doiv	150 l	
200 l doiv	100 l	
100 l doiv	50 l	
90 l doiv	45 l	
80 l doiv	40 l	
70 l doiv	35 l	
60 l doiv	30 l	
50 l doiv	25 l	
40 l doiv	20 l	
30 l doiv	15 l	
20 l doiv	10 l	
10 l doiv	5 l	
9 l doiv	4 l	10 ſ
8 l doiv	4 l	
7 l doiv	3 l	10 ſ
6 l doiv	3 l	
5 l doiv	2 l	10 ſ
4 l doiv	2 l	
3 l doiv	1 l	10 ſ
2 l doiv	1 l	
1 l doit		10 ſ

FIN

FIN

DU CHANGE

A TANT POUR CENT,

O U

DES INTÉRÊTS

Des Financiers & Négocians.

On s'en fert à PARIS pour faire tous les *Efcomptes* des *Billets* & *Lettres de Changes*, fuivant l'ufage qui eft pratiqué actuellement dans toutes les Caiffes générales & particulieres des Fermes du Roi, Extraordinaire des Guerres, Marine, Clergé, & même dans le Bureau de plufieurs Négocians & Marchands de cette Ville.

F

DIFFERENCE

ENTRE

LE CHANGE

A TANT POUR CENT,

ET

L'ESCOMPTE.

Le Change à tant pour cent est un *Inté-rêt*, ou un *Profit en dehors*, qui augmente la somme dûe au profit du Créancier,

L'Escompte régulier, comme il est ci-après pratiqué dans les Tarifs suivans, est un *Profit en dedans* qui diminue la somme dûe au profit du Débiteur.

Cette Différence sera traitée à fond dans le Livre de mon Nom, intitulé *le Livre facile pour apprendre l'Arithmétique de soi-même & sans Maître*, réimprimé de nouveau, & augmenté de plus de cent quatre-vingt pages très utiles,

AVERTISSEMENT
TOUCHANT L'ESCOMPTE.

Escompter n'eſt autre choſe qu'avancer le paiement d'une ſomme qu'on ne devroit païer qu'à un autre temps, & païer comptant devant le terme.

PAR EXEMPLE.

Un Particulier a emprunté de l'argent d'un Marchand, ou acheté de lui de la marchandiſe à païer dans un an, à condition de lui païer le Change à 5 pour 100 :

Ou d'eſcompter à 5 pour 100,
s'il lui apporte de l'argent devant le temps ou devant le terme.

Mais parceque pluſieurs ſe trompent en faiſant l'Eſcompte, & qu'ils croient de bien *eſcompter* en ôtant le *Change* de la ſomme dûe, *qui eſt l'uſage pratiqué à Paris,* j'ai dû faire voir ici la différence de l'un & de l'autre.

Par le CHANGE A 5 pour 100,
de 100 livres on en doit païer 105.

au contraire,

Par l'ESCOMPTE A 5 pour 100,
de 105 l. on n'en doit païer que 100.

Or, en ôtant le Change, l'Eſcompte eſt faux.

Car, ſuppoſé qu'il ſoit dû 7700 livres,
le Change de 7700 l. à 5 pour cent
reviendra à . . 385 l., leſquelles ôtées,

ne reſtera que 7315 l. à païer comptant.

Et cependant il doit être 7333 l. 6 ſ. 8 d. que le Marchand doit recevoir.

Voïez l'Eſcompte fait à 5 pour 100, & vous trouverez que 7700 l. doivent 7333 l. 6 ſ. 8 d.

EXEMPLE

POUR SE SERVIR

DES ESCOMPTES SUIVANS.

Un Marchand doit à un autre 7700 livres, lesquelles il veut escompter à 5 pour 100 ;

Savoir

Combien le *Débiteur* doit païer comptant à son *Créditeur.*

Voïez l'Escompte à 5 pour 100, & vous trouverez

Que 7000 l. ne doivent que 6666 l. 13 f. 4 d.

Que   700 l. ne doivent que   666 l. 13 f. 4 d.

Ainsi 7700 l. ne doivent que 7333 l.   6 f. 8 d.

Et selon ledit ESCOMPTE
A 5 pour 100.

Pour savoir ce qu'on gagne d'escompter sur lesdites 7700 livres.

Voïez à côté du susdit Escompte, & vous trouverez

Que 7000 l.   gagnent   333 l.   6 f. 8 d.

Que   700 l.   gagnent   33 l.   6 f. 8 d.

Ainsi 7700 l.   gagnent   366 l. 13 f. 4 d.

CI-APRÈS SUIVENT

LES

ESCOMPTES FAITS,

Suivant l'Usage & Pratique

DE LYON, TOURS,

AMSTERDAM, &c.

Où l'on voit, dans chaque page, deux Tarifs.

Dans le *premier Tarif*, l'on y trouve, suivant le *Prix* d'escompte qui est en tête de la page, quelle somme il faut paier pour acquitter la plus grande somme, en escomptant à ce *Prix*.

Et dans le *second Tarif*, le profit qu'on a fait en escomptant.

Ne doit payer de				*Gain d'Escompté sur*			
100000 l que	99875 l	3 f	1	100000 l gag	114 l	16 f	10
50000 l que	49937 l	11 f	6	50000 l gag	62 l	8 f	5
10000 l que	9987 l	10 f	3	10000 l gag	12 l	9 f	8
9000 l que	8988 l	15 f	3	9000 l gag	11 l	4 f	8
8000 l que	7990 l		2	8000 l gag	9 l	19 f	9
7000 l que	6991 l	5 f	2	7000 l gag	8 l	14 f	9
6000 l que	5992 l	10 f	2	6000 l gag	7 l	9 f	9
5000 l que	4993 l	15 f	1	5000 l gag	6 l	4 f	10
4000 l que	3995 l		1	4000 l gag	4 l	19 f	10
3000 l que	2996 l	5 f	1	3000 l gag	3 l	14 f	10
2000 l que	1997 l	10 f		2000 l gag	2 l	9 f	11
1000 l que	998 l	15 f		1000 l gag	1 l	4 f	11
900 l que	898 l	17 f	6	900 l gag	1 l	2 f	5
800 l que	799 l			800 l gag		19 f	11
700 l que	699 l	2 f	6	700 l gag		17 f	5
600 l que	599 l	5 f		600 l gag		14 f	11
500 l que	499 l	7 f	6	500 l gag		12 f	5
400 l que	399 l	10 f		400 l gag		9 f	11
300 l que	299 l	12 f	6	300 l gag		7 f	5
200 l que	199 l	15 f		200 l gag		4 f	11
100 l que	99 l	17 f	6	100 l gag		2 f	5
90 l que	89 l	17 f	9	90 l gag		2 f	2
80 l que	79 l	18 f		80 l gag		1 f	11
70 l que	69 l	18 f	3	70 l gag		1 f	8
60 l que	59 l	18 f	6	60 l gag		1 f	5
50 l que	49 l	18 f	9	50 l gag		1 f	2
40 l que	39 l	19 f		40 l gag			11
30 l que	29 l	19 f	3	30 l gag			8
20 l que	19 l	19 f	6	20 l gag			5
10 l que	9 l	19 f	9	10 l gag			2
9 l que	8 l	19 f	9	9 l gag			2
8 l que	7 l	19 f	9	8 l gag			2
7 l que	6 l	19 f	9	7 l gag			2
6 l que	5 l	19 f	10	6 l gag			1
5 l que	4 l	19 f	10	5 l gag			1
4 l que	3 l	19 f	10	4 l gag			1
3 l que	2 l	19 f	11	3 l gag			0
2 l que	1 l	19 f	11	2 l gag			0
1 l que		19 f	11	1 l gag			0

Ne doit payer de		*Gain d'Eſcompte ſur*	
100000 l que	99750 l 12 ſ 5	100000 l gag	249 l 7 ſ 6
50000 l que	49875 l 6 ſ 2	50000 l gag	124 l 13 ſ 9
10000 l que	9975 l 1 ſ 2	10000 l gag	24 l 18 ſ 9
9000 l que	8977 l 11 ſ 1	9000 l gag	22 l 8 ſ 10
8000 l que	7980 l 11	8000 l gag	19 l 19 ſ
7000 l que	6981 l 10 ſ 10	7000 l gag	17 l 9 ſ 1
6000 l que	5985 l 8	6000 l gag	14 l 19 ſ 3
5000 l que	4987 l 10 ſ 7	5000 l gag	12 l 9 ſ 4
4000 l que	3990 l 5	4000 l gag	9 l 19 ſ 6
3000 l que	2992 l 10 ſ 4	3000 l gag	7 l 9 ſ 7
2000 l que	1995 l 2	2000 l gag	4 l 19 ſ 9
1000 l que	997 l 10 ſ 1	1000 l gag	2 l 9 ſ 10
900 l que	897 l 15 ſ 1	900 l gag	2 l 4 ſ 10
800 l que	798 l 1	800 l gag	1 l 19 ſ 10
700 l que	698 l 5 ſ 1	700 l gag	1 l 14 ſ 10
600 l que	598 l 10 ſ	600 l gag	1 l 9 ſ 11
500 l que	498 l 15 ſ	500 l gag	1 l 4 ſ 11
400 l que	399 l	400 l gag	19 ſ 11
300 l que	299 l 5 ſ	300 l gag	14 ſ 11
200 l que	199 l 10 ſ	200 l gag	9 ſ 11
100 l que	99 l 15 ſ	100 l gag	4 ſ 11
90 l que	89 l 15 ſ 6	90 l gag	4 ſ 5
80 l que	79 l 16 ſ	80 l gag	3 ſ 11
70 l que	69 l 16 ſ 6	70 l gag	3 ſ 5
60 l que	59 l 17 ſ	60 l gag	2 ſ 11
50 l que	49 l 17 ſ 6	50 l gag	2 ſ 5
40 l que	39 l 18 ſ	40 l gag	1 ſ 11
30 l que	29 l 18 ſ 6	30 l gag	1 ſ 5
20 l que	19 l 19 ſ	20 l gag	11
10 l que	9 l 19 ſ 6	10 l gag	5
9 l que	8 l 19 ſ 6	9 l gag	5
8 l que	7 l 19 ſ 7	8 l gag	4
7 l que	6 l 19 ſ 7	7 l gag	4
6 l que	5 l 19 ſ 8	6 l gag	3
5 l que	4 l 19 ſ 9	5 l gag	2
4 l que	3 l 19 ſ 9	4 l gag	2
3 l que	2 l 19 ſ 10	3 l gag	1
2 l que	1 l 19 ſ 10	2 l gag	1
1 l que	19 ſ 11	1 l gag	0

Ne doit payer de	Gain d'Eſcompte ſur
100000 l que 99626 l 8 ſ	100000 l gag 373 l 11 ſ 11
50000 l que 49813 l 4 ſ	50000 l gag 186 l 15 ſ 11
10000 l que 9962 l 12 ſ 9	10000 l gag 37 l 7 ſ 2
9000 l que 8966 l 7 ſ 6	9000 l gag 33 l 12 ſ 5
8000 l que 7970 l 2 ſ 2	8000 l gag 29 l 17 ſ 9
7000 l que 6973 l 16 ſ 11	7000 l gag 26 l 3 ſ
6000 l que 5977 l 11 ſ 8	6000 l gag 22 l 8 ſ 3
5000 l que 4981 l 6 ſ 4	5000 l gag 18 l 13 ſ 7
4000 l que 3985 l 1 ſ 1	4000 l gag 14 l 18 ſ 10
3000 l que 2988 l 15 ſ 10	3000 l gag 11 l 4 ſ 1
2000 l que 1992 l 10 ſ 6	2000 l gag 7 l 9 ſ 5
1000 l que 996 l 5 ſ 3	1000 l gag 3 l 14 ſ 8
900 l que 896 l 12 ſ 9	900 l gag 3 l 7 ſ 2
800 l que 797 l 2	800 l gag 2 l 19 ſ 9
700 l que 697 l 7 ſ 8	700 l gag 2 l 12 ſ 3
600 l que 597 l 15 ſ 2	600 l gag 2 l 4 ſ 9
500 l que 498 l 2 ſ 7	500 l gag 1 l 17 ſ 4
400 l que 398 l 10 ſ 1	400 l gag 1 l 9 ſ 10
300 l que 298 l 17 ſ 7	300 l gag 1 l 2 ſ 4
200 l que 199 l 5 ſ	200 l gag 14 ſ 11
100 l que 99 l 12 ſ 6	100 l gag 7 ſ 5
90 l que 89 l 13 ſ 3	90 l gag 6 ſ 8
80 l que 79 l 14 ſ	80 l gag 5 ſ 11
70 l que 69 l 14 ſ 9	70 l gag 5 ſ 2
60 l que 59 l 15 ſ 6	60 l gag 4 ſ 5
50 l que 49 l 16 ſ 3	50 l gag 3 ſ 8
40 l que 39 l 17 ſ	40 l gag 2 ſ 11
30 l que 29 l 17 ſ 9	30 l gag 2 ſ 2
20 l que 19 l 18 ſ 6	20 l gag 1 ſ 5
10 l que 9 l 19 ſ 3	10 l gag 8
9 l que 8 l 19 ſ 3	9 l gag 8
8 l que 7 l 19 ſ 4	8 l gag 7
7 l que 6 l 19 ſ 5	7 l gag 6
6 l que 5 l 19 ſ 6	6 l gag 5
5 l que 4 l 19 ſ 7	5 l gag 4
4 l que 3 l 19 ſ 8	4 l gag 3
3 l que 2 l 19 ſ 9	3 l gag 2
2 l que 1 l 19 ſ 10	2 l gag 1
1 l que 19 ſ 11	1 l gag 0

Ne doit payer de	*Gain d'Escompte sur*
100000 l que 99502 l 9 ſ 9	100000 l gag 497 l 10 ſ 2
50000 l que 49751 l 4 ſ 10	50000 l gag 248 l 15 ſ 1
10000 l que 9950 l 4 ſ 11	10000 l gag 49 l 15 ſ
9000 l que 8955 l 4 ſ 5	9000 l gag 44 l 15 ſ 6
8000 l que 7960 l 3 ſ 11	8000 l gag 39 l 16 ſ
7000 l que 6965 l 3 ſ 5	7000 l gag 34 l 16 ſ 6
6000 l que 5970 l 2 ſ 11	6000 l gag 29 l 17 ſ
5000 l que 4975 l 2 ſ 5	5000 l gag 24 l 17 ſ 6
4000 l que 3980 l 1 ſ 11	4000 l gag 19 l 18 ſ
3000 l que 2985 l 1 ſ 5	3000 l gag 14 l 18 ſ 6
2000 l que 1990 l 11	2000 l gag 9 l 19 ſ
1000 l que 995 l 5	1000 l gag 4 l 19 ſ 6
900 l que 895 l 10 ſ 5	900 l gag 4 l 9 ſ 6
800 l que 796 l 4	800 l gag 3 l 19 ſ 7
700 l que 696 l 10 ſ 4	700 l gag 3 l 9 ſ 7
600 l que 597 l 3	600 l gag 2 l 19 ſ 8
500 l que 497 l 10 ſ 2	500 l gag 2 l 9 ſ 9
400 l que 398 l 2	400 l gag 1 l 19 ſ 9
300 l que 298 l 10 ſ 1	300 l gag 1 l 9 ſ 10
200 l que 199 l 1	200 l gag 19 ſ 10
100 l que 99 l 10 ſ	100 l gag 9 ſ 11
90 l que 89 l 11 ſ	90 l gag 8 ſ 11
80 l que 79 l 12 ſ	80 l gag 7 ſ 11
70 l que 69 l 13 ſ	70 l gag 6 ſ 11
60 l que 59 l 14 ſ	60 l gag 5 ſ 11
50 l que 49 l 15 ſ	50 l gag 4 ſ 11
40 l que 39 l 16 ſ	40 l gag 3 ſ 11
30 l que 29 l 17 ſ	30 l gag 2 ſ 11
20 l que 19 l 18 ſ	20 l gag 1 ſ 11
10 l que 9 l 19 ſ	10 l gag 11
9 l que 8 l 19 ſ 1	9 l gag 10
8 l que 7 l 19 ſ 2	8 l gag 9
7 l que 6 l 19 ſ 3	7 l gag 8
6 l que 5 l 19 ſ 4	6 l gag 7
5 l que 4 l 19 ſ 6	5 l gag 5
4 l que 3 l 19 ſ 7	4 l gag 4
3 l que 2 l 19 ſ 8	3 l gag 3
2 l que 1 l 19 ſ 9	2 l gag 2
1 l que 19 ſ 10	1 l gag 1

Ne doit payer de				Gain d'Efcompte fur			
100000 l que	99378 l	17 ſ	7	100000 l gag	621 l	2 ſ	4
50000 l que	49689 l	8 ſ	9	50000 l gag	310 l	11 ſ	2
10000 l que	9937 l	17 ſ	9	10000 l gag	62 l	2 ſ	2
9000 l que	8944 l	1 ſ	11	9000 l gag	55 l	18 ſ	
8000 l que	7950 l	6 ſ	2	8000 l gag	49 l	13 ſ	9
7000 l que	6956 l	10 ſ	5	7000 l gag	43 l	9 ſ	6
6000 l que	5962 l	14 ſ	7	6000 l gag	37 l	5 ſ	4
5000 l que	4968 l	18 ſ	10	5000 l gag	31 l	1 ſ	1
4000 l que	3975 l	3 ſ	1	4000 l gag	24 l	16 ſ	10
3000 l que	2981 l	7 ſ	3	3000 l gag	18 l	12 ſ	8
2000 l que	1987 l	11 ſ	6	2000 l gag	12 l	8 ſ	5
1000 l que	993 l	15 ſ	9	1000 l gag	6 l	4 ſ	2
900 l que	894 l	8 ſ	2	900 l gag	5 l	11 ſ	9
800 l que	795 l		7	800 l gag	4 l	19 ſ	4
700 l que	695 l	13 ſ		700 l gag	4 l	6 ſ	11
600 l que	596 l	5 ſ	5	600 l gag	3 l	14 ſ	6
500 l que	496 l	17 ſ	10	500 l gag	3 l	2 ſ	1
400 l que	397 l	10 ſ	3	400 l gag	2 l	9 ſ	8
300 l que	298 l	2 ſ	8	300 l gag	1 l	17 ſ	3
200 l que	198 l	15 ſ	1	200 l gag	1 l	4 ſ	10
100 l que	99 l	7 ſ	6	100 l gag		12 ſ	5
90 l que	89 l	8 ſ	9	90 l gag		11 ſ	2
80 l que	79 l	10 ſ		80 l gag		9 ſ	11
70 l que	69 l	11 ſ	3	70 l gag		8 ſ	8
60 l que	59 l	12 ſ	6	60 l gag		7 ſ	5
50 l que	49 l	13 ſ	9	50 l gag		6 ſ	2
40 l que	39 l	15 ſ		40 l gag		4 ſ	11
30 l que	29 l	16 ſ	3	30 l gag		3 ſ	8
20 l que	19 l	17 ſ	6	20 l gag		2 ſ	5
10 l que	9 l	18 ſ	9	10 l gag		1 ſ	2
9 l que	8 l	18 ſ	10	9 l gag		1 ſ	1
8 l que	7 l	19 ſ		8 l gag			11
7 l que	6 l	19 ſ	1	7 l gag			10
6 l que	5 l	19 ſ	3	6 l gag			8
5 l que	4 l	19 ſ	4	5 l gag			7
4 l que	3 l	19 ſ	6	4 l gag			5
3 l que	2 l	19 ſ	7	3 l gag			4
2 l que	1 l	19 ſ	9	2 l gag			2
1 l que		19 ſ	10	1 l gag			1

Ne doit payer de				*Gain d'Efcompte fur*			
100000 que	9925 l	11 ſ	7	100000 gag	744 l	8 ſ	4
50000 que	49627 l	15 ſ	9	50000 gag	372 l	4 ſ	2
10000 que	9925 l	11 ſ	1	10000 gag	74 l	8 ſ	10
9000 que	8933 l			9000 gag	66 l	19 ſ	11
8000 que	7940 l	8 ſ	11	8000 gag	59 l	11 ſ	
7000 que	6947 l	17 ſ	9	7000 gag	52 l	2 ſ	2
6000 que	5955 l	6 ſ	8	6000 gag	44 l	13 ſ	3
5000 que	4962 l	15 ſ	6	5000 gag	37 l	4 ſ	5
4000 que	3970 l	4 ſ	5	4000 gag	29 l	15 ſ	6
3000 que	2977 l	13 ſ	4	3000 gag	22 l	6 ſ	7
2000 que	1985 l	2 ſ	2	2000 gag	14 l	17 ſ	9
1000 que	992 l	11 ſ	1	1000 gag	7 l	8 ſ	10
900 que	893 l	6 ſ		900 gag	6 l	13 ſ	11
800 que	794 l	ſ	10	800 gag	5 l	19 ſ	1
700 que	694 l	15 ſ	9	700 gag	5 l	4 ſ	2
600 que	595 l	10 ſ	8	600 gag	4 l	9 ſ	3
500 que	496 l	5 ſ	6	500 gag	3 l	14 ſ	5
400 que	397 l		5	400 gag	2 l	19 ſ	6
300 que	297 l	15 ſ	4	300 gag	2 l	4 ſ	7
200 que	198 l	10 ſ	2	200 gag	1 l	9 ſ	9
100 que	99 l	5 ſ	1	100 gag		14 ſ	10
90 que	89 l	6 ſ	7	90 gag		13 ſ	4
80 que	79 l	8 ſ	1	80 gag		11 ſ	10
70 que	69 l	9 ſ	5	70 gag		10 ſ	5
60 que	59 l	11 ſ		60 gag		8 ſ	11
50 que	49 l	12 ſ	6	50 gag		7 ſ	5
40 que	39 l	14 ſ		40 gag		5 ſ	11
30 que	29 l	15 ſ	6	30 gag		4 ſ	5
20 que	19 l	17 ſ		20 gag		2 ſ	11
10 que	9 l	18 ſ	6	10 gag		1 ſ	5
9 que	8 l	18 ſ	7	9 gag		1 ſ	4
8 que	7 l	18 ſ	9	8 gag		1 ſ	2
7 que	6 l	18 ſ	11	7 gag		1 ſ	
6 que	5 l	19 ſ	1	6 gag			10
5 que	4 l	19 ſ	3	5 gag			8
4 que	3 l	19 ſ	4	4 gag			7
3 que	2 l	19 ſ	6	3 gag			5
2 que	1 l	19 ſ	8	2 gag			3
1 que		19 ſ	10	1 gag			1

Ne doit payer de	Gain d'Escompte sur
100000 l que 99132 l 11 ſ 9	100000 l gag 867 l 8 ſ 2
50000 l que 49566 l 5 ſ 10	50000 l gag 433 l 14 ſ 1
10000 l que 9913 l 5 ſ 2	10000 l gag 86 l 14 ſ 9
9000 l que 8921 l 18 ſ 7	9000 l gag 78 l 1 ſ 4
8000 l que 7930 l 12 ſ 1	8000 l gag 69 l 7 ſ 10
7000 l que 6939 l 5 ſ 7	7000 l gag 60 l 14 ſ 4
6000 l que 5947 l 19 ſ 1	6000 l gag 52 l 10
5000 l que 4956 l 12 ſ 7	5000 l gag 43 l 7 ſ 4
4000 l que 3965 l 6 ſ	4000 l gag 34 l 13 ſ 11
3000 l que 2973 l 19 ſ 6	3000 l gag 26 l 5
2000 l que 1982 l 13 ſ	2000 l gag 17 l 6 ſ 11
1000 l que 991 l 6 ſ 6	1000 l gag 8 l 13 ſ 5
900 l que 892 l 3 ſ 10	900 l gag 7 l 16 ſ 1
800 l que 793 l 1 ſ 2	800 l gag 6 l 18 ſ 9
700 l que 693 l 18 ſ 6	700 l gag 6 l 1 ſ 5
600 l que 594 l 15 ſ 10	600 l gag 5 l 4 ſ 1
500 l que 495 l 13 ſ 3	500 l gag 4 l 6 ſ 8
400 l que 396 l 10 ſ 7	400 l gag 3 l 9 ſ 4
300 l que 297 l 7 ſ 11	300 l gag 2 l 12 ſ
200 l que 198 l 5 ſ 3	200 l gag 1 l 14 ſ 8
100 l que 99 l 2 ſ 7	100 l gag 17 ſ 4
90 l que 89 l 4 ſ 4	90 l gag 15 ſ 7
80 l que 79 l 6 ſ 1	80 l gag 13 ſ 10
70 l que 69 l 7 ſ 10	70 l gag 12 ſ 1
60 l que 59 l 9 ſ 7	60 l gag 10 ſ 4
50 l que 49 l 11 ſ 3	50 l gag 8 ſ 8
40 l que 39 l 13 ſ	40 l gag 6 ſ 11
30 l que 29 l 14 ſ 9	30 l gag 5 ſ 2
20 l que 19 l 16 ſ 6	20 l gag 3 ſ 5
10 l que 9 l 18 ſ 3	10 l gag 1 ſ 8
9 l que 8 l 18 ſ 5	9 l gag 1 ſ 6
8 l que 7 l 18 ſ 7	8 l gag 1 ſ 4
7 l que 6 l 18 ſ 9	7 l gag 1 ſ 2
6 l que 5 l 18 ſ 11	6 l gag 1 ſ
5 l que 4 l 19 ſ 1	5 l gag 10
4 l que 3 l 19 ſ 3	4 l gag 8
3 l que 2 l 19 ſ 5	3 l gag 6
2 l que 1 l 19 ſ 7	2 l gag 4
1 l que 19 ſ 9	1 l gag 2

Escompter

Ne doit payer de	*Gain d'Escompte sur*
100000 l que 99009 l 18 ſ	100000 l gag 990 l 1 ſ 1
50000 l que 49504 l 19 ſ	50000 l gag 495 l 1 ſ 1
10000 l que 9900 l 19 ſ 9	10000 l gag 99 l 2
9000 l que 8910 l 17 ſ 9	9000 l gag 89 l 2 ſ 2
8000 l que 7920 l 15 ſ 10	8000 l gag 79 l 4 ſ 1
7000 l que 6930 l 13 ſ 10	7000 l gag 69 l 6 ſ 1
6000 l que 5940 l 11 ſ 10	6000 l gag 59 l 8 ſ 1
5000 l que 4950 l 9 ſ 10	5000 l gag 49 l 10 ſ 1
4000 l que 3960 l 7 ſ 11	4000 l gag 39 l 12 ſ
3000 l que 2970 l 5 ſ 11	3000 l gag 29 l 14 ſ
2000 l que 1980 l 3 ſ 11	2000 l gag 19 l 16 ſ
1000 l que 990 l 1 ſ 11	1000 l gag 9 l 18 ſ
900 l que 891 l 1 ſ 9	900 l gag 8 l 18 ſ 2
800 l que 792 l 1 ſ 7	800 l gag 7 l 18 ſ 4
700 l que 693 l 1 ſ 4	700 l gag 6 l 18 ſ 7
600 l que 594 l 1 ſ 2	600 l gag 5 l 18 ſ 9
500 l que 495 l 11	500 l gag 4 l 19 ſ
400 l que 396 l 9	400 l gag 3 l 19 ſ 2
300 l que 297 l 7	300 l gag 2 l 19 ſ 4
200 l que 198 l 4	200 l gag 1 l 19 ſ 7
100 l que 99 l 2	100 l gag 19 ſ 9
90 l que 89 l 2 ſ 2	90 l gag 17 ſ 9
80 l que 79 l 4 ſ 1	80 l gag 15 ſ 10
70 l que 69 l 6 ſ 1	70 l gag 13 ſ 10
60 l que 59 l 8 ſ 1	60 l gag 11 ſ 10
50 l que 49 l 10 ſ 1	50 l gag 9 ſ 10
40 l que 39 l 12 ſ	40 l gag 7 ſ 11
30 l que 29 l 14 ſ	30 l gag 5 ſ 11
20 l que 19 l 16 ſ	20 l gag 3 ſ 11
10 l que 9 l 18 ſ	10 l gag 1 ſ 11
9 l que 8 l 18 ſ 2	9 l gag 1 ſ 9
8 l que 7 l 18 ſ 4	8 l gag 1 ſ 7
7 l que 6 l 18 ſ 7	7 l gag 1 ſ 4
6 l que 5 l 18 ſ 9	6 l gag 1 ſ 2
5 l que 4 l 19 ſ	5 l gag 11
4 l que 3 l 19 ſ 2	4 l gag 9
3 l que 2 l 19 ſ 4	3 l gag 7
2 l que 1 l 19 ſ 7	2 l gag 4
1 l que 19 ſ 9	1 l gag 2

Ne doit payer de			Gain d'Eſcompte ſur		
100000 l que	98522 l	3 ſ 4	100000 l gag	1477 l 16 ſ	7
50000 l que	49261 l	1 ſ 8	50000 l gag	738 l 18 ſ	5
10000 l que	9852 l	4 ſ 4	10000 l gag	147 l 15 ſ	7
9000 l que	8866 l 19 ſ	10	9000 l gag	133 l	1
8000 l que	7881 l 15 ſ	5	8000 l gag	118 l 4 ſ	6
7000 l que	6896 l 11 ſ		7000 l gag	103 l 8 ſ	11
6000 l que	5911 l 6 ſ	7	6000 l gag	88 l 13 ſ	4
5000 l que	4926 l 2 ſ	2	5000 l gag	73 l 17 ſ	9
4000 l que	3940 l 17 ſ	8	4000 l gag	59 l 2 ſ	3
3000 l que	2955 l 13 ſ	3	3000 l gag	44 l 6 ſ	8
2000 l que	1970 l 8 ſ	10	2000 l gag	29 l 11 ſ	1
1000 l que	985 l 4 ſ	5	1000 l gag	14 l 15 ſ	6
900 l que	886 l 13 ſ	11	900 l gag	13 l 6 ſ	
800 l que	788 l 3 ſ	6	800 l gag	11 l 16 ſ	5
700 l que	689 l 13 ſ	1	700 l gag	10 l 6 ſ	10
600 l que	591 l 2 ſ	7	600 l gag	8 l 17 ſ	4
500 l que	492 l 12 ſ	2	500 l gag	7 l 7 ſ	9
400 l que	394 l 1 ſ	9	400 l gag	5 l 18 ſ	2
300 l que	295 l 11 ſ	3	300 l gag	4 l 8 ſ	8
200 l que	197 l	10	200 l gag	2 l 19 ſ	1
100 l que	98 l 10 ſ	5	100 l gag	1 l 9 ſ	6
90 l que	88 l 13 ſ	4	90 l gag	1 l 6 ſ	7
80 l que	78 l 16 ſ	4	80 l gag	1 l 3 ſ	7
70 l que	68 l 19 ſ	3	70 l gag	1 l	8
60 l que	59 l 2 ſ	3	60 l gag	17 ſ	8
50 l que	49 l 5 ſ	2	50 l gag	14 ſ	9
40 l que	39 l 8 ſ	2	40 l gag	11 ſ	9
30 l que	29 l 11 ſ	1	30 l gag	8 ſ	10
20 l que	19 l 14 ſ	1	20 l gag	5 ſ	10
10 l que	9 l 17 ſ		10 l gag	2 ſ	11
9 l que	8 l 17 ſ	4	9 l gag	2 ſ	7
8 l que	7 l 17 ſ	7	8 l gag	2 ſ	4
7 l que	6 l 17 ſ	11	7 l gag	2 ſ	
6 l que	5 l 18 ſ	2	6 l gag	1 ſ	9
5 l que	4 l 18 ſ	6	5 l gag	1 ſ	5
4 l que	3 l 18 ſ	9	4 l gag	1 ſ	2
3 l que	2 l 19 ſ	1	3 l gag		10
2 l que	1 l 19 ſ	0	2 l gag		7
1 l que	19 ſ	8	1 l gag		3

Ne doit payer de	Gain d'Eſcompte ſur
100000 l que 98039 l 4 ſ 3	100000 l gag 1960 l 15 ſ 8
50000 l que 49019 l 12 ſ 1	50000 l gag 980 l 7 ſ 10
10000 l que 9803 l 18 ſ 5	10000 l gag 196 l 1 ſ 6
9000 l que 8823 l 10 ſ 7	9000 l gag 176 l 9 ſ 4
8000 l que 7843 l 2 ſ 8	8000 l gag 156 l 17 ſ 3
7000 l que 6862 l 14 ſ 10	7000 l gag 137 l 5 ſ 1
6000 l que 5882 l 7 ſ	6000 l gag 117 l 12 ſ 11
5000 l que 4901 l 19 ſ 2	5000 l gag 98 l 9
4000 l que 3921 l 11 ſ 4	4000 l gag 78 l 8 ſ 7
3000 l que 2941 l 3 ſ 6	3000 l gag 58 l 16 ſ 5
2000 l que 1960 l 15 ſ 8	2000 l gag 39 l 4 ſ 3
1000 l que 980 l 7 ſ 10	1000 l gag 19 l 12 ſ 1
900 l que 882 l 7 ſ	900 l gag 17 l 12 ſ 11
800 l que 784 l 6 ſ 3	800 l gag 15 l 13 ſ 8
700 l que 686 l 5 ſ 5	700 l gag 13 l 14 ſ 6
600 l que 588 l 4 ſ 8	600 l gag 11 l 15 ſ 3
500 l que 490 l 3 ſ 11	500 l gag 9 l 16 ſ
400 l que 392 l 3 ſ 1	400 l gag 7 l 16 ſ 10
300 l que 294 l 2 ſ 4	300 l gag 5 l 17 ſ 7
200 l que 196 l 1 ſ 6	200 l gag 3 l 18 ſ 5
100 l que 98 l 9	100 l gag 1 l 19 ſ 2
90 l que 83 l 4 ſ 8	90 l gag 1 l 15 ſ 8
80 l que 78 l 8 ſ 7	80 l gag 1 l 11 ſ 4
70 l que 68 l 12 ſ 6	70 l gag 1 l 7 ſ 5
60 l que 58 l 16 ſ 5	60 l gag 1 l 3 ſ 6
50 l que 49 l 4	50 l gag 19 ſ 7
40 l que 39 l 4 ſ 3	40 l gag 15 ſ 8
30 l que 29 l 8 ſ 2	30 l gag 11 ſ 9
20 l que 19 l 12 ſ 1	20 l gag 7 ſ 10
10 l que 9 l 16 ſ	10 l gag 3 ſ 11
9 l que 8 l 16 ſ 5	9 l gag 3 ſ 6
8 l que 7 l 16 ſ 10	8 l gag 3 ſ 1
7 l que 6 l 17 ſ 3	7 l gag 2 ſ 8
6 l que 5 l 17 ſ 7	6 l gag 2 ſ 4
5 l que 4 l 18 ſ	5 l gag 1 ſ 11
4 l que 3 l 18 ſ 5	4 l gag 1 ſ 6
3 l que 2 l 18 ſ 9	3 l gag 1 ſ 2
2 l que 1 l 19 ſ 2	2 l gag 9
1 l que 19 ſ 7	1 l gag 4

Ne doit payer de	*Gain d'Efcompte fur*
100000 l que 97560 l 19 ſ 6	100000 l gag 2439 l 5
50000 l que 48780 l 9 ſ 9	50000 l gag 1219 l 10 ſ 2
10000 l que 9756 l 1 ſ 11	10000 l gag 243 l 18 ſ
9000 l que 8780 l 9 ſ 9	9000 l gag 219 l 10 ſ 2
8000 l que 7804 l 17 ſ 6	8000 l gag 195 l 2 ſ 5
7000 l que 6829 l 5 ſ 4	7000 l gag 170 l 14 ſ 7
6000 l que 5853 l 13 ſ 2	6000 l gag 146 l 6 ſ 9
5000 l que 4878 l 11	5000 l gag 121 l 19 ſ
4000 l que 3902 l 8 ſ 9	4000 l gag 97 l 11 ſ 2
3000 l que 2926 l 16 ſ 7	3000 l gag 73 l 3 ſ 4
2000 l que 1951 l 4 ſ 4	2000 l gag 48 l 15 ſ 7
1000 l que 975 l 12 ſ 2	1000 l gag 24 l 7 ſ 9
900 l que 878 l 11	900 l gag 21 l 19 ſ
800 l que 780 l 9 ſ 9	800 l gag 19 l 10 ſ 2
700 l que 682 l 18 ſ 6	700 l gag 17 l 1 ſ 5
600 l que 585 l 7 ſ 3	600 l gag 14 l 12 ſ 8
500 l que 487 l 16 ſ 1	500 l gag 12 l 3 ſ 10
400 l que 390 l 4 ſ 10	400 l gag 9 l 15 ſ 1
300 l que 292 l 13 ſ 7	300 l gag 7 l 6 ſ 4
200 l que 195 l 2 ſ 5	200 l gag 4 l 17 ſ 6
100 l que 97 l 11 ſ 2	100 l gag 2 l 8 ſ 9
90 l que 87 l 16 ſ 1	90 l gag 2 l 3 ſ 10
80 l que 78 l 11	80 l gag 1 l 19 ſ
70 l que 68 l 5 ſ 10	70 l gag 1 l 14 ſ 1
60 l que 58 l 10 ſ 8	60 l gag 1 l 9 ſ 3
50 l que 48 l 15 ſ 7	50 l gag 1 l 4 ſ 4
40 l que 39 l 5	40 l gag 19 ſ 6
30 l que 29 l 5 ſ 4	30 l gag 14 ſ 7
20 l que 19 l 10 ſ 2	20 l gag 9 ſ 9
10 l que 9 l 15 ſ 1	10 l gag 4 ſ 10
9 l que 8 l 15 ſ 7	9 l gag 4 ſ 4
8 l que 7 l 16 ſ 1	8 l gag 3 ſ 10
7 l que 6 l 16 ſ 7	7 l gag 3 ſ 4
6 l que 5 l 17 ſ	6 l gag 2 ſ 11
5 l que 4 l 17 ſ 6	5 l gag 2 ſ 5
4 l que 3 l 18 ſ	4 l gag 1 ſ 11
3 l que 2 l 18 ſ 6	3 l gag 1 ſ 5
2 l que 1 l 19 ſ	2 l gag 11
1 l que 19 ſ 6	1 l gag 5

Ne doit payer de					Gain d'Escompte sur				
100000 l que	97087 l	7 ſ	6		100000 l gag.	2912 l	12 ſ	5
50000 l que	48543 l	13 ſ	9		50000 l gag	1456 l	6 ſ	2
10000 l que	9708 l	14 ſ	9		10000 l gag	291 l	5 ſ	2
9000 l que	8737 l	17 ſ	3		9000 l gag	262 l	2 ſ	8
8000 l que	7765 l	19 ſ	9		8000 l gag	233 l		2
7000 l que	6796 l	2 ſ	3		7000 l gag	203 l	17 ſ	8
6000 l que	5825 l	4 ſ	10		6000 l gag	174 l	15 ſ	1
5000 l que	4854 l	7 ſ	4		5000 l gag	145 l	12 ſ	7
4000 l que	3883 l	9 ſ	10		4000 l gag	116 l	10 ſ	1
3000 l que	2912 l	12 ſ	5		3000 l gag	87 l	7 ſ	6
2000 l que	1941 l	14 ſ	11		2000 l gag	58 l	5 ſ	
1000 l que	970 l	17 ſ	5		1000 l gag	29 l	2 ſ	6
900 l que	873 l	15 ſ	8		900 l gag	26 l	4 ſ	3
800 l que	776 l	13 ſ	11		800 l gag	23 l	6 ſ	
700 l que	679 l	12 ſ	2		700 l gag	20 l	7 ſ	9
600 l que	582 l	10 ſ	5		600 l gag	17 l	9 ſ	6
500 l que	485 l	8 ſ	8		500 l gag	14 l	11 ſ	3
400 l que	388 l	6 ſ	11		400 l gag	11 l	13 ſ	
300 l que	291 l	5 ſ	2		300 l gag	8 l	14 ſ	9
200 l que	194 l	3 ſ	5		200 l gag	5 l	16 ſ	6
100 l que	97 l	1 ſ	8		100 l gag	2 l	18 ſ	3
90 l que	87 l	7 ſ	6		90 l gag	2 l	12 ſ	5
80 l que	77 l	13 ſ	4		80 l gag	2 l	6 ſ	7
70 l que	67 l	19 ſ	2		70 l gag	2 l		9
60 l que	58 l	5 ſ			60 l gag	1 l	14 ſ	11
50 l que	48 l	10 ſ	10		50 l gag	1 l	9 ſ	1
40 l que	38 l	16 ſ	8		40 l gag	1 l	3 ſ	3
30 l que	29 l	2 ſ	6		30 l gag		17 ſ	5
20 l que	19 l	8 ſ	4		20 l gag		11 ſ	7
10 l que	9 l	14 ſ	2		10 l gag		5 ſ	9
9 l que	8 l	14 ſ	9		9 l gag		5 ſ	2
8 l que	7 l	15 ſ	4		8 l gag		4 ſ	7
7 l que	6 l	15 ſ	11		7 l gag		4 ſ	
6 l que	5 l	16 ſ	6		6 l gag		3 ſ	5
5 l que	4 l	17 ſ	1		5 l gag		2 ſ	10
4 l que	3 l	17 ſ	8		4 l gag		2 ſ	3
3 l que	2 l	18 ſ	3		3 l gag		1 ſ	8
2 l que	1 l	18 ſ	10		2 l gag		1 ſ	1
1 l que		19 ſ	5		1 l gag			6

Ne doit payer de		Gain d'Escompte ſur	
100000 l que	96618 l 7 ſ 1	100000 l gag	3381 l 12 ſ 10
50000 l que	48309 l 3 ſ 6	50000 l gag	1690 l 16 ſ 5
10000 l que	9661 l 16 ſ 8	10000 l gag	338 l 3 ſ 3
9000 l que	8695 l 13 ſ	9000 l gag	304 l 6 ſ 11
8000 l que	7729 l 9 ſ 4	8000 l gag	270 l 10 ſ 7
7000 l que	6763 l 5 ſ 8	7000 l gag	236 l 14 ſ 3
6000 l que	5797 l 2 ſ	6000 l gag	202 l 17 ſ 11
5000 l que	4830 l 18 ſ 4	5000 l gag	169 l 1 ſ 7
4000 l que	3864 l 14 ſ 8	4000 l gag	135 l 5 ſ 3
3000 l que	2898 l 11 ſ	3000 l gag	101 l 8 ſ 11
2000 l que	1932 l 7 ſ 4	2000 l gag	67 l 12 ſ 7
1000 l que	966 l 3 ſ 8	1000 l gag	33 l 16 ſ 3
900 l que	869 l 11 ſ 3	900 l gag	30 l 8 ſ 8
800 l que	772 l 18 ſ 11	800 l gag	27 l 1 ſ
700 l que	676 l 6 ſ 6	700 l gag	23 l 13 ſ 5
600 l que	579 l 14 ſ 2	600 l gag	20 l 5 ſ 9
500 l que	483 l 1 ſ 10	500 l gag	16 l 18 ſ 1
400 l que	386 l 9 ſ 5	400 l gag	13 l 10 ſ 6
300 l que	289 l 17 ſ 1	300 l gag	10 l 2 ſ 10
200 l que	193 l 4 ſ 8	200 l gag	6 l 15 ſ 3
100 l que	96 l 12 ſ 4	100 l gag	3 l 7 ſ 7
90 l que	86 l 19 ſ 1	90 l gag	3 l 10
80 l que	77 l 5 ſ 10	80 l gag	2 l 14 ſ 1
70 l que	67 l 12 ſ 7	70 l gag	2 l 7 ſ 4
60 l que	57 l 19 ſ 5	60 l gag	2 l 6
50 l que	48 l 6 ſ 2	50 l gag	1 l 13 ſ 9
40 l que	38 l 12 ſ 11	40 l gag	1 l 7 ſ
30 l que	28 l 19 ſ 8	30 l gag	1 l 3
20 l que	19 l 6 ſ 5	20 l gag	13 ſ 6
10 l que	9 l 13 ſ 2	10 l gag	6 ſ 9
9 l que	8 l 13 ſ 10	9 l gag	6 ſ 1
8 l que	7 l 14 ſ 7	8 l gag	5 ſ 4
7 l que	6 l 15 ſ 3	7 l gag	4 ſ 8
6 l que	5 l 15 ſ 11	6 l gag	4 ſ
5 l que	4 l 16 ſ 7	5 l gag	3 ſ 4
4 l que	3 l 17 ſ 3	4 l gag	2 ſ 8
3 l que	2 l 17 ſ 11	3 l gag	2 ſ
2 l que	1 l 18 ſ 7	2 l gag	1 ſ 4
1 l que	19 ſ 3	1 l gag	8

Ne doit payer de	*Gain d'Eſcompte ſur*
100000 l que 96153 l 16 ſ 11	100000 l gag 3846 l 3 ſ
50000 l que 48076 l 18 ſ 5	50000 l gag 1923 l 1 ſ 6
10000 l que 9615 l 7 ſ 8	10000 l gag 384 l 12 ſ 3
9000 l que 8653 l 16 ſ 11	9000 l gag 346 l 3 ſ
8000 l que 7692 l 6 ſ 1	8000 l gag 307 l 13 ſ 10
7000 l que 6730 l 15 ſ 4	7000 l gag 269 l 4 ſ 7
6000 l que 5769 l 4 ſ 7	6000 l gag 230 l 15 ſ 4
5000 l que 4807 l 13 ſ 10	5000 l gag 192 l 6 ſ 2
4000 l que 3846 l 3 ſ	4000 l gag 153 l 16 ſ 11
3000 l que 2884 l 12 ſ 3	3000 l gag 115 l 7 ſ 8
2000 l que 1923 l 1 ſ 6	2000 l gag 76 l 18 ſ 5
1000 l que 961 l 10 ſ 9	1000 l gag 38 l 9 ſ 2
900 l que 865 l 7 ſ 8	900 l gag 34 l 12 ſ 3
800 l que 769 l 4 ſ 7	800 l gag 30 l 15 ſ 4
700 l que 673 l 1 ſ 6	700 l gag 26 l 18 ſ 5
600 l que 576 l 18 ſ 5	600 l gag 23 l 1 ſ 6
500 l que 480 l 15 ſ 4	500 l gag 19 l 4 ſ 7
400 l que 384 l 12 ſ 3	400 l gag 15 l 7 ſ 8
300 l que 288 l 9 ſ 2	300 l gag 11 l 10 ſ 9
200 l que 192 l 6 ſ 1	200 l gag 7 l 13 ſ 10
100 l que 96 l 3 ſ	100 l gag 3 l 16 ſ 11
90 l que 86 l 10 ſ 9	90 l gag 3 l 9 ſ 2
80 l que 76 l 18 ſ 5	80 l gag 3 l 1 ſ 6
70 l que 67 l 6 ſ 1	70 l gag 2 l 13 ſ 10
60 l que 57 l 13 ſ 10	60 l gag 2 l 6 ſ 1
50 l que 48 l 1 ſ 6	50 l gag 1 l 18 ſ 5
40 l que 38 l 9 ſ 2	40 l gag 1 l 10 ſ 9
30 l que 28 l 16 ſ 11	30 l gag 1 l 3 ſ
20 l que 19 l 4 ſ 7	20 l gag 15 ſ 4
10 l que 9 l 12 ſ 3	10 l gag 7 ſ 8
9 l que 8 l 13 ſ	9 l gag 6 ſ 11
8 l que 7 l 13 ſ 10	8 l gag 6 ſ 1
7 l que 6 l 14 ſ 7	7 l gag 5 ſ 4
6 l que 5 l 15 ſ 4	6 l gag 4 ſ 7
5 l que 4 l 16 ſ 1	5 l gag 3 ſ 10
4 l que 3 l 16 ſ 11	4 l gag 3 ſ
3 l que 2 l 17 ſ 8	3 l gag 2 ſ 3
2 l que 1 l 18 ſ 5	2 l gag 1 ſ 6
1 l que 19 ſ 2	1 l gag 9

Ne doit payer de	Gain d'Escompte sur
100000 l que 95693 l 15 ſ 7	100000 l gag 4306 l 4 ſ 4
50000 l que 47846 l 17 ſ 9	50000 l gag 2153 l 2 ſ 2
10000 l que 9569 l 7 ſ 6	10000 l gag 430 l 12 ſ 5
9000 l que 8612 l 8 ſ 9	9000 l gag 387 l 11 ſ 2
8000 l que 7655 l 10 ſ	8000 l gag 344 l 9 ſ 11
7000 l que 6698 l 11 ſ 3	7000 l gag 301 l 8 ſ 8
6000 l que 5741 l 12 ſ 6	6000 l gag 258 l 7 ſ 5
5000 l que 4784 l 13 ſ 9	5000 l gag 215 l 6 ſ 2
4000 l que 3827 l 15 ſ	4000 l gag 172 l 4 ſ 11
3000 l que 2870 l 16 ſ 3	3000 l gag 129 l 3 ſ 8
2000 l que 1913 l 17 ſ 6	2000 l gag 86 l 2 ſ 5
1000 l que 956 l 18 ſ 9	1000 l gag 43 l 1 ſ 2
900 l que 861 l 4 ſ 10	900 l gag 38 l 15 ſ 1
800 l que 765 l 11 ſ	800 l gag 34 l 8 ſ 11
700 l que 669 l 17 ſ 1	700 l gag 30 l 2 ſ 10
600 l que 574 l 3 ſ 3	600 l gag 25 l 16 ſ 8
500 l que 478 l 9 ſ 4	500 l gag 21 l 10 ſ 7
400 l que 382 l 15 ſ 6	400 l gag 17 l 4 ſ 5
300 l que 287 l 1 ſ 7	300 l gag 12 l 18 ſ 4
200 l que 191 l 7 ſ 9	200 l gag 8 l 12 ſ 2
100 l que 95 l 13 ſ 10	100 l gag 4 l 6 ſ 1
90 l que 86 l 2 ſ 5	90 l gag 3 l 17 ſ 6
80 l que 76 l 11 ſ 1	80 l gag 3 l 8 ſ 10
70 l que 66 l 19 ſ 8	70 l gag 3 l 3
60 l que 57 l 8 ſ 3	60 l gag 2 l 11 ſ 8
50 l que 47 l 16 ſ 11	50 l gag 2 l 3 ſ
40 l que 38 l 5 ſ 6	40 l gag 1 l 14 ſ 5
30 l que 28 l 14 ſ 1	30 l gag 1 l 5 ſ 10
20 l que 19 l 2 ſ 9	20 l gag 17 ſ 2
10 l que 9 l 11 ſ 4	10 l gag 8 ſ 7
9 l que 8 l 12 ſ 2	9 l gag 7 ſ 9
8 l que 7 l 13 ſ 1	8 l gag 6 ſ 10
7 l que 6 l 13 ſ 11	7 l gag 6 ſ
6 l que 5 l 14 ſ 9	6 l gag 5 ſ 2
5 l que 4 l 15 ſ 8	5 l gag 4 ſ 3
4 l que 3 l 16 ſ 6	4 l gag 3 ſ 5
3 l que 2 l 17 ſ 4	3 l gag 2 ſ 7
2 l que 1 l 18 ſ 3	2 l gag 1 ſ 8
1 l que 19 ſ 1	1 l gag 10

Ne doit payer de			Gain d'Efcompte fur		
100000	que	95238 l 1 ſ 10	100000	gag	4761 l 18 ſ 1
50000	que	47619 l 11	50000	gag	2380 l 19 ſ
10000	que	9523 l 16 ſ 2	10000	gag	476 l 3 ſ 9
9000	que	8571 l 8 ſ 6	9000	gag	428 l 11 ſ 5
8000	que	7619 l 11	8000	gag	380 l 19 ſ
7000	que	6666 l 13 ſ 4	7000	gag	333 l 6 ſ 8
6000	que	5714 l 5 ſ 8	6000	gag	285 l 14 ſ 3
5000	que	4761 l 18 ſ 1	5000	gag	238 l 1 ſ 10
4000	que	3809 l 10 ſ 5	4000	gag	190 l 9 ſ 6
3000	que	2857 l 2 ſ 10	3000	gag	142 l 17 ſ 1
2000	que	1904 l 15 ſ 2	2000	gag	95 l 4 ſ 9
1000	que	952 l 7 ſ 7	1000	gag	47 l 12 ſ 4
900	que	857 l 2 ſ 10	900	gag	42 l 17 ſ 1
800	que	761 l 18 ſ 1	800	gag	38 l 1 ſ 10
700	que	666 l 13 ſ 4	700	gag	33 l 6 ſ 8
600	que	571 l 8 ſ 6	600	gag	28 l 11 ſ 5
500	que	476 l 3 ſ 9	500	gag	23 l 16 ſ 2
400	que	380 l 19 ſ	400	gag	19 l 11
300	que	285 l 14 ſ 3	300	gag	14 l 5 ſ 8
200	que	190 l 9 ſ 6	200	gag	9 l 10 ſ 5
100	que	95 l 4 ſ 9	100	gag	4 l 15 ſ 2
90	que	85 l 14 ſ 3	90	gag	4 l 5 ſ 8
80	que	76 l 3 ſ 9	80	gag	3 l 16 ſ 2
70	que	66 l 13 ſ 4	70	gag	3 l 6 ſ 8
60	que	57 l 2 ſ 10	60	gag	2 l 17 ſ 1
50	que	47 l 12 ſ 4	50	gag	2 l 7 ſ 7
40	que	38 l 1 ſ 10	40	gag	1 l 18 ſ 1
30	que	28 l 11 ſ 5	30	gag	1 l 8 ſ 6
20	que	19 l 11	20	gag	19 ſ
10	que	9 l 10 ſ 1	10	gag	9 ſ 6
9	que	8 l 11 ſ 5	9	gag	8 ſ 6
8	que	7 l 12 ſ 4	8	gag	7 ſ 7
7	que	6 l 13 ſ 4	7	gag	6 ſ 8
6	que	5 l 14 ſ 3	6	gag	5 ſ 8
5	que	4 l 15 ſ	5	gag	4 ſ 9
4	que	3 l 16 ſ 2	4	gag	3 ſ 9
3	que	2 l 17 ſ	3	gag	2 ſ 10
2	que	1 l 18 ſ 1	2	gag	1 ſ 10
1	que	19 ſ	1	gag	11

Ne doit payer de		Gain d'Escompte sur	
100000 l que	94786 l 14 ſ 7	100000 l gag	5213 l 5 ſ 4
50000 l que	47393 l 7 ſ 3	50000 l gag	2606 l 12 ſ 8
10000 l que	9478 l 13 ſ 5	10000 l gag	521 l 6 ſ 6
9000 l que	8530 l 16 ſ 1	9000 l gag	469 l 3 ſ 10
8000 l que	7582 l 18 ſ 9	8000 l gag	417 l 1 ſ 2
7000 l que	6635 l 1 ſ 5	7000 l gag	364 l 18 ſ 6
6000 l que	5687 l 4 ſ	6000 l gag	312 l 15 ſ 11
5000 l que	4739 l 6 ſ 8	5000 l gag	260 l 13 ſ 3
4000 l que	3791 l 9 ſ 4	4000 l gag	208 l 10 ſ 7
3000 l que	2843 l 12 ſ	3000 l gag	156 l 7 ſ 11
2000 l que	1895 l 14 ſ 8	2000 l gag	104 l 5 ſ 3
1000 l que	947 l 17 ſ 4	1000 l gag	52 l 2 ſ 7
900 l que	853 l 1 ſ 7	900 l gag	46 l 18 ſ 4
800 l que	758 l 5 ſ 10	800 l gag	41 l 14 ſ 1
700 l que	663 l 10 ſ 1	700 l gag	36 l 9 ſ 10
600 l que	568 l 14 ſ 4	600 l gag	31 l 5 ſ 7
500 l que	473 l 18 ſ 8	500 l gag	26 l 1 ſ 3
400 l que	379 l 2 ſ 11	400 l gag	20 l 17 ſ
300 l que	284 l 7 ſ 2	300 l gag	15 l 12 ſ 9
200 l que	189 l 11 ſ 5	200 l gag	10 l 8 ſ 6
100 l que	94 l 15 ſ 8	100 l gag	5 l 4 ſ 3
90 l que	85 l 6 ſ 1	90 l gag	4 l 13 ſ 10
80 l que	75 l 16 ſ 7	80 l gag	4 l 3 ſ 4
70 l que	66 l 7 ſ	70 l gag	3 l 12 ſ 11
60 l que	56 l 17 ſ 5	60 l gag	3 l 2 ſ 6
50 l que	47 l 7 ſ 10	50 l gag	2 l 12 ſ 1
40 l que	37 l 18 ſ 3	40 l gag	2 l 1 ſ 8
30 l que	28 l 8 ſ 8	30 l gag	1 l 11 ſ 3
20 l que	18 l 19 ſ 1	20 l gag	1 l 10
10 l que	9 l 9 ſ 6	10 l gag	10 ſ 5
9 l que	8 l 10 ſ 7	9 l gag	9 ſ 4
8 l que	7 l 11 ſ 7	8 l gag	8 ſ 4
7 l que	6 l 12 ſ 8	7 l gag	7 ſ 3
6 l que	5 l 13 ſ 8	6 l gag	6 ſ 3
5 l que	4 l 14 ſ 9	5 l gag	5 ſ 2
4 l que	3 l 15 ſ 9	4 l gag	4 ſ 2
3 l que	2 l 16 ſ 10	3 l gag	3 ſ 1
2 l que	1 l 17 ſ 10	2 l gag	2 ſ 1
1 l que	18 ſ 11	1 l gag	1 ſ

Ne doit payer de				Gain d'Eſcompte ſur			
100000 l que	94339 l	12 ſ	5	100000 l gag	5660 l	7 ſ	6
50000 l que	47169 l	16 ſ	2	50000 l gag	2830 l	3 ſ	9
10000 l que	9433 l	19 ſ	2	10000 l gag	566 l		9
9000 l que	8490 l	11 ſ	3	9000 l gag	509 l	8 ſ	8
8000 l que	7547 l	3 ſ	4	8000 l gag	452 l	16 ſ	7
7000 l que	6603 l	15 ſ	5	7000 l gag	396 l	4 ſ	6
6000 l que	5660 l	7 ſ	6	6000 l gag	339 l	12 ſ	5
5000 l que	4716 l	19 ſ	7	5000 l gag	283 l		4
4000 l que	3773 l	11 ſ	8	4000 l gag	226 l	8 ſ	3
3000 l que	2830 l	3 ſ	9	3000 l gag	169 l	16 ſ	2
2000 l que	1886 l	15 ſ	10	2000 l gag	113 l	4 ſ	1
1000 l que	943 l	7 ſ	11	1000 l gag	56 l	12 ſ	
900 l que	849 l	1 ſ	1	900 l gag	50 l	18 ſ	10
800 l que	754 l	14 ſ	4	800 l gag	45 l	5 ſ	7
700 l que	660 l	7 ſ	6	700 l gag	39 l	12 ſ	5
600 l que	566 l		9	600 l gag	33 l	19 ſ	2
500 l que	471 l	13 ſ	11	500 l gag	28 l	6 ſ	
400 l que	377 l	7 ſ	2	400 l gag	22 l	12 ſ	9
300 l que	283 l		4	300 l gag	16 l	19 ſ	7
200 l que	188 l	13 ſ	7	200 l gag	11 l	6 ſ	4
100 l que	94 l	6 ſ	9	100 l gag	5 l	13 ſ	2
90 l que	84 l	18 ſ	1	90 l gag	5 l	1 ſ	10
80 l que	75 l	9 ſ	5	80 l gag	4 l	10 ſ	6
70 l que	65 l		9	70 l gag	3 l	19 ſ	2
60 l que	56 l	12 ſ		60 l gag	3 l	7 ſ	11
50 l que	47 l	3 ſ	4	50 l gag	2 l	16 ſ	7
40 l que	37 l	14 ſ	8	40 l gag	2 l	5 ſ	3
30 l que	28 l	6 ſ		30 l gag	1 l	13 ſ	11
20 l que	18 l	17 ſ	4	20 l gag	1 l	2 ſ	7
10 l que	9 l	8 ſ	8	10 l gag		11 ſ	3
9 l que	8 l	9 ſ	9	9 l gag		10 ſ	2
8 l que	7 l	10 ſ	11	8 l gag		9 ſ	1
7 l que	6 l	12 ſ		7 l gag		7 ſ	11
6 l que	5 l	13 ſ	2	6 l gag		6 ſ	9
5 l que	4 l	14 ſ	4	5 l gag		5 ſ	7
4 l que	3 l	15 ſ	5	4 l gag		4 ſ	6
3 l que	2 l	16 ſ	7	3 l gag		3 ſ	4
2 l que	1 l	17 ſ	8	2 l gag		2 ſ	3
1 l que		18 ſ	10	1 l gag		1 ſ	1

Ne doit payer de		Gain d'Escompte sur	
100000 l que	94117 l 12 ſ 11	100000 l gag	5882 l 7 ſ
50000 l que	47058 l 16 ſ 5	50000 l gag	2941 l 3 ſ 6
10000 l que	9411 l 15 ſ 3	10000 l gag	588 l 4 ſ 8
9000 l que	8470 l 11 ſ 9	9000 l gag	529 l 8 ſ 2
8000 l que	7529 l 8 ſ 2	8000 l gag	470 l 11 ſ 9
7000 l que	6588 l 4 ſ 8	7000 l gag	411 l 15 ſ 3
6000 l que	5647 l 1 ſ 2	6000 l gag	352 l 18 ſ 9
5000 l que	4705 l 17 ſ 7	5000 l gag	294 l 2 ſ 4
4000 l que	3764 l 14 ſ 1	4000 l gag	235 l 5 ſ 10
3000 l que	2823 l 10 ſ 7	3000 l gag	176 l 9 ſ 4
2000 l que	1882 l 7 ſ	2000 l gag	117 l 12 ſ 11
1000 l que	941 l 3 ſ 6	1000 l gag	58 l 16 ſ 5
900 l que	847 l 1 ſ 2	900 l gag	52 l 18 ſ 9
800 l que	752 l 18 ſ 9	800 l gag	47 l 1 ſ 2
700 l que	658 l 16 ſ 5	700 l gag	41 l 3 ſ 6
600 l que	564 l 14 ſ 1	600 l gag	35 l 5 ſ 10
500 l que	470 l 11 ſ 9	500 l gag	29 l 8 ſ 2
400 l que	376 l 9 ſ 4	400 l gag	23 l 10 ſ 7
300 l que	282 l 7 ſ	300 l gag	17 l 12 ſ 11
200 l que	188 l 4 ſ 8	200 l gag	11 l 15 ſ 3
100 l que	94 l 2 ſ 4	100 l gag	5 l 17 ſ 7
90 l que	84 l 14 ſ 1	90 l gag	5 l 5 ſ 10
80 l que	75 l 5 ſ 10	80 l gag	4 l 14 ſ 1
70 l que	65 l 17 ſ 7	70 l gag	4 l 2 ſ 4
60 l que	56 l 9 ſ 4	60 l gag	3 l 10 ſ 7
50 l que	47 l 1 ſ 2	50 l gag	2 l 18 ſ 9
40 l que	37 l 12 ſ 11	40 l gag	2 l 7 ſ
30 l que	28 l 4 ſ 8	30 l gag	1 l 15 ſ 3
20 l que	18 l 16 ſ 5	20 l gag	1 l 3 ſ 6
10 l que	9 l 8 ſ 2	10 l gag	11 ſ 9
9 l que	8 l 9 ſ 4	9 l gag	10 ſ 7
8 l que	7 l 10 ſ 7	8 l gag	9 ſ 4
7 l que	6 l 11 ſ 9	7 l gag	8 ſ 2
6 l que	5 l 12 ſ 11	6 l gag	7 ſ
5 l que	4 l 14 ſ 1	5 l gag	5 ſ 10
4 l que	3 l 15 ſ 3	4 l gag	4 ſ 8
3 l que	2 l 16 ſ 5	3 l gag	3 ſ 6
2 l que	1 l 17 ſ 7	2 l gag	2 ſ 4
1 l que	18 ſ 9	1 l gag	1 ſ 2

Escompter

Ne doit payer de				Gain d'Efcompte fur			
100000 que	93896 l	14 ſ	3	100000 gag	6103 l	5 ſ	8
50000 que	46948 l	7 ſ	1	50000 gag	3051 l	12 ſ	10
10000 que	9389 l	13 ſ	5	10000 gag	610 l	6 ſ	6
9000 que	8450 l	14 ſ	1	9000 gag	549 l	5 ſ	10
8000 que	7511 l	14 ſ	8	8000 gag	488 l	5 ſ	3
7000 que	6572 l	15 ſ	4	7000 gag	427 l	4 ſ	7
6000 que	5633 l	16 ſ		6000 gag	366 l	3 ſ	11
5000 que	4694 l	16 ſ	8	5000 gag	305 l	3 ſ	3
4000 que	3755 l	17 ſ	4	4000 gag	244 l	2 ſ	7
3000 que	2816 l	18 ſ		3000 gag	183 l	1 ſ	11
2000 que	1877 l	18 ſ	8	2000 gag	122 l	1 ſ	3
1000 que	938 l	19 ſ	4	1000 gag	61 l		7
900 que	845 l	1 ſ	4	900 gag	54 l	18 ſ	7
800 que	751 l	3 ſ	5	800 gag	48 l	16 ſ	6
700 que	657 l	5 ſ	6	700 gag	42 l	14 ſ	5
600 que	563 l	7 ſ	7	600 gag	36 l	12 ſ	4
500 que	469 l	9 ſ	8	500 gag	30 l	10 ſ	3
400 que	375 l	11 ſ	8	400 gag	24 l	8 ſ	3
300 que	281 l	13 ſ	9	300 gag	18 l	6 ſ	2
200 que	187 l	15 ſ	10	200 gag	12 l	4 ſ	1
100 que	93 l	17 ſ	11	100 gag	6 l	2 ſ	
90 que	84 l	10 ſ	1	90 gag	5 l	9 ſ	10
80 que	75 l	2 ſ	4	80 gag	4 l	17 ſ	7
70 que	65 l	14 ſ	6	70 gag	4 l	5 ſ	5
60 que	56 l	6 ſ	9	60 gag	3 l	13 ſ	2
50 que	46 l	18 ſ	11	50 gag	3 l	1 ſ	
40 que	37 l	11 ſ	2	40 gag	2 l	8 ſ	9
30 que	28 l	3 ſ	4	30 gag	1 l	16 ſ	7
20 que	18 l	15 ſ	7	20 gag	1 l	4 ſ	4
10 que	9 l	7 ſ	9	10 gag		12 ſ	2
9 que	8 l	9 ſ		9 gag		10 ſ	11
8 que	7 l	10 ſ	2	8 gag		9 ſ	9
7 que	6 l	11 ſ	5	7 gag		8 ſ	6
6 que	5 l	12 ſ	8	6 gag		7 ſ	4
5 que	4 l	13 ſ	10	5 gag		6 ſ	1
4 que	3 l	15 ſ	1	4 gag		4 ſ	10
3 que	2 l	16 ſ	4	3 gag		3 ſ	7
2 que	1 l	17 ſ	6	2 gag		2 ſ	5
1 que		18 ſ	9	1 gag		1 ſ	2

H

Ne doit payer de					Gain d'Eſcompte ſur				
100000 l que	93457 l	18 ſ	10		100000 l gag	6542 l	1 ſ	1	
50000 l que	46728 l	19 ſ	5		50000 l gag	3271 l		6	
10000 l que	9345 l	15 ſ	10		10000 l gag	654 l	4 ſ	1	
9000 l que	8411 l	4 ſ	3		9000 l gag	588 l	15 ſ	8	
8000 l que	7476 l	12 ſ	8		8000 l gag	523 l	7 ſ	3	
7000 l que	6542 l	1 ſ	1		7000 l gag	457 l	18 ſ	10	
6000 l que	5607 l	9 ſ	6		6000 l gag	392 l	10 ſ	5	
5000 l que	4672 l	17 ſ	11		5000 l gag	327 l	2 ſ		
4000 l que	3738 l	6 ſ	4		4000 l gag	261 l	13 ſ	7	
3000 l que	2803 l	14 ſ	9		3000 l gag	196 l	5 ſ	2	
2000 l que	1869 l	3 ſ	2		2000 l gag	130 l	16 ſ	9	
1000 l que	934 l	11 ſ	7		1000 l gag	65 l	8 ſ	4	
900 l que	841 l	2 ſ	5		900 l gag	58 l	17 ſ	6	
800 l que	747 l	13 ſ	3		800 l gag	52 l	6 ſ	8	
700 l que	654 l	4 ſ	1		700 l gag	45 l	15 ſ	10	
600 l que	560 l	14 ſ	11		600 l gag	39 l	5 ſ		
500 l que	467 l	5 ſ	9		500 l gag	32 l	14 ſ	2	
400 l que	373 l	16 ſ	7		400 l gag	26 l	3 ſ	4	
300 l que	280 l	7 ſ	5		300 l gag	19 l	12 ſ	6	
200 l que	186 l	18 ſ	3		200 l gag	13 l	1 ſ	8	
100 l que	93 l	9 ſ	1		100 l gag	6 l	10 ſ	10	
90 l que	84 l	2 ſ	2		90 l gag	5 l	17 ſ	9	
80 l que	74 l	15 ſ	3		80 l gag	5 l	4 ſ	8	
70 l que	65 l	8 ſ	4		70 l gag	4 l	11 ſ	7	
60 l que	56 l	1 ſ	5		60 l gag	3 l	18 ſ	6	
50 l que	46 l	14 ſ	6		50 l gag	3 l	5 ſ	5	
40 l que	37 l	7 ſ	7		40 l gag	2 l	12 ſ	4	
30 l que	28 l		8		30 l gag	1 l	19 ſ	3	
20 l que	18 l	13 ſ	9		20 l gag	1 l	6 ſ	2	
10 l que	9 l	6 ſ	10		10 l gag		13 ſ	1	
9 l que	8 l	8 ſ	2		9 l gag		11 ſ	9	
8 l que	7 l	9 ſ	6		8 l gag		10 ſ	5	
7 l que	6 l	10 ſ	10		7 l gag		9 ſ	1	
6 l que	5 l	12 ſ	1		6 l gag		7 ſ	10	
5 l que	4 l	13 ſ	5		5 l gag		6 ſ	6	
4 l que	3 l	14 ſ	9		4 l gag		5 ſ	2	
3 l que	2 l	16 ſ			3 l gag		3 ſ	11	
2 l que	1 l	17 ſ			2 l gag		2 ſ	7	
1 l que		18 ſ	8		1 l gag		1 ſ	1	

Ne doit payer de	Gain d'Eſcompte ſur
100000 l que 93023 l 5 ſ 1	100000 l gag 6976 l 14 ſ 10
50000 l que 46511 l 12 ſ 6	50000 l gag 3488 l 7 ſ 5
10000 l que 9302 l 6 ſ 6	10000 l gag 697 l 13 ſ 5
9000 l que 8372 l 1 ſ 10	9000 l gag 627 l 18 ſ 1
8000 l que 7441 l 17 ſ 2	8000 l gag 558 l 2 ſ 9
7000 l que 6511 l 12 ſ 6	7000 l gag 488 l 7 ſ 5
6000 l que 5581 l 7 ſ 10	6000 l gag 418 l 12 ſ 1
5000 l que 4651 l 3 ſ 3	5000 l gag 348 l 16 ſ 8
4000 l que 3720 l 18 ſ 7	4000 l gag 279 l 1 ſ 4
3000 l que 2790 l 13 ſ 11	3000 l gag 209 l 6 ſ
2000 l que 1860 l 9 ſ 3	2000 l gag 139 l 10 ſ 8
1000 l que 930 l 4 ſ 7	1000 l gag 69 l 15 ſ 4
900 l que 837 l 4 ſ 2	900 l gag 62 l 15 ſ 9
800 l que 744 l 3 ſ 8	800 l gag 55 l 16 ſ 3
700 l que 651 l 3 ſ 3	700 l gag 48 l 16 ſ 8
600 l que 558 l 2 ſ 9	600 l gag 41 l 17 ſ 2
500 l que 465 l 2 ſ 3	500 l gag 34 l 17 ſ 8
400 l que 372 l 1 ſ 10	400 l gag 27 l 18 ſ 1
300 l que 279 l 1 ſ 4	300 l gag 20 l 18 ſ 7
200 l que 186 l 11	200 l gag 13 l 19 ſ
100 l que 93 l 5	100 l gag 6 l 19 ſ 6
90 l que 83 l 14 ſ 5	90 l gag 6 l 5 ſ 6
80 l que 74 l 8 ſ 4	80 l gag 5 l 11 ſ 7
70 l que 65 l 2 ſ 3	70 l gag 4 l 17 ſ 8
60 l que 55 l 16 ſ 3	60 l gag 4 l 3 ſ 8
50 l que 46 l 10 ſ 2	50 l gag 3 l 9 ſ 9
40 l que 37 l 4 ſ 2	40 l gag 2 l 15 ſ 9
30 l que 27 l 18 ſ 1	30 l gag 2 l 1 ſ 10
20 l que 18 l 12 ſ 1	20 l gag 1 l 7 ſ 10
10 l que 9 l 6 ſ	10 l gag 13 ſ 11
9 l que 8 l 7 ſ 5	9 l gag 12 ſ 6
8 l que 7 l 8 ſ 10	8 l gag 11 ſ 1
7 l que 6 l 10 ſ 2	7 l gag 9 ſ 9
6 l que 5 l 11 ſ 7	6 l gag 8 ſ 4
5 l que 4 l 13 ſ	5 l gag 6 ſ 11
4 l que 3 l 14 ſ 5	4 l gag 5 ſ 6
3 l que 2 l 15 ſ 9	3 l gag 4 ſ 2
2 l que 1 l 17 ſ 2	2 l gag 2 ſ 9
1 l que 18 ſ 7	1 l gag 1 ſ 4

Ne doit payer de		Gain d'Efcompte fur	
100000 que	92592 l 11 ſ 10	100000 gag	7407 l 8 ſ 1
50000 que	46296 l 5 ſ 11	50000 gag	3703 l 14 ſ
10000 que	9259 l 5 ſ 2	10000 gag	740 l 14 ſ 9
9000 que	8333 l 6 ſ 8	9000 gag	666 l 13 ſ 4
8000 que	7407 l 8 ſ 1	8000 gag	592 l 11 ſ 10
7000 que	6481 l 9 ſ 7	7000 gag	518 l 10 ſ 4
6000 que	5555 l 11 ſ 1	6000 gag	444 l 8 ſ 10
5000 que	4629 l 12 ſ 7	5000 gag	370 l 7 ſ 4
4000 que	3703 l 14 ſ	4000 gag	296 l 5 ſ 11
3000 que	2777 l 15 ſ 6	3000 gag	222 l 4 ſ 5
2000 que	1851 l 17 ſ	2000 gag	148 l 2 ſ 11
1000 que	925 l 18 ſ 6	1000 gag	74 l 1 ſ 5
900 que	833 l 6 ſ 8	900 gag	66 l 13 ſ 4
800 que	740 l 14 ſ 9	800 gag	59 l 5 ſ 2
700 que	648 l 2 ſ 11	700 gag	51 l 17 ſ
600 que	555 l 11 ſ 1	600 gag	44 l 8 ſ 10
500 que	462 l 19 ſ 3	500 gag	37 l 8
400 que	370 l 7 ſ 4	400 gag	29 l 12 ſ 7
300 que	277 l 15 ſ 6	300 gag	22 l 4 ſ 5
200 que	185 l 3 ſ 8	200 gag	14 l 16 ſ 3
100 que	92 l 11 ſ 10	100 gag	7 l 8 ſ 1
90 que	83 l 6 ſ 8	90 gag	6 l 13 ſ 4
80 que	74 l 1 ſ 5	80 gag	5 l 18 ſ 6
70 que	64 l 16 ſ 3	70 gag	5 l 3 ſ 8
60 que	55 l 11 ſ 1	60 gag	4 l 8 ſ 10
50 que	46 l 5 ſ 11	50 gag	3 l 14 ſ
40 que	37 l 8	40 gag	2 l 19 ſ 3
30 que	27 l 15 ſ 6	30 gag	2 l 4 ſ 5
20 que	18 l 10 ſ 4	20 gag	1 l 9 ſ 7
10 que	9 l 5 ſ 2	10 gag	14 ſ 9
9 que	8 l 6 ſ 8	9 gag	13 ſ 4
8 que	7 l 8 ſ 1	8 gag	11 ſ 10
7 que	6 l 9 ſ 7	7 gag	10 ſ 4
6 que	5 l 11 ſ 1	6 gag	8 ſ 10
5 que	4 l 12 ſ 7	5 gag	7 ſ 4
4 que	3 l 14 ſ	4 gag	5 ſ 11
3 que	2 l 15 ſ 6	3 gag	4 ſ 5
2 que	1 l 17 ſ	2 gag	2 ſ 11
1 que	18 ſ 6	1 gag	1 ſ 5

Ne doit payer de	*Gain d'Escompte ſur*
100000 l que 92165 l 17 ſ 11	100000 l gag 7834 l 2 ſ
50000 l que 46082 l 18 ſ 11	50000 l gag 3917 l 1 ſ
10000 l que 9216 l 11 ſ 9	10000 l gag 783 l 8 ſ 2
9000 l que 8294 l 18 ſ 7	9000 l gag 705 l 1 ſ 4
8000 l que 7373 l 5 ſ 5	8000 l gag 626 l 14 ſ 6
7000 l que 6451 l 12 ſ 3	7000 l gag 548 l 7 ſ 8
6000 l que 5529 l 19 ſ	6000 l gag 470 l 11
5000 l que 4608 l 5 ſ 10	5000 l gag 391 l 14 ſ 1
4000 l que 3686 l 12 ſ 8	4000 l gag 313 l 7 ſ 3
3000 l que 2764 l 19 ſ 6	3000 l gag 235 l 5
2000 l que 1843 l 6 ſ 4	2000 l gag 156 l 13 ſ 7
1000 l que 921 l 13 ſ 2	1000 l gag 78 l 6 ſ 9
900 l que 829 l 9 ſ 10	900 l gag 70 l 10 ſ 1
800 l que 737 l 6 ſ 6	800 l gag 62 l 13 ſ 5
700 l que 645 l 3 ſ 2	700 l gag 54 l 16 ſ 9
600 l que 552 l 19 ſ 10	600 l gag 47 l 1
500 l que 460 l 16 ſ 7	500 l gag 39 l 3 ſ 4
400 l que 368 l 13 ſ 3	400 l gag 31 l 6 ſ 8
300 l que 276 l 9 ſ 11	300 l gag 23 l 10 ſ
200 l que 184 l 6 ſ 7	200 l gag 15 l 13 ſ 4
100 l que 92 l 3 ſ 3	100 l gag 7 l 16 ſ 8
90 l que 82 l 18 ſ 11	90 l gag 7 l 1 ſ
80 l que 73 l 14 ſ 7	80 l gag 6 l 5 ſ 4
70 l que 64 l 10 ſ 3	70 l gag 5 l 9 ſ 8
60 l que 55 l 5 ſ 11	60 l gag 4 l 14 ſ
50 l que 46 l 1 ſ 7	50 l gag 3 l 18 ſ 4
40 l que 36 l 17 ſ 3	40 l gag 3 l 2 ſ 8
30 l que 27 l 12 ſ 11	30 l gag 2 l 7 ſ
20 l que 18 l 8 ſ 7	20 l gag 1 l 11 ſ 4
10 l que 9 l 4 ſ 3	10 l gag 15 ſ 8
9 l que 8 l 5 ſ 10	9 l gag 14 ſ 1
8 l que 7 l 7 ſ 5	8 l gag 12 ſ 6
7 l que 6 l 9 ſ	7 l gag 10 ſ 11
6 l que 5 l 10 ſ 7	6 l gag 9 ſ 4
5 l que 4 l 12 ſ 1	5 l gag 7 ſ 10
4 l que 3 l 13 ſ 8	4 l gag 6 ſ 3
3 l que 2 l 15 ſ 3	3 l gag 4 ſ 8
2 l que 1 l 16 ſ 10	2 l gag 3 ſ 1
1 l que 18 ſ 5	1 l gag 1 ſ 6

Ne doit payer de		*Gain d'Efcompte fur*	
100000 que	91743 l 2 ſ 4	100000 gag	8256 l 17 ſ 7
50000 que	45871 l 11 ſ 2	50000 gag	4128 l 8 ſ 9
10000 que	9174 l 6 ſ 2	10000 gag	825 l 13 ſ 9
9000 que	8256 l 17 ſ 7	9000 gag	743 l 2 ſ 4
8000 que	7339 l 8 ſ 11	8000 gag	660 l 11 ſ
7000 que	6422 l 4	7000 gag	577 l 19 ſ 7
6000 que	5504 l 11 ſ 8	6000 gag	495 l 8 ſ 3
5000 que	4587 l 3 ſ 1	5000 gag	412 l 16 ſ 10
4000 que	3669 l 14 ſ 5	4000 gag	330 l 5 ſ 6
3000 que	2752 l 5 ſ 10	3000 gag	247 l 14 ſ 1
2000 que	1834 l 17 ſ 1	2000 gag	165 l 2 ſ 9
1000 que	917 l 8 ſ 7	1000 gag	82 l 11 ſ 4
900 que	825 l 13 ſ 6	900 gag	74 l 6 ſ 2
800 que	733 l 18 ſ 10	800 gag	66 l 1 ſ 1
700 que	642 l 4 ſ	700 gag	57 l 15 ſ 11
600 que	550 l 9 ſ 2	600 gag	49 l 10 ſ 9
500 que	458 l 14 ſ 3	500 gag	41 l 5 ſ 8
400 que	366 l 19 ſ 5	400 gag	33 l 6
300 que	275 l 4 ſ 7	300 gag	24 l 15 ſ 4
200 que	183 l 9 ſ 8	200 gag	16 l 10 ſ 3
100 que	91 l 14 ſ 10	100 gag	8 l 5 ſ 1
90 que	82 l 11 ſ 4	90 gag	7 l 8 ſ 7
80 que	73 l 7 ſ 10	80 gag	6 l 12 ſ 1
70 que	64 l 4 ſ 4	70 gag	5 l 15 ſ 7
60 que	55 l 11	60 gag	4 l 19 ſ
50 que	45 l 17 ſ 5	50 gag	4 l 2 ſ 6
40 que	36 l 13 ſ 11	40 gag	3 l 6 ſ
30 que	27 l 10 ſ 5	30 gag	2 l 9 ſ 6
20 que	18 l 6 ſ 11	20 gag	1 l 13 ſ
10 que	9 l 3 ſ 5	10 gag	16 ſ 6
9 que	8 l 5 ſ 1	9 gag	14 ſ 10
8 que	7 l 6 ſ 9	8 gag	13 ſ 2
7 que	6 l 8 ſ 5	7 gag	11 ſ 6
6 que	5 l 10 ſ 1	6 gag	9 ſ 10
5 que	4 l 11 ſ 8	5 gag	8 ſ 3
4 que	3 l 13 ſ 4	4 gag	6 ſ 7
3 que	2 l 15 ſ	3 gag	4 ſ 11
2 que	1 l 16 ſ	2 gag	3 ſ 3
1 que	18 ſ	1 gag	1 ſ 7

Ne doit payer de	Gain d'Escompte ſur
100000 l que 91324 l 4 ſ	100000 l gag 8675 l 15 ſ 11
50000 l que 45662 l 2 ſ	50000 l gag 4337 l 17 ſ 11
10000 l que 9132 l 8 ſ 4	10000 l gag 867 l 11 ſ 7
9000 l que 8219 l 3 ſ 6	9000 l gag 780 l 16 ſ 5
8000 l que 7305 l 18 ſ 8	8000 l gag 694 l 1 ſ 3
7000 l que 6392 l 13 ſ 10	7000 l gag 607 l 6 ſ 1
6000 l que 5479 l 9 ſ	6000 l gag 520 l 10 ſ 11
5000 l que 4566 l 4 ſ 2	5000 l gag 433 l 15 ſ 9
4000 l que 3652 l 19 ſ 4	4000 l gag 347 l 7
3000 l que 2739 l 14 ſ 6	3000 l gag 260 l 5 ſ 5
2000 l que 1826 l 9 ſ 8	2000 l gag 173 l 10 ſ 3
1000 l que 913 l 4 ſ 10	1000 l gag 86 l 15 ſ 1
900 l que 821 l 18 ſ 4	900 l gag 78 l 1 ſ 7
800 l que 730 l 11 ſ 10	800 l gag 69 l 8 ſ 1
700 l que 639 l 5 ſ 4	700 l gag 60 l 14 ſ 7
600 l que 547 l 18 ſ 10	600 l gag 52 l 1 ſ 1
500 l que 456 l 12 ſ 5	500 l gag 43 l 7 ſ 6
400 l que 365 l 5 ſ 11	400 l gag 34 l 14 ſ
300 l que 273 l 19 ſ 5	300 l gag 26 l 6
200 l que 182 l 12 ſ 11	200 l gag 17 l 7 ſ
100 l que 91 l 6 ſ 5	100 l gag 8 l 13 ſ 6
90 l que 82 l 3 ſ 10	90 l gag 7 l 16 ſ 1
80 l que 73 l 1 ſ 2	80 l gag 6 l 18 ſ 9
70 l que 63 l 18 ſ 6	70 l gag 6 l 1 ſ 5
60 l que 54 l 15 ſ 10	60 l gag 5 l 4 ſ 1
50 l que 45 l 13 ſ 2	50 l gag 4 l 6 ſ 9
40 l que 36 l 10 ſ 7	40 l gag 3 l 9 ſ 4
30 l que 27 l 7 ſ 11	30 l gag 2 l 12 ſ
20 l que 18 l 5 ſ 3	20 l gag 1 l 14 ſ 8
10 l que 9 l 2 ſ 7	10 l gag 17 ſ 4
9 l que 8 l 4 ſ 4	9 l gag 15 ſ 7
8 l que 7 l 6 ſ 1	8 l gag 13 ſ 10
7 l que 6 l 7 ſ 10	7 l gag 12 ſ 1
6 l que 5 l 9 ſ 7	6 l gag 10 ſ 4
5 l que 4 l 11 ſ 3	5 l gag 8 ſ 8
4 l que 3 l 13 ſ	4 l gag 6 ſ 11
3 l que 2 l 14 ſ 9	3 l gag 5 ſ 2
2 l que 1 l 16 ſ 6	2 l gag 3 ſ 5
1 l que 18 ſ 1	1 l gag 2 ſ 8

Ne doit payer de		Gain d'Eſcompte ſur	
100000 l que	90909 l 1 ſ 9	100000 l gag	9090 l 18 ſ 2
50000 l que	45454 l 10 ſ 10	50000 l gag	4545 l 9 ſ 1
10000 l que	9090 l 18 ſ 2	10000 l gag	909 l 1 ſ 9
9000 l que	8181 l 16 ſ 4	9000 l gag	818 l 3 ſ 7
8000 l que	7272 l 14 ſ 6	8000 l gag	727 l 5 ſ 5
7000 l que	6363 l 12 ſ 8	7000 l gag	636 l 7 ſ 3
6000 l que	5454 l 10 ſ 10	6000 l gag	545 l 9 ſ 1
5000 l que	4545 l 9 ſ 1	5000 l gag	454 l 10 ſ 10
4000 l que	3636 l 7 ſ 3	4000 l gag	363 l 12 ſ 8
3000 l que	2727 l 5 ſ 5	3000 l gag	272 l 14 ſ 6
2000 l que	1818 l 3 ſ 7	2000 l gag	181 l 16 ſ 4
1000 l que	909 l 1 ſ 9	1000 l gag	90 l 18 ſ 2
900 l que	818 l 3 ſ 7	900 l gag	81 l 16 ſ 4
800 l que	727 l 5 ſ 5	800 l gag	72 l 14 ſ 6
700 l que	636 l 7 ſ 3	700 l gag	63 l 12 ſ 8
600 l que	545 l 9 ſ 1	600 l gag	54 l 10 ſ 10
500 l que	454 l 10 ſ 10	500 l gag	45 l 9 ſ 1
400 l que	363 l 12 ſ 8	400 l gag	36 l 7 ſ 3
300 l que	272 l 14 ſ 6	300 l gag	27 l 5 ſ 5
200 l que	181 l 16 ſ 4	200 l gag	18 l 3 ſ 7
100 l que	90 l 18 ſ 2	100 l gag	9 l 1 ſ 9
90 l que	81 l 16 ſ 4	90 l gag	8 l 3 ſ 7
80 l que	72 l 14 ſ 6	80 l gag	7 l 5 ſ 5
70 l que	63 l 12 ſ 8	70 l gag	6 l 7 ſ 3
60 l que	54 l 10 ſ 10	60 l gag	5 l 9 ſ 1
50 l que	45 l 9 ſ 1	50 l gag	4 l 10 ſ 10
40 l que	36 l 7 ſ 3	40 l gag	3 l 12 ſ 8
30 l que	27 l 5 ſ 5	30 l gag	2 l 14 ſ 6
20 l que	18 l 3 ſ 7	20 l gag	1 l 16 ſ 4
10 l que	9 l 1 ſ 9	10 l gag	18 ſ 2
9 l que	8 l 3 ſ 7	9 l gag	16 ſ 4
8 l que	7 l 5 ſ 5	8 l gag	14 ſ 6
7 l que	6 l 7 ſ 3	7 l gag	12 ſ 8
6 l que	5 l 9 ſ 1	6 l gag	10 ſ 10
5 l que	4 l 10 ſ 10	5 l gag	9 ſ 1
4 l que	3 l 12 ſ 8	4 l gag	7 ſ 3
3 l que	2 l 14 ſ 6	3 l gag	5 ſ 5
2 l que	1 l 16 ſ 4	2 l gag	3 ſ 7
1 l que	18 ſ 2	1 l gag	1 ſ 9

Ne doit payer de		*Gain d'Escompte sur*	
100000 l que	90090 l 1 ſ 9	100000 l gag	9909 l 18 ſ 2
50000 l que	45045 l 10	50000 l gag	4954 l 19 ſ 1
10000 l que	9009 l 2	10000 l gag	990 l 19 ſ 9
9000 l que	8108 l 2 ſ 1	9000 l gag	891 l 17 ſ 10
8000 l que	7207 l 4 ſ 1	8000 l gag	792 l 15 ſ 10
7000 l que	6306 l 6 ſ 1	7000 l gag	693 l 13 ſ 10
6000 l que	5405 l 8 ſ 1	6000 l gag	594 l 11 ſ 10
5000 l que	4504 l 10 ſ 1	5000 l gag	495 l 9 ſ 10
4000 l que	3603 l 12 ſ	4000 l gag	396 l 7 ſ 11
3000 l que	2702 l 14 ſ	3000 l gag	297 l 5 ſ 11
2000 l que	1801 l 16 ſ	2000 l gag	198 l 3 ſ 11
1000 l que	900 l 18 ſ	1000 l gag	99 l 1 ſ 11
900 l que	810 l 16 ſ 2	900 l gag	89 l 3 ſ 9
800 l que	720 l 14 ſ 4	800 l gag	79 l 5 ſ 7
700 l que	630 l 12 ſ 7	700 l gag	69 l 7 ſ 4
600 l que	540 l 10 ſ 9	600 l gag	59 l 9 ſ 2
500 l que	450 l 9 ſ	500 l gag	49 l 10 ſ 11
400 l que	360 l 7 ſ 2	400 l gag	39 l 12 ſ 9
300 l que	270 l 5 ſ 4	300 l gag	29 l 14 ſ 7
200 l que	180 l 3 ſ 7	200 l gag	19 l 16 ſ 4
100 l que	90 l 1 ſ 9	100 l gag	9 l 18 ſ 2
90 l que	81 l 1 ſ 7	90 l gag	8 l 18 ſ 4
80 l que	72 l 1 ſ 5	80 l gag	7 l 18 ſ 6
70 l que	63 l 1 ſ 3	70 l gag	6 l 18 ſ 8
60 l que	54 l 1 ſ	60 l gag	5 l 18 ſ 11
50 l que	45 l 10	50 l gag	4 l 19 ſ 1
40 l que	36 l 8	40 l gag	3 l 19 ſ 3
30 l que	27 l 6	30 l gag	2 l 19 ſ 5
20 l que	18 l 4	20 l gag	1 l 19 ſ 7
10 l que	9 l 2	10 l gag	19 ſ 9
9 l que	8 l 2 ſ 1	9 l gag	17 ſ 10
8 l que	7 l 4 ſ 1	8 l gag	15 ſ 10
7 l que	6 l 6 ſ 1	7 l gag	13 ſ 10
6 l que	5 l 8 ſ 1	6 l gag	11 ſ 10
5 l que	4 l 10 ſ 1	5 l gag	9 ſ 10
4 l que	3 l 12 ſ	4 l gag	7 ſ 11
3 l que	2 l 14 ſ	3 l gag	5 ſ 11
2 l que	1 l 16 ſ	2 l gag	3 ſ 11
1 l que	18 ſ	1 l gag	1 ſ 11

Ne doit payer de	Gain d'Efcompte fur
100000 l que 89285 l 14 ſ 3	100000 l gag 10714 l 5 ſ 8
50000 l que 44642 l 17 ſ 1	50000 l gag 5357 l 2 ſ 10
10000 l que 8928 l 11 ſ 6	10000 l gag 1071 l 8 ſ 6
9000 l que 8035 l 14 ſ 3	9000 l gag 964 l 5 ſ 8
8000 l que 7142 l 17 ſ 1	8000 l gag 857 l 2 ſ 10
7000 l que 6250 l	7000 l gag 750 l
6000 l que 5357 l 2 ſ 10	6000 l gag 642 l 17 ſ 1
5000 l que 4464 l 5 ſ 8	5000 l gag 535 l 14 ſ 3
4000 l que 3571 l 8 ſ 6	4000 l gag 428 l 11 ſ 5
3000 l que 2678 l 11 ſ 5	3000 l gag 321 l 8 ſ 6
2000 l que 1785 l 14 ſ 3	2000 l gag 214 l 5 ſ 8
1000 l que 892 l 17 ſ 1	1000 l gag 107 l 2 ſ 10
900 l que 803 l 11 ſ 5	900 l gag 96 l 8 ſ 6
800 l que 714 l 5 ſ 8	800 l gag 85 l 14 ſ 3
700 l que 625 l	700 l gag 75 l
600 l que 535 l 14 ſ 3	600 l gag 64 l 5 ſ 8
500 l que 446 l 8 ſ 6	500 l gag 53 l 11 ſ 5
400 l que 357 l 2 ſ 10	400 l gag 42 l 17 ſ 1
300 l que 267 l 17 ſ 1	300 l gag 32 l 2 ſ 10
200 l que 178 l 11 ſ 5	200 l gag 21 l 8 ſ 6
100 l que 89 l 5 ſ 8	100 l gag 10 l 14 ſ 3
90 l que 80 l 7 ſ 1	90 l gag 9 l 12 ſ 10
80 l que 71 l 8 ſ 6	80 l gag 8 l 11 ſ 5
70 l que 62 l 10 ſ	70 l gag 7 l 10 ſ
60 l que 53 l 11 ſ 5	60 l gag 6 l 8 ſ 6
50 l que 44 l 12 ſ 10	50 l gag 5 l 7 ſ 1
40 l que 35 l 14 ſ 3	40 l gag 4 l 5 ſ 8
30 l que 26 l 15 ſ 8	30 l gag 3 l 4 ſ 3
20 l que 17 l 17 ſ 1	20 l gag 2 l 2 ſ 10
10 l que 8 l 18 ſ 6	10 l gag 1 l 1 ſ 5
9 l que 8 l 8	9 l gag 19 ſ 3
8 l que 7 l 2 ſ 10	8 l gag 17 ſ 1
7 l que 6 l 5 ſ	7 l gag 15 ſ
6 l que 5 l 7 ſ 1	6 l gag 12 ſ 10
5 l que 4 l 9 ſ 3	5 l gag 10 ſ 8
4 l que 3 l 11 ſ 5	4 l gag 8 ſ 6
3 l que 2 l 13 ſ 6	3 l gag 6 ſ 5
2 l que 1 l 15 ſ 8	2 l gag 4 ſ 3
1 l que 17 ſ 10	1 l gag 2 ſ 1

Ne doit payer de	*Gain d'Escompte sur*
100000 l que 88495 l 11 ſ 6	100000 l gag 11504 l 8 ſ 5
50000 l que 44247 l 15 ſ 9	50000 l gag 5752 l 4 ſ 2
10000 l que 8849 l 11 ſ 1	10000 l gag 1150 l 8 ſ 10
9000 l que 7964 l 12 ſ	9000 l gag 1035 l 7 ſ 11
8000 l que 7079 l 12 ſ 11	8000 l gag 920 l 7 ſ
7000 l que 6194 l 13 ſ y	7000 l gag 805 l 6 ſ 2
6000 l que 5309 l 14 ſ 8	6000 l gag 690 l 5 ſ 3
5000 l que 4424 l 15 ſ 6	5000 l gag 575 l 4 ſ 5
4000 l que 3539 l 16 ſ 5	4000 l gag 460 l 3 ſ 6
3000 l que 2654 l 17 ſ 4	3000 l gag 345 l 2 ſ 7
2000 l que 1769 l 18 ſ 2	2000 l gag 230 l 1 ſ 9
1000 l que 884 l 19 ſ 1	1000 l gag 115 l 10
900 l que 796 l 9 ſ 2	900 l gag 103 l 10 ſ 9
800 l que 707 l 19 ſ 3	800 l gag 92 l 8
700 l que 619 l 9 ſ 4	700 l gag 80 l 10 ſ 7
600 l que 530 l 19 ſ 5	600 l gag 69 l 6
500 l que 442 l 9 ſ 6	500 l gag 57 l 10 ſ 5
400 l que 353 l 19 ſ 7	400 l gag 46 l 4
300 l que 265 l 9 ſ 8	300 l gag 34 l 10 ſ 3
200 l que 176 l 19 ſ 9	200 l gag 23 l 2
100 l que 88 l 9 ſ 10	100 l gag 11 l 10 ſ 1
90 l que 79 l 12 ſ 11	90 l gag 10 l 7 ſ
80 l que 70 l 15 ſ 11	80 l gag 9 l 4 ſ
70 l que 61 l 18 ſ 11	70 l gag 8 l 1 ſ
60 l que 53 l 1 ſ 11	60 l gag 6 l 18 ſ
50 l que 44 l 4 ſ 11	50 l gag 5 l 15 ſ
40 l que 35 l 7 ſ 11	40 l gag 4 l 12 ſ
30 l que 26 l 10 ſ 11	30 l gag 3 l 9 ſ
20 l que 17 l 13 ſ 11	20 l gag 2 l 6 ſ
10 l que 8 l 16 ſ 11	10 l gag 1 l 3 ſ
9 l que 7 l 19 ſ 3	9 l gag 1 l 8
8 l que 7 l 1 ſ 7	8 l gag 18 ſ 4
7 l que 6 l 3 ſ 10	7 l gag 16 ſ 1
6 l que 5 l 6 ſ 2	6 l gag 13 9
5 l que 4 l 8 ſ 5	5 l gag 11 ſ 6
4 l que 3 l 10 ſ 9	4 l gag 9 ſ 2
3 l que 2 l 13 ſ 1	3 l gag 6 ſ 10
2 l que 1 l 15 ſ 4	2 l gag 4 ſ 7
1 l que 17 ſ 8	1 l gag 2 ſ 3

Ne doit payer de				Gain d'Efcompte fur			
100000 l que	87719 l	5 ſ	11	100000 l gag	12280 l	14 ſ	
50000 l que	43859 l	12 ſ	11	50000 l gag	6140 l	7 ſ	
10000 l que	8771 l	18 ſ	7	10000 l gag	1228 l	1 ſ	4
9000 l que	7894 l	14 ſ	8	9000 l gag	1105 l	5 ſ	3
8000 l que	7017 l	10 ſ	10	8000 l gag	982 l	9 ſ	1
7000 l que	6140 l	7 ſ		7000 l gag	859 l	12 ſ	11
6000 l que	5263 l	3 ſ	1	6000 l gag	736 l	16 ſ	10
5000 l que	4385 l	19 ſ	3	5000 l gag	614 l		8
4000 l que	3508 l	15 ſ	5	4000 l gag	491 l	4 ſ	6
3000 l que	2631 l	11 ſ	6	3000 l gag	368 l	8 ſ	5
2000 l que	1754 l	7 ſ	8	2000 l gag	245 l	12 ſ	3
1000 l que	877 l	3 ſ	10	1000 l gag	122 l	16 ſ	1
900 l que	789 l	9 ſ	5	900 l gag	110 l	10 ſ	6
800 l que	701 l	15 ſ	1	800 l gag	98 l	4 ſ	10
700 l que	614 l		8	700 l gag	85 l	19 ſ	3
600 l que	526 l	6 ſ	3	600 l gag	73 l	13 ſ	8
500 l que	438 l	11 ſ	11	500 l gag	61 l	8 ſ	
400 l que	350 l	17 ſ	6	400 l gag	49 l	2 ſ	5
300 l que	263 l	3 ſ	1	300 l gag	36 l	16 ſ	10
200 l que	175 l	8 ſ	9	200 l gag	24 l	11 ſ	2
100 l que	87 l	14 ſ	4	100 l gag	12 l	5 ſ	7
90 l que	78 l	18 ſ	11	90 l gag	11 l	1 ſ	
80 l que	70 l	3 ſ	6	80 l gag	9 l	16 ſ	5
70 l que	61 l	8 ſ		70 l gag	8 l	11 ſ	11
60 l que	52 l	12 ſ	7	60 l gag	7 l	7 ſ	4
50 l que	43 l	17 ſ	2	50 l gag	6 l	2 ſ	9
40 l que	35 l	1 ſ	9	40 l gag	4 l	18 ſ	2
30 l que	26 l	6 ſ	3	30 l gag	3 l	13 ſ	8
20 l que	17 l	10 ſ	10	20 l gag	2 l	9 ſ	1
10 l que	8 l	15 ſ	5	10 l gag	1 l	4 ſ	6
9 l que	7 l	17 ſ	10	9 l gag	1 l	2 ſ	1
8 l que	7 l		4	8 l gag		19 ſ	7
7 l que	6 l	2 ſ	9	7 l gag		17 ſ	2
6 l que	5 l	5 ſ	3	6 l gag		14 ſ	8
5 l que	4 l	7 ſ	8	5 l gag		12 ſ	3
4 l que	3 l	10 ſ	2	4 l gag		9 ſ	9
3 l que	2 l	12 ſ	7	3 l gag		7 ſ	4
2 l que	1 l	15 ſ	1	2 l gag		4 ſ	10
1 l que		17 ſ	6	1 l gag		2 ſ	5

Efcompter

Ne doit payer de	l	ſ	d	*Gain d'Escompte ſur*	l	ſ	d
100000 l que	86956	10	5	100000 l gag	13043	9	6
50000 l que	43478	5	2	50000 l gag	6521	14	9
10000 l que	8695	13		10000 l gag	1304	6	11
9000 l que	7826	1	8	9000 l gag	1173	18	3
8000 l que	6956	10	5	8000 l gag	1043	9	6
7000 l que	6086	19	1	7000 l gag	913		10
6000 l que	5217	7	9	6000 l gag	782	12	2
5000 l que	4347	16	6	5000 l gag	652	3	5
4000 l que	3478	5	2	4000 l gag	521	14	9
3000 l que	2608	13	10	3000 l gag	391	6	1
2000 l que	1739	2	7	2000 l gag	260	17	4
1000 l que	869	11	3	1000 l gag	130	8	8
900 l que	782	12	2	900 l gag	117	7	9
800 l que	695	13		800 l gag	104	6	11
700 l que	608	13	10	700 l gag	91	6	1
600 l que	521	14	9	600 l gag	78	5	2
500 l que	434	15	7	500 l gag	65	4	4
400 l que	347	16	6	400 l gag	52	3	5
300 l que	260	17	4	300 l gag	39	2	7
200 l que	173	18	3	200 l gag	26	1	8
100 l que	86	19	1	100 l gag	13		10
90 l que	78	5	2	90 l gag	11	14	9
80 l que	69	11	3	80 l gag	10	8	8
70 l que	60	17	4	70 l gag	9	2	7
60 l que	52	3	5	60 l gag	7	16	6
50 l que	43	9	6	50 l gag	6	10	5
40 l que	34	15	7	40 l gag	5	4	4
30 l que	26	1	8	30 l gag	3	18	3
20 l que	17	7	9	20 l gag	2	12	2
10 l que	8	13	10	10 l gag	1	6	1
9 l que	7	16	6	9 l gag	1	3	5
8 l que	6	19	1	8 l gag	1		10
7 l que	6	1	8	7 l gag		18	3
6 l que	5	4	4	6 l gag		15	7
5 l que	4	6	11	5 l gag		13	
4 l que	3	9	6	4 l gag		10	5
3 l que	2	12	3	3 l gag		7	9
2 l que	1	14	9	2 l gag		5	2
1 l que		17	4	1 l gag		2	7

Ne doit payer de	Gain d'Eſcompte ſur
100000 l que 86206 l 17 ſ 11	100000 l gag 13793 l 2 ſ
50000 l que 43103 l 8 ſ 11	50000 l gag 6896 l 11 ſ
10000 l que 8620 l 13 ſ 9	10000 l gag 1379 l 6 ſ 2
9000 l que 7758 l 12 ſ 4	9000 l gag 1241 l 7 ſ 7
8000 l que 6896 l 11 ſ	8000 l gag 1103 l 8 ſ 11
7000 l que 6034 l 9 ſ 7	7000 l gag 965 l 10 ſ 4
6000 l que 5172 l 8 ſ 3	6000 l gag 827 l 11 ſ 8
5000 l que 4310 l 6 ſ 10	5000 l gag 689 l 13 ſ 1
4000 l que 3448 l 5 ſ 6	4000 l gag 551 l 14 ſ 5
3000 l que 2586 l 4 ſ 1	3000 l gag 413 l 15 ſ 10
2000 l que 1724 l 2 ſ 9	2000 l gag 275 l 17 ſ 2
1000 l que 862 l 1 ſ 4	1000 l gag 157 l 18 ſ 7
900 l que 775 l 17 ſ 2	900 l gag 124 l 2 ſ 9
800 l que 689 l 13 ſ 1	800 l gag 110 l 6 ſ 10
700 l que 603 l 8 ſ 11	700 l gag 96 l 11 ſ
600 l que 517 l 4 ſ 9	600 l gag 82 l 15 ſ 2
500 l que 431 l 8	500 l gag 68 l 19 ſ 3
400 l que 344 l 16 ſ 6	400 l gag 55 l 3 ſ 5
300 l que 258 l 12 ſ 4	300 l gag 41 l 7 ſ 7
200 l que 172 l 8 ſ 3	200 l gag 27 l 11 ſ 8
100 l que 86 l 4 ſ 1	100 l gag 13 l 15 ſ 10
90 l que 77 l 11 ſ 8	90 l gag 12 l 8 ſ 3
80 l que 68 l 19 ſ 3	80 l gag 11 l 8
70 l que 60 l 6 ſ 10	70 l gag 9 l 13 ſ 1
60 l que 51 l 14 ſ 5	60 l gag 8 l 5 ſ 6
50 l que 43 l 2 ſ	50 l gag 6 l 17 ſ 11
40 l que 34 l 9 ſ 7	40 l gag 5 l 10 ſ 4
30 l que 25 l 17 ſ 2	30 l gag 4 l 2 ſ 9
20 l que 17 l 4 ſ 9	20 l gag 2 l 15 ſ 2
10 l que 8 l 12 ſ 4	10 l gag 1 l 7 ſ 7
9 l que 7 l 15 ſ 2	9 l gag 1 l 4 ſ 9
8 l que 6 l 17 ſ 11	8 l gag 1 l 2 ſ
7 l que 6 l 8	7 l gag 19 ſ 3
6 l que 5 l 3 ſ 5	6 l gag 16 ſ 6
5 l que 4 l 6 ſ 2	5 l gag 13 ſ 9
4 l que 3 l 8 ſ 11	4 l gag 11 ſ
3 l que 2 l 11 ſ 8	3 l gag 8 ſ 3
2 l que 1 l 14 ſ 5	2 l gag 5 ſ 6
1 l que 17 ſ 2	1 l gag 2 ſ 9

Ne doit payer de					*Gain d'Eſcompte ſur*				
100000 l que	85470 l	1 ſ	8		100000 l gag	14529 l	18 ſ	3
50000 l que	42735 l	10			50000 l gag	7264 l	19 ſ	1
10000 l que	8547 l	2			10000 l gag	1452 l	19 ſ	9
9000 l que	7692 l	6 ſ	1		9000 l gag	1307 l	13 ſ	10
8000 l que	6837 l	12 ſ	1		8000 l gag	1162 l	7 ſ	10
7000 l que	5982 l	18 ſ	1		7000 l gag	1017 l	1 ſ	10
6000 l que	5128 l	4 ſ	1		6000 l gag	871 l	15 ſ	10
5000 l que	4273 l	10 ſ	1		5000 l gag	726 l	9 ſ	10
4000 l que	3418 l	16 ſ			4000 l gag	581 l	3 ſ	11
3000 l que	2564 l	2 ſ			3000 l gag	435 l	17 ſ	11
2000 l que	1709 l	8 ſ			2000 l gag	290 l	11 ſ	11
1000 l que	854 l	14 ſ			1000 l gag	145 l	5 ſ	11
900 l que	769 l	4 ſ	7		900 l gag	130 l	15 ſ	4
800 l que	683 l	15 ſ	2		800 l gag	116 l	4 ſ	9
700 l que	598 l	5 ſ	9		700 l gag	101 l	14 ſ	2
600 l que	512 l	16 ſ	4		600 l gag	87 l	3 ſ	7
500 l que	427 l	7 ſ			500 l gag	72 l	12 ſ	11
400 l que	341 l	17 ſ	7		400 l gag	58 l	2 ſ	4
300 l que	256 l	8 ſ	2		300 l gag	43 l	11 ſ	9
200 l que	170 l	18 ſ	9		200 l gag	29 l	1 ſ	2
100 l que	85 l	9 ſ	4		100 l gag	14 l	10 ſ	7
90 l que	76 l	18 ſ	5		90 l gag	13 l	1 ſ	6
80 l que	68 l	7 ſ	6		80 l gag	11 l	12 ſ	5
70 l que	59 l	16 ſ	6		70 l gag	10 l	3 ſ	5
60 l que	51 l	5 ſ	7		60 l gag	8 l	14 ſ	4
50 l que	42 l	14 ſ	8		50 l gag	7 l	5 ſ	3
40 l que	34 l	3 ſ	9		40 l gag	5 l	16 ſ	2
30 l que	25 l	12 ſ	9		30 l gag	4 l	7 ſ	2
20 l que	17 l	1 ſ	10		20 l gag	2 l	18 ſ	1
10 l que	8 l	10 ſ	11		10 l gag	1 l	9 ſ	
9 l que	7 l	13 ſ	10		9 l gag	1 l	6 ſ	1
8 l que	6 l	16 ſ	9		8 l gag	1 l	3 ſ	2
7 l que	5 l	19 ſ	7		7 l gag	N		4
6 l que	5 l	2 ſ	6		6 l gag		17 ſ	5
5 l que	4 l	5 ſ	5		5 l gag		14 ſ	6
4 l que	3 l	8 ſ	4		4 l gag		11 ſ	7
3 l que	2 l	11 ſ	3		3 l gag		8 ſ	8
2 l que	1 l	14 ſ	2		2 l gag		5 ſ	9
1 l que		17 ſ	11		1 l gag		2 ſ	10

Ne doit payer de		Gain d'Eſcompte ſur	
100000 que	84745 l 15 ſ 3	100000 gag	15254 l 4 ſ 8
50000 que	42372 l 17 ſ 7	50000 gag	7627 l 2 ſ 4
10000 que	8474 l 11 ſ 6	10000 gag	1525 l 8 ſ 5
9000 que	7627 l 2 ſ 4	9000 gag	1372 l 17 ſ 7
8000 que	6779 l 13 ſ 2	8000 gag	1220 l 6 ſ 9
7000 que	5932 l 4 ſ	7000 gag	1067 l 15 ſ 11
6000 que	5084 l 14 ſ 10	6000 gag	915 l 5 ſ 1
5000 que	4237 l 5 ſ 9	5000 gag	762 l 14 ſ 2
4000 que	3389 l 16 ſ 7	4000 gag	610 l 3 ſ 4
3000 que	2542 l 7 ſ 5	3000 gag	457 l 12 ſ 6
2000 que	1694 l 18 ſ 3	2000 gag	305 l 1 ſ 8
1000 que	847 l 9 ſ 1	1000 gag	152 l 10 ſ 10
900 que	762 l 14 ſ 2	900 gag	137 l 5 ſ 9
800 que	677 l 19 ſ 3	800 gag	122 l 8
700 que	593 l 4 ſ 4	700 gag	106 l 15 ſ 7
600 que	508 l 9 ſ 5	600 gag	91 l 10 ſ 6
500 que	423 l 14 ſ 6	500 gag	76 l 5 ſ 5
400 que	338 l 19 ſ 7	400 gag	61 l 4
300 que	254 l 4 ſ 8	300 gag	45 l 15 ſ 3
200 que	169 l 9 ſ 9	200 gag	30 l 10 ſ 2
100 que	84 l 14 ſ 10	100 gag	15 l 5 ſ 1
90 que	76 l 5 ſ 5	90 gag	13 l 14 ſ 6
80 que	67 l 15 ſ 11	80 gag	12 l 4 ſ
70 que	59 l 6 ſ 5	70 gag	10 l 13 ſ 6
60 que	50 l 16 ſ 11	60 gag	9 l 3 ſ
50 que	42 l 7 ſ 5	50 gag	7 l 12 ſ 6
40 que	33 l 17 ſ 11	40 gag	6 l 2 ſ
30 que	25 l 8 ſ 5	30 gag	4 l 11 ſ 6
20 que	16 l 18 ſ 11	20 gag	3 l 1 ſ
10 que	8 l 9 ſ 5	10 gag	1 l 10 ſ 6
9 que	7 l 12 ſ 6	9 gag	1 l 7 ſ 5
8 que	6 l 15 ſ 7	8 gag	1 l 4 ſ 4
7 que	5 l 18 ſ 7	7 gag	1 l 1 ſ 4
6 que	5 l 1 ſ 8	6 gag	18 ſ 3
5 que	4 l 4 ſ 8	5 gag	15 ſ 3
4 que	3 l 7 ſ 9	4 gag	12 ſ 2
3 que	2 l 10 ſ 10	3 gag	9 ſ 1
2 que	1 l 13 ſ 10	2 gag	6 ſ 1
1 que	16 ſ 11	1 gag	3 ſ

Ne doit payer de					Gain d'Escompte sur				
100000 que	84033 l	12 ſ	3		100000 gag	15966 l	7 ſ	8
50000 que	42016 l	16 ſ	1		50000 gag	7983 l	3 ſ	10
10000 que	8403 l	7 ſ	2		10000 gag	1596 l	12 ſ	9
9000 que	7563 l		6		9000 gag	1436 l	19 ſ	5
8000 que	6722 l	13 ſ	9		8000 gag	1277 l	6 ſ	2
7000 que	5882 l	7 ſ			7000 gag	1117 l	12 ſ	11
6000 que	5042 l		4		6000 gag	957 l	19 ſ	7
5000 que	4201 l	13 ſ	7		5000 gag	798 l	6 ſ	4
4000 que	3361 l	6 ſ	10		4000 gag	638 l	13 ſ	1
3000 que	2521 l		2		3000 gag	478 l	19 ſ	9
2000 que	1680 l	13 ſ	5		2000 gag	319 l	6 ſ	6
1000 que	840 l	6 ſ	8		1000 gag	159 l	13 ſ	3
900 que	756 l	6 ſ			900 gag	143 l	13 ſ	11
800 que	672 l	5 ſ	4		800 gag	127 l	14 ſ	7
700 que	588 l	4 ſ	8		700 gag	111 l	15 ſ	3
600 que	504 l	4 ſ			600 gag	95 l	15 ſ	11
500 que	420 l	3 ſ	4		500 gag	79 l	16 ſ	7
400 que	336 l	2 ſ	8		400 gag	63 l	17 ſ	3
300 que	252 l	2 ſ			300 gag	47 l	17 ſ	11
200 que	168 l	1 ſ	4		200 gag	31 l	18 ſ	7
100 que	84 l		8		100 gag	15 l	19 ſ	3
90 que	75 l	12 ſ	7		90 gag	14 l	7 ſ	4
80 que	67 l	4 ſ	6		80 gag	12 l	15 ſ	5
70 que	58 l	16 ſ	5		70 gag	11 l	3 ſ	6
60 que	50 l	8 ſ	4		60 gag	9 l	11 ſ	7
50 que	42 l		4		50 gag	7 l	19 ſ	7
40 que	33 l	12 ſ	3		40 gag	6 l	7 ſ	8
30 que	25 l	4 ſ	2		30 gag	4 l	15 ſ	9
20 que	16 l	16 ſ	1		20 gag	3 l	3 ſ	10
10 que	8 l	8 ſ			10 gag	1 l	11 ſ	11
9 que	7 l	11 ſ	3		9 gag	1 l	8 ſ	8
8 que	6 l	14 ſ	5		8 gag	1 l	5 ſ	6
7 que	5 l	17 ſ	7		7 gag	1 l	2 ſ	4
6 que	5 l		10		6 gag		19 ſ	1
5 que	4 l	4 ſ			5 gag		15 ſ	11
4 que	3 l	7 ſ	2		4 gag		12 ſ	9
3 que	2 l	10 ſ	5		3 gag		9 ſ	6
2 que	1 l	13 ſ	7		2 gag		6 ſ	4
1 que		16 ſ	9		1 gag		3 ſ	2

Ne doit payer de		Gain d'Efcompte fur	
100000 l que	83333 l 6 ſ 8	100000 l gag	16666 l 13 ſ 4
50000 l que	41666 l 13 ſ 4	50000 l gag	8333 l 6 ſ 8
10000 l que	8333 l 6 ſ 8	10000 l gag	1666 l 13 ſ 4
9000 l que	7500 l	9000 l gag	1500 l
8000 l que	6666 l 13 ſ 4	8000 l gag	1333 l 6 ſ 8
7000 l que	5833 l 6 ſ 8	7000 l gag	1166 l 13 ſ 4
6000 l que	5000 l	6000 l gag	1000 l
5000 l que	4166 l 13 ſ 4	5000 l gag	833 l 6 ſ 8
4000 l que	3333 l 6 ſ 8	4000 l gag	666 l 13 ſ 4
3000 l que	2500 l	3000 l gag	500 l
2000 l que	1666 l 13 ſ 4	2000 l gag	333 l 6 ſ 8
1000 l que	833 l 6 ſ 8	1000 l gag	166 l 13 ſ 4
900 l que	750 l	900 l gag	150 l
800 l que	666 l 13 ſ 4	800 l gag	133 l 6 ſ 8
700 l que	583 l 6 ſ 8	700 l gag	116 l 13 ſ 4
600 l que	500 l	600 l gag	100 l
500 l que	416 l 13 ſ 4	500 l gag	83 l 6 ſ 8
400 l que	333 l 6 ſ 8	400 l gag	66 l 13 ſ 4
300 l que	250 l	300 l gag	50 l
200 l que	166 l 13 ſ 4	200 l gag	33 l 6 ſ 8
100 l que	83 l 6 ſ 8	100 l gag	16 l 13 ſ 4
90 l que	75 l	90 l gag	15 l
80 l que	66 l 13 ſ 4	80 l gag	13 l 6 ſ 8
70 l que	58 l 6 ſ 8	70 l gag	11 l 13 ſ 4
60 l que	50 l	60 l gag	10 l
50 l que	41 l 13 ſ 4	50 l gag	8 l 6 ſ 8
40 l que	33 l 6 ſ 8	40 l gag	6 l 13 ſ 4
30 l que	25 l	30 l gag	5 l
20 l que	16 l 13 ſ 4	20 l gag	3 l 6 ſ 8
10 l que	8 l 6 ſ 8	10 l gag	1 l 13 ſ 4
9 l que	7 l 10 ſ	9 l gag	1 l 10 ſ
8 l que	6 l 13 ſ 4	8 l gag	1 l 6 ſ 8
7 l que	5 l 16 ſ 8	7 l gag	1 l 3 ſ 4
6 l que	5 l	6 l gag	1 l
5 l que	4 l 3 ſ 4	5 l gag	16 ſ 8
4 l que	3 l 6 ſ 8	4 l gag	13 ſ 4
3 l que	2 l 10 ſ	3 l gag	10 ſ
2 l que	1 l 13 ſ 4	2 l gag	6 ſ 8
1 l que	16 ſ 8	1 l gag	3 ſ 4

Après avoir donné

LES ESCOMPTES

tous faits ,

Je vais vous montrer comme
il les faut faire.

En trois façons :

S A V O I R ,

Escompter   par   *Regle de Trois ,*
Escompter   par   *La Division ,*
Escompter   par   *L'Intéreſt.*

C'eſt-à-dire ,

Par le DENIER *qu'on devroit*

payer L'INTEREST.

ESCOMPTER par REGLE DE TROIS
Pour voir ce qu'il faut payer
en escomptant.

Si l'Escompte est A 3 pour 100
dites, Si 103 L. ne doivent que 100 combien la somme
qu'on veut escompter.

Si l'Ecompte est A 5 pour 100
dites, Si 105 L. ne doivent que 100 combien la somme
qu'on veut escompter.

Ainsi des autres.

ESCOMPTER par LA DIVISION
Pour voir ce qu'on gagne d'escompter.

A	1	pour 100	divisez la	somme	par	101
A	1 & *quart*	pour	100	divisez	par	81
A	2	pour	100	divisez	par	51
A	2 & *demi*	pour	100	divisez	par	41
A	4	pour	100	divisez	par	26
A	5	pour	100	divisez	par	21
A	6 & *quart*	pour	100	divisez	par	17
A	10	pour	100	divisez	par	11
A	20	pour	100	divisez	par	6

ESCOMPTER par L'INTÉREST
ou par le DENIER de l'intérêt
pour voir ce qu'on gagne.

Si l'Escompte	est au	Denier	12	divisez	par	13
Si l'Escompte	est au	Denier	15	divisez	par	16
Si l'Escompte	est au	Denier	16	divisez	par	17
Si l'Escompte	est au	Denier	18	divisez	par	19
Si l'Escompte	est au	Denier	20	divisez	par	21
Si l'Escompte	est au	Denier	22	divisez	par	23
Si l'Escompte	est au	Denier	25	divisez	par	26

FIN

DE

L'ESCOMPTÉ

COMME
IL EST PRATIQUÉ

A LYON, TOURS,

AMSTERDAM, &c.

L'ECHÉANCE DES LETTRES DE CHANGE.

AVANT-PROPOS.

EN plusieurs lieux de l'Europe, les Etrangers se servent du vieux Calendrier, & particulierement en Angleterre ; c'est pourquoi j'ai trouvé nécessaire de mettre les Tarifs de l'Echéance, en ce Livre.

Cette Méthode est nouvelle, puisqu'elle n'avoit jamais paru. Or, aïant vû, par la suite du temps, tant de contestations arrivées entre les Négocians & Notaires, pour ne distinguer pas leur style du nôtre, (car nous suivons le Calendrier *Grégorien*, & eux le Calendrier *Julien*) ; j'ai donc trouvé à propos d'introduire cette utile nouveauté, où l'on verra, avec facilité, l'Echéance précise des Lettres de Change, par la juste calculation du vieux style & du nouveau ; ce qui servira pour toujours, & même en l'Année Bissextile, si ce n'est un seul jour, qui est le dernier du mois de Février, & cela n'arrive que de 4 en 4 ans.

Mais il est important de savoir & d'observer deux choses.

La *Premiere*, est le temps qui se trouve limité en la Lettre de Change.

La *Seconde*, eſt le temps octroyé par l'uſage &
par la Coûtume de Paris.

Le *Temps limité* en la Lettre de Change, eſt
une, deux ou trois Uſances ; c'eſt-à-dire, un,
deux ou trois Mois, de trente jours, plus ou
moins.

Le *Temps octroyé* par l'uſage & la coûtume de
Paris, eſt dix jours après l'Echéance, y compris
les Dimanches & Fêtes.

Mais notez

Que ſi au dixieme jour après l'échéance, celui
qui a la Lettre de Change n'a pas été payé, il ne
doit pas négliger de proteſter par un Notaire. Et
cela eſt néceſſaire pour obliger l'Accepteur à
payer par Juſtice ; & ſi par malice ou impuiſſance
il ne veut ou ne peut payer, on peut recourir à
celui qui a remis ladite Lettre de Change ; autre-
ment, à faute de faire apparoir d'avoir fait ſes di-
ligences & ſon proteſt dans les dix jours, il n'a
plus droit d'avoir recours à celui qui a remis la
Lettre de Change, & cela tomberoit ſur ſon
compte pour n'avoir proteſté à ſon temps ; ainſi
il riſqueroit ſon argent.

Il eſt important de ſavoir auſſi que le temps
limité dans une Lettre de Change court depuis le
jour de la date quand elle eſt a un ou pluſieurs
Uſances, & non du jour de l'acceptation ; & cel-
les qui ſont à deux ou pluſieurs jours de vûe, le
temps deſdites Lettres de Change ne court que
du jour de l'acceptation.

E X E M P L E.

Une Lettre de Change d'Angleterre, datée du
27 Décembre, payable en deux mois, *Si on n'a*

voit qu'un jour de terme pour la payer, on la de-
vroit payer le 6 Janvier enfuivant. Mais parce-
qu'il y a deux mois, l'Echéance n'arrive que le
fixieme Mars, auquel jour le Poffeffeur de la
Lettre a droit d'en demander paiement; mais le
Payeur a dix jours pour y fatisfaire, fi ce n'eft
qu'il veuille faire honneur à la Lettre qu'on lui a
tirée, & qu'il veuille payer à la jufte Echéance,
fans fe prévaloir de dix jours.

N O T E Z

Q'Une Lettre de Change, (comme j'ai dit
ci-devant, & comme on peut voir à côté,) étant
datée du 27 Décembre, *fe doit payer le 6 Jan-*
vier, cela eft fuppofé comme fi la Lettre n'avoit
qu'un jour de temps pour être acquitée & payée ;
mais il faut (comme nous avons dit) laiffer paf-
fer le temps limité en ladite Lettre avant qu'en
demander paiement, & pendant les dix jours on
fait fes diligences pour fe faire payer ou protefter.

Que fi j'ai exprimé l'Echéance des Lettres de Change
par ces trois mots, fe doit payer, c'eft que je n'ai pû trou-
ver des termes plus propres. En effet, comment aurai-je
pû prévoir & pouvoir fixer les divers temps, ni limiter
les termes d'une infinité de Lettres de Change qui ne font
pas à ma connoiffance ? c'eft pourquoi j'ai eu raifon de
l'exprimer de la façon.

Notez que pour 10 jours que nous avons en France,
en Angleterre ils n'en ont que trois, & fi le troifieme jour
arrive un Dimanche, il faut protefter le Samedi devant
le Soleil couché.

JANVIER.

JANVIER.

<table>
<tr><td>Vieux Style.</td><td>QUAND
la Lettre de CHANGE
est datée</td><td>Nouveau Style.</td></tr>
<tr><td>du 22 Decembre</td><td>se doit payer</td><td>le 1 Janvier</td></tr>
<tr><td>du 23 Decembre</td><td>se doit payer</td><td>le 2 Janvier</td></tr>
<tr><td>du 24 Decembre</td><td>se doit payer</td><td>le 3 Janvier</td></tr>
<tr><td>du 25 Decembre</td><td>se doit payer</td><td>le 4 Janvier</td></tr>
<tr><td>du 26 Decembre</td><td>se doit payer</td><td>le 5 Janvier</td></tr>
<tr><td>du 27 Decembre</td><td>se doit payer</td><td>le 6 Janvier</td></tr>
<tr><td>du 28 Decembre</td><td>se doit payer</td><td>le 7 Janvier</td></tr>
<tr><td>du 29 Decembre</td><td>se doit payer</td><td>le 8 Janvier</td></tr>
<tr><td>du 30 Decembre</td><td>se doit payer</td><td>le 9 Janvier</td></tr>
<tr><td>du 31 Decembre</td><td>se doit payer</td><td>le 10 Janvier</td></tr>
<tr><td>du 1 Janvier</td><td>se doit payer</td><td>le 11 Janvier</td></tr>
<tr><td>du 2 Janvier</td><td>se doit payer</td><td>le 12 Janvier</td></tr>
<tr><td>du 3 Janvier</td><td>se doit payer</td><td>le 13 Janvier</td></tr>
<tr><td>du 4 Janvier</td><td>se doit payer</td><td>le 14 Janvier</td></tr>
<tr><td>du 5 Janvier</td><td>se doit payer</td><td>le 15 Janvier</td></tr>
<tr><td>du 6 Janvier</td><td>se doit payer</td><td>le 16 Janvier</td></tr>
<tr><td>du 7 Janvier</td><td>se doit payer</td><td>le 17 Janvier</td></tr>
<tr><td>du 8 Janvier</td><td>se doit payer</td><td>le 18 Janvier</td></tr>
<tr><td>du 9 Janvier</td><td>se doit payer</td><td>le 19 Janvier</td></tr>
<tr><td>du 10 Janvier</td><td>se doit payer</td><td>le 20 Janvier</td></tr>
<tr><td>du 11 Janvier</td><td>se doit payer</td><td>le 21 Janvier</td></tr>
<tr><td>du 12 Janvier</td><td>se doit payer</td><td>le 22 Janvier</td></tr>
<tr><td>du 13 Janvier</td><td>se doit payer</td><td>le 23 Janvier</td></tr>
<tr><td>du 14 Janvier</td><td>se doit payer</td><td>le 24 Janvier</td></tr>
<tr><td>du 15 Janvier</td><td>se doit payer</td><td>le 25 Janvier</td></tr>
<tr><td>du 16 Janvier</td><td>se doit payer</td><td>le 26 Janvier</td></tr>
<tr><td>du 17 Janvier</td><td>se doit payer</td><td>le 27 Janvier</td></tr>
<tr><td>du 18 Janvier</td><td>se doit payer</td><td>le 28 Janvier</td></tr>
<tr><td>du 19 Janvier</td><td>se doit payer</td><td>le 29 Janvier</td></tr>
<tr><td>du 20 Janvier</td><td>se doit payer</td><td>le 30 Janvier</td></tr>
<tr><td>du 21 Janvier</td><td>se doit payer</td><td>le 31 Janvier</td></tr>
</table>

K

FEVRIER.

Vieux style.

Nouveau style.

QUAND
la Lettre de CHANGE
est datée

Vieux style		se doit payer	Nouveau style	
du	22 Janvier	se doit payer	le	1 Fevrier
du	23 Janvier	se doit payer	le	2 Fevrier
du	24 Janvier	se doit payer	le	3 Fevrier
du	25 Janvier	se doit payer	le	4 Fevrier
du	26 Janvier	se doit payer	le	5 Fevrier
du	27 Janvier	se doit payer	le	6 Fevrier
du	28 Janvier	se doit payer	le	7 Fevrier
du	29 Janvier	se doit payer	le	8 Fevrier
du	30 Janvier	se doit payer	le	9 Fevrier
du	31 Janvier	se doit payer	le	10 Fevrier
du	1 *Fevrier*	se doit payer	le	11 Fevrier
du	2 Fevrier	se doit payer	le	12 Fevrier
du	3 Fevrier	se doit payer	le	13 Fevrier
du	4 Fevrier	se doit payer	le	14 Fevrier
du	5 Fevrier	se doit payer	le	15 Fevrier
du	6 Fevrier	se doit payer	le	16 Fevrier
du	7 Fevrier	se doit payer	le	17 Fevrier
du	8 Fevrier	se doit payer	le	18 Fevrier
du	9 Fevrier	se doit payer	le	19 Fevrier
du	10 Fevrier	se doit payer	le	20 Fevrier
du	11 Fevrier	se doit payer	le	21 Fevrier
du	12 Fevrier	se doit payer	le	22 Fevrier
du	13 Fevrier	se doit payer	le	23 Fevrier
du	14 Fevrier	se doit payer	le	24 Fevrier
du	15 Fevrier	se doit payer	le	25 Fevrier
du	16 Fevrier	se doit payer	le	26 Fevrier
du	17 Fevrier	se doit payer	le	27 Fevrier
du	18 Fevrier	se doit payer	le	28 Fevrier

MARS.

Vieux ſtyle.Nouveau ſtyle.

QUAND
la Lettre de CHANGE
eſt datée

Vieux ſtyle		Lettre de Change	Nouveau ſtyle	
du	19 Fevrier	ſe doit payer	le	1 Mars
du	20 Fevrier	ſe doit payer	le	2 Mars
du	21 Fevrier	ſe doit payer	le	3 Mars
du	22 Fevrier	ſe doit payer	le	4 Mars
du	23 Fevrier	ſe doit payer	le	5 Mars
du	24 Fevrier	ſe doit payer	le	6 Mars
du	25 Fevrier	ſe doit payer	le	7 Mars
du	26 Fevrier	ſe doit payer	le	8 Mars
du	27 Fevrier	ſe doit payer	le	9 Mars
du	28 Fevrier	ſe doit payer	le	10 Mars
du	1 Mars	ſe doit payer	le	11 Mars
du	2 Mars	ſe doit payer	le	12 Mars
du	3 Mars	ſe doit payer	le	13 Mars
du	4 Mars	ſe doit payer	le	14 Mars
du	5 Mars	ſe doit payer	le	15 Mars
du	6 Mars	ſe doit payer	le	16 Mars
du	7 Mars	ſe doit payer	le	17 Mars
du	8 Mars	ſe doit payer	le	18 Mars
du	9 Mars	ſe doit payer	le	19 Mars
du	10 Mars	ſe doit payer	le	20 Mars
du	11 Mars	ſe doit payer	le	21 Mars
du	12 Mars	ſe doit payer	le	22 Mars
du	13 Mars	ſe doit payer	le	23 Mars
du	14 Mars	ſe doit payer	le	24 Mars
du	15 Mars	ſe doit payer	le	25 Mars
du	16 Mars	ſe doit payer	le	26 Mars
du	17 Mars	ſe doit payer	le	27 Mars
du	18 Mars	ſe doit payer	le	28 Mars
du	19 Mars	ſe doit payer	le	29 Mars
du	20 Mars	ſe doit payer	le	30 Mars
du	21 Mars	ſe doit payer	le	31 Mars

AVRIL.

<table>
<tr><td>Vieux ſtyle.</td><td>QUAND
la Lettre de CHANGE
eſt datée</td><td>Nouveau ſtyle.</td></tr>
<tr><td>du 22 Mars</td><td>ſe doit payer</td><td>le 1 Avril</td></tr>
<tr><td>du 23 Mars</td><td>ſe doit payer</td><td>le 2 Avril</td></tr>
<tr><td>du 24 Mars</td><td>ſe doit payer</td><td>le 3 Avril</td></tr>
<tr><td>du 25 Mars</td><td>ſe doit payer</td><td>le 4 Avril</td></tr>
<tr><td>du 26 Mars</td><td>ſe doit payer</td><td>le 5 Avril</td></tr>
<tr><td>du 27 Mars</td><td>ſe doit payer</td><td>le 6 Avril</td></tr>
<tr><td>du 28 Mars</td><td>ſe doit payer</td><td>le 7 Avril</td></tr>
<tr><td>du 29 Mars</td><td>ſe doit payer</td><td>le 8 Avril</td></tr>
<tr><td>du 30 Mars</td><td>ſe doit payer</td><td>le 9 Avril</td></tr>
<tr><td>du 31 Mars</td><td>ſe doit payer</td><td>le 10 Avril</td></tr>
<tr><td>du 1 Avril</td><td>ſe doit payer</td><td>le 11 Avril</td></tr>
<tr><td>du 2 Avril</td><td>ſe doit payer</td><td>le 12 Avril</td></tr>
<tr><td>du 3 Avril</td><td>ſe doit payer</td><td>le 13 Avril</td></tr>
<tr><td>du 4 Avril</td><td>ſe doit payer</td><td>le 14 Avril</td></tr>
<tr><td>du 5 Avril</td><td>ſe doit payer</td><td>le 15 Avril</td></tr>
<tr><td>du 6 Avril</td><td>ſe doit payer</td><td>le 16 Avril</td></tr>
<tr><td>du 7 Avril</td><td>ſe doit payer</td><td>le 17 Avril</td></tr>
<tr><td>du 8 Avril</td><td>ſe doit payer</td><td>le 18 Avril</td></tr>
<tr><td>du 9 Avril</td><td>ſe, doit payer</td><td>le 19 Avril</td></tr>
<tr><td>du 10 Avril</td><td>ſe doit payer</td><td>le 20 Avril</td></tr>
<tr><td>du 11 Avril</td><td>ſe doit payer</td><td>le 21 Avril</td></tr>
<tr><td>du 12 Avril</td><td>ſe doit payer</td><td>le 22 Avril</td></tr>
<tr><td>du 13 Avril</td><td>ſe doit payer</td><td>le 23 Avril</td></tr>
<tr><td>du 14 Avril</td><td>ſe doit payer</td><td>le 24 Avril</td></tr>
<tr><td>du 15 Avril</td><td>ſe doit payer</td><td>le 25 Avril</td></tr>
<tr><td>du 16 Avril</td><td>ſe doit payer</td><td>le 26 Avril</td></tr>
<tr><td>du 17 Avril</td><td>ſe doit payer</td><td>le 27 Avril</td></tr>
<tr><td>du 18 Avril</td><td>ſe doit payer</td><td>le 28 Avril</td></tr>
<tr><td>du 19 Avril</td><td>ſe doit payer</td><td>le 29 Avril</td></tr>
<tr><td>du 20 Avril</td><td>ſe doit payer</td><td>le 30 Avril</td></tr>
</table>

M A I.

Vieux style.	QUAND la Lettre de CHANGE est datée	Nouveau style.
du 21 Avril	se doit payer	le 1 Mai
du 22 Avril	se doit payer	le 2 Mai
du 23 Avril	se doit payer	le 3 Mai
du 24 Avril	se doit payer	le 4 Mai
du 25 Avril	se doit payer	le 5 Mai
du 26 Avril	se doit payer	le 6 Mai
du 27 Avril	se doit payer	le 7 Mai
du 28 Avril	se doit payer	le 8 Mai
du 29 Avril	se doit payer	le 9 Mai
du 30 Avril	se doit payer	le 10 Mai
du 1 Mai	se doit payer	le 11 Mai
du 2 Mai	se doit payer	le 12 Mai
du 3 Mai	se doit payer	le 13 Mai
du 4 Mai	se doit payer	le 14 Mai
du 5 Mai	se doit payer	le 15 Mai
du 6 Mai	se doit payer	le 16 Mai
du 7 Mai	se doit payer	le 17 Mai
du 8 Mai	se doit payer	le 18 Mai
du 9 Mai	se doit payer	le 19 Mai
du 10 Mai	se doit payer	le 20 Mai
du 11 Mai	se doit payer	le 21 Mai
du 12 Mai	se doit payer	le 22 Mai
du 13 Mai	se doit payer	le 23 Mai
du 14 Mai	se doit payer	le 24 Mai
du 15 Mai	se doit payer	le 25 Mai
du 16 Mai	se doit payer	le 26 Mai
du 17 Mai	se doit payer	le 27 Mai
du 18 Mai	se doit payer	le 28 Mai
du 19 Mai	se doit payer	le 29 Mai
du 20 Mai	se doit payer	le 30 Mai
du 21 Mai	se doit payer	le 31 Mai

JUIN.

QUAND
la Lettre de CHANGE
est datée

Vieux Style		Nouveau Style
du 22 Mai	se doit payer	le 1 Juin
du 23 Mai	se doit payer	le 2 Juin
du 24 Mai	se doit payer	le 3 Juin
du 25 Mai	se doit payer	le 4 Juin
du 26 Mai	se doit payer	le 5 Juin
du 27 Mai	se doit payer	le 6 Juin
du 28 Mai	se doit payer	le 7 Juin
du 29 Mai	se doit payer	le 8 Juin
du 30 Mai	se doit payer	le 9 Juin
du 31 Mai	se doit payer	le 10 Juin
du 1 *Juin*	se doit payer	le 11 Juin
du 2 Juin	se doit payer	le 12 Juin
du 3 Juin	se doit payer	le 13 Juin
du 4 Juin	se doit payer	le 14 Juin
du 5 Juin	se doit payer	le 15 Juin
du 6 Juin	se doit payer	le 16 Juin
du 7 Juin	se doit payer	le 17 Juin
du 8 Juin	se doit payer	le 18 Juin
du 9 Juin	se doit payer	le 19 Juin
du 10 Juin	se doit payer	le 20 Juin
du 11 Juin	se doit payer	le 21 Juin
du 12 Juin	se doit payer	le 22 Juin
du 13 Juin	se doit payer	le 23 Juin
du 14 Juin	se doit payer	le 24 Juin
du 15 Juin	se doit payer	le 25 Juin
du 16 Juin	se doit payer	le 26 Juin
du 17 Juin	se doit payer	le 27 Juin
du 18 Juin	se doit payer	le 28 Juin
du 19 Juin	se doit payer	le 29 Juin
du 20 Juin	se doit payer	le 30 Juin

JUILLET.

<table>
<tr><td>Vieux style.</td><td>QUAND
la Lettre de CHANGE
eſt datée</td><td>Nouveau style.</td></tr>
<tr><td>du 21 Juin</td><td>ſe doit payer</td><td>le 1 Juillet</td></tr>
<tr><td>du 22 Juin</td><td>ſe doit payer</td><td>le 2 Juillet</td></tr>
<tr><td>du 23 Juin</td><td>ſe doit payer</td><td>le 3 Juillet</td></tr>
<tr><td>du 24 Juin</td><td>ſe doit payer</td><td>le 4 Juillet</td></tr>
<tr><td>du 25 Juin</td><td>ſe doit payer</td><td>le 5 Juillet</td></tr>
<tr><td>du 26 Juin</td><td>ſe doit payer</td><td>le 6 Juillet</td></tr>
<tr><td>du 27 Juin</td><td>ſe doit payer</td><td>le 7 Juillet</td></tr>
<tr><td>du 28 Juin</td><td>ſe doit payer</td><td>le 8 Juillet</td></tr>
<tr><td>du 29 Juin</td><td>ſe doit payer</td><td>le 9 Juillet</td></tr>
<tr><td>du 30 Juin</td><td>ſe doit payer</td><td>le 10 Juillet</td></tr>
<tr><td>du 1 Juillet</td><td>ſe doit payer</td><td>le 11 Juillet</td></tr>
<tr><td>du 2 Juillet</td><td>ſe doit payer</td><td>le 12 Juillet</td></tr>
<tr><td>du 3 Juillet</td><td>ſe doit payer</td><td>le 13 Juillet</td></tr>
<tr><td>du 4 Juillet</td><td>ſe doit payer</td><td>le 14 Juillet</td></tr>
<tr><td>du 5 Juillet</td><td>ſe doit payer</td><td>le 15 Juillet</td></tr>
<tr><td>du 6 Juillet</td><td>ſe doit payer</td><td>le 16 Juillet</td></tr>
<tr><td>du 7 Juillet</td><td>ſe doit payer</td><td>le 17 Juillet</td></tr>
<tr><td>du 8 Juillet</td><td>ſc doit payer</td><td>le 18 Juillet</td></tr>
<tr><td>du 9 Juillet</td><td>ſe doit payer</td><td>le 19 Juillet</td></tr>
<tr><td>du 10 Juillet</td><td>ſe doit payer</td><td>le 20 Juillet</td></tr>
<tr><td>du 11 Juillet</td><td>ſe doit payer</td><td>le 21 Juillet</td></tr>
<tr><td>du 12 Juillet</td><td>le doit payer</td><td>le 22 Juillet</td></tr>
<tr><td>du 13 Juillet</td><td>ſe doit payer</td><td>le 23 Juillet</td></tr>
<tr><td>du 14 Juillet</td><td>ſe doit payer</td><td>le 24 Juillet</td></tr>
<tr><td>du 15 Juillet</td><td>ſe doit payer</td><td>le 25 Juillet</td></tr>
<tr><td>du 16 Juillet</td><td>ſe doit payer</td><td>le 26 Juillet</td></tr>
<tr><td>du 17 Juillet</td><td>ſe doit payer</td><td>le 27 Juillet</td></tr>
<tr><td>du 18 Juillet</td><td>ſe doit payer</td><td>le 28 Juillet</td></tr>
<tr><td>du 19 Juillet</td><td>ſe doit payer</td><td>le 29 Juillet</td></tr>
<tr><td>du 20 Juillet</td><td>ſe doit payer</td><td>le 30 Juillet</td></tr>
<tr><td>du 21 Juillet</td><td>ſe doit payer</td><td>le 31 Juillet</td></tr>
</table>

AOUST.

QUAND
la Lettre de CHANGE
eſt datée

du 22 Juillet	ſe doit payer	le 1 Aouſt
du 23 Juillet	ſe doit payer	le 2 Aouſt
du 24 Juillet	ſe doit payer	le 3 Aouſt
du 25 Juillet	ſe doit payer	le 4 Aouſt
du 26 Juillet	ſe doit payer	le 5 Aouſt
du 27 Juillet	ſe doit payer	le 6 Aouſt
du 28 Juillet	ſe doit payer	le 7 Aouſt
du 29 Juillet	ſe doit payer	le 8 Aouſt
du 30 Juillet	ſe doit payer	le 9 Aouſt
du 31 Juillet	ſe doit payer	le 10 Aouſt
du 1 Aouſt	ſe doit payer	le 11 Aouſt
du 2 Aouſt	ſe doit payer	le 12 Aouſt
du 3 Aouſt	ſe doit payer	le 13 Aouſt
du 4 Aouſt	ſe doit payer	le 14 Aouſt
du 5 Aouſt	ſe doit payer	le 15 Aouſt
du 6 Aouſt	ſe doit payer	le 16 Aouſt
du 7 Aouſt	ſe doit payer	le 17 Aouſt
du 8 Aouſt	ſe doit payer	le 18 Aouſt
du 9 Aouſt	ſe doit payer	le 19 Aouſt
du 10 Aouſt	ſe doit payer	le 20 Aouſt
du 11 Aouſt	ſe doit payer	le 21 Aouſt
du 12 Aouſt	ſe doit payer	le 22 Aouſt
du 13 Aouſt	ſe doit payer	le 23 Aouſt
du 14 Aouſt	ſe doit payer	le 24 Aouſt
du 15 Aouſt	ſe doit payer	le 25 Aouſt
du 16 Aouſt	ſe doit payer	le 26 Aouſt
du 17 Aouſt	ſe doit payer	le 27 Aouſt
du 18 Aouſt	ſe doit payer	le 28 Aouſt
du 19 Aouſt	ſe doit payer	le 29 Aouſt
du 20 Aouſt	ſe doit payer	le 30 Aouſt
du 21 Aouſt	ſe doit payer	le 31 Aouſt

SEPTEMBRE.

<table>
<tr><td>*Vieux ſtyle.*</td><td>QUAND
la Lettre de CHANGE
eſt datée</td><td>*Nouveau ſtyle.*</td></tr>
<tr><td>du 22 Aouſt</td><td>ſe doit payer</td><td>le 1 Septembre</td></tr>
<tr><td>du 23 Aouſt</td><td>ſe doit payer</td><td>le 2 Septembre</td></tr>
<tr><td>du 24 Aouſt</td><td>ſe doit payer</td><td>le 3 Septembre</td></tr>
<tr><td>du 25 Aouſt</td><td>ſe doit payer</td><td>le 4 Septembre</td></tr>
<tr><td>du 26 Aouſt</td><td>ſe doit payer</td><td>le 5 Septembre</td></tr>
<tr><td>du 27 Aouſt</td><td>ſe doit payer</td><td>le 6 Septembre</td></tr>
<tr><td>du 28 Aouſt</td><td>ſe doit payer</td><td>le 7 Septembre</td></tr>
<tr><td>du 29 Aouſt</td><td>ſe doit payer</td><td>le 8 Septembre</td></tr>
<tr><td>du 30 Aouſt</td><td>ſe doit payer</td><td>le 9 Septembre</td></tr>
<tr><td>du 31 Aouſt</td><td>ſe doit payer</td><td>le 10 Septembre</td></tr>
<tr><td>du 1 *Septembre*</td><td>ſe doit payer</td><td>le 11 Septembre</td></tr>
<tr><td>du 2 Septembre</td><td>ſe doit payer</td><td>le 12 Septembre</td></tr>
<tr><td>du 3 Septembre</td><td>ſe doit payer</td><td>le 13 Septembre</td></tr>
<tr><td>du 4 Septembre</td><td>ſe doit payer</td><td>le 14 Septembre</td></tr>
<tr><td>du 5 Septembre</td><td>ſe doit payer</td><td>le 15 Septembre</td></tr>
<tr><td>du 6 Septembre</td><td>ſe doit payer</td><td>le 16 Septembre</td></tr>
<tr><td>du 7 Septembre</td><td>ſe doit payer</td><td>le 17 Septembre</td></tr>
<tr><td>du 8 Septembre</td><td>ſe doit payer</td><td>le 18 Septembre</td></tr>
<tr><td>du 9 Septembre</td><td>ſe doit payer</td><td>le 19 Septembre</td></tr>
<tr><td>du 10 Septembre</td><td>ſe doit payer</td><td>le 20 Septembre</td></tr>
<tr><td>du 11 Septembre</td><td>ſe doit payer</td><td>le 21 Septembre</td></tr>
<tr><td>du 12 Septembre</td><td>ſe doit payer</td><td>le 22 Septembre</td></tr>
<tr><td>du 13 Septembre</td><td>ſe doit payer</td><td>le 23 Septembre</td></tr>
<tr><td>du 14 Septembre</td><td>ſe doit payer</td><td>le 24 Septembre</td></tr>
<tr><td>du 15 Septembre</td><td>ſe doit payer</td><td>le 25 Septembre</td></tr>
<tr><td>du 16 Septembre</td><td>ſe doit payer</td><td>le 26 Septembre</td></tr>
<tr><td>du 17 Septembre</td><td>ſe doit payer</td><td>le 27 Septembre</td></tr>
<tr><td>du 18 Septembre</td><td>ſe doit payer</td><td>le 28 Septembre</td></tr>
<tr><td>du 19 Septembre</td><td>ſe doit payer</td><td>le 29 Septembre</td></tr>
<tr><td>du 20 Septembre</td><td>ſe doit payer</td><td>le 30 Septembre</td></tr>
</table>

OCTOBRE.

Vieux style.	QUAND la Lettre de CHANGE est datée		*Nouveau style.*
du 21 Septembre	se doit payer	le 1 Octobre
du 22 Septembre	se doit payer	le 2 Octobre
du 23 Septembre	se doit payer	le 3 Octobre
du 24 Septembre	se doit payer	le 4 Octobre
du 25 Septembre	se doit payer	le 5 Octobre
du 26 Septembre	se doit payer	le 6 Octobre
du 27 Septembre	se doit payer	le 7 Octobre
du 28 Septembre	se doit payer	le 8 Octobre
du 29 Septembre	se doit payer	le 9 Octobre
du 30 Septembre	se doit payer	le 10 Octobre
du 1 *Octobre*	se doit payer	le 11 Octobre
du 2 Octobre	se doit payer	le 12 Octobre
du 3 Octobre	se doit payer	le 13 Octobre
du 4 Octobre	se doit payer	le 14 Octobre
du 5 Octobre	se doit payer	le 15 Octobre
du 6 Octobre	se doit payer	le 16 Octobre
du 7 Octobre	se doit payer	le 17 Octobre
du 8 Octobre	se doit payer	le 18 Octobre
du 9 Octobre	se doit payer	le 19 Octobre
du 10 Octobre	se doit payer	le 20 Octobre
du 11 Octobre	se doit payer	le 21 Octobre
du 12 Octobre	se doit payer	le 22 Octobre
du 13 Octobre	se doit payer	le 23 Octobre
du 14 Octobre	se doit payer	le 24 Octobre
du 15 Octobre	se doit payer	le 25 Octobre
du 16 Octobre	se doit payer	le 26 Octobre
du 17 Octobre	se doit payer	le 27 Octobre
du 18 Octobre	se doit payer	le 28 Octobre
du 19 Octobre	se doit payer	le 29 Octobre
du 20 Octobre	se doit payer	le 30 Octobre
du 21 Octobre	se doit payer	le 31 Octobre

NOVEMBRE.

QUAND
la Lettre de CHANGE
eft datée

du 22 Octobre	fe doit payer	le 1	Novembre
du 23 Octobre	fe doit payer	le 2	Novembre
du 24 Octobre	fe doit payer	le 3	Novembre
du 25 Octobre	fe doit payer	le 4	Novembre
du 26 Octobre	fe doit payer	le 5	Novembre
du 27 Octobre	fe doit payer	le 6	Novembre
du 28 Octobre	fe doit payer	le 7	Novembre
du 29 Octobre	fe doit payer	le 8	Novembre
du 30 Octobre	fe doit payer	le 9	Novembre
du 31 Octobre	fe doit payer	le 10	Novembre
du 1 *Novembre*	fe doit payer	le 11	Novembre
du 2 Novembre	fe doit payer	le 12	Novembre
du 3 Novembre	fe doit payer	le 13	Novembre
du 4 Novembre	fe doit payer	le 14	Novembre
du 5 Novembre	fe doit payer	le 15	Novembre
du 6 Novembre	fe doit payer	le 16	Novembre
du 7 Novembre	fe doit payer	le 17	Novembre
du 8 Novembre	fe doit payer	le 18	Novembre
du 9 Novembre	fe doit payer	le 19	Novembre
du 10 Novembre	fe doit payer	le 20	Novembre
du 11 Novembre	fe doit payer	le 21	Novembre
du 12 Novembre	fe doit payer	le 22	Novembre
du 13 Novembre	fe doit payer	le 23	Novembre
du 14 Novembre	fe doit payer	le 24	Novembre
du 15 Novembre	fe doit payer	le 25	Novembre
du 16 Novembre	fe doit payer	le 26	Novembre
du 17 Novembre	fe doit payer	le 27	Novembre
du 18 Novembre	fe doit payer	le 28	Novembre
du 19 Novembre	fe doit payer	le 29	Novembre
du 20 Novembre	fe doit payer	le 30	Novembre

Vieux style.	QUAND la Lettre de CHANGE est datée		Nouveau style.
du 21 Novembre	se doit payer	le 1	Décembre
du 22 Novembre	se doit payer	le 2	Décembre
du 23 Novembre	se doit payer	le 3	Décembre
du 24 Novembre	se doit payer	le 4	Décembre
du 25 Novembre	se doit payer	le 5	Décembre
du 26 Novembre	se doit payer	le 6	Décembre
du 27 Novembre	se doit payer	le 7	Décembre
du 28 Novembre	se doit payer	le 8	Décembre
du 29 Novembre	se doit payer	le 9	Décembre
du 30 Novembre	se doit payer	le 10	Décembre
du 1 Decembre	se doit payer	le 11	Décembre
du 2 Décembre	se doit payer	le 12	Décembre
du 3 Décembre	se doit payer	le 13	Décembre
du 4 Décembre	se doit payer	le 14	Décembre
du 5 Décembre	se doit payer	le 15	Décembre
du 6 Décembre	se doit payer	le 16	Décembre
du 7 Décembre	se doit payer	le 17	Décembre
du 8 Décembre	se doit payer	le 18	Décembre
du 9 Décembre	se doit payer	le 19	Décembre
du 10 Décembre	se doit payer	le 20	Décembre
du 11 Décembre	se doit payer	le 21	Décembre
du 12 Décembre	se doit payer	le 22	Décembre
du 13 Décembre	se doit payer	le 23	Décembre
du 14 Décembre	se doit payer	le 24	Décembre
du 15 Décembre	se doit payer	le 25	Décembre
du 16 Décembre	se doit payer	le 26	Décembre
du 17 Décembre	se doit payer	le 27	Décembre
du 18 Décembre	se doit payer	le 28	Décembre
du 19 Décembre	se doit payer	le 29	Décembre
du 20 Décembre	se doit payer	le 30	Décembre
du 21 Décembre	se doit payer	le 31	Décembre

LES
TARIFS
NOUVEAUX
ET GENERAUX,

POUR TROUVER

LES CALCULS DES RENTES,
PENSIONS, GAGES, &c.

TOUS FAITS,

POUR telle quantité de MOIS & de JOURS qu'on souhaitera, sur le Prix & Valeur qu'on fixera l'Année.

Calcul pour 11 mois.

A raiſon de tant par an.

a	20000 l	*par an*	monte pour 11 mois	18333 l	6 ſ	8
a	10000 l		monte pour 11 mois	9166 l	13 ſ	4
a	9000 l		monte pour 11 mois	8250 l		
a	8000 l		monte pour 11 mois	7333 l	6 ſ	8
a	7000 l		monte pour 11 mois	6416 l	13 ſ	4
a	6000 l		monte pour 11 mois	5500 l		
a	5000 l		monte pour 11 mois	4583 l	6 ſ	8
a	4000 l		monte pour 11 mois	3666 l	13 ſ	4
a	3000 l		monte pour 11 mois	2750 l		
a	2000 l		monte pour 11 mois	1833 l	6 ſ	8
a	1000 l	*par an*	monte pour 11 mois	916 l	13 ſ	4
a	900 l		monte pour 11 mois	825 l		
a	800 l		monte pour 11 mois	733 l	6 ſ	8
a	700 l		monte pour 11 mois	641 l	13 ſ	4
a	600 l		monte pour 11 mois	550 l		
a	500 l		monte pour 11 mois	458 l	6 ſ	8
a	400 l		monte pour 11 mois	366 l	13 ſ	4
a	300 l		monte pour 11 mois	275 l		
a	200 l		monte pour 11 mois	183 l	6 ſ	8
a	100 l	*par an*	monte pour 11 mois	91 l	13 ſ	4
a	90 l		monte pour 11 mois	82 l	10 ſ	
a	80 l		monte pour 11 mois	73 l	6 ſ	8
a	70 l		monte pour 11 mois	64 l	3 ſ	4
a	60 l		monte pour 11 mois	55 l		
a	50 l		monte pour 11 mois	45 l	16 ſ	8
a	40 l		monte pour 11 mois	36 l	13 ſ	4
a	30 l		monte pour 11 mois	27 l	10 ſ	
a	20 l		monte pour 11 mois	18 l	6 ſ	8
a	10 l	*par an*	monte pour 11 mois	9 l	3 ſ	4
a	9 l		monte pour 11 mois	8 l	5 ſ	
a	8 l		monte pour 11 mois	7 l	6 ſ	8
a	7 l		monte pour 11 mois	6 l	8 ſ	4
a	6 l		monte pour 11 mois	5 l	10 ſ	
a	5 l		monte pour 11 mois	4 l	11 ſ	8
a	4 l		monte pour 11 mois	3 l	13 ſ	4
a	3 l		monte pour 11 mois	2 l	15 ſ	
a	2 l		monte pour 11 mois	1 l	16 ſ	8
a	1 l		monte pour 11 mois		18 ſ	4
a	10 ſ		monte pour 11 mois		9 ſ	2

Calcul pour 10 mois.

A raiſon de tant par an.

a	20000 l	*par an*	monte pour 10 mois	16666 l	13 ſ	4
a	10000 l		monte pour 10 mois	8333 l	6 ſ	8
a	9000 l		monte pour 10 mois	7500 l		
a	8000 l		monte pour 10 mois	6666 l	13 ſ	4
a	7000 l		monte pour 10 mois	5833 l	6 ſ	8
a	6000 l		monte pour 10 mois	5000 l		
a	5000 l		monte pour 10 mois	4166 l	13 ſ	4
a	4000 l		monte pour 10 mois	3333 l	6 ſ	8
a	3000 l		monte pour 10 mois	2500 l		
a	2000 l		monte pour 10 mois	1666 l	13 ſ	4
a	1000 l	*par an*	monte pour 10 mois	833 l	6 ſ	8
a	900 l		monte pour 10 mois	750 l		
a	800 l		monte pour 10 mois	666 l	13 ſ	4
a	700 l		monte pour 10 mois	583 l	6 ſ	8
a	600 l		monte pour 10 mois	500 l		
a	500 l		monte pour 10 mois	416 l	13 ſ	4
a	400 l		monte pour 10 mois	333 l	6 ſ	8
a	300 l		monte pour 10 mois	250 l		
a	200 l		monte pour 10 mois	166 l	13 ſ	4
a	100 l	*par an*	monte pour 10 mois	83 l	6 ſ	8
a	90 l		monte pour 10 mois	75 l		
a	80 l		monte pour 10 mois	66 l	13 ſ	4
a	70 l		monte pour 10 mois	58 l	6 ſ	8
a	60 l		monte pour 10 mois	50 l		
a	50 l		monte pour 10 mois	41 l	13 ſ	4
a	40 l		monte pour 10 mois	33 l	6 ſ	8
a	30 l		monte pour 10 mois	25 l		
a	20 l		monte pour 10 mois	16 l	13 ſ	4
a	10 l	*par an*	monte pour 10 mois	8 l	6 ſ	8
a	9 l		monte pour 10 mois	7 l	10 ſ	
a	8 l		monte pour 10 mois	6 l	13 ſ	4
a	7 l		monte pour 10 mois	5 l	16 ſ	8
a	6 l		monte pour 10 mois	5 l		
a	5 l		monte pour 10 mois	4 l	3 ſ	4
a	4 l		monte pour 10 mois	3 l	6 ſ,8	
a	3 l		monte pour 10 mois	2 l	10 ſ	
a	2 l		monte pour 10 mois	1 l	13 ſ	4
a	1 l		monte pour 10 mois		16 ſ	8
a	10 ſ		monte pour 10 mois		8 ſ	4

Calcul pour 9 mois.

A raison de tant par an.

à 20000 l *par an*	monte pour 9 mois	15000 l
à 10000 l	monte pour 9 mois	7500 l
à 9000 l	monte pour 9 mois	6750 l
à 8000 l	monte pour 9 mois	6000 l
à 7000 l	monte pour 9 mois	5250 l
à 6000 l	monte pour 9 mois	4500 l
à 5000 l	monte pour 9 mois	3750 l
à 4000 l	monte pour 9 mois	3000 l
à 3000 l	monte pour 9 mois	2250 l
à 2000 l	monte pour 9 mois	1500 l
à 1000 l *par an*	monte pour 9 mois	750 l
à 900 l	monte pour 9 mois	675 l
à 800 l	monte pour 9 mois	600 l
à 700 l	monte pour 9 mois	525 l
à 600 l	monte pour 9 mois	450 l
à 500 l	monte pour 9 mois	375 l
à 400 l	monte pour 9 mois	300 l
à 300 l	monte pour 9 mois	225 l
à 200 l	monte pour 9 mois	150 l
à 100 l *par an*	monte pour 9 mois	75 l
à 90 l	monte pour 9 mois	67 l 10 ſ
à 80 l	monte pour 9 mois	60 l
à 70 l	monte pour 9 mois	52 l 10 ſ
à 60 l	monte pour 9 mois	45 l
à 50 l	monte pour 9 mois	37 l 10 ſ
à 40 l	monte pour 9 mois	30 l
à 30 l	monte pour 9 mois	22 l 10 ſ
à 20 l	monte pour 9 mois	15 l
à 10 l *par an*	monte pour 9 mois	7 l 10 ſ
à 9 l	monte pour 9 mois	6 l 15 ſ
à 8 l	monte pour 9 mois	6 l
à 7 l	monte pour 9 mois	5 l 5 ſ
à 6 l	monte pour 9 mois	4 l 10 ſ
à 5 l	monte pour 9 mois	3 l 15 ſ
à 4 l	monte pour 9 mois	3 l
à 3 l	monte pour 9 mois	2 l 5 ſ
à 2 l	monte pour 9 mois	1 l 10 ſ
à 1 l	monte pour 9 mois	15 ſ
à 10 ſ	monte pour 9 mois	7 ſ 6

Calcul pour 8 mois.

A raison de tant par an.

a 20000 l par an monte pour 8 mois	13333 l	6 f	8
a 10000 l monte pour 8 mois	6666 l	13 f	4
a 9000 l monte pour 8 mois	6000 l		
a 8000 l monte pour 8 mois	5333 l	6 f	8
a 7000 l monte pour 8 mois	4666 l	13 f	4
a 6000 l monte pour 8 mois	4000 l		
a 5000 l monte pour 8 mois	3333 l	6 f	8
a 4000 l monte pour 8 mois	2666 l	13 f	4
a 3000 l monte pour 8 mois	2000 l		
a 2000 l monte pour 8 mois	1333 l	6 f	8
a 1000 l par an monte pour 8 mois	666 l	13 f	4
a 900 l monte pour 8 mois	600 l		
a 800 l monte pour 8 mois	533 l	6 f	8
a 700 l monte pour 8 mois	466 l	13 f	4
a 600 l monte pour 8 mois	400 l		
a 500 l monte pour 8 mois	333 l	6 f	8
a 400 l monte pour 8 mois	266 l	13 f	4
a 300 l monte pour 8 mois	200 l		
a 200 l monte pour 8 mois	133 l	6 f	8
a 100 l par an monte pour 8 mois	66 l	13 f	4
a 90 l monte pour 8 mois	60 l		
a 80 l monte pour 8 mois	53 l	6 f	8
a 70 l monte pour 8 mois	46 l	13 f	4
a 60 l monte pour 8 mois	40 l		
a 50 l monte pour 8 mois	33 l	6 f	8
a 40 l monte pour 8 mois	26 l	13 f	4
a 30 l monte pour 8 mois	20 l		
a 20 l monte pour 8 mois	13 l	6 f	8
a 10 l par an monte pour 8 mois	6 l	13 f	4
a 9 l monte pour 8 mois	6 l		
a 8 l monte pour 8 mois	5 l	6 f	8
a 7 l monte pour 8 mois	4 l	13 f	4
a 6 l monte pour 8 mois	4 l		
a 5 l monte pour 8 mois	3 l	6 f	8
a 4 l monte pour 8 mois	2 l	13 f	4
a 3 l monte pour 8 mois	2 l		
a 2 l monte pour 8 mois	1 l	6 f	8
a 1 l monte pour 8 mois		13 f	4
a 10 f monte pour 8 mois		6 f	8

Cacul pour 7 mois.

A raiſon de tant par an.

a	20000 l *par an* monte pour 7 mois	11666 l 13 ſ 4
a	10000 l monte pour 7 mois	5833 l 6 ſ 8
a	9000 l monte pour 7 mois	5250 l
a	8000 l monte pour 7 mois	4666 l 13 ſ 4
a	7000 l monte pour 7 mois	4083 l 6 ſ 8
a	6000 l monte pour 7 mois	3500 l
a	5000 l monte pour 7 mois	2916 l 13 ſ 4
a	4000 l monte pour 7 mois	2333 l 6 ſ 8
a	3000 l monte pour 7 mois	1750 l
a	2000 l monte pour 7 mois	1166 l 13 ſ 4
a	1000 l *par an* monte pour 7 mois	583 l 6 ſ 8
a	900 l monte pour 7 mois	525 l
a	800 l monte pour 7 mois	466 l 13 ſ 4
a	700 l monte pour 7 mois	408 l 6 ſ 8
a	600 l monte pour 7 mois	350 l
a	500 l monte pour 7 mois	291 l 13 ſ 4
a	400 l monte pour 7 mois	233 l 6 ſ 8
a	300 l monte pour 7 mois	175 l
a	200 l monte pour 7 mois	116 l 13 ſ 4
a	100 l *par an* monte pour 7 mois	58 l 6 ſ 8
a	90 l monte pour 7 mois	52 l 10 ſ
a	80 l monte pour 7 mois	46 l 13 ſ 4
a	70 l monte pour 7 mois	40 l 16 ſ 8
a	60 l monte pour 7 mois	35 l
a	50 l monte pour 7 mois	29 l 3 ſ 4
a	40 l monte pour 7 mois	23 l 6 ſ 8
a	30 l monte pour 7 mois	17 l 10 ſ
a	20 l monte pour 7 mois	11 l 13 ſ 4
a	10 l *par an* monte pour 7 mois	5 l 16 ſ 8
a	9 l monte pour 7 mois	5 l 5 ſ
a	8 l monte pour 7 mois	4 l 13 ſ 4
a	7 l monte pour 7 mois	4 l 1 ſ 8
a	6 l monte pour 7 mois	3 l 10 ſ
a	5 l monte pour 7 mois	2 l 18 ſ 4
a	4 l monte pour 7 mois	2 l 6 ſ 8
a	3 l monte pour 7 mois	1 l 15 ſ
a	2 l monte pour 7 mois	1 l 3 ſ 4
a	1 l monte pour 7 mois	11 ſ 8
a	10 ſ monte pour 7 mois	5 ſ 10

Calcul pour 6 mois.

A raison de tant par an.

a	20000 l *par an* monte pour 6 mois	10000 l
a	10000 l	monte pour 6 mois	5000 l
a	9000 l	monte pour 6 mois	4500 l
a	8000 l	monte pour 6 mois	4000 l
a	7000 l	monte pour 6 mois	3500 l
a	6000 l	monte pour 6 mois	3000 l
a	5000 l	monte pour 6 mois	2500 l
a	4000 l	monte pour 6 mois	2000 l
a	3000 l	monte pour 6 mois	1500 l
a	2000 l	monte pour 6 mois	1000 l
a	1000 l *par an* monte pour 6 mois	500 l
a	900 l	monte pour 6 mois	450 l
a	800 l	monte pour 6 mois	400 l
a	700 l	monte pour 6 mois	350 l
a	600 l	monte pour 6 mois	300 l
a	500 l	monte pour 6 mois	250 l
a	400 l	monte pour 6 mois	200 l
a	300 l	monte pour 6 mois	150 l
a	200 l	monte pour 6 mois	100 l
a	100 l *par an* monte pour 6 mois	50 l
a	90 l	monte pour 6 mois	45 l
a	80 l	monte pour 6 mois	40 l
a	70 l	monte pour 6 mois	35 l
a	60 l	monte pour 6 mois	30 l
a	50 l	monte pour 6 mois	25 l
a	40 l	monte pour 6 mois	20 l
a	30 l	monte pour 6 mois	15 l
a	20 l	monte pour 6 mois	10 l
a	10 l *par an* monte pour 6 mois	5 l
a	9 l	monte pour 6 mois	4 l 10 ſ
a	8 l	monte pour 6 mois	4 l
a	7 l	monte pour 6 mois	3 l 10 ſ
a	6 l	monte pour 6 mois	3 l
a	5 l	monte pour 6 mois	2 l 10 ſ
a	4 l	monte pour 6 mois	2 l
a	3 l	monte pour 6 mois	1 l 10 ſ
a	2 l	monte pour 6 mois	1 l
a	1 l	monte pour 6 mois	10 ſ
a	10 ſ	monte pour 6 mois	5 ſ

Calcul pour 5 mois.

A raiſon de tant par an.

				l		ſ		
a	20000 l	*par an* monte pour 5 mois	8333 l	6 ſ	8
a	10000 l	monte pour 5 mois	4166 l	13 ſ	4
a	9000 l	monte pour 5 mois	3750 l		
a	8000 l	monte pour 5 mois	3333 l	6 ſ	8
a	7000 l	monte pour 5 mois	2916 l	13 ſ	4
a	6000 l	monte pour 5 mois	2500 l		
a	5000 l	monte pour 5 mois	2083 l	6 ſ	8
a	4000 l	monte pour 5 mois	1666 l	13 ſ	4
a	3000 l	monte pour 5 mois	1250 l		
a	2000 l	mo. te pour 5 mois	833 l	6 ſ	8
a	1000 l	*par an* monte pour 5 mois	416 l	13 ſ	4
a	900 l	monte pour 5 mois	375 l		
a	800 l	monte pour 5 mois	333 l	6 ſ	8
a	700 l	monte pour 5 mois	291 l	13 ſ	4
a	600 l	monte pour 5 mois	250 l		
a	500 l	monte pour 5 mois	208 l	6 ſ	8
a	400 l	monte pour 5 mois	166 l	13 ſ	4
a	300 l	monte pour 5 mois	125 l		
a	200 l	monte pour 5 mois	83 l	6 ſ	8
a	100 l	*par an* monte pour 5 mois	41 l	13 ſ	4
a	90 l	monte pour 5 mois	37 l	10 ſ	
a	80 l	monte pour 5 mois	33 l	6 ſ	8
a	70 l	monte pour 5 mois	29 l	3 ſ	4
a	60 l	monte pour 5 mois	25 l		
a	50 l	monte pour 5 mois	20 l	16 ſ	8
a	40 l	monte pour 5 mois	16 l	13 ſ	4
a	30 l	monte pour 5 mois	12 l	10 ſ	
a	20 l	monte pour 5 mois	8 l	6 ſ	8
a	10 l	*par an* monte pour 5 mois	4 l	3 ſ	4
a	9 l	monte pour 5 mois	3 l	15 ſ	
a	8 l	monte pour 5 mois	3 l	6 ſ	8
a	7 l	monte pour 5 mois	2 l	18 ſ	4
a	6 l	monte pour 5 mois	2 l	10 ſ	
a	5 l	monte pour 5 mois	2 l	1 ſ	8
a	4 l	monte pour 5 mois	1 l	13 ſ	4
a	3 l	monte pour 5 mois	1 l	5 ſ	
a	2 l	monte pour 5 mois		16 ſ	8
a	1 l	monte pour 5 mois		8 ſ	4
a	10 ſ	monte pour 5 mois		4 ſ	2

Calcul pour 4 mois.

A raiſon de tant par an.

				l	ſ	d
a	20000 l *par an*	monte pour 4 mois	6666 l	13 ſ	4
a	10000 l	monte pour 4 mois	3333 l	6 ſ	8
a	9000 l	monte pour 4 mois	3000 l		
a	8000 l	monte pour 4 mois	2666 l	13 ſ	4
a	7000 l	monte pour 4 mois	2333 l	6 ſ	8
a	6000 l	monte pour 4 mois	2000 l		
a	5000 l	monte pour 4 mois	1666 l	13 ſ	4
a	4000 l	monte pour 4 mois	1333 l	6 ſ	8
a	3000 l	monte pour 4 mois	1000 l		
a	2000 l	monte pour 4 mois	666 l	13 ſ	4
a	1000 l *par an*	monte pour 4 mois	333 l	6 ſ	8
a	900 l	monte pour 4 mois	300 l		
a	800 l	monte pour 4 mois	266 l	13 ſ	4
a	700 l	monte pour 4 mois	233 l	6 ſ	8
a	600 l	monte pour 4 mois	200 l		
a	500 l	monte pour 4 mois	166 l	13 ſ	4
a	400 l	monte pour 4 mois	133 l	6 ſ	8
a	300 l	monte pour 4 mois	100 l		
a	200 l	monte pour 4 mois	66 l	13 ſ	4
a	100 l *par an*	monte pour 4 mois	33 l	6 ſ	8
a	90 l	monte pour 4 mois	30 l		
a	80 l	monte pour 4 mois	26 l	13 ſ	4
a	70 l	monte pour 4 mois	23 l	6 ſ	8
a	60 l	monte pour 4 mois	20 l		
a	50 l	monte pour 4 mois	16 l	13 ſ	4
a	40 l	monte pour 4 mois	13 l	6 ſ	8
a	30 l	monte pour 4 mois	10 l		
a	20 l	monte pour 4 mois	6 l	13 ſ	4
a	10 l *par an*	monte pour 4 mois	3 l	6 ſ	8
a	9 l	monte pour 4 mois	3 l		
a	8 l	monte pour 4 mois	2 l	13 ſ	4
a	7 l	monte pour 4 mois	2 l	6 ſ	8
a	6 l	monte pour 4 mois	2 l		
a	5 l	monte pour 4 mois	1 l	13 ſ	4
a	4 l	monte pour 4 mois	1 l	6 ſ	8
a	3 l	monte pour 4 mois	1 l		
a	2 l	monte pour 4 mois		13 ſ	4
a	1 l	monte pour 4 mois		6 ſ	8
a	10 ſ	monte pour 4 mois		3 ſ	4

Calcul pour 3 mois.

A raiſon de tant par an.

a 20000 l *par an*	monte pour 3 mois	5000 l	
a 10000 l	monte pour 3 mois	2500 l	
a 9000 l	monte pour 3 mois	2250 l	
a 8000 l	monte pour 3 mois	2000 l	
a 7000 l	monte pour 3 mois	1750 l	
a 6000 l	monte pour 3 mois	1500 l	
a 5000 l	monte pour 3 mois	1250 l	
a 4000 l	monte pour 3 mois	1000 l	
a 3000 l	monte pour 3 mois	750 l	
a 2000 l	monte pour 3 mois	500 l	
a 1000 l *par an*	monte pour 3 mois	250 l	
a 900 l	monte pour 3 mois	225 l	
a 800 l	monte pour 3 mois	200 l	
a 700 l	monte pour 3 mois	175 l	
a 600 l	monte pour 3 mois	150 l	
a 500 l	monte pour 3 mois	125 l	
a 400 l	monte pour 3 mois	100 l	
a 300 l	monte pour 3 mois	75 l	
a 200 l	monte pour 3 mois	50 l	
a 100 l *par an*	monte pour 3 mois	25 l	
a 90 l	monte pour 3 mois	22 l	10 ſ
a 80 l	monte pour 3 mois	20 l	
a 70 l	monte pour 3 mois	17 l	10 ſ
a 60 l	monte pour 3 mois	15 l	
a 50 l	monte pour 3 mois	12 l	10 ſ
a 40 l	monte pour 3 mois	10 l	
a 30 l	monte pour 3 mois	7 l	10 ſ
a 20 l	monte pour 3 mois	5 l	
a 10 l *par an*	monte pour 3 mois	2 l	10 ſ
a 9 l	monte pour 3 mois	2 l	5 ſ
a 8 l	monte pour 3 mois	2 l	
a 7 l	monte pour 3 mois	1 l	15 ſ
a 6 l	monte pour 3 mois	1 l	10 ſ
a 5 l	monte pour 3 mois	1 l	5 ſ
a 4 l	monte pour 3 mois	1 l	
a 3 l	monte pour 3 mois		15 ſ
a 2 l	monte pour 3 mois		10 ſ
a 1 l	monte pour 3 mois		5 ſ
a 10 ſ	monte pour 3 mois		2 ſ 6

Calcul pour 2 mois.

A raiſon de tant par an.

a	20000 l *par an*	monte pour 2 mois	3333 l	6 ſ	8
a	10000 l	monte pour 2 mois	1666 l	13 ſ	4
a	9000 l	monte pour 2 mois	1500 l		
a	8000 l	monte pour 2 mois	1333 l	6 ſ	8
a	7000 l	monte pour 2 mois	1166 l	13 ſ	4
a	6000 l	monte pour 2 mois	1000 l		
a	5000 l	monte pour 2 mois	833 l	6 ſ	8
a	4000 l	monte pour 2 mois	666 l	13 ſ	4
a	3000 l	monte pour 2 mois	500 l		
a	2000 l	monte pour 2 mois	333 l	6 ſ	8
a	1000 l *par an*	monte pour 2 mois	166 l	13 ſ	4
a	900 l	monte pour 2 mois	150 l		
a	800 l	monte pour 2 mois	133 l	6 ſ	8
a	700 l	monte pour 2 mois	116 l	13 ſ	4
a	600 l	monte pour 2 mois	100 l		
a	500 l	monte pour 2 mois	83 l	6 ſ	8
a	400 l	monte pour 2 mois	66 l	13 ſ	4
a	300 l	monte pour 2 mois	50 l		
a	200 l	monte pour 2 mois	33 l	6 ſ	8
a	100 l *par an*	monte pour 2 mois	16 l	13 ſ	4
a	90 l	monte pour 2 mois	15 l		
a	80 l	monte pour 2 mois	13 l	6 ſ	8
a	70 l	monte pour 2 mois	11 l	13 ſ	4
a	60 l	monte pour 2 mois	10 l		
a	50 l	monte pour 2 mois	8 l	6 ſ	8
a	40 l	monte pour 2 mois	6 l	13 ſ	4
a	30 l	monte pour 2 mois	5 l		
a	20 l	monte pour 2 mois	3 l	6 ſ	8
a	10 l *par an*	monte pour 2 mois	1 l	13 ſ	4
a	9 l	monte pour 2 mois	1 l	10 ſ	
a	8 l	monte pour 2 mois	1 l	6 ſ	8
a	7 l	monte pour 2 mois	1 l	3 ſ	4
a	6 l	monte pour 2 mois	1 l		
a	5 l	monte pour 2 mois		16 ſ	8
a	4 l	monte pour 2 mois		13 ſ	4
a	3 l	monte pour 2 mois		10 ſ	
a	2 l	monte pour 2 mois		6 ſ	8
a	1 l	monte pour 2 mois		3 ſ	4
a	10 ſ	monte pour 2 mois		1 ſ	8

Calcul · pour 1 mois,
A raiſon de tant par an.

				l	ſ	
a	20000 l par an	monte pour 1 mois	1666 l	13 ſ	4
a	10000 l	monte pour 1 mois	833 l	6 ſ	8
a	9000 l	monte pour 1 mois	750 l		
a	8000 l	monte pour 1 mois	666 l	13 ſ	4
a	7000 l	monte pour 1 mois	583 l	6 ſ	8
a	6000 l	monte pour 1 mois	500 l		
a	5000 l	monte pour 1 mois	416 l	13 ſ	4
a	4000 l	monte pour 1 mois	333 l	6 ſ	8
a	3000 l	monte pour 1 mois	250 l		
a	2000 l	monte pour 1 mois	166 l	13 ſ	4
a	1000 l par an	monte pour 1 mois	83 l	6 ſ	8
a	900 l	monte pour 1 mois	75 l		
a	800 l	monte pour 1 mois	66 l	13 ſ	4
a	700 l	monte pour 1 mois	58 l	6 ſ	8
a	600 l	monte pour 1 mois	50 l		
a	500 l	monte pour 1 mois	41 l	13 ſ	4
a	400 l	monte pour 1 mois	33 l	6 ſ	8
a	300 l	monte pour 1 mois	25 l		
a	200 l	monte pour 1 mois	16 l	13 ſ	4
a	100 l par an	monte pour 1 mois	8 l	6 ſ	8
a	90 l	monte pour 1 mois	7 l	10 ſ	
a	80 l	monte pour 1 mois	6 l	13 ſ	4
a	70 l	monte pour 1 mois	5 l	16 ſ	8
a	60 l	monte pour 1 mois	5 l		
a	50 l	monte pour 1 mois	4 l	3 ſ	4
a	40 l	monte pour 1 mois	3 l	6 ſ	8
a	30 l	monte pour 1 mois	2 l	10 ſ	
a	20 l	monte pour 1 mois	1 l	13 ſ	4
a	10 l par an	monte pour 1 mois		16 ſ	8
a	9 l	monte pour 1 mois		15 ſ	
a	8 l	monte pour 1 mois		13 ſ	4
a	7 l	monte pour 1 mois		11 ſ	8
a	6 l	monte pour 1 mois		10 ſ	
a	5 l	monte pour 1 mois		8 ſ	4
a	4 l	monte pour 1 mois		6 ſ	8
a	3 l	monte pour 1 mois		5 ſ	
a	2 l	monte pour 1 mois		3 ſ	4
a	1 l	monte pour 1 mois		1 ſ	8
a	10 ſ	monte pour 1 mois			10

Calcul pour 29 jours.

A raiſon de tant par an.

à 26000 l	*par an*	monte pour 29 jours	1611 l 2 ſ 2
à 10000 l		monte pour 29 jours	805 l 11 ſ 1
à 9000 l		monte pour 29 jours	725 l
à 8000 l		monte pour 29 jours	644 l 8 ſ 10
à 7000 l		monte pour 29 jours	563 l 17 ſ 9
à 6000 l		monte pour 29 jours	483 l 6 ſ 8
à 5000 l		monte pour 29 jours	402 l 15 ſ 6
à 4000 l		monte pour 29 jours	322 l 4 ſ 5
à 3000 l		monte pour 29 jours	241 l 13 ſ 4
à 2000 l		monte pour 29 jours	161 l 2 ſ 2
à 1000 l	*par an*	monte pour 29 jours	80 l 11 ſ 1
à 900 l		monte pour 29 jours	72 l 10 ſ
à 800 l		monte pour 29 jours	64 l 8 ſ 10
à 700 l		monte pour 29 jours	56 l 7 ſ 9
à 600 l		monte pour 29 jours	48 l 6 ſ 8
à 500 l		monte pour 29 jours	40 l 5 ſ 6
à 400 l		monte pour 29 jours	32 l 4 ſ 5
à 300 l		monte pour 29 jours	24 l 3 ſ 4
à 200 l		monte pour 29 jours	16 l 2 ſ 2
à 100 l	*par an*	monte pour 29 jours	8 l 1 ſ 1
à 90 l		monte pour 29 jours	7 l 5 ſ
à 80 l		monte pour 29 jours	6 l 8 ſ 10
à 70 l		monte pour 29 jours	5 l 12 ſ 9
à 60 l		monte pour 29 jours	4 l 16 ſ 8
à 50 l		monte pour 29 jours	4 l 6
à 40 l		monte pour 29 jours	3 l 4 ſ 5
à 30 l		monte pour 29 jours	2 l 8 ſ 4
à 20 l		monte pour 29 jours	1 l 12 ſ 2
à 10 l	*par an*	monte pour 29 jours	16 ſ 1
à 9 l		monte pour 29 jours	14 ſ 6
à 8 l		monte pour 29 jours	12 ſ 10
à 7 l		monte pour 29 jours	11 ſ 3
à 6 l		monte pour 29 jours	9 ſ 8
à 5 l		monte pour 29 jours	8 ſ 1
à 4 l		monte pour 29 jours	6 ſ 5
à 3 l		monte pour 29 jours	4 ſ 10
à 2 l		monte pour 29 jours	3 ſ 2
à 1 l		monte pour 29 jours	1 ſ 7
à 10 ſ		monte pour 29 jours	9

Calcul pour 28 jours.

A raiſon de tant par an.

		l	ſ	d
a 20000 l *par an* monte pour 28 jours		1555	11	1
a 10000 l monte pour 28 jours		777	15	6
a 9000 l monte pour 28 jours		700		
a 8000 l monte pour 28 jours		622	4	5
a 7000 l monte pour 28 jours		544	8	10
a 6000 l monte pour 28 jours		466	13	4
a 5000 l monte pour 28 jours		388	17	9
a 4000 l monte pour 28 jours		311	2	2
a 3000 l monte pour 28 jours		233	6	8
a 2000 l monte pour 28 jours		155	11	1
a 1000 l *par an* monte pour 28 jours		77	15	6
a 900 l monte pour 28 jours		70		
a 800 l monte pour 28 jours		62	4	5
a 700 l monte pour 28 jours		54	8	10
a 600 l monte pour 28 jours		46	13	4
a 500 l monte pour 28 jours		38	17	9
a 400 l monte pour 28 jours		31	2	2
a 300 l monte pour 28 jours		23	6	8
a 200 l monte pour 28 jours		15	11	1
a 100 l *par an* monte pour 28 jours		7	15	6
a 90 l monte pour 28 jours		7		
a 80 l monte pour 28 jours		6	4	5
a 70 l monte pour 28 jours		5	8	10
a 60 l monte pour 28 jours		4	13	4
a 50 l monte pour 28 jours		3	17	9
a 40 l monte pour 28 jours		3	2	2
a 30 l monte pour 28 jours		2	6	8
a 20 l monte pour 28 jours		1	11	1
a 10 l *par an* monte pour 28 jours			15	6
a 9 l monte pour 28 jours			14	
a 8 l monte pour 28 jours			12	5
a 7 l monte pour 28 jours			10	10
a 6 l monte pour 28 jours			9	4
a 5 l monte pour 28 jours			7	9
a 4 l monte pour 28 jours			6	2
a 3 l monte pour 28 jours			4	8
a 2 l monte pour 28 jours			3	1
a 1 l monte pour 28 jours			1	6
a 10 ſ monte pour 28 jours				9

Calcul pour 27 jours.

A raison de tant par an.

a	20000 l *par an* monte pour 27 jours	1500 l		
a	10000 l monte pour 27 jours	750 l		
a	9000 l monte pour 27 jours	675 l		
a	8000 l monte pour 27 jours	600 l		
a	7000 l monte pour 27 jours	525 l		
a	6000 l monte pour 27 jours	450 l		
a	5000 l monte pour 27 jours	375 l		
a	4000 l monte pour 27 jours	300 l		
a	3000 l monte pour 27 jours	225 l		
a	2000 l monte pour 27 jours	150 l		
a	1000 l *par an* monte pour 27 jours	75 l		
a	900 l monte pour 27 jours	67 l	10 f	
a	800 l monte pour 27 jours	60 l		
a	700 l monte pour 27 jours	52 l	10 f	
a	600 l monte pour 27 jours	45 l		
a	500 l monte pour 27 jours	37 l	10 f	
a	400 l monte pour 27 jours	30 l		
a	300 l monte pour 27 jours	22 l	10 f	
a	200 l monte pour 27 jours	15 l		
a	100 l *par an* monte pour 27 jours	7 l	10 f	
a	90 l monte pour 27 jours	6 l	15 f	
a	80 l monte pour 27 jours	6 l		
a	70 l monte pour 27 jours	5 l	5 f	
a	60 l monte pour 27 jours	4 l	10 f	
a	50 l monte pour 27 jours	3 l	15 f	
a	40 l monte pour 27 jours	3 l		
a	30 l monte pour 27 jours	2 l	5 f	
a	20 l monte pour 27 jours	1 l	10 f	
a	10 l *par an* monte pour 27 jours		15 f	
a	9 l monte pour 27 jours		13 f	6
a	8 l monte pour 27 jours		12 f	
a	7 l monte pour 27 jours		10 f	6
a	6 l monte pour 27 jours		9 f	
a	5 l monte pour 27 jours		7 f	6
a	4 l monte pour 27 jours		6 f	
a	3 l monte pour 27 jours		4 f	6
a	2 l monte pour 27 jours		3 f	
a	1 l monte pour 27 jours		1 f	6.
a	10 f monte pour 27 jours			9

Calcul pour 26 jours.

A raiſon de tant par an.

a 20000 l *par an*	monte pour 26 jours	1444 l 8 ſ 10
a 10000 l	monte pour 26 jours	722 l 4 ſ 5
a 9000 l	monte pour 26 jours	650 l
a 8000 l	monte pour 26 jours	577 l 15 ſ 6
a 7000 l	monte pour 26 jours	505 l 11 ſ 1
a 6000 l	monte pour 26 jours	433 l 6 ſ 8
a 5000 l	monte pour 26 jours	361 l 2 ſ 2
a 4000 l	monte pour 26 jours	288 l 17 ſ 9
a 3000 l	monte pour 26 jours	216 l 13 ſ 4
a 2000 l	monte pour 26 jours	144 l 8 ſ 10
a 1000 l *par an*	monte pour 26 jours	72 l 4 ſ 5
a 900 l	monte pour 26 jours	65 l
a 800 l	monte pour 26 jours	57 l 15 ſ 6
a 700 l	monte pour 26 jours	50 l 11 ſ 1
a 600 l	monte pour 26 jours	43 l 6 ſ 8
a 500 l	monte pour 26 jours	36 l 2 ſ 2
a 400 l	monte pour 26 jours	28 l 17 ſ 9
a 300 l	monte pour 26 jours	21 l 13 ſ 4
a 200 l	monte pour 26 jours	14 l 8 ſ 10
a 100 l *par an*	monte pour 26 jours	7 l 4 ſ 5
a 90 l	monte pour 26 jours	6 l 10 ſ
a 80 l	monte pour 26 jours	5 l 15 ſ 6
a 70 l	monte pour 26 jours	5 l 1 ſ 1
a 60 l	monte pour 26 jours	4 l 6 ſ 8
a 50 l	monte pour 26 jours	3 l 12 ſ 2
a 40 l	monte pour 26 jours	2 l 17 ſ 9
a 30 l	monte pour 26 jours	2 l 3 ſ 4
a 20 l	monte pour 26 jours	1 l 8 ſ 10
a 10 l *par an*	monte pour 26 jours	14 ſ 5
a 9 l	monte pour 26 jours	13 ſ
a 8 l	monte pour 26 jours	11 ſ 6
a 7 l	monte pour 26 jours	10 ſ 1
a 6 l	monte pour 26 jours	8 ſ 8
a 5 l	monte pour 26 jours	7 ſ 2
a 4 l	monte pour 26 jours	5 ſ 9
a 3 l	monte pour 26 jours	4 ſ 4
a 2 l	monte pour 26 jours	2 ſ 10
a 1 l	monte pour 26 jours	1 ſ 5
a 10 ſ	monte pour 26 jours	8

Calcul pour 25 jours.

A raiſon de tant par an.

a	20000 l *par an* monte pour 25 jours	1388 l 17 ſ 9
a	10000 l	monte pour 25 jours	694 l 8 ſ 10
a	9000 l	monte pour 25 jours	625 l
a	8000 l	monte pour 25 jours	555 l 11 ſ 1
a	7000 l	monte pour 25 jours	486 l 2 ſ 2
a	6000 l	monte pour 25 jours	416 l 13 ſ 4
a	5000 l	monte pour 25 jours	347 l 4 ſ 5
a	4000 l	monte pour 25 jours	277 l 15 ſ 6
a	3000 l	monte pour 25 jours	208 l 6 ſ 8
a	2000 l	monte pour 25 jours	138 l 17 ſ 9
a	1000 l *par an* monte pour 25 jours	69 l 8 ſ 10
a	900 l	monte pour 25 jours	62 l 10 ſ
a	800 l	monte pour 25 jours	55 l 11 ſ 1
a	700 l	monte pour 25 jours	48 l 12 ſ 2
a	600 l	monte pour 25 jours	41 l 13 ſ 4
a	500 l	monte pour 25 jours	34 l 14 ſ 5
a	400 l	monte pour 25 jours	27 l 15 ſ 6
a	300 l	monte pour 25 jours	20 l 16 ſ 8
a	200 l	monte pour 25 jours	13 l 17 ſ 9
a	100 l *par an* monte pour 25 jours	6 l 18 ſ 10
a	90 l	monte pour 25 jours	6 l 5 ſ
a	80 ſ	monte pour 25 jours	5 l 11 ſ 1
a	70 l	monte pour 25 jours	4 l 17 ſ 2
a	60 l	monte pour 25 jours	4 l 3 ſ 4
a	50 l	monte pour 25 jours	3 l 9 ſ 5
a	40 l	monte pour 25 jours	2 l 15 ſ 6
a	30 l	monte pour 25 jours	2 l 1 ſ 8
a	20 l	monte pour 25 jours	1 l 7 ſ 9
a	10 l *par an* monte pour 25 jours	13 ſ 10
a	9 l	monte pour 25 jours	12 ſ 6
a	8 l	monte pour 25 jours	11 ſ 1
a	7 l	monte pour 25 jours	9 ſ 8
a	6 l	monte pour 25 jours	8 ſ 4
a	5 l	monte pour 25 jours	6 ſ 11
a	4 l	monte pour 25 jours	5 ſ 6
a	3 l	monte pour 25 jours	4 ſ 2
a	2 l	monte pour 25 jours	2 ſ 9
a	1 l	monte pour 25 jours	1 ſ 4
a	10 ſ	monte pour 25 jours	8

Cacul pour 24 jours.

A raiſon de tant par an.

a 20000 l *par an* monte pour 24 jours	1333 l	6 ſ	8
a 10000 l monte pour 24 jours	666 l	13 ſ	4
a 9000 l monte pour 24 jours	600 l		
a 8000 l monte pour 24 jours	533 l	6 ſ	8
a 7000 l monte pour 24 jours	466 l	13 ſ	4
a 6000 l monte pour 24 jours	400 l		
a 5000 l monte pour 24 jours	333 l	6 ſ	8
a 4000 l monte pour 24 jours	266 l	13 ſ	4
a 3000 l monte pour 24 jours	200 l		
a 2000 l monte pour 24 jours	133 l	6 ſ	8
a 1000 l *par an* monte pour 24 jours	66 l	13 ſ	4
a 900 l monte pour 24 jours	60 l		
a 800 l monte pour 24 jours	53 l	6 ſ	8
a 700 l monte pour 24 jours	46 l	13 ſ	4
a 600 l monte pour 24 jours	40 l		
a 500 l monte pour 24 jours	33 l	6 ſ	8
a 400 l monte pour 24 jours	26 l	13 ſ	4
a 300 l monte pour 24 jours	20 l		
a 200 l monte pour 24 jours	13 l	6 ſ	8
a 100 l *par an* monte pour 24 jours	6 l	13 ſ	4
a 90 l monte pour 24 jours	6 l		
a 80 l monte pour 24 jours	5 l	6 ſ	8
a 70 l monte pour 24 jours	4 l	13 ſ	4
a 60 l monte pour 24 jours	4 l		
a 50 l monte pour 24 jours	3 l	6 ſ	8
a 40 l monte pour 24 jours	2 l	13 ſ	4
a 30 l monte pour 24 jours	2 l		
a 20 l monte pour 24 jours	1 l	6 ſ	8
a 10 l *par an* monte pour 24 jours		13 ſ	4
a 9 l monte pour 24 jours		12 ſ	
a 8 l monte pour 24 jours		10 ſ	8
a 7 l monte pour 24 jours		9 ſ	4
a 6 l monte pour 24 jours		8 ſ	
a 5 l monte pour 24 jours		6 ſ	8
a 4 l monte pour 24 jours		5 ſ	4
a 3 l monte pour 24 jours		4 ſ	
a 2 l monte pour 24 jours		2 ſ	8
a 1 l monte pour 24 jours		1 ſ	4
a 10 ſ monte pour 24 jours			8

Calcul pour 23 jours.

A raiſon de tant par an.

				monte pour 23 jours
a	20000 l	*par an*	monte pour 23 jours	1277 l 15 ſ 6
a	10000 l		monte pour 23 jours	638 l 17 ſ 9
a	9000 l		monte pour 23 jours	575 l
a	8000 l		monte pour 23 jours	511 l 2 ſ 2
a	7000 l		monte pour 23 jours	447 l 4 ſ 5
a	6000 l		monte pour 23 jours	383 l 6 ſ 8
a	5000 l		monte pour 23 jours	319 l 8 ſ 10
a	4000 l		monte pour 23 jours	255 l 11 ſ 1
a	3000 l		monte pour 23 jours	191 l 13 ſ 4
a	2000 l		monte pour 23 jours	127 l 15 ſ 6
a	1000 l	*par an*	monte pour 23 jours	63 l 17 ſ 9
a	900 l		monte pour 23 jours	57 l 10 ſ
a	800 l		monte pour 23 jours	51 l 2 ſ 2
a	700 l		monte pour 23 jours	44 l 14 ſ 5
a	600 l		monte pour 23 jours	38 l 6 ſ 8
a	500 l		monte pour 23 jours	31 l 18 ſ 10
a	400 l		monte pour 23 jours	25 l 11 ſ 1
a	300 l		monte pour 23 jours	19 l 3 ſ 4
a	200 l		monte pour 23 jours	12 l 15 ſ 6
a	100 l	*par an*	monte pour 23 jours	6 l 7 ſ 9
a	90 l		monte pour 23 jours	5 l 15 ſ
a	80 l		monte pour 23 jours	5 l 2 ſ 2
a	70 l		monte pour 23 jours	4 l 9 ſ 5
a	60 l		monte pour 23 jours	3 l 16 ſ 8
a	50 l		monte pour 23 jours	3 l 3 ſ 10
a	40 l		monte pour 23 jours	2 l 11 ſ 1
a	30 l		monte pour 23 jours	1 l 18 ſ 4
a	20 l		monte pour 23 jours	1 l 5 ſ 6
a	10 l	*par an*	monte pour 23 jours	12 ſ 9
a	9 l		monte pour 23 jours	11 ſ 6
a	8 l		monte pour 23 jours	10 ſ 2
a	7 l		monte pour 23 jours	8 ſ 11
a	6 l		monte pour 23 jours	7 ſ 8
a	5 l		monte pour 23 jours	6 ſ 4
a	4 l		monte pour 23 jours	5 ſ 1
a	3 l		monte pour 23 jours	3 ſ 10
a	2 l		monte pour 23 jours	2 ſ 6
a	1 l		monte pour 23 jours	1 ſ 3
a	10 ſ		monte pour 23 jours	7

Calcul pour 22 jours.

A raison de tant par an.

	Par an		monte pour 22 jours
a	20000 l	*par an*	1222 l 4 ſ 5
a	10000 l		611 l 2 ſ 2
a	9000 l		550 l
a	8000 l		448 l 17 ſ 9
a	7000 l		427 l 15 ſ 6
a	6000 l		366 l 13 ſ 4
a	5000 l		305 l 11 ſ 1
a	4000 l		244 l 8 ſ 10
a	3000 l		183 l 6 ſ 8
a	2000 l		122 l 4 ſ 5
a	1000 l	*par an*	61 l 2 ſ 2
a	900 l		55 l
a	800 l		48 l 17 ſ 9
a	700 l		42 l 15 ſ 6
a	600 l		36 l 13 ſ 4
a	500 l		30 l 11 ſ 1
a	400 l		24 l 8 ſ 10
a	300 l		18 l 6 ſ 8
a	200 l		12 l 4 ſ 5
a	100 l	*par an*	6 l 2 ſ 2
a	90 l		5 l 10 ſ
a	80 l		4 l 17 ſ 9
a	70 l		4 l 5 ſ 6
a	60 l		3 l 13 ſ 4
a	50 l		3 l 1 ſ 1
a	40 l		2 l 8 ſ 10
a	30 l		1 l 16 ſ 8
a	20 l		1 l 4 ſ 5
a	10 l	*par an*	12 ſ 2
a	9 l		11 ſ
a	8 l		9 ſ 9
a	7 l		8 ſ 6
a	6 l		7 ſ 4
a	5 l		6 ſ 1
a	4 l		4 ſ 10
a	3 l		3 ſ 8
a	2 l		2 ſ 5
a	1 l		1 ſ 2
a	10 ſ		7

Calcul pour 21 jours.

A raiſon de tant par an.

a 20000 l *par an* monte pour 21 jours	1166 l	13 ſ	4
a 10000 l monte pour 21 jours	583 l	6 ſ	8
a 9000 l monte pour 21 jours	525 l		
a 8000 l monte pour 21 jours	466 l	13 ſ	4
a 7000 l monte pour 21 jours	408 l	6 ſ	8
a 6000 l monte pour 21 jours	350 l		
a 5000 l monte pour 21 jours	291 l	13 ſ	4
a 4000 l monte pour 21 jours	233 l	6 ſ	8
a 3000 l monte pour 21 jours	175 l		
a 2000 l monte pour 21 jours	116 l	13 ſ	4
a 1000 l *par an* monte pour 21 jours	58 l	6 ſ	8
a 900 l monte pour 21 jours	52 l	10 ſ	
a 800 l monte pour 21 jours	46 l	13 ſ	4
a 700 l monte pour 21 jours	40 l	16 ſ	8
a 600 l monte pour 21 jours	35 l		
a 500 l monte pour 21 jours	29 l	3 ſ	4
a 400 l monte pour 21 jours	23 l	6 ſ	8
a 300 l monte pour 21 jours	17 l	10 ſ	
a 200 l monte pour 21 jours	11 l	13 ſ	4
a 100 l *par an* monte pour 21 jours	5 l	16 ſ	8
a 90 l monte pour 21 jours	5 l	5 ſ	
a 80 l monte pour 21 jours	4 l	13 ſ	4
a 70 l monte pour 21 jours	4 l	1 ſ	8
a 60 l monte pour 21 jours	3 l	10 ſ	
a 50 l monte pour 21 jours	2 l	18 ſ	4
a 40 l monte pour 21 jours	2 l	6 ſ	8
a 30 l monte pour 21 jours	1 l	15 ſ	
a 20 l monte pour 21 jours	1 l	3 ſ	4
a 10 l *par an* monte pour 21 jours		11 ſ	8
a 9 l monte pour 21 jours		10 ſ	6
a 8 l monte pour 21 jours		9 ſ	4
a 7 l monte pour 21 jours		8 ſ	2
a 6 l monte pour 21 jours		7 ſ	
a 5 l monte pour 21 jours		5 ſ	10
a 4 l monte pour 21 jours		4 ſ	8
a 3 l monte pour 21 jours		3 ſ	6
a 2 l monte pour 21 jours		2 ſ	4
a 1 l monte pour 21 jours		1 ſ	2
a 10 ſ monte pour 21 jours			7

Calcul pour 20 jours.

A raiſon de tant par an.

			l	ſ	d
a	20000 l *par an* monte pour 20 jours		1111	2	2
a	10000 l monte pour 20 jours		555	11	1
a	9000 l monte pour 20 jours		500		
a	8000 l monte pour 20 jours		444	8	10
a	7000 l monte pour 20 jours		388	17	9
a	6000 l monte pour 20 jours		333	6	8
a	5000 l monte pour 20 jours		277	15	6
a	4000 l monte pour 20 jours		222	4	5
a	3000 l monte pour 20 jours		166	13	4
a	2000 l monte pour 20 jours		111	2	2
a	1000 l *par an* monte pour 20 jours		55	11	1
a	900 l monte pour 20 jours		50		
a	800 l monte pour 20 jours		44	8	10
a	700 l monte pour 20 jours		38	17	9
a	600 l monte pour 20 jours		33	6	8
a	500 l monte pour 20 jours		27	15	6
a	400 l monte pour 20 jours		22	4	5
a	300 l monte pour 20 jours		16	13	4
a	200 l monte pour 20 jours		11	2	2
a	100 l *par an* monte pour 20 jours		5	11	1
a	90 l monte pour 20 jours		5		
a	80 l monte pour 20 jours		4	8	10
a	70 l monte pour 20 jours		3	17	9
a	60 l monte pour 20 jours		3	6	8
a	50 l monte pour 20 jours		2	15	6
a	40 l monte pour 20 jours		2	4	5
a	30 l monte pour 20 jours		1	13	4
a	20 l monte pour 20 jours		1	2	2
a	10 l *par an* monte pour 20 jours			11	1
a	9 l monte pour 20 jours			10	
a	8 l monte pour 20 jours			8	10
a	7 l monte pour 20 jours			7	9
a	6 l monte pour 20 jours			6	8
a	5 l monte pour 20 jours			5	6
a	4 l monte pour 20 jours			4	5
a	3 l monte pour 20 jours			3	4
a	2 l monte pour 20 jours			2	2
a	1 l monte pour 20 jours			1	1
a	10 ſ monte pour 20 jours				6

Calcul pour 19 jours.

A raiſon de tant par an.

a 20000 l *par an* monte pour 19 jours	1055 l 11 ſ 1
a 10000 l monte pour 19 jours	527 l 15 ſ 6
a 9000 l monte pour 19 jours	475 l
a 8000 l monte pour 19 jours	422 l 4 ſ 5
a 7000 l monte pour 19 jours	369 l 8 ſ 10
a 6000 l monte pour 19 jours	316 l 13 ſ 4
a 5000 l monte pour 19 jours	263 l 17 ſ 9
a 4000 l monte pour 19 jours	211 l 2 ſ 2
a 3000 l monte pour 19 jours	158 l 6 ſ 8
a 2000 l monte pour 19 jours	105 l 11 ſ 1 .
a 1000 l *par an* monte pour 19 jours	52 l 15 ſ 6
a 900 l monte pour 19 jours	47 l 10 ſ
a 800 l monte pour 19 jours	42 l 4 ſ 5
a 700 l monte pour 19 jours	36 l 18 ſ 10
a 600 l monte pour 19 jours	31 l 13 ſ 4
a 500 l monte pour 19 jours	26 l 7 ſ 9
a 400 l monte pour 19 jours	21 l 2 ſ 2
a 300 l monte pour 19 jours	15 ſ 16 ſ 8 ;
a 200 l monte pour 19 jours	10 l 11 ſ 1
a 100 l *par an* monte pour 19 jours	5 l 5 ſ 6
a 90 l monte pour 19 jours	4 l 15 ſ
a 80 l monte pour 19 jours	4 l 4 ſ 5
a 70 l monte pour 19 jours	3 l 13 ſ 10
a 60 l monte pour 19 jours	3 l 3 ſ 4
a 50 l monte pour 19 jours	2 l 12 ſ 9
a 40 l monte pour 19 jours	2 l 2 ſ 2
a 30 l monte pour 19 jours	1 l 11 ſ 8
a 20 l monte pour 19 jours	1 l 1 ſ 1
a 10 l *par an* monte pour 19 jours	10 ſ 6
a 9 l monte pour 19 jours	9 ſ 6
a 8 l monte pour 19 jours	8 ſ 5
a 7 l monte pour 19 jours	7 ſ 4
a 6 l monte pour 19 jours	6 ſ 4
a 5 l monte pour 19 jours	5 ſ 3
a 4 l monte pour 19 jours	4 ſ 2
a 3 l monte pour 19 jours	3 ſ 2
a 2 l monte pour 19 jours	2 ſ 1
a 1 l monte pour 19 jours	1 ſ
a 10 ſ monte pour 19 jours	6

Calcul pour 18 jours.

A raison de tant par an.

a	20000 l *par an*	monte pour 18 jours	1000 l
a	10000 l	monte pour 18 jours	500 l
a	9000 l	monte pour 18 jours	450 l
a	8000 l	monte pour 18 jours	400 l
a	7000 l	monte pour 18 jours	350 l
a	6000 l	monte pour 18 jours	300 l
a	5000 l	monte pour 18 jours	250 l
a	4000 l	monte pour 18 jours	200 l
a	3000 l	monte pour 18 jours	150 l
a	2000 l	monte pour 18 jours	100 l
a	1000 l *par an*	monte pour 18 jours	50 l
a	900 l	monte pour 18 jours	45 l
a	800 l	monte pour 18 jours	40 l
a	700 l	monte pour 18 jours	35 l
a	600 l	monte pour 18 jours	30 l
a	500 l	monte pour 18 jours	25 l
a	400 l	monte pour 18 jours	20 l
a	300 l	monte pour 18 jours	15 l
a	200 l	monte pour 18 jours	10 l
a	100 l *par an*	monte pour 18 jours	5 l
a	90 l	monte pour 18 jours	4 l 10 ſ
a	80 l	monte pour 18 jours	4 l
a	70 l	monte pour 18 jours	3 l 10 ſ
a	60 l	monte pour 18 jours	3 l
a	50 l	monte pour 18 jours	2 l 10 ſ
a	40 l	monte pour 18 jours	2 l
a	30 l	monte pour 18 jours	1 l 10 ſ
a	20 l	monte pour 18 jours	1 l
a	10 l *par an*	monte pour 18 jours	10 ſ
a	9 l	monte pour 18 jours	9 ſ
a	8 l	monte pour 18 jours	8 ſ
a	7 l	monte pour 18 jours	7 ſ
a	6 l	monte pour 18 jours	6 ſ
a	5 l	monte pour 18 jours	5 ſ
a	4 l	monte pour 18 jours	4 ſ
a	3 l	monte pour 18 jours	3 ſ
a	2 l	monte pour 18 jours	2 ſ
a	1 l	monte pour 18 jours	1 ſ
a	10 ſ	monte pour 18 jours	6

Calcul

Calcul pour 17 jours.

A raison de tant par an.

			Pour 17 jours
à	20000 l *par an*	monte pour 17 jours	944 l 8 ſ 10
à	10000 l	monte pour 17 jours	472 l 4 ſ 5
à	9000 l	monte pour 17 jours	425 l
à	8000 l	monte pour 17 jours	377 l 15 ſ 6
à	7000 l	monte pour 17 jours	330 l 11 ſ 1
à	6000 l	monte pour 17 jours	283 l 6 ſ 8
à	5000 l	monte pour 17 jours	236 l 2 ſ 2
à	4000 l	monte pour 17 jours	188 l 17 ſ 9
à	3000 l	monte pour 17 jours	141 l 13 ſ 4
à	2000 l	monte pour 17 jours	94 l 8 ſ 10
à	1000 l *par an*	monte pour 17 jours	47 l 4 ſ 5
à	900 l	monte pour 17 jours	42 l 10 ſ
à	800 l	monte pour 17 jours	37 l 15 ſ 6
à	700 l	monte pour 17 jours	33 l 1 ſ 1
à	600 l	monte pour 17 jours	28 l 6 ſ 8
à	500 l	monte pour 17 jours	23 l 12 ſ 2
à	400 l	monte pour 17 jours	18 l 17 ſ 9
à	300 l	monte pour 17 jours	14 l 3 ſ 4
à	200 l	monte pour 17 jours	9 l 8 ſ 10
à	100 l *par an*	monte pour 17 jours	4 l 14 ſ 5
à	90 l	monte pour 17 jours	4 l 5 ſ
à	80 l	monte pour 17 jours	3 l 15 ſ 6
à	70 l	monte pour 17 jours	3 l 6 ſ 1
à	60 l	monte pour 17 jours	2 l 16 ſ 8
à	50 l	monte pour 17 jours	2 l 7 ſ 2
à	40 l	monte pour 17 jours	1 l 17 ſ 9
à	30 l	monte pour 17 jours	1 l 8 ſ 4
à	20 l	monte pour 17 jours	18 ſ 10
à	10 l *par an*	monte pour 17 jours	9 ſ 5
à	9 l	monte pour 17 jours	8 ſ 6
à	8 l	monte pour 17 jours	7 ſ 6
à	7 l	monte pour 17 jours	6 ſ 7
à	6 l	monte pour 17 jours	5 ſ 8
à	5 l	monte pour 17 jours	4 ſ 8
à	4 l	monte pour 17 jours	3 ſ 9
à	3 l	monte pour 17 jours	2 ſ 10
à	2 l	monte pour 17 jours	1 ſ 10
à	1 l	monte pour 17 jours	11
à	10 ſ	monte pour 17 jours	5

Calcul pour 16 jours,

A raison de tant par an.

			l	s	d
a 20000 l	par an	monte pour 16 jours	888	17	9
a 10000 l		monte pour 16 jours	444	8	10
a 9000 l		monte pour 16 jours	400		
a 8000 l		monte pour 16 jours	355	11	1
a 7000 l		monte pour 16 jours	311	2	2
a 6000 l		monte pour 16 jours	266	13	4
a 5000 l		monte pour 16 jours	222	4	5
a 4000 l		monte pour 16 jours	177	15	6
a 3000 l		monte pour 16 jours	133	6	8
a 2000 l		monte pour 16 jours	88	17	9
a 1000 l	par an	monte pour 16 jours	44	8	10
a 900 l		monte pour 16 jours	40		
a 800 l		monte pour 16 jours	35	11	1
a 700 l		monte pour 16 jours	31	2	2
a 600 l		monte pour 16 jours	26	13	4
a 500 l		monte pour 16 jours	22	4	5
a 400 l		monte pour 16 jours	17	15	6
a 300 l		monte pour 16 jours	13	6	8
a 200 l		monte pour 16 jours	8	17	9
a 100 l	par an	monte pour 16 jours	4	8	10
a 90 l		monte pour 16 jours	4		
a 80 l		monte pour 16 jours	3	11	1
a 70 l		monte pour 16 jours	3	2	2
a 60 l		monte pour 16 jours	2	13	4
a 50 l		monte pour 16 jours	2	4	5
a 40 l		monte pour 16 jours	1	15	6
a 30 l		monte pour 16 jours	1	6	8
a 20 l		monte pour 16 jours		17	9
a 10 l	par an	monte pour 16 jours		8	10
a 9 l		monte pour 16 jours		8	
a 8 l		monte pour 16 jours		7	1
a 7 l		monte pour 16 jours		6	2
a 6 l		monte pour 16 jours		5	4
a 5 l		monte pour 16 jours		4	5
a 4 l		monte pour 16 jours		3	6
a 3 l		monte pour 16 jours		2	8
a 2 l		monte pour 16 jours		1	9
a 1 l		monte pour 16 jours			10
a 10 s		monte pour 16 jours			5

Calcul pour 15 jours.

A raiſon de tant par an.

à	20000 l	*par an*	monte pour 15 jours	833 l	6 ſ	8	
à	10000 l		monte pour 15 jours	416 l	13 ſ	4	
à	9000 l		monte pour 15 jours	375 l			
à	8000 l		monte pour 15 jours	333 l	6 ſ	8	
à	7000 l		monte pour 15 jours	291 l	13 ſ	4	
à	6000 l		monte pour 15 jours	250 l			
à	5000 l		monte pour 15 jours	208 l	6 ſ	8	
à	4000 l		monte pour 15 jours	166 l	13 ſ	4	
à	3000 l		monte pour 15 jours	125 l			
à	2000 l		monte pour 15 jours	83 l	6 ſ	8	
à	1000 l	*par an*	monte pour 15 jours	41 l	13 ſ	4	
à	900 l		monte pour 15 jours	37 l	10 ſ		
à	800 l		monte pour 15 jours	33 l	6 ſ	8	
à	700 l		monte pour 15 jours	29 l	3 ſ	4	
à	600 l		monte pour 15 jours	25 l			
à	500 l		monte pour 15 jours	20 l	16 ſ	8	
à	400 l		monte pour 15 jours	16 l	13 ſ	4	
à	300 l		monte pour 15 jours	12 l	10 ſ		
à	200 l		monte pour 15 jours	8 l	6 ſ	8	
à	100 l	*par an*	monte pour 15 jours	4 l	3 ſ	4	
à	90 l		monte pour 15 jours	3 l	15 ſ		
à	80 l		monte pour 15 jours	3 l	6 ſ	8	
à	70 l		monte pour 15 jours	2 l	18 ſ	4	
à	60 l		monte pour 15 jours	2 l	10 ſ		
à	50 l		monte pour 15 jours	2 l	1 ſ	8	
à	40 l		monte pour 15 jours	1 l	13 ſ	4	
à	30 l		monte pour 15 jours	1 l	5 ſ		
à	20 l		monte pour 15 jours		16 ſ	8	
à	10 l	*par an*	monte pour 15 jours		8 ſ	4	
à	9 l		monte pour 15 jours		7 ſ	6	
à	8 l		monte pour 15 jours		6 ſ	8	
à	7 l		monte pour 15 jours		5 ſ	10	
à	6 l		monte pour 15 jours		5 ſ		
à	5 l		monte pour 15 jours		4 ſ	2	
à	4 l		monte pour 15 jours		3 ſ	4	
à	3 l		monte pour 15 jours		2 ſ	6	
à	2 l		monte pour 15 jours		1 ſ	8	
à	1 l		monte pour 15 jours			10	
à	10 ſ		monte pour 15 jours			5	

Calcul pour 14 jours.

A raiſon de tant par an.

par an		l	ſ	d
a 20000 l *par an* monte pour 14 jours		777	15	6
a 10000 l monte pour 14 jours		388	17	9
a 9000 l monte pour 14 jours		350		
a 8000 l monte pour 14 jours		311	2	2
a 7000 l monte pour 14 jours		272	4	5
a 6000 l monte pour 14 jours		233	6	8
a 5000 l monte pour 14 jours		194	8	10
a 4000 l monte pour 14 jours		155	11	1
a 3000 l monte pour 14 jours		116	13	4
a 2000 l monte pour 14 jours		77	15	6
a 1000 l *par an* monte pour 14 jours		38	17	9
a 900 l monte pour 14 jours		35		
a 800 l monte pour 14 jours		31	2	2
a 700 l monte pour 14 jours		27	4	5
a 600 l monte pour 14 jours		23	6	8
a 500 l monte pour 14 jours		19	8	10
a 400 l monte pour 14 jours		15	11	1
a 300 l monte pour 14 jours		11	13	4
a 200 l monte pour 14 jours		7	15	6
a 100 l *par an* monte pour 14 jours		3	17	9
a 90 l monte pour 14 jours		3	10	
a 80 l monte pour 14 jours		3	2	2
a 70 l monte pour 14 jours		2	14	5
a 60 l monte pour 14 jours		2	6	8
a 50 l monte pour 14 jours		1	18	10
a 40 l monte pour 14 jours		1	11	1
a 30 l monte pour 14 jours		1	3	4
a 20 l monte pour 14 jours			15	6
a 10 l *par an* monte pour 14 jours			7	9
a 9 l monte pour 14 jours			7	
a 8 l monte pour 14 jours			6	2
a 7 l monte pour 14 jours			5	5
a 6 l monte pour 14 jours			4	8
a 5 l monte pour 14 jours			3	10
a 4 l monte pour 14 jours			3	1
a 3 l monte pour 14 jours			2	4
a 2 l monte pour 14 jours			1	6
a 1 l monte pour 14 jours				9
a 10 ſ monte pour 14 jours				$\frac{9}{14}$

Calcul pour 13 jours.

A raison de tant par an.

à		monte pour 13 jours	
à 20000 l *par an* monte pour 13 jours			722 l 4 ſ 5
à 10000 l monte pour 13 jours			361 l 2 ſ 2
à 9000 l monte pour 13 jours			325 l
à 8000 l monte pour 13 jours			288 l 17 ſ 9
à 7000 l monte pour 13 jours			252 l 15 ſ 6
à 6000 l monte pour 13 jours			216 l 13 ſ 4
à 5000 l monte pour 13 jours			180 l 11 ſ 1
à 4000 l monte pour 13 jours			144 l 8 ſ 10
à 3000 l monte pour 13 jours			108 l 6 ſ 8
à 2000 l monte pour 13 jours			72 l 4 ſ 5
à 1000 l *par an* monte pour 13 jours			36 l 2 ſ 2
à 900 l monte pour 13 jours			32 l 10 ſ
à 800 l monte pour 13 jours			28 l 17 ſ 9
à 700 l monte pour 13 jours			25 l 5 ſ 6
à 600 l monte pour 13 jours			21 l 13 ſ 4
à 500 l monte pour 13 jours			18 l 1 ſ 1
à 400 l monte pour 13 jours			14 l 8 ſ 10
à 300 l monte pour 13 jours			10 l 16 ſ 8
à 200 l monte pour 13 jours			7 l 4 ſ 5
à 100 l *par an* monte pour 13 jours			3 l 12 ſ 2
à 90 l monte pour 13 jours			3 l 5 ſ
à 80 l monte pour 13 jours			2 l 17 ſ 9
à 70 l monte pour 13 jours			2 l 10 ſ 6
à 60 l monte pour 13 jours			2 l 3 ſ 4
à 50 l monte pour 13 jours			1 l 16 ſ 1
à 40 l monte pour 13 jours			1 l 8 ſ 10
à 30 l monte pour 13 jours			1 l 1 ſ 8
à 20 l monte pour 13 jours			14 ſ 5
à 10 l *par an* monte pour 13 jours			7 ſ 2
à 9 l monte pour 13 jours			6 ſ 6
à 8 l monte pour 13 jours			5 ſ 9
à 7 l monte pour 13 jours			5 ſ
à 6 l monte pour 13 jours			4 ſ 4
à 5 l monte pour 13 jours			3 ſ 7
à 4 l monte pour 13 jours			2 ſ 10
à 3 l monte pour 13 jours			2 ſ 2
à 2 l monte pour 13 jours			1 ſ 5
à 1 l monte pour 13 jours			8
à 10 ſ monte pour 13 jours			4

Cacul pour 12 jours.

A raiſon de tant par an.

a 20000 l *par an* monte pour 12 jours	666 l	13 ſ	4
a 10000 l monte pour 12 jours	333 l	6 ſ	8
a 9000 l monte pour 12 jours	300 l		
a 8000 l monte pour 12 jours	266 l	13 ſ	4
a 7000 l monte pour 12 jours	233 l	6 ſ	8
a 6000 l monte pour 12 jours	200 l		
a 5000 l monte pour 12 jours	166 l	13 ſ	4
a 4000 l monte pour 12 jours	133 l	6 ſ	8
a 3000 l monte pour 12 jours	100 l		
a 2000 l monte pour 12 jours	66 l	13 ſ	4
a 1000 l *par an* monte pour 12 jours	33 l	6 ſ	8
a 900 l monte pour 12 jours	30 l		
a 800 l monte pour 12 jours	26 l	13 ſ	4
a 700 l monte pour 12 jours	23 l	6 ſ	8
a 600 l monte pour 12 jours	20 l		
a 500 l monte pour 12 jours	16 l	13 ſ	4
a 400 l monte pour 12 jours	13 l	6 ſ	8
a 300 l monte pour 12 jours	10 l		
a 200 l monte pour 12 jours	6 l	13 ſ	4
a 100 l *par an* monte pour 12 jours	3 l	6 ſ	8
a 90 l monte pour 12 jours	3 l		
a 80 l monte pour 12 jours	2 l	13 ſ	4
a 70 l monte pour 12 jours	2 l	6 ſ	8
a 60 l monte pour 12 jours	2 l		
a 50 l monte pour 12 jours	1 l	13 ſ	4
a 40 l monte pour 12 jours	1 l	6 ſ	8
a 30 l monte pour 12 jours	1 l		
a 20 l monte pour 12 jours		13 ſ	4
a 10 l *par an* monte pour 12 jours		6 ſ	8
a 9 l monte pour 12 jours		6 ſ	
a 8 l monte pour 12 jours		5 ſ	4
a 7 l monte pour 12 jours		4 ſ	8
a 6 l monte pour 12 jours		4 ſ	
a 5 l monte pour 12 jours		3 ſ	4
a 4 l monte pour 12 jours		2 ſ	8
a 3 l monte pour 12 jours		2 ſ	
a 2 l monte pour 12 jours		1 ſ	4
a 1 l monte pour 12 jours			8
a 10 ſ monte pour 12 jours			4

Calcul pour 11 jours,

A raison de tant par an.

a 20000 l *par an* monte pour 11 jours   611 l 2 ſ 2
a 10000 l   monte pour 11 jours   305 l 11 ſ 1
a 9000 l   monte pour 11 jours   275 l
a 8000 l   monte pour 11 jours   244 l 8 ſ 10
a 7000 l   monte pour 11 jours   213 l 17 ſ 9
a 6000 l   monte pour 11 jours   183 l 6 ſ 8
a 5000 l   monte pour 11 jours   152 l 15 ſ 6
a 4000 l   — monte pour 11 jours   122 l 4 ſ 5
a 3000 l   monte pour 11 jours   91 l 13 ſ 4
a 2000 l   monte pour 11 jours   61 l 2 ſ 2
a 1000 l *par an* monte pour 11 jours   30 l 11 ſ 1
a 900 l   monte pour 11 jours   27 l 10 ſ
a 800 l   monte pour 11 jours   24 l 8 ſ 10
a 700 l   monte pour 11 jours   21 l 7 ſ 9
a 600 l   monte pour 11 jours   18 l 6 ſ 8
a 500 l   monte pour 11 jours   15 l 5 ſ 6
a 400 l   monte pour 11 jours   12 l 4 ſ 5
a 300 l   monte pour 11 jours   9 l 3 ſ 4
a 200 l   monte pour 11 jours   6 l 2 ſ 2
a 100 l *par an* monte pour 11 jours   3 l 1 ſ 1
a 90 l   monte pour 11 jours   2 l 15 ſ
a 80 l   monte pour 11 jours   2 l 8 ſ 10
a 70 l   monte pour 11 jours   2 l 2 ſ 9
a 60 l   monte pour 11 jours   1 l 16 ſ 8
a 50 l   monte pour 11 jours   1 l 10 ſ 6
a 40 l   monte pour 11 jours   1 l 4 ſ 5
a 30 l   monte pour 11 jours   18 ſ 4
a 20 l   monte pour 11 jours   12 ſ 2
a 10 l *par an* monte pour 11 jours   6 ſ 1
a 9 l   monte pour 11 jours   5 ſ 6
a 8 l   monte pour 11 jours   4 ſ 10
a 7 l   monte pour 11 jours   4 ſ 3
a 6 l   monte pour 11 jours   3 ſ 8
a 5 l   monte pour 11 jours   3 ſ
a 4 l   — monte pour 11 jours   2 ſ 5
a 3 l   monte pour 11 jours   1 ſ 10
a 2 l   monte pour 11 jours   1 ſ 2
a 1 l   monte pour 11 jours   7
a 10 ſ   monte pour 11 jours   3

Calcul pour 10 jours.

A raison de tant par an.

a 20000 l *par an* monte pour 10 jours	555 l	11 ſ	1
a 10000 l monte pour 10 jours	277 l	15 ſ	6
a 9000 l monte pour 10 jours	250 l		
a 8000 l monte pour 10 jours	222 l	4 ſ	5
a 7000 l monte pour 10 jours	194 l	8 ſ	10
a 6000 l monte pour 10 jours	166 l	13 ſ	4
a 5000 l monte pour 10 jours	138 l	17 ſ	9
a 4000 l monte pour 10 jours	111 l	2 ſ	2
a 3000 l monte pour 10 jours	83 l	6 ſ	8
a 2000 l monte pour 10 jours	55 l	11 ſ	1
a 1000 l *par an* monte pour 10 jours	27 l	15 ſ	6
a 900 l monte pour 10 jours	25 l		
a 800 l monte pour 10 jours	22 l	4 ſ	5
a 700 l monte pour 10 jours	19 l	8 ſ	10
a 600 l monte pour 10 jours	16 l	13 ſ	4
a 500 l monte pour 10 jours	13 l	17 ſ	9
a 400 l monte pour 10 jours	11 l	2 ſ	2
a 300 l monte pour 10 jours	8 l	6 ſ	8
a 200 l monte pour 10 jours	5 l	11 ſ	1
a 100 l *par an* monte pour 10 jours	2 l	15 ſ	6
a 90 l monte pour 10 jours	2 l	10 ſ	
a 80 l monte pour 10 jours	2 l	4 ſ	5
a 70 l monte pour 10 jours	1 l	18 ſ	10
a 60 l monte pour 10 jours	1 l	13 ſ	4
a 50 l monte pour 10 jours	1 l	7 ſ	9
a 40 l monte pour 10 jours	1 l	2 ſ	2
a 30 l monte pour 10 jours		16 ſ	8
a 20 l monte pour 10 jours		11 ſ	1
a 10 l *par an* monte pour 10 jours		5 ſ	6
a 9 l monte pour 10 jours		5 ſ	
a 8 l monte pour 10 jours		4 ſ	5
a 7 l monte pour 10 jours		3 ſ	10
a 6 l monte pour 10 jours		3 ſ	4
a 5 l monte pour 10 jours		2 ſ	9
a 4 l monte pour 10 jours		2 ſ	2
a 3 l monte pour 10 jours		1 ſ	8
a 2 l monte pour 10 jours		1 ſ	1
a 1 l monte pour 10 jours			6
a 10 ſ monte pour 10 jours			3

Calcul pour 9 jours.

A raiſon de tant par an.

			l	ſ	d
a	20000 l par an	monte pour 9 jours	500 l		
a	10000 l	monte pour 9 jours	250 l		
a	9000 l	monte pour 9 jours	225 l		
a	8000 l	monte pour 9 jours	200 l		
a	7000 l	monte pour 9 jours	175 l		
a	6000 l	monte pour 9 jours	150 l		
a	5000 l	monte pour 9 jours	125 l		
a	4000 l	monte pour 9 jours	100 l		
a	3000 l	monte pour 9 jours	75 l		
a	2000 l	monte pour 9 jours	50 l		
a	1000 l par an	monte pour 9 jours	25 l		
a	900 l	monte pour 9 jours	22 l	10 ſ	
a	800 l	monte pour 9 jours	20 l		
a	700 l	monte pour 9 jours	17 l	10 ſ	
a	600 l	monte pour 9 jours	15 l		
a	500 l	monte pour 9 jours	12 l	10 ſ	
a	400 l	monte pour 9 jours	10 l		
a	300 l	monte pour 9 jours	7 l	10 ſ	
a	200 l	monte pour 9 jours	5 l		
a	100 l par an	monte pour 9 jours	2 l	10 ſ	
a	90 l	monte pour 9 jours	2 l	5 ſ	
a	80 l	monte pour 9 jours	2 l		
a	70 l	monte pour 9 jours	1 l	15 ſ	
a	60 l	monte pour 9 jours	1 l	10 ſ	
a	50 l	monte pour 9 jours	1 l	5 ſ	
a	40 l	monte pour 9 jours	1 l		
a	30 l	monte pour 9 jours		15 ſ	
a	20 l	monte pour 9 jours		10 ſ	
a	10 l par an	monte pour 9 jours		5 ſ	
a	9 l	monte pour 9 jours		4 ſ	6
a	8 l	monte pour 9 jours		4 ſ	
a	7 l	monte pour 9 jours		3 ſ	6
a	6 l	monte pour 9 jours		3 ſ	
a	5 l	monte pour 9 jours		2 ſ	6
a	4 l	monte pour 9 jours		2 ſ	
a	3 l	monte pour 9 jours		1 ſ	6
a	2 l	monte pour 9 jours		1 ſ	
a	1 l	monte pour 9 jours			6
a	10 ſ	monte pour 9 jours			3

Calcul pour 8 jours.

A raiſon de tant par an.

à 20000 l par an monte pour 8 jours	444 l 8 ſ 10
à 10000 l monte pour 8 jours	222 l 4 ſ 5
à 9000 l monte pour 8 jours	200 l
à 8000 l monte pour 8 jours	177 l 15 ſ 6
à 7000 l monte pour 8 jours	155 l 11 ſ 1
à 6000 l monte pour 8 jours	133 l 6 ſ 8
à 5000 l monte pour 8 jours	111 l 2 ſ 2
à 4000 l monte pour 8 jours	88 l 17 ſ 9
à 3000 l monte pour 8 jours	66 l 13 ſ 4
à 2000 l monte pour 8 jours	44 l 8 ſ 10
à 1000 l par an monte pour 8 jours	22 l 4 ſ 5
à 900 l monte pour 8 jours	20 l
à 800 l monte pour 8 jours	17 l 15 ſ 6
à 700 l monte pour 8 jours	15 l 11 ſ 1
à 600 l monte pour 8 jours	13 l 6 ſ 8
à 500 l monte pour 8 jours	11 l 2 ſ 2
à 400 l monte pour 8 jours	8 l 17 ſ 9
à 300 l monte pour 8 jours	6 l 13 ſ 4
à 200 l monte pour 8 jours	4 l 8 ſ 10
à 100 l par an monte pour 8 jours	2 l 4 ſ 5
à 90 l monte pour 8 jours	2 l
à 80 l monte pour 8 jours	1 l 15 ſ 6
à 70 l monte pour 8 jours	1 l 11 ſ 1
à 60 l monte pour 8 jours	1 l 6 ſ 8
à 50 l monte pour 8 jours	1 l 2 ſ 2
à 40 l monte pour 8 jours	17 ſ 9
à 30 l monte pour 8 jours	13 ſ 4
à 20 l monte pour 8 jours	8 ſ 10
à 10 l par an monte pour 8 jours	4 ſ 5
à 9 l monte pour 8 jours	4 ſ
à 8 l monte pour 8 jours	3 ſ 6
à 7 l monte pour 8 jours	3 ſ 1
à 6 l monte pour 8 jours	2 ſ 8
à 5 l monte pour 8 jours	2 ſ 2
à 4 l monte pour 8 jours	1 ſ 9
à 3 l monte pour 8 jours	1 ſ 4
à 2 l monte pour 8 jours	10
à 1 l monte pour 8 jours	5
à 10 ſ monte pour 8 jours	2

Calcul pour 7 jours,

A raiſon de tant par an.

à	20000 l	*par an*	monte pour 7 jours	383 l	17 ſ	9
a	10000 l		monte pour 7 jours	194 l	8 ſ	10
a	9000 l		monte pour 7 jours	175 l		
a	8000 l		monte pour 7 jours	155 l	11 ſ	1
a	7000 l		monte pour 7 jours	136 l	2 ſ	2
a	6000 l		monte pour 7 jours	116 l	13 ſ	4
a	5000 l		monte pour 7 jours	97 l	4 ſ	5
a	4000 l		monte pour 7 jours	77 l	15 ſ	6
a	3000 l		monte pour 7 jours	58 l	6 ſ	8
a	2000 l		monte pour 7 jours	38 l	17 ſ	9
a	1000 l	*par an*	monte pour 7 jours	19 l	8 ſ	10
a	900 l		monte pour 7 jours	17 l	10 ſ	
a	800 l		monte pour 7 jours	15 l	11 ſ	1
a	700 l		monte pour 7 jours	13 l	12 ſ	2
a	600 l		monte pour 7 jours	11 l	13 ſ	4
a	500 l		monte pour 7 jours	9 l	14 ſ	5
a	400 l		monte pour 7 jours	7 l	15 ſ	6
a	300 l		monte pour 7 jours	5 l	16 ſ	8
a	200 l		monte pour 7 jours	3 l	17 ſ	9
a	100 l	*par an*	monte pour 7 jours	1 l	18 ſ	10
a	90 l		monte pour 7 jours	1 l	15 ſ	
a	80 l		monte pour 7 jours	1 l	11 ſ	1
a	70 l		monte pour 7 jours	1 l	7 ſ	2
a	60 l		monte pour 7 jours	1 l	3 ſ	4
a	50 l		monte pour 7 jours		19 ſ	5
a	40 l		monte pour 7 jours		15 ſ	6
a	30 l		monte pour 7 jours		11 ſ	8
a	20 l		monte pour 7 jours		7 ſ	9
a	10 l	*par an*	monte pour 7 jours		3 ſ	10
a	9 l		monte pour 7 jours		3 ſ	6
a	8 l		monte pour 7 jours		3 ſ	1
a	7 l		monte pour 7 jours		2 ſ	8
a	6 l		monte pour 7 jours		2 ſ	4
a	5 l		monte pour 7 jours		1 ſ	11
a	4 l		monte pour 7 jours		1 ſ	6
a	3 l		monte pour 7 jours		1 ſ	2
a	2 l		monte pour 7 jours			9
a	1 l		monte pour 7 jours			4
a	10 ſ		monte pour 7 jours			2

Calcul pour 6 jours.

A raiſon de tant par an.

				l	ſ	d
a	20000 l *par an*	monte pour 6 jours		333 l	6 ſ	8
a	10000 l	monte pour 6 jours		166 l	13 ſ	4
a	9000 l	monte pour 6 jours		150 l		
a	8000 l	monte pour 6 jours		133 l	6 ſ	8
a	7000 l	monte pour 6 jours		116 l	13 ſ	4
a	6000 l	monte pour 6 jours		100 l		
a	5000 l	monte pour 6 jours		83 l	6 ſ	8
a	4000 l	monte pour 6 jours		66 l	13 ſ	4
a	3000 l	monte pour 6 jours		50 l		
a	2000 l	monte pour 6 jours		33 l	6 ſ	8
a	1000 l *par an*	monte pour 6 jours		16 l	13 ſ	4
a	900 l	monte pour 6 jours		15 l		
a	800 l	monte pour 6 jours		13 l	6 ſ	8
a	700 l	monte pour 6 jours		11 l	13 ſ	4
a	600 l	monte pour 6 jours		10 l		
a	500 l	monte pour 6 jours		8 l	6 ſ	8
a	400 l	monte pour 6 jours		6 l	13 ſ	4
a	300 l	monte pour 6 jours		5 l		
a	200 l	monte pour 6 jours		3 l	6 ſ	8
a	100 l *par an*	monte pour 6 jours		1 l	13 ſ	4
a	90 l	monte pour 6 jours		1 l	10 ſ	
a	80 l	monte pour 6 jours		1 l	6 ſ	8
a	70 l	monte pour 6 jours		1 l	3 ſ	4
a	60 l	monte pour 6 jours		1 l		
a	50 l	monte pour 6 jours			16 ſ	8
a	40 l	monte pour 6 jours			13 ſ	4
a	30 l	monte pour 6 jours			10 ſ	
a	20 l	monte pour 6 jours			6 ſ	8
a	10 l *par an*	monte pour 6 jours			3 ſ	4
a	9 l	monte pour 6 jours			3 ſ	
a	8 l	monte pour 6 jours			2 ſ	8
a	7 l	monte pour 6 jours			2 ſ	4
a	6 l	monte pour 6 jours			2 ſ	
a	5 l	monte pour 6 jours			1 ſ	8
a	4 l	monte pour 6 jours			1 ſ	4
a	3 l	monte pour 6 jours			1 ſ	
a	2 l	monte pour 6 jours				8
a	1 l	monte pour 6 jours				4
a	10 ſ	monte pour 6 jours				2

Calcul pour 5 jours.

A raiſon de tant par an.

a 20000 l *par an* monte pour 5 jours	277 l	15 ſ	6
a 10000 l monte pour 5 jours	138 l	17 ſ	9
a 9000 l monte pour 5 jours	125 l		
a 8000 l monte pour 5 jours	111 l	2 ſ	2
a 7000 l monte pour 5 jours	97 l	4 ſ	5
a 6000 l monte pour 5 jours	83 l	6 ſ	8
a 5000 l monte pour 5 jours	69 l	8 ſ	10
a 4000 l monte pour 5 jours	55 l	11 ſ	1
a 3000 l monte pour 5 jours	41 l	13 ſ	4
a 2000 l monte pour 5 jours	27 l	15 ſ	6
a 1000 l *par an* monte pour 5 jours	13 l	17 ſ	9
a 900 l monte pour 5 jours	12 l	10 ſ	
a 800 l monte pour 5 jours	11 l	2 ſ	2
a 700 l monte pour 5 jours	9 l	14 ſ	5
a 600 l monte pour 5 jours	8 l	6 ſ	8
a 500 l monte pour 5 jours	6 l	18 ſ	10
a 400 l monte pour 5 jours	5 l	11 ſ	1
a 300 l monte pour 5 jours	4 l	3 ſ	4
a 200 l monte pour 5 jours	2 l	15 ſ	6
a 100 l *par an* monte pour 5 jours	1 l	7 ſ	9
a 90 l monte pour 5 jours	1 l	5 ſ	
a 80 l monte pour 5 jours	1 l	2 ſ	2
a 70 l monte pour 5 jours		19 ſ	5
a 60 l monte pour 5 jours		16 ſ	8
a 50 l monte pour 5 jours		13 ſ	10
a 40 l monte pour 5 jours		11 ſ	1
a 30 l monte pour 5 jours		8 ſ	4
a 20 l monte pour 5 jours		5 ſ	6
a 10 l *par an* monte pour 5 jours		2 ſ	9
a 9 l monte pour 5 jours		2 ſ	6
a 8 l monte pour 5 jours		2 ſ	2
a 7 l monte pour 5 jours		1 ſ	11
a 6 l monte pour 5 jours		1 ſ	8
a 5 l monte pour 5 jours		1 ſ	4
a 4 l monte pour 5 jours		1 ſ	1
a 3 l monte pour 5 jours			10
a 2 l monte pour 5 jours			6
a 1 l monte pour 5 jours			3
a 10 ſ monte pour 5 jours			1

Calcul pour 4 jours.
A raiſon de tant par an.

a 20000 l *par an* monte pour 4 jours	222 l	4 ſ	5
a 10000 l monte pour 4 jours	111 l	2 ſ	2
a 9000 l monte pour 4 jours .	100 l		
8000 l monte pour 4 jours	88 l	17 ſ	9
a 7000 l monte pour 4 jours	77 l	15 ſ	6
a 6000 l monte pour 4 jours	66 l	13 ſ	4
a 5000 l monte pour 4 jours	55 l	11 ſ	1
a 4000 l monte pour 4 jours	44 l	8 ſ	10
a 3000 l monte pour 4 jours	33 l	6 ſ	8
a 2000 l monte pour 4 jours	22 l	4 ſ	5
a 1000 l *par an* monte pour 4 jours	11 l	2 ſ	2
a 900 l monte pour 4 jours	10 l		
a 800 l monte pour 4 jours	8 l	17 ſ	9
a 700 l monte pour 4 jours	7 l	15 ſ	6
a 600 l monte pour 4 jours	6 l	13 ſ	4
a 500 l monte pour 4 jours	5 l	11 ſ	1
a 400 l monte pour 4 jours	4 l	8 ſ	10
a 300 l monte pour 4 jours	3 l	6 ſ	8
a 200 l monte pour 4 jours	2 l	4 ſ	5
a 100 l *par an* monte pour 4 jours	1 l	2 ſ	2
a 90 l monte pour 4 jours	1 l		
a 80 l monte pour 4 jours		17 ſ	9
a 70 l monte pour 4 jours		15 ſ	6
a 60 l monte pour 4 jours		13 ſ	4
a 50 l monte pour 4 jours		11 ſ	1
a 40 l monte pour 4 jours		8 ſ	10
a 30 l monte pour 4 jours		6 ſ	8
a 20 l monte pour 4 jours		4 ſ	5
a 10 l *par an* monte pour 4 jours		2 ſ	2
a 9 l monte pour 4 jours		2 ſ	
a 8 l monte pour 4 jours		1 ſ	9
a 7 l monte pour 4 jours		1 ſ	6
a 6 l monte pour 4 jours		1 ſ	4
a 5 l monte pour 4 jours		1 ſ	1
a 4 l monte pour 4 jours			10
a 3 l monte pour 4 jours			8
a 2 l monte pour 4 jours			5
a 1 l monte pour 4 jours			2
a 10 ſ monte pour 4 jours			1

Calcul pour 3 jours.
A raison de tant par an.

				l	f	d
a	20000 l *par an* monte pour 3 jours	166	13	4
a	10000 l monte pour 3 jours	83	6	8
a	9000 l monte pour 3 jours	75		
a	8000 l monte pour 3 jours	66	13	4
a	7000 l monte pour 3 jours	58	6	8
a	6000 l monte pour 3 jours	50		
a	5000 l monte pour 3 jours	41	13	4
a	4000 l monte pour 3 jours	33	6	8
a	3000 l monte pour 3 jours	25		
a	2000 l monte pour 3 jours	16	13	4
a	1000 l *par an* monte pour 3 jours	8	6	8
a	900 l monte pour 3 jours	7	10	
a	800 l monte pour 3 jours	6	13	4
a	700 l monte pour 3 jours	5	16	8
a	600 l monte pour 3 jours	5		
a	500 l monte pour 3 jours	4	3	4
a	400 l monte pour 3 jours	3	6	8
a	300 l monte pour 3 jours	2	10	
a	200 l monte pour 3 jours	1	13	4
a	100 l *par an* monte pour 3 jours		16	8
a	90 l monte pour 3 jours		15	
a	80 l monte pour 3 jours		13	4
a	70 l monte pour 3 jours		11	8
a	60 l monte pour 3 jours		10	
a	50 l monte pour 3 jours		8	4
a	40 l monte pour 3 jours		6	8
a	30 l monte pour 3 jours		5	
a	20 l monte pour 3 jours		3	4
a	10 l *par an* monte pour 3 jours		1	8
a	9 l monte pour 3 jours		1	6
a	8 l monte pour 3 jours		1	4
a	7 l monte pour 3 jours		1	2
a	6 l monte pour 3 jours		1	
a	5 l monte pour 3 jours			10
a	4 l monte pour 3 jours			8
a	3 l monte pour 3 jours			6
a	2 l monte pour 3 jours			4
a	1 l monte pour 3 jours			2
a	10 f monte pour 3 jours			1

Calcul pour 2 jours.

À raison de tant par an.

à 20000 l *par an*	monte pour 2 jours	111 l 2 ſ 2
à 10000 l	monte pour 2 jours	55 l 11 ſ 1
à 9000 l	monte pour 2 jours	50 l
à 8000 l	monte pour 2 jours	44 l 8 ſ 10
à 7000 l	monte pour 2 jours	38 l 17 ſ 9
à 6000 l	monte pour 2 jours	33 l 6 ſ 8
à 5000 l	monte pour 2 jours	27 l 15 ſ 6
à 4000 l	monte pour 2 jours	22 l 4 ſ 5
à 3000 l	monte pour 2 jours	16 l 13 ſ 4
à 2000 l	monte pour 2 jours	11 l 2 ſ 2
à 1000 l *par an*	monte pour 2 jours	5 l 11 ſ 1
à 900 l	monte pour 2 jours	5 l
à 800 l	monte pour 2 jours	4 l 8 ſ 10
à 700 l	monte pour 2 jours	3 l 17 ſ 9
à 600 l	monte pour 2 jours	3 l 6 ſ 8
à 500 l	monte pour 2 jours	2 l 15 ſ 6
à 400 l	monte pour 2 jours	2 l 4 ſ 5
à 300 l	monte pour 2 jours	1 l 13 ſ 4
à 200 l	monte pour 2 jours	1 l 2 ſ 2
à 100 l *par an*	monte pour 2 jours	11 ſ 1
à 90 l	monte pour 2 jours	10 ſ
à 80 l	monte pour 2 jours	8 ſ 10
à 70 l	monte pour 2 jours	7 ſ 9
à 60 l	monte pour 2 jours	6 ſ 8
à 50 l	monte pour 2 jours	5 ſ 6
à 40 l	monte pour 2 jours	4 ſ 5
à 30 l	monte pour 2 jours	3 ſ 4
à 20 l	monte pour 2 jours	2 ſ 2
à 10 l *par an*	monte pour 2 jours	1 ſ 1
à 9 l	monte pour 2 jours	1 ſ
à 8 l	monte pour 2 jours	10
à 7 l	monte pour 2 jours	9
à 6 l	monte pour 2 jours	8
à 5 l	monte pour 2 jours	6
à 4 l	monte pour 2 jours	5
à 3 l	monte pour 2 jours	4
à 2 l	monte pour 2 jours	2
à 1 l	monte pour 2 jours	1
à 10 ſ	monte pour 2 jours	0

Calcul pour 1 jour.

A raison de tant par an.

	l	ſ	d
a 20000 l *par an* monte pour 1 jour	55	11	1
a 10000 l monte pour 1 jour	27	15	6
a 9000 l monte pour 1 jour	25		
a 8000 l monte pour 1 jour	22	4	5
a 7000 l monte pour 1 jour	19	8	10
a 6000 l monte pour 1 jour	16	13	4
a 5000 l monte pour 1 jour	13	17	9
a 4000 l monte pour 1 jour	11	2	2
a 3000 l monte pour 1 jour	8	6	8
a 2000 l monte pour 1 jour	5	11	1
a 1000 l *par an* monte pour 1 jour	2	15	6
a 900 l monte pour 1 jour	2	10	
a 800 l monte pour 1 jour	2	4	5
a 700 l monte pour 1 jour	1	18	10
a 600 l monte pour 1 jour	1	13	4
a 500 l monte pour 1 jour	1	7	9
a 400 l monte pour 1 jour	1	2	2
a 300 l monte pour 1 jour		16	8
a 200 l monte pour 1 jour		11	1
a 100 l *par an* monte pour 1 jour		5	6
a 90 l monte pour 1 jour		5	
a 80 l monte pour 1 jour		4	5
a 70 l monte pour 1 jour		3	10
a 60 l monte pour 1 jour		3	4
a 50 l monte pour 1 jour		2	9
a 40 l monte pour 1 jour		2	2
a 30 l monte pour 1 jour		1	8
a 20 l monte pour 1 jour		1	1
a 10 l *par an* monte pour 1 jour			6
a 9 l monte pour 1 jour			6
a 8 l monte pour 1 jour			5
a 7 l monte pour 1 jour			4
a 6 l monte pour 1 jour			4
a 5 l monte pour 1 jour			3
a 4 l monte pour 1 jour			2
a 3 l monte pour 1 jour			2
a 2 l monte pour 1 jour			1
a 1 l monte pour 1 jour			0
a 10 ſ monte pour 1 jour			

LES TARIFS

UTILES ET GÉNERAUX,

SERVANT

A TOUTES SORTES DE MARCHANDS,

POUR L'APPRÉCIEMENT
de leurs Marchandises.

LE PROFIT DES MARCHANDS,
ou l'Appréciement de leurs Marchandises.

QUAND les Marchands ont acheté ou fait venir des Marchandises, ils les apprécient pour la vente; c'est-à-dire, ils les marquent d'une marque secrete, qui n'est connue que d'eux-mêmes, ou des Domestiques de leurs Boutiques & de leurs Magasins, afin d'y mettre le prix fixe de ce qu'ils les veulent vendre, pour y gagner tant pour cent, à proportion de ce qu'elles leur reviennent, tous frais faits, & eu égard aux risques.

Mais, parceque plusieurs sont en peine de savoir au juste le prix qu'on y doit mettre pour y gagner ou augmenter 12, 15, 18, ou 20 pour cent, plus ou moins, à raison de ce qu'elles leur ont coûté; j'ai trouvé à propos, pour leur soulagement, de mettre ici les Tarifs suivans.

LE PROFIT DES MARCHANDS,

OU L'APPRÉCIEMENT DE LEURS MARCHANDISES.

Pour y gagner 10 pour Cent.

Ce qui leur coûte & revient

A 10 l	il les faut vendre	11 livres.			
A 9 l	il les faut vendre	9 l	18 ſ		
A 8 l	il les faut vendre	8 l	16 ſ		
A 7 l	il les faut vendre	7 l	14 ſ		
A 6 l	il les faut vendre	6 l	12 ſ		
A 5 l	il les faut vendre	5 l	10 ſ		
A 4 l	il les faut vendre	4 l	8 ſ		
A 3 l	il les faut vendre	3 l	6 ſ		
A 2 l	il les faut vendre	2 l	4 ſ		
A 1 l	il les faut vendre	1 l	2 ſ		
A 15 ſ	il les faut vendre		16 ſ	6 d	
A 10 ſ	il les faut vendre		11 ſ		
A 5 ſ	il les faut vendre		5 ſ	6 d	

le reste à proportion.

Pour gagner 11 pour Cent.

Ce qui leur coûte & revient

A 10 l	il les faut vendre	11 l	2 ſ		
A 9 l	il les faut vendre	9 l	19 ſ	9 d	
A 8 l	il les faut vendre	8 l	17 ſ	7 d	
A 7 l	il les faut vendre	7 l	15 ſ	4 d	
A 6 l	il les faut vendre	6 l	13 ſ	2 d	
A 5 l	il les faut vendre	5 l	11 ſ		
A 4 l	il les faut vendre	4 l	8 ſ	9 d	
A 3 l	il les faut vendre	3 l	6 ſ	7 d	
A 2 l	il les faut vendre	2 l	4 ſ	4 d	
A 1 l	il les faut vendre	1 l	2 ſ	2 d	
A 15 ſ	il les faut vendre		16 ſ	7 d	
A 10 ſ	il les faut vendre		11 ſ	1 d	
A 5 ſ	il les faut vendre		5 ſ	6 d	

le reste à proportion.

LE PROFIT DES MARCHANDS,
ou l'appreciement de leurs marchandises.

Pour y gagner 12 pour Cent.

Ce qui leur coûte & revient

A	10 l		il les faut vendre	11 l	4 ſ	
A	9 l		il les faut vendre	10 l	1 ſ	7 d
A	8 l		il les faut vendre	8 l	19 ſ	2 d
A	7 l		il les faut vendre	7 l	16 ſ	9 d
A	6 l		il les faut vendre	6 l	14 ſ	4 d
A	5 l		il les faut vendre	5 l	12 ſ	
A	4 l		il les faut vendre	4 l	9 ſ	7 d
A	3 l		il les faut vendre	3 l	7 ſ	2 d
A	2 l		il les faut vendre	2 l	4 ſ	9 d
A	1 l		il les faut vendre	1 l	2 ſ	4 d
A		15 ſ	il les faut vendre		16 ſ	9 d
A		10 ſ	il les faut vendre		11 ſ	2 d
A		5 ſ	il les faut vendre		5 ſ	7 d

le reste a proportion.

Pour gagner 13 pour Cent.

Ce qui leur coûte & revient

A	10 l		il les faut vendre	11 l	6 ſ	
A	9 l		il les faut vendre	10 l	3 ſ	4 d
A	8 l		il les faut vendre	9 l		9 d
A	7 l		il les faut vendre	7 l	18 ſ	2 d
A	6 l		il les faut vendre	6 l	15 ſ	7 d
A	5 l		il les faut vendre	5 l	13 ſ	
A	4 l		il les faut vendre	4 l	10 ſ	4 d
A	3 l		il les faut vendre	3 l	7 ſ	9 d
A	2 l		il les faut vendre	2 l	5 ſ	1 d
A	1 l		il les faut vendre	1 l	2 ſ	7 d
A		15 ſ	il les faut vendre		16 ſ	11 d
A		10 ſ	il les faut vendre		11 ſ	3 d
A		5 ſ	il les faut vendre		5 ſ	7 d

le reste a proportion.

LE PROFIT DES MARCHANDS,
ou l'appréciement de leurs marchandises.

Pour y gagner 14 pour Cent.

Ce qui leur coûte & revient

A	10 l	il les faut vendre	11 l	8 ſ	
A	9 l	il les faut vendre	10 l	5 ſ	2 d
A	8 l	il les faut vendre	9 l	2 ſ	4 d
A	7 l	il les faut vendre	7 l	19 ſ	7 d
A	6 l	il les faut vendre	6 l	16 ſ	9 d
A	5 l	il les faut vendre	5 l	14 ſ	
A	4 l	il les faut vendre	4 l	11 ſ	2 d
A	3 l	il les faut vendre	3 l	8 ſ	4 d
A	2 l	il les faut vendre	2 l	5 ſ	7 d
A	1 l	il les faut vendre	1 l	2 ſ	9 d
A	15 ſ	il les faut vendre		17 ſ	1 d
A	10 ſ	il les faut vendre		11 ſ	4 d
A	5 ſ	il les faut vendre		5 ſ	8 d

le reste à proportion.

Pour gagner 15 pour Cent.

Ce qui leur coûte & revient

A	10 l	il les faut vendre	11 l	10 ſ	
A	9 l	il les faut vendre	10 l	7 ſ	
A	8 l	il les faut vendre	9 l	4 ſ	
A	7 l	il les faut vendre	8 l	1 ſ	
A	6 l	il les faut vendre	6 l	18 ſ	
A	5 l	il les faut vendre	5 l	15 ſ	
A	4 l	il les faut vendre	4 l	12 ſ	
A	3 l	il les faut vendre	3 l	9 ſ	
A	2 l	il les faut vendre	2 l	6 ſ	
A	1 l	il les faut vendre	1 l	3 ſ	
A	15 ſ	il les faut vendre		17 ſ	3 d
A	10 ſ	il les faut vendre		11 ſ	6 d
A	5 ſ	il les faut vendre		5 ſ	9 d

le reste à proportion.

LE PROFIT DES MARCHANDS;

OU L'APPRÉCIEMENT DE LEURS MARCHANDISES.

Pour y gagner 16 pour Cent.

Ce qui leur coûte & revient

A	10 l	il les faut vendre	11 l	12 ſ	
A	9 l	il les faut vendre	10 l	8 ſ	9 d
A	8 l	il les faut vendre	9 l	5 ſ	7 d
A	7 l	il les faut vendre	8 l	2 ſ	4 d
A	6 l	il les faut vendre	6 l	19 ſ	2 d
A	5 l	il les faut vendre	5 l	16 ſ	
A	4 l	il les faut vendre	4 l	12 ſ	9 d
A	3 l	il les faut vendre	3 l	9 ſ	7 d
A	2 l	il les faut vendre	2 l	6 ſ	4 d
A	1 l	il les faut vendre	1 l	3 ſ	2 d
A	15 ſ	il les faut vendre		17 ſ	4 d
A	10 ſ	il les faut vendre		11 ſ	7 d
A	5 ſ	il les faut vendre		5 ſ	9 d

le reste à proportion.

Pour gagner 17 pour Cent.

Ce qui leur coûte & revient

A	10 l	il les faut vendre	11 l	14 ſ	
A	9 l	il les faut vendre	10 l	10 ſ	7 d
A	8 l	il les faut vendre	9 l	7 ſ	2 d
A	7 l	il les faut vendre	8 l	3 ſ	9 d
A	6 l	il les faut vendre	7 l		4 d
A	5 l	il les faut vendre	5 l	17 ſ	
A	4 l	il les faut vendre	4 l	13 ſ	7 d
A	3 l	il les faut vendre	3 l	10 ſ	2 d
A	2 l	il les faut vendre	2 l	6 ſ	9 d
A	1 l	il les faut vendre	1 l	3 ſ	4 d
A	15 ſ	il les faut vendre		17 ſ	6 d
A	10 ſ	il les faut vendre		11 ſ	8 d
A	5 ſ	il les faut vendre		5 ſ	10 d

le reste à proportion.

LE PROFIT DES MARCHANDS,

OU L'APPRÉCIEMENT DE LEURS MARCHANDISES.

Pour y gagner 18 pour Cent.

Ce qui leur coûte & revient

A	10	l		il les faut vendre	11	l	16	ſ		
A	9	l		il les faut vendre	10	l	12	ſ	4	d
A	8	l		il les faut vendre	9	l	8	ſ	9	d
A	7	l		il les faut vendre	8	l	5	ſ	2	d
A	6	l		il les faut vendre	7	l	1	ſ	7	d
A	5	l		il les faut vendre	5	l	18	ſ		
A	4	l		il les faut vendre	4	l	14	ſ	4	d
A	3	l		il les faut vendre	3	l	10	ſ	9	d
A	2	l		il les faut vendre	2	l	7	ſ	2	d
A	1	l		il les faut vendre	1	l	3	ſ	7	d
A			15 ſ	il les faut vendre			17	ſ	8	d
A			10 ſ	il les faut vendre			11	ſ	9	d
A			5 ſ	il les faut vendre			5	ſ	10	d

le reſte à proportion.

Pour gagner 19 pour Cent.

Ce qui leur coûte & revient

A	10	l		il les faut vendre	11	l	18	ſ		
A	9	l		il les faut vendre	10	l	14	ſ	2	d
A	8	l		il les faut vendre	9	l	10	ſ	4	d
A	7	l		il les faut vendre	8	l	6	ſ	7	d
A	6	l		il les faut vendre	7	l	2	ſ	9	d
A	5	l		il les faut vendre	5	l	19	ſ		
A	4	l		il les faut vendre	4	l	15	ſ	2	d
A	3	l		il les faut vendre	3	l	11	ſ	4	d
A	2	l		il les faut vendre	2	l	7	ſ	7	d
A	1	l		il les faut vendre	1	l	3	ſ	9	d
A			15 ſ	il les faut vendre			17	ſ	10	d
A			10 ſ	il les faut vendre			11	ſ	10	d
A			5 ſ	il les faut vendre			5	ſ	11	d

le reſte à proportion.

LE PROFIT DES·MARCHANDS,

ou l'appréciement de leurs marchandises.

Pour y gagner 20 pour Cent.

Ce qui leur coûte & revient

A 10 l	il les faut vendre	12 l
A 9 l	il les faut vendre	10 l 16 f
A 8 l	il les faut vendre	9 l 12 f
A 7 l	il les faut vendre	8 l 8 f
A 6 l	il les faut vendre	7 l 4 f
A 5 l	il les faut vendre	6 l
A 4 l	il les faut vendre	4 l 16 f
A 3 l	il les faut vendre	3 l 12 f
A 2 l	il les faut vendre	2 l 8 f
A 1 l	il les faut vendre	1 l 4 f
A 15 f	il les faut vendre	18 f
A 10 f	il les faut vendre	12 f
A 5 f	il les faut vendre	6 f

le reste à proportion.

Pour gagner 25 pour Cent.

Ce qui leur coûte & revient

A 10 l	il les faut vendre	12 l 10 f
A 9 l	il les faut vendre	11 l 5 f
A 8 l	il les faut vendre	10 l
A 7 l	il les faut vendre	8 l 15 f
A 6 l	il les faut vendre	7 l 10 f
A 5 l	il les faut vendre	6 l 5 f
A 4 l	il les faut vendre	5 l
A 3 l	il les faut vendre	3 l 15 f
A 2 l	il les faut vendre	2 l 10 f
A 1 l	il les faut vendre	1 l 5 f
A 15 f	il les faut vendre	18 f 9 d
A 10 f	il les faut vendre	12 f 6 d
A 5 f	il les faut vendre	6 f 3 d

le reste à proportion.

TARIF

TARIF

AU DENIER 50,

QUI EST A 2 POUR CENT,

Ou de 50 livres en donner une
par chacun an, d'intéreſt.

*On trouve dans les pages ſuivantes le
montant des Intéreſts de toutes ſortes
de Sommes.*

Pour pluſieurs Années,
Pour pluſieurs Mois,
& pour pluſieurs jours,
En un moment & en un même endroit.

P

Les Intérêts,

De 50000 livres

Au Denier 50.

Montent pour

20 ans	20000 livres
19 ans	19000 livres
18 ans	18000 livres
17 ans	17000 livres
16 ans	16000 livres
15 ans	15000 livres
14 ans	14000 livres
13 ans	13000 livres
12 ans	12000 livres
11 ans	11000 livres
10 ans	10000 livres
9 ans	9000 livres
8 ans	8000 livres
7 ans	7000 livres
6 ans	6000 livres
5 ans	5000 livres
4 ans	4000 livres
3 ans	3000 livres
2 ans	2000 livres
1 an	1000 livres

11 mois	916 l 13 ſ 4 d
10 mois	833 l 6 ſ 8 d
9 mois	750 l
8 mois	666 l 13 ſ 4 d
7 mois	583 l 6 ſ 8 d
6 mois	500 l
5 mois	416 l 13 ſ 4 d
4 mois	333 l 6 ſ 8 d
3 mois	250 l
2 mois	166 l 13 ſ 4 d
1 mois	83 l 6 ſ 8 d

Montent pour

30 jours	83 l 6 ſ 8 d
29 jours	80 l 11 ſ 1 d
28 jours	77 l 15 ſ 6 d
27 jours	75 l
26 jours	72 l 4 ſ 5 d
25 jours	69 l 8 ſ 10 d
24 jours	66 l 13 ſ 4 d
23 jours	63 l 17 ſ 9 d
22 jours	61 l 2 ſ 2 d
21 jours	58 l 6 ſ 8 d
20 jours	55 l 11 ſ 1 d
19 jours	52 l 15 ſ 6 d
18 jours	50 l
17 jours	47 l 4 ſ 5 d
16 jours	44 l 8 ſ 10 d
15 jours	41 l 13 ſ 4 d
14 jours	38 l 17 ſ 9 d
13 jours	36 l 2 ſ 2 d
12 jours	33 l 6 ſ 8 d
11 jours	30 l 11 ſ 1 d
10 jours	27 l 15 ſ 6 d
9 jours	25 l
8 jours	22 l 4 ſ 5 d
7 jours	19 l 8 ſ 10 d
6 jours	16 l 13 ſ 4 d
5 jours	13 l 17 ſ 9 d
4 jours	11 l 2 ſ 2 d
3 jours	8 l 6 ſ 8 d
2 jours	5 l 11 ſ 1 d
1 jour	2 l 15 ſ 6 d

Les Intéréts.

De 40000 livres

Au Denier 50.

Montent pour		Montent pour	
20 ans	16000 livres	30 jours 66 l 13 ſ 4 d	
19 ans	15200 livres	29 jours 64 l 8 ſ 10 d	
18 ans	14400 livres	28 jours 62 l 4 ſ 5 d	
17 ans	13600 livres	27 jours 60 l	
16 ans	12800 livres	26 jours 57 l 15 ſ 6 d	
15 ans	12000 livres	25 jours 55 l 11 ſ 1 d	
14 ans	11200 livres	24 jours 53 l 6 ſ 8 d	
13 ans	10400 livres	23 jours 51 l 2 ſ 2 d	
12 ans	9600 livres	22 jours 48 l 17 ſ 9 d	
11 ans	8800 livres	21 jours 46 l 13 ſ 4 d	
10 ans	8000 livres	20 jours 44 l 8 ſ 10 d	
9 ans	7200 livres	19 jours 42 l 4 ſ 5 d	
8 ans	6400 livres	18 jours 40 l	
7 ans	5600 livres	17 jours 37 l 15 ſ 6 d	
6 ans	4800 livres	16 jours 35 l 11 ſ 1 d	
5 ans	4000 livres	15 jours 33 l 6 ſ 8 d	
4 ans	3200 livres	14 jours 31 l 2 ſ 2 d	
3 ans	2400 livres	13 jours 28 l 17 ſ 9 d	
2 ans	1600 livres	12 jours 26 l 13 ſ 4 d	
1 an	800 livres	11 jours 24 l 8 ſ 10 d	
		10 jours 22 l 4 ſ 5 d	
11 mois	733 l 6 ſ 8 d	9 jours 20 l	
10 mois	666 l 13 ſ 4 d	8 jours 17 l 15 ſ 6 d	
9 mois	600 l	7 jours 15 l 11 ſ 1 d	
8 mois	533 l 6 ſ 8 d	6 jours 13 l 6 ſ 8 d	
7 mois	466 l 13 ſ 4 d	5 jours 11 l 2 ſ 1 d	
6 mois	400 l	4 jours 8 l 17 ſ 9 d	
5 mois	333 l 6 ſ 8 d	3 jours 6 l 13 ſ 4 d	
4 mois	266 l 13 ſ 4 d	2 jours 4 l 8 ſ 10 d	
3 mois	200 l	1 jour 2 l 4 ſ 5 d	
2 mois	133 l 6 ſ 8 d		
1 mois	66 l 13 ſ 4 d		

Les Intérêts.

De 30000 livres

Au Denier 50.

Montent pour

20 ans	12000 livres
19 ans	11400 livres
18 ans	10800 livres
17 ans	10200 livres
16 ans	9600 livres
15 ans	9000 livres
14 ans	8400 livres
13 ans	7800 livres
12 ans	7200 livres
11 ans	6600 livres
10 ans	6000 livres
9 ans	5400 livres
8 ans	4800 livres
7 ans	4200 livres
6 ans	3600 livres
5 ans	3000 livres
4 ans	2400 livres
3 ans	1800 livres
2 ans	1200 livres
1 an	600 livres

11 mois	550 livres
10 mois	500 livres
9 mois	450 livres
8 mois	400 livres
7 mois	350 livres
6 mois	300 livres
5 mois	250 livres
4 mois	200 livres
3 mois	150 livres
2 mois	100 livres
1 mois	50 livres

Montent pour

30 jours	50 l		
29 jours	48 l	6 ſ	8 d
28 jours	46 l	13 ſ	4 d
27 jours	45 l		
26 jours	43 l	6 ſ	8 d
25 jours	41 l	13 ſ	4 d
24 jours	40 l		
23 jours	38 l	6 ſ	8 d
22 jours	36 l	13 ſ	4 d
21 jours	35 l		
20 jours	33 l	6 ſ	8 d
19 jours	31 l	13 ſ	4 d
18 jours	30 l		
17 jours	28 l	6 ſ	8 d
16 jours	26 l	13 ſ	4 d
15 jours	25 l		
14 jours	23 l	6 ſ	8 d
13 jours	21 l	13 ſ	4 d
12 jours	20 l		
11 jours	18 l	6 ſ	8 d
10 jours	16 l	13 ſ	4 d
9 jours	15 l		
8 jours	13 l	6 ſ	8 d
7 jours	11 l	13 ſ	4 d
6 jours	10 l		
5 jours	8 l	6 ſ	8 d
4 jours	6 l	13 ſ	4 d
3 jours	5 l		
2 jours	3 l	6 ſ	8 d
1 jour	1 l	13 ſ	4 d

Les Intérêts

De 20000 livres.

Au Denier 50.

Montent pour				
20 ans	8000 livres			
19 ans	7600 livres			
18 ans	7200 livres			
17 ans	6800 livres			
16 ans	6400 livres			
15 ans	6000 livres			
14 ans	5600 livres			
13 ans	5200 livres			
12 ans	4800 livres			
11 ans	4400 livres			
10 ans	4000 livres			
9 ans	3600 livres			
8 ans	3200 livres			
7 ans	2800 livres			
6 ans	2400 livres			
5 ans	2000 livres			
4 ans	1600 livres			
3 ans	1200 livres			
2 ans	800 livres			
1 an	400 livres			
11 mois	366 l	13 f	4 d	
10 mois	333 l	6 f	8 d	
9 mois	300 l			
8 mois	266 l	13 f	4 d	
7 mois	233 l	6 f	8 d	
6 mois	200 l			
5 mois	166 l	13 f	4 d	
4 mois	133 l	6 f	8 d	
3 mois	100 l			
2 mois	66 l	13 f	4 d	
1 mois	33 l	6 f	8 d	

Montent pour				
30 jours	33 l	6 f	8 d	
29 jours	32 l	4 f	5 d	
28 jours	31 l	2 f	2 d	
27 jours	30 l			
26 jours	28 l	17 f	9 d	
25 jours	27 l	15 f	6 d	
24 jours	26 l	13 f	4 d	
23 jours	25 l	11 f	1 d	
22 jours	24 l	8 f	10 d	
21 jours	23 l	6 f	8 d	
20 jours	22 l	4 f	5 d	
19 jours	21 l	2 f	2 d	
18 jours	20 l			
17 jours	18 l	17 f	9 d	
16 jours	17 l	15 f	6 d	
15 jours	16 l	13 f	4 d	
14 jours	15 l	11 f	1 d	
13 jours	14 l	8 f	10 d	
12 jours	13 l	6 f	8 d	
11 jours	12 l	4 f	5 d	
10 jours	11 l	2 f	2 d	
9 jours	10 l			
8 jours	8 l	17 f	9 d	
7 jours	7 l	15 f	6 d	
6 jours	6 l	13 f	4 d	
5 jours	5 l	11 f	1 d	
4 jours	4 l	8 f	10 d	
3 jours	3 l	6 f	8 d	
2 jours	2 l	4 f	5 d	
1 jour	1 l	2 f	2 d	

Les Intérêts

De 10000 livres

Au Denier 50.

Montent pour				
20 ans	4000 livres			
19 ans	3800 livres			
18 ans	3600 livres			
17 ans	3400 livres			
16 ans	3200 livres			
15 ans	3000 livres			
14 ans	2800 livres			
13 ans	2600 livres			
12 ans	2400 livres			
11 ans	2200 livres			
10 ans	2000 livres			
9 ans	1800 livres			
8 ans	1600 livres			
7 ans	1400 livres			
6 ans	1200 livres			
5 ans	1000 livres			
4 ans	800 livres			
3 ans	600 livres			
2 ans	400 livres			
1 an	200 livres			
11 mois	183 l	6 ſ	8 d	
10 mois	166 l	13 ſ	4 d	
9 mois	150 l			
8 mois	133 l	6 ſ	8 d	
7 mois	116 l	13 ſ	4 d	
6 mois	100 l			
5 mois	83 l	6 ſ	8 d	
4 mois	66 l	13 ſ	4 d	
3 mois	50 l			
2 mois	33 l	6 ſ	8 d	
1 mois	16 l	13 ſ	4 d	

montent pour			
30 jours	16 l	13 ſ	4 d
29 jours	16 l	2 ſ	2 d
28 jours	15 l	11 ſ	1 d
27 jours	15 l		
26 jours	14 l	8 ſ	10 d
25 jours	13 l	17 ſ	9 d
24 jours	13 l	6 ſ	8 d
23 jours	12 l	15 ſ	6 d
22 jours	12 l	4 ſ	5 d
21 jours	11 l	13 ſ	4 d
20 jours	11 l	2 ſ	2 d
19 jours	10 l	11 ſ	1 d
18 jours	10 l		
17 jours	9 l	8 ſ	10 d
16 jours	8 l	17 ſ	9 d
15 jours	8 l	6 ſ	8 d
14 jours	7 l	15 ſ	6 d
13 jours	7 l	4 ſ	5 d
12 jours	6 l	13 ſ	4 d
11 jours	6 l	2 ſ	2 d
10 jours	5 l	11 ſ	1 d
9 jours	5 l		
8 jours	4 l	8 ſ	10 d
7 jours	3 l	17 ſ	9 d
6 jours	3 l	6 ſ	8 d
5 jours	2 l	15 ſ	6 d
4 jours	2 l	4 ſ	5 d
3 jours	1 l	13 ſ	4 d
2 jours	1 l	2 ſ	2 d
1 jour		11 ſ	1 d

Les Intérêts

De 9000 livres

Au Denier 50.

Montent pour			Montent pour	
20 ans	3600 livres		30 jours	15 l
19 ans	3420 livres		29 jours	14 l 10 f
18 ans	3240 livres		28 jours	14 l
17 ans	3060 livres		27 jours	13 l 10 f
16 ans	2880 livres		26 jours	13 l
15 ans	2700 livres		25 jours	12 l 10 f
14 ans	2520 livres		24 jours	12 l
13 ans	2340 livres		23 jours	11 l 10 f
12 ans	2160 livres		22 jours	11 l
11 ans	1980 livres		21 jours	10 l 10 f
10 ans	1800 livres		20 jours	10 l
9 ans	1620 livres		19 jours	9 l 10 f
8 ans	1440 livres		18 jours	9 l
7 ans	1260 livres		17 jours	8 l 10 f
6 ans	1080 livres		16 jours	8 l
5 ans	900 livres		15 jours	7 l 10 f
4 ans	720 livres		14 jours	7 l
3 ans	540 livres		13 jours	6 l 10 f
2 ans	360 livres		12 jours	6 l
1 an	180 livres		11 jours	5 l 10 f
			10 jours	5 l
11 mois	165 livres		9 jours	4 l 10 f
10 mois	150 livres		8 jours	4 l
9 mois	135 livres		7 jours	3 l 10 f
8 mois	120 livres		6 jours	3 l
7 mois	105 livres		5 jours	2 l 10 f
6 mois	90 livres		4 jours	2 l
5 mois	75 livres		3 jours	1 l 10 f
4 mois	60 livres		2 jours	1 l
3 mois	45 livres		1 jour	10 f
2 mois	30 livres			
1 mois	15 livres			

Les Intérêts

De 8000 livres

Au Denier 50.

Montent pour

20 ans	3200 livres					
19 ans	3040 livres					
18 ans	2880 livres					
17 ans	2720 livres					
16 ans	2560 livres					
15 ans	2400 livres					
14 ans	2240 livres					
13 ans	2080 livres					
12 ans	1920 livres					
11 ans	1760 livres					
10 ans	1600 livres					
9 ans	1440 livres					
8 ans	1280 livres					
7 ans	1120 livres					
6 ans	960 livres					
5 ans	800 livres					
4 ans	640 livres					
3 ans	480 livres					
2 ans	320 livres					
1 an	160 livres					
11 mois	146 l	13 ſ	4 d			
10 mois	133 l	6 ſ	8 d			
9 mois	120 l					
8 mois	106 l	13 ſ	4 d			
7 mois	93 l	6 ſ	8 d			
6 mois	80 l					
5 mois	66 l	13 ſ	4 d			
4 mois	53 l	6 ſ	8 d			
3 mois	40 l					
2 mois	26 l	13 ſ	4 d			
1 mois	13 l	6 ſ	8 d			

Montent pour

30 jours	13 l	6 ſ	8 d
29 jours	12 l	17 ſ	9 d
28 jours	12 l	8 ſ	10 d
27 jours	12 l		
26 jours	11 l	11 ſ	1 d
25 jours	11 l	2 ſ	2 d
24 jours	10 l	13 ſ	4 d
23 jours	10 l	4 ſ	5 d
22 jours	9 l	15 ſ	6 d
21 jours	9 l	6 ſ	8 d
20 jours	8 l	17 ſ	9 d
19 jours	8 l	8 ſ	10 d
18 jours	8 l		
17 jours	7 l	11 ſ	1 d
16 jours	7 l	2 ſ	2 d
15 jours	6 l	13 ſ	4 d
14 jours	6 l	4 ſ	5 d
13 jours	5 l	15 ſ	6 d
12 jours	5 l	6 ſ	8 d
11 jours	4 l	17 ſ	9 d
10 jours	4 l	8 ſ	10 d
9 jours	4 l		
8 jours	3 l	11 ſ	1 d
7 jours	3 l	2 ſ	2 d
6 jours	2 l	13 ſ	4 d
5 jours	2 l	4 ſ	5 d
4 jours	1 l	15 ſ	6 d
3 jours	1 l	6 ſ	8 d
2 jours		17 ſ	9 d
1 jour		8 ſ	10 d

Les Intérêts

De 7000 livres

Au Denier 50.

Montent pour						
20 ans	2800	livres				
19 ans	2660	livres				
18 ans	2520	livres				
17 ans	2380	livres				
16 ans	2240	livres				
15 ans	2100	livres				
14 ans	1960	livres				
13 ans	1820	livres				
12 ans	1680	livres				
11 ans	1540	livres				
10 ans	1400	livres				
9 ans	1260	livres				
8 ans	1120	livres				
7 ans	980	livres				
6 ans	840	livres				
5 ans	700	livres				
4 ans	560	livres				
3 ans	420	livres				
2 ans	280	livres				
1 an	140	livres				
11 mois	128	l	6	ſ	8	d
10 mois	116	l	13	ſ	4	d
9 mois	105	l				
8 mois	93	l	6	ſ	8	d
7 mois	81	l	13	ſ	4	d
6 mois	70	l				
5 mois	58	l	6	ſ	8	d
4 mois	46	l	13	ſ	4	d
3 mois	35	l				
2 mois	23	l	6	ſ	8	d
1 mois	11	l	13	ſ	4	d

Montent pour						
30 jours	11	l	13	ſ	4	d
29 jours	11	l	5	ſ	6	d
28 jours	10	l	17	ſ	9	d
27 jours	10	l	10	ſ		
26 jours	10	l	2	ſ	2	d
25 jours	9	l	14	ſ	5	d
24 jours	9	l	6	ſ	8	d
23 jours	8	l	18	ſ	10	d
22 jours	8	l	11	ſ	1	d
21 jours	8	l	3	ſ	4	d
20 jours	7	l	15	ſ	6	d
19 jours	7	l	7	ſ	9	d
18 jours	7	l				
17 jours	6	l	12	ſ	2	d
16 jours	6	l	4	ſ	5	d
15 jours	5	l	16	ſ	8	d
14 jours	5	l	8	ſ	10	d
13 jours	5	l	1	ſ	1	d
12 jours	4	l	13	ſ	4	d
11 jours	4	l	5	ſ	6	d
10 jours	3	l	17	ſ	9	d
9 jours	3	l	10	ſ		
8 jours	3	l	2	ſ	2	d
7 jours	2	l	14	ſ	5	d
6 jours	2	l	6	ſ	8	d
5 jours	1	l	18	ſ	10	d
4 jours	1	l	11	ſ	1	d
3 jours	1	l	3	ſ	4	d
2 jours			15	ſ	6	d
1 jour			7	ſ	9	d

Les Intérêts

De 6000 livres

Au Denier 50.

Montent pour					
20 ans	2400 livres				
19 ans	2280 livres				
18 ans	2160 livres				
17 ans	2040 livres				
16 ans	1920 livres				
15 ans	1800 livres				
14 ans	1680 livres				
13 ans	1560 livres				
12 ans	1440 livres				
11 ans	1320 livres				
10 ans	1200 livres				
9 ans	1080 livres				
8 ans	960 livres				
7 ans	840 livres				
6 ans	720 livres				
5 ans	600 livres				
4 ans	480 livres				
3 ans	360 livres				
2 ans	240 livres				
1 an	120 livres				
11 mois	110 livres				
10 mois	100 livres				
9 mois	90 livres				
8 mois	80 livres				
7 mois	70 livres				
6 mois	60 livres				
5 mois	50 livres				
4 mois	40 livres				
3 mois	30 livres				
2 mois	20 livres				
1 mois	10 livres				

Montent pour				
30 jours	10 l			
29 jours	9 l	13 ſ	4 d
28 jours	9 l	6 ſ	8 d
27 jours	9 l		
26 jours	8 l	13 ſ	4 d
25 jours	8 l	6 ſ	8 d
24 jours	8 l		
23 jours	7 l	13 ſ	4 d
22 jours	7 l	6 ſ	8 d
21 jours	7 l		
20 jours	6 l	13 ſ	4 d
19 jours	6 l	6 ſ	8 d
18 jours	6 l		
17 jours	5 l	13 ſ	4 d
16 jours	5 l	6 ſ	8 d
15 jours	5 l		
14 jours	4 l	13 ſ	4 d
13 jours	4 l	6 ſ	8 d
12 jours	4 l		
11 jours	3 l	13 ſ	4 d
10 jours	3 l	6 ſ	8 d
9 jours	3 l		
8 jours	2 l	13 ſ	4 d
7 jours	2 l	6 ſ	8 d
6 jours	2 l		
5 jours	1 l	13 ſ	4 d
4 jours	1 l	6 ſ	8 d
3 jours	1 l		
2 jours		13 ſ	4 d
1 jour		6 ſ	8 d

Les Intérêts

De 5000 livres

Au Denier 50.

Montent pour				
20 ans	2000 livres			
19 ans	1900 livres			
18 ans	1800 livres			
17 ans	1700 livres			
16 ans	1600 livres			
15 ans	1500 livres			
14 ans	1400 livres			
13 ans	1300 livres			
12 ans	1200 livres			
11 ans	1100 livres			
10 ans	1000 livres			
9 ans	900 livres			
8 ans	800 livres			
7 ans	700 livres			
6 ans	600 livres			
5 ans	500 livres			
4 ans	400 livres			
3 ans	300 livres			
2 ans	200 livres			
1 an	100 livres			
11 mois	91 l	13 f	4 d	
10 mois	83 l	6 f	8 d	
9 mois	75 l			
8 mois	66 l	13 f	4 d	
7 mois	58 l	6 f	8 d	
6 mois	50 l			
5 mois	41 l	13 f	4 d	
4 mois	33 l	6 f	8 d	
3 mois	25 l			
2 mois	16 l	13 f	4 d	
1 mois	8 l	6 f	8 d	

Montent pour			
30 jours	8 l	6 f	8 d
29 jours	8 l	1 f	1 d
28 jours	7 l	15 f	6 d
27 jours	7 l	10 f	
26 jours	7 l	4 f	5 d
25 jours	6 l	18 f	10 d
24 jours	6 l	13 f	4 d
23 jours	6 l	7 f	9 d
22 jours	6 l	2 f	2 d
21 jours	5 l	16 f	8 d
20 jours	5 l	11 f	1 d
19 jours	5 l	5 f	6 d
18 jours	5 l		
17 jours	4 l	14 f	5 d
16 jours	4 l	8 f	10 d
15 jours	4 l	3 f	4 d
14 jours	3 l	17 f	9 d
13 jours	3 l	12 f	2 d
12 jours	3 l	6 f	8 d
11 jours	3 l	1 f	1 d
10 jours	2 l	15 f	6 d
9 jours	2 l	10 f	
8 jours	2 l	4 f	5 d
7 jours	1 l	18 f	10 d
6 jours	1 l	13 f	4 d
5 jours	1 l	7 f	9 d
4 jours	1 l	2 f	1 d
3 jours		16 f	8 d
2 jours		11 f	1
1 jour		5 f	

Les Intérêts

De 4000 livres

Au Denier 50.

Montent pour						
20 ans	1600 livres					
19 ans	1520 livres					
18 ans	1440 livres					
17 ans	1360 livres					
16 ans	1280 livres					
15 ans	1200 livres					
14 ans	1120 livres					
13 ans	1040 livres					
12 ans	960 livres					
11 ans	880 livres					
10 ans	800 livres					
9 ans	720 livres					
8 ans	640 livres					
7 ans	560 livres					
6 ans	480 livres					
5 ans	400 livres					
4 ans	320 livres					
3 ans	240 livres					
2 ans	160 livres					
1 an	80 livres					
11 mois	73 l	6 ſ	8 d			
10 mois	66 l	13 ſ	4 d			
9 mois	60 l					
8 mois	53 l	6 ſ	8 d			
7 mois	46 l	13 ſ	4 d			
6 mois	40 l					
5 mois	33 l	6 ſ	8 d			
4 mois	26 l	13 ſ	4 d			
3 mois	20 l					
2 mois	13 l	6 ſ	8 d			
1 mois	6 l	13 ſ	4 d			

Montent pour				
30 jours	6 l	13 ſ	4 d	
29 jours	6 l	8 ſ	10 d	
28 jours	6 l	4 ſ	5 d	
27 jours	6 l			
26 jours	5 l	15 ſ	6 d	
25 jours	5 l	11 ſ	1 d	
24 jours	5 l	6 ſ	8 d	
23 jours	5 l	2 ſ	2 d	
22 jours	4 l	17 ſ	9 d	
21 jours	4 l	13 ſ	4 d	
20 jours	4 l	8 ſ	10 d	
19 jours	4 l	4 ſ	5 d	
18 jours	4 l			
17 jours	3 l	15 ſ	6 d	
16 jours	3 l	11 ſ	1 d	
15 jours	3 l	6 ſ	8 d	
14 jours	3 l	2 ſ	2 d	
13 jours	2 l	17 ſ	9 d	
12 jours	2 l	13 ſ	4 d	
11 jours	2 l	8 ſ	10 d	
10 jours	2 l	4 ſ	5 d	
9 jours	2 l			
8 jours	1 l	15 ſ	6 d	
7 jours	1 l	11 ſ	1 d	
6 jours	1 l	6 ſ	8 d	
5 jours	1 l	2 ſ	2 d	
4 jours		17 ſ	9 d	
3 jours		13 ſ	4 d	
2 jours		8 ſ	10 d	
1 jour		4 ſ	5 d	

Les

Les Intérêts.

De 3000 livres

Au Denier 50.

Montent pour			Montent pour			
20 ans	1200 livres		30 jours	5 l		
19 ans	1140 livres		29 jours	4 l 16 ſ	8 d	
18 ans	1080 livres		28 jours	4 l 13 ſ	4 d	
17 ans	1020 livres		27 jours	4 l 10 ſ		
16 ans	960 livres		26 jours	4 l 6 ſ	8 d	
15 ans	900 livres		25 jours	4 l 3 ſ	4 d	
14 ans	840 livres		24 jours	4 l		
13 ans	780 livres		23 jours	3 l 16 ſ	8 d	
12 ans	720 livres		22 jours	3 l 13 ſ	4 d	
11 ans	660 livres		21 jours	3 l 10 ſ		
10 ans	600 livres		20 jours	3 l 6 ſ	8 d	
9 ans	540 livres		19 jours	3 l 3 ſ	4 d	
8 ans	480 livres		18 jours	3 l		
7 ans	420 livres		17 jours	2 l 16 ſ	8 d	
6 ans	360 livres		16 jours	2 l 13 ſ	4 d	
5 ans	300 livres		15 jours	2 l 10 ſ		
4 ans	240 livres		14 jours	2 l 6 ſ	8 d	
3 ans	180 livres		13 jours	2 l 3 ſ	4 d	
2 ans	120 livres		12 jours	2 l		
1 an	60 livres		11 jours	1 l 16 ſ	8 d	
			10 jours	1 l 13 ſ	4 d	
11 mois	55 livres		9 jours	1 l 10 ſ		
10 mois	50 livres		8 jours	1 l 6 ſ	8 d	
9 mois	45 livres		7 jours	1 l 3 ſ	4 d	
8 mois	40 livres		6 jours	1 l		
7 mois	35 livres		5 jours	16 ſ	8 d	
6 mois	30 livres		4 jours	13 ſ	4 d	
5 mois	25 livres		3 jours	10 ſ		
4 mois	20 livres		2 jours	6 ſ	8 d	
3 mois	15 livres		1 jour	3 ſ	4 d	
2 mois	10 livres					
1 mois	5 livres					

Q

Les Intérêts

De 2000 livres

Au Denier 50.

Montent pour				
20 ans	800 livres			
19 ans	760 livres			
18 ans	720 livres			
17 ans	680 livres			
16 ans	640 livres			
15 ans	600 livres			
14 ans	560 livres			
13 ans	520 livres			
12 ans	480 livres			
11 ans	440 livres			
10 ans	400 livres			
9 ans	360 livres			
8 ans	320 livres			
7 ans	280 livres			
6 ans	240 livres			
5 ans	200 livres			
4 ans	160 livres			
3 ans	120 livres			
2 ans	80 livres			
1 an	40 livres			
11 mois	36 l	13 ſ	4 d	
10 mois	33 l	6 ſ	8 d	
9 mois	30 l			
8 mois	26 l	13 ſ	4 d	
7 mois	23 l	6 ſ	8 d	
6 mois	20 l			
5 mois	16 l	13 ſ	4 d	
4 mois	13 l	6 ſ	8 d	
3 mois	10 l			
2 mois	6 l	13 ſ	4 d	
1 mois	3 l	6 ſ	8 d	

Montent pour			
30 jours	3 l	6 ſ	8 d
29 jours	3 l	4 ſ	5 d
28 jours	3 l	2 ſ	2 d
27 jours	3 l		
26 jours	2 l 17 ſ	9 d	
25 jours	2 l 15 ſ	6 d	
24 jours	2 l 13 ſ	4 d	
23 jours	2 l 11 ſ	1 d	
22 jours	2 l 8 ſ	10 d	
21 jours	2 l 6 ſ	8 d	
20 jours	2 l 4 ſ	5 d	
19 jours	2 l 2 ſ	2 d	
18 jours	2 l		
17 jours	1 l 17 ſ	9 d	
16 jours	1 l 15 ſ	6 d	
15 jours	1 l 13 ſ	4 d	
14 jours	1 l 11 ſ	1 d	
13 jours	1 l 8 ſ	10 d	
12 jours	1 l 6 ſ	8 d	
11 jours	1 l 4 ſ	5 d	
10 jours	1 l 2 ſ	2 d	
9 jours	1 l		
8 jours	17 ſ	9 d	
7 jours	15 ſ	6 d	
6 jours	13 ſ	4 d	
5 jours	11 ſ	1 d	
4 jours	8 ſ	10 d	
3 jours	6 ſ	8 d	
2 jours	4 ſ	5 d	
1 jour	2 ſ	2 d	

Les Intérêts

De 1000 livres

Au Denier 50.

Montent pour					
20 ans	400	livres			
19 ans	380	livres			
18 ans	360	livres			
17 ans	340	livres			
16 ans	320	livres			
15 ans	300	livres			
14 ans	280	livres			
13 ans	260	livres			
12 ans	240	livres			
11 ans	220	livres			
10 ans	200	livres			
9 ans	180	livres			
8 ans	160	livres			
7 ans	140	livres			
6 ans	120	livres			
5 ans	100	livres			
4 ans	80	livres			
3 ans	60	livres			
2 ans	40	livres			
1 an	20	livres			
11 mois	18 l	6 ſ	8 d		
10 mois	16 l	13 ſ	4 d		
9 mois	15 l				
8 mois	13 l	6 ſ	8 d		
7 mois	11 l	13 ſ	4 d		
6 mois	10 l				
5 mois	8 l	6 ſ	8 d		
4 mois	6 l	13 ſ	4 d		
3 mois	5 l				
2 mois	3 l	6 ſ	8 d		
1 mois	1 l	13 ſ	4 d		

Montent pour				
30 jours	1 l	13 ſ	4 d
29 jours	1 l	12 ſ	2 d
28 jours	1 l	11 ſ	1 d
27 jours	1 l	10 ſ	
26 jours	1 l	8 ſ	10 d
25 jours	1 l	7 ſ	9 d
24 jours	1 l	6 ſ	8 d
23 jours	1 l	5 ſ	6 d
22 jours	1 l	4 ſ	5 d
21 jours	1 l	3 ſ	4 d
20 jours	1 l	2 ſ	2 d
19 jours	1 l	1 ſ	1 d
18 jours	1 l		
17 jours		18 ſ	10 d
16 jours		17 ſ	9 d
15 jours		16 ſ	8 d
14 jours		15 ſ	6 d
13 jours		14 ſ	5 d
12 jours		13 ſ	4 d
11 jours		12 ſ	2 d
10 jours		11 ſ	1 d
9 jours		10 ſ	
8 jours		8 ſ	10 d
7 jours		7 ſ	9 d
6 jours		6 ſ	8 d
5 jours		5 ſ	6 d
4 jours		4 ſ	5 d
3 jours		3 ſ	4 d
2 jours		2 ſ	2 d
1 jour		1 ſ	1 d

Les Intérêts

De 900 livres

Au Denier 50.

Montent pour				
20 ans	360	livres		
19 ans	342	livres		
18 ans	324	livres		
17 ans	306	livres		
16 ans	288	livres		
15 ans	270	livres		
14 ans	252	livres		
13 ans	234	livres		
12 ans	216	livres		
11 ans	198	livres		
10 ans	180	livres		
9 ans	162	livres		
8 ans	144	livres		
7 ans	126	livres		
6 ans	108	livres		
5 ans	90	livres		
4 ans	72	livres		
3 ans	54	livres		
2 ans	36	livres		
1 an	18	livres		
11 mois	16 l	10 ſ		
10 mois	15 l			
9 mois	13 l	10 ſ		
8 mois	12 l			
7 mois	10 l	10 ſ		
6 mois	9 l			
5 mois	7 l	10 ſ		
4 mois	6 l			
3 mois	4 l	10 ſ		
2 mois	3 l			
1 mois	1 l	10 ſ		

Montent pour		
30 jours	1 l	10 ſ
29 jours	1 l	9 ſ
28 jours	1 l	8 ſ
27 jours	1 l	7 ſ
26 jours	1 l	6 ſ
25 jours	1 l	5 ſ
24 jours	1 l	4 ſ
23 jours	1 l	3 ſ
22 jours	1 l	2 ſ
21 jours	1 l	1 ſ
20 jours	1 l	
19 jours		19 ſ
18 jours		18 ſ
17 jours		17 ſ
16 jours		16 ſ
15 jours		15 ſ
14 jours		14 ſ
13 jours		13 ſ
12 jours		12 ſ
11 jours		11 ſ
10 jours		10 ſ
9 jours		9 ſ
8 jours		8 ſ
7 jours		7 ſ
6 jours		6 ſ
5 jours		5 ſ
4 jours		4 ſ
3 jours		3 ſ
2 jours		2 ſ
1 jour		1 ſ

Les Intérêts

De 800 livres

Au Denier 50.

Montent pour							Montent pour						
20 ans	320 livres						30 jours	1 l	6 ſ	8 d			
19 ans	304 livres						29 jours	1 l	5 ſ	9 d			
18 ans	288 livres						28 jours	1 l	4 ſ	10 d			
17 ans	272 livres						27 jours	1 l	4 ſ				
16 ans	256 livres						26 jours	1 l	3 ſ	1 d			
15 ans	240 livres						25 jours	1 l	2 ſ	2 d			
14 ans	224 livres						24 jours	1 l	1 ſ	4 d			
13 ans	208 livres						23 jours	1 l		5 d			
12 ans	192 livres						22 jours		19 ſ	6 d			
11 ans	176 livres						21 jours		18 ſ	8 d			
10 ans	160 livres						20 jours		17 ſ	9 d			
9 ans	144 livres						19 jours		16 ſ	10 d			
8 ans	128 livres						18 jours		16 ſ				
7 ans	112 livres						17 jours		15 ſ	1 d			
6 ans	96 livres						16 jours		14 ſ	2 d			
5 ans	80 livres						15 jours		13 ſ	4 d			
4 ans	64 livres						14 jours		12 ſ	5 d			
3 ans	48 livres						13 jours		11 ſ	6 d			
2 ans	32 livres						12 jours		10 ſ	8 d			
1 an	16 livres						11 jours		9 ſ	9 d			
							10 jours		8 ſ	10 d			
11 mois	14 l	13 ſ	4 d				9 jours		8 ſ				
10 mois	13 l	6 ſ	8 d				8 jours		7 ſ	1 d			
9 mois	12 l						7 jours		6 ſ	2 d			
8 mois	10 l	13 ſ	4 d				6 jours		5 ſ	4 d			
7 mois	9 l	6 ſ	8 d				5 jours		4 ſ	5 d			
6 mois	8 l						4 jours		3 ſ	6 d			
5 mois	6 l	13 ſ	4 d				3 jours		2 ſ	8 d			
4 mois	5 l	6 ſ	8 d				2 jours		1 ſ	9 d			
3 mois	4 l						1 jour			10 d			
2 mois	2 l	13 ſ	4 d										
1 mois	1 l	6 ſ	8 d										

Les Intérêts

De 700 livres

Au Denier 50.

Montent pour							Montent pour						
20 ans	280 livres						30 jours	1 l	3 ſ	4 d
19 ans	266 livres						29 jours	1 l	2 ſ	6 d
18 ans	252 livres						28 jours	1 l	1 ſ	9 d
17 ans	238 livres						27 jours	1 l	1 ſ	
16 ans	224 livres						26 jours	1 l		2 d
15 ans	210 livres						25 jours	19 ſ	3 d
14 ans	196 livres						24 jours	18 ſ	8 d
13 ans	182 livres						23 jours	17 ſ	10 d
12 ans	168 livres						22 jours	17 ſ	1 d
11 ans	154 livres						21 jours	16 ſ	4 d
10 ans	140 livres						20 jours	15 ſ	6 d
9 ans	126 livres						19 jours	14 ſ	9 d
8 ans	112 livres						18 jours	14 ſ	
7 ans	98 livres						17 jours	13 ſ	2 d
6 ans	84 livres						16 jours	12 ſ	5 d
5 ans	70 livres						15 jours	11 ſ	8 d
4 ans	56 livres						14 jours	10 ſ	10 d
3 ans	42 livres						13 jours	10 ſ	1 d
2 ans	28 livres						12 jours	9 ſ	4 d
1 an	14 livres						11 jours	8 ſ	6 d
							10 jours	7 ſ	9 d
11 mois	12 l	16 ſ	8 d				9 jours	7 ſ	
10 mois	11 l	11 ſ	4 d				8 jours	6 ſ	2 d
9 mois	10 l	10 ſ					7 jours	5 ſ	5 d
8 mois	9 l	6 ſ	8 d				6 jours	4 ſ	8 d
7 mois	8 l	3 ſ	4 d				5 jours	3 ſ	10 d
6 mois	7 l						4 jours	3 ſ	1 d
5 mois	5 l	16 ſ	8 d				3 jours	2 ſ	4 d
4 mois	4 l	13 ſ	4 d				2 jours	1 ſ	6 d
3 mois	3 l	10 ſ					1 jour		9 d
2 mois	2 l	6 ſ	8 d						
1 mois	1 l	3 ſ	4 d						

Les Intérêts

De 600 livres

Au Denier 50.

Montent pour					Montent pour				
20 ans	240	livres			30 jours	1 l			
19 ans	228	livres			29 jours		19 ſ	4 d	
18 ans	216	livres			28 jours		18 ſ	8 d	
17 ans	204	livres			27 jours		18 ſ		
16 ans	192	livres			26 jours		17 ſ	4 d	
15 ans	180	livres			25 jours		16 ſ	8 d	
14 ans	168	livres			24 jours		16 ſ		
13 ans	156	livres			23 jours		15 ſ	4 d	
12 ans	144	livres			22 jours		14 ſ	8 d	
11 ans	132	livres			21 jours		14 ſ		
10 ans	120	livres			20 jours		13 ſ	4 d	
9 ans	108	livres			19 jours		12 ſ	8 d	
8 ans	96	livres			18 jours		12 ſ		
7 ans	84	livres			17 jours		11 ſ	4 d	
6 ans	72	livres			16 jours		10 ſ	8 d	
5 ans	60	livres			15 jours		10 ſ		
4 ans	48	livres			14 jours		9 ſ	4 d	
3 ans	36	livres			13 jours		8 ſ	8 d	
2 ans	24	livres			12 jours		8 ſ		
1 an	12	livres			11 jours		7 ſ	4 d	
					10 jours		6 ſ	8 d	
11 mois	11	livres			9 jours		6 ſ		
10 mois	10	livres			8 jours		5 ſ	4 d	
9 mois	9	livres			7 jours		4 ſ	8 d	
8 mois	8	livres			6 jours		4 ſ		
7 mois	7	livres			5 jours		3 ſ	4 d	
6 mois	6	livres			4 jours		2 ſ	8 d	
5 mois	5	livres			3 jours		2 ſ		
4 mois	4	livres			2 jours		1 ſ	4 d	
3 mois	3	livres			1 jour			8 d	
2 mois	2	livres							
1 mois	1	livres							

Les Intérêts

De 500 livres

Au Denier 50.

Montent pour

20 ans	200 livres
19 ans	190 livres
18 ans	180 livres
17 ans	170 livres
16 ans	160 livres
15 ans	150 livres
14 ans	140 livres
13 ans	130 livres
12 ans	120 livres
11 ans	110 livres
10 ans	100 livres
9 ans	90 livres
8 ans	80 livres
7 ans	70 livres
6 ans	60 livres
5 ans	50 livres
4 ans	40 livres
3 ans	30 livres
2 ans	20 livres
1 an	10 livres

11 mois	9 l 3 ſ 4 d
10 mois	8 l 6 ſ 8 d
9 mois	7 l 10 ſ
8 mois	6 l 13 ſ 4 d
7 mois	5 l 16 ſ 8 d
6 mois	5 l
5 mois	4 l 3 ſ 4 d
4 mois	3 l 6 ſ 8 d
3 mois	2 l 10 ſ
2 mois	1 l 13 ſ 4 d
1 mois	16 ſ 8 d

Montent pour.

30 jours	16 ſ 8 d
29 jours	16 ſ 1 d
28 jours	15 ſ 6 d
27 jours	15 ſ
26 jours	14 ſ 5 d
25 jours	13 ſ 10 d
24 jours	13 ſ 4 d
23 jours	12 ſ 9 d
22 jours	12 ſ 2 d
21 jours	11 ſ 8 d
20 jours	11 ſ 1 d
19 jours	10 ſ 6 d
18 jours	10 ſ
17 jours	9 ſ 5 d
16 jours	8 ſ 10 d
15 jours	8 ſ 4 d
14 jours	7 ſ 9 d
13 jours	7 ſ 2 d
12 jours	6 ſ 8 d
11 jours	6 ſ 1 d
10 jours	5 ſ 6 d
9 jours	5 ſ
8 jours	4 ſ 5 d
7 jours	3 ſ 10 d
6 jours	3 ſ 4 d
5 jours	2 ſ 9 d
4 jours	2 ſ 2 d
3 jours	1 ſ 8 d
2 jours	1 ſ 1 d
1 jour	6 d

Les Intérêts

De 400 livres

Au Denier 50.

Montent pour					
20 ans	160 livres				
19 ans	152 livres				
18 ans	144 livres				
17 ans	136 livres				
16 ans	128 livres				
15 ans	120 livres				
14 ans	112 livres				
13 ans	104 livres				
12 ans	96 livres				
11 ans	88 livres				
10 ans	80 livres				
9 ans	72 livres				
8 ans	64 livres				
7 ans	56 livres				
6 ans	48 livres				
5 ans	40 livres				
4 ans	32 livres				
3 ans	24 livres				
2 ans	16 livres				
1 an	8 livres				
11 mois	7 l	6 ſ	8 d		
10 mois	6 l	13 ſ	4 d		
9 mois	6 l				
8 mois	5 l	6 ſ	8 d		
7 mois	4 l	13 ſ	4 d		
6 mois	4 l				
5 mois	3 l	6 ſ	8 d		
4 mois	2 l	13 ſ	4 d		
3 mois	2 l				
2 mois	1 l	6 ſ	8 d		
1 mois		13 ſ	4 d		

Montent pour			
30 jours	13 ſ	4 d	
29 jours	12 ſ	10 d	
28 jours	12 ſ	5 d	
27 jours	12 ſ		
26 jours	11 ſ	6 d	
25 jours	11 ſ	1 d	
24 jours	10 ſ	8 d	
23 jours	10 ſ	2 d	
22 jours	9 ſ	9 d	
21 jours	9 ſ	4 d	
20 jours	8 ſ	10 d	
19 jours	8 ſ	5 d	
18 jours	8 ſ		
17 jours	7 ſ	6 d	
16 jours	7 ſ	1 d	
15 jours	6 ſ	8 d	
14 jours	6 ſ	2 d	
13 jours	5 ſ	9 d	
12 jours	5 ſ	4 d	
11 jours	4 ſ	10 d	
10 jours	4 ſ	5 d	
9 jours	4 ſ		
8 jours	3 ſ	6 d	
7 jours	3 ſ	1 d	
6 jours	2 ſ	8 d	
5 jours	2 ſ	2 d	
4 jours	1 ſ	9 d	
3 jours	1 ſ	4 d	
2 jours		10 d	
1 jour		5 d	

Les Intérêts

De 300 livres

Au Denier 50.

Montent pour

20 ans	120 livres
19 ans	114 livres
18 ans	108 livres
17 ans	102 livres
16 ans	96 livres
15 ans	90 livres
14 ans	84 livres
13 ans	78 livres
12 ans	72 livres
11 ans	66 livres
10 ans	60 livres
9 ans	54 livres
8 ans	48 livres
7 ans	42 livres
6 ans	36 livres
5 ans	30 livres
4 ans	24 livres
3 ans	18 livres
2 ans	12 livres
1 an	6 livres
11 mois	5 l 10 ſ
10 mois	5 l
9 mois	4 l 10 ſ
8 mois	4 l
7 mois	3 l 10 ſ
6 mois	3 l
5 mois	2 l 10 ſ
4 mois	2 l
3 mois	1 l 10 ſ
2 mois	1 l
1 mois	10 ſ

Montent pour

30 jours	10 ſ	
29 jours	9 ſ	4 d
28 jours	9 ſ	8 d
27 jours	9 ſ	
26 jours	8 ſ	4 d
25 jours	8 ſ	8 d
24 jours	8 ſ	
23 jours	7 ſ	4 d
22 jours	7 ſ	8 d
21 jours	7 ſ	
20 jours	6 ſ	4 d
19 jours	6 ſ	8 d
18 jours	6 ſ	
17 jours	5 ſ	4 d
16 jours	5 ſ	8 d
15 jours	5 ſ	
14 jours	4 ſ	4 d
13 jours	4 ſ	8 d
12 jours	4 ſ	
11 jours	3 ſ	4 d
10 jours	3 ſ	8 d
9 jours	3 ſ	
8 jours	2 ſ	4 d
7 jours	2 ſ	8 d
6 jours	2 ſ	
5 jours	1 ſ	4 d
4 jours	1 ſ	8 d
3 jours	1 ſ	
2 jours		4 d
1 jour		8 d

Les Intérêts.

De 200 livres

Au Denier 50.

Montent pour		Montent pour	
20 ans	80 livres	30 jours	6 ſ 8 d
19 ans	76 livres	29 jours	6 ſ 5 d
18 ans	72 livres	28 jours	6 ſ 2 d
17 ans	68 livres	27 jours	6 ſ
16 ans	64 livres	26 jours	5 ſ 9 d
15 ans	60 livres	25 jours	5 ſ 6 d
14 ans	56 livres	24 jours	5 ſ 4 d
13 ans	52 livres	23 jours	5 ſ 1 d
12 ans	48 livres	22 jours	4 ſ 10 d
11 ans	44 livres	21 jours	4 ſ 8 d
10 ans	40 livres	20 jours	4 ſ 5 d
9 ans	36 livres	19 jours	4 ſ 2 d
8 ans	32 livres	18 jours	4 ſ
7 ans	28 livres	17 jours	3 ſ 9 d
6 ans	24 livres	16 jours	3 ſ 6 d
5 ans	20 livres	15 jours	3 ſ 4 d
4 ans	16 livres	14 jours	3 ſ 1 d
3 ans	12 livres	13 jours	2 ſ 10 d
2 ans	8 livres	12 jours	2 ſ 8 d
1 an	4 livres	11 jours	2 ſ 5 d
		10 jours	2 ſ 2 d
11 mois	3 l 13 ſ 4 d	9 jours	2 ſ
10 mois	3 l 6 ſ 8 d	8 jours	1 ſ 9 d
9 mois	3 l	7 jours	1 ſ 6 d
8 mois	2 l 13 ſ 4 d	6 jours	1 ſ 4 d
7 mois	2 l 6 ſ 8 d	5 jours	1 ſ 1 d
6 mois	2 l	4 jours	10 d
5 mois	1 l 13 ſ 4 d	3 jours	8 d
4 mois	1 l 6 ſ 8 d	2 jours	5 d
3 mois	1 l	1 jour	2 d
2 mois	13 ſ 4 d		
1 mois	6 ſ 8 d		

Les Intérêts.

De 100, livres

Au Denier 50.

Montent pour	
20 ans	40 livres
19 ans	38 livres
18 ans	36 livres
17 ans	34 livres
16 ans	32 livres
15 ans	30 livres
14 ans	28 livres
13 ans	26 livres
12 ans	24 livres
11 ans	22 livres
10 ans	20 livres
9 ans	18 livres
8 ans	16 livres
7 ans	14 livres
6 ans	12 livres
5 ans	10 livres
4 ans	8 livres
3 ans	6 livres
2 ans	4 livres
1 an	2 livres
11 mois	1 l 16 ſ 8 d
10 mois	1 l 13 ſ 4 d
9 mois	1 l 10 ſ
8 mois	1 l 6 ſ 8 d
7 mois	1 l 3 ſ 4 d
6 mois	1 l
5 mois	16 ſ 8 d
4 mois	13 ſ 4 d
3 mois	10 ſ
2 mois	6 ſ 8 d
1 mois	3 ſ 4 d

Montent pour	
30 jours	3 ſ 4 d
29 jours	3 ſ 2 d
28 jours	3 ſ 1 d
27 jours	3 ſ
26 jours	2 ſ 10 d
25 jours	2 ſ 9 d
24 jours	2 ſ 8 d
23 jours	2 ſ 6 d
22 jours	2 ſ 5 d
21 jours	2 ſ 4 d
20 jours	2 ſ 2 d
19 jours	2 ſ 1 d
18 jours	2 ſ
17 jours	1 ſ 10 d
16 jours	1 ſ 9 d
15 jours	1 ſ 8 d
14 jours	1 ſ 6 d
13 jours	1 ſ 5 d
12 jours	1 ſ 4 d
11 jours	1 ſ 2 d
10 jours	1 ſ 1 d
9 jours	1 ſ
8 jours	10 d
7 jours	9 d
6 jours	8 d
5 jours	6 d
4 jours	5 d
3 jours	4 d
2 jours	2 d
1 jour	1 d

Les

Les Intérêts.

De 90 livres

Au Denier 50.

Montent pour	l	ſ		Montent pour		ſ	d
20 ans	36 l			30 jours		3 ſ	
19 ans	34 l	4 ſ		29 jours		2 ſ	10 d
18 ans	32 l	8 ſ		28 jours		2 ſ	9 d
17 ans	30 l	12 ſ		27 jours		2 ſ	8 d
16 ans	28 l	16 ſ		26 jours		2 ſ	7 d
15 ans	27 l			25 jours		2 ſ	6 d
14 ans	25 l	4 ſ		24 jours		2 ſ	4 d
13 ans	23 l	8 ſ		23 jours		2 ſ	3 d
12 ans	21 l	12 ſ		22 jours		2 ſ	2 d
11 ans	19 l	16 ſ		21 jours		2 ſ	1 d
10 ans	18 l			20 jours		2 ſ	
9 ans	16 l	4 ſ		19 jours		1 ſ	10 d
8 ans	14 l	8 ſ		18 jours		1 ſ	9 d
7 ans	12 l	12 ſ		17 jours		1 ſ	8 d
6 ans	10 l	16 ſ		16 jours		1 ſ	7 d
5 ans	9 l			15 jours		1 ſ	6 d
4 ans	7 l	4 ſ		14 jours		1 ſ	4 d
3 ans	5 l	8 ſ		13 jours		1 ſ	3 d
2 ans	3 l	12 ſ		12 jours		1 ſ	2 d
1 an	1 l	16 ſ		11 jours		1 ſ	1 d
				10 jours		1 ſ	
11 mois	1 l	13 ſ		9 jours			10 d
10 mois	1 l	10 ſ		8 jours			9 d
9 mois	1 l	7 ſ		7 jours			8 d
8 mois	1 l	4 ſ		6 jours			7 d
7 mois	1 l	1 ſ		5 jours			6 d
6 mois		18 ſ		4 jours			4 d
5 mois		15 ſ		3 jours			: d
4 mois		12 ſ		2 jours			: d
3 mois		9 ſ		1 jour			1 d
2 mois		6 ſ					
1 mois		3 ſ					

R

Les Intérêts

De 80 livres

Au Denier 50.

Montent pour				Montent pour			
20 ans	32 l			30 jours	2 ſ	8 d	
19 ans	30 l	8 ſ		29 jours	2 ſ	6 d	
18 ans	28 l	16 ſ		28 jours	2 ſ	5 d	
17 ans	27 l	4 ſ		27 jours	2 ſ	4 d	
16 ans	25 l	12 ſ		26 jours	2 ſ	3 d	
15 ans	24 l			25 jours	2 ſ	2 d	
14 ans	22 l	8 ſ		24 jours	2 ſ	1 d	
13 ans	20 l	16 ſ		23 jours	2 ſ		
12 ans	19 l	4 ſ		22 jours	1 ſ	11 d	
11 ans	17 l	12 ſ		21 jours	1 ſ	10 d	
10 ans	16 l			20 jours	1 ſ	9 d	
9 ans	14 l	8 ſ		19 jours	1 ſ	8 d	
8 ans	12 l	16 ſ		18 jours	1 ſ	7 d	
7 ans	11 l	4 ſ		17 jours	1 ſ	6 d	
6 ans	9 l	12 ſ		16 jours	1 ſ	5 d	
5 ans	8 l			15 jours	1 ſ	4 d	
4 ans	6 l	8 ſ		14 jours	1 ſ	2 d	
3 ans	4 l	16 ſ		13 jours	1 ſ	1 d	
2 ans	3 l	4 ſ		12 jours	1 ſ		
1 an	1 l	12 ſ		11 jours		11 d	
				10 jours		10 d	
11 mois	1 l	9 ſ	4 d	9 jours		9 d	
10 mois	1 l	6 ſ	8 d	8 jours		8 d	
9 mois	1 l	4 ſ		7 jours		7 d	
8 mois	1 l	1 ſ	4 d	6 jours		6 d	
7 mois		18 ſ	8 d	5 jours		5 d	
6 mois		16 ſ		4 jours		4 d	
5 mois		13 ſ	4 d	3 jours		3 d	
4 mois		10 ſ	8 d	2 jours		2 d	
3 mois		8 ſ		1 jour		1 d	
2 mois		5 ſ	4 d				
1 mois		2 ſ	8 d				

Les Intérêts

De 70 livres

Au Denier 50.

Montent pour			
20 ans	28 l		
19 ans	26 l	12 ſ	
18 ans	25 l	4 ſ	
17 ans	23 l	16 ſ	
16 ans	22 l	8 ſ	
15 ans	21 l		
14 ans	19 l	12 ſ	
13 ans	18 l	4 ſ	
12 ans	16 l	16 ſ	
11 ans	15 l	8 ſ	
10 ans	14 l		
9 ans	12 l	12 ſ	
8 ans	11 l	4 ſ	
7 ans	9 l	16 ſ	
6 ans	8 l	8 ſ	
5 ans	7 l		
4 ans	5 l	12 ſ	
3 ans	4 l	4 ſ	
2 ans	2 l	16 ſ	
1 an	1 l	8 ſ	
11 mois	1 l	5 ſ	8 d
10 mois	1 l	3 ſ	4 d
9 mois	1 l	1 ſ	
8 mois		18 ſ	8 d
7 mois		16 ſ	4 d
6 mois		14 ſ	
5 mois		11 ſ	8 d
4 mois		9 ſ	4 d
3 mois		7 ſ	
2 mois		4 ſ	8 d
1 mois		2 ſ	4 d

Montent pour		
30 jours	2 ſ	4 d
29 jours	2 ſ	3 d
28 jours	2 ſ	2 d
27 jours	2 ſ	1 d
26 jours	2 ſ	
25 jours	1 ſ	11 d
24 jours	1 ſ	10 d
23 jours	1 ſ	9 d
22 jours	1 ſ	8 d
21 jours	1 ſ	7 d
20 jours	1 ſ	6 d
19 jours	1 ſ	5 d
18 jours	1 ſ	4 d
17 jours	1 ſ	3 d
16 jours	1 ſ	2 d
15 jours	1 ſ	2 d
14 jours	1 ſ	1 d
13 jours	1 ſ	
12 jours		11 d
11 jours		10 d
10 jours		9 d
9 jours		8 d
8 jours		7 d
7 jours		6 d
6 jours		5 d
5 jours		4 d
4 jours		3 d
3 jours		2 d
2 jours		1 d
1 jour		

Les Intérêts

De 60 livres

Au Denier 50.

Montent pour				Montent pour			
20 ans	24 l			30 jours	2 ſ		
19 ans	22 l	16 ſ		29 jours	1 ſ	11	d
18 ans	21 l	12 ſ		28 jours	1 ſ	10	d
17 ans	20 l	8 ſ		27 jours	1 ſ	9	d
16 ans	19 l	4 ſ		26 jours	1 ſ	8	d
15 ans	18 l			25 jours	1 ſ	8	d
14 ans	16 l	16 ſ		24 jours	1 ſ	7	d
13 ans	15 l	12 ſ		23 jours	1 ſ	6	d
12 ans	14 l	8 ſ		22 jours	1 ſ	5	d
11 ans	13 l	4 ſ		21 jours	1 ſ	4	d
10 ans	12 l			20 jours	1 ſ	4	d
9 ans	10 l	16 ſ		19 jours	1 ſ	3	d
8 ans	9 l	12 ſ		18 jours	1 ſ	2	d
7 ans	8 l	8 ſ		17 jours	1 ſ	1	d
6 ans	7 l	4 ſ		16 jours	1 ſ		
5 ans	6 l			15 jours	1 ſ		
4 ans	4 l	16 ſ		14 jours		11	d
3 ans	3 l	12 ſ		13 jours		10	d
2 ans	2 l	8 ſ		12 jours		9	d
1 an	1 l	4 ſ		11 jours		8	d
				10 jours		8	d
11 mois	1 l	2 ſ		9 jours		7	d
10 mois	1 l			8 jours		6	d
9 mois		18 ſ		7 jours		5	d
8 mois		16 ſ		6 jours		4	d
7 mois		14 ſ		5 jours		4	d
6 mois		12 ſ		4 jours		3	d
5 mois		10 ſ		3 jours		2	d
4 mois		8 ſ		2 jours		1	d
3 mois		6 ſ		1 jour			
2 mois		4 ſ					
1 mois		2 ſ					

Les Intérêts

De 50 livres

Au Denier 50.

Montent pour						Montent pour					
20 ans	20 livres					30 jours	1 ſ	8 d			
19 ans	19 livres					29 jours	1 ſ	7 d			
18 ans	18 livres					28 jours	2 ſ	6 d			
17 ans	17 livres					27 jours	1 ſ	6 d			
16 ans	16 livres					26 jours	1 ſ	5 d			
15 ans	15 livres					25 jours	1 ſ	4 d			
14 ans	14 livres					24 jours	1 ſ	4 d			
13 ans	13 livres					23 jours	1 ſ	3 d			
12 ans	12 livres					22 jours	1 ſ	2 d			
11 ans	11 livres					21 jours	1 ſ	2 d			
10 ans	10 livres					20 jours	1 ſ	1 d			
9 ans	9 livres					19 jours	1 ſ				
8 ans	8 livres					18 jours	1 ſ				
7 ans	7 livres					17 jours		11 d			
6 ans	6 livres					16 jours		10 d			
5 ans	5 livres					15 jours		10 d			
4 ans	4 livres					14 jours		9 d			
3 ans	3 livres					13 jours		8 d			
2 ans	2 livres					12 jours		8 d			
1 an	1 livre					11 jours		7 d			
						10 jours		6 d			
11 mois	18 ſ	4 d				9 jours		6 d			
10 mois	16 ſ	8 d				8 jours		5 d			
9 mois	15 ſ					7 jours		4 d			
8 mois	13 ſ	4 d				6 jours		4 d			
7 mois	11 ſ	8 d				5 jours		3 d			
6 mois	10 ſ					4 jours		2 d			
5 mois	8 ſ	4 d				3 jours		2 d			
4 mois	6 ſ	8 d				2 jours		1 d			
3 mois	5 ſ					1 jour					
2 mois	3 ſ	4 d									
1 mois	1 ſ	8 d									

Les Intérêts

De 40 livres

Au Denier 50.

Montent pour				Montent pour		
20 ans	16 l			30 jours	1 ſ	4 d
19 ans	15 l	4 ſ		29 jours	1 ſ	3 d
18 ans	14 l	8 ſ		28 jours	1 ſ	2 d
17 ans	13 l	12 ſ		27 jours	1 ſ	2 d
16 ans	12 l	16 ſ		26 jours	1 ſ	1 d
15 ans	12 l			25 jours	1 ſ	1 d
14 ans	11 l	4 ſ		24 jours	1 ſ	
13 ans	10 l	8 ſ		23 jours	1 ſ	
12 ans	9 l	12 ſ		22 jours	11 d	
11 ans	8 l	16 ſ		21 jours	11 d	
10 ans	8 l			20 jours	10 d	
9 ans	7 l	4 ſ		19 jours	10 d	
8 ans	6 l	8 ſ		18 jours	9 d	
7 ans	5 l	12 ſ		17 jours	9 d	
6 ans	4 l	16 ſ		16 jours	8 d	
5 ans	4 l			15 jours	8 d	
4 ans	3 l	4 ſ		14 jours	7 d	
3 ans	2 l	8 ſ		13 jours	6 d	
2 ans	1 l	12 ſ		12 jours	6 d	
1 an	16 ſ			11 jours	5 d	
				10 jours	5 d	
11 mois	14 ſ	8 d		9 jours	4 d	
10 mois	13 ſ	4 d		8 jours	4 d	
9 mois	12 ſ			7 jours	3 d	
8 mois	10 ſ	8 d		6 jours	3 d	
7 mois	9 ſ	4 d		5 jours	2 d	
6 mois	8 ſ			4 jours	2 d	
5 mois	6 ſ	8 d		3 jours	1 d	
4 mois	5 ſ	4 d		2 jours	1 d	
3 mois	4 ſ			1 jour		
2 mois	2 ſ	8 d				
1 mois	1 ſ	4 d				

Les Intérêts

De 30 livres

Au Denier 50.

Montent pour				Montent pour		
20 ans	12 l			30 jours	1 ſ	
19 ans	11 l	8 ſ		29 jours		11 d
18 ans	10 l	16 ſ		28 jours		11 d
17 ans	10 l	4 ſ		27 jours		10 d
16 ans	9 l	12 ſ		26 jours		10 d
15 ans	9 l			25 jours		10 d
14 ans	8 l	8 ſ		24 jours		9 d
13 ans	7 l	16 ſ		23 jours		9 d
12 ans	7 l	4 ſ		22 jours		8 d
11 ans	6 l	12 ſ		21 jours		8 d
10 ans	6 l			20 jours		8 d
9 ans	5 l	8 ſ		19 jours		7 d
8 ans	4 l	16 ſ		18 jours		7 d
7 ans	4 l	4 ſ		17 jours		6 d
6 ans	3 l	12 ſ		16 jours		6 d
5 ans	3 l			15 jours		6 d
4 ans	2 l	8 ſ		14 jours		5 d.
3 ans	1 l	16 ſ		13 jours		5 d
2 ans	1 l	4 ſ		12 jours		4 d
1 an		12 ſ		11 jours		4 d
				10 jours		4 d
11 mois		11 ſ		9 jours		3 d
10 mois		10 ſ		8 jours		3 d
9 mois		9 ſ		7 jours		2 d
8 mois		8 ſ		6 jours		2 d
7 mois		7 ſ		5 jours		2 d
6 mois		6 ſ		4 jours		1 d.
5 mois		5 ſ		3 jours		1 d
4 mois		4 ſ		2 jours		
3 mois		3 ſ		1 jour		
2 mois		2 ſ				
1 mois		1 ſ				

Les Intérêts

De 20 livres

Au Denier 50.

Montent pour				Montent pour		
20 ans	8 l			30 jours	8 d	
19 ans	7 l	12 ſ		29 jours	7 d	
18 ans	7 l	4 ſ		28 jours	7 d	
17 ans	6 l	16 ſ		27 jours	7 d	
16 ans	6 l	8 ſ		26 jours	6 d	
15 ans	6 l			25 jours	6 d	
14 ans	5 l	12 ſ		24 jours	6 d	
13 ans	5 l	4 ſ		23 jours	6 d	
12 ans	4 l	16 ſ		22 jours	5 d	
11 ans	4 l	8 ſ		21 jours	5 d	
10 ans	4 l			20 jours	5 d	
9 ans	3 l	12 ſ		19 jours	5 d	
8 ans	3 l	4 ſ		18 jours	4 d	
7 ans	2 l	16 ſ		17 jours	4 d	
6 ans	2 l	8 ſ		16 jours	4 d	
5 ans	2 l			15 jours	4 d	
4 ans	1 l	12 ſ		14 jours	3 d	
3 ans	1 l	4 ſ		13 jours	3 d	
2 ans		16 ſ		12 jours	3 d	
1 an		8 ſ		11 jours	2 d	
				10 jours	2 d	
11 mois		7 ſ	4 d	9 jours	2 d	
10 mois		6 ſ	8 d	8 jours	2 d	
9 mois		6 ſ		7 jours	1 d	
8 mois		5 ſ	4 d	6 jours	1 d	
7 mois		4 ſ	8 d	5 jours	1 d	
6 mois		4 ſ		4 jours	1 d	
5 mois		3 ſ	4 d	3 jours		
4 mois		2 ſ	8 d	2 jours		
3 mois		2 ſ		1 jour		
2 mois		1 ſ	4 d			
1 mois			8 d			

Les Intérêts

De 10 livres

Au Denier 50.

Montent pour					Montent pour		
20 ans	4 l				30 jours	4 d
19 ans	3 l	16 f			29 jours	3 d
18 ans	3 l	12 f			28 jours	3 d
17 ans	3 l	8 f			27 jours	3 d
16 ans	3 l	4 f			26 jours	3 d
15 ans	3 l				25 jours	3 d
14 ans	2 l	16 f			24 jours	3 d
13 ans	2 l	12 f			23 jours	3 d
12 ans	2 l	8 f			22 jours	2 d
11 ans	2 l	4 f			21 jours	2 d
10 ans	2 l				20 jours	2 d
9 ans	1 l	16 f			19 jours	2 d
8 ans	1 l	12 f			18 jours	2 d
7 ans	1 l	8 f			17 jours	2 d
6 ans	1 l	4 f			16 jours	2 d
5 ans	1 l				15 jours	2 d
4 ans		16 f			14 jours	1 d
3 ans		12 f			13 jours	1 d
2 ans		8 f			12 jours	1 d
1 an		4 f			11 jours	1 d
					10 jours	1 d
11 mois		3 f	8 d		9 jours	1 d
10 mois		3 f	4 d		8 jours	1 d
9 mois		3 f			7 jours	
8 mois		2 f	8 d		6 jours	
7 mois		2 f	4 d		5 jours	
6 mois		2 f			4 jours	
5 mois		1 f	8 d		3 jours	
4 mois		1 f	4 d		2 jours	
3 mois		1 f			1 jour	
2 mois			8 d			
1 mois			4 d			

TARIF
AU DENIER 40,
QUI EST, A 2 ½ POUR CENT,

OU SIX DENIERS POUR LIVRE,

Ou de 40 livres en donner une,
par chacun an, d'intérêt.

*On trouve dans les pages ſuivantes
le montant des Intérêts de toutes
ſortes de Sommes.*

Pour pluſieurs Années,
Pour pluſieurs Mois,
& pour pluſieurs Jours,

En un moment, & en un même endroit,

Les Intérêts.

De 50000 livres

Au Denier 40.

Montent pour							Montent pour					
20 ans	25000 livres						30 jours	104 l	3 ſ	4 d
19 ans	23750 livres						29 jours	100 l	13 ſ	10 d
18 ans	22500 livres						28 jours	97 l	4 ſ	5 d
17 ans	21250 livres						27 jours	93 l	15 ſ	
16 ans	20000 livres						26 jours	90 l	5 ſ	6 d
15 ans	18750 livres						25 jours	86 l	16 ſ	1 d
14 ans	17500 livres						24 jours	83 l	6 ſ	8 d
13 ans	16250 livres						23 jours	79 l	17 ſ	2 d
12 ans	15000 livres						22 jours	76 l	9 ſ	9 d
11 ans	13750 livres						21 jours	72 l	18 ſ	4 d
10 ans	12500 livres						20 jours	69 l	8 ſ	10 d
9 ans	11250 livres						19 jours	65 l	19 ſ	5 d
8 ans	10000 livres						18 jours	62 l	10 ſ	
7 ans	8750 livres						17 jours	59 l		6 d
6 ans	7500 livres						16 jours	55 l	11 ſ	1 d
5 ans	6250 livres						15 jours	52 l	1 ſ	8 d
4 ans	5000 livres						14 jours	48 l	12 ſ	2 d
3 ans	3750 livres						13 jours	45 l	2 ſ	9 d
2 ans	2500 livres						12 jours	41 l	13 ſ	4 d
1 an	1250 livres						11 jours	38 l	3 ſ	10 d
							10 jours	34 l	14 ſ	5 d
11 mois	1145 l	16 ſ	8 d				9 jours	31 l	5 ſ	
10 mois	1041 l	13 ſ	4 d				8 jours	27 l	15 ſ	6 d
9 mois	937 l	10 ſ					7 jours	24 l	6 ſ	1 d
8 mois	833 l	6 ſ	8 d				6 jours	20 l	16 ſ	8 d
7 mois	729 l	3 ſ	4 d				5 jours	17 l	7 ſ	2 d
6 mois	625 l						4 jours	13 l	17 ſ	9 d
5 mois	520 l	16 ſ	8 d				3 jours	10 l	8 ſ	4 d
4 mois	416 l	13 ſ	4 d				2 jours	6 l	18 ſ	10 d
3 mois	312 l	10 ſ					1 jour	3 l	9 ſ	5 d
2 mois	208 l	6 ſ	8 d							
1 mois	104 l	3 ſ	4 d							

Les

Les Intérêts

De 40000 livres

Au Denier 40.

Montent pour					Montent pour				
20 ans	20000 livres				30 jours	83 l	6 ſ	8 d
19 ans	19000 livres				29 jours	80 l	11 ſ	1 d
18 ans	18000 livres				28 jours	77 l	15 ſ	6 d
17 ans	17000 livres				27 jours	75 l		
16 ans	16000 livres				26 jours	72 l	4 ſ	5 d
15 ans	15000 livres				25 jours	69 l	8 ſ	10 d
14 ans	14000 livres				24 jours	66 l	13 ſ	4 d
13 ans	13000 livres				23 jours	63 l	17 ſ	9 d
12 ans	12000 livres				22 jours	61 l	2 ſ	2 d
11 ans	11000 livres				21 jours	58 l	6 ſ	8 d
10 ans	10000 livres				20 jours	55 l	11 ſ	1 d
9 ans	9000 livres				19 jours	52 l	15 ſ	6 d
8 ans	8000 livres				18 jours	50 l		
7 ans	7000 livres				17 jours	47 l	4 ſ	5 d
6 ans	6000 livres				16 jours	44 l	8 ſ	10 d
5 ans	5000 livres				15 jours	41 l	13 ſ	4 d
4 ans	4000 livres				14 jours	38 l	17 ſ	9 d
3 ans	3000 livres				13 jours	36 l	2 ſ	2 d
2 ans	2000 livres				12 jours	33 l	6 ſ	8 d
1 an	1000 livres				11 jours	30 l	11 ſ	1 d
					10 jours	27 l	15 ſ	6 d
11 mois	916 l	13 ſ	4 d		9 jours	25 l		
10 mois	833 l	6 ſ	8 d		8 jours	22 l	4 ſ	5 d
9 mois	750 l				7 jours	19 l	8 ſ	10 d
8 mois	666 l	13 ſ	4 d		6 jours	16 l	13 ſ	4 d
7 mois	583 l	6 ſ	8 d		5 jours	13 l	17 ſ	9 d
6 mois	500 l				4 jours	11 l	2 ſ	3 d
5 mois	416 l	13 ſ	4 d		3 jours	8 l	6 ſ	8 d
4 mois	333 l	6 ſ	8 d		2 jours	5 l	11 ſ	1 d
3 mois	250 l				1 jour	2 l	15 ſ	6 d
2 mois	166 l	13 ſ	4 d					
1 mois	83 l	6 ſ	8 d					

Les Intérêts

De 30000 livres.

Au Denier 40.

Montent pour				
20 ans	15000 livres			
19 ans	14250 livres			
18 ans	13500 livres			
17 ans	12750 livres			
16 ans	12000 livres			
15 ans	11250 livres			
14 ans	10500 livres			
13 ans	9750 livres			
12 ans	9000 livres			
11 ans	8250 livres			
10 ans	7500 livres			
9 ans	6750 livres			
8 ans	6000 livres			
7 ans	5250 livres			
6 ans	4500 livres			
5 ans	3750 livres			
4 ans	3000 livres			
3 ans	2250 livres			
2 ans	1500 livres			
1 an	750 livres			
11 mois	687 l	10 ſ		
10 mois	625 l			
9 mois	562 l	10 ſ		
8 mois	500 l			
7 mois	437 l	10 ſ		
6 mois	375 l			
5 mois	312 l	10 ſ		
4 mois	250 l			
3 mois	187 l	10 ſ		
2 mois	125 l			
1 mois	62 l	10 ſ		

Montent pour			
30 jours	62 l	10 ſ	
29 jours	60 l	8 ſ	4 d
28 jours	58 l	6 ſ	8 d
27 jours	56 l	5 ſ	
26 jours	54 l	3 ſ	4 d
25 jours	52 l	1 ſ	8 d
24 jours	50 l		
23 jours	47 l	18 ſ	4 d
22 jours	45 l	16 ſ	8 d
21 jours	43 l	15 ſ	
20 jours	41 l	13 ſ	4 d
19 jours	39 l	11 ſ	8 d
18 jours	37 l	10 ſ	
17 jours	35 l	8 ſ	4 d
16 jours	33 l	6 ſ	8 d
15 jours	31 l	5 ſ	
14 jours	29 l	3 ſ	4 d
13 jours	27 l	1 ſ	8 d
12 jours	25 l		
11 jours	22 l	18 ſ	4 d
10 jours	20 l	16 ſ	8 d
9 jours	18 l	15 ſ	
8 jours	16 l	13 ſ	4 d
7 jours	14 l	11 ſ	8 d
6 jours	12 l	10 ſ	
5 jours	10 l	8 ſ	4 d
4 jours	8 l	6 ſ	8 d
3 jours	6 l	5 ſ	
2 jours	4 l	3 ſ	4 d
1 jour	2 l	1 ſ	8 d

Les Intérêts

De 20000 livres

Au Denier 40.

Montent pour

20 ans	10000	livres				
19 ans	9500	livres				
18 ans	9000	livres				
17 ans	8500	livres				
16 ans	8000	livres				
15 ans	7500	livres				
14 ans	7000	livres				
13 ans	6500	livres				
12 ans	6000	livres				
11 ans	5500	livres				
10 ans	5000	livres				
9 ans	4500	livres				
8 ans	4000	livres				
7 ans	3500	livres				
6 ans	3000	livres				
5 ans	2500	livres				
4 ans	2000	livres				
3 ans	1500	livres				
2 ans	1000	livres				
1 an	500	livres				
11 mois	458	l	6	ſ	8	d
10 mois	416	l	13	ſ	4	d
9 mois	375	l				
8 mois	333	l	6	ſ	8	d
7 mois	291	l	13	ſ	4	d
6 mois	250	l				
5 mois	208	l	6	ſ	8	d
4 mois	166	l	13	ſ	4	d
3 mois	125	l				
2 mois	83	l	6	ſ	8	d
1 mois	41	l	13	ſ	4	d

Montent pour

30 jours	41	l	13	ſ	4	d
29 jours	40	l	5	ſ	6	d
28 jours	38	l	17	ſ	9	d
27 jours	37	l	10	ſ		
26 jours	36	l	2	ſ	2	d
25 jours	34	l	14	ſ	5	d
24 jours	33	l	6	ſ	8	d
23 jours	31	l	18	ſ	10	d
22 jours	30	l	11	ſ	1	d
21 jours	29	l	3	ſ	4	d
20 jours	27	l	15	ſ	6	d
19 jours	26	l	7	ſ	9	d
18 jours	25	l		ſ		
17 jours	23	l	12	ſ	2	d
16 jours	22	l	4	ſ	5	d
15 jours	20	l	16	ſ	8	d
14 jours	19	l	8	ſ	10	d
13 jours	18	l	1	ſ	1	d
12 jours	16	l	13	ſ	4	d
11 jours	15	l	5	ſ	6	d
10 jours	13	l	17	ſ	9	d
9 jours	12	l	10	ſ		
8 jours	11	l	2	ſ	2	d
7 jours	9	l	14	ſ	5	d
6 jours	8	l	6	ſ	8	d
5 jours	6	l	18	ſ	10	d
4 jours	5	l	11	ſ	1	d
3 jours	4	l	3	ſ	4	d
2 jours	2	l	15	ſ	6	d
1 jour	1	l	7	ſ	9	d

Les Intérêts

De 10000 livres

Au Denier 40.

Montent pour							
20 ans	5000 livres						
19 ans	4750 livres						
18 ans	4500 livres						
17 ans	4250 livres						
16 ans	4000 livres						
15 ans	3750 livres						
14 ans	3500 livres						
13 ans	3250 livres						
12 ans	3000 livres						
11 ans	2750 livres						
10 ans	2500 livres						
9 ans	2250 livres						
8 ans	2000 livres						
7 ans	1750 livres						
6 ans	1500 livres						
5 ans	1250 livres						
4 ans	1000 livres						
3 ans	750 livres						
2 ans	500 livres						
1 an	250 livres						
11 mois	229 l	3 ſ	4 d				
10 mois	208 l	6 ſ	8 d				
9 mois	187 l	10 ſ					
8 mois	166 l	13 ſ	4 d				
7 mois	145 l	16 ſ	8 d				
6 mois	125 l						
5 mois	104 l	3 ſ	4 d				
4 mois	83 l	6 ſ	8 d				
3 mois	62 l	10 ſ					
2 mois	41 l	13 ſ	4 d				
1 mois	20 l	16 ſ	8 d				

Montent pour			
30 jours	20 l	16 ſ	8 d
29 jours	20 l	2 ſ	9 d
28 jours	19 l	8 ſ	10 d
27 jours	18 l	15 ſ	
26 jours	18 l	1 ſ	1 d
25 jours	17 l	7 ſ	2 d
24 jours	16 l	13 ſ	4 d
23 jours	15 l	19 ſ	5 d
22 jours	15 l	5 ſ	6 d
21 jours	14 l	11 ſ	8 d
20 jours	13 l	17 ſ	9 d
19 jours	13 l	3 ſ	10 d
18 jours	12 l	10 ſ	
17 jours	11 l	16 ſ	1 d
16 jours	11 l	2 ſ	2 d
15 jours	10 l	8 ſ	4 d
14 jours	9 l	14 ſ	5 d
13 jours	9 l	6 ſ	6 d
12 jours	8 l	6 ſ	8 d
11 jours	7 l	12 ſ	9 d
10 jours	6 l	18 ſ	10 d
9 jours	6 l	5 ſ	
8 jours	5 l	11 ſ	1 d
7 jours	4 l	17 ſ	2 d
6 jours	4 l	3 ſ	4 d
5 jours	3 l	9 ſ	5 d
4 jours	2 l	15 ſ	6 d
3 jours	2 l	1 ſ	8 d
2 jours	1 l	7 ſ	9 d
1 jour		13 ſ	10 d

Les Intéréts

De 9000 livres

Au Denier 40.

Montent pour				Montent pour			
20 ans	4500 livres			30 jours	18 l 15 f		
19 ans	4275 livres			29 jours	18 l 2 f	6 d	
18 ans	4050 livres			28 jours	17 l 10 f		
17 ans	3825 livres			27 jours	16 l 17 f	6 d	
16 ans	3600 livres			26 jours	16 l 5 f		
15 ans	3375 livres			25 jours	15 l 12 f	6 d	
14 ans	3150 livres			24 jours	15 l		
13 ans	2925 livres			23 jours	14 l 7 f	6 d	
12 ans	2700 livres			22 jours	13 l 15 f		
11 ans	2475 livres			21 jours	13 l 2 f	6 d	
10 ans	2250 livres			20 jours	12 l 10 f		
9 ans	2025 livres			19 jours	11 l 17 f	6 d	
8 ans	1800 livres			18 jours	11 l 5 f		
7 ans	1575 livres			17 jours	10 l 12 f	6 d	
6 ans	1350 livres			16 jours	10 l		
5 ans	1125 livres			15 jours	9 l 7 f	6 d	
4 ans	900 livres			14 jours	8 l 15 f		
3 ans	675 livres			13 jours	8 l 2 f	6 d	
2 ans	450 livres			12 jours	7 l 10 f		
1 an	225 livres			11 jours	6 l 17 f	6 d	
				10 jours	6 l 5 f		
11 mois	206 l 5 f			9 jours	5 l 12 f	6 d	
10 mois	187 l 10 f			8 jours	5 l		
9 mois	168 l 15 f			7 jours	4 l 7 f	6 d	
8 mois	150 l			6 jours	3 l 15 f		
7 mois	131 l 5 f			5 jours	3 l 2 f	6 d	
6 mois	112 l 10 f			4 jours	2 l 10 f		
5 mois	93 l 15 f			3 jours	1 l 17 f	6 d	
4 mois	75 l			2 jours	1 l 5 f		
3 mois	56 l 5 f			1 jour	12 f	6 d	
2 mois	37 l 10 f						
1 mois	18 l 15 f						

Les Intérêts

De 8000 livres

Au Denier 40.

Montent pour					Montent pour				
20 ans	4000 livres				30 jours	16 l	13 f	4 d
19 ans	3800 livres				29 jours	16 l	2 f	2 d
18 ans	3600 livres				28 jours	15 l	11 f	1 d
17 ans	3400 livres				27 jours	15 l		
16 ans	3200 livres				26 jours	14 l	8 f	10 d
15 ans	3000 livres				25 jours	13 l	17 f	9 d
14 ans	2800 livres				24 jours	13 l	6 f	8 d
13 ans	2600 livres.				23 jours	12 l	15 f	6 d
12 ans	2400 livres				22 jours	12 l	4 f	5 d
11 ans	2200 livres				21 jours	11 l	13 f	4 d
10 ans	2000 livres				20 jours	11 l	2 f	2 d
9 ans	1800 livres				19 jours	10 l	11 f	1 d
8 ans	1600 livres				18 jours	10 l		
7 ans	1400 livres				17 jours	9 l	8 f	10 d
6 ans	1200 livres				16 jours	8 l	17 f	9 d
5 ans	1000 livres				15 jours	8 l	6 f	8 d
4 ans	800 livres				14 jours	7 l	15 f	6 d
3 ans	600 livres				13 jours	7 l	4 f	5 d
2 ans	400 livres				12 jours	6 l	13 f	4 d
1 an	200 livres				11 jours	6 l	2 f	2 d
					10 jours	5 l	11 f	1 d
11 mois	183 l	6 f	8 d		9 jours	5 l		
10 mois	166 l	13 f	4 d		8 jours	4 l	8 f	10 d
9 mois	150 l				7 jours	3 l	17 f	9 d
8 mois	133 l	6 f	8 d		6 jours	3 l	6 f	8 d
7 mois	116 l	13 f	4 d		5 jours	2 l	15 f	6 d
6 mois	100 l				4 jours	2 l	4 f	5 d
5 mois	83 l	6 f	8 d		3 jours	1 l	13 f	4 d
4 mois	66 l	13 f	4 d		2 jours	1 l	2 f	2 d
3 mois	50 l				1 jour		11 f	1 d
2 mois	33 l	6 f	8 d					
1 mois	16 l	13 f	4 d					

Les Intérêts

De 7000 livres

Au Denier 40.

Montent pour				
20 ans	3500 livres			
19 ans	3325 livres			
18 ans	3150 livres			
17 ans	2975 livres			
16 ans	2800 livres			
15 ans	2625 livres			
14 ans	2450 livres			
13 ans	2275 livres			
12 ans	2100 livres			
11 ans	1925 livres			
10 ans	1750 livres			
9 ans	1575 livres			
8 ans	1400 livres			
7 ans	1225 livres			
6 ans	1050 livres			
5 ans	875 livres			
4 ans	700 livres			
3 ans	525 livres			
2 ans	350 livres			
1 an	175 livres			
11 mois	160 l	8 ſ	4 d	
10 mois	145 l	16 ſ	8 d	
9 mois	131 l	5 ſ		
8 mois	116 l	13 ſ	4 d	
7 mois	102 l	1 ſ	8 d	
6 mois	87 l	10 ſ		
5 mois	72 l	18 ſ	4 d	
4 mois	58 l	6 ſ	8 d	
3 mois	43 l	15 ſ		
2 mois	29 l	3 ſ	4 d	
1 mois	14 l	11 ſ	8 d	

Montent pour			
30 jours	14 l	11 ſ	8 d
29 jours	14 l	1 ſ	11 d
28 jours	13 l	12 ſ	2 d
27 jours	13 l	2 ſ	6 d
26 jours	12 l	12 ſ	9 d
25 jours	12 l	3 ſ	d
24 jours	11 l	13 ſ	4 d
23 jours	11 l	3 ſ	7 d
22 jours	10 l	13 ſ	10 d
21 jours	10 l	4 ſ	2 d
20 jours	9 l	14 ſ	5 d
19 jours	9 l	4 ſ	8 d
18 jours	8 l	15 ſ	
17 jours	8 l	5 ſ	3 d
16 jours	7 l	15 ſ	6 d
15 jours	7 l	5 ſ	10 d
14 jours	6 l	16 ſ	1 d
13 jours	6 l	6 ſ	4 d
12 jours	5 l	16 ſ	8 d
11 jours	5 l	6 ſ	11 d
10 jours	4 l	17 ſ	2 d
9 jours	4 l	7 ſ	6 d
8 jours	3 l	17 ſ	9 d
7 jours	3 l	8 ſ	
6 jours	2 l	18 ſ	4 d
5 jours	2 l	8 ſ	7 d
4 jours	1 l	18 ſ	10 d
3 jours	1 l	9 ſ	2 d
2 jours		19 ſ	5 d
1 jour		9 ſ	8 d

Les Intérêts

De 6000 livres

Au Denier 40.

Montent pour			
20 ans	3000 livres		
19 ans	2850 livres		
18 ans	2700 livres		
17 ans	2550 livres		
16 ans	2400 livres		
15 ans	2250 livres		
14 ans	2100 livres		
13 ans	1950 livres		
12 ans	1800 livres		
11 ans	1650 livres		
10 ans	1500 livres		
9 ans	1350 livres		
8 ans	1200 livres		
7 ans	1050 livres		
6 ans	900 livres		
5 ans	750 livres		
4 ans	600 livres		
3 ans	450 livres		
2 ans	300 livres		
1 an	150 livres		
11 mois	137 l	10 ſ	
10 mois	125 l		
9 mois	112 l	10 ſ	
8 mois	100 l		
7 mois	87 l	10 ſ	
6 mois	75 l		
5 mois	62 l	10 ſ	
4 mois	50 l		
3 mois	37 l	10 ſ	
2 mois	25 l		
1 mois	12 l	10 ſ	

Montent pour			
30 jours	12 l	10 ſ	
29 jours	12 l	1 ſ	8 d
28 jours	11 l	13 ſ	4 d
27 jours	11 l	5 ſ	
26 jours	10 l	16 ſ	8 d
25 jours	10 l	8 ſ	4 d
24 jours	10 l		
23 jours	9 l	11 ſ	8 d
22 jours	9 l	3 ſ	4 d
21 jours	8 l	15 ſ	
20 jours	8 l	6 ſ	8 d
19 jours	7 l	18 ſ	4 d
18 jours	7 l	10 ſ	
17 jours	7 l	1 ſ	8 d
16 jours	6 l	13 ſ	4 d
15 jours	6 l	5 ſ	
14 jours	5 l	16 ſ	8 d
13 jours	5 l	8 ſ	4 d
12 jours	5 l		
11 jours	4 l	11 ſ	8 d
10 jours	4 l	3 ſ	4 d
9 jours	3 l	15 ſ	
8 jours	3 l	6 ſ	8 d
7 jours	2 l	18 ſ	4 d
6 jours	2 l	10 ſ	
5 jours	2 l	1 ſ	8 d
4 jours	1 l	13 ſ	4 d
3 jours	1 l	5 ſ	
2 jours		16 ſ	8 d
1 jour		8 ſ	4 d

Les Intérêts

De 5000 livres

Au Denier 40.

Montent pour		Montent pour	
20 ans	2500 livres	30 jours	10 l 8 ſ 4 d
19 ans	2375 livres	29 jours	10 l 1 ſ 4 d
18 ans	2250 livres	28 jours	9 l 14 ſ 5 d
17 ans	2125 livres	27 jours	9 l 7 ſ 6 d
16 ans	2000 livres	26 jours	9 l 6 d
15 ans	1875 livres	25 jours	8 l 13 ſ 7 d
14 ans	1750 livres	24 jours	8 l 6 ſ 8 d
13 ans	1625 livres	23 jours	7 l 19 ſ 8 d
12 ans	1500 livres	22 jours	7 l 12 ſ 9 d
11 ans	1375 livres	21 jours	7 l 5 ſ 10 d
10 ans	1250 livres	20 jours	6 l 18 ſ 10 d
9 ans	1125 livres	19 jours	6 l 11 ſ 11 d
8 ans	1000 livres	18 jours	6 l 5 ſ
7 ans	875 livres	17 jours	5 l 18 ſ
6 ans	750 livres	16 jours	5 l 11 ſ 1 d
5 ans	625 livres	15 jours	5 l 4 ſ 2 d
4 ans	500 livres	14 jours	4 l 17 ſ 2 d
3 ans	375 livres	13 jours	4 l 10 ſ 3 d
2 ans	250 livres	12 jours	4 l 3 ſ 4 d
1 an	125 livres	11 jours	3 l 16 ſ 4 d
		10 jours	3 l 9 ſ 5 d
11 mois	114 l 11 ſ 8 d	9 jours	3 l 2 ſ 6 d
10 mois	104 l 3 ſ 4 d	8 jours	2 l 15 ſ 6 d
9 mois	93 l 15 ſ	7 jours	2 l 8 ſ 7 d
8 mois	83 l 6 ſ 8 d	6 jours	2 l 1 ſ 8 d
7 mois	72 l 18 ſ 4 d	5 jours	1 l 14 ſ 8 d
6 mois	62 l 10 ſ	4 jours	1 l 7 ſ 9 d
5 mois	52 l 1 ſ 8 d	3 jours	1 l 10 d
4 mois	41 l 13 ſ 4 d	2 jours	13 ſ 10 d
3 mois	31 l 5 ſ	1 jour	6 ſ 11 d
2 mois	20 l 16 ſ 8 d		
1 mois	10 l 8 ſ 4 d		

Les Intérêts

De 4000 livres

Au Denier 40.

Montent pour							Montent pour						
20 ans	2000 livres						30 jours	8 l	6 ſ	8 d			
19 ans	1900 livres						29 jours	8 l	1 ſ	1 d			
18 ans	1800 livres						28 jours	7 l	15 ſ	6 d			
17 ans	1700 livres						27 jours	7 l	10 ſ				
16 ans	1600 livres						26 jours	7 l	4 ſ	5 d			
15 ans	1500 livres						25 jours	6 l	18 ſ	10 d			
14 ans	1400 livres						24 jours	6 l	13 ſ	4 d			
13 ans	1300 livres						23 jours	6 l	7 ſ	9 d			
12 ans	1200 livres						22 jours	6 l	2 ſ	2 d			
11 ans	1100 livres						21 jours	5 l	16 ſ	8 d			
10 ans	1000 livres						20 jours	5 l	11 ſ	1 d			
9 ans	900 livres						19 jours	5 l	·5 ſ	6 d			
8 ans	800 livres						18 jours	5 l					
7 ans	700 livres						17 jours	4 l	14 ſ	5 d			
6 ans	600 livres						16 jours	4 l	8 ſ	10 d			
5 ans	500 livres						15 jours	4 l	3 ſ	4 d			
4 ans	400 livres						14 jours	3 l	17 ſ	9 d			
3 ans	300 livres						13 jours	3 l	12 ſ	2 d			
2 ans	200 livres						12 jours	3 l	6 ſ	8 d			
1 an	100 livres						11 jours	3 l	1 ſ	1 d			
							10 jours	2 l	15 ſ	6 d			
11 mois	91 l	13 ſ	4 d				9 jours	2 l	10 ſ				
10 mois	83 l	6 ſ	8 d				8 jours	2 l	4 ſ	5 d			
9 mois	75 l						7 jours	1 l	18 ſ	10 d			
8 mois	66 l	13 ſ	4 d				6 jours	1 l	13 ſ	4 d			
7 mois	58 l	6 ſ	8 d				5 jours	1 l	7 ſ	9 d			
6 mois	50 l						4 jours	1 l	2 ſ	2 d			
5 mois	41 l	13 ſ	4 d				3 jours		16 ſ	8 d			
4 mois	33 l	6 ſ	8 d				2 jours		11 ſ	1 d			
3 mois	25 l						1 jour		5 ſ	6 d			
2 mois	16 l	13 ſ	4 d										
1 mois	8 l	6 ſ	8 d										

Les Intérêts

De 3000 livres

Au Denier 40.

Montent pour		Montent pour			
20 ans	1500 livres	30 jours	6 l	5 ſ	
19 ans	1425 livres	29 jours	6 l		10 d
18 ans	1350 livres	28 jours	5 l	16 ſ	8 d
17 ans	1275 livres	27 jours	5 l	12 ſ	6 d
16 ans	1200 livres	26 jours	5 l	8 ſ	4 d
15 ans	1125 livres	25 jours	5 l	4 ſ	2 d
14 ans	1050 livres	24 jours	5 l		
13 ans	975 livres	23 jours	4 l	15 ſ	10 d
12 ans	900 livres	22 jours	4 l	11 ſ	8 d
11 ans	825 livres	21 jours	4 l	7 ſ	6 d
10 ans	750 livres	20 jours	4 l	3 ſ	4 d
9 ans	675 livres	19 jours	3 l	19 ſ	2 d
8 ans	600 livres	18 jours	3 l	15 ſ	
7 ans	525 livres	17 jours	3 l	10 ſ	10 d
6 ans	450 livres	16 jours	3 l	6 ſ	8 d
5 ans	375 livres	15 jours	3 l	2 ſ	6 d
4 ans	300 livres	14 jours	2 l	18 ſ	4 d
3 ans	225 livres	13 jours	2 l	14 ſ	2 d
2 ans	150 livres	12 jours	2 l	10 ſ	
1 an	75 livres	11 jours	2 l	5 ſ	10 d
		10 jours	2 l	1 ſ	8 d
11 mois	68 l 15 ſ	9 jours	1 l	17 ſ	6 d
10 mois	62 l 10 ſ	8 jours	1 l	13 ſ	4 d
9 mois	56 l 5 ſ	7 jours	1 l	9 ſ	2 d
8 mois	50 l	6 jours	1 l	5 ſ	
7 mois	43 l 15 ſ	5 jours	1 l		10 d
6 mois	37 l 10 ſ	4 jours		16 ſ	8 d
5 mois	31 l 5 ſ	3 jours		12 ſ	6 d
4 mois	25 l	2 jours		8 ſ	4 d
3 mois	18 l 15 ſ	1 jour		4 ſ	2 d
2 mois	12 l 10 ſ				
1 mois	6 l 5 ſ				

Les Intérêts

De 2000 livres

Au Denier 40.

Montent pour							Montent pour						
20 ans	1000 livres						30 jours	4 l	3 ſ	4 d
19 ans	950 livres						29 jours	4 l		6 d
18 ans	900 livres						28 jours	3 l	17 ſ	9 d
17 ans	850 livres						27 jours	3 l	15 ſ	
16 ans	800 livres						26 jours	3 l	12 ſ	2 d
15 ans	750 livres						25 jours	3 l	9 ſ	5 d
14 ans	700 livres						24 jours	3 l	6 ſ	8 d
13 ans	650 livres						23 jours	3 l	3 ſ	10 d
12 ans	600 livres						22 jours	3 l	1 ſ	1 d
11 ans	550 livres						21 jours	2 l	18 ſ	4 d
10 ans	500 livres						20 jours	2 l	15 ſ	6 d
9 ans	450 livres						19 jours	2 l	12 ſ	9 d
8 ans	400 livres						18 jours	2 l	10 ſ	
7 ans	350 livres						17 jours	2 l	7 ſ	2 d
6 ans	300 livres						16 jours	2 l	4 ſ	5 d
5 ans	250 livres						15 jours	2 l	1 ſ	8 d
4 ans	200 livres						14 jours	1 l	18 ſ	10 d
3 ans	150 livres						13 jours	1 l	16 ſ	1 d
2 ans	100 livres						12 jours	1 l	13 ſ	4 d
1 an	50 livres						11 jours	1 l	10 ſ	6 d
							10 jours	1 l	7 ſ	9 d
11 mois	45 l	16 ſ	8 d				9 jours	1 l	5 ſ	
10 mois	41 l	13 ſ	4 d				8 jours	1 l	2 ſ	2 d
9 mois	37 l	10 ſ					7 jours		19 ſ	5 d
8 mois	33 l	6 ſ	8 d				6 jours		16 ſ	8 d
7 mois	29 l	3 ſ	4 d				5 jours		13 ſ	10 d
6 mois	25 l						4 jours		11 ſ	1 d
5 mois	20 l	16 ſ	8 d				3 jours		8 ſ	4 d
4 mois	16 l	13 ſ	4 d				2 jours		5 ſ	6 d
3 mois	12 l	10 ſ					1 jour		2 ſ	9 d
2 mois	8 l	6 ſ	8 d							
1 mois	4 l	3 ſ	4 d							

Les

Les Intérêts.

De 1000 livres

Au Denier 40.

Montent pour					Montent pour				
20 ans	500 livres				30 jours	2 l	1 ſ	8 d	
19 ans	475 livres				29 jours	2 l		3 d	
18 ans	450 livres				28 jours	1 l	18 ſ	10 d	
17 ans	425 livres				27 jours	1 l	17 ſ	6 d	
16 ans	400 livres				26 jours	1 l	16 ſ	1 d	
15 ans	375 livres				25 jours	1 l	14 ſ	8 d	
14 ans	350 livres				24 jours	1 l	13 ſ	4 d	
13 ans	325 livres				23 jours	1 l	11 ſ	11 d	
12 ans	300 livres				22 jours	1 l	10 ſ	6 d	
11 ans	275 livres				21 jours	1 l	9 ſ	2 d	
10 ans	250 livres				20 jours	1 l	7 ſ	9 d	
9 ans	225 livres				19 jours	1 l	6 ſ	4 d	
8 ans	200 livres				18 jours	1 l	5 ſ		
7 ans	175 livres				17 jours	1 l	3 ſ	7 d	
6 ans	150 livres				16 jours	1 l	2 ſ	2 d	
5 ans	125 livres				15 jours	1 l		10 d	
4 ans	100 livres				14 jours		19 ſ	5 d	
3 ans	75 livres				13 jours		18 ſ		
2 ans	50 livres				12 jours		16 ſ	8 d	
1 an	25 livres				11 jours		15 ſ	3 d	
					10 jours		13 ſ	10 d	
11 mois	22 l	18 ſ	4 d		9 jours		12 ſ	6 d	
10 mois	20 l	16 ſ	8 d		8 jours		11 ſ	1 d	
9 mois	18 l	15 ſ			7 jours		9 ſ	8 d	
8 mois	16 l	13 ſ	4 d		6 jours		8 ſ	4 d	
7 mois	14 l	11 ſ	8 d		5 jours		6 ſ	11 d	
6 mois	12 l	10 ſ			4 jours		5 ſ	6 d	
5 mois	10 l	8 ſ	4 d		3 jours		4 ſ	2 d	
4 mois	8 l	6 ſ	8 d		2 jours		2 ſ	9 d	
3 mois	6 l	5 ſ			1 jour		1 ſ	4 d	
2 mois	4 l	3 ſ	4 d						
1 mois	2 l	1 ſ	8 d						

Les Intérêts

De 900 livres

Au Denier 40.

Montent pour			
20 ans	450 l		
19 ans	427 l	10 ſ	
18 ans	405 l		
17 ans	382 l	10 ſ	
16 ans	360 l		
15 ans	337 l	10 ſ	
14 ans	315 l		
13 ans	292 l	10 ſ	
12 ans	270 l		
11 ans	247 l	10 ſ	
10 ans	225 l		
9 ans	202 l	10 ſ	
8 ans	180 l		
7 ans	157 l	10 ſ	
6 ans	135 l		
5 ans	112 l	10 ſ	
4 ans	90 l		
3 ans	67 l	10 ſ	
2 ans	45 l		
1 an	22 l	10 ſ	
11 mois	20 l	12 ſ	6 d
10 mois	18 l	15 ſ	
9 mois	16 l	17 ſ	6 d
8 mois	15 l		
7 mois	13 l	2 ſ	6 d
6 mois	11 l	5 ſ	
5 mois	9 l	7 ſ	6 d
4 mois	7 l	10 ſ	
3 mois	5 l	12 ſ	6 d
2 mois	3 l	15 ſ	
1 mois	1 l	17 ſ	6 d

Montent pour			
30 jours	1 l	17 ſ	6 d
29 jours	1 l	16 ſ	3 d
28 jours	1 l	15 ſ	
27 jours	1 l	13 ſ	9 d
26 jours	1 l	12 ſ	6 d
25 jours	1 l	11 ſ	3 d
24 jours	1 l	10 ſ	
23 jours	1 l	8 ſ	9 d
22 jours	1 l	7 ſ	6 d
21 jours	1 l	6 ſ	3 d
20 jours	1 l	5 ſ	
19 jours	1 l	3 ſ	9 d
18 jours	1 l	2 ſ	6 d
17 jours	1 l	1 ſ	3 d
16 jours	1 l		
15 jours		18 ſ	9 d
14 jours		17 ſ	6 d
13 jours		16 ſ	3 d
12 jours		15 ſ	
11 jours		13 ſ	9 d
10 jours		12 ſ	6 d
9 jours		11 ſ	3 d
8 jours		10 ſ	
7 jours		8 ſ	9 d
6 jours		7 ſ	6 d
5 jours		6 ſ	3 d
4 jours		5 ſ	
3 jours		3 ſ	9 d
2 jours		2 ſ	6 d
1 jour		1 ſ	3 d

Les Intérêts

De 800 livres.

Au Denier 40.

Montent pour				
20 ans	400 livres			
19 ans	380 livres			
18 ans	360 livres			
17 ans	340 livres			
16 ans	320 livres			
15 ans	300 livres			
14 ans	280 livres			
13 ans	260 livres			
12 ans	240 livres			
11 ans	220 livres			
10 ans	200 livres			
9 ans	180 livres			
8 ans	160 livres			
7 ans	140 livres			
6 ans	120 livres			
5 ans	100 livres			
4 ans	80 livres			
3 ans	60 livres			
2 ans	40 livres			
1 an	20 livres			
11 mois	18 l	6 ſ	8	
10 mois	16 l	13 ſ	4	
9 mois	15 l			
8 mois	13 l	6 ſ	8	
7 mois	11 l	13 ſ	4	
6 mois	10 l			
5 mois	8 l	6 ſ	8	
4 mois	6 l	13 ſ	4	
3 mois	5 l			
2 mois	3 l	6 ſ	8 d	
1 mois	1 l	13 ſ	4 d	

Montent pour				
30 jours	1 l	13 ſ	4 d	
29 jours	1 l	12 ſ	2 d	
28 jours	1 l	11 ſ	1 d	
27 jours	1 l	10 ſ		
26 jours	1 l	8 ſ	10 d	
25 jours	1 l	7 ſ	9 d	
24 jours	1 l	6 ſ	8 d	
23 jours	1 l	5 ſ	6 d	
22 jours	1 l	4 ſ	5 d	
21 jours	1 l	3 ſ	4 d	
20 jours	1 l	2 ſ	2 d	
19 jours	1 l	1 ſ	1 d	
18 jours	1 l			
17 jours		18 ſ	10 d	
16 jours		17 ſ	9 d	
15 jours		16 ſ	8 d	
14 jours		15 ſ	6 d	
13 jours		14 ſ	5 d	
12 jours		13 ſ	4 d	
11 jours		12 ſ	2 d	
10 jours		11 ſ	1 d	
9 jours		10 ſ		
8 jours		8 ſ	10 d	
7 jours		7 ſ	9 d	
6 jours		6 ſ	8 d	
5 jours		5 ſ	6 d	
4 jours		4 ſ	5 d	
3 jours		3 ſ	4 d	
2 jours		2 ſ	2 d	
1 jour		1 ſ	1 d	

Les Intérêts

De 700 livres

Au Denier 40.

Montent pour			
20 ans	350 l		
19 ans	332 l	10 ſ	
18 ans	315 l		
17 ans	297 l	10 ſ	
16 ans	280 l		
15 ans	262 l	10 ſ	
14 ans	245 l		
13 ans	227 l	10 ſ	
12 ans	210 l		
11 ans	192 l	10 ſ	
10 ans	175 l		
9 ans	157 l	10 ſ	
8 ans	140 l		
7 ans	122 l	10 ſ	
6 ans	105 l		
5 ans	87 l	10 ſ	
4 ans	70 l		
3 ans	52 l	10 ſ	
2 ans	35 l		
1 an	17 l	10 ſ	
11 mois	16 l		10 d
10 mois	14 l	11 ſ	8 d
9 mois	13 l	2 ſ	6 d
8 mois	11 l	13 ſ	4 d
7 mois	10 l	4 ſ	2 d
6 mois	8 l	15 ſ	
5 mois	7 l	5 ſ	10 d
4 mois	5 l	16 ſ	8 d
3 mois	4 l	7 ſ	6 d
2 mois	2 l	18 ſ	4 d
1 mois	1 l	9 ſ	2 d

Montent pour			
30 jours	1 l	9 ſ	2 d
29 jours	1 l	8 ſ	2 d
28 jours	1 l	7 ſ	2 d
27 jours	1 l	6 ſ	3 d
26 jours	1 l	5 ſ	3 d
25 jours	1 l	4 ſ	3 d
24 jours	1 l	3 ſ	4 d
23 jours	1 l	2 ſ	4 d
22 jours	1 l	1 ſ	4 d
21 jours	1 l		5 d
20 jours		19 ſ	5 d
19 jours		18 ſ	5 d
18 jours		17 ſ	6 d
17 jours		16 ſ	6 d
16 jours		15 ſ	6 d
15 jours		14 ſ	7 d
14 jours		13 ſ	7 d
13 jours		12 ſ	7 d
12 jours		11 ſ	8 d
11 jours		10 ſ	8 d
10 jours		9 ſ	8 d
9 jours		8 ſ	9 d
8 jours		7 ſ	9 d
7 jours		6 ſ	9 d
6 jours		5 ſ	10 d
5 jours		4 ſ	10 d
4 jours		3 ſ	10 d
3 jours		2 ſ	11 d
2 jours		1 ſ	11 d
1 jour			11 d

Les Intérêts

De 600 livres

Au Denier 40.

Montent pour	
10 ans	300 livres
19 ans	285 livres
18 ans	270 livres
17 ans	255 livres
16 ans	240 livres
15 ans	225 livres
14 ans	210 livres
13 ans	195 livres
12 ans	180 livres
11 ans	165 livres
10 ans	150 livres
9 ans	135 livres
8 ans	120 livres
7 ans	105 livres
6 ans	90 livres
5 ans	75 livres
4 ans	60 livres
3 ans	45 livres
2 ans	30 livres
1 an	15 livres
11 mois	13 l 15 ſ
10 mois	12 l 10 ſ
9 mois	11 l 5 ſ
8 mois	10 l
7 mois	8 l 15 ſ
6 mois	7 l 10 ſ
5 mois	6 l 5 ſ
4 mois	5 l
3 mois	3 l 15 ſ
2 mois	2 l 10 ſ
1 mois	1 l 5 ſ

Montent pour	
30 jours	1 l 5 ſ
29 jours	1 l 4 ſ 2 d
28 jours	1 l 3 ſ 4 d
27 jours	1 l 2 ſ 6 d
26 jours	1 l 1 ſ 8 d
25 jours	1 l 10 d
24 jours	1 l
23 jours	19 ſ 2 d
22 jours	18 ſ 4 d
21 jours	17 ſ 6 d
20 jours	16 ſ 8 d
19 jours	15 ſ 10 d
18 jours	15 ſ
17 jours	14 ſ 2 d
16 jours	13 ſ 4 d
15 jours	12 ſ 6 d
14 jours	11 ſ 8 d
13 jours	10 ſ 10 d
12 jours	10 ſ
11 jours	9 ſ 2 d
10 jours	8 ſ 4 d
9 jours	7 ſ 6 d
8 jours	6 ſ 8 d
7 jours	5 ſ 10 d
6 jours	5 ſ
5 jours	4 ſ 2 d
4 jours	3 ſ 4 d
3 jours	2 ſ 6 d
2 jours	1 ſ 8 d
1 jour	10 d

Les Intérêts

De 500 livres

Au Denier 40.

Montent pour

	l	ſ
20 ans	250 l	
19 ans	237 l	10 ſ
18 ans	225 l	
17 ans	212 l	10 ſ
16 ans	200 l	
15 ans	187 l	10 ſ
14 ans	175 l	
13 ans	162 l	10 ſ
12 ans	150 l	
11 ans	137 l	10 ſ
10 ans	125 l	
9 ans	112 l	10 ſ
8 ans	100 l	
7 ans	87 l	10 ſ
6 ans	75 l	
5 ans	62 l	10 ſ
4 ans	50 l	
3 ans	37 l	10 ſ
2 ans	25 l	
1 an	12 l	10 ſ

	l	ſ	d
11 mois	11 l	9 ſ	2 d
10 mois	10 l	8 ſ	4 d
9 mois	9 l	7 ſ	6 d
8 mois	8 l	6 ſ	8 d
7 mois	7 l	5 ſ	10 d
6 mois	6 l	5 ſ	
5 mois	5 l	4 ſ	2 d
4 mois	4 l	3 ſ	4 d
3 mois	3 l	2 ſ	6 d
2 mois	2 l	1 ſ	8 d
1 mois	1 l		10 d

Montent pour

	l	ſ	d
30 jours	1 l		10 d
29 jours	1 l		1 d
28 jours		19 ſ	5 d
27 jours		18 ſ	9 d
26 jours		18 ſ	
25 jours		17 ſ	4 d
24 jours		16 ſ	8 d
23 jours		15 ſ	11 d
22 jours		15 ſ	3 d
21 jours		14 ſ	7 d
20 jours		13 ſ	10 d
19 jours		13 ſ	2 d
18 jours		12 ſ	6 d
17 jours		11 ſ	9 d
16 jours		11 ſ	1 d
15 jours		10 ſ	5 d
14 jours		9 ſ	8 d
13 jours		9 ſ	
12 jours		8 ſ	4 d
11 jours		7 ſ	7 d
10 jours		6 ſ	11 d
9 jours		6 ſ	3 d
8 jours		5 ſ	6 d
7 jours		4 ſ	10 d
6 jours		4 ſ	2 d
5 jours		3 ſ	5 d
4 jours		2 ſ	9 d
3 jours		2 ſ	1 d
2 jours		1 ſ	4 d
1 jour			8 d

Les Intérêts

De 400 livres

Au Denier 40.

Montent pour					Montent pour				
20 ans	200 livres				30 jours		16 ſ	8 d	
19 ans	190 livres				29 jours		16 ſ	1 d	
18 ans	180 livres				28 jours		15 ſ	6 d	
17 ans	170 livres				27 jours		15 ſ		
16 ans	160 livres				26 jours		14 ſ	5 d	
15 ans	150 livres				25 jours		13 ſ	10 d	
14 ans	140 livres				24 jours		13 ſ	4 d	
13 ans	130 livres				23 jours		12 ſ	9 d	
12 ans	120 livres				22 jours		12 ſ	2 d	
11 ans	110 livres				21 jours		11 ſ	8 d	
10 ans	100 livres				20 jours		11 ſ	1 d	
9 ans	90 livres				19 jours		10 ſ	6 d	
8 ans	80 livres				18 jours		10 ſ		
7 ans	70 livres				17 jours		9 ſ	5 d	
6 ans	60 livres				16 jours		8 ſ	10 d	
5 ans	50 livres				15 jours		8 ſ	4 d	
4 ans	40 livres				14 jours		7 ſ	9 d	
3 ans	30 livres				13 jours		7 ſ	2 d	
2 ans	20 livres				12 jours		6 ſ	8 d	
1 an	10 livres				11 jours		6 ſ	1 d	
					10 jours		5 ſ	6 d	
11 mois	9 l	3 ſ	4 d		9 jours		5 ſ		
10 mois	8 l	6 ſ	8 d		8 jours		4 ſ	5 d	
9 mois	7 l	10 ſ			7 jours		3 ſ	10 d	
8 mois	6 l	13 ſ	4 d		6 jours		3 ſ	4 d	
7 mois	5 l	16 ſ	8 d		5 jours		2 ſ	9 d	
6 mois	5 l				4 jours		2 ſ	2 d	
5 mois	4 l	3 ſ	4 d		3 jours		1 ſ	8 d	
4 mois	3 l	6 ſ	8 d		2 jours		1 ſ	1 d	
3 mois	2 l	10 ſ			1 jour			6 d	
2 mois	1 l	13 ſ	4 d						
1 mois		16 ſ	8 d						

Les Intéréts

De 300 livres

Au Denier 40.

Montent pour

20 ans	150 l
19 ans	142 l 10 f
18 ans	135 l
17 ans	127 l 10 f
16 ans	120 l
15 ans	112 l 10 f
14 ans	105 l
13 ans	97 l 10 f
12 ans	90 l
11 ans	82 l 10 f
10 ans	75 l
9 ans	67 l 10 f
8 ans	60 l
7 ans	52 l 10 f
6 ans	45 l
5 ans	37 l 10 f
4 ans	30 l
3 ans	22 l 10 f
2 ans	15 l
1 an	7 l 10 f
11 mois	6 l 17 f 6 d
10 mois	6 l 5 f
9 mois	5 l 12 f 6 d
8 mois	5 l
7 mois	4 l 7 f 6 d
6 mois	3 l 15 f
5 mois	3 l 2 f 6 d
4 mois	2 l 10 f
3 mois	1 l 17 f 6 d
2 mois	1 l 5 f
1 mois	12 f 6 d

Montent pour

30 jours	12 f 6 d
29 jours	12 f 1 d
28 jours	11 f 8 d
27 jours	11 f 3 d
26 jours	10 f 10 d
25 jours	10 f 5 d
24 jours	10 f
23 jours	9 f 7 d
22 jours	9 f 2 d
21 jours	8 f 9 d
20 jours	8 f 4 d
19 jours	7 f 11 d
18 jours	7 f 6 d
17 jours	7 f 1 d
16 jours	6 f 8 d
15 jours	6 f 3 d
14 jours	5 f 10 d
13 jours	5 f 5 d
12 jours	5 f
11 jours	4 f 7 d
10 jours	4 f 2 d
9 jours	3 f 9 d
8 jours	3 f 4 d
7 jours	2 f 11 d
6 jours	2 f 6 d
5 jours	2 f 1 d
4 jours	1 f 8 d
3 jours	1 f 3 d
2 jours	10 d
1 jour	5 d

Les Intérêts

De 200 livres

Au Denier 40.

Montent pour							Montent pour			
20 ans	100 livres						30 jours	8 ſ	4 d
19 ans	95 livres						29 jours	8 ſ	
18 ans	90 livres						28 jours	7 ſ	9 d
17 ans	85 livres						27 jours	7 ſ	6 d
16 ans	80 livres						26 jours	7 ſ	2 d
15 ans	75 livres						25 jours	6 ſ	11 d
14 ans	70 livres						24 jours	6 ſ	8 d
13 ans	65 livres						23 jours	6 ſ	4 d
12 ans	60 livres						22 jours	6 ſ	1 d
11 ans	55 livres						21 jours	5 ſ	10 d
10 ans	50 livres						20 jours	5 ſ	6 d
9 ans	45 livres						19 jours	5 ſ	3 d
8 ans	40 livres						18 jours	5 ſ	
7 ans	35 livres						17 jours	4 ſ	8 d
6 ans	30 livres						16 jours	4 ſ	5 d
5 ans	25 livres						15 jours	4 ſ	2 d
4 ans	20 livres						14 jours	3 ſ	10 d
3 ans	15 livres						13 jours	3 ſ	7 d
2 ans	10 livres						12 jours	3 ſ	4 d
1 an	5 livres						11 jours	3 ſ	
							10 jours	2 ſ	9 d
11 mois	4 l	11 ſ	8 d				9 jours	2 ſ	6 d
10 mois	4 l	3 ſ	4 d				8 jours	2 ſ	2 d
9 mois	3 l	15 ſ					7 jours	1 ſ	11 d
8 mois	3 l	6 ſ	8 d				6 jours	1 ſ	8 d
7 mois	2 l	18 ſ	4 d				5 jours	1 ſ	4 d
6 mois	2 l	10 ſ					4 jours	1 ſ	1 d
5 mois	2 l	1 ſ	8 d				3 jours		10 d
4 mois	1 l	13 ſ	4 d				2 jours		6 d
3 mois	1 l	5 ſ					1 jour		3 d
2 mois		16 ſ	8 d						
1 mois		8 ſ	4 d						

Les Intérêts

De 100 livres

Au Denier 40.

Montent pour				Montent pour			
20 ans	50 l			30 jours		4 s	2 d
19 ans	47 l	10 s		29 jours		4 s	
18 ans	45 l			28 jours		3 s	10 d
17 ans	42 l	10 s		27 jours		3 s	9 d
16 ans	40 l			26 jours		3 s	7 d
15 ans	37 l	10 s		25 jours		3 s	5 d
14 ans	35 l			24 jours		3 s	4 d
13 ans	32 l	10 s		23 jours		3 s	2 d
12 ans	30 l			22 jours		3 s	
11 ans	27 l	10 s		21 jours		2 s	11 d
10 ans	25 l			20 jours		2 s	9 d
9 ans	22 l	10 s		19 jours		2 s	7 d
8 ans	20 l			18 jours		2 s	6 d
7 ans	17 l	10 s		17 jours		2 s	4 d
6 ans	15 l			16 jours		2 s	2 d
5 ans	12 l	10 s		15 jours		2 s	1 d
4 ans	10 l			14 jours		1 s	11 d
3 ans	7 l	10 s		13 jours		1 s	9 d
2 ans	5 l			12 jours		1 s	8 d
1 an	2 l	10 s		11 jours		1 s	6 d
				10 jours		1 s	4 d
11 mois	2 l	5 s	10 d	9 jours		1 s	3 d
10 mois	2 l	1 s	8 d	8 jours		1 s	1 d
9 mois	1 l	17 s	6 d	7 jours			11 d
8 mois	1 l	13 s	4 d	6 jours			10 d
7 mois	1 l	9 s	2 d	5 jours			8 d
6 mois	1 l	5 s		4 jours			6 d
5 mois	1 l		10 d	3 jours			5 d
4 mois		16 s	8 d	2 jours			3 d
3 mois		12 s	6 d	1 jour			1 d
2 mois		8 s	4 d				
1 mois		4 s	2 d				

Les Intérêts

De 90 livres

Au Denier 40.

Montent pour					Montent pour			
20 ans	45 l				30 jours	3 ſ	9 d	
19 ans	42 l	15 ſ			29 jours	3 ſ	7 d	
18 ans	40 l	10 ſ			28 jours	3 ſ	6 d	
17 ans	38 l	5 ſ			27 jours	3 ſ	4 d	
16 ans	36 l				26 jours	3 ſ	3 d	
15 ans	33 l	15 ſ			25 jours	3 ſ	1 d	
14 ans	31 l	10 ſ			24 jours	3 ſ		
13 ans	29 l	5 ſ			23 jours	2 ſ	10 d	
12 ans	27 l				22 jours	2 ſ	9 d	
11 ans	24 l	15 ſ			21 jours	2 ſ	7 d	
10 ans	22 l	10 ſ			20 jours	2 ſ	6 d	
9 ans	20 l	5 ſ			19 jours	2 ſ	4 d	
8 ans	18 l				18 jours	2 ſ	3 d	
7 ans	15 l	15 ſ			17 jours	2 ſ	1 d	
6 ans	13 l	10 ſ			16 jours	2 ſ		
5 ans	11 l	5 ſ			15 jours	1 ſ	10 d	
4 ans	9 l				14 jours	1 ſ	9 d	
3 ans	6 l	15 ſ			13 jours	1 ſ	7 d	
2 ans	4 l	10 ſ			12 jours	1 ſ	6 d	
1 an	2 l	5 ſ			11 jours	1 ſ	4 d	
					10 jours	1 ſ	3 d	
11 mois	2 l	1 ſ	3 d		9 jours	1 ſ	1 d	
10 mois	1 l	17 ſ	6 d		8 jours	1 ſ		
9 mois	1 l	13 ſ	9 d		7 jours		10 d	
8 mois	1 l	10 ſ			6 jours		9 d	
7 mois	1 l	6 ſ	3 d		5 jours		7 d	
6 mois	1 l	2 ſ	6 d		4 jours		6 d	
5 mois		18 ſ	9 d		3 jours		4 d	
4 mois		15 ſ			2 jours		3 d	
3 mois		11 ſ	3 d		1 jour		1 d	
2 mois		7 ſ	6 d					
1 mois		3 ſ	9 d					

Les Intérêts

De 80 livres

Au Denier 40.

Montent pour				
20 ans	40 livres			
19 ans	38 livres			
18 ans	36 livres			
17 ans	34 livres			
16 ans	32 livres			
15 ans	30 livres			
14 ans	28 livres			
13 ans	26 livres			
12 ans	24 livres			
11 ans	22 livres			
10 ans	20 livres			
9 ans	18 livres			
8 ans	16 livres			
7 ans	14 livres			
6 ans	12 livres			
5 ans	10 livres			
4 ans	8 livres			
3 ans	6 livres			
2 ans	4 livres			
1 an	2 livres			
11 mois	1 l	16 ſ	8 d	
10 mois	1 l	13 ſ	4 d	
9 mois	1 l	10 ſ		
8 mois	1 l	6 ſ	8 d	
7 mois	1 l	3 ſ	4 d	
6 mois	1 l			
5 mois		16 ſ	8 d	
4 mois		13 ſ	4 d	
3 mois		10 ſ		
2 mois		6 ſ	8 d	
1 mois		3 ſ	4 d	

Montent pour			
30 jours	3 ſ	4 d	
29 jours	3 ſ	2 d	
28 jours	3 ſ	1 d	
27 jours	3 ſ		
26 jours	2 ſ	10 d	
25 jours	2 ſ	9 d	
24 jours	2 ſ	8 d	
23 jours	2 ſ	6 d	
22 jours	2 ſ	5 d	
21 jours	2 ſ	4 d	
20 jours	2 ſ	2 d	
19 jours	2 ſ	1 d	
18 jours	2 ſ		
17 jours	1 ſ	10 d	
16 jours	1 ſ	9 d	
15 jours	1 ſ	8 d	
14 jours	1 ſ	6 d	
13 jours	1 ſ	5 d	
12 jours	1 ſ	4 d	
11 jours	1 ſ	2 d	
10 jours	1 ſ	1 d	
9 jours	1 ſ		
8 jours		10 d	
7 jours		9 d	
6 jours		8 d	
5 jours		6 d	
4 jours		5 d	
3 jours		4 d	
2 jours		2 d	
1 jour		1 d	

Les Intérêts

De 70 livres

Au Denier 40.

Montent pour				Montent pour		
20 ans	35 l			30 jours	2 ſ	11 d
19 ans	33 l	5 ſ		29 jours	2 ſ	9 d
18 ans	31 l	10 ſ		28 jours	2 ſ	8 d
17 ans	29 l	15 ſ		27 jours	2 ſ	7 d
16 ans	28 l			26 jours	2 ſ	6 d
15 ans	26 l	5 ſ		25 jours	2 ſ	5 d
14 ans	24 l	10 ſ		24 jours	2 ſ	4 d
13 ans	22 l	15 ſ		23 jours	2 ſ	2 d
12 ans	21 l			22 jours	2 ſ	1 d
11 ans	19 l	5 ſ		21 jours	2 ſ	
10 ans	17 l	10 ſ		20 jours	1 ſ	11 d
9 ans	15 l	15 ſ		19 jours	1 ſ	10 d
8 ans	14 l			18 jours	1 ſ	9 d
7 ans	12 l	5 ſ		17 jours	1 ſ	7 d
6 ans	10 l	10 ſ		16 jours	1 ſ	6 d
5 ans	8 l	15 ſ		15 jours	1 ſ	5 d
4 ans	7 l			14 jours	1 ſ	4 d
3 ans	5 l	5 ſ		13 jours	1 ſ	3 d
2 ans	3 l	10 ſ		12 jours	1 ſ	2 d
1 an	1 l	15 ſ		11 jours	1 ſ	
				10 jours		11 d
11 mois	1 l	12 ſ 1 d		9 jours		10 d
10 mois	1 l	9 ſ 2 d		8 jours		9 d
9 mois	1 l	6 ſ 3 d		7 jours		8 d
8 mois	1 l	3 ſ 4 d		6 jours		7 d
7 mois	1 l	5 d		5 jours		5 d
6 mois		17 ſ 6 d		4 jours		4 d
5 mois		14 ſ 7 d		3 jours		3 d
4 mois		11 ſ 8 d		2 jours		2 d
3 mois		8 ſ 9 d		1 jour		1 d
2 mois		5 ſ 10 d				
1 mois		2 ſ 11 d				

Les Intérêts

De 60 livres

Au Denier 40.

Montent pour				Montent pour			
20 ans	30 l			30 jours		2 ſ	6 d
19 ans	28 l	10 ſ		29 jours		2 ſ	5 d
18 ans	27 l			28 jours		2 ſ	4 d
17 ans	25 l	10 ſ		27 jours		2 ſ	3 d
16 ans	24 l			26 jours		2 ſ	2 d
15 ans	22 l	10 ſ		25 jours		2 ſ	1 d
14 ans	21 l			24 jours		2 ſ	
13 ans	19 l	10 ſ		23 jours		1 ſ	11 d
12 ans	18 l			22 jours		1 ſ	10 d
11 ans	16 l	10 ſ		21 jours		1 ſ	9 d
10 ans	15 l			20 jours		1 ſ	8 d
9 ans	13 l	10 ſ		19 jours		1 ſ	7 d
8 ans	12 l			18 jours		1 ſ	6 d
7 ans	10 l	10 ſ		17 jours		1 ſ	5 d
6 ans	9 l			16 jours		1 ſ	4 d
5 ans	7 l	10 ſ		15 jours		1 ſ	3 d
4 ans	6 l			14 jours		1 ſ	2 d
3 ans	4 l	10 ſ		13 jours		1 ſ	1 d
2 ans	3 l			12 jours		1 ſ	
1 an	1 l	10 ſ		11 jours			11 d
				10 jours			10 d
11 mois	1 l	7 ſ	6 d	9 jours			9 d
10 mois	1 l	5 ſ		8 jours			8 d
9 mois	1 l	2 ſ	6 d	7 jours			7 d
8 mois	1 l			6 jours			6 d
7 mois		17 ſ	6 d	5 jours			5 d
6 mois		15 ſ		4 jours			4 d
5 mois		12 ſ	6 d	3 jours			3 d
4 mois		10		2 jours			2 d
3 mois		7 ſ	6 d	1 jour			1 d
2 mois		5 ſ					
1 mois		2 ſ	6 d				

Les Intérêts

De 50 livres

Au Denier 40.

Montent pour					Montent pour			
20 ans	25 l				30 jours	2 ſ	1 d	
19 ans	23 l	15 ſ			29 jours	2 ſ		
18 ans	22 l	10 ſ			28 jours	1 ſ	11 d	
17 ans	21 l	5 ſ			27 jours	1 ſ	10 d	
16 ans	20 l				26 jours	1 ſ	9 d	
15 ans	18 l	15 ſ			25 jours	1 ſ	8 d	
14 ans	17 l	10 ſ			24 jours	1 ſ	8 d	
13 ans	16 l	5 ſ			23 jours	1 ſ	7 d	
12 ans	15 l				22 jours	1 ſ	6 d	
11 ans	13 l	15 ſ			21 jours	1 ſ	5 d	
10 ans	12 l	10 ſ			20 jours	1 ſ	4 d	
9 ans	11 l	5 ſ			19 jours	1 ſ	3 d	
8 ans	10 l				18 jours	1 ſ	3 d	
7 ans	8 l	15 ſ			17 jours	1 ſ	2 d	
6 ans	7 l	10 ſ			16 jours	1 ſ	1 d	
5 ans	6 l	5 ſ			15 jours	1 ſ		
4 ans	5 l				14 jours		11 d	
3 ans	3 l	15 ſ			13 jours		10 d	
2 ans	2 l	10 ſ			12 jours		10 d	
1 an	1 l	5 ſ			11 jours		9 d	
					10 jours		8 d	
11 mois	1 l	2 ſ	11 d		9 jours		7 d	
10 mois	1 l		10 d		8 jours		6 d	
9 mois		18 ſ	9 d		7 jours		5 d	
8 mois		16 ſ	8 d		6 jours		5 d	
7 mois		14 ſ	7 d		5 jours		4 d	
6 mois		12 ſ	6 d		4 jours		3 d	
5 mois		10 ſ	5 d		3 jours		2 d	
4 mois		8 ſ	4 d		2 jours		1 d	
3 mois		6 ſ	3 d		1 jour			
2 mois		4 ſ	2 d					
1 mois		2 ſ	1 d					

Les Intérêts

De 40 livres

Au Denier 40.

Montent pour		Montent pour	
20 ans	20 livres	30 jours	1 ſ 8 d
19 ans	19 livres	29 jours	1 ſ 7 d
18 ans	18 livres	28 jours .	1 ſ 6 d
17 ans	17 livres	27 jours	1 ſ 6 d
16 ans	16 livres	26 jours	1 ſ 5 d
15 ans	15 livres	25 jours	1 ſ 4 d
14 ans	14 livres	24 jours	1 ſ 4 d
13 ans	13 livres	23 jours	1 ſ 3 d
12 ans	12 livres	22 jours	1 ſ 2 d
11 ans	11 livres	21 jours	1 ſ 2 d
10 ans	10 livres	20 jours	1 ſ 1 d
9 ans	9 livres	19 jours	1 ſ
8 ans	8 livres	18 jours	1 ſ
7 ans	7 livres	17 jours	11 d
6 ans	6 livres	16 jours	10 d
5 ans	5 livres	15 jours	10 d
4 ans	4 livres	14 jours	9 d
3 ans	3 livres	13 jours	8 d
2 ans	2 livres	12 jours	8 d
1 an	1 livre	11 jours	7 d
		10 jours	6 d
11 mois	18 ſ 4 d	9 jours	6 d
10 mois	16 ſ 8 d	8 jours	5 d
9 mois	15 ſ	7 jours	4 d
8 mois	13 ſ 4 d	6 jours	4 d
7 mois	11 ſ 8 d	5 jours	3 d
6 mois	10 ſ	4 jours	2 d
5 mois	8 ſ 4 d	3 jours	2 d
4 mois	6 ſ 8 d	2 jours	1 d
3 mois	5 ſ	1 jour	
2 mois	3 ſ 4 d		
1 mois	1 ſ 8 d		

Les Intéréts

De 30 livres

Au Denier 40.

Montent pour			
20 ans	15 l		
19 ans	14 l	5 ſ	
18 ans	13 l	10 ſ	
17 ans	12 l	15 ſ	
16 ans	12 l		
15 ans	11 l	5 ſ	
14 ans	10 l	10 ſ	
13 ans	9 l	15 ſ	
12 ans	9 l		
11 ans	8 l	5 ſ	
10 ans	7 l	10 ſ	
9 ans	6 l	15 ſ	
8 ans	6 l		
7 ans	5 l	5 ſ	
6 ans	4 l	10 ſ	
5 ans	3 l	15 ſ	
4 ans	3 l		
3 ans	2 l	5 ſ	
2 ans	1 l	10 ſ	
1 an		15 ſ	
11 mois		13 ſ	9 d
10 mois		12 ſ	6 d
9 mois		11 ſ	3 d
8 mois		10 ſ	
7 mois		8 ſ	9 d
6 mois		7 ſ	6 d
5 mois		6 ſ	3 d
4 mois		5 ſ	
3 mois		3 ſ	9 d
2 mois		2 ſ	6 d
1 mois		1 ſ	3 d

Montent pour		
30 jours	1 ſ	3 d
29 jours	1 ſ	2 d
28 jours	1 ſ	2 d
27 jours	1 ſ	1 d
26 jours	1 ſ	1 d
25 jours	1 ſ	
24 jours	1 ſ	
23 jours		11 d
22 jours		11 d
21 jours		10 d
20 jours		10 d
19 jours		9 d
18 jours		9 d
17 jours		8 d
16 jours		8 d
15 jours		7 d
14 jours		7 d
13 jours		6 d
12 jours		6 d
11 jours		5 d
10 jours		5 d
9 jours		4 d
8 jours		4 d
7 jours		3 d
6 jours		3 d
5 jours		2 d
4 jours		2 d
3 jours		1 d
2 jours		1 d
1 jour		

Les Intérêts

De 20 livres

Au Denier 40.

Montent pour				Montent pour	
20 ans	10 l			30 jours	10 d
19 ans	9 l 10 ſ			29 jours	9 d
18 ans	9 l			28 jours	9 d
17 ans	8 l 10 ſ			27 jours	9 d
16 ans	8 l			26 jours	8 d
15 ans	7 l 10 ſ			25 jours	8 d
14 ans	7 l			24 jours	8 d
13 ans	6 l 10 ſ			23 jours	7 d
12 ans	6 l			22 jours	7 d
11 ans	5 l 10 ſ			21 jours	7 d
10 ans	5 l			20 jours	6 d
9 ans	4 l 10 ſ			19 jours	6 d
8 ans	4 l			18 jours	6 d
7 ans	3 l 10 ſ			17 jours	5 d
6 ans	3 l			16 jours	5 d
5 ans	2 l 10 ſ			15 jours	5 d
4 ans	2 l			14 jours	4 d
3 ans	1 l 10 ſ			13 jours	4 d
2 ans	1 l			12 jours	4 d
1 an	10 ſ			11 jours	3 d
				10 jours	3 d
11 mois	9 ſ	2 d		9 jours	3 d
10 mois	8 ſ	4 d		8 jours	2 d
9 mois	7 ſ	6 d		7 jours	2 d
8 mois	6 ſ	8 d		6 jours	2 d
7 mois	5 ſ	10 d		5 jours	1 d
6 mois	5 ſ			4 jours	1 d
5 mois	4 ſ	2 d		3 jours	1 d
4 mois	3 ſ	4 d		2 jours	
3 mois	2 ſ	6 d		1 jour	
2 mois	1 ſ	8 d			
1 mois		10 d			

Les Intérêts

De 10 livres

Au Denier 40.

Montent pour				Montent pour	
20 ans	5 l			30 jours	5 d
19 ans	4 l	15 ſ		29 jours	4 d
18 ans	4 l	10 ſ		28 jours	4 d
17 ans	4 l	5 ſ		27 jours	4 d
16 ans	4 l			26 jours	4 d
15 ans	3 l	15 ſ		25 jours	4 d
14 ans	3 l	10 ſ		24 jours	4 d
13 ans	3 l	5 ſ		23 jours	3 d
12 ans	3 l			22 jours	3 d
11 ans	2 l	15 ſ		21 jours	3 d
10 ans	2 l	10 ſ		20 jours	3 d
9 ans	2 l	5 ſ		19 jours	3 d
8 ans	2 l			18 jours	3 d
7 ans	1 l	15 ſ		17 jours	2 d
6 ans	1 l	10 ſ		16 jours	2 d
5 ans	1 l	5 ſ		15 jours	2 d
4 ans	1 l			14 jours	2 d
3 ans		15 ſ		13 jours	2 d
2 ans		10 ſ		12 jours	2 d
1 an		5 ſ		11 jours	1 d
				10 jours	1 d
11 mois		4 ſ	7 d	9 jours	1 d
10 mois		4 ſ	2 d	8 jours	1 d
9 mois		3 ſ	9 d	7 jours	1 d
8 mois		3 ſ	4 d	6 jours	2 d
7 mois		2 ſ	11 d	5 jours	
6 mois		2 ſ	6 d	4 jours	
5 mois		2 ſ	1 d	3 jours	
4 mois		1 ſ	8 d	2 jours	
3 mois		1 ſ	3 d	1 jour	
2 mois			10 d		
1 mois			5 d		

TARIF

AU DENIER 33 $\frac{1}{3}$,

QUI EST

A 3 POUR CENT,

Ou de 33 livres six fols 8 deniers,
en donner une, par chacun an,
d'intérêt.

On trouve dans les pages fuivantes le montant des Intérêts de toutes fortes de Sommes.

Pour plufieurs Années,
Pour plufieurs Mois,
& pour plufieurs Jours,

En un moment, & en un même endroit.

Les Intéréts

De 50000 livres

Au Denier 33 ⅓.

Montent pour

20 ans	30000 livres
19 ans	28500 livres
18 ans	27000 livres
17 ans	25500 livres
16 ans	24000 livres
15 ans	22500 livres
14 ans	21000 livres
13 ans	19500 livres
12 ans	18000 livres
11 ans	16500 livres
10 ans	15000 livres
9 ans	13500 livres
8 ans	12000 livres
7 ans	10500 livres
6 ans	9000 livres
5 ans	7500 livres
4 ans	6000 livres
3 ans	4500 livres
2 ans	3000 livres
1 an	1500 livres
11 mois	1375 livres
10 mois	1250 livres
9 mois	1125 livres
8 mois	1000 livres
7 mois	875 livres
6 mois	750 livres
5 mois	625 livres
4 mois	500 livres
3 mois	375 livres
2 mois	250 livres
1 mois	125 livres

Montent pour

	l		ſ		d
30 jours	125	l			
29 jours	120	l	16	ſ	8 d
28 jours	116	l	13	ſ	4 d
27 jours	112	l	10	ſ	
26 jours	108	l	6	ſ	8 d
25 jours	104	l	3	ſ	4 d
24 jours	100	l			
23 jours	95	l	16	ſ	8 d
22 jours	91	l	13	ſ	4 d
21 jours	87	l	10	ſ	
20 jours	83	l	6	ſ	8 d
19 jours	79	l	3	ſ	4 d
18 jours	75	l			
17 jours	70	l	16	ſ	8 d
16 jours	66	l	13	ſ	4 d
15 jours	62	l	10	ſ	
14 jours	58	l	6	ſ	8 d
13 jours	54	l	3	ſ	4 d
12 jours	50	l			
11 jours	45	l	16	ſ	8 d
10 jours	41	l	13	ſ	4 d
9 jours	37	l	10	ſ	
8 jours	33	l	6	ſ	8 d
7 jours	29	l	3	ſ	4 d
6 jours	25	l			
5 jours	20	l	16	ſ	8 d
4 jours	16	l	13	ſ	4 d
3 jours	12	l	10	ſ	
2 jours	8	l	6	ſ	8 d
1 jour	4	l	3	ſ	4 d

Les Intérêts

De 40000 livres

Au Denier 33 ⅓.

Montent pour	
20 ans	24000 livres
19 ans	22800 livres
18 ans	21600 livres
17 ans	20400 livres
16 ans	19200 livres
15 ans	18000 livres
14 ans	16800 livres
13 ans	15600 livres
12 ans	14400 livres
11 ans	13200 livres
10 ans	12000 livres
9 ans	10800 livres
8 ans	9600 livres
7 ans	8400 livres
6 ans	7200 livres
5 ans	6000 livres
4 ans	4800 livres
3 ans	3600 livres
2 ans	2400 livres
1 an	1200 livres
11 mois	1100 livres
10 mois	1000 livres
9 mois	900 livres
8 mois	800 livres
7 mois	700 livres
6 mois	600 livres
5 mois	500 livres
4 mois	400 livres
3 mois	300 livres
2 mois	200 livres
1 mois	100 livres

Montent pour			
30 jours	100 l		
29 jours	96 l	13 f	4 d
28 jours	93 l	6 f	8 d
27 jours	90 l		
26 jours	86 l	13 f	4 d
25 jours	83 l	6 f	8 d
24 jours	80 l		
23 jours	76 l	13 f	4 d
22 jours	73 l	6 f	8 d
21 jours	70 l		
20 jours	66 l	13 f	4 d
19 jours	63 l	6 f	8 d
18 jours	60 l		
17 jours	56 l	13 f	4 d
16 jours	53 l	6 f	8 d
15 jours	50 l		
14 jours	46 l	13 f	4 d
13 jours	43 l	6 f	8 d
12 jours	40 l		
11 jours	36 l	13 f	4 d
10 jours	33 l	6 f	8 d
9 jours	30 l		
8 jours	26 l	13 f	4 d
7 jours	23 l	6 f	8 d
6 jours	20 l		
5 jours	16 l	13 f	4 d
4 jours	13 l	6 f	8 d
3 jours	10 l		
2 jours	6 l	13 f	4 d
1 jour	3 l	6 f	8 d

Les Intérêts

De 30000 livres

Au Denier 33 ⅓.

Montent pour			Montent pour		
20 ans	18000 livres		30 jours	75 l	
19 ans	17100 livres		29 jours	72 l 10 ſ	
18 ans	16200 livres		28 jours	70 l	
17 ans	15300 livres		27 jours	67 l 10 ſ	
16 ans	14400 livres		26 jours	65 l	
15 ans	13500 livres		25 jours	62 l 10 ſ	
14 ans	12600 livres		24 jours	60 l	
13 ans	11700 livres		23 jours	57 l 10 ſ	
12 ans	10800 livres		22 jours	55 l	
11 ans	9900 livres		21 jours	52 l 10 ſ	
10 ans	9000 livres		20 jours	50 l	
9 ans	8100 livres		19 jours	47 l 10 ſ	
8 ans	7200 livres		18 jours	45 l	
7 ans	6300 livres		17 jours	42 l 10 ſ	
6 ans	5400 livres		16 jours	40 l	
5 ans	4500 livres		15 jours	37 l 10 ſ	
4 ans	3600 livres		14 jours	35 l	
3 ans	2700 livres		13 jours	32 l 10 ſ	
2 ans	1800 livres		12 jours	30 l	
1 an	900 livres		11 jours	27 l 10 ſ	
			10 jours	25 l	
11 mois	825 livres		9 jours	22 l 10 ſ	
10 mois	750 livres		8 jours	20 l	
9 mois	675 livres		7 jours	17 l 10 ſ	
8 mois	600 livres		6 jours	15 l	
7 mois	525 livres		5 jours	12 l 10 ſ	
6 mois	450 livres		4 jours	10 l	
5 mois	375 livres		3 jours	7 l 10 ſ	
4 mois	300 livres		2 jours	5 l	
3 mois	225 livres		1 jour	2 l 10 ſ	
2 mois	150 livres				
1 mois	75 livres				

Les

Les Intérêts

De 20000 livres

Au Denier 33 ⅓.

Montent pour	
20 ans	12000 livres
19 ans	11400 livres
18 ans	10800 livres
17 ans	10200 livres
16 ans	9600 livres
15 ans	9000 livres
14 ans	8400 livres
13 ans	7800 livres
12 ans	7200 livres
11 ans	6600 livres
10 ans	6000 livres
9 ans	5400 livres
8 ans	4800 livres
7 ans	4200 livres
6 ans	3600 livres
5 ans	3000 livres
4 ans	2400 livres
3 ans	1800 livres
2 ans	1200 livres
1 an	600 livres
11 mois	550 livres
10 mois	500 livres
9 mois	450 livres
8 mois	400 livres
7 mois	350 livres
6 mois	300 livres
5 mois	250 livres
4 mois	200 livres
3 mois	150 livres
2 mois	100 livres
1 mois	50 livres

Montent pour				
30 jours	50 l			
29 jours	48 l	6 ſ	8	
28 jours	46 l	13 ſ	4 d	
27 jours	45 l			
26 jours	43 l	6 ſ	8 d	
25 jours	41 l	13 ſ	4 d	
24 jours	40 l			
23 jours	38 l	6 ſ	8 d	
22 jours	36 l	13 ſ	4 d	
21 jours	35 l			
20 jours	33 l	6 ſ	8 d	
19 jours	31 l	13 ſ	4 d	
18 jours	30 l			
17 jours	28 l	6 ſ	8 d	
16 jours	26 l	13 ſ	4 d	
15 jours	25 l			
14 jours	23 l	6 ſ	8 d	
13 jours	21 l	13 ſ	4 d	
12 jours	20 l			
11 jours	18 l	6 ſ	8 d	
10 jours	16 l	13 ſ	4 d	
9 jours	15 l			
8 jours	13 l	6 ſ	8 d	
7 jours	11 l	13 ſ	4 d	
6 jours	10 l			
5 jours	8 l	6 ſ	8 d	
4 jours	6 l	13 ſ	4 d	
3 jours	5 l			
2 jours	3 l	6 ſ	8 d	
1 jour	1 l	13 ſ	4 d	

Les Intérêts

De 10000 livres

Au Denier 33 ⅓.

Montent pour					
20 ans	6000 livres
19 ans	5700 livres
18 ans	5400 livres
17 ans	5100 livres
16 ans	4800 livres
15 ans	4500 livres
14 ans	4200 livres
13 ans	3900 livres
12 ans	3600 livres
11 ans	3300 livres
10 ans	3000 livres
9 ans	2700 livres
8 ans	2400 livres
7 ans	2100 livres
6 ans	1800 livres
5 ans	1500 livres
4 ans	1200 livres
3 ans	900 livres,
2 ans	600 livres
1 an	300 livres
11 mois	275 livres
10 mois	250 livres
9 mois	225 livres
8 mois	200 livres
7 mois	175 livres
6 mois	150 livres
5 mois	125 livres
4 mois	100 livres
3 mois	75 livres
2 mois	50 livres
1 mois	25 livres

Montent pour					
30 jours	25 l				
29 jours	24 l	3 ſ	4 d
28 jours	23 l	6 ſ	8 d
27 jours	22 l	10 ſ	
26 jours	21 l	13 ſ	4 d
25 jours	20 l	16 ſ	8 d
24 jours	20 l		
23 jours	19 l	3 ſ	4 d
22 jours	18 l	6 ſ	8 d
21 jours	17 l	10 ſ	
20 jours	16 l	13 ſ	4 d
19 jours	15 l	16 ſ	8 d
18 jours	15 l		
17 jours	14 l	3 ſ	4 d
16 jours	13 l	6 ſ	8 d
15 jours	12 l	10 ſ	
14 jours	11 l	13 ſ	4 d
13 jours	10 l	16 ſ	8 d
12 jours	10 l		
11 jours	9 l	3 ſ	4 d
10 jours	8 l	6 ſ	8 d
9 jours	7 l	10 ſ	
8 jours	6 l	13 ſ	4 d
7 jours	5 l	16 ſ	8 d
6 jours	5 l		
5 jours	4 l	3 ſ	4 d
4 jours	3 l	6 ſ	8 d
3 jours	2 l	10 ſ	
2 jours	1 l	13 ſ	4 d
1 jour		16 ſ	8 d

Les Intérêts

De 9000 livres

Au Denier 33 ⅓.

Montent pour					Montent pour				
20 ans	5400 livres				30 jours	22 l	10 f		
19 ans	5130 livres				29 jours	21 l	15 f		
18 ans	4860 livres				28 jours	21 l			
17 ans	4590 livres				27 jours	20 l	5 f		
16 ans	4320 livres				26 jours	19 l	10 f		
15 ans	4050 livres				25 jours	18 l	15 f		
14 ans	3780 livres				24 jours	18 l			
13 ans	3510 livres				23 jours	17 l	5 f		
12 ans	3240 livres				22 jours	16 l	10 f		
11 ans	2970 livres				21 jours	15 l	15 f		
10 ans	2700 livres				20 jours	15 l			
9 ans	2430 livres				19 jours	14 l	5 f		
8 ans	2160 livres				18 jours	13 l	10 f		
7 ans	1890 livres				17 jours	12 l	15 f		
6 ans	1620 livres				16 jours	12 l			
5 ans	1350 livres				15 jours	11 l	5 f		
4 ans	1080 livres				14 jours	10 l	10 f		
3 ans	810 livres				13 jours	9 l	15 f		
2 ans	540 livres				12 jours	9 l			
1 an	270 livres				11 jours	8 l	5 f		
					10 jours	7 l	10 f		
11 mois	247 l	10 f			9 jours	6 l	15 f		
10 mois	225 l				8 jours	6 l			
9 mois	202 l	10 f			7 jours	5 l	5 f		
8 mois	180 l				6 jours	4 l	10 f		
7 mois	157 l	10 f			5 jours	3 l	15 f		
6 mois	135 l				4 jours	3 l			
5 mois	112 l	10 f			3 jours	2 l	5 f		
4 mois	90 l				2 jours	1 l	10 f		
3 mois	67 l	10 f			1 jour		15 f		
2 mois	45 l								
1 mois	22 l	10 f							

Les Intérêts

De 8000 livres

Au Denier 33 ⅓

Montent pour		Montent pour			
20 ans	4800 livres	30 jours	20 l		
19 ans	4560 livres	29 jours	19 l	6 ſ	8 d
18 ans	4320 livres	28 jours	18 l	13 ſ	4 d
17 ans	4080 livres	27 jours	18 l		
16 ans	3840 livres	26 jours	17 l	6 ſ	8 d
15 ans	3600 livres	25 jours	16 l	13 ſ	4 d
14 ans	3360 livres	24 jours	16 l		
13 ans	3120 livres	23 jours	15 l	6 ſ	8 d
12 ans	2880 livres	22 jours	14 l	13 ſ	4 d
11 ans	2640 livres	21 jours	14 l		
10 ans	2400 livres	20 jours	13 l	6 ſ	8 d
9 ans	2160 livres	19 jours	12 l	13 ſ	4 d
8 ans	1920 livres	18 jours	12 l		
7 ans	1680 livres	17 jours	11 l	6 ſ	8 d
6 ans	1440 livres	16 jours	10 l	13 ſ	4 d
5 ans	1200 livres	15 jours	10 l		
4 ans	960 livres	14 jours	9 l	6 ſ	8 d
3 ans	720 livres	13 jours	8 l	13 ſ	4 d
2 ans	480 livres	12 jours	8 l		
1 an	240 livres	11 jours	7 l	6 ſ	8 d
		10 jours	6 l	13 ſ	4 d
11 mois	220 livres	9 jours	6 l		
10 mois	200 livres	8 jours	5 l	6 ſ	8 d
9 mois	180 livres	7 jours	4 l	13 ſ	4 d
8 mois	160 livres	6 jours	4 l		
7 mois	140 livres	5 jours	3 l	6 ſ	8 d
6 mois	120 livres	4 jours	2 l	13 ſ	4 d
5 mois	100 livres	3 jours	2 l		
4 mois	80 livres	2 jours	1 l	6 ſ	8 d
3 mois	60 livres	1 jour		13 ſ	4 d
2 mois	40 livres				
1 mois	20 livres				

Les Intérêts

De 7000 livres

Au Denier 33 ⅓.

Montent pour				Montent pour			
20 ans	4200 livres			30 jours	17 l	10 ſ	
19 ans	3990 livres			29 jours	16 l	18 ſ	4 d
18 ans	3780 livres			28 jours	16 l	6 ſ	8 d
17 ans	3570 livres			27 jours	15 l	15 ſ	
16 ans	3360 livres			26 jours	15 l	3 ſ	4 d
15 ans	3150 livres			25 jours	14 l	11 ſ	8 d
14 ans	2940 livres			24 jours	14 l		
13 ans	2730 livres			23 jours	13 l	8 ſ	4 d
12 ans	2520 livres			22 jours	12 l	16 ſ	8 d
11 ans	2310 livres			21 jours	12 l	5 ſ	
10 ans	2100 livres			20 jours	11 l	13 ſ	4 d
9 ans	1890 livres			19 jours	11 l	1 ſ	8 d
8 ans	1680 livres			18 jours	10 l	10 ſ	
7 ans	1470 livres			17 jours	9 l	18 ſ	4 d
6 ans	1260 livres			16 jours	9 l	6 ſ	8 d
5 ans	1050 livres			15 jours	8 l	15 ſ	
4 ans	840 livres			14 jours	8 l	3 ſ	4 d
3 ans	630 livres			13 jours	7 l	11 ſ	8 d
2 ans	420 livres			12 jours	7 l		
1 an	210 livres			11 jours	6 l	8 ſ	4 d
				10 jours	5 l	16 ſ	8 d
11 mois	192 l	10 ſ		9 jours	5 l	5 ſ	
10 mois	175 l			8 jours	4 l	13 ſ	4 d
9 mois	157 l	10 ſ		7 jours	4 l	1 ſ	8 d
8 mois	140 l			6 jours	3 l	10 ſ	
7 mois	122 l	10 ſ		5 jours	2 l	18 ſ	4 d
6 mois	105 l			4 jours	2 l	6 ſ	8 d
5 mois	87 l	10 ſ		3 jours	1 l	15 ſ	
4 mois	70 l			2 jours	1 l	3 ſ	4 d
3 mois	52 l	10 ſ		1 jour		11 ſ	8 d
2 mois	35 l						
1 mois	17 l	10 ſ					

Les Intérêts

De 6000 livres

Au Denier 33 ⅓.

Montent pour			Montent pour		
20 ans	3600 livres		30 jours	15 l	
19 ans	3420 livres		29 jours	14 l	10 f
18 ans	3240 livres		28 jours	14 l	
17 ans	3060 livres		27 jours	13 l	10 f
16 ans	2880 livres		26 jours	13 l	
15 ans	2700 livres		25 jours	12 l	10 f
14 ans	2520 livres		24 jours	12 l	
13 ans	2340 livres		23 jours	11 l	10 f
12 ans	2160 livres		22 jours	11 l	
11 ans	1980 livres		21 jours	10 l	10 f
10 ans	1800 livres		20 jours	10 l	
9 ans	1620 livres		19 jours	9 l	10 f
8 ans	1440 livres		18 jours	9 l	
7 ans	1260 livres		17 jours	8 l	10 f
6 ans	1080 livres		16 jours	8 l	
5 ans	900 livres		15 jours	7 l	10 f
4 ans	720 livres		14 jours	7 l	
3 ans	540 livres		13 jours	6 l	10 f
2 ans	360 livres		12 jours	6 l	
1 an	180 livres		11 jours	5 l	10 f
			10 jours	5 l	
11 mois	165 livres		9 jours	4 l	10 f
10 mois	150 livres		8 jours	4 l	
9 mois	135 livres		7 jours	3 l	10 f
8 mois	120 livres		6 jours	3 l	
7 mois	105 livres		5 jours	2 l	10 f
6 mois	90 livres		4 jours	2 l	
5 mois	75 livres		3 jours	1 l	10 f
4 mois	60 livres		2 jours	1 l	
3 mois	45 livres		1 jour		10 f
2 mois	30 livres				
1 mois	15 livres				

Les Intérêts

De 5000 livres

Au Denier 33 ⅓.

Montent pour			
20 ans	3000 livres		
19 ans	2850 livres		
18 ans	2700 livres		
17 ans	2550 livres		
16 ans	2400 livres		
15 ans	2250 livres		
14 ans	2100 livres		
13 ans	1950 livres		
12 ans	1800 livres		
11 ans	1650 livres		
10 ans	1500 livres		
9 ans	1350 livres		
8 ans	1200 livres		
7 ans	1050 livres		
6 ans	900 livres		
5 ans	750 livres		
4 ans	600 livres		
3 ans	450 livres		
2 ans	300 livres		
1 an	150 livres		
11 mois	137 l	10 ſ	
10 mois	125 l		
9 mois	112 l	10 ſ	
8 mois	100 l		
7 mois	87 l	10 ſ	
6 mois	75 l		
5 mois	62 l	10 ſ	
4 mois	50 l		
3 mois	37 l	10 ſ	
2 mois	25 l		
1 mois	12 l	10 ſ	

Montent pour			
30 jours	12 l 10 ſ		
29 jours	12 l 1 ſ	8 d	
28 jours	11 l 13 ſ	4 d	
27 jours	11 l 5 ſ		
26 jours	10 l 16 ſ	8 d	
25 jours	10 l 8 ſ	4 d	
24 jours	10 l		
23 jours	9 l 11 ſ	8 d	
22 jours	9 l 3 ſ	4 d	
21 jours	8 l 15 ſ		
20 jours	8 l 6 ſ	8 d	
19 jours	7 l 18 ſ	4 d	
18 jours	7 l 10 ſ		
17 jours	7 l 1 ſ	8 d	
16 jours	6 l 13 ſ	4 d	
15 jours	6 l 5 ſ		
14 jours	5 l 16 ſ	8 d	
13 jours	5 l 8 ſ	4 d	
12 jours	5 l		
11 jours	4 l 11 ſ	8 d	
10 jours	4 l 3 ſ	4 d	
9 jours	3 l 15 ſ		
8 jours	3 l 6 ſ	8 d	
7 jours	2 l 18 ſ	4 d	
6 jours	2 l 10 ſ		
5 jours	2 l 1 ſ	8 d	
4 jours	1 l 13 ſ	4 d	
3 jours	1 l 5 ſ		
2 jours	16 ſ	8 d	
1 jour	8 ſ	4 d	

Les Intérêts

De 4000 livres

Au Denier 33 ⅓.

Montent pour	
20 ans	2400 livres
19 ans	2280 livres
18 ans	2160 livres
17 ans	2040 livres
16 ans	1920 livres
15 ans	1800 livres
14 ans	1680 livres
13 ans	1560 livres
12 ans	1440 livres
11 ans	1320 livres
10 ans	1200 livres
9 ans	1080 livres
8 ans	960 livres
7 ans	840 livres
6 ans	720 livres
5 ans	600 livres
4 ans	480 livres
3 ans	360 livres
2 ans	240 livres
1 an	120 livres
11 mois	110 livres
10 mois	100 livres
9 mois	90 livres
8 mois	80 livres
7 mois	70 livres
6 mois	60 livres
5 mois	50 livres
4 mois	40 livres
3 mois	30 livres
2 mois	20 livres
1 mois	10 livres

Montent pour			
30 jours	10 l		
29 jours	9 l	13 f	4 d
28 jours	9 l	6 f	8 d
27 jours	9 l		
26 jours	8 l	13 f	4 d
25 jours	8 l	6 f	8 d
24 jours	8 l		
23 jours	7 l	13 f	4 d
22 jours	7 l	6 f	8 d
21 jours	7 l		
20 jours	6 l	13 f	4 d
19 jours	6 l	6 f	8 d
18 jours	6 l		
17 jours	5 l	13 f	4 d
16 jours	5 l	6 f	8 d
15 jours	5 l		
14 jours	4 l	13 f	4 d
13 jours	4 l	6 f	8 d
12 jours	4 l		
11 jours	3 l	13 f	4 d
10 jours	3 l	6 f	8 d
9 jours	3 l		
8 jours	2 l	13 f	4 d
7 jours	2 l	6 f	8 d
6 jours	2 l		
5 jours	1 l	13 f	4 d
4 jours	1 l	6 f	8 d
3 jours	1 l		
2 jours		13 f	4 d
1 jour		6 f	8 d

Les Intérêts

De 3000 livres

Au Denier 33 ⅓.

Montent pour			Montent pour		
20 ans	1800 livres		30 jours	7 l 10 f	
19 ans	1710 livres		29 jours	7 l 5 f	
18 ans	1620 livres		28 jours	7 l	
17 ans	1530 livres		27 jours	6 l 15 f	
16 ans	1440 livres		26 jours	6 l 10 f	
15 ans	1350 livres		25 jours	6 l 5 f	
14 ans	1260 livres		24 jours	6 l	
13 ans	1170 livres		23 jours	5 l 15 f	
12 ans	1080 livres		22 jours	5 l 10 f	
11 ans	990 livres		21 jours	5 l 5 f	
10 ans	900 livres		20 jours	5 l	
9 ans	810 livres		19 jours	4 l 15 f	
8 ans	720 livres		18 jours	4 l 10 f	
7 ans	630 livres		17 jours	4 l 5 f	
6 ans	540 livres		16 jours	4 l	
5 ans	450 livres		15 jours	3 l 15 f	
4 ans	360 livres		14 jours	3 l 10 f	
3 ans	270 livres		13 jours	3 l 5 f	
2 ans	180 livres		12 jours	3 l	
1 an	90 livres		11 jours	2 l 15 f	
			10 jours	2 l 10 f	
11 mois	82 l 10 f		9 jours	2 l 5 f	
10 mois	75 l		8 jours	2 l	
9 mois	67 l 10 f		7 jours	1 l 15 f	
8 mois	60 l		6 jours	1 l 10 f	
7 mois	52 l 10 f		5 jours	1 l 5 f	
6 mois	45 l		4 jours	1 l	
5 mois	37 l 10 f		3 jours	15 f	
4 mois	30 l		2 jours	10 f	
3 mois	22 l 10 f		1 jour	5 f	
2 mois	15 l				
1 mois	7 l 10 f				

Les Intéréts

De 2000 livres

Au Denier 33 ⅓.

Montent pour							
20 ans	1200 livres						
19 ans	1140 livres						
18 ans	1080 livres						
17 ans	1020 livres						
16 ans	960 livres						
15 ans	900 livres						
14 ans	840 livres						
13 ans	780 livres						
12 ans	720 livres						
11 ans	660 livres						
10 ans	600 livres						
9 ans	540 livres						
8 ans	480 livres						
7 ans	420 livres						
6 ans	360 livres						
5 ans	300 livres						
4 ans	240 livres						
3 ans	180 livres						
2 ans	120 livres						
1 an	60 livres						
11 mois	55 livres						
10 mois	50 livres						
9 mois	45 livres						
8 mois	40 livres						
7 mois	35 livres						
6 mois	30 livres						
5 mois	25 livres						
4 mois	20 livres						
3 mois	15 livres						
2 mois	10 livres						
1 mois	5 livres						

Montent pour				
30 jours	5 l			
29 jours	4 l	16 ſ	8 d	
28 jours	4 l	13 ſ	4 d	
27 jours	4 l	10 ſ		
26 jours	4 l	6 ſ	8 d	
25 jours	4 l	3 ſ	4 d	
24 jours	4 l			
23 jours	3 l	16 ſ	8 d	
22 jours	3 l	13 ſ	4 d	
21 jours	3 l	10 ſ		
20 jours	3 l	6 ſ	8 d	
19 jours	3 l	3 ſ	4 d	
18 jours	3 l			
17 jours	2 l	16 ſ	8 d	
16 jours	2 l	13 ſ	4 d	
15 jours	2 l	10 ſ		
14 jours	2 l	6 ſ	8 d	
13 jours	2 l	3 ſ	4 d	
12 jours	2 l			
11 jours	1 l	16 ſ	8 d	
10 jours	1 l	13 ſ	4 d	
9 jours	1 l	10 ſ		
8 jours	1 l	6 ſ	8 d	
7 jours	1 l	3 ſ	4 d	
6 jours	1 l			
5 jours		16 ſ	8 d	
4 jours		13 ſ	4 d	
3 jours		10 ſ		
2 jours		6 ſ	8 d	
1 jour		3 ſ	4 d	

Les Intérêts

De 1000 livres

Au Denier 33 ⅓.

Montent pour				
20 ans	600	livres		
19 ans	570	livres		
18 ans	540	livres		
17 ans	510	livres		
16 ans	480	livres		
15 ans	450	livres		
14 ans	420	livres		
13 ans	390	livres		
12 ans	360	livres		
11 ans	330	livres		
10 ans	300	livres		
9 ans	270	livres		
8 ans	240	livres		
7 ans	210	livres		
6 ans	180	livres		
5 ans	150	livres		
4 ans	120	livres		
3 ans	90	livres		
2 ans	60	livres		
1 an	30	livres		
11 mois	27 l	10 ſ		
10 mois	25 l			
9 mois	22 l	10 ſ		
8 mois	20 l			
7 mois	17 l	10 ſ		
6 mois	15 l			
5 mois	12 l	10 ſ		
4 mois	10 l			
3 mois	7 l	10 ſ		
2 mois	5 l			
1 mois	2 l	10 ſ		

Montent pour				
30 jours	2 l	10 ſ		
29 jours	2 l	8 ſ	4 d	
28 jours	2 l	6 ſ	8 d	
27 jours	2 l	5 ſ		
26 jours	2 l	3 ſ	4 d	
25 jours	2 l	1 ſ	8 d	
24 jours	2 l			
23 jours	1 l	18 ſ	4 d	
22 jours	1 l	16 ſ	8 d	
21 jours	1 l	15 ſ		
20 jours	1 l	13 ſ	4 d	
19 jours	1 l	11 ſ	8 d	
18 jours	1 l	10 ſ		
17 jours	1 l	8 ſ	4 d	
16 jours	1 l	6 ſ	8 d	
15 jours	1 l	5 ſ		
14 jours	1 l	3 ſ	4 d	
13 jours	1 l	1 ſ	8 d	
12 jours	1 l			
11 jours		18 ſ	4 d	
10 jours		16 ſ	8 d	
9 jours		15 ſ		
8 jours		13 ſ	4 d	
7 jours		11 ſ	8 d	
6 jours		10 ſ		
5 jours		8 ſ	4 d	
4 jours		6 ſ	8 d	
3 jours		5 ſ		
2 jours		3 ſ	4 d	
1 jour		1 ſ	8 d	

Les Intérêts

De 900 livres

Au Denier 33 ⅓.

Montent pour					Montent pour				
20 ans	540 livres				30 jours	2 l	5 ſ		
19 ans	513 livres				29 jours	2 l	3 ſ	6 d	
18 ans	486 livres				28 jours	2 l	2 ſ		
17 ans	459 livres				27 jours	2 l		6 d	
16 ans	432 livres				26 jours	1 l	19 ſ		
15 ans	405 livres				25 jours	1 l	17 ſ	6 d	
14 ans	378 livres				24 jours	1 l	15 ſ		
13 ans	351 livres				23 jours	1 l	14 ſ	6 d	
12 ans	324 livres				22 jours	1 l	13 ſ		
11 ans	297 livres				21 jours	1 l	11 ſ	6 d	
10 ans	270 livres				20 jours	1 l	10 ſ		
9 ans	243 livres				19 jours	1 l	8 ſ	6 d	
8 ans	216 livres				18 jours	1 l	7 ſ		
7 ans	189 livres				17 jours	1 l	5 ſ	6 d	
6 ans	162 livres				16 jours	1 l	4 ſ		
5 ans	135 livres				15 jours	1 l	2 ſ	6 d	
4 ans	108 livres				14 jours	1 l	1 ſ		
3 ans	81 livres				13 jours		19 ſ	6 d	
2 ans	54 livres				12 jours		18 ſ		
1 an	27 livres				11 jours		16 ſ	6 d	
					10 jours		15 ſ		
11 mois	24 l	15 ſ			9 jours		13 ſ	6 d	
10 mois	22 l	10 ſ			8 jours		12 ſ		
9 mois	20 l	5 ſ			7 jours		10 ſ	6 d	
8 mois	18 l				6 jours		9 ſ		
7 mois	15 l	15 ſ			5 jours		7 ſ	6 d	
6 mois	13 l	10 ſ			4 jours		6 ſ		
5 mois	11 l	5 ſ			3 jours		4 ſ	6 d	
4 mois	9 l				2 jours		3 ſ		
3 mois	6 l	15 ſ			1 jour		1 ſ	6 d	
2 mois	4 l	10 ſ							
1 mois	2 l	5 ſ							

Les Intérêts

De 800 livres.

Au Denier 33 ⅓.

Montent pour					
20 ans	480 livres				
19 ans	456 livres				
18 ans	432 livres				
17 ans	408 livres				
16 ans	384 livres				
15 ans	360 livres				
14 ans	336 livres				
13 ans	312 livres				
12 ans	288 livres				
11 ans	264 livres				
10 ans	240 livres				
9 ans	216 livres				
8 ans	192 livres				
7 ans	168 livres				
6 ans	144 livres				
5 ans	120 livres				
4 ans	96 livres				
3 ans	72 livres				
2 ans	48 livres				
1 an	24 livres				
11 mois	22 livres				
10 mois	20 livres				
9 mois	18 livres				
8 mois	16 livres				
7 mois	14 livres				
6 mois	12 livres				
5 mois	10 livres				
4 mois	8 livres				
3 mois	6 livres				
2 mois	4 livres				
1 mois	2 livres				

Montent pour					
30 jours	2 l				
29 jours	1 l	18 ſ	8 d
28 jours	1 l	17 ſ	4 d
27 jours	1 l	16 ſ	
26 jours	1 l	14 ſ	8 d
25 jours	1 l	13 ſ	4 d
24 jours	1 l	12 ſ	
23 jours	1 l	10 ſ	8 d
22 jours	1 l	9 ſ	4 d
21 jours	1 l	8 ſ	
20 jours	1 l	6 ſ	8 d
19 jours	1 l	5 ſ	4 d
18 jours	1 l	4 ſ	
17 jours	1 l	2 ſ	8 d
16 jours	1 l	1 ſ	4 d
15 jours	1 l		
14 jours		18 ſ	8 d
13 jours		17 ſ	4 d
12 jours		16 ſ	
11 jours		14 ſ	8 d
10 jours		13 ſ	4 d
9 jours		12 ſ	
8 jours		10 ſ	8 d
7 jours		9 ſ	4 d
6 jours		8 ſ	
5 jours		6 ſ	8 d
4 jours		5 ſ	4 d
3 jours		4 ſ	
2 jours		2 ſ	8 d
1 jour		1 ſ	4 d

X

Les Intérêts

De 700 livres

Au Denier 33 ⅓.

Montent pour					Montent pour				
20 ans	420 livres				30 jours	1 l	15 ſ		
19 ans	399 livres				29 jours	1 l	13 ſ	10 d	
18 ans	378 livres				28 jours	1 l	12 ſ	8 d	
17 ans	357 livres				27 jours	1 l	11 ſ	6 d	
16 ans	336 livres				26 jours	1 l	10 ſ	4 d	
15 ans	315 livres				25 jours	1 l	9 ſ	2 d	
14 ans	294 livres				24 jours	1 l	8 ſ		
13 ans	273 livres				23 jours	1 l	6 ſ	10 d	
12 ans	252 livres				22 jours	1 l	5 ſ	8 d	
11 ans	231 livres				21 jours	1 l	4 ſ	6 d	
10 ans	210 livres				20 jours	1 l	3 ſ	4 d	
9 ans	189 livres				19 jours	1 l	2 ſ	2 d	
8 ans	168 livres				18 jours	1 l	1 ſ		
7 ans	147 livres				17 jours		19 ſ	10 d	
6 ans	126 livres				16 jours		18 ſ	8 d	
5 ans	105 livres				15 jours		17 ſ	6 d	
4 ans	84 livres				14 jours		16 ſ	4 d	
3 ans	63 livres				13 jours		15 ſ	2 d	
2 ans	42 livres				12 jours		14 ſ		
1 an	21 livres				11 jours		12 ſ	10 d	
					10 jours		11 ſ	8 d	
11 mois	19 l	5 ſ			9 jours		10 ſ	6 d	
10 mois	17 l	10 ſ			8 jours		9 ſ	4 d	
9 mois	15 l	15 ſ			7 jours		8 ſ	2 d	
8 mois	14 l				6 jours		7 ſ		
7 mois	12 l	5 ſ			5 jours		5 ſ	10 d	
6 mois	10 l	10 ſ			4 jours		4 ſ	8 d	
5 mois	8 l	15 ſ			3 jours		3 ſ	6 d	
4 mois	7 l				2 jours		2 ſ	4 d	
3 mois	5 l	5 ſ			1 jour		1 ſ	2 d	
2 mois	3 l	10 ſ							
1 mois	1 l	15 ſ							

Les Intérêts

De 600 livres

Au Denier 33 ⅓.

Montent pour			Montent pour		
20 ans	360 livres		30 jours	1 l 10 ſ	
19 ans	342 livres		29 jours	1 l 9 ſ	
18 ans	324 livres		28 jours	1 l 8 ſ	
17 ans	306 livres		27 jours	1 l 7 ſ	
16 ans	288 livres		26 jours	1 l 6 ſ	
15 ans	270 livres		25 jours	1 l 5 ſ	
14 ans	252 livres		24 jours	1 l 4 ſ	
13 ans	234 livres		23 jours	1 l 3 ſ	
12 ans	216 livres		22 jours	1 l 2 ſ	
11 ans	198 livres		21 jours	1 l 1 ſ	
10 ans	180 livres		20 jours	1 l	
9 ans	162 livres		19 jours	19 ſ	
8 ans	144 livres		18 jours	18 ſ	
7 ans	126 livres		17 jours	17 ſ	
6 ans	108 livres		16 jours	16 ſ	
5 ans	90 livres		15 jours	15 ſ	
4 ans	72 livres		14 jours	14 ſ	
3 ans	54 livres		13 jours	13 ſ	
2 ans	36 livres		12 jours	12 ſ	
1 an	18 livres		11 jours	11 ſ	
			10 jours	10 ſ	
11 mois	16 l 10 ſ		9 jours	9 ſ	
10 mois	15 l		8 jours	8 ſ	
9 mois	13 l 10 ſ		7 jours	7 ſ	
8 mois	12 l		6 jours	6 ſ	
7 mois	10 l 10 ſ		5 jours	5 ſ	
6 mois	9 l		4 jours	4 ſ	
5 mois	7 l 10 ſ		3 jours	3 ſ	
4 mois	6 l		2 jours	2 ſ	
3 mois	4 l 10 ſ		1 jour	1 ſ	
2 mois	3 l				
1 mois	1 l 10 ſ				

Y ij

Les Intérêts

De 500 livres

Au Denier 33 ⅓.

Montent pour				
20 ans	300 livres			
19 ans	285 livres			
18 ans	270 livres			
17 ans	255 livres			
16 ans	240 livres			
15 ans	225 livres			
14 ans	210 livres			
13 ans	195 livres			
12 ans	180 livres			
11 ans	165 livres			
10 ans	150 livres			
9 ans	135 livres			
8 ans	120 livres			
7 ans	105 livres			
6 ans	90 livres			
5 ans	75 livres			
4 ans	60 livres			
3 ans	45 livres			
2 ans	30 livres			
1 an	15 livres			
11 mois	13 l	15 ſ	
10 mois	12 l	10 ſ	
9 mois	11 l	5 ſ	
8 mois	10 l		
7 mois	8 l	15 ſ	
6 mois	7 l	10 ſ	
5 mois	6 l	5 ſ	
4 mois	5 l		
3 mois	3 l	15 ſ	
2 mois	2 l	10 ſ	
1 mois	1 l	5 ſ	

Montent pour			
30 jours	1 l	5 ſ	
29 jours	1 l	4 ſ	2 d
28 jours	1 l	3 ſ	4 d
27 jours	1 l	2 ſ	6 d
26 jours	1 l	1 ſ	8 d
25 jours	1 l		10 d
24 jours	1 l		
23 jours		19 ſ	2 d
22 jours		18 ſ	4 d
21 jours		17 ſ	6 d
20 jours		16 ſ	8 d
19 jours		15 ſ	10 d
18 jours		15 ſ	
17 jours		14 ſ	2 d
16 jours		13 ſ	4 d
15 jours		12 ſ	6 d
14 jours		11 ſ	8 d
13 jours		10 ſ	10 d
12 jours		10 ſ	
11 jours		9 ſ	2 d
10 jours		8 ſ	4 d
9 jours		7 ſ	6 d
8 jours		6 ſ	8 d
7 jours		5 ſ	10 d
6 jours		5 ſ	
5 jours		4 ſ	2 d
4 jours		3 ſ	4 d
3 jours		2 ſ	6 d
2 jours		1 ſ	8 d
1 jour			10 d

Les Intérêts

De 400 livres

Au Denier 33 ⅓.

Montent pour			Montent pour			
20 ans	240 livres		30 jours	1 l		
19 ans	228 livres		29 jours	19 ſ	4 d	
18 ans	216 livres		28 jours	18 ſ	8 d	
17 ans	204 livres		27 jours	18 ſ		
16 ans	192 livres		26 jours	17 ſ	4 d	
15 ans	180 livres		25 jours	16 ſ	8 d	
14 ans	168 livres		24 jours	16 ſ		
13 ans	156 livres		23 jours	15 ſ	4 d	
12 ans	144 livres		22 jours	14 ſ	8 d	
11 ans	132 livres		21 jours	14 ſ		
10 ans	120 livres		20 jours	13 ſ	4 d	
9 ans	108 livres		19 jours	12 ſ	8 d	
8 ans	96 livres		18 jours	12 ſ		
7 ans	84 livres		17 jours	11 ſ	4 d	
6 ans	72 livres		16 jours	10 ſ	8 d	
5 ans	60 livres		15 jours	10 ſ		
4 ans	48 livres		14 jours	9 ſ	4 d	
3 ans	36 livres		13 jours	8 ſ	8 d	
2 ans	24 livres		12 jours	8 ſ		
1 an	12 livres		11 jours	7 ſ	4 d	
			10 jours	6 ſ	8 d	
11 mois	11 livres		9 jours	6 ſ		
10 mois	10 livres		8 jours	5 ſ	4 d	
9 mois	9 livres		7 jours	4 ſ	8 d	
8 mois	8 livres		6 jours	4 ſ		
7 mois	7 livres		5 jours	3 ſ	4 d	
6 mois	6 livres		4 jours	2 ſ	8 d	
5 mois	5 livres		3 jours	2 ſ		
4 mois	4 livres		2 jours	1 ſ	4 d	
3 mois	3 livres		1 jour		8 d	
2 mois	2 livres					
1 mois	1 livres					

Les Intérêts

De 300 livres

Au Denier 33 ⅓.

Montent pour				Montent pour		
20 ans	180 livres			30 jours	15 ſ	
19 ans	171 livres			29 jours	14 ſ	6 d
18 ans	162 livres			28 jours	14 ſ	
17 ans	153 livres			27 jours	13 ſ	6 d
16 ans	144 livres			26 jours	13 ſ	
15 ans	135 livres			25 jours	12 ſ	6 d
14 ans	126 livres			24 jours	12 ſ	
13 ans	117 livres			23 jours	11 ſ	6 d
12 ans	108 livres			22 jours	11 ſ	
11 ans	99 livres			21 jours	10 ſ	6 d
10 ans	90 livres			20 jours	10 ſ	
9 ans	81 livres			19 jours	9 ſ	6 d
8 ans	72 livres			18 jours	9 ſ	
7 ans	63 livres			17 jours	8 ſ	6 d
6 ans	54 livres			16 jours	8 ſ	
5 ans	45 livres			15 jours	7 ſ	6 d
4 ans	36 livres			14 jours	7 ſ	
3 ans	27 livres			13 jours	6 ſ	6 d
2 ans	18 livres			12 jours	6 ſ	
1 an	9 livres			11 jours	5 ſ	6 d
				10 jours	5 ſ	
11 mois	8 l	5 ſ		9 jours	4 ſ	6 d
10 mois	7 l	10 ſ		8 jours	4 ſ	
9 mois	6 l	15 ſ		7 jours	3 ſ	6 d
8 mois	6 l			6 jours	3 ſ	
7 mois	5 l	5 ſ		5 jours	2 ſ	6 d
6 mois	4 l	10 ſ		4 jours	2 ſ	
5 mois	3 l	15 ſ		3 jours	1 ſ	6 d
4 mois	3 l			2 jours	1 ſ	
3 mois	2 l	5 ſ		1 jour		6 d
2 mois	1 l	10 ſ				
1 mois		15 ſ				

Les Intérêts

De 200 livres

Au Denier 33 ⅓.

Montent pour				Montent pour		
20 ans	120 livres			30 jours	10 ſ	
19 ans	114 livres			29 jours	9 ſ	8 d
18 ans	108 livres			28 jours	9 ſ	4 d
17 ans	102 livres			27 jours	9 ſ	
16 ans	96 livres			26 jours	8 ſ	8 d
15 ans	90 livres			25 jours	8 ſ	4 d
14 ans	84 livres			24 jours	8 ſ	
13 ans	78 livres			23 jours	7 ſ	8 d
12 ans	72 livres			22 jours	7 ſ	4 d
11 ans	66 livres			21 jours	7 ſ	
10 ans	60 livres			20 jours	6 ſ	8 d
9 ans	54 livres			19 jours	6 ſ	4 d
8 ans	48 livres			18 jours	6 ſ	
7 ans	42 livres			17 jours	5 ſ	8 d
6 ans	36 livres			16 jours	5 ſ	4 d
5 ans	30 livres			15 jours	5 ſ	
4 ans	24 livres			14 jours	4 ſ	8 d
3 ans	18 livres			13 jours	4 ſ	4 d
2 ans	12 livres			12 jours	4 ſ	
1 an	6 livres			11 jours	3 ſ	8 d
				10 jours	3 ſ	4 d
11 mois	5 l	10 ſ		9 jours	3 ſ	
10 mois	5 l			8 jours	2 ſ	8 d
9 mois	4 l	10 ſ		7 jours	2 ſ	4 d
8 mois	4 l			6 jours	2 ſ	
7 mois	3 l	10 ſ		5 jours	1 ſ	8 d
6 mois	3 l			4 jours	1 ſ	4 d
5 mois	2 l	10 ſ		3 jours	1 ſ	
4 mois	2 l			2 jours		8 d
3 mois	1 l	10 ſ		1 jour		4 d
2 mois	1 l					
1 mois		10 ſ				

Les Intérêts

De 100 livres

Au Denier 33 ⅓.

Montent pour

20 ans	60 livres
19 ans	57 livres
18 ans	54 livres
17 ans	51 livres
16 ans	48 livres
15 ans	45 livres
14 ans	42 livres
13 ans	39 livres
12 ans	36 livres
11 ans	33 livres
10 ans	30 livres
9 ans	27 livres
8 ans	24 livres
7 ans	21 livres
6 ans	18 livres
5 ans	15 livres
4 ans	12 livres
3 ans	9 livres
2 ans	6 livres
1 an	3 livres

11 mois	2 l	15 ſ
10 mois	2 l	10 ſ
9 mois	2 l	5 ſ
8 mois	2 l	
7 mois	1 l	15 ſ
6 mois	1 l	10 ſ
5 mois	1 l	5 ſ
4 mois	1 l	
3 mois		15 ſ
2 mois		10 ſ
1 mois		5 ſ

Montent pour

30 jours	5 ſ	
29 jours	4 ſ	10 d
28 jours	4 ſ	8 d
27 jours	4 ſ	6 d
26 jours	4 ſ	4 d
25 jours	4 ſ	2 d
24 jours	4 ſ	
23 jours	3 ſ	10 d
22 jours	3 ſ	8 d
21 jours	3 ſ	6 d
20 jours	3 ſ	4 d
19 jours	3 ſ	2 d
18 jours	3 ſ	
17 jours	2 ſ	10 d
16 jours	2 ſ	8 d
15 jours	2 ſ	6 d
14 jours	2 ſ	4 d
13 jours	2 ſ	2 d
12 jours	2 ſ	
11 jours	1 ſ	10 d
10 jours	1 ſ	8 d
9 jours	1 ſ	6 d
8 jours	1 ſ	4 d
7 jours	1 ſ	2 d
6 jours	1 ſ	
5 jours		10 d
4 jours		8 d
3 jours		6 d
2 jours		4 d
1 jour		2 d

Les Intérêts

De 90 livres

Au Denier 33 ⅓.

Montent pour				Montent pour			
20 ans	54 l			30 jours	4 ſ	6 d	
19 ans	51 l	6 ſ		29 jours	4 ſ	4 d	
18 ans	48 l	12 ſ		28 jours	4 ſ	2 d	
17 ans	45 l	18 ſ		27 jours	4 ſ		
16 ans	43 l	4 ſ		26 jours	3 ſ	10 d	
15 ans	40 l	10 ſ		25 jours	3 ſ	9 d	
14 ans	37 l	16 ſ		24 jours	3 ſ	7 d	
13 ans	35 l	2 ſ		23 jours	3 ſ	5 d	
12 ans	32 l	8 ſ		22 jours	3 ſ	3 d	
11 ans	29 l	14 ſ		21 jours	3 ſ	1 d	
10 ans	27 l			20 jours	2 ſ	11 d	
9 ans	24 l	6 ſ		19 jours	2 ſ	10 d	
8 ans	21 l	12 ſ		18 jours	2 ſ	8 d	
7 ans	18 l	18 ſ		17 jours	2 ſ	6 d	
6 ans	16 l	4 ſ		16 jours	2 ſ	4 d	
5 ans	13 l	10 ſ		15 jours	2 ſ	3 d	
4 ans	10 l	16 ſ		14 jours	2 ſ	1 d	
3 ans	8 l	2 ſ		13 jours	1 ſ	11 d	
2 ans	5 l	8 ſ		12 jours	1 ſ	9 d	
1 an	2 l	14 ſ		11 jours	1 ſ	7 d	
				10 jours	1 ſ	6 d	
11 mois	2 l	9 ſ	6 d	9 jours	1 ſ	4 d	
10 mois	2 l	5 ſ		8 jours	1 ſ	2 d	
9 mois	2 l		6 d	7 jours	1 ſ		
8 mois	1 l	16 ſ		6 jours		10 d	
7 mois	1 l	11 ſ	6 d	5 jours		9 d	
6 mois	1 l	7 ſ		4 jours		7 d	
5 mois	1 l	2 ſ	6 d	3 jours		5 d	
4 mois		18 ſ		2 jours		3 d	
3 mois		13 ſ	6 d	1 jour		1 d	
2 mois		9 ſ					
1 mois		4 ſ	6 d				

Les Intérêts

De 80 livres

Au Denier 33 ⅓.

Montent pour			
20 ans	48 l		
19 ans	45 l	12 ſ	
18 ans	43 l	4 ſ	
17 ans	40 l	16 ſ	
16 ans	38 l	8 ſ	
15 ans	36 l		
14 ans	33 l	12 ſ	
13 ans	31 l	4 ſ	
12 ans	28 l	16 ſ	
11 ans	26 l	8 ſ	
10 ans	24 l		
9 ans	21 l	12 ſ	
8 ans	19 l	4 ſ	
7 ans	16 l	16 ſ	
6 ans	14 l	8 ſ	
5 ans	12 l		
4 ans	9 l	12 ſ	
3 ans	7 l	4 ſ	
2 ans	4 l	16 ſ	
1 an	2 l	8 ſ	
11 mois	2 l	4 ſ	
10 mois	2 l		
9 mois	1 l	16 ſ	
8 mois	1 l	12 ſ	
7 mois	1 l	8 ſ	
6 mois	1 l	4 ſ	
5 mois	1 l		
4 mois		16 ſ	
3 mois		12 ſ	
2 mois		8 ſ	
1 mois		4 ſ	

Montent pour			
30 jours	4 ſ		
29 jours	3 ſ	10	d
28 jours	3 ſ	8	d
27 jours	3 ſ	7	d
26 jours	3 ſ	5	d
25 jours	3 ſ	4	d
24 jours	3 ſ	2	d
23 jours	3 ſ		
22 jours	2 ſ	11	d
21 jours	2 ſ	9	d
20 jours	2 ſ	8	d
19 jours	2 ſ	6	d
18 jours	2 ſ	4	d
17 jours	2 ſ	3	d
16 jours	2 ſ	1	d
15 jours	2 ſ		
14 jours	1 ſ	10	d
13 jours	1 ſ	8	d
12 jours	1 ſ	7	d
11 jours	1 ſ	5	d
10 jours	1 ſ	4	d
9 jours	1 ſ	2	d
8 jours	1 ſ		
7 jours		11	d
6 jours		9	d
5 jours		8	d
4 jours		6	d
3 jours		4	d
2 jours		3	d
1 jour		1	d

Les Intérêts

De 70 livres

Au Denier 33 ⅓.

Montent pour				Montent pour			
20 ans	42 l			30 jours	3 ſ	6 d	
19 ans	39 l	18 ſ		29 jours	3 ſ	4 d	
18 ans	37 l	16 ſ		28 jours	3 ſ	3 d	
17 ans	35 l	14 ſ		27 jours	3 ſ	1 d	
16 ans	33 l	12 ſ		26 jours	3 ſ		
15 ans	31 l	10 ſ		25 jours	2 ſ	11 d	
14 ans	29 l	8 ſ		24 jours	2 ſ	9 d	
13 ans	27 l	6 ſ		23 jours	2 ſ	8 d	
12 ans	25 l	4 ſ		22 jours	2 ſ	6 d	
11 ans	23 l	2 ſ		21 jours	2 ſ	5 d	
10 ans	21 l			20 jours	2 ſ	4 d	
9 ans	18 l	18 ſ		19 jours	2 ſ	2 d	
8 ans	16 l	16 ſ		18 jours	2 ſ	1 d	
7 ans	14 l	14 ſ		17 jours	1 ſ	11 d	
6 ans	12 l	12 ſ		16 jours	1 ſ	10 d	
5 ans	10 l	10 ſ		15 jours	1 ſ	9 d	
4 ans	8 l	8 ſ		14 jours	1 ſ	7 d	
3 ans	6 l	6 ſ		13 jours	1 ſ	6 d	
2 ans	4 l	4 ſ		12 jours	1 ſ	4 d	
1 an	2 l	2 ſ		11 jours	1 ſ	3 d	
				10 jours	1 ſ	2 d	
11 mois	1 l	18 ſ	6 d	9 jours	1 ſ		
10 mois	1 l	15 ſ		8 jours		11 d	
9 mois	1 l	11 ſ	6 d	7 jours		9 d	
8 mois	1 l	8 ſ		6 jours		8 d	
7 mois	1 l	4 ſ	6 d	5 jours		7 d	
6 mois	1 l	1 ſ		4 jours		5 d	
5 mois		17 ſ	6 d	3 jours		4 d	
4 mois		14 ſ		2 jours		2 d	
3 mois		10 ſ	6 d	1 jour		1 d	
2 mois		7 ſ					
1 mois		3 ſ	6 d				

Les Intérêts

De 60 livres

Au Denier 33 ⅓.

Montent pour				Montent pour			
20 ans	36 l			30 jours	3 ſ		
19 ans	34 l	4 ſ		29 jours	2 ſ	10	d
18 ans	32 l	8 ſ		28 jours	2 ſ	9	d
17 ans	30 l	12 ſ		27 jours	2 ſ	8	d
16 ans	28 l	16 ſ		26 jours	2 ſ	7	d
15 ans	27 l			25 jours	2 ſ	6	d
14 ans	25 l	4 ſ		24 jours	2 ſ	4	d
13 ans	23 l	8 ſ		23 jours	2 ſ	3	d
12 ans	21 l	12 ſ		22 jours	2 ſ	2	d
11 ans	19 l	16 ſ		21 jours	2 ſ	1	d
10 ans	18 l			20 jours	2 ſ		
9 ans	16 l	4 ſ		19 jours	1 ſ	10	d
8 ans	14 l	8 ſ		18 jours	1 ſ	9	d
7 ans	12 l	12 ſ		17 jours	1 ſ	8	d
6 ans	10 l	16 ſ		16 jours	1 ſ	7	d
5 ans	9 l			15 jours	1 ſ	6	d
4 ans	7 l	4 ſ		14 jours	1 ſ	4	d
3 ans	5 l	8 ſ		13 jours	1 ſ	3	d
2 ans	3 l	12 ſ		12 jours	1 ſ	2	d
1 an	1 l	16 ſ		11 jours	1 ſ	1	d
				10 jours	1 ſ		
11 mois	1 l	13 ſ		9 jours		10	d
10 mois	1 l	10 ſ		8 jours		9	d
9 mois	1 l	7 ſ		7 jours		8	d
8 mois	1 l	4 ſ		6 jours		7	d
7 mois	1 l	1 ſ		5 jours		6	d
6 mois		18 ſ		4 jours		4	d
5 mois		15 ſ		3 jours		3	d
4 mois		12 ſ		2 jours		2	d
3 mois		9 ſ		1 jour		1	d
2 mois		6 ſ					
1 mois		3 ſ					

Les Intérêts

De 50 livres

Au Denier 33 ⅓.

Montent pour			
20 ans	30 l		
19 ans	28 l	10 ſ	
18 ans	27 l		
17 ans	25 l	10 ſ	
16 ans	24 l		
15 ans	22 l	10 ſ	
14 ans	21 l		
13 ans	19 l	10 ſ	
12 ans	18 l		
11 ans	16 l	10 ſ	
10 ans	15 l		
9 ans	13 l	10 ſ	
8 ans	12 l		
7 ans	10 l	10 ſ	
6 ans	9 l		
5 ans	7 l	10 ſ	
4 ans	6 l		
3 ans	4 l	10 ſ	
2 ans	3 l		
1 an	1 l	10 ſ	
11 mois	1 l	7 ſ	6 d
10 mois	1 l	5 ſ	
9 mois	1 l	2 ſ	6 d
8 mois	1 l		
7 mois		17 ſ	6 d
6 mois		15 ſ	
5 mois		12 ſ	6 d
4 mois		10 ſ	
3 mois		7 ſ	6 d
2 mois		5 ſ	
1 mois		2 ſ	6 d

Montent pour		
30 jours	2 ſ	6 d
29 jours	2 ſ	5 d
28 jours	2 ſ	4 d
27 jours	2 ſ	3 d
26 jours	2 ſ	2 d
25 jours	2 ſ	1 d
24 jours	2 ſ	
23 jours	1 ſ	11 d
22 jours	1 ſ	10 d
21 jours	1 ſ	9 d
20 jours	1 ſ	8 d
19 jours	1 ſ	7 d
18 jours	1 ſ	6 d
17 jours	1 ſ	5 d
16 jours	1 ſ	4 d
15 jours	1 ſ	3 d
14 jours	1 ſ	2 d
13 jours	1 ſ	1 d
12 jours	1 ſ	
11 jours		11 d
10 jours		10 d
9 jours		9 d
8 jours		8 d
7 jours		7 d
6 jours		6 d
5 jours		5 d
4 jours		4 d
3 jours		3 d
2 jours		2 d
1 jour		1 d

Les Intérêts

De 40 livres

Au Denier 33 ⅓.

Montent pour				Montent pour			
20 ans	24 l			30 jours	2 ſ		
19 ans	22 l	16 ſ		29 jours	1 ſ	11 d	
18 ans	21 l	12 ſ		28 jours	1 ſ	10 d	
17 ans	20 l	8 ſ		27 jours	1 ſ	9 d	
16 ans	19 l	4 ſ		26 jours	1 ſ	8 d	
15 ans	18 l			25 jours	1 ſ	8 d	
14 ans	16 l	16 ſ		24 jours	1 ſ	7 d	
13 ans	15 l	12 ſ		23 jours	1 ſ	6 d	
12 ans	14 l	8 ſ		22 jours	1 ſ	5 d	
11 ans	13 l	4 ſ		21 jours	1 ſ	4 d	
10 ans	12 l			20 jours	1 ſ	4 d	
9 ans	10 l	16 ſ		19 jours	1 ſ	3 d	
8 ans	9 l	12 ſ		18 jours	1 ſ	2 d	
7 ans	8 l	8 ſ		17 jours	1 ſ	1 d	
6 ans	7 l	4 ſ		16 jours	1 ſ		
5 ans	6 l			15 jours	1 ſ		
4 ans	4 l	16 ſ		14 jours		11 d	
3 ans	3 l	12 ſ		13 jours		10 d	
2 ans	2 l	8 ſ		12 jours		9 d	
1 an	1 l	4 ſ		11 jours		8 d	
				10 jours		8 d	
11 mois	1 l	2 ſ		9 jours		7 d	
10 mois	1 l			8 jours		6 d	
9 mois		13 ſ		7 jours		5 d	
8 mois		16 ſ		6 jours		4 d	
7 mois		14 ſ		5 jours		4 d	
6 mois		12 ſ		4 jours		3 d	
5 mois		10 ſ		3 jours		2 d	
4 mois		8 ſ		2 jours		1 d	
3 mois		6 ſ		1 jour			
2 mois		4 ſ					
1 mois		2 ſ					

Les Intérêts

De 30 livres

Au Denier 33 ⅓.

Montent pour				Montent pour			
20 ans	18 l			30 jours	1 ſ	6 d	
19 ans	17 l	2 ſ		29 jours	1 ſ	5 d	
18 ans	16 l	4 ſ		28 jours	1 ſ	4 d	
17 ans	15 l	6 ſ		27 jours	1 ſ	4 d	
16 ans	14 l	8 ſ		26 jours	1 ſ	3 d	
15 ans	13 l	10 ſ		25 jours	1 ſ	3 d	
14 ans	12 l	12 ſ		24 jours	1 ſ	2 d	
13 ans	11 l	14 ſ		23 jours	1 ſ	1 d	
12 ans	10 l	16 ſ		22 jours	1 ſ	1 d	
11 ans	9 l	18 ſ		21 jours	1 ſ		
10 ans	9 l			20 jours	1 ſ		
9 ans	8 l	2 ſ		19 jours		11 d	
8 ans	7 l	4 ſ		18 jours		10 d	
7 ans	6 l	6 ſ		17 jours		10 d	
6 ans	5 l	8 ſ		16 jours		9 d	
5 ans	4 l	10 ſ		15 jours		9 d	
4 ans	3 l	12 ſ		14 jours		8 d	
3 ans	2 l	14 ſ		13 jours		7 d	
2 ans	1 l	16 ſ		12 jours		7 d	
1 an		18 ſ		11 jours		6 d	
				10 jours		6 d	
11 mois		16 ſ	6 d	9 jours		5 d	
10 mois		15 ſ		8 jours		4 d	
9 mois		13 ſ	6 d	7 jours		4 d	
8 mois		12 ſ		6 jours		3 d	
7 mois		10 ſ	6 d	5 jours		3 d	
6 mois		9 ſ		4 jours		2 d	
5 mois		7 ſ	6 d	3 jours		1 d	
4 mois		6 ſ		2 jours		1 d	
3 mois		4 ſ	6 d	1 jour			
2 mois		3 ſ					
1 mois		1 ſ	6 d				

Z ij

Les Intéréts

De 20 livres

Au Denier 33 ⅓.

Montent pour				Montent pour	
20 ans	12 l			30 jours	1 f
19 ans	11 l	8 f		29 jours	11 d
18 ans	10 l	16 f		28 jours	11 d
17 ans	10 l	4 f		27 jours	10 d
16 ans	9 l	12 f		26 jours	10 d
15 ans	9 l			25 jours	10 d
14 ans	8 l	8 f		24 jours	9 d
13 ans	7 l	16 f		23 jours	9 d
12 ans	7 l	4 f		22 jours	8 d
11 ans	6 l	12 f		21 jours	8 d
10 ans	6 l			20 jours	8 d
9 ans	5 l	8 f		19 jours	7 d
8 ans	4 l	16 f		18 jours	7 d
7 ans	4 l	4 f		17 jours	6 d
6 ans	3 l	12 f		16 jours	6 d
5 ans	3 l			15 jours	6 d
4 ans	2 l	8 f		14 jours	5 d
3 ans	1 l	16 f		13 jours	5 d
2 ans	1 l	4 f		12 jours	4 d
1 an		12 f		11 jours	4 d
				10 jours	4 d
11 mois		11 f		9 jours	3 d
10 mois		10 f		8 jours	3 d
9 mois		9 f		7 jours	2 d
8 mois		8 f		6 jours	2 d
7 mois		7 f		5 jours	2 d
6 mois		6 f		4 jours	1 d
5 mois		5 f		3 jours	1 d
4 mois		4 f		2 jours	
3 mois		3 f		1 jour	
2 mois		2 f			
1 mois		1 f			

Les Intéréts

De 10 livres

Au Denier 33 ⅓.

Montent pour				Montent pour	
20 ans	6 l			30 jours	6 d
19 ans	5 l 14 ſ			29 jours	5 d
18 ans	5 l 8 ſ			28 jours	5 d
17 ans	5 l 2 ſ			27 jours	5 d
16 ans	4 l 16 ſ			26 jours	5 d
15 ans	4 l 10 ſ			25 jours	5 d
14 ans	4 l 4 ſ			24 jours	4 d
13 ans	3 l 18 ſ			23 jours	4 d
12 ans	3 l 12 ſ			22 jours	4 d
11 ans	3 l 6 ſ			21 jours	4 d
10 ans	3 l			20 jours	4 d
9 ans	2 l 14 ſ			19 jours	3 d
8 ans	2 l 8 ſ			18 jours	3 d
7 ans	2 l 2 ſ			17 jours	3 d
6 ans	1 l 16 ſ			16 jours	3 d
5 ans	1 l 10 ſ			15 jours	3 d
4 ans	1 l 4 ſ			14 jours	2 d
3 ans	18 ſ			13 jours	2 d
2 ans	12 ſ			12 jours	2 d
1 an	6 ſ			11 jours	2 d
				10 jours	2 d
11 mois	5 ſ	6 d		9 jours	1 d
10 mois	5 ſ			8 jours	1 d
9 mois	4 ſ	6 d		7 jours	1 d
8 mois	4 ſ			6 jours	1 d
7 mois	3 ſ	6 d		5 jours	1 d
6 mois	3 ſ			4 jours	
5 mois	2 ſ	6 d		3 jours	
4 mois	2 ſ			2 jours	
3 mois	1 ſ	6 d.		1 jour	
2 mois	1 ſ				
1 mois		6 d			

Z

TARIF
AU DENIER 30,
QUI EST

De 30 livres en donner une,
par chacun an, d'intérêt.

On trouve dans les pages suivantes le montant des Intérêts, au Denier 30, de toutes sortes de Sommes,

Pour plusieurs Années,
Pour plusieurs Mois,
& pour plusieurs Jours,

En un moment, & en un même endroit.

Les Intéréts

De 50000 livres.

Au Denier 30.

Montent pour				Montent pour			
20 ans	33333 l	6 ſ	8 d	30 jours	138 l	17 ſ	9 d
19 ans	31666 l	13 ſ	4 d	29 jours	134 l	5 ſ	2 d
18 ans	30000 l			28 jours	129 l	12 ſ	7 d
17 ans	28333 l	6 ſ	8 d	27 jours	125 l		
16 ans	26666 l	13 ſ	4 d	26 jours	120 l	7 ſ	5 d
15 ans	25000 l			25 jours	115 l	14 ſ	9 d
14 ans	23333 l	6 ſ	8 d	24 jours	111 l	2 ſ	2 d
13 ans	21666 l	13 ſ	4 d	23 jours	106 l	8 ſ	10 d
12 ans	20000 l			22 jours	101 l	17 ſ	
11 ans	18333 l	6 ſ	8 d	21 jours	97 l	4 ſ	5 d
10 ans	16666 l	13 ſ	4 d	20 jours	92 l	11 ſ	10 d
9 ans	15000 l			19 jours	87 l	19 ſ	3 d
8 ans	13333 l	6 ſ	8 d	18 jours	83 l	6 ſ	8 d
7 ans	11666 l	13 ſ	4 d	17 jours	78 l	14 ſ	1 d
6 ans	10000 l			16 jours	74 l	1 ſ	5 d
5 ans	8333 l	6 ſ	8 d	15 jours	69 l	8 ſ	10 d
4 ans	6666 l	13 ſ	4 d	14 jours	64 l	16 ſ	3 d
3 ans	5000 l			13 jours	60 l	3 ſ	8 d
2 ans	3333 l	6 ſ	8 d	12 jours	55 l	11 ſ	1 d
1 an	1666 l	13 ſ	4 d	11 jours	50 l	18 ſ	6 d
				10 jours	46 l	5 ſ	11 d
11 mois	1527 l	15 ſ	6 d	9 jours	41 l	13 ſ	4 d
10 mois	1388 l	17 ſ	8 d	8 jours	37 l		8 d
9 mois	1250 l			7 jours	32 l	8 ſ	1 d
8 mois	1110 l			6 jours	27 l	15 ſ	6 d
7 mois	972 l	4 ſ	4 d	5 jours	23 l	2 ſ	11 d
6 mois	833 l	6 ſ	8 d	4 jours	18 l	10 ſ	4 d
5 mois	694 l	8 ſ	10 d	3 jours	13 l	17 ſ	9 d
4 mois	555 l	11 ſ	1 d	2 jours	9 l	5 ſ	2 d
3 mois	416 l	13 ſ	4 d	1 jour	4 l	12 ſ	7 d
2 mois	277 l	15 ſ	6 d				
1 mois	138 l	17 ſ	9 d				

Les Intérêts

De 40000 livres

Au Denier 30.

Montent pour					Montent pour				
20 ans	26666 l	13 ſ	4 d		30 jours	111 l	2 ſ	2 d	
19 ans	25333 l	6 ſ	8 d		29 jours	107 l	8 ſ	1 d	
18 ans	24000 l				28 jours	103 l	14 ſ	1 d	
17 ans	22666 l	13 ſ	4 d		27 jours	100 l			
16 ans	21333 l	6 ſ	8 d		26 jours	96 l	5 ſ	11 d	
15 ans	20000 l				25 jours	92 l	11 ſ	10 d	
14 ans	18666 l	13 ſ	4 d		24 jours	88 l	17 ſ	9 d	
13 ans	17333 l	6 ſ	8 d		23 jours	85 l	3 ſ	8 d	
12 ans	16000 l				22 jours	81 l	9 ſ	1 d	
11 ans	14666 l	13 ſ	4 d		21 jours	77 l	15 ſ	6 d	
10 ans	13333 l	6 ſ	8 d		20 jours	74 l	1 ſ	5 d	
9 ans	12000 l				19 jours	70 l	7 ſ	5 d	
8 ans	10666 l	13 ſ	4 d		18 jours	66 l	13 ſ	4 d	
7 ans	9333 l	6 ſ	8 d		17 jours	62 l	19 ſ	3 d	
6 ans	8000 l				16 jours	59 l	5 ſ	2 d	
5 ans	6666 l	13 ſ	4 d		15 jours	55 l	11 ſ	1 d	
4 ans	5333 l	6 ſ	8 d		14 jours	51 l	17 ſ		
3 ans	4000 l				13 jours	48 l	2 ſ	11 d	
2 ans	2666 l	13 ſ	4 d		12 jours	44 l	8 ſ	10 d	
1 an	1333 l	6 ſ	8 d		11 jours	40 l	14 ſ	9 d	
					10 jours	37 l		9 d	
11 mois	1222 l	4 ſ	5 d		9 jours	33 l	6 ſ	8 d	
10 mois	1111 l	2 ſ	1 d		8 jours	29 l	12 ſ	7 d	
9 mois	1000 l				7 jours	25 l	18 ſ	6 d	
8 mois	888 l	17 ſ	9 d		6 jours	22 l	4 ſ	5 d	
7 mois	777 l	15 ſ	6 d		5 jours	18 l	10 ſ	4 d	
6 mois	666 l	13 ſ	4 d		4 jours	14 l	16 ſ	3 d	
5 mois	555 l	11 ſ	1 d		3 jours	11 l	2 ſ	2 d	
4 mois	444 l	8 ſ	10 d		2 jours	7 l	8 ſ	1 d	
3 mois	333 l	6 ſ	8 d		1 jour	3 l	14 ſ	1 d	
2 mois	222 l	4 ſ	5 d						
1 mois	111 l	2 ſ	2 d						

Les Intéréts

De 30000 livres

Au Denier 30.

Montent pour

20 ans	20000 livres
19 ans	19000 livres
18 ans	18000 livres
17 ans	17000 livres
16 ans	16000 livres
15 ans	15000 livres
14 ans	14000 livres
13 ans	13000 livres
12 ans	12000 livres
11 ans	11000 livres
10 ans	10000 livres
9 ans	9000 livres
8 ans	8000 livres
7 ans	7000 livres
6 ans	6000 livres
5 ans	5000 livres
4 ans	4000 livres
3 ans	3000 livres
2 ans	2000 livres
1 an	1000 livres
11 mois	916 l 13 f 4 d
10 mois	833 l 6 f 8 d
9 mois	750 l
8 mois	666 l 13 f 4 d
7 mois	583 l 6 f 8 d
6 mois	500 l
5 mois	416 l 13 f 4 d
4 mois	333 l 6 f 8 d
3 mois	250 l
2 mois	166 l 13 f 4 d
1 mois	83 l 6 f 8 d

Montent pour

30 jours	83 l 6 f 8 d
29 jours	80 l 11 f 1 d
28 jours	77 l 15 f 6 d
27 jours	75 l
26 jours	72 l 4 f 5 d
25 jours	69 l 8 f 10 d
24 jours	66 l 13 f 4 d
23 jours	63 l 17 f 9 d
22 jours	61 l 2 f 2 d
21 jours	58 l 6 f 8 d
20 jours	54 l 11 f 1 d
19 jours	52 l 15 f 6 d
18 jours	50 l
17 jours	47 l 4 f 5 d
16 jours	44 l 8 f 10 d
15 jours	41 l 13 f 4 d
14 jours	38 l 17 f 9 d
13 jours	36 l 2 f 2 d
12 jours	33 l 6 f 8 d
11 jours	30 l 11 f 1 d
10 jours	27 l 15 f 6 d
9 jours	25 l
8 jours	22 l 4 f 5 d
7 jours	19 l 8 f 10 d
6 jours	16 l 13 f 4 d
5 jours	13 l 17 f 9 d
4 jours	11 l 2 f 2 d
3 jours	8 l 6 f 8 d
2 jours	5 l 11 f 1 d
1 jour	2 l 15 f 6 d

Les Intérêts

De 20000 livres

Au Denier 30.

Montent pour

20 ans	13333 l	6 ſ	8 d
19 ans	12666 l	13 ſ	4 d
18 ans	12000 l		
17 ans	11333 l	6 ſ	8 d
16 ans	10666 l	13 ſ	4 d
15 ans	10000 l		
14 ans	9333 l	6 ſ	8 d
13 ans	8666 l	13 ſ	4 d
12 ans	8000 l		
11 ans	7333 l	6 ſ	8 d
10 ans	6666 l	13 ſ	4 d
9 ans	6000 l		
8 ans	5333 l	6 ſ	8 d
7 ans	4666 l	13 ſ	4 d
6 ans	4000 l		
5 ans	3333 l	6 ſ	8 d
4 ans	2666 l	13 ſ	4 d
3 ans	2000 l		
2 ans	1333 l	6 ſ	8 d
1 an	666 l	13 ſ	4 d
11 mois	611 l	2 ſ	2 d
10 mois	555 l	11 ſ	1 d
9 mois	500 l		
8 mois	444 l	8 ſ	10 d
7 mois	388 l	17 ſ	9 d
6 mois	333 l	6 ſ	8 d
5 mois	277 l	15 ſ	6 d
4 mois	222 l	4 ſ	5 d
3 mois	166 l	13 ſ	4 d
2 mois	111 l	2 ſ	2 d
1 mois	55 l	11 ſ	1 d

Montent pour

30 jours	55 l	11 ſ	1 d
29 jours	53 l	14 ſ	
28 jours	51 l	17 ſ	
27 jours	50 l		
26 jours	48 l	2 ſ	11 d
25 jours	46 l	5 ſ	11 d
24 jours	44 l	8 ſ	10 d
23 jours	42 l	11 ſ	10 d
22 jours	40 l	14 ſ	9 d
21 jours	38 l	17 ſ	9 d
20 jours	37 l		8 d
19 jours	35 l	3 ſ	8 d
18 jours	33 l	6 ſ	8 d
17 jours	31 l	9 ſ	7 d
16 jours	29 l	12 ſ	7 d
15 jours	27 l	15 ſ	6 d
14 jours	25 l	18 ſ	6 d
13 jours	24 l	1 ſ	5 d
12 jours	22 l	4 ſ	5 d
11 jours	20 l	7 ſ	4 d
10 jours	18 l	10 ſ	4 d
9 jours	16 l	13 ſ	4 d
8 jours	14 l	16 ſ	3 d
7 jours	12 l	19 ſ	3 d
6 jours	11 l	2 ſ	2 d
5 jours	9 l	5 ſ	2 d
4 jours	7 l	8 ſ	1 d
3 jours	5 l	11 ſ	1 d
2 jours	3 l	14 ſ	
1 jour	1 l	17 ſ	

Les Intérêts

De 10000 livres

Au Denier 30.

Montent pour					Montent pour				
20 ans	6666 l	13 ſ	4 d		30 jours	27 l	15 ſ	6 d	
19 ans	6333 l	6 ſ	8 d		29 jours	26 l	17 ſ		
18 ans	6000 l				28 jours	25 l	18 ſ	6 d	
17 ans	5666 l	13 ſ	4 d		27 jours	25 l			
16 ans	5333 l	6 ſ	8 d		26 jours	24 l	1 ſ	5 d	
15 ans	5000 l				25 jours	23 l	2 ſ	11 d	
14 ans	4666 l	13 ſ	4 d		24 jours	22 l	4 ſ	5 d	
13 ans	4333 l	6 ſ	8 d		23 jours	21 l	5 ſ	11 d	
12 ans	4000 l				22 jours	20 l	7 ſ	4 d	
11 ans	3666 l	13 ſ	4 d		21 jours	19 l	8 ſ	10 d	
10 ans	3333 l	6 ſ	8 d		20 jours	18 l	10 ſ	4 d	
9 ans	3000 l				19 jours	17 l	11 ſ	10 d	
8 ans	2666 l	13 ſ	4 d		18 jours	16 l	13 ſ	4 d	
7 ans	2333 l	6 ſ	8 d		17 jours	15 l	14 ſ	9 d	
6 ans	2000 l				16 jours	14 l	16 ſ	3 d	
5 ans	1666 l	13 ſ	4 d		15 jours	13 l	17 ſ	9 d	
4 ans	1333 l	6 ſ	8 d		14 jours	12 l	19 ſ	3 d	
3 ans	1000 l				13 jours	12 l		8 d	
2 ans	666 l	13 ſ	4 d		12 jours	11 l	2 ſ	2 d	
1 an	333 l	6 ſ	8 d		11 jours	10 l	3 ſ	8 d	
					10 jours	9 l	5 ſ	2 d	
11 mois	304 l	11 ſ	1 d		9 jours	8 l	6 ſ	8 d	
10 mois	277 l	15 ſ	6 d		8 jours	7 l	8 ſ	1 d	
9 mois	250 l				7 jours	6 l	9 ſ	7 d	
8 mois	222 l	4 ſ	5 d		6 jours	5 l	11 ſ	1 d	
7 mois	194 l	8 ſ	10 d		5 jours	4 l	12 ſ	7 d	
6 mois	166 l	13 ſ	4 d		4 jours	3 l	14 ſ		
5 mois	138 l	17 ſ	9 d		3 jours	2 l	15 ſ	6 d	
4 mois	111 l	2 ſ	2 d		2 jours	1 l	17 ſ		
3 mois	83 l	6 ſ	8 d		1 jour		18 ſ	6 d	
2 mois	55 l	11 ſ	1 d						
1 mois	27 l	15 ſ	6 d						

Les Intérêts

De 9000 livres

Au Denier 30.

Montent pour				
20 ans	6000 livres			
19 ans	5700 livres			
18 ans	5400 livres			
17 ans	5100 livres			
16 ans	4800 livres			
15 ans	4500 livres			
14 ans	4200 livres			
13 ans	3900 livres			
12 ans	3600 livres			
11 ans	3300 livres			
10 ans	3000 livres			
9 ans	2700 livres			
8 ans	2400 livres			
7 ans	2100 livres			
6 ans	1800 livres			
5 ans	1500 livres			
4 ans	1200 livres			
3 ans	900 livres			
2 ans	600 livres			
1 an	300 livres			
11 mois	275 livres			
10 mois	250 livres			
9 mois	225 livres			
8 mois	200 livres			
7 mois	175 livres			
6 mois	150 livres			
5 mois	125 livres			
4 mois	100 livres			
3 mois	75 livres			
2 mois	50 livres			
1 mois	25 livres			

Montent pour				
30 jours	25 l			
29 jours	24 l	3 ſ	4 d	
28 jours	23 l	6 ſ	8 d	
27 jours	22 l	10 ſ		
26 jours	21 l	13 ſ	4 d	
25 jours	20 l	16 ſ	8 d	
24 jours	20 l			
23 jours	19 l	3 ſ	4 d	
22 jours	18 l	6 ſ	8 d	
21 jours	17 l	10 ſ		
20 jours	16 l	13 ſ	4 d	
19 jours	15 l	16 ſ	8 d	
18 jours	15 l			
17 jours	14 l	3 ſ	4 d	
16 jours	13 l	6 ſ	8 d	
15 jours	12 l	10 ſ		
14 jours	11 l	13 ſ	4 d	
13 jours	10 l	16 ſ	8 d	
12 jours	10 l			
11 jours	9 l	3 ſ	4 d	
10 jours	8 l	6 ſ	8 d	
9 jours	7 l	10 ſ		
8 jours	6 l	13 ſ	4 d	
7 jours	5 l	16 ſ	8 d	
6 jours	5 l			
5 jours	4 l	3 ſ	4 d	
4 jours	3 l	6 ſ	8 d	
3 jours	2 l	10 ſ		
2 jours	1 l	13 ſ	4 d	
1 jour		16 ſ	8 d	

A a

Les Intérêts

De 8000 livres

Au Denier 30.

Montent pour						
20 ans	5333 l	6 ſ	8 d
19 ans	5066 l	13 ſ	4 d
18 ans	4800 l		
17 ans	4533 l	6 ſ	8 d
16 ans	4266 l	13 ſ	4 d
15 ans	4000 l		
14 ans	3733 l	6 ſ	8 d
13 ans	3466 l	13 ſ	4 d
12 ans	3200 l		
11 ans	2933 l	6 ſ	8 d
10 ans	2666 l	13 ſ	4 d
9 ans	2400 l		
8 ans	2133 l	6 ſ	8 d
7 ans	1866 l	13 ſ	4 d
6 ans	1600 l		
5 ans	1333 l	6 ſ	8 d
4 ans	1066 l	13 ſ	4 d
3 ans	800 l		
2 ans	533 l	6 ſ	8 d
1 an	266 l	13 ſ	4 d
11 mois	244 l	8 ſ	10 d
10 mois	222 l	4 ſ	5 d
9 mois	200 l		
8 mois	177 l	15 ſ	6 d
7 mois	155 l	11 ſ	1 d
6 mois	133 l	6 ſ	8 d
5 mois	111 l	2 ſ	2 d
4 mois	88 l	17 ſ	9 d
3 mois	66 l	13 ſ	4 d
2 mois	44 l	8 ſ	10 d
1 mois	22 l	4 ſ	5 d

Montent pour						
30 jours	22 l	4 ſ	5 d
29 jours	21 l	9 ſ	7 d
28 jours	20 l	14 ſ	9 d
27 jours	20 l		
26 jours	19 l	5 ſ	2 d
25 jours	18 l	10 ſ	5 d
24 jours	17 l	15 ſ	6 d
23 jours	17 l		9 d
22 jours	16 l	5 ſ	11 d
21 jours	15 l	11 ſ	1 d
20 jours	14 l	16 ſ	3 d
19 jours	14 l	1 ſ	5 d
18 jours	13 l	6 ſ	8 d
17 jours	12 l	11 ſ	10 d
16 jours	11 l	17 ſ	
15 jours	11 l	2 ſ	2 d
14 jours	10 l	7 ſ	5 d
13 jours	9 l	12 ſ	7 d
12 jours	8 l	17 ſ	9 d
11 jours	8 l	2 ſ	11 d
10 jours	7 l	8 ſ	1 d
9 jours	6 l	13 ſ	4 d
8 jours	5 l	18 ſ	6 d
7 jours	5 l	3 ſ	8 d
6 jours	4 l	8 ſ	10 d
5 jours	3 l	14 ſ	1 d
4 jours	2 l	19 ſ	3 d
3 jours	2 l	4 ſ	5 d
2 jours	1 l	9 ſ	7 d
1 jour		14 ſ	9 d

Les Intérêts

De 7000 livres

Au Denier 30.

Montent pour					Montent pour				
20 ans	4666 l	13 ſ	4 d		30 jours	19 l	8 ſ	10 d
19 ans	4433 l	6 ſ	8 d		29 jours	18 l	15 ſ	11 d
18 ans	4200 l				28 jours	18 l	2 ſ	11 d
17 ans	3966 l	13 ſ	4 d		27 jours	17 l	10 ſ	
16 ans	3733 l	6 ſ	8 d		26 jours	16 l	17 ſ	
15 ans	3500 l				25 jours	16 l	4 ſ	1 d
14 ans	3266 l	13 ſ	4 d		24 jours	15 l	11 ſ	1 d
13 ans	3033 l	6 ſ	8 d		23 jours	14 l	18 ſ	1 d
12 ans	2800 l				22 jours	14 l	5 ſ	2 d
11 ans	2566 l	13 ſ	4 d		21 jours	13 l	12 ſ	2 d
10 ans	2333 l	6 ſ	8 d		20 jours	12 l	19 ſ	3 d
9 ans	2100 l				19 jours	12 l	6 ſ	3 d
8 ans	1866 l	13 ſ	4 d		18 jours	11 l	13 ſ	4 d
7 ans	1633 l	6 ſ	8 d		17 jours	11 l		4 d
6 ans	1400 l				16 jours	10 l	7 ſ	5 d
5 ans	1166 l	13 ſ	.4 d		15 jours	9 l	14 ſ	5 d
4 ans	933 l	6 ſ	8 d		14 jours	9 l	1 ſ	5 d
3 ans	700 l				13 jours	8 l	8 ſ	6 d
2 ans	466 l	13 ſ	4 d		12 jours	7 l	15 ſ	6 d
1 an	233 l	6 ſ	8 d		11 jours	7 l	2 ſ	7 d
					10 jours	6 l	9 ſ	7 d
11 mois	213 l	17 ſ	2 d		9 jours	5 l	16 ſ	8 d
10 mois	194 l	8 ſ	1 d		8 jours	5 l	2 ſ	8 d
9 mois	175 l				7 jours	4 l	10 ſ	9 d
8 mois	155 l	11 ſ	1 d		6 jours	3 l	17 ſ	9 d
7 mois	136 l	2 ſ	2 d		5 jours	3 l	4 ſ	9 d
6 mois	116 l	13 ſ	4 d		4 jours	2 l	10 ſ	10 d
5 mois	97 l	4 ſ	5 d		3 jours	1 l	18 ſ	10 d
4 mois	77 l	15 ſ	6 d		2 jours	1 l	5 ſ	11 d
3 mois	58 l	6 ſ	8 d		1 jour		12 ſ	11 d
2 mois	38 l	17 ſ	9 d					
1 mois	19 l	8 ſ	10 d					

Les Intérêts

De 6000 livres

Au Denier 30.

Montent pour	
20 ans	4000 livres
19 ans	3800 livres
18 ans	3600 livres
17 ans	3400 livres
16 ans	3200 livres
15 ans	3000 livres
14 ans	2800 livres
13 ans	2600 livres
12 ans	2400 livres
11 ans	2200 livres
10 ans	2000 livres
9 ans	1800 livres
8 ans	1600 livres
7 ans	1400 livres
6 ans	1200 livres
5 ans	1000 livres
4 ans	800 livres
3 ans	600 livres
2 ans	400 livres
1 an	200 livres
11 mois	183 l 6 ſ 8 d
10 mois	166 l 13 ſ 4 d
9 mois	150 l
8 mois	133 l 6 ſ 8 d
7 mois	116 l 13 ſ 4 d
6 mois	100 l
5 mois	83 l 6 ſ 8 d
4 mois	66 l 13 ſ 4 d
3 mois	50 l
2 mois	33 l 6 ſ 8 d
1 mois	16 l 13 ſ 4 d

Montent pour	
30 jours	16 l 13 ſ 4 d
29 jours	16 l 2 ſ 2 d
28 jours	15 l 11 ſ 1 d
27 jours	15 l
26 jours	14 l 8 ſ 10 d
25 jours	13 l 17 ſ 9 d
24 jours	13 l 6 ſ 8 d
23 jours	12 l 15 ſ 6 d
22 jours	12 l 4 ſ 5 d
21 jours	11 l 13 ſ 4 d
20 jours	11 l 2 ſ 2 d
19 jours	10 l 11 ſ 1 d
18 jours	10 l
17 jours	9 l 8 ſ 10 d
16 jours	8 l 17 ſ 9 d
15 jours	8 l 6 ſ 8 d
14 jours	7 l 15 ſ 6 d
13 jours	7 l 4 ſ 5 d
12 jours	6 l 13 ſ 4 d
11 jours	6 l 2 ſ 2 d
10 jours	5 l 11 ſ 1 d
9 jours	5 l
8 jours	4 l 8 ſ 10 d
7 jours	3 l 17 ſ 9 d
6 jours	3 l 6 ſ 8 d
5 jours	2 l 15 ſ 6 d
4 jours	2 l 4 ſ 5 d
3 jours	1 l 13 ſ 4 d
2 jours	1 l 2 ſ 2 d
1 jour	11 ſ 1 d

Les Intérêts

De 5000 livres

Au Denier 30.

Montent pour

	l	ſ	d
20 ans	3333	6	8
19 ans	1166	13	4
18 ans	3000		
17 ans	2833	6	8
16 ans	2666	13	4
15 ans	2500		
14 ans	2333	6	8
13 ans	2166	13	4
12 ans	2000		
11 ans	1833	6	8
10 ans	1666	13	4
9 ans	1500		
8 ans	1333	6	8
7 ans	1166	13	4
6 ans	1000		
5 ans	833	6	8
4 ans	666	13	4
3 ans	500		
2 ans	333	6	8
1 an	166	13	4
11 mois	152	4	6
10 mois	138	2	9
9 mois	125		
8 mois	111	2	2
7 mois	97	4	5
6 mois	83	6	8
5 mois	69	8	10
4 mois	55	11	1
3 mois	41	13	4
2 mois	27	15	6
1 mois	13	17	9

Montent pour

	l	ſ	d
30 jours	13	17	9
29 jours	13	8	6
28 jours	12	19	3
27 jours	11	10	
26 jours	12		8
25 jours	11	11	5
24 jours	11	2	2
23 jours	10	12	11
22 jours	10	3	8
21 jours	9	14	5
20 jours	9	5	2
19 jours	8	15	11
18 jours	8	6	8
17 jours	7	17	4
16 jours	7	8	1
15 jours	6	18	10
14 jours	6	9	7
13 jours	6		4
12 jours	5	11	1
11 jours	5	2	10
10 jours	4	12	7
9 jours	4	3	4
8 jours	3	14	
7 jours	3	4	9
6 jours	2	15	6
5 jours	2	6	3
4 jours	1	17	
3 jours	1	7	9
2 jours		18	6
1 jour		9	3

Les Intéréts

De 4000 livres

Au Denier 30.

Montent pour			
20 ans	2666 l	13 f	4 d
19 ans	2533 l	6 f	8 d
18 ans	2400 l		
17 ans	2266 l	13 f	4 d
16 ans	2133 l	6 f	8 d
15 ans	2000 l		
14 ans	1866 l	13 f	4 d
13 ans	1733 l	6 f	8 d
12 ans	1600 l		
11 ans	1466 l	13 f	4 d
10 ans	1333 l	6 f	8 d
9 ans	1200 l		
8 ans	1066 l	13 f	4 d
7 ans	933 l	6 f	8 d
6 ans	800 l		
5 ans	666 l	13 f	4 d
4 ans	533 l	6 f	8 d
3 ans	400 l		
2 ans	266 l	13 f	4 d
1 an	133 l	6 f	8 d
11 mois	122 l	4 f	5 d
10 mois	111 l	2 f	2 d
9 mois	100 l		
8 mois	88 l	17	9
7 mois	77 l	15 f	6 d
6 mois	66 l	13 f	4 d
5 mois	55 l	11 f	1 d
4 mois	44 l	8 f	10 d
3 mois	33 l	6 f	8 d
2 mois	22 l	4 f	5 d
1 mois	11 l	2 f	2 d

Montent pour			
30 jours	11 l	2 f	2 d
29 jours	10 l	14 f	9 d
28 jours	10 l	7 f	4 d
27 jours	10 l		
26 jours	9 l	12 f	7 d
25 jours	9 l	5 f	2 d
24 jours	8 l	17 f	9 d
23 jours	8 l	10 f	4 d
22 jours	8 l	2 f	11 d
21 jours	7 l	15 f	6 d
20 jours	7 l	8 f	1 d
19 jours	6 l		8 d
18 jours	6 l	13 f	4 d
17 jours	6 l	5 f	11 d
16 jours	5 l	18 f	6 d
15 jours	5 l	11 f	1 d
14 jours	5 l	3 f	8 d
13 jours	4 l	16 f	3 d
12 jours	4 l	8 f	10 d
11 jours	4 l	1 f	5 d
10 jours	3 l	14 f	
9 jours	3 l	6 f	8 d
8 jours	2 l	19 f	3 d
7 jours	2 l	11 f	10 d
6 jours	2 l	4 f	5 d
5 jours	1 l	17 f	4 d
4 jours	1 l	9 f	7 d
3 jours	1 l	2 f	2 d
2 jours		14 f	9 d
1 jour		7 f	4 d

Les Intérêts

De 3000 livres

Au Denier 30.

Montent pour		Montent pour	
20 ans	2000 livres	30 jours	8 l 6 f 8 d
19 ans	1900 livres	29 jours	8 l 1 f 1 d
18 ans	1800 livres	28 jours	7 l 15 f 6 d
17 ans	1700 livres	27 jours	7 l 10 f
16 ans	1600 livres	26 jours	7 l 4 f 5 d
15 ans	1500 livres	25 jours	6 l 18 f 10 d
14 ans	1400 livres	24 jours	6 l 13 f 4 d
13 ans	1300 livres	23 jours	6 l 7 f 9 d
12 ans	1200 livres	22 jours	6 l 2 f 2 d
11 ans	1100 livres	21 jours	5 l 16 f 8 d
10 ans	1000 livres	20 jours	5 l 11 f 1 d
9 ans	900 livres	19 jours	5 l 5 f 6 d
8 ans	800 livres	18 jours	5 l
7 ans	700 livres	17 jours	4 l 14 f 5 d
6 ans	600 livres	16 jours	4 l 8 f 10 d
5 ans	500 livres	15 jours	4 l 3 f 4 d
4 ans	400 livres	14 jours	3 l 17 f 9 d
3 ans	300 livres	13 jours	3 l 12 f 2 d
2 ans	200 livres	12 jours	3 l 6 f 8 d
1 an	100 livres	11 jours	3 l 1 f 1 d
		10 jours	2 l 15 f 6 d
11 mois	91 l 13 f 4 d	9 jours	2 l 10 f
10 mois	83 l 6 f 8 d	8 jours	2 l 4 f 5 d
9 mois	75 l	7 jours	1 l 18 f 10 d
8 mois	66 l 13 f 4 d	6 jours	1 l 13 f 4 d
7 mois	58 l 6 f 8 d	5 jours	1 l 7 f 9 d
6 mois	50 l	4 jours	1 l 2 f 2 d
5 mois	41 l 13 f 4 d	3 jours	16 f 8 d
4 mois	33 l 6 f 8 d	2 jours	11 f 1 d
3 mois	25 l	1 jour	5 f 6 d
2 mois	16 l 13 f 4 d		
1 mois	8 l 6 f 8 d		

Les Intérêts

De 2000 livres

Au Denier 30.

Montent pour		Montent pour	
20 ans	1333 l 6 ſ 8 d	30 jours	5 l 11 ſ 1 d
19 ans	1266 l 13 ſ 4 d	29 jours	5 l 7 ſ 4 d
18 ans	1200 l	28 jours	5 l 3 ſ 8 d
17 ans	1133 l 6 ſ 8 d	27 jours	5 l
16 ans	1066 l 13 ſ 4 d	26 jours	4 l 16 ſ 3 d
15 ans	1000 l	25 jours	4 l 12 ſ 7 d
14 ans	933 l 6 ſ 8 d	24 jours	4 l 8 ſ 10 d
13 ans	866 l 13 ſ 4 d	23 jours	4 l 5 ſ 2 d
12 ans	800 l	22 jours	4 l 1 ſ 5 d
11 ans	733 l 6 ſ 8 d	21 jours	3 l 17 ſ 9 d
10 ans	666 l 13 ſ 4 d	20 jours	3 l 14 ſ
9 ans	600 l	19 jours	3 l 10 ſ 4 d
8 ans	533 l 6 ſ 8 d	18 jours	3 l 6 ſ 8 d
7 ans	466 l 13 ſ 4 d	17 jours	3 l 2 ſ 11 d
6 ans	400 l	16 jours	2 l 19 ſ 3 d
5 ans	333 l 6 ſ 8 d	15 jours	2 l 15 ſ 6 d
4 ans	266 l 13 ſ 4 d	14 jours	2 l 11 ſ 10 d
3 ans	200 l	13 jours	2 l 8 ſ 1 d
2 ans	133 l 6 ſ 8 d	12 jours	2 l 4 ſ 5 d
1 an	66 l 13 ſ 4 d	11 jours	2 l 8 d
		10 jours	1 l 17 ſ
11 mois	61 l 2 ſ 2 d	9 jours	1 l 13 ſ 4 d
10 mois	55 l 11 ſ 1 d	8 jours	1 l 9 ſ 7 d
9 mois	50 l	7 jours	1 l 5 ſ 11 d
8 mois	44 l 8 ſ 10 d	6 jours	1 l 2 ſ 2 d
7 mois	38 l 17 ſ 9 d	5 jours	18 ſ 6 d
6 mois	33 l 6 ſ 8 d	4 jours	14 ſ 9 d
5 mois	27 l 15 ſ 6 d	3 jours	11 ſ 1 d
4 mois	22 l 4 ſ 5 d	2 jours	7 ſ , d
3 mois	16 l 13 ſ 4 d	1 jour	3 ſ 8 d
2 mois	11 l 2 ſ		
1 mois	5 l 11 ſ 1 d		

Les Intérêts

De 1000 livres

Au Denier 30.

Montent pour

	l	ſ	d
20 ans	666	13	4
19 ans	633	6	8
18 ans	600		
17 ans	566	13	4
16 ans	533	6	8
15 ans	500		
14 ans	466	13	4
13 ans	433	6	8
12 ans	400		
11 ans	366	13	4
10 ans	333	6	8
9 ans	300		
8 ans	266	13	4
7 ans	233	6	8
6 ans	200		
5 ans	166	13	4
4 ans	133	6	8
3 ans	100		
2 ans	66	13	4
1 an	33	6	8
11 mois	30	11	1
10 mois	27	15	6
9 mois	25		
8 mois	22	4	5
7 mois	19	8	10
6 mois	16	13	4
5 mois	13	17	9
4 mois	11	2	2
3 mois	8	6	8
2 mois	5	11	1
1 mois	2	15	6

Montent pour

	l	ſ	d
30 jours	2	15	6
29 jours	2	13	8
28 jours	2	11	10
27 jours	2	10	
26 jours	2	8	1
25 jours	2	6	3
24 jours	2	4	5
23 jours	2	2	7
22 jours	2		8
21 jours	1	18	10
20 jours	1	17	
19 jours	1	15	2
18 jours	1	13	4
17 jours	1	11	5
16 jours	1	9	7
15 jours	1	7	9
14 jours	1	5	11
13 jours	1	4	
12 jours	1	2	2
11 jours	1		4
10 jours		18	6
9 jours		16	8
8 jours		14	9
7 jours		12	11
6 jours		11	1
5 jours		9	3
4 jours		7	4
3 jours		5	6
2 jours		3	8
1 jour		1	10

Les Intéréts

De 900 livres

Au Denier 30.

Montent pour			
20 ans	600 livres		
19 ans	570 livres		
18 ans	540 livres		
17 ans	510 livres		
16 ans	480 livres		
15 ans	450 livres		
14 ans	420 livres		
13 ans	390 livres		
12 ans	360 livres		
11 ans	330 livres		
10 ans	300 livres		
9 ans	270 livres		
8 ans	240 livres		
7 ans	210 livres		
6 ans	180 livres		
5 ans	150 livres.		
4 ans	120 livres		
3 ans	90 livres		
2 ans	60 livres		
1 an	30 livres		
11 mois	27 l 10 f		
10 mois	25 l		
9 mois	22 l 10 f		
8 mois	20 l		
7 mois	17 l 10 f		
6 mois	15 l		
5 mois	12 l 10 f		
4 mois	10 l		
3 mois	7 l 10 f		
2 mois	5 l		
1 mois	2 l 10 f		

Montent pour			
30 jours	2 l	10 f	
29 jours	2 l	8 f	4 d
28 jours	2 l	6 f	8 d
27 jours	2 l	5 f	
26 jours	2 l	3 f	4 d
25 jours	2 l	1 f	8 d
24 jours	2 l		
23 jours	1 l	18 f	4 d
22 jours	1 l	16 f	8 d
21 jours	1 l	15 f	
20 jours	1 l	13 f	4 d
19 jours	1 l	11 f	8 d
18 jours	1 l	10 f	
17 jours	1 l	8 f	4 d
16 jours	1 l	6 f	8 d
15 jours	1 l	5 f	
14 jours	1 l	3 f	4 d
13 jours	1 l	1 f	8 d
12 jours	1 l		
11 jours		18 f	4 d
10 jours		16 f	8 d
9 jours		15 f	
8 jours		13 f	4 d
7 jours		11 f	8 d
6 jours		10 f	
5 jours		8 f	4 d
4 jours		6 f	8 d
3 jours		5 f	
2 jours		3 f	4 d
1 jour		1 f	8 d

Les Intérêts

De 800 livres

Au Denier 30.

Montent pour						
20 ans	533 l	6 ſ	8 d
19 ans	506 l	13 ſ	4 d
18 ans	480 l		
17 ans	453 l	6 ſ	8 d
16 ans	426 l	13 ſ	4 d
15 ans	400 l		
14 ans	373 l	6 ſ	8 d
13 ans	346 l	13 ſ	4 d
12 ans	320 l		
11 ans	293 l	6 ſ	8 d
10 ans	266 l	13 ſ	4 d
9 ans	240 l		
8 ans	213 l	6 ſ	8 d
7 ans	186 l	13 ſ	4 d
6 ans	160 l		
5 ans	133 l	6 ſ	8 d
4 ans	106 l	13 ſ	4 d
3 ans	80 l		
2 ans	53 l	6 ſ	8 d
1 an	26 l	13 ſ	4 d
11 mois	24 l	8 ſ	10 d
10 mois	22 l	4 ſ	5 d
9 mois	20 l		
8 mois	17 l	15 ſ	6 d
7 mois	15 l	11 ſ	1 d
6 mois	13 l	6 ſ	8 d
5 mois	11 l	2 ſ	2 d
4 mois	8 l	17 ſ	9 d
3 mois	6 l	13 ſ	4 d
2 mois	4 l	8 ſ	10 d
1 mois	2 l	4 ſ	5 d

Montent pour						
30 jours	2 l	4 ſ	5 d
29 jours	2 l	2 ſ	11 d
28 jours	2 l	1 ſ	5 d
27 jours	1 l	19 ſ	10 d
26 jours	1 l	18 ſ	4 d
25 jours	1 l	16 ſ	10 d
24 jours	1 l	15 ſ	4 d
23 jours	1 l	14 ſ	1 d
22 jours	1 l	12 ſ	7 d
21 jours	1 l	11 ſ	1 d
20 jours	1 l	9 ſ	7 d
19 jours	1 l	8 ſ	1 d
18 jours	1 l	6 ſ	8 d
17 jours	1 l	5 ſ	2 d
16 jours	1 l	3 ſ	8 d
15 jours	1 l	2 ſ	2 d
14 jours	1 l		9 d
13 jours		19 ſ	2 d
12 jours		17 ſ	8 d
11 jours		16 ſ	3 d
10 jours		14 ſ	9 d
9 jours		13 ſ	4 d
8 jours		11 ſ	10 d
7 jours		10 ſ	4 d
6 jours		8 ſ	10 d
5 jours		7 ſ	5 d
4 jours		5 ſ	11 d
3 jours		4 ſ	5 d
2 jours		2 ſ	11 d
1 jour		1 ſ	5 d

Les Intérêts

De 700 livres

Au Denier 30,

Montent pour						Montent pour					
20 ans	466 l	13 ſ	4 d			30 jours	1 l	18 ſ	10 d		
19 ans	443 l	6 ſ	8 d			29 jours	1 l	17 ſ	7 d		
18 ans	420 l					28 jours	1 l	16 ſ	3 d		
17 ans	396 l	13 ſ	4 d			27 jours	1 l	15 ſ			
16 ans	373 l	6 ſ	8 d			26 jours	1 l	13 ſ	8 d		
15 ans	350 l					25 jours	1 l	12 ſ	5 d		
14 ans	326 l	13 ſ	4 d			24 jours	1 l	11 ſ	1 d		
13 ans	303 l	6 ſ	8 d			23 jours	1 l	8 ſ	9 d		
12 ans	280 l					22 jours	1 l	8 ſ	6 d		
11 ans	256 l	13 ſ	4 d			21 jours	1 l	7 ſ	2 d		
10 ans	233 l	6 ſ	8 d			20 jours	1 l	5 ſ	11 d		
9 ans	210 l					19 jours	1 l	4 ſ	7 d		
8 ans	186 l	13 ſ	4 d			18 jours	1 l	3 ſ	4 d		
7 ans	163 l	6 ſ	8 d			17 jours	1 l	2 ſ			
6 ans	140 l					16 jours	1 l		1 d		
5 ans	116 l	13 ſ	4 d			15 jours		19 ſ	5 d		
4 ans	93 l	6 ſ	8 d			14 jours		18 ſ	1 d		
3 ans	70 l					13 jours		16 ſ	10 d		
2 ans	46 l	13 ſ	4 d			12 jours		15 ſ	6 d		
1 an	23 l	6 ſ	8 d			11 jours		14 ſ	3 d		
						10 jours		12 ſ	11 d		
11 mois	21 l	7 ſ	9 d			9 jours		11 ſ	8 d		
10 mois	19 l	8 ſ	10 d			8 jours		10 ſ	4 d		
9 mois	17 l	10 ſ				7 jours		9 ſ	1 d		
8 mois	15 l	11 ſ	1 d			6 jours		7 ſ	9 d		
7 mois	13 l	12 ſ	2 d			5 jours		6 ſ	5 d		
6 mois	11 l	13 ſ	4 d			4 jours		5 ſ	2 d		
5 mois	9 l	14 ſ	5 d			3 jours		3 ſ	10 d		
4 mois	7 l	15 ſ	6 d			2 jours		2 ſ	7 d		
3 mois	5 l	16 ſ	8 d			1 jour		1 ſ	3 d		
2 mois	3 l	17 ſ	9 d								
1 mois	1 l	18 ſ	10 d								

Les Intérêts

De 600 livres

Au Denier 30.

Montent pour						Montent pour					
20 ans	400 livres					30 jours	1 l	13 ſ	4 d		
19 ans	380 livres					29 jours	1 l	12 ſ	1 d		
18 ans	360 livres					28 jours	1 l	11 ſ	1 d		
17 ans	340 livres					27 jours	1 l	10 ſ			
16 ans	320 livres					26 jours	1 l	8 ſ	10 d		
15 ans	300 livres					25 jours	1 l	7 ſ	9 d		
14 ans	280 livres					24 jours	1 l	6 ſ	8 d		
13 ans	260 livres					23 jours	1 l	5 ſ	6 d		
12 ans	240 livres					22 jours	1 l	4 ſ	5 d		
11 ans	220 livres					21 jours	1 l	3 ſ	4 d		
10 ans	200 livres					20 jours	1 l	2 ſ	2 d		
9 ans	180 livres					19 jours	1 l	1 ſ	1 d		
8 ans	160 livres					18 jours	1 l				
7 ans	140 livres					17 jours		18 ſ	10 d		
6 ans	120 livres					16 jours		17 ſ	9 d		
5 ans	100 livres					15 jours		16 ſ	8 d		
4 ans	80 livres					14 jours		15 ſ	6 d		
3 ans	60 livres					13 jours		14 ſ	5 ʒ		
2 ans	40 livres					12 jours		13 ſ	4 d		
1 an	20 livres					11 jours		12 ſ	2 d		
						10 jours		11 ſ	1 d		
11 mois	18 l	6 ſ	8 d			9 jours		10 ſ			
10 mois	16 l	13 ſ	4 d			8 jours		8 ſ	10 d		
9 mois	15 l					7 jours		7 ſ	9 d		
8 mois	13 l	6 ſ	8 d			6 jours		6 ſ	8 d		
7 mois	11 l	13 ſ	4 d			5 jours		5 ſ	6 d		
6 mois	10 l					4 jours		4 ſ	5 d		
5 mois	8 l	6 ſ	8 d			3 jours		3 ſ	4 d		
4 mois	6 l	13 ſ	4 d			2 jours		2 ſ	2 d		
3 mois	5 l					1 jour		1 ſ	1 d		
2 mois	3 l	6 ſ	8 d								
1 mois	1 l	13 ſ	4 d								

Les Intérêts

De 500 livres

Au Denier 30.

Montent pour

	l		ſ		d
20 ans	333 l	6 ſ		8 d	
19 ans	316 l	13 ſ		4 d	
18 ans	300 l				
17 ans	283 l	6 ſ		8 d	
16 ans	266 l	13 ſ		4 d	
15 ans	250 l				
14 ans	233 l	6 ſ		8 d	
13 ans	216 l	13 ſ		4 d	
12 ans	200 l				
11 ans	183 l	6 ſ		8 d	
10 ans	166 l	13 ſ		4 d	
9 ans	150 l				
8 ans	133 l	6 ſ		8 d	
7 ans	116 l	13 ſ		4 d	
6 ans	100 l				
5 ans	83 l	6 ſ		8 d	
4 ans	66 l	13 ſ		4 d	
3 ans	50 l				
2 ans	33 l	6 ſ		8 d	
1 an	16 l	13 ſ		4 d	
11 mois	15 l	5 ſ		6 d	
10 mois	13 l	17 ſ		9 d	
9 mois	12 l	10 ſ			
8 mois	11 l	2 ſ		2 d	
7 mois	9 l	14 ſ		5 d	
6 mois	8 l	6 ſ		8 d	
5 mois	6 l	18 ſ		10 d	
4 mois	5 l	11 ſ		1 d	
3 mois	4 l	3 ſ		4 d	
2 mois	2 l	15 ſ		6 d	
1 mois	1 l	7 ſ		9 d	

Montent pour

	l	ſ	d
30 jours	1 l	7 ſ	9 d
29 jours	1 l	6 ſ	10 d
28 jours	1 l	5 ſ	11 d
27 jours	1 l	5 ſ	
26 jours	1 l	4 ſ	
25 jours	1 l	3 ſ	1 d
24 jours	1 l	2 ſ	2 d
23 jours	1 l	1 ſ	3 d
22 jours	1 l		4 d
21 jours		19 ſ	5 d
20 jours		18 ſ	6 d
19 jours		17 ſ	7 d
18 jours		16 ſ	8 d
17 jours		15 ſ	8 d
16 jours		14 ſ	9 d
15 jours		13 ſ	10 d
14 jours		12 ſ	11 d
13 jours		12 ſ	
12 jours		11 ſ	1 d
11 jours		10 ſ	2 d
10 jours		9 ſ	3 d
9 jours		8 ſ	4 d
8 jours		7 ſ	
7 jours		6 ſ	5 d
6 jours		5 ſ	6 d
5 jours		4 ſ	7 d
4 jours		3 ſ	8 d
3 jours		2 ſ	9 d
2 jours		1 ſ	10 d
1 jour		ſ	11 d

Les Intérêts

De 400 livres

Au Denier 30.

Montent pour	l	ſ	d
20 ans	266 l 13	ſ	4 d
19 ans	253 l 6	ſ	8 d
18 ans	240 l		
17 ans	226 l 13	ſ	4 d
16 ans	213 l 6	ſ	8 d
15 ans	200 l		
14 ans	186 l 13	ſ	4 d
13 ans	173 l 6	ſ	8 d
12 ans	160 l		
11 ans	146 l 13	ſ	4 d
10 ans	133 l 6	ſ	8 d
9 ans	120 l		
8 ans	106 l 13	ſ	4 d
7 ans	93 l 6	ſ	8 d
6 ans	80 l		
5 ans	66 l 13	ſ	4 d
4 ans	53 l 6	ſ	8 d
3 ans	40 l		
2 ans	26 l 13	ſ	4 d
1 an	13 l 6	ſ	8 d
11 mois	12 l 4	ſ	5 d
10 mois	11 l 2	ſ	2 d
9 mois	10 l		
8 mois	8 l 17	ſ	9 d
7 mois	7 l 15	ſ	6 d
6 mois	6 l 13	ſ	4 d
5 mois	5 l 11	ſ	1 d
4 mois	4 l 8	ſ	10 d
3 mois	3 l 6	ſ	8 d
2 mois	2 l 4	ſ	5 d
1 mois	1 l 2	ſ	2 d

Montent pour	l	ſ	d
30 jours	1 l 2	ſ	2 d
29 jours	1 l 1	ſ	5 d
28 jours	1 l		8 d
27 jours	19	ſ	11 d
26 jours	19	ſ	2 d
25 jours	18	ſ	5 d
24 jours	17	ſ	8 d
23 jours	17	ſ	
22 jours	16	ſ	3 d
21 jours	15	ſ	6 d
20 jours	14	ſ	9 d
19 jours	14	ſ	
18 jours	13	ſ	4 d
17 jours	12	ſ	7 d
16 jours	11	ſ	10 d
15 jours	11	ſ	1 d
14 jours	10	ſ	4 d
13 jours	9	ſ	7 d
12 jours	8	ſ	10 d
11 jours	8	ſ	1 d
10 jours	7	ſ	4 d
9 jours	6	ſ	8 d
8 jours	5	ſ	11 d
7 jours	5	ſ	2 d
6 jours	4	ſ	5 d
5 jours	3	ſ	8 d
4 jours	2	ſ	11 d
3 jours	2	ſ	2 d
2 jours	1	ſ	5 d
1 jour			8 d

Les Intérêts

De 300 livres

Au Denier 30.

Montent pour			
20 ans	200 livres		
19 ans	190 livres		
18 ans	180 livres		
17 ans	170 livres		
16 ans	160 livres		
15 ans	150 livres		
14 ans	140 livres		
13 ans	130 livres		
12 ans	120 livres		
11 ans	110 livres		
10 ans	100 livres		
9 ans	90 livres		
8 ans	80 livres		
7 ans	70 livres		
6 ans	60 livres		
5 ans	50 livres		
4 ans	40 livres		
3 ans	30 livres		
2 ans	20 livres		
1 an	10 livres		
11 mois	9 l	3 ſ	4 d
10 mois	8 l	6 ſ	8 d
9 mois	7 l	10 ſ	
8 mois	6 l	13 ſ	4 d
7 mois	5 l	16 ſ	8 d
6 mois	5 l		
5 mois	4 l	3 ſ	4 d
4 mois	3 l	6 ſ	8 d
3 mois	2 l	10 ſ	
2 mois	1 l	13 ſ	4 d
1 mois		16 ſ	8 d

Montent pour		
30 jours	16 ſ	8 d
29 jours	16 ſ	1 d
28 jours	15 ſ	6 d
27 jours	15 ſ	
26 jours	14 ſ	5 d
25 jours	13 ſ	10 d
24 jours	13 ſ	4 d
23 jours	12 ſ	9 d
22 jours	12 ſ	2 d
21 jours	11 ſ	8 d
20 jours	11 ſ	1 d
19 jours	10 ſ	6 d
18 jours	10 ſ	
17 jours	9 ſ	5 d
16 jours	8 ſ	10 d
15 jours	8 ſ	4 d
14 jours	7 ſ	9 d
13 jours	7 ſ	2 d
12 jours	6 ſ	8 d
11 jours	6 ſ	1 d
10 jours	5 ſ	6 d
9 jours	5 ſ	
8 jours	4 ſ	5 d
7 jours	3 ſ	10 d
6 jours	3 ſ	4 d
5 jours	2 ſ	9 d
4 jours	2 ſ	2 d
3 jours	1 ſ	8 d
2 jours	1 ſ	1 d
1 jour		6 d

Les Intérêts

De 200 livres

Au Denier 30.

Montent pour					Montent pour			
20 ans	133 l	6 ſ	8 d		30 jours	11 ſ	1 d	
19 ans	126 l	13 ſ	4 d		29 jours	10 ſ	9 d	
18 ans	120 l				28 jours	10 ſ	4 d	
17 ans	113 l	6 ſ	8 d		27 jours	10 ſ		
16 ans	106 l	13 ſ	4 d		26 jours	9 ſ	7 d	
15 ans	100 l				25 jours	9 ſ	3 d	
14 ans	93 l	6 ſ	8 d		24 jours	8 ſ	10 d	
13 ans	86 l	13 ſ	4 d		23 jours	8 ſ	6 d	
12 ans	80 l				22 jours	8 ſ	1 d	
11 ans	73 l	6 ſ	8 d		21 jours	7 ſ	9 d	
10 ans	66 l	13 ſ	4 d		20 jours	7 ſ	4 d	
9 ans	60 l				19 jours	7 ſ		
8 ans	53 l	6 ſ	8 d		18 jours	6 ſ	8 d	
7 ans	46 l	13 ſ	4 d		17 jours	6 ſ	3 d	
6 ans	40 l				16 jours	5 ſ	11 d	
5 ans	33 l	6 ſ	8 d		15 jours	5 ſ	6 d	
4 ans	26 l	13 ſ	4 d		14 jours	5 ſ	2 d	
3 ans	20 l				13 jours	4 ſ	9 d	
2 ans	13 l	6 ſ	8 d		12 jours	4 ſ	5 d	
1 an	6 l	13 ſ	4 d		11 jours	4 ſ		
					10 jours	3 ſ	8 d	
11 mois	6 l	2 ſ	2 d		9 jours	3 ſ	4 d	
10 mois	5 l	11 ſ	1 d		8 jours	2 ſ	11 d	
9 mois	5 l				7 jours	2 ſ	7 d	
8 mois	4 l	8 ſ	10 d		6 jours	2 ſ	2 d	
7 mois	3 l	17 ſ	9 d		5 jours	1 ſ	10 d	
6 mois	3 l	6 ſ	8 d		4 jours	1 ſ	5 d	
5 mois	2 l	15 ſ	6 d		3 jours	1 ſ	1 d	
4 mois	2 l	4 ſ	5 d		2 jours		8 d	
3 mois	1 l	13 ſ	4 d		1 jour		4 d	
2 mois	1 l	2 ſ	2 d					
1 mois		11 ſ	1 d					

Les Intérêts

De 100 livres

Au Denier 30.

Montent pour					Montent pour			
20 ans	66 l	13 ſ	4 d		30 jours		5 ſ	6 d
19 ans	63 l	6 ſ	8 d		29 jours		5 ſ	4 d
18 ans	60 l				28 jours		5 ſ	2 d
17 ans	56 l	13 ſ	4 d		27 jours		5 ſ	
16 ans	53 l	6 ſ	8 d		26 jours		4 ſ	9 d
15 ans	50 l				25 jours		4 ſ	7 d
14 ans	46 l	13 ſ	4 d		24 jours		4 ſ	5 d
13 ans	43 l	6 ſ	8 d		23 jours		4 ſ	3 d
12 ans	40 l				22 jours		4 ſ	
11 ans	36 l	13 ſ	4 d		21 jours		3 ſ	10 d
10 ans	33 l	6 ſ	8 d		20 jours		3 ſ	8 d
9 ans	30 l				19 jours		3 ſ	6 d
8 ans	26 l	13 ſ	4 d		18 jours		3 ſ	4 d
7 ans	23 l	6 ſ	8 d		17 jours		3 ſ	1 d
6 ans	20 l				16 jours		2 ſ	11 d
5 ans	16 l	13 ſ	4 d		15 jours		2 ſ	9 d
4 ans	13 l	6 ſ	8 d		14 jours		2 ſ	5 d
3 ans	10 l				13 jours		2 ſ	4 d
2 ans	6 l	13 ſ	4 d		12 jours		2 ſ	2 d
1 an	3 l	6 ſ	8 d		11 jours		2 ſ	
					10 jours		1 ſ	10 d
11 mois	3 l	1 ſ	1 d		9 jours		1 ſ	8 d
10 mois	2 l	15 ſ	6 d		8 jours		1 ſ	5 d
9 mois	2 l	10 ſ			7 jours		1 ſ	3 d
8 mois	2 l	4 ſ	5 d		6 jours		1 ſ	1 d
7 mois	1 l	18 ſ	10 d		5 jours			11 d
6 mois	1 l	13 ſ	4 d		4 jours			8 d
5 mois	1 l	7 ſ	9 d		3 jours			6 d
4 mois	1 l	2 ſ	2 d		2 jours			4 d
3 mois		16 ſ	8 d		1 jour			2 d
2 mois		11 ſ	1 d					
1 mois		5 ſ	6 d					

Les Intérêts

De 90 livres

Au Denier 30.

Montent pour		Montent pour	
20 ans	60 livres	30 jours	5 ſ
19 ans	57 livres	29 jours	4 ſ 10 d
18 ans	54 livres	28 jours	4 ſ 8 d
17 ans	51 livres	27 jours	4 ſ 6 d
16 ans	48 livres	26 jours	4 ſ 4 d
15 ans	45 livres	25 jours	4 ſ 2 d
14 ans	42 livres	24 jours	4 ſ
13 ans	39 livres	23 jours	3 ſ 10 d
12 ans	36 livres	22 jours	3 ſ 8 d
11 ans	33 livres	21 jours	3 ſ 6 d
10 ans	30 livres	20 jours	3 ſ 4 d
9 ans	27 livres	19 jours	3 ſ 2 d
8 ans	24 livres	18 jours	3 ſ
7 ans	21 livres	17 jours	2 ſ 10 d
6 ans	18 livres	16 jours	2 ſ 8 d
5 ans	15 livres	15 jours	2 ſ 6 d
4 ans	12 livres	14 jours	2 ſ 4 d
3 ans	9 livres	13 jours	2 ſ 2 d
2 ans	6 livres	12 jours	2 ſ
1 an	3 livres	11 jours	1 ſ 10 d
		10 jours	1 ſ 8 d
11 mois	2 l 15 ſ	9 jours	1 ſ 6 d
10 mois	2 l 10 ſ	8 jours	1 ſ 4 d
9 mois	2 l 5 ſ	7 jours	1 ſ 2 d
8 mois	2 l	6 jours	1 ſ
7 mois	1 l 15 ſ	5 jours	10 d
6 mois	1 l 10 ſ	4 jours	8 d
5 mois	1 l 5 ſ	3 jours	6 d
4 mois	1 l	2 jours	4 d
3 mois	15 ſ	1 jour	2 d
2 mois	10 ſ		
1 mois	5 ſ		

Les Intérêts

De 80 livres

Au Denier 30.

Montent pour					Montent pour			
20 ans	53 l	6 f	8 d		30 jours	4 f	5 d
19 ans	50 l	13 f	4 d		29 jours	4 f	3 d
18 ans	48 l				28 jours	4 f	1 d
17 ans	45 l	6 f	8 d		27 jours	4 f	
16 ans	42 l	13 f	4 d		26 jours	3 f	10 d
15 ans	40 l				25 jours	3 f	8 d
14 ans	37 l	6 f	8 d		24 jours	3 f	6 d
13 ans	34 l	13 f	4 d		23 jours	3 f	4 d
12 ans	32 l				22 jours	3 f	3 d
11 ans	29 l	6 f	8 d		21 jours	3 f	1 d
10 ans	26 l	13 f	4 d		20 jours	2 f	11 d
9 ans	24 l				19 jours	2 f	9 d
8 ans	21 l	6 f	8 d		18 jours	2 f	8 d
7 ans	18 l	13 f	4 d		17 jours	2 f	6 d
6 ans	16 l				16 jours	2 f	4 d
5 ans	13 l	6 f	8 d		15 jours	2 f	2 d
4 ans	10 l	13 f	4 d		14 jours	2 f	
3 ans	8 l				13 jours	1 f	11 d
2 ans	5 l	6 f	8 d		12 jours	1 f	9 d
1 an	2 l	13 f	4 d		11 jours	1 f	7 d
					10 jours	1 f	5 d
11 mois	2 l	8 f	10 d		9 jours	1 f	4 d
10 mois	2 l	4 f	5 d		8 jours	1 f	2 d
9 mois	2 l				7 jours	1 f	
8 mois	1 l	15 f	6 d		6 jours		10 d
7 mois	1 l	11 f	1 d		5 jours		8 d
6 mois	1 l	6 f	8 d		4 jours		7 d
5 mois	1 l	2 f	2 d		3 jours		5 d
4 mois		17 f	9 d		2 jours		3 d
3 mois		13 f	4 d		1 jour		1 d
2 mois		8 f	10 d				
1 mois		4 f	5 d				

Les Intérêts

De 70 livres

Au Denier 30.

Montent pour					Montent pour			
20 ans	46 l	13 ſ	4 d		30 jours		3 ſ	10 d
19 ans	44 l	6 ſ	8 d		29 jours		3 ſ	9 d
18 ans	42 l				28 jours		3 ſ	7 d
17 ans	39 l	13 ſ	4 d		27 jours		3 ſ	6 d
16 ans	37 l	6 ſ	8 d		26 jours		3 ſ	5 d
15 ans	35 l				25 jours		3 ſ	3 d
14 ans	32 l	13 ſ	4 d		24 jours		3 ſ	1 d
13 ans	30 l	6 ſ	8 d		23 jours		2 ſ	11 d
12 ans	28 l				22 jours		2 ſ	10 d
11 ans	25 l	13 ſ	4 d		21 jours		2 ſ	8 d
10 ans	23 l	6 ſ	8 d		20 jours		2 ſ	7 d
9 ans	21 l				19 jours		2 ſ	5 d
8 ans	18 l	13 ſ	4 d		18 jours		2 ſ	4 d
7 ans	16 l	6 ſ	8 d		17 jours		2 ſ	2 d
6 ans	14 l				16 jours		2 ſ	1 d
5 ans	11 l	13 ſ	4 d		15 jours		1 ſ	11 d
4 ans	9 l	6 ſ	8 d		14 jours		1 ſ	9 d
3 ans	7 l				13 jours		1 ſ	8 d
2 ans	4 l	13 ſ	4 d		12 jours		1 ſ	6 d
1 an	2 l	6 ſ	8 d		11 jours		1 ſ	5 d
					10 jours		1 ſ	3 d
11 mois	2 l	2 ſ	9 d		9 jours		1 ſ	2 d
10 mois	1 l	18 ſ	10 d		8 jours		1 ſ	
9 mois	1 l	15 ſ			7 jours			11 d
8 mois	1 l	11 ſ	1 d		6 jours			9 d
7 mois	1 l	7 ſ	2 d		5 jours			7 d
6 mois	1 l	3 ſ	4 d		4 jours			6 d
5 mois		19 ſ	5 d		3 jours			4 d
4 mois		15 ſ	6 d		2 jours			3 d
3 mois		11 ſ	8 d		1 jour			1 d
2 mois		7 ſ	9 d					
1 mois		3 ſ	10 d					

Les Intérêts

De 60 livres

Au Denier 30.

Montent pour		Montent pour	
20 ans	40 livres	30 jours	3 ſ 4 d
19 ans	38 livres	29 jours	3 ſ 2 d
18 ans	36 livres	28 jours	3 ſ 1 d
17 ans	34 livres	27 jours	3 ſ
16 ans	32 livres	26 jours	2 ſ 10 d
15 ans	30 livres	25 jours	2 ſ 9 d
14 ans	28 livres	24 jours	2 ſ 8 d
13 ans	26 livres	23 jours	2 ſ 6 d
12 ans	24 livres	22 jours	2 ſ 5 d
11 ans	22 livres	21 jours	2 ſ 4 d
10 ans	20 livres	20 jours	2 ſ 2 d
9 ans	18 livres	19 jours	2 ſ 1 d
8 ans	16 livres	18 jours	2 ſ
7 ans	14 livres	17 jours	1 ſ 10 d
6 ans	12 livres	16 jours	1 ſ 9 d
5 ans	10 livres	15 jours	1 ſ 8 d
4 ans	8 livres	14 jours	1 ſ 6 d
3 ans	6 livres	13 jours	1 ſ 5 d
2 ans	4 livres	12 jours	1 ſ 4 d
1 an	2 livres	11 jours	1 ſ 2 d
		10 jours	1 ſ 1 d
11 mois	1 l 16 ſ 8 d	9 jours	1 ſ
10 mois	1 l 13 ſ 4 d	8 jours	10 d
9 mois	1 l 10	7 jours	9 d
8 mois	1 l 6 ſ 8 d	6 jours	8 d
7 mois	1 l 3 ſ 4 d	5 jours	6 d
6 mois	1 l	4 jours	5 d
5 mois	16 ſ 8 d	3 jours	4 d
4 mois	13 ſ 4 d	2 jours	2 d
3 mois	10	1 jour	1 d
2 mois	6 ſ 8 d		
1 mois	3 ſ 4 d		

Les Intérêts

De 50 livres

Au Denier 30.

Montent pour		Montent pour	
20 ans	33 l. 6 ſ 8 d	30 jours	2 ſ 9 d
19 ans	31 l 13 ſ 4 d	29 jours	2 ſ 8 d
18 ans	30 l	28 jours	2 ſ 7 d
17 ans	28 l 6 ſ 8 d	27 jours	2 ſ 6 d
16 ans	26 l 13 ſ 4 d	26 jours	2 ſ 4 d
15 ans	25 l	25 jours	2 ſ 3 d
14 ans	23 l 6 ſ 8 d	24 jours	2 ſ 2 d
13 ans	21 l 13 ſ 4 d	23 jours	2 ſ 1 d
12 ans	20 l	22 jours	2 ſ
11 ans	18 l 6 ſ 8 d	21 jours	1 ſ 11 d
10 ans	16 l 13 ſ 4 d	20 jours	1 ſ 10 d
9 ans	15 l	19 jours	1 ſ 9 d
8 ans	13 l 6 ſ 8 d	18 jours	1 ſ 8 d
7 ans	11 l 13 ſ 4 d	17 jours	1 ſ 6 d
6 ans	10 l	16 jours	1 ſ 5 d
5 ans	8 l 6 ſ 8 d	15 jours	1 ſ 4 d
4 ans	6 l 13 ſ 4 d	14 jours	1 ſ 3 d
3 ans	5 l	13 jours	1 ſ 2 d
2 ans	3 l 6 ſ 8 d	12 jours	1 ſ 1 d
1 an	1 l 13 ſ 4 d	11 jours	1 ſ
		10 jours	11 d
11 mois	1 l 10 ſ 6 d	9 jours	10 d
10 mois	1 l 7 ſ 9 d	8 jours	8 d
9 mois	1 l 5 ſ	7 jours	7 d
8 mois	1 l 2 ſ 2 d	6 jours	6 d
7 mois	19 ſ 5 d	5 jours	5 d
6 mois	16 ſ 8 d	4 jours	4 d
5 mois	13 ſ 10 d	3 jours	3 d
4 mois	11 ſ 1 d	2 jours	2 d
3 mois	8 ſ 4 d	1 jour	1 d
2 mois	5 ſ 6 d		
1 mois	2 ſ 9 d		

Les Intérêts

De 40 livres

Au Denier 30.

Montent pour					Montent pour			
20 ans	26 l	13 ſ	4 d		30 jours	2 ſ	2 d
19 ans	25 l	6 ſ	8 d		29 jours	2 ſ	1 d
18 ans	24 l				28 jours	2 ſ	
17 ans	22 l	13 ſ	4 d		27 jours	2 ſ	
16 ans	21 l	6 ſ	8 d		26 jours	1 ſ	11 d
15 ans	20 l				25 jours	1 ſ	10 d
14 ans	18 l	13 ſ	4 d		24 jours	1 ſ	9 d
13 ans	17 l	6 ſ	8 d		23 jours	1 ſ	8 d
12 ans	16 l				22 jours	1 ſ	7 d
11 ans	14 l	13 ſ	4 d		21 jours	1 ſ	6 d
10 ans	13 l	6 ſ	8 d		20 jours	1 ſ	5 d
9 ans	12 l				19 jours	1 ſ	4 d
8 ans	10 l	13 ſ	4 d		18 jours	1 ſ	4 d
7 ans	9 l	6 ſ	8 d		17 jours	1 ſ	3 d
6 ans	8 l				16 jours	1 ſ	2 d
5 ans	6 l	13 ſ	4 d		15 jours	1 ſ	1 d
4 ans	5 l	6 ſ	8 d		14 jours	1 ſ	
3 ans	4 l				13 jours		11 d
2 ans	2 l	13 ſ	4 d		12 jours		10 d
1 an	1 l	6 ſ	8 d.		11 jours		9 d
					10 jours		8 d
11 mois	1 l	4 ſ	5 d		9 jours		8 d
10 mois	1 l	2 ſ	2 d		8 jours		7 d
9 mois	1 l				7 jours		6 d
8 mois		17 ſ	9 d		6 jours		5 d
7 mois		15 ſ	6 d		5 jours		4 d
6 mois		13 ſ	4 d		4 jours		3 d
5 mois		11 ſ	1 d		3 jours		2 d
4 mois		8 ſ	10 d		2 jours		1 d
3 mois		6 ſ	8 d		1 jour		
2 mois		4 ſ	5 d				
1 mois		2 ſ	2 d				

Les Intérêts

De 30 livres

Au Denier 30.

Montent pour		Montent pour	
20 ans	20 livres	30 jours	1 ſ 8 d
19 ans	19 livres	29 jours	1 ſ 7 d
18 ans	18 livres	28 jours	1 ſ 6 d
17 ans	17 livres	27 jours	1 ſ 6 d
16 ans	16 livres	26 jours	1 ſ 5 d
15 ans	15 livres	25 jours	1 ſ 4 d
14 ans	14 livres	24 jours	1 ſ 4 d
13 ans	13 livres	23 jours	1 ſ 3 d
12 ans	12 livres	22 jours	1 ſ 2 d
11 ans	11 livres	21 jours	1 ſ 2 d
10 ans	10 livres	20 jours	1 ſ 1 d
9 ans	9 livres	19 jours	1 ſ
8 ans	8 livres	18 jours	1 ſ
7 ans	7 livres	17 jours	11 d
6 ans	6 livres	16 jours	10 d
5 ans	5 livres	15 jours	10 d
4 ans	4 livres	14 jours	9 d
3 ans	3 livres	13 jours	8 d
2 ans	2 livres	12 jours	8 d
1 an	1 livres	11 jours	7 d
		10 jours	6 d
11 mois	18 ſ 4 d	9 jours	6 d
10 mois	16 ſ 8 d	8 jours	5 d
9 mois	15 ſ	7 jours	4 d
8 mois	13 ſ 4 d	6 jours	4 d
7 mois	11 ſ 8 d	5 jours	3 d
6 mois	10	4 jours	2 d
5 mois	8 ſ 4 d	3 jours	2 d
4 mois	6 ſ 8 d	2 jours	1 d
3 mois	ſ	1 jour	
2 mois	3 ſ 4 d		
1 mois	1 ſ 8 d		

Les Intérêts

De 20 livres

Au Denier 30.

Montent pour					Montent pour		
20 ans	13 l	6 ſ	8 d		30 jours	1 ſ	1 d
19 ans	12 l	13 ſ	4 d		29 jours	1 ſ	
18 ans	12 l				28 jours	1 ſ	
17 ans	11 l	6 ſ	8 d		27 jours	1 ſ	
16 ans	10 l	13 ſ	4 d		26 jours		11 d
15 ans	10 l				25 jours		11 d
14 ans	9 l	6 ſ	8 d		24 jours		10 d
13 ans	8 l	13 ſ	4 d		23 jours		10 d
12 ans	8 l				22 jours		9 d
11 ans	7 l	6 ſ	8 d		21 jours		9 d
10 ans	6 l	13 ſ	4 d		20 jours		8 d
9 ans	6 l				19 jours		8 d
8 ans	5 l	6 ſ	8 d		18 jours		8 d
7 ans	4 l	13 ſ	4 d		17 jours		7 d
6 ans	4 l				16 jours		7 d
5 ans	3 l	6 ſ	8 d		15 jours		6 d
4 ans	2 l	13 ſ	4 d		14 jours		6 d
3 ans	2 l				13 jours		5 d
2 ans	1 l	6 ſ	8 d		12 jours		5 d
1 an		13 ſ	4 d		11 jours		4 d
					10 jours		4 d
11 mois		12 ſ	2 d		9 jours		4 d
10 mois		11 ſ	1 d		8 jours		3 d
9 mois		10 ſ			7 jours		3 d
8 mois		8 ſ	10 d		6 jours		2 d
7 mois		7 ſ	9 d		5 jours		2 d
6 mois		6 ſ	3 d		4 jours		1 d
5 mois		5 ſ	6 d		3 jours		1 d
4 mois		4 ſ	5 d		2 jours		
3 mois		3 ſ	4 d		1 jour		
2 mois		2 ſ	2 d				
1 mois		1 ſ	1 d				

Les Intérêts

De 10 livres

Au Denier 30.

Montent pour						Montent pour	
20 ans	6 l	13 ſ	4 d			30 jours	6 d
19 ans	6 l	6 ſ	8 d			29 jours	6 d
18 ans	6 l					28 jours	6 d
17 ans	5 l	13 ſ	4 d			27 jours	6 d
16 ans	5 l	6 ſ	8 d			26 jours	5 d
15 ans	5 l					25 jours	5 d
14 ans	4 l	13 ſ	4 d			24 jours	5 d
13 ans	4 l	6 ſ	8 d			23 jours	5 d
12 ans	4 l					22 jours	4 d
11 ans	3 l	13 ſ	4 d			21 jours	4 d
10 ans	3 l	6 ſ	8 d			20 jours	4 d
9 ans	3 l					19 jours	4 d
8 ans	2 l	13 ſ	4 d			18 jours	4 d
7 ans	2 l	6 ſ	8 d			17 jours	3 d
6 ans	2 l					16 jours	3 d
5 ans	1 l	13 ſ	4 d			15 jours	3 d
4 ans	1 l	6 ſ	8 d			14 jours	3 d
3 ans	1 l					13 jours	2 d
2 ans		13 ſ	4 d			12 jours	2 d
1 an		6 ſ	8 d			11 jours	2 d
						10 jours	2 d
11 mois		6 ſ	1 d			9 jours	2 d
10 mois		5 ſ	6 d			8 jours	1 d
9 mois		5 ſ				7 jours	1 d
8 mois		4 ſ	5 d			6 jours	1 d
7 mois		3 ſ	10 d			5 jours	1 d
6 mois		3 ſ	4 d			4 jours	
5 mois		2 ſ	9 d			3 jours	
4 mois		2 ſ	2 d			2 jours	
3 mois		1 ſ	8 d			1 jour	
2 mois		1 ſ	1 d				
1 mois			6 d				

TARIF

AU DENIER 25,

QUI EST A 4 POUR CENT,

Ou de 25 livres en donner une,
par chacun an, d'intérêt.

*On trouve dans les pages fuivantes le
montant des Intérêts, au Denier 25,
de toutes fortes de Sommes,*

Pour plufieurs Années,
Pour plufieurs Mois,
& pour plufieurs Jours,

En un moment, & en un même endroit.

Les Intérêts

De 50000 livres

Au Denier 25.

Montent pour

20 ans	40000 livres
19 ans	38000 livres
18 ans	36000 livres
17 ans	34000 livres
16 ans	32000 livres
15 ans	30000 livres
14 ans	28000 livres
13 ans	26000 livres
12 ans	24000 livres
11 ans	22000 livres
10 ans	20000 livres
9 ans	18000 livres
8 ans	16000 livres
7 ans	14000 livres
6 ans	12000 livres
5 ans	10000 livres
4 ans	8000 livres
3 ans	6000 livres
2 ans	4000 livres
1 an	2000 livres
11 mois	1833 l 6 f 8 d
10 mois	1666 l 13 f 4 d
9 mois	1500 l
8 mois	1333 l 6 f 8 d
7 mois	1166 l 13 f 4 d
6 mois	1000 l
5 mois	833 l 6 f 8 d
4 mois	666 l 13 f 4 d
3 mois	500 l
2 mois	333 l 6 f 8 d
1 mois	166 l 13 f 4 d

Montent pour

30 jours	166 l 13 f 4 d
29 jours	161 l 2 f 2 d
28 jours	155 l 11 f 1 d
27 jours	150 l
26 jours	144 l 8 f 10 d
25 jours	138 l 17 f 9 d
24 jours	133 l 6 f 8 d
23 jours	127 l 15 f 6 d
22 jours	122 l 4 f 5 d
21 jours	116 l 13 f 4 d
20 jours	111 l 2 f 2 d
19 jours	105 l 11 f 1 d
18 jours	100 l
17 jours	94 l 8 f 10 d
16 jours	88 l 17 f 9 d
15 jours	83 l 6 f 8 d
14 jours	77 l 15 f 6 d
13 jours	72 l 4 f 5 d
12 jours	66 l 13 f 4 d
11 jours	61 l 2 f 2 d
10 jours	55 l 11 f 1 d
9 jours	50 l
8 jours	44 l 8 f 10 d
7 jours	38 l 17 f 9 d
6 jours	33 l 6 f 8 d
5 jours	27 l 15 f 6 d
4 jours	22 l 4 f 5 d
3 jours	16 l 13 f 4 d
2 jours	11 l 2 f 2 d
1 jour	5 l 11 f 1 d

Les Intérêts

De 40000 livres

Au Denier 25.

Montent pour							Montent pour						
20 ans	32000 livres						30 jours	133 l	6 ſ	8 d			
19 ans	30400 livres						29 jours	128 l	17 ſ	9 d			
18 ans	28800 livres						28 jours	124 l	8 ſ	10 d			
17 ans	27200 livres						27 jours	120 l					
16 ans	25600 livres						26 jours	115 l	11 ſ	1 d			
15 ans	24000 livres						25 jours	111 l	2 ſ	2 d			
14 ans	22400 livres						24 jours	106 l	13 ſ	4 d			
13 ans	20800 livres						23 jours	102 l	4 ſ	5 d			
12 ans	19200 livres						22 jours	97 l	15 ſ	6 d			
11 ans	17600 livres						21 jours	93 l	6 ſ	8 d			
10 ans	16000 livres						20 jours	88 l	17 ſ	9 d			
9 ans	14400 livres						19 jours	84 l	8 ſ	10 d			
8 ans	12800 livres						18 jours	80 l					
7 ans	11200 livres						17 jours	75 l	11 ſ	1 d			
6 ans	9600 livres						16 jours	71 l	2 ſ	2 d			
5 ans	8000 livres						15 jours	66 l	13 ſ	4 d			
4 ans	6400 livres						14 jours	62 l	4 ſ	5 d			
3 ans	4800 livres						13 jours	57 l	15 ſ	6 d			
2 ans	3200 livres						12 jours	53 l	6 ſ	8 d			
1 an	1600 livres						11 jours	48 l	17 ſ	9 d			
							10 jours	44 l	8 ſ	10 d			
11 mois	1466 l	13 ſ	4 d				9 jours	40 l					
10 mois	1333 l	6 ſ	8 d				8 jours	35 l	11 ſ	1 d			
9 mois	1200 l						7 jours	31 l	2 ſ	2 d			
8 mois	1066 l	13 ſ	4 d				6 jours	26 l	13 ſ	4 d			
7 mois	933 l	6 ſ	8 d				5 jours	22 l	4 ſ	5 d			
6 mois	800 l						4 jours	17 l	15 ſ	6 d			
5 mois	666 l	13 ſ	4 d				3 jours	13 l	6 ſ	8 d			
4 mois	533 l	6 ſ	8 d				2 jours	8 l	17 ſ	9 d			
3 mois	400 l						1 jour	4 l	8 ſ	10 d			
2 mois	266 l	13 ſ	4 d										
1 mois	133 l	6 ſ	8 d										

Les Intérêts

De 30000 livres

Au Denier 25.

Montent pour		Montent pour	
20 ans	24000 livres	30 jours	100 l
19 ans	22800 livres	29 jours	96 l 13 ſ 4 d
18 ans	21600 livres	28 jours	93 l 6 ſ 8 d
17 ans	20400 livres	27 jours	90 l
16 ans	19200 livres	26 jours	86 l 13 ſ 4 d
15 ans	18000 livres	25 jours	83 l 6 ſ 8 d
14 ans	16800 livres	24 jours	80 l
13 ans	15600 livres	23 jours	76 l 13 ſ 4 d
12 ans	14400 livres	22 jours	73 l 6 ſ 8 d
11 ans	13200 livres	21 jours	70 l
10 ans	12000 livres	20 jours	66 l 13 ſ 4 d
9 ans	10800 livres	19 jours	63 l 6 ſ 8 d
8 ans	9600 livres	18 jours	60 l
7 ans	8400 livres	17 jours	56 l 13 ſ 4 d
6 ans	7200 livres	16 jours	53 l 6 ſ 8 d
5 ans	6000 livres	15 jours	50 l
4 ans	4800 livres	14 jours	46 l 13 ſ 4 d
3 ans	3600 livres	13 jours	43 l 6 ſ 8 d
2 ans	2400 livres	12 jours	40 l
1 an	1200 livres	11 jours	36 l 13 ſ 4 d
		10 jours	33 l 6 ſ 8 d
11 mois	1100 livres	9 jours	30 l
10 mois	1000 livres	8 jours	26 l 13 ſ 4 d
9 mois	900 livres	7 jours	23 l 6 ſ 8 d
8 mois	800 livres	6 jours	20 l
7 mois	700 livres	5 jours	16 l 13 ſ 4 d
6 mois	600 livses	4 jours	13 l 6 ſ 8 d
5 mois	500 livres	3 jours	10 l
4 mois	400 livres	2 jours	6 l 13 ſ 4 d
3 mois	300 livres	1 jour	3 l 6 ſ 8 d
2 mois	200 livres		
1 mois	100 livres		

Les Intérêts

De 20000. livres

Au Denier 25.

Montent pour					Montent pour				
20 ans	16000 livres				30 jours	66 l	13 ſ	4 d
19 ans	15200 livres				29 jours	64 l	8 ſ	10 d
18 ans	14400 livres				28 jours	62 l	4 ſ	5 d
17 ans	13600 livres				27 jours	60 l		
16 ans	12800 livres				26 jours	57 l	15 ſ	6 d
15 ans	12000 livres				25 jours	55 l	11 ſ	1 d
14 ans	11200 livres				24 jours	53 l	6 ſ	8 d
13 ans	10400 livres				23 jours	51 l	2 ſ	2 d
12 ans	9600 livres				22 jours	48 l	17 ſ	9 d
11 ans	8800 livres				21 jours	46 l	13 ſ	4 d
10 ans	8000 livres				20 jours	44 l	8 ſ	10 d
9 ans	7200 livres				19 jours	42 l	4 ſ	5 d
8 ans	6400 livres				18 jours	40 l		
7 ans	5600 livres				17 jours	37 l	15 ſ	6 d
6 ans	4800 livres				16 jours	35 l	11 ſ	1 d
5 ans	4000 livres				15 jours	33 l	6 ſ	8 d
4 ans	3200 livres				14 jours	31 l	2 ſ	2 d
3 ans	2400 livres				13 jours	28 l	17 ſ	9 l
2 ans	1600 livres				12 jours	26 l	13 ſ	4 d
1 an	800 livres				11 jours	24 l	8 ſ	10 d
					10 jours	22 l	4 ſ	5 d
11 mois	733 l	6 ſ	8 d		9 jours	20 l		
10 mois	666 l	13	4 d		8 jours	17 l	15 ſ	6 d
9 mois	600 l				7 jours	15 l	11 ſ	1 d
8 mois	533 l	6 ſ	8 d		6 jours	13 l	6 ſ	8 d
7 mois	466 l	13 ſ	4 d		5 jours	11 l	2 ſ	2 d
6 mois	400 l				4 jours	8 l	17 ſ	9 d
5 mois	333 l	6 ſ	8 d		3 jours	6 l	13 ſ	4 d
4 mois	266 l	13 ſ	4 d		2 jours	4 l	8 ſ	10 d
3 mois	200 l				1 jour	2 l	4 ſ	5 d
2 mois	133 l	6 ſ	8 d					
1 mois	66 l	13 ſ	4 d					

Les Intérêts

De 10000 livres

Au Denier 25.

Montent pour						
20 ans	8000 livres					
19 ans	7600 livres					
18 ans	7200 livres					
17 ans	6800 livres					
16 ans	6400 livres					
15 ans	6000 livres					
14 ans	5600 livres					
13 ans	5200 livres					
12 ans	4800 livres					
11 ans	4400 livres					
10 ans	4000 livres					
9 ans	3600 livres					
8 ans	3200 livres					
7 ans	2800 livres					
6 ans	2400 livres					
5 ans	2000 livres					
4 ans	1600 livres					
3 ans	1200 livres					
2 ans	800 livres					
1 an	400 livres					
11 mois	366 l	13 f	4 d			
10 mois	333 l	6 f	8 d			
9 mois	300 l					
8 mois	266 l	13 f	4 d			
7 mois	233 l	6 f	8 d			
6 mois	200 l					
5 mois	166 l	13 f	4 d			
4 mois	133 l	6 f	8 d			
3 mois	100 l					
2 mois	66 l	13 f	4 d			
1 mois	33 l	6 f	8 d			

Montent pour			
30 jours	33 l	6 f	8 d
29 jours	32 l	4 f	5 d
28 jours	31 l	2 f	2 d
27 jours	30 l		
26 jours	28 l	17 f	9 d
25 jours	27 l	15 f	6 d
24 jours	26 l	13 f	4 d
23 jours	25 l	11 f	1 d
22 jours	24 l	8 f	10 d
21 jours	23 l	6 f	8 d
20 jours	22 l	4 f	5 d
19 jours	21 l	2 f	2 d
18 jours	20 l		
17 jours	18 l	17 f	9 d
16 jours	17 l	15 f	6 d
15 jours	16 l	13 f	4 d
14 jours	15 l	11 f	1 d
13 jours	14 l	8 f	10 d
12 jours	13 l	6 f	8 d
11 jours	12 l	4 f	5 d
10 jours	11 l	2 f	2 d
9 jours	10 l		
8 jours	8 l	17 f	9 d
7 jours	7 l	15 f	6 d
6 jours	6 l	13 f	4 d
5 jours	5 l	11 f	1 d
4 jours	4 l	8 f	10 d
3 jours	3 l	6 f	8 d
2 jours	2 l	4 f	5 d
1 jour	1 l	2 f	2 d

Les Intérêts

De 9000 livres.

Au Denier 20.

Montent pour			Montent pour	
20 ans	7200 livres		30 jours	30 l
19 ans	6840 livres		29 jours	29 l
18 ans	6480 livres		28 jours	28 l
17 ans	6120 livres		27 jours	27 l
16 ans	5760 livres		26 jours	26 l
15 ans	5400 livres		25 jours	25 l
14 ans	5040 livres		24 jours	24 l
13 ans	4680 livres		23 jours	23 l
12 ans	4320 livres		22 jours	22 l
11 ans	3960 livres		21 jours	21 l
10 ans	3600 livres		20 jours	20 l
9 ans	3240 livres		19 jours	19 l
8 ans	2880 livres		18 jours	18 l
7 ans	2520 livres		17 jours	17 l
6 ans	2160 livres		16 jours	16 l
5 ans	1800 livres		15 jours	15 l
4 ans	1440 livres		14 jours	14 l
3 ans	1080 livres		13 jours	13 l
2 ans	720 livres		12 jours	12 l
1 an	360 livres		11 jours	11 l
			10 jours	10 l
11 mois	330 livres		9 jours	9 l
10 mois	300 livres		8 jours	8 l
9 mois	270 livres		7 jours	7 l
8 mois	240 livres		6 jours	6 l
7 mois	210 livres		5 jours	5 l
6 mois	180 livres		4 jours	4 l
5 mois	150 livres		3 jours	3 l
4 mois	120 livres		2 jours	2 l
3 mois	90 livres		1 jour	1 l
2 mois	60 livres			
1 mois	30 livres			

Les Intérêts

De 8000 livres

Au Denier 25.

Montent pour					Montent pour				
20 ans	6400 livres				30 jours	26 l	13 f	4 d	
19 ans	6080 livres				29 jours	25 l	15 f	6 d	
18 ans	5760 livres				28 jours	24 l	17 f	9 d	
17 ans	5440 livres				27 jours	24 l			
16 ans	5120 livres				26 jours	23 l	2 f	2 d	
15 ans	4800 livres				25 jours	22 l	4 f	5 d	
14 ans	4480 livres				24 jours	21 l	6 f	8 d	
13 ans	4160 livres				23 jours	20 l	8 f	10 d	
12 ans	3840 livres				22 jours	19 l	11 f	1 d	
11 ans	3520 livres				21 jours	18 l	13 f	4 d	
10 ans	3200 livres				20 jours	17 l	15 f	6 d	
9 ans	2880 livres				19 jours	16 l	17 f	9 d	
8 ans	2560 livres				18 jours	16 l			
7 ans	2240 livres				17 jours	15 l	2 f	2 d	
6 ans	1920 livres				16 jours	14 l	4 f	5 d	
5 ans	1600 livres				15 jours	13 l	6 f	8 d	
4 ans	1280 livres				14 jours	12 l	8 f	10 d	
3 ans	960 livres				13 jours	11 l	11 f	1 d	
2 ans	640 livres				12 jours	10 l	13 f	4 d	
1 an	320 livres				11 jours	9 l	15 f	6 d	
					10 jours	8 l	17 f	9 d	
11 mois	293 l	6 f	8 d		9 jours	8 l			
10 mois	266 l	13 f	4 d		8 jours	7 l	2 f	2 d	
9 mois	240 l				7 jours	6 l	4 f	5 d	
8 mois	213 l	6 f	8 d		6 jours	5 l	6 f	8 d	
7 mois	186 l	13 f	4 d		5 jours	4 l	8 f	10 d	
6 mois	160 l				4 jours	3 l	11 f	1 d	
5 mois	133 l	6 f	8 d		3 jours	2 l	13 f	4 d	
4 mois	106 l	13 f	4 d		2 jours	1 l	15 f	6 d	
3 mois	80 l				1 jour		17 f	9 d	
2 mois	53 l	6 f	8 d						
1 mois	26 l	13 f	4 d						

Les

Les Intérêts

De 7000 livres

Au Denier 25.

Montent pour

20 ans	5600 livres
19 ans	5320 livres
18 ans	5040 livres
17 ans	4760 livres
16 ans	4480 livres
15 ans	4200 livres
14 ans	3920 livres
13 ans	3640 livres
12 ans	3360 livres
11 ans	3080 livres
10 ans	2800 livres
9 ans	2520 livres
8 ans	2240 livres
7 ans	1960 livres
6 ans	1680 livres
5 ans	1400 livres
4 ans	1120 livres
3 ans	840 livres
2 ans	560 livres
1 an	280 livres
11 mois	256 l 13 ſ 4 d
10 mois	233 l 6 ſ 8 d
9 mois	210 l
8 mois	186 l 13 ſ 4 d
7 mois	163 l 6 ſ 8 d
6 mois	140 l
5 mois	116 l 13 ſ 4 d
4 mois	93 l 6 ſ 8 d
3 mois	70 l
2 mois	46 l 13 ſ 4 d
1 mois	23 l 6 ſ 8 d

Montent pour

30 jours	23 l 6 ſ 8 d
29 jours	22 l 11 ſ 1 d
28 jours	21 l 15 ſ 6 d
27 jours	21 l
26 jours	20 l 4 ſ 5 d
25 jours	19 l 8 ſ 10 d
24 jours	18 l 13 ſ 4 d
23 jours	17 l 17 ſ 9 d
22 jours	17 l 2 ſ 2 d
21 jours	16 l 6 ſ 8 d
20 jours	15 l 11 ſ 1 d
19 jours	14 l 15 ſ 6 d
18 jours	14 l
17 jours	13 l 4 ſ 5 d
16 jours	12 l 8 ſ 10 d
15 jours	11 l 13 ſ 4 d
14 jours	10 l 17 ſ 9 d
13 jours	10 l 2 ſ 2 d
12 jours	9 l 6 ſ 8 d
11 jours	8 l 11 ſ 1 d
10 jours	7 l 15 ſ 6 d
9 jours	7 l
8 jours	6 l 4 ſ 5 d
7 jours	5 l 8 ſ 10 d
6 jours	4 l 13 ſ 4 d
5 jours	3 l 17 ſ 9 d
4 jours	3 l 2 ſ 2 d
3 jours	2 l 6 ſ 8 d
2 jours	1 l 11 ſ 1 d
1 jour	15 ſ 6 d

Les Intérêts

De 6000 livres

Au Denier 25,

Montent pour	
20 ans	4800 livres
19 ans	4560 livres
18 ans	4320 livres
17 ans	4080 livres
16 ans	3840 livres
15 ans	3600 livres
14 ans	3360 livres
13 ans	3120 livres
12 ans	2880 livres
11 ans	2640 livres
10 ans	2400 livres
9 ans	2160 livres
8 ans	1920 livres
7 ans	1680 livres
6 ans	1440 livres
5 ans	1200 livres
4 ans	960 livres
3 ans	720 livres
2 ans	480 livres
1 an	240 livres
11 mois	220 livres
10 mois	200 livres
9 mois	180 livres
8 mois	160 livres
7 mois	140 livres
6 mois	120 livres
5 mois	100 livres
4 mois	80 livres
3 mois	60 livres
2 mois	40 livres
1 mois	20 livres

Montent pour			
30 jours	20 l		
29 jours	19 l	6 ſ	8 d
28 jours	18 l	13 ſ	4 d
27 jours	18 l		
26 jours	17 l	6 ſ	8 d
25 jours	16 l	13 ſ	4 d
24 jours	16 l		
23 jours	15 l	6 ſ	8 d
22 jours	14 l	13 ſ	4 d
21 jours	14 l		
20 jours	13 l	6 ſ	8 d
19 jours	12 l	13 ſ	4 d
18 jours	12 l		
17 jours	11 l	6 ſ	8 d
16 jours	10 l	13 ſ	4 d
15 jours	10 l		
14 jours	9 l	6 ſ	8 d
13 jours	8 l	13 ſ	4 d
12 jours	8 l		
11 jours	7 l	6 ſ	8 d
10 jours	6 l	13 ſ	4 d
9 jours	6 l		
8 jours	5 l	6 ſ	8 d
7 jours	4 l	13 ſ	4 d
6 jours	4 l		
5 jours	3 l	6 ſ	8 d
4 jours	2 l	13 ſ	4 d
3 jours	2 l		
2 jours	1 l	6 ſ	8 d
1 jour		13 ſ	4 d

Les Intéréts

De 5000 livres

Au Denier 25.

Montent pour						Montent pour					
20 ans	4000 livres					30 jours	16 l	13 f	4 d
19 ans	3800 livres					29 jours	16 l	2 f	2 d
18 ans	3600 livres					28 jours	15 l	11 f	1 d
17 ans	3400 livres					27 jours	15 l		
16 ans	3200 livres					26 jours	14 l	8 f	10 d
15 ans	3000 livres					25 jours	13 l	17 f	9 d
14 ans	2800 livres					24 jours	13 l	6 f	8 d
13 ans	2600 livres					23 jours	12 l	15 f	6 d
12 ans	2400 livres					22 jours	12 l	4 f	5 d
11 ans	2200 livres					21 jours	11 l	13 f	4 d
10 ans	2000 livres					20 jours	11 l	2 f	2 d
9 ans	1800 livres					19 jours	10 l	11 f	1 d
8 ans	1600 livres					18 jours	10 l		
7 ans	1400 livres					17 jours	9 l	8 f	10 d
6 ans	1200 livres					16 jours	8 l	17 f	9 d
5 ans	1000 livres					15 jours	8 l	6 f	8 d
4 ans	800 livres					14 jours	7 l	15 f	6 d
3 ans	600 livres					13 jours	7 l	4 f	5 d
2 ans	400 livres					12 jours	6 l	13 f	4 d
1 an	200 livres					11 jours	6 l	2 f	2 d
						10 jours	5 l	11 f	1 d
11 mois	183 l	6 f	8 d			9 jours	5 l		
10 mois	166 l	13 f	4 d			8 jours	4 l	8 f	10 d
9 mois	150 l					7 jours	3 l	17 f	9 d
8 mois	133 l	6 f	8 d			6 jours	3 l	6 f	8 d
7 mois	116 l	13 f	4 d			5 jours	2 l	15 f	6 d
6 mois	100 l					4 jours	2 l	4 f	5 d
5 mois	83 l	6 f	8 d			3 jours	1 l	13 f	4 d
4 mois	66 l	13 f	4 d			2 jours	1 l	2 f	2 d
3 mois	50 l					1 jour		11 f	1 d
2 mois	33 l	6 f	8 d						
1 mois	16 l	13 f	4 d						

Les Intéréts

De 4000 livres

Au Denier 25.

Montent pour

20 ans	3200 livres
19 ans	3040 livres
18 ans	2880 livres
17 ans	2720 livres
16 ans	2560 livres
15 ans	2400 livres
14 ans	2240 livres
13 ans	2080 livres
12 ans	1920 livres
11 ans	1760 livres
10 ans	1600 livres
9 ans	1440 livres
8 ans	1280 livres
7 ans	1120 livres
6 ans	960 livres
5 ans	800 livres
4 ans	640 livres
3 ans	480 livres
2 ans	320 livres
1 an	160 livres
11 mois	146 l 13 ſ 4 d
10 mois	133 l 6 ſ 8 d
9 mois	120 l
8 mois	106 l 13 ſ 4 d
7 mois	93 l 6 ſ 8 d
6 mois	80 l
5 mois	66 l 13 ſ 4 d
4 mois	53 l 6 ſ 8 d
3 mois	40 l
2 mois	26 l 13 ſ 4 d
1 mois	13 l 6 ſ 8 d

Montent pour

30 jours	13 l 6 ſ 8 d
29 jours	12 l 17 ſ 9 d
28 jours	12 l 8 ſ 10 d
27 jours	12 l
26 jours	11 l 11 ſ 1 d
25 jours	11 l 2 ſ 2 d
24 jours	10 l 13 ſ 4 d
23 jours	10 l 4 ſ 5 d
22 jours	9 l 15 ſ 6 d
21 jours	9 l 6 ſ 8 d
20 jours	8 l 17 ſ 9 d
19 jours	8 l 8 ſ 10 d
18 jours	8 l
17 jours	7 l 11 ſ 1 d
16 jours	7 l 2 ſ 2 d
15 jours	6 l 13 ſ 4 d
14 jours	6 l 4 ſ 5 d
13 jours	5 l 15 ſ 6 d
12 jours	5 l 6 ſ 8 d
11 jours	4 l 17 ſ 9 d
10 jours	4 l 8 ſ 10 d
9 jours	4 l
8 jours	3 l 11 ſ 1 d
7 jours	3 l 2 ſ 2 d
6 jours	2 l 13 ſ 4 d
5 jours	2 l 4 ſ 5 d
4 jours	1 l 15 ſ 6 d
3 jours	1 l 6 ſ 8 d
2 jours	17 ſ 9 d
1 jour	8 ſ 10 d

Les Intérêts

De 3000 livres

Au Denier 25.

Montent pour		Montent pour					
20 ans	2400 livres	30 jours	10 l				
19 ans	2280 livres	29 jours	9 l	13 f	4 d		
18 ans	2160 livres	28 jours	9 l	6 f	8 d		
17 ans	2040 livres	27 jours	9 l				
16 ans	1920 livres	26 jours	8 l	13 f	4 d		
15 ans	1800 livres	25 jours	8 l	6 f	8 d		
14 ans	1680 livres	24 jours	8 l				
13 ans	1560 livres	23 jours	7 l	13 f	4 d		
12 ans	1440 livres	22 jours	7 l	6 f	8 d		
11 ans	1320 livres	21 jours	7 l				
10 ans	1200 livres	20 jours	6 l	13 f	4 d		
9 ans	1080 livres	19 jours	6 l	6 f	8 d		
8 ans	960 livres	18 jours	6 l				
7 ans	840 livres	17 jours	5 l	13 f	4 d		
6 ans	720 livres	16 jours	5 l	6 f	8 d		
5 ans	600 livres	15 jours	5 l				
4 ans	480 livres	14 jours	4 l	13 f	4 d		
3 ans	360 livres	13 jours	4 l	6 f	8 d		
2 ans	240 livres	12 jours	4 l				
1 an	120 livres	11 jours	3 l	13 f	4 d		
		10 jours	3 l	6 f	8 d		
11 mois	110 livres	9 jours	3 l				
10 mois	100 livres	8 jours	2 l	13 f	4 d		
9 mois	90 livres	7 jours	2 l	6 f	8 d		
8 mois	80 livres	6 jours	2 l				
7 mois	70 livres	5 jours	1 l	13 f	4 d		
6 mois	60 livres	4 jours	1 l	6 f	8 d		
5 mois	50 livres	3 jours	1 l				
4 mois	40 livres	2 jours		13 f	4 d		
3 mois	30 livres	1 jour		6 f	8 d		
2 mois	20 livres						
1 mois	10 livres						

Les Intérêts

De 2000 livres

Au Denier 25.

Montent pour				
20 ans	1600 livres			
19 ans	1520 livres			
18 ans	1440 livres			
17 ans	1360 livres			
16 ans	1280 livres			
15 ans	1200 livres			
14 ans	1120 livres			
13 ans	1040 livres			
12 ans	968 livres			
11 ans	880 livres			
10 ans	800 livres			
9 ans	720 livres			
8 ans	640 livres			
7 ans	560 livres			
6 ans	480 livres			
5 ans	400 livres			
4 ans	320 livres			
3 ans	240 livres			
2 ans	160 livres			
1 an	80 livres			
11 mois	73 l	6 ſ	8 d	
10 mois	66 l	13 ſ	4 d	
9 mois	60 l			
8 mois	53 l	6 ſ	8 d	
7 mois	46 l	13 ſ	4 d	
6 mois	40 l			
5 mois	33 l	6 ſ	8 d	
4 mois	26 l	13 ſ	4 d	
3 mois	20 l			
2 mois	13 l	6 ſ	8 d	
1 mois	6 l	13 ſ	4 d	

Montent pour				
30 jours	6 l	13 ſ	4 d	
29 jours	6 l	8 ſ	10 d	
28 jours	6 l	4 ſ	5 d	
27 jours	6 l			
26 jours	5 l	15 ſ	6 d	
25 jours	5 l	11 ſ	1 d	
24 jours	5 l	6 ſ	8 d	
23 jours	5 l	2 ſ	2 d	
22 jours	4 l	17 ſ	9 d	
21 jours	4 l	13 ſ	4 d	
20 jours	4 l	8 ſ	10 d	
19 jours	4 l	4 ſ	5 d	
18 jours	4 l			
17 jours	3 l	15 ſ	6 d	
16 jours	3 l	11 ſ	1 d	
15 jours	3 l	6 ſ	8 d	
14 jours	3 l	2 ſ	2 d	
13 jours	2 l	17 ſ	9 d	
12 jours	2 l	13 ſ	4 d	
11 jours	2 l	8 ſ	10 d	
10 jours	2 l	4 ſ	5 d	
9 jours	2 l			
8 jours	1 l	15 ſ	6 d	
7 jours	1 l	11 ſ	1 d	
6 jours	1 l	6 ſ	8 d	
5 jours	1 l	2 ſ	2 d	
4 jours		17 ſ	9 d	
3 jours		13 ſ	4 d	
2 jours		8 ſ	10 d	
1 jour		4 ſ	5 d	

Les Intérêts

De 1000 livres

Au Denier 25.

Montent pour				
20 ans	800 livres			
19 ans	760 livres			
18 ans	720 livres			
17 ans	680 livres			
16 ans	640 livres			
15 ans	600 livres			
14 ans	560 livres			
13 ans	520 livres			
12 ans	480 livres			
11 ans	440 livres			
10 ans	400 livres			
9 ans	360 livres			
8 ans	320 livres			
7 ans	280 livres			
6 ans	240 livres			
5 ans	200 livres			
4 ans	160 livres			
3 ans	120 livres			
2 ans	80 livres			
1 an	40 livres			
11 mois	36 l	13 f	4 d	
10 mois	33 l	6 f	8 d	
9 mois	30 l			
8 mois	26 l	13 f	4 d	
7 mois	23 l	6 f	8 d	
6 mois	20 l			
5 mois	16 l	13 f	4 d	
4 mois	13 l	6 f	8 d	
3 mois	10 l			
2 mois	13 l	4 f	4 d	
1 mois	6 l	1 f	8 d	

Montent pour			
30 jours	3 l	6 f	8 d
29 jours	3 l	4 f	5 d
28 jours	3 l	2 f	2 d
27 jours	3 l		
26 jours	2 l	17 f	9 d
25 jours	2 l	15 f	6 d
24 jours	2 l	13 f	4 d
23 jours	2 l	11 f	1 d
22 jours	2 l	8 f	10 d
21 jours	2 l	6 f	8 d
20 jours	2 l	4 f	5 d
19 jours	2 l	2 f	2 d
18 jours	2 l		
17 jours	1 l	17 f	9 d
16 jours	1 l	15 f	6 d
15 jours	1 l	13 f	4 d
14 jours	1 l	11 f	1 d
13 jours	1 l	8 f	10 d
12 jours	1 l	6 f	8 d
11 jours	1 l	4 f	5 d
10 jours	1 l	2 f	2 d
9 jours	1 l		
8 jours		17 f	9 d
7 jours		15 f	6 d
6 jours		13 f	4 d
5 jours		11 f	1 d
4 jours		8 f	10 d
3 jours		6 f	8 d
2 jours		4 f	5 d
1 jour		2 f	2 d

Les Intérêts

De 900 livres

Au Denier 25.

Montent pour		Montent pour		
20 ans	720 livres	30 jours	3 l	
19 ans	684 livres	29 jours	2 l 18 ſ	
18 ans	648 livres	28 jours	2 l 16 ſ	
17 ans	612 livres	27 jours	2 l 14 ſ	
16 ans	576 livres	26 jours	2 l 12 ſ	
15 ans	540 livres	25 jours	2 l 10 ſ	
14 ans	504 livres	24 jours	2 l 8 ſ	
13 ans	468 livres	23 jours	2 l 6 ſ	
12 ans	432 livres	22 jours	2 l 4 ſ	
11 ans	396 livres	21 jours	2 l 2 ſ	
10 ans	360 livres	20 jours	2 l	
9 ans	324 livres	19 jours	1 l 18 ſ	
8 ans	288 livres	18 jours	1 l 16 ſ	
7 ans	252 livres	17 jours	1 l 14 ſ	
6 ans	216 livres	16 jours	1 l 12 ſ	
5 ans	180 livres	15 jours	1 l 10 ſ	
4 ans	144 livres	14 jours	1 l 8 ſ	
3 ans	108 livres	13 jours	1 l 6 ſ	
2 ans	72 livres	12 jours	1 l 4 ſ	
1 an	36 livres	11 jours	1 l 2 ſ	
		10 jours	1 l	
11 mois	33 livres	9 jours		18 ſ
10 mois	30 livres	8 jours		16 ſ
9 mois	27 livres	7 jours		14 ſ
8 mois	24 livres	6 jours		12 ſ
7 mois	21 livres	5 jours		10 ſ
6 mois	18 livres	4 jours		8 ſ
5 mois	15 livres	3 jours		6 ſ
4 mois	12 livres	2 jours		4 ſ
3 mois	9 livres	1 jour		2 ſ
2 mois	6 livres			
1 mois	3 livres			

Les Intérêts

De 800 livres

Au Denier 25.

Montent pour				
20 ans	640 livres			
19 ans	608 livres			
18 ans	576 livres			
17 ans	544 livres			
16 ans	512 livres			
15 ans	480 livres			
14 ans	448 livres			
13 ans	416 livres			
12 ans	384 livres			
11 ans	352 livres			
10 ans	320 livres			
9 ans	288 livres			
8 ans	256 livres			
7 ans	224 livres			
6 ans	192 livres			
5 ans	160 livres			
4 ans	128 livres			
3 ans	96 livres			
2 ans	64 livres			
1 an	32 livres			
11 mois	29 l	6 ſ	8 d	
10 mois	26 l	13 ſ	4 d	
9 mois	24 l			
8 mois	21 l	6 ſ	8 d	
7 mois	18 l	13 ſ	4 d	
6 mois	16 l			
5 mois	13 l	6 ſ	8 d	
4 mois	10 l	13 ſ	4 d	
3 mois	8 l			
2 mois	5 l	6 ſ	8 d	
1 mois	2 l	13 ſ	4 d	

Montent pour				
30 jours	2 l	13 ſ	4 d	
29 jours	2 l	11 ſ	6 d	
28 jours	2 l	9 ſ	9 d	
27 jours	2 l	8 ſ		
26 jours	2 l	6 ſ	2 d	
25 jours	2 l	4 ſ	5 d	
24 jours	2 l	2 ſ	8 d	
23 jours	2 l		10 d	
22 jours	1 l	19 ſ	1 d	
21 jours	1 l	17 ſ	4 d	
20 jours	1 l	15 ſ	6 d	
19 jours	1 l	13 ſ	9 d	
18 jours	1 l	12 ſ		
17 jours	1 l	10 ſ	2 d	
16 jours	1 l	8 ſ	5 d	
15 jours	1 l	6 ſ	8 d	
14 jours	1 l	4 ſ	10 d	
13 jours	1 l	3 ſ	1 d	
12 jours	1 l	1 ſ	4 d	
11 jours		19 ſ	6 d	
10 jours		17 ſ	9 d	
9 jours		16 ſ		
8 jours		14 ſ	2 d	
7 jours		12 ſ	5 d	
6 jours		10 ſ	8 d	
5 jours		8 ſ	10 d	
4 jours		7 ſ	1 d	
3 jours		5 ſ	4 d	
2 jours		3 ſ	6 d	
1 jour		1 ſ	9 d	

Les Intérêts

De 700 livres

Au Denier 25.

Montent pour							Montent pour						
20 ans	560 livres						30 jours	2 l	6 ſ	8 d
19 ans	532 livres						29 jours	2 l	5 ſ	1 d
18 ans	504 livres						28 jours	2 l	3 ſ	6 d
17 ans	476 livres						27 jours	2 l	2 ſ	
16 ans	448 livres						26 jours	2 l		5 d
15 ans	420 livres						25 jours	1 l	18 ſ	10 d
14 ans	392 livres						24 jours	1 l	17 ſ	4 d
13 ans	364 livres						23 jours	1 l	15 ſ	9 d
12 ans	336 livres						22 jours	1 l	14 ſ	2 d
11 ans	308 livres						21 jours	1 l	12 ſ	8 d
10 ans	280 livres						20 jours	1 l	11 ſ	1 d
9 ans	252 livres						19 jours	1 l	9 ſ	6 d
8 ans	224 livres						18 jours	1 l	8 ſ	
7 ans	196 livres						17 jours	1 l	6 ſ	5 d
6 ans	168 livres						16 jours	1 l	4 ſ	10 d
5 ans	140 livres						15 jours	1 l	3 ſ	4 d
4 ans	112 livres						14 jours	1 l	1 ſ	9 d
3 ans	84 livres						13 jours	1 l		2 d
2 ans	56 livres						12 jours		18 ſ	8 d
1 an	28 livres						11 jours		17 ſ	1 d
							10 jours		15 ſ	6 d
11 mois	25 l	13 ſ	4 d				9 jours		14 ſ	
10 mois	23 l	6 ſ	8 d				8 jours		12 ſ	5 d
9 mois	21 l						7 jours		10 ſ	10 d
8 mois	18 l	13 ſ	4 d				6 jours		9 ſ	4 d
7 mois	16 l	6 ſ	8 d				5 jours		7 ſ	9 d
6 mois	14 l						4 jours		6 ſ	2 d
5 mois	11 l	13 ſ	4 d				3 jours		4 ſ	8 d
4 mois	9 l	6 ſ	8 d				2 jours		3 ſ	1 d
3 mois	7 l						1 jour		1 ſ	6 d
2 mois	4 l	13 ſ	4 d							
1 mois	2 l	6 ſ	8 d							

Les Intérêts

De 600 livres

Au Denier 25.

Montent pour	
20 ans	480 livres
19 ans	456 livres
18 ans	432 livres
17 ans	408 livres
16 ans	384 livres
15 ans	360 livres
14 ans	336 livres
13 ans	312 livres
12 ans	288 livres
11 ans	264 livres
10 ans	240 livres
9 ans	216 livres
8 ans	192 livres
7 ans	168 livres
6 ans	144 livres
5 ans	120 livres
4 ans	96 livres
3 ans	72 livres
2 ans	48 livres
1 an	24 livres
11 mois	22 livres
10 mois	20 livres
9 mois	18 livres
8 mois	16 livres
7 mois	14 livres
6 mois	12 livres
5 mois	10 livres
4 mois	8 livres
3 mois	6 livres
2 mois	4 livres
1 mois	2 livres

Montent pour			
30 jours	2 l		
29 jours	1 l	18 ſ	8 d
28 jours	1 l	17 ſ	4 d
27 jours	1 l	16 ſ	
26 jours	1 l	14 ſ	8 d
25 jours	1 l	13 ſ	4 d
24 jours	1 l	12 ſ	
23 jours	1 l	10 ſ	8 d
22 jours	1 l	9 ſ	4 d
21 jours	1 l	8 ſ	
20 jours	1 l	6 ſ	8 d
19 jours	1 l	5 ſ	4 d
18 jours	1 l	4 ſ	
17 jours	1 l	2 ſ	8 d
16 jours	1 l	1 ſ	4 d
15 jours	1 l		
14 jours		18 ſ	8 d
13 jours		17 ſ	4 d
12 jours		16 ſ	
11 jours		14 ſ	8 d
10 jours		13 ſ	4 d
9 jours		12 ſ	
8 jours		10 ſ	8 d
7 jours		9 ſ	4 d
6 jours		8 ſ	
5 jours		6 ſ	8 d
4 jours		5 ſ	4 d
3 jours		4 ſ	
2 jours		2 ſ	8 d
1 jour		1 ſ	4 d

Les Intérêts

De 500 livres

Au Denier 25,

Montent pour					
20 ans	400 livres				
19 ans	380 livres				
18 ans	360 livres				
17 ans	340 livres				
16 ans	320 livres				
15 ans	300 livres				
14 ans	280 livres				
13 ans	260 livres				
12 ans	240 livres				
11 ans	220 livres				
10 ans	200 livres				
9 ans	180 livres				
8 ans	160 livres				
7 ans	140 livres				
6 ans	120 livres				
5 ans	100 livres				
4 ans	80 livres				
3 ans	60 livres				
2 ans	40 livres				
1 an	20 livres				

11 mois	18 l	6 ſ	8 d
10 mois	16 l	13 ſ	4 d
9 mois	15 l		
8 mois	13 l	6 ſ	8 d
7 mois	11 l	13 ſ	4 d
6 mois	10 l		
5 mois	8 l	6 ſ	8 d
4 mois	6 l	13 ſ	4 d
3 mois	5 l		
2 mois	3 l	6 ſ	8 d
1 mois	1 l	13 ſ	4 d

Montent pour				
30 jours	1 l	13 ſ	4 d
29 jours	1 l	12 ſ	2 d
28 jours	1 l	11 ſ	1 d
27 jours	1 l	10 ſ	
26 jours	1 l	8 ſ	10 d
25 jours	1 l	7 ſ	9 d
24 jours	1 l	6 ſ	8 d
23 jours	1 l	5 ſ	6 d
22 jours	1 l	4 ſ	5 d
21 jours	1 l	3 ſ	4 d
20 jours	1 l	2 ſ	2 d
19 jours	1 l	1 ſ	1 d
18 jours	1 l		
17 jours	18 ſ	10 d	
16 jours	17 ſ	9 d	
15 jours	16 ſ	8 d	
14 jours	15 ſ	6 d	
13 jours	14 ſ	5 d	
12 jours	13 ſ	4 d	
11 jours	12 ſ	2 d	
10 jours	11 ſ	1 d	
9 jours	10 ſ		
8 jours	8 ſ	10 d	
7 jours	7 ſ	9 d	
6 jours	6 ſ	8 d	
5 jours	5 ſ	6 d	
4 jours	4 ſ	5 d	
3 jours	3 ſ	4 d	
2 jours	2 ſ	2 d	
1 jour	1 ſ	1 d	

Les Intérêts

De 400 livres

Au Denier 25.

Montent pour			Montent pour		
20 ans	320 livres		30 jours	1 l 6 ſ 8 d	
19 ans	304 livres		29 jours	1 l 5 ſ 9 d	
18 ans	288 livres		28 jours	1 l 4 ſ 10 d	
17 ans	272 livres		27 jours	1 l 4 ſ	
16 ans	256 livres		26 jours	1 l 3 ſ 1 d	
15 ans	240 livres		25 jours	1 l 2 ſ 2 d	
14 ans	224 livres		24 jours	1 l 1 ſ 4 d	
13 ans	208 livres		23 jours	1 l 5 d	
12 ans	192 livres		22 jours	19 ſ 6 d	
11 ans	176 livres		21 jours	18 ſ 8 d	
10 ans	160 livres		20 jours	17 ſ 9 d	
9 ans	144 livres		19 jours	16 ſ 10 d	
8 ans	128 livres		18 jours	16 ſ	
7 ans	112 livres		17 jours	15 ſ 1 d	
6 ans	96 livres		16 jours	14 ſ 2 d	
5 ans	80 livres		15 jours	13 ſ 4 d	
4 ans	64 livres		14 jours	12 ſ 5 d	
3 ans	48 livres		13 jours	11 ſ 6 d	
2 ans	32 livres		12 jours	10 ſ 8 d	
1 an	16 livres		11 jours	9 ſ 9 d	
			10 jours	8 ſ 10 d	
11 mois	14 l 13 ſ 4 d		9 jours	8 ſ	
10 mois	13 l 6 ſ 8 d		8 jours	7 ſ 1 d	
9 mois	12 l		7 jours	6 ſ 2 d	
8 mois	10 l 13 ſ 4 d		6 jours	5 ſ 4 d	
7 mois	9 l 6 ſ 8 d		5 jours	4 ſ 5 d	
6 mois	8 l		4 jours	3 ſ 6 d	
5 mois	6 l 13 ſ 4 d		3 jours	2 ſ 8 d	
4 mois	5 l 6 ſ 8 d		2 jours	1 ſ 9 d	
3 mois	4 l		1 jour	10 d	
2 mois	2 l 13 ſ 4 d				
1 mois	1 l 6 ſ 8 d				

E e

Les Intérêts

De 300 livres

Au Denier 25.

Montent pour			Montent pour		
20 ans	240 livres		30 jours	1 l	
19 ans	228 livres		29 jours	19 ſ	4 d
18 ans	216 livres		28 jours	18 ſ	8 d
17 ans	204 livres		27 jours	18 ſ	
16 ans	192 livres		26 jours	17 ſ	4 d
15 ans	180 livres		25 jours	16 ſ	8 d
14 ans	168 livres		24 jours	16 ſ	
13 ans	156 livres		23 jours	15 ſ	4 d
12 ans	144 livres		22 jours	14 ſ	8 d
11 ans	132 livres		21 jours	14 ſ	
10 ans	120 livres		20 jours	13 ſ	4 d
9 ans	108 livres		19 jours	12 ſ	8 d
8 ans	96 livres		18 jours	12 ſ	
7 ans	84 livres		17 jours	11 ſ	4 d
6 ans	72 livres		16 jours	10 ſ	8 d
5 ans	60 livres		15 jours	10 ſ	
4 ans	48 livres		14 jours	9 ſ	4 d
3 ans	36 livres		13 jours	8 ſ	8 d
2 ans	24 livres		12 jours	8 l	
1 an	12 livres		11 jours	7 l	4 d
			10 jours	6 ſ	8 d
11 mois	11 livres		9 jours	6 ſ	
10 mois	10 livres		8 jours	5 l	4 d
9 mois	9 livres		7 jours	4 ſ	8 d
8 mois	8 livres		6 jours	4 ſ	
7 mois	7 livres		5 jours	3 ſ	4 d
6 mois	6 livres		4 jours	2 ſ	8 d
5 mois	5 livres		3 jours	2 ſ	
4 mois	4 livres		2 jours	1 ſ	4 d
3 mois	3 livres		1 jour		8 d
2 mois	2 livres				
1 mois	1 livre				

Les Intérêts

De 200 livres

Au Denier 25.

Montent pour						Montent pour				
20 ans	160 livres					30 jours	13 ſ	4 d	
19 ans	152 livres					29 jours	12 ſ	10 d	
18 ans	144 livres					28 jours	12 ſ	5 d	
17 ans	136 livres					27 jours	12 ſ		
16 ans	128 livres					26 jours	11 ſ	6 d	
15 ans	120 livres					25 jours	11 ſ	1 d	
14 ans	112 livres					24 jours	10 ſ	8 d	
13 ans	104 livres					23 jours	10 ſ	2 d	
12 ans	96 livres					22 jours	9 ſ	9 d	
11 ans	88 livres					21 jours	9 ſ	4 d	
10 ans	80 livres					20 jours	8 ſ	10 d	
9 ans	72 livres					19 jours	8 ſ	5 d	
8 ans	64 livres					18 jours	8 ſ		
7 ans	56 livres					17 jours	7 ſ	6 d	
6 ans	48 livres					16 jours	7 ſ	1 d	
5 ans	40 livres					15 jours	6 ſ	8 d	
4 ans	32 livres					14 jours	6 ſ	2 d	
3 ans	24 livres					13 jours	5 ſ	9 d	
2 ans	16 livres					12 jours	5 ſ	4 d	
1 an	8 livres					11 jours	4 ſ	10 d	
						10 jours	4 ſ	5 d	
11 mois	7 l	6 ſ	8 d			9 jours	4 ſ		
10 mois	6 l	13 ſ	4 d			8 jours	3 ſ	6 d	
9 mois	6 l					7 jours	3 ſ	1 d	
8 mois	5 l	6 ſ	8 d			6 jours	2 ſ	8 d	
7 mois	4 l	13 ſ	4 d			5 jours	2 ſ	2 d	
6 mois	4 l					4 jours	1 ſ	9 d	
5 mois	3 l	6 ſ	8 d			3 jours	1 ſ	4 d	
4 mois	2 l	13 ſ	4 d			2 jours		10 d	
3 mois	2 l					1 jour		5 d	
2 mois	1 l	6 ſ	8 d						
1 mois		13 ſ	4 d						

Les Intérêts

De 100 livres

Au Denier 25.

Montent pour	
20 ans	80 livres
19 ans	76 livres
18 ans	72 livres
17 ans	68 livres
16 ans	64 livres
15 ans	60 livres
14 ans	56 livres
13 ans	52 livres
12 ans	48 livres
11 ans	44 livres
10 ans	40 livres
9 ans	36 livres
8 ans	32 livres
7 ans	28 livres
6 ans	24 livres
5 ans	20 livres
4 ans	16 livres
3 ans	12 livres
2 ans	8 livres
1 an	4 livres
11 mois	3 l 13 ſ 4 d
10 mois	3 l 6 ſ 8 d
9 mois	3 l
8 mois	2 l 13 ſ 4 d
7 mois	2 l 6 ſ 8 d
6 mois	2 l
5 mois	1 l 13 ſ 4 d
4 mois	1 l 6 ſ 8 d
3 mois	1 l
2 mois	13 ſ 4 d
1 mois	6 ſ 8 d

Montent pour	
30 jours	6 ſ 8 d
29 jours	6 ſ 5 d
28 jours	6 ſ 2 d
27 jours	6 ſ
26 jours	5 ſ 9 d
25 jours	5 ſ 6 d
24 jours	5 ſ 4 d
23 jours	5 ſ 1 d
22 jours	4 ſ 10 d
21 jours	4 ſ 8 d
20 jours	4 ſ 5 d
19 jours	4 ſ 2 d
18 jours	4 ſ
17 jours	3 ſ 9 d
16 jours	3 ſ 6 d
15 jours	3 ſ 4 d
14 jours	3 ſ 1 d
13 jours	2 ſ 10 d
12 jours	2 ſ 8 d
11 jours	2 ſ 5 d
10 jours	2 ſ 2 d
9 jours	2 ſ
8 jours	1 ſ 9 d
7 jours	1 ſ 6 d
6 jours	1 ſ 4 d
5 jours	1 ſ 1 d
4 jours	10 d
3 jours	8 d
2 jours	5 d
1 jour	2 d

Les Intérêts

De 90 livres

Au Denier 25.

Montent pour			
20 ans	72 l		
19 ans	68 l	8 ſ	
18 ans	64 l	16 ſ	
17 ans	61 l	4 ſ	
16 ans	57 l	12 ſ	
15 ans	54 l		
14 ans	50 l	8 ſ	
13 ans	46 l	16 ſ	
12 ans	43 l	4 ſ	
11 ans	39 l	12 ſ	
10 ans	36 l		
9 ans	32 l	8 ſ	
8 ans	28 l	16 ſ	
7 ans	25 l	4 ſ	
6 ans	21 l	12 ſ	
5 ans	18 l		
4 ans	14 l	8 ſ	
3 ans	10 l	16 ſ	
2 ans	7 l	4 ſ	
1 an	3 l	12 ſ	
11 mois	3 l	6 ſ	
10 mois	3 l		
9 mois	2 l	14 ſ	
8 mois	2 l	8 ſ	
7 mois	2 l	2 ſ	
6 mois	1 l	16 ſ	
5 mois	1 l	10 ſ	
4 mois	1 l	4 ſ	
3 mois		13 ſ	
2 mois		12 ſ	
1 mois		6 ſ	

Montent pour		
30 jours	6 ſ	
29 jours	5 ſ	9 d
28 jours	5 ſ	7 d
27 jours	5 ſ	4 d
26 jours	5 ſ	2 d
25 jours	5 ſ	
24 jours	4 ſ	9 d
23 jours	4 ſ	7 d
22 jours	4 ſ	4 d
21 jours	4 ſ	2 d
20 jours	4 ſ	
19 jours	3 ſ	9 d
18 jours	3 ſ	7 d
17 jours	3 ſ	4 d
16 jours	3 ſ	2 d
15 jours	3 ſ	
14 jours	2 ſ	9 d
13 jours	2 ſ	7 d
12 jours	2 ſ	4 d
11 jours	2 ſ	2 d
10 jours	2 ſ	
9 jours	1 ſ	9 d
8 jours	1 ſ	7 d
7 jours	1 ſ	4 d
6 jours	1 ſ	2 d
5 jours	1 ſ	
4 jours		9 d
3 jours		7 d
2 jours		4 d
1 jour		2 d

Les Intérêts

De 80 livres

Au Denier 25.

Montent pour				Montent pour			
20 ans	64 l			30 jours		5 ſ	4 d
19 ans	60 l	16 ſ		29 jours		5 ſ	1 d
18 ans	57 l	12 ſ		28 jours		4 ſ	11 d
17 ans	54 l	8 ſ		27 jours		4 ſ	9 d
16 ans	51 l	4 ſ		26 jours		4 ſ	7 d
15 ans	48 l			25 jours		4 ſ	5 d
14 ans	44 l	16 ſ		24 jours		4 ſ	3 d
13 ans	41 l	12 ſ		23 jours		4 ſ	1 d
12 ans	38 l	8 ſ		22 jours		3 ſ	10 d
11 ans	35 l	4 ſ		21 jours		3 ſ	8 d
10 ans	32 l			20 jours		3 ſ	6 d
9 ans	28 l	16 ſ		19 jours		3 ſ	4 d
8 ans	25 l	12 ſ		18 jours		3 ſ	2 d
7 ans	22 l	8 ſ		17 jours		3 ſ	
6 ans	19 l	4 ſ		16 jours		2 ſ	10 d
5 ans	16 l			15 jours		2 ſ	8 d
4 ans	12 l	16 ſ		14 jours		2 ſ	5 d
3 ans	9 l	12 ſ		13 jours		2 ſ	3 d
2 ans	6 l	8 ſ		12 jours		2 ſ	1 d
1 an	3 l	4 ſ		11 jours		1 ſ	11 d
				10 jours		1 ſ	9 d
11 mois	2 l	18 ſ	8 d	9 jours		1 ſ	7 d
10 mois	2 l	13 ſ	4 d	8 jours		1 ſ	5 d
9 mois	2 l	8 ſ		7 jours		1 ſ	2 d
8 mois	2 l	2 ſ	8 d	6 jours		1 ſ	
7 mois	1 l	17 ſ	4 d	5 jours			10 d
6 mois	1 l	12 ſ		4 jours			8 d
5 mois	1 l	6 ſ	8 d	3 jours			6 d
4 mois	1 l	1 ſ	4 d	2 jours			4 d
3 mois		16 ſ		1 jour			2 d
2 mois		10 ſ	8 d				
1 mois		5 ſ	4 d				

Les Intérêts

De 70 livres

Au Denier 25.

Montent pour				Montent pour		
20 ans	56 l			30 jours	4 ſ	8 d
19 ans	53 l	4 ſ		29 jours	4 ſ	6 d
18 ans	50 l.	8 ſ		28 jours	4 ſ	4 d
17 ans	47 l	12 ſ		27 jours	4 ſ	2 d
16 ans	44 l	16 ſ		26 jours	4 ſ	
15 ans	42 l			25 jours	3 ſ	10 d
14 ans	39 l	4 ſ		24 jours	3 ſ	8 d
13 ans	36 l	8 ſ		23 jours	3 ſ	6 d
12 ans	33 l	12 ſ		22 jours	3 ſ	5 d
11 ans	30 l	16 ſ		21 jours	3 ſ	3 d
10 ans	28 l			20 jours	3 ſ	1 d
9 ans	25 l	4 ſ		19 jours	2 ſ	11 d
8 ans	22 l	8 ſ		18 jours	2 ſ	9 d
7 ans	19 l	12 ſ		17 jours	2 ſ	7 d
6 ans	16 l	16 ſ		16 jours	2 ſ	5 d
5 ans	14 l			15 jours	2 ſ	4 d
4 ans	11 l	4 ſ		14 jours	2 ſ	2 d
3 ans	8 l	8 ſ		13 jours	2 ſ	
2 ans	5 l	12 ſ		12 jours	1 ſ	10 d
1 an	2 l	16 ſ		11 jours	1 ſ	8 d
				10 jours	1 ſ	6 d
11 mois	2 l	11 ſ	4 d	9 jours	1 ſ	4 d
10 mois	2 l	6 ſ	8 d	8 jours	1 ſ	2 d
9 mois	2 l	2 ſ		7 jours	1 ſ	1 d
8 mois	1 l	17 ſ	4 d	6 jours		11 d
7 mois	1 l	12 ſ	8 d	5 jours		9 d
6 mois	1 l	8 ſ		4 jours		7 d
5 mois	1 l	3 ſ	4 d	3 jours		5 d
4 mois		18 ſ	8 d	2 jours		3 d
3 mois		14 ſ		1 jour		1 d
2 mois		9 ſ	4 d			
1 mois		4 ſ	8 d			

Les Intérêts
De 60 livres
Au Denier 25.

Montent pour			
20 ans	48 l		
19 ans	45 l	12 ſ	
18 ans	43 l	4 ſ	
17 ans	40 l	16 ſ	
16 ans	38 l	8 ſ	
15 ans	36 l		
14 ans	33 l	12 ſ	
13 ans	31 l	4 ſ	
12 ans	28 l	16 ſ	
11 ans	26 l	8 ſ	
10 ans	24 l		
9 ans	21 l	12 ſ	
8 ans	19 l	4 ſ	
7 ans	16 l	16 ſ	
6 ans	14 l	8 ſ	
5 ans	12 l		
4 ans	9 l	12 ſ	
3 ans	7 l	4 ſ	
2 ans	4 l	16 ſ	
1 an	2 l	8 ſ	
11 mois	2 l	4 ſ	
10 mois	2 l		
9 mois	1 l	16 ſ	
8 mois	1 l	12 ſ	
7 mois	1 l	8 ſ	
6 mois	1 l	4 ſ	
5 mois	1 l		
4 mois		16 ſ	
3 mois		12 ſ	
2 mois		8 ſ	
1 mois		4 ſ	

Montent pour			
30 jours	4 ſ		
29 jours	3 ſ	10 d	
28 jours	3 ſ	8 d	
27 jours	3 ſ	7 d	
26 jours	3 ſ	5 d	
25 jours	3 ſ	4 d	
24 jours	3 ſ	2 d	
23 jours	3 ſ		
22 jours	2 ſ	11 d	
21 jours	2 ſ	9 d	
20 jours	2 ſ	8 d	
19 jours	2 ſ	6 d	
18 jours	2 ſ	4 d	
17 jours	2 ſ	3 d	
16 jours	2 ſ	1 d	
15 jours	2 ſ		
14 jours	1 ſ	10 d	
13 jours	1 ſ	8 d	
12 jours	1 ſ	7 d	
11 jours	1 ſ	5 d	
10 jours	1 ſ	4 d	
9 jours	1 ſ	2 d	
8 jours	1 ſ		
7 jours		11 d	
6 jours		9 d	
5 jours		8 d	
4 jours		6 d	
3 jours		4 d	
2 jours		3 d	
1 jour		1 d	

Les Intérêts

De 50 livres

Au Denier 25.

Montent pour			Montent pour		
20 ans	40 livres		30 jours	3 ſ 4 d	
19 ans	38 livres		29 jours	3 ſ 2 d	
18 ans	36 livres		28 jours	3 ſ 1 d	
17 ans	34 livres		27 jours	3 ſ	
16 ans	32 livres		26 jours	2 ſ 10 d	
15 ans	30 livres		25 jours	2 ſ 9 d	
14 ans	28 livres		24 jours	2 ſ 8 d	
13 ans	26 livres		23 jours	2 ſ 6 d	
12 ans	24 livres		22 jours	2 ſ 5 d	
11 ans	22 livres		21 jours	2 ſ 4 d	
10 ans	20 livres		20 jours	2 ſ 2 d	
9 ans	18 livres		19 jours	2 ſ 1 d	
8 ans	16 livres		18 jours	2 ſ	
7 ans	14 livres		17 jours	1 ſ 10 d	
6 ans	12 livres		16 jours	1 ſ 9 d	
5 ans	10 livres		15 jours	1 ſ 8 d	
4 ans	8 livres		14 jours	1 ſ 6 d	
3 ans	6 livres		13 jours	1 ſ 5 d	
2 ans	4 livres		12 jours	1 ſ 4 d	
1 an	2 livres		11 jours	1 ſ 2 d	
			10 jours	1 ſ 1 d	
11 mois	1 l 16 ſ 8 d		9 jours	1 ſ	
10 mois	1 l 13 ſ 4 d		8 jours	10 d	
9 mois	1 l 10 ſ		7 jours	9 d	
8 mois	1 l 6 ſ 8 d		6 jours	8 d	
7 mois	1 l 3 ſ 4 d		5 jours	6 d	
6 mois	1 l		4 jours	5 d	
5 mois	16 ſ 8 d		3 jours	4 d	
4 mois	13 ſ 4 d		2 jours	2 d	
3 mois	10 ſ		1 jour	1 d	
2 mois	6 ſ 8 d				
1 mois	3 ſ 4 d				

Les Intérêts

De 40 livres.

Au Denier 25.

Montent pour	l	ſ	d
20 ans	32		
19 ans	30	8	
18 ans	28	16	
17 ans	27	4	
16 ans	25	12	
15 ans	24		
14 ans	22	8	
13 ans	20	16	
12 ans	19	4	
11 ans	17	12	
10 ans	16		
9 ans	14	8	
8 ans	12	16	
7 ans	11	4	
6 ans	9	12	
5 ans	8		
4 ans	6	8	
3 ans	4	16	
2 ans	3	4	
1 an	1	12	
11 mois	1	9	4
10 mois	1	6	8
9 mois	1	4	
8 mois	1	1	4
7 mois		18	8
6 mois		16	
5 mois		13	4
4 mois		10	8
3 mois		8	
2 mois		5	4
1 mois		2	8

Montent pour	ſ	d
30 jours	2	8
29 jours	2	6
28 jours	2	5
27 jours	2	4
26 jours	2	3
25 jours	2	2
24 jours	2	1
23 jours	2	
22 jours	1	11
21 jours	1	10
20 jours	1	9
19 jours	1	8
18 jours	1	7
17 jours	1	6
16 jours	1	5
15 jours	1	4
14 jours	1	2
13 jours	1	1
12 jours	1	
11 jours		11
10 jours		10
9 jours		9
8 jours		8
7 jours		7
6 jours		6
5 jours		5
4 jours		4
3 jours		3
2 jours		2
1 jour		1

Les Intérêts

De 30 livres

Au Denier 25.

Montent pour		
20 ans	24 l	
19 ans	22 l	16 ſ
18 ans	21 l	12 ſ
17 ans	20 l	8 ſ
16 ans	19 l	4 ſ
15 ans	18 l	
14 ans	16 l	16 ſ
13 ans	15 l	12 ſ
12 ans	14 l	8 ſ
11 ans	13 l	4 ſ
10 ans	12 l	
9 ans	10 l	16 ſ
8 ans	9 l	12 ſ
7 ans	8 l	8 ſ
6 ans	7 l	4 ſ
5 ans	6 l	
4 ans	4 l	16 ſ
3 ans	3 l	12 ſ
2 ans	2 l	8 ſ
1 an	1 l	4 ſ
11 mois	1 l	2 ſ
10 mois	1 l	
9 mois		18 ſ
8 mois		16 ſ
7 mois		14 ſ
6 mois		12 ſ
5 mois		10 ſ
4 mois		8 ſ
3 mois		6 ſ
2 mois		4 ſ
1 mois		2 ſ

Montent pour		
30 jours	2 ſ	
29 jours	1 ſ	11 d
28 jours	1 ſ	10 d
27 jours	1 ſ	9 d
26 jours	1 ſ	8 d
25 jours	1 ſ	8 d
24 jours	1 ſ	7 d
23 jours	1 ſ	6 d
22 jours	1 ſ	5 d
21 jours	1 ſ	4 d
20 jours	1 ſ	4 d
19 jours	1 ſ	3 d
18 jours	1 ſ	2 d
17 jours	1 ſ	1 d
16 jours	1 ſ	
15 jours	1 ſ	
14 jours		11 d
13 jours		10 d
12 jours		9 d
11 jours		8 d
10 jours		8 d
9 jours		7 d
8 jours		6 d
7 jours		5 d
6 jours		4 d
5 jours		4 d
4 jours		3 d
3 jours		2 d
2 jours		1 d
1 jour		

Les Intérêts

De 20 livres

Au Denier 25.

Montent pour				Montent pour			
20 ans	16 l			30 jours	1 ſ	4 d	
19 ans	15 l	4 ſ		29 jours	1 ſ	3 d	
18 ans	14 l	8 ſ		28 jours	1 ſ	2 d	
17 ans	13 l	12 ſ		27 jours	1 ſ	2 d	
16 ans	12 l	16 ſ		26 jours	1 ſ	1 d	
15 ans	12 l			25 jours	1 ſ	1 d	
14 ans	11 l	4 ſ		24 jours	1 ſ		
13 ans	10 l	8 ſ		23 jours	1 ſ		
12 ans	9 l	12 ſ		22 jours		11 d	
11 ans	8 l	16 ſ		21 jours		11 d	
10 ans	8 l			20 jours		10 d	
9 ans	7 l	4 ſ		19 jours		10 d	
8 ans	6 l	8 ſ		18 jours		9 d	
7 ans	5 l	12 ſ		17 jours		9 d	
6 ans	4 l	16 ſ		16 jours		8 d	
5 ans	4 l			15 jours		8 d	
4 ans	3 l	4 ſ		14 jours		7 d	
3 ans	2 l	8 ſ		13 jours		6 d	
2 ans	1 l	12 ſ		12 jours		6 d	
1 an		16 ſ		11 jours		5 d	
				10 jours		5 d	
11 mois		14 ſ	8 d	9 jours		4 d	
10 mois		13 ſ	4 d	8 jours		4 d	
9 mois		12 ſ		7 jours		3 d	
8 mois		10 ſ	8 d	6 jours		3 d	
7 mois		9 ſ	4 d	5 jours		2 d	
6 mois		8 ſ		4 jours		2 d	
5 mois		6 ſ	8 d	3 jours		1 d	
4 mois		5 ſ	4 d	2 jours		1 d	
3 mois		4 ſ		1 jour			
2 mois		2 ſ	8 d				
1 mois		1 ſ	4 d				

Les Intérêts

De 10 livres

Au Denier 25.

Montent pour		
20 ans	8 l	
19 ans	7 l	12 ſ
18 ans	7 l	4 ſ
17 ans	6 l	16 ſ
16 ans	6 l	8 ſ
15 ans	6 l	
14 ans	5 l	12 ſ
13 ans	5 l	4 ſ
12 ans	4 l	16 ſ
11 ans	4 l	8 ſ
10 ans	4 l	
9 ans	3 l	12 ſ
8 ans	3 l	4 ſ
7 ans	2 l	16 ſ
6 ans	2 l	8 ſ
5 ans	2 l	
4 ans	1 l	12 ſ
3 ans	1 l	4 ſ
2 ans		16 ſ
1 an		8 ſ
11 mois	7 ſ	4 d
10 mois	6 ſ	8 d
9 mois	6 ſ	
8 mois	5 ſ	4 d
7 mois	4 ſ	8 d
6 mois	4 ſ	
5 mois	3 ſ	4 d
4 mois	2 ſ	8 d
3 mois	2 ſ	
2 mois	1 ſ	4 d
1 mois		8 d

Montent pour	
30 jours	8 d
29 jours	7 d
28 jours	7 d
27 jours	7 d
26 jours	6 d
25 jours	6 d
24 jours	6 d
23 jours	6 d
22 jours	5 d
21 jours	5 d
20 jours	5 d
19 jours	5 d
18 jours	4 d
17 jours	4 d
16 jours	4 d
15 jours	4 d
14 jours	3 d
13 jours	3 d
12 jours	3 d
11 jours	2 d
10 jours	2 d
9 jours	2 d
8 jours	2 d
7 jours	1 d
6 jours	1 d
5 jours	1 d
4 jours	1 d
3 jours	
2 jours	
1 jour	

TARIF

AU DENIER 20,

QUI EST A 5 POUR CENT,

OU UN SOL POUR LIVRE,

Ou de 20 livres en donner une,
par chacun an, d'intérêt.

*On trouve dans les pages suivantes le
montant des Intérêts, au Denier 20,
de toutes sortes de Sommes,*

Pour plusieurs Années,
Pour plusieurs Mois,
& pour plusieurs Jours,

En un moment, & en un même endroit.

E e iij

Les Intérêts

De 50000 livres

Au Denier 20.

Montent pour				
20 ans	50000 livres			
19 ans	47500 livres			
18 ans	45000 livres			
17 ans	42500 livres			
16 ans	40000 livres			
15 ans	37500 livres			
14 ans	35000 livres			
13 ans	32500 livres			
12 ans	30000 livres			
11 ans	27500 livres			
10 ans	25000 livres			
9 ans	22500 livres			
8 ans	20000 livres			
7 ans	17500 livres			
6 ans	15000 livres			
5 ans	12500 livres			
4 ans	10000 livres			
3 ans	7500 livres			
2 ans	5000 livres			
1 an	2500 livres			
11 mois	2291 l	13 ſ	4 d	
10 mois	2083 l	6 ſ	8 d	
9 mois	1875 l			
8 mois	1666 l	13 ſ	4 d	
7 mois	1458 l	6 ſ	8 d	
6 mois	1250 l			
5 mois	1041 l	13 ſ	4 d	
4 mois	833 l	6 ſ	8 d	
3 mois	625 l			
2 mois	416 l	13 ſ	4 d	
1 mois	208 l	6 ſ	8 d	

Montent pour			
30 jours	208 l	6 ſ	8 d
29 jours	201 l	7 ſ	9 d
28 jours	194 l	8 ſ	10 d
27 jours	187 l	10 ſ	
26 jours	180 l	11 ſ	1 d
25 jours	173 l	12 ſ	2 d
24 jours	166 l	13 ſ	4 d
23 jours	159 l	14 ſ	5 d
22 jours	152 l	15 ſ	6 d
21 jours	145 l	16 ſ	8 d
20 jours	138 l	17 ſ	9 d
19 jours	131 l	18 ſ	10 d
18 jours	125 l		
17 jours	118 l	1 ſ	1 d
16 jours	111 l	2 ſ	2 d
15 jours	104 l	3 ſ	4 d
14 jours	97 l	4 ſ	5 d
13 jours	90 l	5 ſ	6 d
12 jours	83 l	6 ſ	8 d
11 jours	76 l	7 ſ	9 d
10 jours	69 l	8 ſ	10 d
9 jours	62 l	10 ſ	
8 jours	55 l	11 ſ	1 d
7 jours	48 l	12 ſ	2 d
6 jours	41 l	13 ſ	4 d
5 jours	34 l	14 ſ	5 d
4 jours	27 l	15 ſ	6 d
3 jours	20 l	16 ſ	8 d
2 jours	13 l	17 ſ	9 d
1 jour	6 l	18 ſ	10 d

Les Intéréts

De 40000 livres

Au Denier 20.

Montent pour

20 ans	40000 livres
19 ans	38000 livres
18 ans	36000 livres
17 ans	34000 livres
16 ans	32000 livres
15 ans	30000 livres
14 ans	28000 livres
13 ans	26000 livres
12 ans	24000 livres
11 ans	22000 livres
10 ans	20000 livres
9 ans	18000 livres
8 ans	16000 livres
7 ans	14000 livres
6 ans	12000 livres
5 ans	10000 livres
4 ans	8000 livres
3 ans	6000 livres
2 ans	4000 livres
1 an	2000 livres
11 mois	1833 l 6 ſ 8 d
10 mois	1666 l 13 ſ 4 d
9 mois	1500 l
8 mois	1333 l 6 ſ 8 d
7 mois	1166 l 13 ſ 4 d
6 mois	1000 l
5 mois	833 l 6 ſ 8 d
4 mois	666 l 13 ſ 4 d
3 mois	500 l
2 mois	333 l 6 ſ 8 d
1 mois	166 l 13 ſ 4 d

Montent pour

30 jours	166 l 13 ſ 4 d
29 jours	161 l 2 ſ 2 d
28 jours	155 l 11 ſ 1 d
27 jours	150 l
26 jours	144 l 8 ſ 10 d
25 jours	138 l 17 ſ 9 d
24 jours	133 l 6 ſ 8 d
23 jours	127 l 15 ſ 6 d
22 jours	122 l 4 ſ 5 d
21 jours	116 l 13 ſ 4 d
20 jours	111 l 2 ſ 2 d
19 jours	105 l 11 ſ 1 d
18 jours	100 l
17 jours	94 l 8 ſ 10 d
16 jours	88 l 17 ſ 9 d
15 jours	83 l 6 ſ 8 d
14 jours	77 l 15 ſ 6 d
13 jours	72 l 4 ſ 5 d
12 jours	66 l 13 ſ 4 d
11 jours	61 l 2 ſ 2 d
10 jours	55 l 11 ſ 1 d
9 jours	50 l
8 jours	44 l 8 ſ 10 d
7 jours	38 l 17 ſ 9 d
6 jours	33 l 6 ſ 8 d
5 jours	27 l 15 ſ 6 d
4 jours	22 l 4 ſ 5 d
3 jours	16 l 13 ſ 4 d
2 jours	11 l 2 ſ 2 d
1 jour	5 l 11 ſ 1 d

Les Intérêts

De 30000 livres

Au Denier 25.

Montent pour

20 ans	30000 livres
19 ans	28500 livres
18 ans	27000 livres
17 ans	25500 livres
16 ans	24000 livres
15 ans	22500 livres
14 ans	21000 livres
13 ans	19500 livres
12 ans	18000 livres
11 ans	16500 livres
10 ans	15000 livres
9 ans	13500 livres
8 ans	12000 livres
7 ans	10500 livres
6 ans	9000 livres
5 ans	7500 livres
4 ans	6000 livres
3 ans	4500 livres
2 ans	3000 livres
1 an	1500 livres
11 mois	1375 livres
10 mois	1250 livres
9 mois	1125 livres
8 mois	1000 livres
7 mois	875 livres
6 mois	750 livses
5 mois	625 livres
4 mois	500 livres
3 mois	375 livres
2 mois	250 livres
1 mois	125 livres

Montent pour

30 jours	125 l					
29 jours	120 l	16 ſ	8 d
28 jours	116 l	13 ſ	4 d
27 jours	112 l	10 ſ	
26 jours	108 l	6 ſ	8 d
25 jours	104 l	3 ſ	4 d
24 jours	100 l		
23 jours	95 l	16 ſ	8 d
22 jours	91 l	13 ſ	4 d
21 jours	87 l	10 ſ	
20 jours	83 l	6 ſ	8 d
19 jours	79 l	3 ſ	4 d
18 jours	75 l		
17 jours	70 l	16 ſ	8 d
16 jours	66 l	13 ſ	4 d
15 jours	62 l	10 ſ	
14 jours	58 l	6 ſ	8 d
13 jours	54 l	3 ſ	4 d
12 jours	50 l		
11 jours	45 l	16 ſ	8 d
10 jours	41 l	13 ſ	4 d
9 jours	37 l	10 ſ	
8 jours	33 l	6 ſ	8 d
7 jours	29 l	3 ſ	4 d
6 jours	25 l		
5 jours	20 l	16 ſ	8 d
4 jours	16 l	13 ſ	4 d
3 jours	12 l	10 ſ	
2 jours	8 l	6 ſ	8 d
1 jour	4 l	3 ſ	4 d

Les Intérêts

De 20000 livres

Au Denier 20.

Montent pour						Montent pour					
20 ans	20000 livres					30 jours	83 l	6 ſ	8 d		
19 ans	19000 livres					29 jours	80 l	11 ſ	1 d		
18 ans	18000 livres					28 jours	77 l	15 ſ	6 d		
17 ans	17000 livres					27 jours	75 l				
16 ans	16000 livres					26 jours	72 l	4 ſ	5 d		
15 ans	15000 livres					25 jours	69 l	8 ſ	10 d		
14 ans	14000 livres					24 jours	66 l	13 ſ	4 d		
13 ans	13000 livres					23 jours	63 l	17 ſ	9 d		
12 ans	12000 livres					22 jours	61 l	2 ſ	2 d		
11 ans	11000 livres					21 jours	58 l	6 ſ	8 d		
10 ans	10000 livres					20 jours	55 l	11 ſ	1 d		
9 ans	9000 livres					19 jours	52 l	15 ſ	6 d		
8 ans	8000 livres					18 jours	50 l				
7 ans	7000 livres					17 jours	47 l	4 ſ	5 d		
6 ans	6000 livres					16 jours	44 l	8 ſ	10 d		
5 ans	5000 livres					15 jours	41 l	13 ſ	4 d		
4 ans	4000 livres					14 jours	38 l	17 ſ	9 d		
3 ans	3000 livres					13 jours	36 l	2 ſ	2 z		
2 ans	2000 livres					12 jours	33 l	6 ſ	8 d		
1 an	1000 livres					11 jouts	30 l	11 ſ	1 d		
						10 jours	27 l	15 ſ	6 d		
11 mois	916 l	13 ſ	4 d			9 jours	25 l				
10 mois	833 l	6	8 d			8 jours	22 l	4 ſ	5 d		
9 mois	750 l					7 jours	19 l	8 ſ	10 d		
8 mois	666 l	13 ſ	4 d			6 jours	16 l	13 ſ	4 d		
7 mois	583 l	6 ſ	8 d			5 jours	13 l	17 ſ	9 d		
6 mois	500 l					4 jours	11 l	2 ſ	2 d		
5 mois	416 l	13 ſ	4 d			3 jours	8 l	6 ſ	8 d		
4 mois	333 l	6 ſ	8 d			2 jours	5 l	11 ſ	1 d		
3 mois	250 l					1 jour	2 l	15 ſ	6 d		
2 mois	166 l	13 ſ	4 d								
1 mois	83 l	6 ſ	8 d								

Les Intérêts

De 10000 livres

Au Denier 20.

Montent pour		Montent pour	
20 ans	10000 livres	30 jours	41 l 13 ſ 4 d
19 ans	9500 livres	29 jours	40 l 5 ſ 6 d
18 ans	9000 livres	28 jours	38 l 17 ſ 9 d
17 ans	8500 livres	27 jours	37 l 10 ſ
16 ans	8000 livres	26 jours	36 l 2 ſ 2 d
15 ans	7500 livres	25 jours	34 l 14 ſ 5 d
14 ans	7000 livres	24 jours	33 l 6 ſ 8 d
13 ans	6500 livres	23 jours	31 l 18 ſ 10 d
12 ans	6000 livres	22 jours	30 l 11 ſ 1 d
11 ans	5500 livres	21 jours	29 l 3 ſ 4 d
10 ans	5000 livres	20 jours	27 l 15 ſ 6 d
9 ans	4500 livres	19 jours	26 l 7 ſ 9 d
8 ans	4000 livres	18 jours	25 l
7 ans	3500 livres	17 jours	23 l 12 ſ 2 d
6 ans	3000 livres	16 jours	22 l 4 ſ 5 d
5 ans	2500 livres	15 jours	20 l 16 ſ 8 d
4 ans	2000 livres	14 jours	19 l 8 ſ 10 d
3 ans	1500 livres	13 jours	18 l 1 ſ 1 d
2 ans	1000 livres	12 jours	16 l 13 ſ 4 d
1 an	500 livres	11 jours	15 l 5 ſ 6 d
		10 jours	13 l 17 ſ 9 d
11 mois	458 l 6 ſ 8 d	9 jours	12 l 10 ſ
10 mois	416 l 13 ſ 4 d	8 jours	11 l 2 ſ 2 d
9 mois	375 l	7 jours	9 l 14 ſ 5 d
8 mois	333 l 6 ſ 8 d	6 jours	8 l 6 ſ 8 d
7 mois	291 l 13 ſ 4 d	5 jours	6 l 18 ſ 10 d
6 mois	250 l	4 jours	5 l 11 ſ 1 d
5 mois	208 l 6 ſ 8 d	3 jours	4 l 3 ſ 4 d
4 mois	166 l 13 ſ 4 d	2 jours	2 l 15 ſ 6 d
3 mois	125 l	1 jour	1 l 7 ſ 9 d
2 mois	83 l 6 ſ 8 d		
1 mois	41 l 13 ſ 4 d		

Les Intérêts

De 9000 livres

Au Denier 20.

Montent pour		Montent pour	
20 ans	9000 livres	30 jours	37 l 10 f
19 ans	8550 livres	29 jours	36 l 5 f
18 ans	8100 livres	28 jours	35 l
17 ans	7650 livres	27 jours	33 l 15 f
16 ans	7200 livres	26 jours	32 l 10 f
15 ans	6750 livres	25 jours	31 l 5 f
14 ans	6300 livres	24 jours	30 l
13 ans	5850 livres	23 jours	28 l 15 f
12 ans	5400 livres	22 jours	27 l 10 f
11 ans	4950 livres	21 jours	26 l 5 f
10 ans	4500 livres	20 jours	25 l
9 ans	40.0 livres	19 jours	23 l 15 f
8 ans	3600 livres	18 jours	22 l 10 f
7 ans	3150 livres	17 jours	21 l 5 f
6 ans	2700 livres	16 jours	20 l
5 ans	2250 livres	15 jours	18 l 15 f
4 ans	1800 livres	14 jours	17 l 10 f
3 ans	1350 livres	13 jours	16 l 5 f
2 ans	900 livres	12 jours	15 l
1 an	450 livres	11 jours	13 l 15 f
		10 jours	12 l 10 f
11 mois	412 l 10 f	9 jours	11 l 5 f
10 mois	375 l	8 jours	10 l
9 mois	337 l 10 f	7 jours	8 l 15 f
8 mois	300 l	6 jours	7 l 10 f
7 mois	262 l 10 f	5 jours	6 l 5 f
6 mois	225 l	4 jours	5 l
5 mois	187 l 10 f	3 jours	3 l 15 f
4 mois	150 l	2 jours	2 l 10 f
3 mois	112 l 10 f	1 jour	1 l 5 f
2 mois	75 l		
1 mois	37 l 10 f		

Les Intérêts

De 8000 livres

Au Denier 20.

Montent pour				
20 ans	8000 livres			
19 ans	7600 livres			
18 ans	7100 livres			
17 ans	6800 livres			
16 ans	6400 livres			
15 ans	6000 livres			
14 ans	5600 livres			
13 ans	5200 livres			
12 ans	4800 livres			
11 ans	4400 livres			
10 ans	4000 livres			
9 ans	3600 livres			
8 ans	3200 livres			
7 ans	2800 livres			
6 ans	2400 livres			
5 ans	2000 livres			
4 ans	1600 livres			
3 ans	1200 livres			
2 ans	800 livres			
1 an	400 livres			
11 mois	366 l	13 ſ	4 d	
10 mois	333 l	6 ſ	8 d	
9 mois	300 l			
8 mois	266 l	13 ſ	4 d	
7 mois	233 l	6 ſ	8 d	
6 mois	200 l			
5 mois	166 l	13 ſ	4 d	
4 mois	133 l	6 ſ	8 d	
3 mois	100 l			
2 mois	66 l	13 ſ	4 d	
1 mois	33 l	6 ſ	8 d	

Montent pour				
30 jours	33 l	6 ſ	8 d	
29 jours	32 l	4 ſ	5 d	
28 jours	31 l	2 ſ	2 d	
27 jours	30 l			
26 jours	28 l	17 ſ	9 d	
25 jours	27 l	15 ſ	6 d	
24 jours	26 l	13 ſ	4 d	
23 jours	25 l	11 ſ	1 d	
22 jours	24 l	8 ſ	10 d	
21 jours	23 l	6 ſ	8 d	
20 jours	22 l	4 ſ	5 d	
19 jours	21 l	2 ſ	2 d	
18 jours	20 l			
17 jours	18 l	17 ſ	9 d	
16 jours	17 l	15 ſ	6 d	
15 jours	16 l	13 ſ	4 d	
14 jours	15 l	11 ſ	1 d	
13 jours	14 l	8 ſ	10 d	
12 jours	13 l	6 ſ	8 d	
11 jours	12 l	4 ſ	5 d	
10 jours	11 l	2 ſ	2 d	
9 jours	10 l			
8 jours	8 l	17 ſ	9 d	
7 jours	7 l	15 ſ	6 d	
6 jours	6 l	13 ſ	4 d	
5 jours	5 l	11 ſ	1 d	
4 jours	4 l	8 ſ	10 d	
3 jours	3 l	6 ſ	8 d	
2 jours	2 l	4 ſ	5 d	
1 jour	1 l	2 ſ	2 d	

Les Intérêts

De 7000 livres

Au Denier 20.

Montent pour

20 ans	7000 livres
19 ans	6650 livres
18 ans	6300 livres
17 ans	5950 livres
16 ans	5600 livres
15 ans	5250 livres
14 ans	4900 livres
13 ans	4550 livres
12 ans	4200 livres
11 ans	3850 livres
10 ans	3500 livres
9 ans	3150 livres
8 ans	2800 livres
7 ans	2450 livres
6 ans	2100 livres
5 ans	1750 livres
4 ans	1400 livres
3 ans	1050 livres
2 ans	700 livres
1 an	350 livres

11 mois	320	l	16	ſ	8	d	
10 mois	291	l	13	ſ	4	d	
9 mois	262	l	10	ſ			
8 mois	233	l	6	ſ	8	d	
7 mois	204	l	3	ſ	4	d	
6 mois	175	l					
5 mois	145	l	16	ſ	8	d	
4 mois	116	l	13	ſ	4	d	
3 mois	87	l	10	ſ			
2 mois	58	l	6	ſ	8	d	
1 mois	29	l	3	ſ	4	d	

Montent pour

30 jours	29	l	3	ſ	4	d	
29 jours	28	l	3	ſ	10	d	
28 jours	27	l	4	ſ	5	d	
27 jours	26	l	5	ſ		d	
26 jours	25	l	5	ſ	6	d	
25 jours	24	l	6	ſ	1	d	
24 jours	23	l	6	ſ	8	d	
23 jours	22	l	7	ſ	2	d	
22 jours	21	l	7	ſ	9	d	
21 jours	20	l	8	ſ	4	d	
20 jours	19	l	8	ſ	10	d	
19 jours	18	l	9	ſ	5	d	
18 jours	17	l	10	ſ			
17 jours	16	l	10	ſ	6	d	
16 jours	15	l	11	ſ	1	d	
15 jours	14	l	11	ſ	8	d	
14 jours	13	l	12	ſ	2	d	
13 jours	12	l	12	ſ	9	d	
12 jours	11	l	13	ſ	4	d	
11 jours	10	l	13	ſ	10	d	
10 jours	9	l	14	ſ	5	d	
9 jours	8	l	15	ſ			
8 jours	7	l	15	ſ	6	d	
7 jours	6	l	16	ſ	1	d	
6 jours	5	l	16	ſ	8	d	
5 jours	4	l	17	ſ	2	d	
4 jours	3	l	17	ſ	9	d	
3 jours	2	l	18	ſ	4	d	
2 jours	1	l	18	ſ	10	d	
1 jour			19	ſ	5	d	

Les Intérêts

De 6000 livres

Au Denier 20.

Montent pour					Montent pour				
20 ans	6000 livres				30 jours	25 l			
19 ans	5700 livres				29 jours	24 l	3 ſ	4 d	
18 ans	5400 livres				28 jours	23 l	6 ſ	8 d	
17 ans	5100 livres				27 jours	22 l	10 ſ		
16 ans	4800 livres				26 jours	21 l	13 ſ	4 d	
15 ans	4500 livres				25 jours	20 l	16 ſ	8 d	
14 ans	4200 livres				24 jours	20 l			
13 ans	3900 livres				23 jours	19 l	3 ſ	4 d	
12 ans	3600 livres				22 jours	18 l	6 ſ	8 d	
11 ans	3300 livres				21 jours	17 l	10 ſ		
10 ans	3000 livres				20 jours	16 l	13 ſ	4 d	
9 ans	2700 livres				19 jours	15 l	16 ſ	8 d	
8 ans	2400 livres				18 jours	15 l			
7 ans	2100 livres				17 jours	14 l	3 ſ	4 d	
6 ans	1800 livres				16 jours	13 l	6 ſ	8 d	
5 ans	1500 livres				15 jours	12 l	10 ſ		
4 ans	1200 livres				14 jours	11 l	13 ſ	4 d	
3 ans	900 livres				13 jours	10 l	16 ſ	8 d	
2 ans	600 livres				12 jours	10 l			
1 an	300 livres				11 jours	9 l	3 ſ	4 d	
					10 jours	8 l	6 ſ	8 d	
11 mois	275 livres				9 jours	7 l	10 ſ		
10 mois	250 livres				8 jours	6 l	13 ſ	4 d	
9 mois	225 livres				7 jours	5 l	16 ſ	8 d	
8 mois	200 livres				6 jours	5 l			
7 mois	175 livres				5 jours	4 l	3 ſ	4 d	
6 mois	150 livres				4 jours	3 l	6 ſ	8 d	
5 mois	125 livres				3 jours	2 l	10 ſ		
4 mois	100 livres				2 jours	1 l	13 ſ	4 d	
3 mois	75 livres				1 jour		16 ſ	8 d	
2 mois	50 livres								
1 mois	25 livres								

Les Intérêts

De 5000 livres

Au Denier 20.

Montent pour				
20 ans	5000 livres			
19 ans	4750 livres			
18 ans	4500 livres			
17 ans	4250 livres			
16 ans	4000 livres			
15 ans	3750 livres			
14 ans	3500 livres			
13 ans	3250 livres			
12 ans	3000 livres			
11 ans	2750 livres			
10 ans	2500 livres			
9 ans	2250 livres			
8 ans	2000 livres			
7 ans	1750 livres			
6 ans	1500 livres			
5 ans	1250 livres			
4 ans	1000 livres			
3 ans	750 livres			
2 ans	500 livres			
1 an	250 livres			
11 mois	229 l	3 ſ	4 d	
10 mois	208 l	6 ſ	8 d	
9 mois	187 l	10 ſ		
8 mois	166 l	13 ſ	4 d	
7 mois	145 l	16 ſ	8 d	
6 mois	125 l			
5 mois	104 l	3 ſ	4 d	
4 mois	83 l	6 ſ	8 d	
3 mois	62 l	10 ſ		
2 mois	41 l	13 ſ	4 d	
1 mois	20 l	16 ſ	8 d	

Montent pour				
30 jours	20 l	16 ſ	8 d	
29 jours	20 l	2 ſ	9 d	
28 jours	19 l	8 ſ	10 d	
27 jours	18 l	15 ſ		
26 jours	18 l	1 ſ	1 d	
25 jours	17 l	7 ſ	2 d	
24 jours	16 l	13 ſ	4 d	
23 jours	15 l	19 ſ	5 d	
22 jours	15 l	5 ſ	6 d	
21 jours	14 l	11 ſ	8 d	
20 jours	13 l	17 ſ	9 d	
19 jours	13 l	3 ſ	10 d	
18 jours	12 l	10 ſ		
17 jours	11 l	16 ſ	1 d	
16 jours	11 l	2 ſ	2 d	
15 jours	10 l	8 ſ	4 d	
14 jours	9 l	14 ſ	5 d	
13 jours	9 l		6 d	
12 jours	8 l	6 ſ	8 d	
11 jours	7 l	12 ſ	9 d	
10 jours	6 l	18 ſ	10 d	
9 jours	6 l	5 ſ		
8 jours	5 l	1 ſ	1 d	
7 jours	4 l	17 ſ	2 d	
6 jours	4 l	3 ſ	4 d	
5 jours	3 l	9 ſ	5 d	
4 jours	2 l	15 ſ	6 d	
3 jours	2 l	1 ſ	8 d	
2 jours	1 l	7 ſ	9 d	
1 jour		13 ſ	10 d	

Les Intérêts

De 4000 livres

Au Denier 20.

Montent pour								Montent pour						
20 ans	4000 livres							30 jours	16 l	13 f	4 d			
19 ans	3800 livres							29 jours	16 l	2 f	2 d			
18 ans	3600 livres							28 jours	15 l	11 f	1 d			
17 ans	3400 livres							27 jours	15 l					
16 ans	3200 livres							26 jours	14 l	8 f	10 d			
15 ans	3000 livres							25 jours	13 l	17 f	9 d			
14 ans	2800 livres							24 jours	13 l	6 f	8 d			
13 ans	2600 livres							23 jours	12 l	15 f	6 d			
12 ans	2400 livres							22 jours	12 l	4 f	5 d			
11 ans	2200 livres							21 jours	11 l	13 f	4 d			
10 ans	2000 livres							20 jours	11 l	2 f	2 d			
9 ans	1800 livres							19 jours	10 l	11 f	1 d			
8 ans	1600 livres							18 jours	10 l					
7 ans	1400 livres							17 jours	9 l	8 f	10 d			
6 ans	1200 livres							16 jours	8 l	17 f	9 d			
5 ans	1000 livres							15 jours	8 l	6 f	8 d			
4 ans	800 livres							14 jour	7 l	15 f	6 d			
3 ans	600 livres							13 jours	7 l	4 f	5 d			
2 ans	400 livres							12 jours	6 l	13 f	4 d			
1 an	200 livres							11 jours	6 l	2 f	2 d			
								10 jours	5 l	11 f	1 d			
11 mois	183 l	6 f	8 d					9 jours	5 l					
10 mois	166 l	13 f	4 d					8 jours	4 l	8 f	10 d			
9 mois	150 l							7 jours	3 l	17 f	9 d			
8 mois	133 l	6 f	8 d					6 jours	3 l	6 f	8 d			
7 mois	116 l	13 f	4 d					5 jours	2 l	15 f	6 d			
6 mois	100 l							4 jours	2 l	4 f	5 d			
5 mois	83 l	6 f	8 d					3 jours	1 l	13 f	4 d			
4 mois	66 l	13 f	4 d					2 jours	1 l	2 f	2 d			
3 mois	50 l							1 jour		11 f	1 d			
2 mois	33 l	6 f	8 d											
1 mois	16 l	13 f	4 d											

Les Intérêts

De 3000 livres

Au Denier 20.

Montent pour			
20 ans	3000 livres		
19 ans	2850 livres		
18 ans	2700 livres		
17 ans	2550 livres		
16 ans	2400 livres		
15 ans	2250 livres		
14 ans	2100 livres		
13 ans	1950 livres		
12 ans	1800 livres		
11 ans	1650 livres		
10 ans	1500 livres		
9 ans	1350 livres		
8 ans	1200 livres		
7 ans	1050 livres		
6 ans	900 livres		
5 ans	750 livres		
4 ans	600 livres		
3 ans	450 livres		
2 ans	300 livres		
1 an	150 livres		
11 mois	137 l	10 f	
10 mois	125 l		
9 mois	112 l	10 f	
8 mois	100 l		
7 mois	87 l	10 f	
6 mois	75 l		
5 mois	62 l	10 f	
4 mois	50 l		
3 mois	37 l	10 f	
2 mois	25 l		
1 mois	12 l	10 f	

Montent pour			
30 jours	12 l	10 f	
29 jours	12 l	1 f	8 d
28 jours	11 l	13 f	4 d
27 jours	11 l	5 f	
26 jours	10 l	16 f	8 d
25 jours	10 l	8 f	4 d
24 jours	10 l		
23 jours	9 l	11 f	8 d
22 jours	9 l	3 f	4 d
21 jours	8 l	15 f	
20 jours	8 l	6 f	8 d
19 jours	7 l	18 f	4 d
18 jours	7 l	10 f	
17 jours	7 l	1 f	8 d
16 jours	6 l	13 f	4 d
15 jours	6 l	5 f	
14 jours	5 l	16 f	8 d
13 jours	5 l	8 f	4 d
12 jours	5 l		
11 jours	4 l	11 f	8 d
10 jours	4 l	3 f	4 d
9 jours	3 l	15 f	
8 jours	3 l	6 f	8 d
7 jours	2 l	18 f	4 d
6 jours	2 l	10 f	
5 jours	2 l	1 f	8 d
4 jours	1 l	13 f	4 d
3 jours	1 l	5 f	
2 jours		16 f	8 d
1 jour		8 f	4 d

Les Intérêts

De 2000 livres

Au Denier 20.

Montent pour							Montent pour						
20 ans	2000 livres						30 jours	8 l	6 f	8 d
19 ans	1900 livres						29 jours	8 l	1 f	1 d
18 ans	1800 livres						28 jours	7 l	15 f	6 d
17 ans	1700 livres						27 jours	7 l	10 f	
16 ans	1600 livres						26 jours	7 l	4 f	5 d
15 ans	1500 livres						25 jours	6 l	18 f	10 d
14 ans	1400 livres						24 jours	6 l	13 f	4 d
13 ans	1300 livres						23 jours	6 l	7 f	9 d
12 ans	1200 livres						22 jours	6 l	2 f	2 d
11 ans	1100 livres						21 jours	5 l	16 f	8 d
10 ans	1000 livres						20 jours	5 l	11 f	1 d
9 ans	900 livres						19 jours	5 l	5 f	6 d
8 ans	800 livres						18 jours	5 l		
7 ans	700 livres						17 jours	4 l	14 f	5 d
6 ans	600 livres						16 jours	4 l	8 f	10 d
5 ans	500 livres						15 jours	4 l	3 f	4 d
4 ans	400 livres						14 jours	3 l	17 f	9 d
3 ans	300 livres						13 jours	3 l	12 f	2 d
2 ans	200 livres						12 jours	3 l	6 f	8 d
1 an	100 livres						11 jours	3 l	1 f	1 d
							10 jours	2 l	15 f	6 d
11 mois	91 l	13 f	4 d				9 jours	2 l	10 f	
10 mois	83 l	6 f	8 d				8 jours	2 l	4 f	5 d
9 mois	75 l						7 jours	1 l	18 f	10 d
8 mois	66 l	13 f	4 d				6 jours	1 l	13 f	4 d
7 mois	58 l	6 f	8 d				5 jours	1 l	7 f	9 d
6 mois	50 l						4 jours	1 l	2 f	2 d
5 mois	41 l	13 f	4 d				3 jours		16 f	8 d
4 mois	33 l	6 f	8 d				2 jours		11 f	1 d
3 mois	25 l						1 jour		5 f	6 d
2 mois	16 l	13 f	4 d							
1 mois	8 l	6 f	8 d							

Les Intérêts

De 1000 livres

Au Denier 20.

Montent pour					
20 ans	1000 livres				
19 ans	950 livres				
18 ans	900 livres				
17 ans	850 livres				
16 ans	800 livres				
15 ans	750 livres				
14 ans	700 livres				
13 ans	650 livres				
12 ans	600 livres				
11 ans	550 livres				
10 ans	500 livres				
9 ans	450 livres				
8 ans	400 livres				
7 ans	350 livres				
6 ans	300 livres				
5 ans	250 livres				
4 ans	200 livres				
3 ans	150 livres				
2 ans	100 livres				
1 an	50 livres				
11 mois	45 l	16 ſ	8 d		
10 mois	41 l	13 ſ	4 d		
9 mois	37 l	10 ſ			
8 mois	33 l	6 ſ	8 d		
7 mois	29 l	3 ſ	4 d		
6 mois	25 l				
5 mois	20 l	16 ſ	8 d		
4 mois	16 l	13 ſ	4 d		
3 mois	12 l	10 ſ			
2 mois	8 l	6 ſ	8 d		
1 mois	4 l	3 ſ	4 d		

Montent pour			
30 jours	4 l	3 ſ	4 d
29 jours	4 l		6 d
28 jours	3 l	17 ſ	9 d
27 jours	3 l	15 ſ	
26 jours	3 l	12 ſ	2 d
25 jours	3 l	9 ſ	5 d
24 jours	3 l	6 ſ	8 d
23 jours	3 l	3 ſ	10 d
22 jours	3 l	1 ſ	1 d
21 jours	2 l	18 ſ	4 d
20 jours	2 l	15 ſ	6 d
19 jours	2 l	12 ſ	9 d
18 jours	2 l	10 ſ	
17 jours	2 l	7 ſ	2 d
16 jours	2 l	4 ſ	5 d
15 jours	2 l	1 ſ	8 d
14 jours	1 l	18 ſ	10 d
13 jours	1 l	16 ſ	1 d
12 jours	1 l	13 ſ	4 d
11 jours	1 l	10 ſ	6 d
10 jours	1 l	7 ſ	9 d
9 jours	1 l	5 ſ	
8 jours	1 l	2 ſ	2 d
7 jours		19 ſ	5 d
6 jours		16 ſ	8 d
5 jours		13 ſ	10 d
4 jours		11 ſ	1 d
3 jours		8 ſ	4 d
2 jours		5 ſ	6 d
1 jour		2 ſ	9 d

Les Intérêts

De 900 livres

Au Denier 20.

Montent pour		Montent pour	
20 ans	900 livres	30 jours	3 l 15 ſ
19 ans	855 livres	29 jours	3 l 12 ſ 6 d
18 ans	810 livres	28 jours	3 l 10 ſ
17 ans	765 livres	27 jours	3 l 7 ſ 6 d
16 ans	720 livres	26 jours	3 l 5 ſ
15 ans	675 livres	25 jours	3 l 2 ſ 6 d
14 ans	630 livres	24 jours	3 l
13 ans	585 livres	23 jours	2 l 17 ſ 6 d
12 ans	540 livres	22 jours	2 l 15 ſ
11 ans	495 livres	21 jours	2 l 12 ſ 6 d
10 ans	450 livres	20 jours	2 l 10 ſ
9 ans	405 livres	19 jours	2 l 7 ſ 6 d
8 ans	360 livres	18 jours	2 l 5 ſ
7 ans	315 livres	17 jours	2 l 2 ſ 6 d
6 ans	270 livres	16 jours	2 l
5 ans	225 livres	15 jours	1 l 17 ſ 6 d
4 ans	180 livres	14 jours	1 l 15 ſ
3 ans	135 livres	13 jours	1 l 12 ſ 6 d
2 ans	90 livres	12 jours	1 l 10 ſ
1 an	45 livres	11 jours	1 l 7 ſ 6 d
		10 jours	1 l 5 ſ
11 mois	41 l 5 ſ	9 jours	1 l 2 ſ 6 d
10 mois	37 l 10 ſ	8 jours	1 l
9 mois	33 l 15 ſ	7 jours	17 ſ 6 d
8 mois	30 l	6 jours	15 ſ
7 mois	26 l 5 ſ	5 jours	12 ſ 6 d
6 mois	22 l 10 ſ	4 jours	10 ſ
5 mois	18 l 15 ſ	3 jours	7 ſ 6 d
4 mois	15 l	2 jours	5 ſ
3 mois	11 l 5 ſ	1 jour	2 ſ 6 d
2 mois	7 l 10 ſ		
1 mois	3 l 15 ſ		

Les Intérêts

De 800 livres

Au Denier 20.

Montent pour				
20 ans	800 livres			
19 ans	760 livres			
18 ans	720 livres			
17 ans	680 livres			
16 ans	640 livres			
15 ans	600 livres			
14 ans	560 livres			
13 ans	520 livres			
12 ans	480 livres			
11 ans	440 livres			
10 ans	400 livres			
9 ans	360 livres			
8 ans	320 livres			
7 ans	280 livres			
6 ans	240 livres			
5 ans	200 livres			
4 ans	160 livres			
3 ans	120 livres			
2 ans	80 livres			
1 an	40 livres			
11 mois	36 l	13 f	4 d	
10 mois	33 l	6 f	8 d	
9 mois	30 l			
8 mois	26 l	13 f	4 d	
7 mois	23 l	6 f	8 d	
6 mois	20 l			
5 mois	16 l	13 f	4 d	
4 mois	13 l	6 f	8 d	
3 mois	10 l			
2 mois	6 l	13 f	4 d	
1 mois	3 l	6 f	8 d	

Montent pour			
30 jours	3 l	6 f	8 d
29 jours	3 l	4 f	5 d
28 jours	3 l	2 f	2 d
27 jours	3 l		
26 jours	2 l	17 f	9 d
25 jours	2 l	15 f	6 d
24 jours	2 l	13 f	4 d
23 jours	2 l	11 f	1 d
22 jours	2 l	8 f	10 d
21 jours	2 l	6 f	8 d
20 jours	2 l	4 f	5 d
19 jours	2 l	2 f	2 d
18 jours	2 l		
17 jours	1 l	17 f	9 d
16 jours	1 l	15 f	6 d
15 jours	1 l	13 f	4 d
14 jours	1 l	11 f	1 d
13 jours	1 l	8 f	10 d
12 jours	1 l	6 f	8 d
11 jours	1 l	4 f	5 d
10 jours	1 l	2 f	2 d
9 jours	1 l		
8 jours		17 f	9 d
7 jours		15 f	6 d
6 jours		13 f	4 d
5 jours		11 f	1 d
4 jours		8 f	10 d
3 jours		6 f	8 d
2 jours		4 f	5 d
1 jour		2 f	2 d

356

Les Intérêts

De 700 livres

Au Denier 20.

Montent pour				
20 ans	700 livres			
19 ans	665 livres			
18 ans	630 livres			
17 ans	595 livres			
16 ans	560 livres			
15 ans	525 livres			
14 ans	490 livres			
13 ans	455 livres			
12 ans	420 livres			
11 ans	385 livres			
10 ans	350 livres			
9 ans	315 livres			
8 ans	280 livres			
7 ans	245 livres			
6 ans	210 livres			
5 ans	175 livres			
4 ans	140 livres			
3 ans	105 livres			
2 ans	70 livres			
1 an	35 livres			
11 mois	32 l	1 ſ	8 d	
10 mois	29 l	3 ſ	4 d	
9 mois	26 l	5 ſ		
8 mois	23 l	6 ſ	8 d	
7 mois	20 l	8 ſ	4 d	
6 mois	17 l	10 ſ		
5 mois	14 l	11 ſ	8 d	
4 mois	11 l	13 ſ	4 d	
3 mois	8 l	15 ſ		
2 mois	5 l	16 ſ	8 d	
1 mois	2 l	18 ſ	4 d	

Montent pour				
30 jours	2 l	18 ſ	4 d	
29 jours	2 l	16 ſ	4 d	
28 jours	2 l	14 ſ	5 d	
27 jours	2 l	12 ſ	6 d	
26 jours	2 l	10 ſ	6 d	
25 jours	2 l	8 ſ	7 d	
24 jours	2 l	6 ſ	8 d	
23 jours	2 l	4 ſ	8 d	
22 jours	2 l	2 ſ	9 d	
21 jours	2 l		10 d	
20 jours	1 l	18 ſ	10 d	
19 jours	1 l	16 ſ	11 d	
18 jours	1 l	15 ſ		
17 jours	1 l	13 ſ		
16 jours	1 l	11 ſ	1 d	
15 jours	1 l	9 ſ	2 d	
14 jours	1 l	7 ſ	2 d	
13 jours	1 l	5 ſ	3 d	
12 jours	1 l	3 ſ	4 d	
11 jours	1 l	1 ſ	4 d	
10 jours		19 ſ	5 d	
9 jours		17 ſ	6 d	
8 jours		15 ſ	6 d	
7 jours		13 ſ	7 d	
6 jours		11 ſ	8 d	
5 jours		9 ſ	8 d	
4 jours		7 ſ	9 d	
3 jours		5 ſ	10 d	
2 jours		3 ſ	10 d	
1 jour		1 ſ	11 d	

Les Intérêts

De 600 livres

Au Denier 20.

Montent pour	
20 ans	600 livres
19 ans	570 livres
18 ans	540 livres
17 ans	510 livres
16 ans	480 livres
15 ans	450 livres
14 ans	420 livres
13 ans	390 livres
12 ans	360 livres
11 ans	330 livres
10 ans	300 livres
9 ans	270 livres
8 ans	240 livres
7 ans	210 livres
6 ans	180 livres
5 ans	150 livres
4 ans	120 livres
3 ans	90 livres
2 ans	60 livres
1 an	30 livres
11 mois	27 l 10 ſ
10 mois	25 l
9 mois	22 l 10 ſ
8 mois	20 l
7 mois	17 l 10 ſ
6 mois	15 l
5 mois	12 l 10 ſ
4 mois	10 l
3 mois	7 l 10 ſ
2 mois	5 l
1 mois	2 l 10 ſ

Montent pour			
30 jours	2 l	10 ſ	
29 jours	2 l	8 ſ	4 d
28 jours	2 l	6 ſ	8 d
27 jours	2 l	5 ſ	
26 jours	2 l	3 ſ	4 d
25 jours	2 l	1 ſ	8 d
24 jours	2 l		
23 jours	1 l	18 ſ	4 d
22 jours	1 l	16 ſ	8 d
21 jours	1 l	15 ſ	
20 jours	1 l	13 ſ	4 d
19 jours	1 l	11 ſ	8 d
18 jours	1 l	10 ſ	
17 jours	1 l	8 ſ	4 d
16 jours	1 l	6 ſ	8 d
15 jours	1 l	5 ſ	
14 jours	1 l	3 ſ	4 d
13 jours	1 l	1 ſ	8 d
12 jours	1 l		
11 jours		18 ſ	4 d
10 jours		16 ſ	8 d
9 jours		15 ſ	
8 jours		13 ſ	4 d
7 jours		11 ſ	8 d
6 jours		10 ſ	
5 jours		8 ſ	4 d
4 jours		6 ſ	8 d
3 jours		5 ſ	
2 jours		3 ſ	4 d
1 jour		1 ſ	8 d

Les Intérêts

De 500 livres

Au Denier 20.

Montent pour						
20 ans	500 livres					
19 ans	475 livres					
18 ans	450 livres					
17 ans	425 livres					
16 ans	400 livres					
15 ans	375 livres					
14 ans	350 livres					
13 ans	325 livres					
12 ans	300 livres					
11 ans	275 livres					
10 ans	250 livres					
9 ans	225 livres					
8 ans	200 livres					
7 ans	175 livres					
6 ans	150 livres					
5 ans	125 livres					
4 ans	100 livres					
3 ans	75 livres					
2 ans	50 livres					
1 an	25 livres					
11 mois	22 l	18 ſ	4 d			
10 mois	20 l	16 ſ	8 d			
9 mois	18 l	15 ſ				
8 mois	16 l	13 ſ	4 d			
7 mois	14 l	11 ſ	8 d			
6 mois	12 l	10 ſ				
5 mois	10 l	8 ſ	4 d			
4 mois	8 l	6 ſ	8 d			
3 mois	6 l	5 ſ				
2 mois	4 l	3 ſ	4 d			
1 mois	2 l	1 ſ	8 d			

Montent pour			
30 jours	2 l	1 ſ	8 d
29 jours	2 l		3 d
28 jours	1 l	18 ſ	10 d
27 jours	1 l	17 ſ	6 d
26 jours	1 l	16 ſ	1 d
25 jours	1 l	14 ſ	8 d
24 jours	1 l	13 ſ	4 d
23 jours	1 l	11 ſ	11 d
22 jours	1 l	10 ſ	6 d
21 jours	1 l	9 ſ	2 d
20 jours	1 l	7 ſ	9 d
19 jours	1 l	6 ſ	4 d
18 jours	1 l	5 ſ	
17 jours	1 l	3 ſ	7 d
16 jours	1 l	2 ſ	2 d
15 jours	1 l		10 d
14 jours		19 ſ	5 d
13 jours		18 ſ	
12 jours		16 ſ	8 d
11 jours		15 ſ	3 d
10 jours		13 ſ	10 d
9 jours		12 ſ	6 d
8 jours		11 ſ	1 d
7 jours		9 ſ	8 d
6 jours		8 ſ	4 d
5 jours		6 ſ	11 d
4 jours		5 ſ	6 d
3 jours		4 ſ	2 d
2 jours		2 ſ	9 d
1 jour		1 ſ	4 d

Les Intérêts

De 400 livres

Au Denier 20.

Montent pour		Montent pour	
20 ans	400 livres	30 jours	1 l 13 ſ 4 d
19 ans	380 livres	29 jours	1 l 12 ſ 2 d
18 ans	360 livres	28 jours	1 l 11 ſ 1 d
17 ans	340 livres	27 jours	1 l 10 ſ
16 ans	320 livres	26 jours	1 l 8 ſ 10 d
15 ans	300 livres	25 jours	1 l 7 ſ 9 d
14 ans	280 livres	24 jours	1 l 6 ſ 8 d
13 ans	260 livres	23 jours	1 l 5 ſ 6 d
12 ans	240 livres	22 jours	1 l 4 ſ 5 d
11 ans	220 livres	21 jours	1 l 3 ſ 4 d
10 ans	200 livres	20 jours	1 l 2 ſ 2 d
9 ans	180 livres	19 jours	1 l 1 ſ 1 d
8 ans	160 livres	18 jours	1 l
7 ans	140 livres	17 jours	18 ſ 10 d
6 ans	120 livres	16 jours	17 ſ 9 d
5 ans	100 livres	15 jours	16 ſ 8 d
4 ans	80 livres	14 jours	15 ſ 6 d
3 ans	60 livres	13 jours	14 ſ 5 d
2 ans	40 livres	12 jours	13 ſ 4 d
1 an	20 livres	11 jours	12 ſ 2 d
		10 jours	11 ſ 1 d
11 mois	18 l 6 ſ 8 d	9 jours	10 ſ
10 mois	16 l 13 ſ 4 d	8 jours	8 ſ 10 d
9 mois	15 l	7 jours	7 ſ 9 d
8 mois	13 l 6 ſ 8 d	6 jours	6 ſ 8 d
7 mois	11 l 13 ſ 4 d	5 jours	5 ſ 6 d
6 mois	10 l	4 jours	4 ſ 5 d
5 mois	8 l 6 ſ 8 d	3 jours	3 ſ 4 d
4 mois	6 l 13 ſ 4 d	2 jours	2 ſ 2 d
3 mois	5 l	1 jour	1 ſ 1 d
2 mois	3 l 6 ſ 8 d		
1 mois	1 l 13 ſ 4 d		

Les Intérêts

De 300 livres

Au Denier 20.

Montent pour		
20 ans	300 livres	
19 ans	285 livres	
18 ans	270 livres	
17 ans	255 livres	
16 ans	240 livres	
15 ans	225 livres	
14 ans	210 livres	
13 ans	195 livres	
12 ans	180 livres	
11 ans	165 livres	
10 ans	150 livres	
9 ans	135 livres	
8 ans	120 livres	
7 ans	105 livres	
6 ans	90 livres	
5 ans	75 livres	
4 ans	60 livres	
3 ans	45 livres	
2 ans	30 livres	
1 an	15 livres	
11 mois	13 l 15 ſ	
10 mois	12 l 10 ſ	
9 mois	11 l 5 ſ	
8 mois	10 l	
7 mois	8 l 15 ſ	
6 mois	7 l 10 ſ	
5 mois	6 l 5 ſ	
4 mois	5 l	
3 mois	3 l 15 ſ	
2 mois	2 l 10 ſ	
1 mois	1 l 5 ſ	

Montent pour			
30 jours	1 l	5 ſ	
29 jours	1 l	4 ſ	2 d
28 jours	1 l	3 ſ	4 d
27 jours	1 l	2 ſ	6 d
26 jours	1 l	1 ſ	8 d
25 jours	1 l		10 d
24 jours	1 l		
23 jours		19 ſ	2 d
22 jours		18 ſ	4 d
21 jours		17 ſ	6 d
20 jours		16 ſ	8 d
19 jours		15 ſ	10 d
18 jours		15 ſ	
17 jours		14 ſ	2 d
16 jours		13 ſ	4 d
15 jours		12 ſ	6 d
14 jours		11 ſ	8 d
13 jours		10 ſ	10 d
12 jours		10 ſ	
11 jours		9 ſ	2 d
10 jours		8 ſ	4 d
9 jours		7 ſ	6 d
8 jours		6 ſ	8 d
7 jours		5 ſ	10 d
6 jours		5 ſ	
5 jours		4 ſ	2 d
4 jours		3 ſ	4 d
3 jours		2 ſ	6 d
2 jours		1 ſ	8 d
1 jour			10 d

Les

Les Intérêts

De 200 livres

Au Denier 20.

Montent pour		Montent pour	
20 ans	200 livres	30 jours	16 ſ 8 d
19 ans	190 livres	29 jours	16 ſ 1 d
18 ans	180 livres	28 jours	15 ſ 6 d
17 ans	170 livres	27 jours	15 ſ
16 ans	160 livres	26 jours	14 ſ 5 d
15 ans	150 livres	25 jours	13 ſ 10 d
14 ans	140 livres	24 jours	13 ſ 4 d
13 ans	130 livres	23 jours	12 ſ 9 d
12 ans	120 livres	22 jours	12 ſ 2 d
11 ans	110 livres	21 jours	11 ſ 8 d
10 ans	100 livres	20 jours	11 ſ 1 d
9 ans	90 livres	19 jours	10 ſ 6 d
8 ans	80 livres	18 jours	10 ſ
7 ans	70 livres	17 jours	9 ſ 5 d
6 ans	60 livres	16 jours	8 ſ 10 d
5 ans	50 livres	15 jours	8 ſ 4 d
4 ans	40 livres	14 jours	7 ſ 9 d
3 ans	30 livres	13 jours	7 ſ 2 d
2 ans	20 livres	12 jours	6 ſ 8 d
1 an	10 livres	11 jours	6 ſ 1 d
		10 jours	5 ſ 6 d
11 mois	9 l 3 ſ 4 d	9 jours	5 ſ
10 mois	8 l 6 ſ 8 d	8 jours	4 ſ 5 d
9 mois	7 l 10 ſ	7 jours	3 ſ 10 d
8 mois	6 l 13 ſ 4 d	6 jours	3 ſ 4 d
7 mois	5 l 16 ſ 8 d	5 jours	2 ſ 9 d
6 mois	5 l	4 jours	2 ſ 2 d
5 mois	4 l 3 ſ 4 d	3 jours	1 ſ 8 d
4 mois	3 l 6 ſ 8 d	2 jours	1 ſ 1 d
3 mois	2 l 10 ſ	1 jour	6 d
2 mois	1 l 13 ſ 4 d		
1 mois	16 ſ 8 d		

Hh

Les Intérêts

De 100 livres

Au Denier 20.

Montent pour		Montent pour	
20 ans	100 livres	30 jours	8 ſ 4 d
19 ans	95 livres	29 jours	8 ſ
18 ans	90 livres	28 jours	7 ſ 9 d
17 ans	85 livres	27 jours	7 ſ 6 d
16 ans	80 livres	26 jours	7 ſ 2 d
15 ans	75 livres	25 jours	6 ſ 11 d
14 ans	70 livres	24 jours	6 ſ 8 d
13 ans	65 livres	23 jours	6 ſ 4 d
12 ans	60 livres	22 jours	6 ſ 1 d
11 ans	55 livres	21 jours	5 ſ 10 d
10 ans	50 livres	20 jours	5 ſ 6 d
9 ans	45 livres	19 jours	5 ſ 3 d
8 ans	40 livres	18 jours	5 ſ
7 ans	35 livres	17 jours	4 ſ 8 d
6 ans	30 livres	16 jours	4 ſ 5 d
5 ans	25 livres	15 jours	4 ſ 2 d
4 ans	20 livres	14 jours	3 ſ 10 d
3 ans	15 livres	13 jours	3 ſ 7 d
2 ans	10 livres	12 jours	3 ſ 4 d
1 an	5 livres	11 jours	3 ſ
		10 jours	2 ſ 9 d
11 mois	4 l 11 ſ 8 d	9 jours	2 ſ 6 d
10 mois	4 l 3 ſ 4 d	8 jours	2 ſ 2 d
9 mois	3 l 15 ſ	7 jours	1 ſ 11 d
8 mois	3 l 6 ſ 8 d	6 jours	1 ſ 8 d
7 mois	2 l 18 ſ 4 d	5 jours	1 ſ 4 d
6 mois	2 l 10 ſ	4 jours	1 ſ 1 d
5 mois	2 l 1 ſ 8 d	3 jours	10 d
4 mois	1 l 13 ſ 4 d	2 jours	6 d
3 mois	1 l 5 ſ	1 jour	3 d
2 mois	16 ſ 8 d		
1 mois	8 ſ 4 d		

Les Intérêts

De 90 livres

Au Denier 20.

Montent pour			
20 ans	90 l		
19 ans	85 l	10 ſ	
18 ans	81 l		
17 ans	76 l	10 ſ	
15 ans	72 l		
15 ans	67 l	10 ſ	
14 ans	63 l		
13 ans	58 l	10 ſ	
12 ans	54 l		
11 ans	49 l	10 ſ	
10 ans	45 l		
9 ans	40 l	10 ſ	
8 ans	36 l		
7 ans	31 l	10 ſ	
6 ans	27 l		
5 ans	22 l	10 ſ	
4 ans	18 l		
3 ans	13 l	10 ſ	
2 ans	9 l		
1 an	4 l	10 ſ	
11 mois	4 l	2 ſ	6 d
10 mois	3 l	15 ſ	
9 mois	3 l	7 ſ	6 d
8 mois	3 l		
7 mois	2 l	12 ſ	6 d
6 mois	2 l	5 ſ	
5 mois	1 l	17 ſ	6 d
4 mois	1 l	10 ſ	
3 mois	1 l	2 ſ	6 d
2 mois		15 ſ	
1 mois		7 ſ	6 d

Montent pour		
30 jours	7 ſ	6 d
29 jours	7 ſ	3 d
28 jours	7 ſ	
27 jours	6 ſ	9 d
26 jours	6 ſ	6 d
25 jours	6 ſ	3 d
24 jours	5 ſ	
23 jours	ſ	9 d
22 jours	5 ſ	6 d
21 jours	5 ſ	3 d
20 jours	5 ſ	
19 jours	4 ſ	9 d
18 jours	4 ſ	6 d
17 jours	4 ſ	3 d
16 jours	4 ſ	
15 jours	3 ſ	9 d
14 jours	3 ſ	6 d
13 jours	3 ſ	3 d
12 jours	3 ſ	
11 jours	2 ſ	9 d
10 jours	2 ſ	6 d
9 jours	2 ſ	3 d
8 jours	2 ſ	
7 jours	1 ſ	9 d
6 jours	1 ſ	6 d
5 jours	1 ſ	3 d
4 jours	1 ſ	
3 jours		9 d
2 jours		6 d
1 jour		3 d

Les Intérêts

De 80 livres

Au Denier 20.

Montent pour	
20 ans	80 livres
19 ans	76 livres
18 ans	72 livres
17 ans	68 livres
16 ans	64 livres
15 ans	60 livres
14 ans	56 livres
13 ans	52 livres
12 ans	48 livres
11 ans	44 livres
10 ans	40 livres
9 ans	36 livres
8 ans	32 livres
7 ans	28 livres
6 ans	24 livres
5 ans	20 livres
4 ans	16 livres
3 ans	12 livres
2 ans	8 livres
1 an	4 livres
11 mois	3 l 13 ſ 4 d
10 mois	3 l 6 ſ 8 d
9 mois	3 l
8 mois	2 l 13 ſ 4 d
7 mois	2 l 6 ſ 8 d
6 mois	2 l
5 mois	1 l 13 ſ 4 d
4 mois	1 l 6 ſ 8 d
3 mois	1 l
2 mois	13 ſ 4 d
1 mois	6 ſ 8 d

Montent pour	
30 jours	6 ſ 8 d
29 jours	6 ſ 5 d
28 jours	6 ſ 2 d
27 jours	6 ſ
26 jours	5 ſ 9 d
25 jours	5 ſ 6 d
24 jours	5 ſ 4 d
23 jours	5 ſ 1 d
22 jours	4 ſ 10 d
21 jours	4 ſ 8 d
20 jours	4 ſ 5 d
19 jours	4 ſ 2 d
18 jours	4 ſ
17 jours	3 ſ 9 d
16 jours	3 ſ 6 d
15 jours	3 ſ 4 d
14 jours	3 ſ 1 d
13 jours	2 ſ 10 d
12 jours	2 ſ 8 d
11 jours	2 ſ 5 d
10 jours	2 ſ 2 d
9 jours	2 ſ
8 jours	1 ſ 9 d
7 jours	1 ſ 6 d
6 jours	1 ſ 4 d
5 jours	1 ſ 1 d
4 jours	10 d
3 jours	8 d
2 jours	5 d
1 jour	2 d

Les Intérêts

De 70 livres

Au Denier 20.

Montent pour				Montent pour			
20 ans	70 l			30 jours		5 ſ	10 d
19 ans	66 l	10 ſ		29 jours		5 ſ	7 d
18 ans	63 l			28 jours		5 ſ	5 d
17 ans	59 l	10 ſ		27 jours		5 ſ	3 d
16 ans	56 l			26 jours		5 ſ	
15 ans	52 l	10 ſ		25 jours		4 ſ	10 d
14 ans	49 l			24 jours		4 ſ	8 d
13 ans	45 l	10 ſ		23 jours		4 ſ	5 d
12 ans	42 l			22 jours		4 ſ	3 d
11 ans	38 l	10 ſ		21 jours		4 ſ	1 d
10 ans	35 l			20 jours		3 ſ	10 d
9 ans	31 l	10 ſ		19 jours		3 ſ	8 d
8 ans	28 l			18 jours		3 ſ	6 d
7 ans	24 l	10 ſ		17 jours		3 ſ	3 d
6 ans	21 l			16 jours		3 ſ	1 d
5 ans	17 l	10 ſ		15 jours		2 ſ	11 d
4 ans	14 l			14 jours		2 ſ	8 d
3 ans	10 l	10 ſ		13 jours		2 ſ	6 d
2 ans	7 l			12 jours		2 ſ	4 d
1 an	3 l	10 ſ		11 jours		2 ſ	1 d
				10 jours		1 ſ	11 d
11 mois	3 l	4 ſ	2 d	9 jours		1 ſ	9 d
10 mois	2 l	18 ſ	4 d	8 jours		1 ſ	6 d
9 mois	2 l	12 ſ	6 d	7 jours		1 ſ	4 d
8 mois	2 l	6 ſ	8 d	6 jours		1 ſ	2 d
7 mois	2 l		10 d	5 jours			11 d
6 mois	1 l	15 ſ		4 jours			9 d
5 mois	1 l	9 ſ	2 d	3 jours			7 d
4 mois	1 l	3 ſ	4 d	2 jours			4 d
3 mois		17 ſ	6 d	1 jour			2 d
2 mois		11 ſ	8 d				
1 mois		5 ſ	10 d				

Les Intérêts

De 60 livres

Au Denier 20.

Montent pour			Montent pour		
20 ans	60 livres		30 jours	5 ſ	
19 ans	57 livres		29 jours	4 ſ 10 d	
18 ans	54 livres		28 jours	4 ſ 8 d	
17 ans	51 livres		27 jours	4 ſ 6 d	
16 ans	48 livres		26 jours	4 ſ 4 d	
15 ans	45 livres		25 jours	4 ſ 2 d	
14 ans	42 livres		24 jours	4 ſ	
13 ans	39 livres		23 jours	3 ſ 10 d	
12 ans	36 livres		22 jours	3 ſ 8 d	
11 ans	33 livres		21 jours	3 ſ 6 d	
10 ans	30 livres		20 jours	3 ſ 4 d	
9 ans	27 livres		19 jours	3 ſ 2 d	
8 ans	24 livres		18 jours	3 ſ	
7 ans	21 livres		17 jours	2 ſ 10 d	
6 ans	18 livres		16 jours	2 ſ 8 d	
5 ans	15 livres		15 jours	2 ſ 6 d	
4 ans	12 livres		14 jours	2 ſ 4 d	
3 ans	9 livres		13 jours	2 ſ 2 d	
2 ans	6 livres		12 jours	2 ſ	
1 an	3 livres		11 jours	1 ſ 10 d	
			10 jours	1 ſ 8 d	
11 mois	2 l 15 ſ		9 jours	1 ſ 6 d	
10 mois	2 l 10 ſ		8 jours	1 ſ 4 d	
9 mois	2 l 5 ſ		7 jours	1 ſ 2 d	
8 mois	2 l		6 jours	1 ſ	
7 mois	1 l 15 ſ		5 jours	10 d	
6 mois	1 l 10 ſ		4 jours	8 d	
5 mois	1 l 5 ſ		3 jours	6 d	
4 mois	1		2 jours	4 d	
3 mois	15 ſ		1 jour	2 d	
2 mois	10 ſ				
1 mois	5 ſ				

Les Intérêts

De 50 livres

Au Denier 20.

Montent pour					Montent pour			
20 ans	50 l				30 jours	4 ſ	2 d	
19 ans	47 l	10 ſ			29 jours	4 ſ		
18 ans	45 l				28 jours	3 ſ	10 d	
17 ans	42 l	10 ſ			27 jours	3 ſ	9 d	
16 ans	40 l				26 jours	3 ſ	7 d	
15 ans	37 l	10 ſ			25 jours	3 ſ	5 d	
14 ans	35 l				24 jours	3 ſ	4 d	
13 ans	32 l	10 ſ			23 jours	3 ſ	2 d	
12 ans	30 l				22 jours	3 ſ		
11 ans	27 l	10 ſ			21 jours	2 ſ	11 d	
10 ans	25 l				20 jours	2 ſ	9 d	
9 ans	22 l	10 ſ			19 jours	2 ſ	7 d	
8 ans	20 l				18 jours	2 ſ	6 d	
7 ans	17 l	10 ſ			17 jours	2 ſ	4 d	
6 ans	15 l				16 jours	2 ſ	2 d	
5 ans	12 l	10 ſ			15 jours	2 ſ	1 d	
4 ans	10 l				14 jours	1 ſ	11 d	
3 ans	7 l	10 ſ			13 jours	1 ſ	9 d	
2 ans	5 l				12 jours	1 ſ	8 d	
1 an	2 l	10 ſ			11 jours	1 ſ	6 d	
					10 jours	1 ſ	4 d	
11 mois	2 l	5 ſ	10 d		9 jours	1 ſ	3 d	
10 mois	2 l	1 ſ	8 d		8 jours	1 ſ	1 d	
9 mois	1 l	17 ſ	6 d		7 jours		11 d	
8 mois	1 l	13 ſ	4 d		6 jours		10 d	
7 mois	1 l	9 ſ	2 d		5 jours		8 d	
6 mois	1 l	5 ſ			4 jours		6 d	
5 mois	1 l		10 d		3 jours		5 d	
4 mois		16 ſ	8 d		2 jours		3 d	
3 mois		12 ſ	6 d		1 jour		1 d	
2 mois		8 ſ	4 d					
1 mois		4 ſ	2 d					

Les Intérêts

De 40 livres.

Au Denier 20.

Montent pour					Montent pour				
20 ans	40 livres				30 jours	3	ſ	4	d
19 ans	38 livres				29 jours	3	ſ	2	d
18 ans	36 livres				28 jours	3	ſ	1	d
17 ans	34 livres				27 jours	3	ſ		
16 ans	32 livres				26 jours	2	ſ	10	d
15 ans	30 livres				25 jours	2	ſ	9	d
14 ans	28 livres				24 jours	2	ſ	8	d
13 ans	26 livres				23 jours	2	ſ	6	d
12 ans	24 livres				22 jours	2	ſ	5	d
11 ans	22 livres				21 jours	2	ſ	4	d
10 ans	20 livres				20 jours	2	ſ	2	d
9 ans	18 livres				19 jours	2	ſ	1	d
8 ans	16 livres				18 jours	2	ſ		
7 ans	14 livres				17 jours	1	ſ	10	d
6 ans	12 livres				16 jours	1	ſ	9	d
5 ans	10 livres				15 jours	1	ſ	8	d
4 ans	8 livres				14 jours	1	ſ	6	d
3 ans	6 livres				13 jours	1	ſ	5	d
2 ans	4 livres				12 jours	1	ſ	4	d
1 an	2 livres				11 jours	1	ſ	2	d
					10 jours	1	ſ	1	d
11 mois	1 l	16 ſ	8	d	9 jours	1	ſ		
10 mois	1 l	13 ſ	4	d	8 jours			10	d
9 mois	1 l	10 ſ			7 jours			9	d
8 mois	1 l	6 ſ	8	d	6 jours			8	d
7 mois	1 l	3 ſ	4	d	5 jours			6	d
6 mois	1 l				4 jours			5	d
5 mois		16 ſ	8	d	3 jours			4	d
4 mois		13 ſ	4	d	2 jours			2	d
3 mois		10 ſ			1 jour			1	d
2 mois		6 ſ	8	d					
1 mois		3 ſ	4	d					

Les Intérêts

De 30 livres

Au Denier 20.

Montent pour

20 ans	30 l
19 ans	28 l 10 ſ
18 ans	27 l
17 ans	25 l 10 ſ
16 ans	24 l
15 ans	22 l 10 ſ
14 ans	21 l
13 ans	19 l 10 ſ
12 ans	18 l
11 ans	16 l 10 ſ
10 ans	15 l
9 ans	13 l 10 ſ
8 ans	12 l
7 ans	10 l 10 ſ
6 ans	9 l
5 ans	7 l 10 ſ
4 ans	6 l
3 ans	4 l 10 ſ
2 ans	3 l
1 an	1 l 10 ſ
11 mois	1 l 7 ſ 6 d
10 mois	1 l 5 ſ
9 mois	1 l 2 ſ 6 d
8 mois	1 l
7 mois	17 ſ 6 d
6 mois	15 ſ
5 mois	12 ſ 6 d
4 mois	10 ſ
3 mois	7 ſ 6 d
2 mois	5 ſ
1 mois	2 ſ 6 d

Montent pour

30 jours	2 ſ 6 d
29 jours	2 ſ 5 d
28 jours	2 ſ 4 d
27 jours	2 ſ 3 d
26 jours	2 ſ 2 d
25 jours	2 ſ 1 d
24 jours	2 ſ
23 jours	1 ſ 11 d
22 jours	1 ſ 10 d
21 jours	1 ſ 9 d
20 jours	1 ſ 8 d
19 jours	1 ſ 7 d
18 jours	1 ſ 6 d
17 jours	1 ſ 5 d
16 jours	1 ſ 4 d
15 jours	1 ſ 3 d
14 jours	1 ſ 2 d
13 jours	1 ſ 1 d
12 jours	1 ſ
11 jours	11 d
10 jours	10 d
9 jours	9 d
8 jours	8 d
7 jours	7 d
6 jours	6 d
5 jours	5 d
4 jours	4 d
3 jours	3 d
2 jours	2 d
1 jour	1 d

Les Intérêts

De 20 livres

Au Denier 20.

Montent pour

20 ans	20 livres
19 ans	19 livres
18 ans	18 livres
17 ans	17 livres
16 ans	16 livres
15 ans	15 livres
14 ans	14 livres
13 ans	13 livres
12 ans	12 livres
11 ans	11 livres
10 ans	10 livres
9 ans	9 livres
8 ans	8 livres
7 ans	7 livres
6 ans	6 livres
5 ans	5 livres
4 ans	4 livres
3 ans	3 livres
2 ans	2 livres
1 an	1 livre
11 mois	18 ſ 4 d
10 mois	16 ſ 8 d
9 mois	15 ſ
8 mois	13 ſ 4 d
7 mois	11 ſ 8 d
6 mois	10 ſ
5 mois	8 ſ 4 d
4 mois	6 ſ 8 d
3 mois	5 ſ
2 mois	3 ſ 4 d
1 mois	1 ſ 8 d

Montent pour

30 jours	1 ſ 8 d
29 jours	1 ſ 7 d
28 jours	1 ſ 6 d
27 jours	1 ſ 6 d
26 jours	1 ſ 5 d
25 jours	1 ſ 4 d
24 jours	1 ſ 4 d
23 jours	1 ſ 3 d
22 jours	1 ſ 2 d
21 jours	1 ſ 2 d
20 jours	1 ſ 1 d
19 jours	1 ſ
18 jours	1 ſ
17 jours	11 d
16 jours	10 d
15 jours	10 d
14 jours	9 d
13 jours	8 d
12 jours	8 d
11 jours	7 d
10 jours	6 d
9 jours	6 d
8 jours	5 d
7 jours	4 d
6 jours	4 d
5 jours	3 d
4 jours	2 d
3 jours	2 d
2 jours	1 d
1 jour	0 d

Les Intérêts

De 10 livres

Au Denier 20.

Montent pour				Montent pour		
20 ans	10 l			30 jours	10 d	
19 ans	9 l	10 ſ		29 jours	9 d	
18 ans	9 l			28 jours	9 d	
17 ans	8 l	10 ſ		27 jours	9 d	
16 ans	8 l			26 jours	8 d	
15 ans	7 l	10 ſ		25 jours	8 d	
14 ans	7 l			24 jours	8 d	
13 ans	6 l	10 ſ		23 jours	7 d	
12 ans	6 l			22 jours	7 d	
11 ans	5 l	10 ſ		21 jours	7 d	
10 ans	5 l			20 jours	6 d	
9 ans	4 l	10 ſ		19 jours	6 d	
8 ans	4 l			18 jours	6 d	
7 ans	3 l	10 ſ		17 jours	5 d	
6 ans	3 l			16 jours	5 d	
5 ans	2 l	10 ſ		15 jours	5 d	
4 ans	2 l			14 jours	4 d	
3 ans	1 l	10 ſ		13 jours	4 d	
2 ans	1 l			12 jours	4 d	
1 an		10 ſ		11 jours	3 d	
				10 jours	3 d	
11 mois	9 ſ	2 d		9 jours	3 d	
10 mois	8 ſ	4 d		8 jours	2 d	
9 mois	7 ſ	6 d		7 jours	2 d	
8 mois	6 ſ	8 d		6 jours	2 d	
7 mois	5 ſ	10 d		5 jours	1 d	
6 mois	5 ſ			4 jours	1 d	
5 mois	4 ſ	2 d		3 jours	1 d	
4 mois	3 ſ	4 d		2 jours	0 d	
3 mois	2 ſ	6 d		1 jour	0 d	
2 mois	1 ſ	8 d				
1 mois		10 d				

Les Intéréts

De 9 livres

Au Denier 20.

Montent pour			
20 ans	9 l		
19 ans	8 l	11 ſ	
18 ans	8 l	2 ſ	
17 ans	7 l	13 ſ	
16 ans	7 l	4 ſ	
15 ans	6 l	15 ſ	
14 ans	6 l	6 ſ	
13 ans	5 l	17 ſ	
12 ans	5 l	8 ſ	
11 ans	4 l	19 ſ	
10 ans	4 l	10 ſ	
9 ans	4 l	1 ſ	
8 ans	3 l	12 ſ	
7 ans	3 l	3 ſ	
6 ans	2 l	14 ſ	
5 ans	2 l	5 ſ	
4 ans	1 l	16 ſ	
3 ans	1 l	7 ſ	
2 ans		18 ſ	
1 an		9 ſ	
11 mois		8 ſ	3 d
10 mois		7 ſ	6 d
9 mois		6 ſ	9 d
8 mois		6 ſ	
7 mois		5 ſ	3 d
6 mois		4 ſ	6 d
5 mois		3 ſ	9 d
4 mois		3 ſ	
3 mois		2 ſ	3 d
2 mois		1 ſ	6 d
1 mois			9 d

Montent pour	
30 jours	9 d
29 jours	8 d
28 jours	8 d
27 jours	8 d
26 jours	7 d
25 jours	7 d
24 jours	7 d
23 jours	6 d
22 jours	6 d
21 jours	6 d
20 jours	6 d
19 jours	5 d
18 jours	5 d
17 jours	5 d
16 jours	4 d
15 jours	4 d
14 jours	4 d
13 jours	3 d
12 jours	3 d
11 jours	3 d
10 jours	3 d
9 jours	2 d
8 jours	2 d
7 jours	2 d
6 jours	1 d
5 jours	1 d
4 jours	1 d
3 jours	0 d
2 jours	0 d
1 jour	0 d

Les Intérêts

De 8 livres

Au Denier 20.

Montent pour				Montent pour		
20 ans	8 l			30 jours	8 d	
19 ans	7 l	12 ſ		29 jours	7 d	
18 ans	7 l	4 ſ		28 jours	7 d	
17 ans	6 l	16 ſ		27 jours	7 d	
16 ans	6 l	8 ſ		26 jours	6 d	
15 ans	6 l			25 jours	6 d	
14 ans	5 l	12 ſ		24 jours	6 d	
13 ans	5 l	4 ſ		23 jours	6 d	
12 ans	4 l	16 ſ		22 jours	5 d	
11 ans	4 l	8 ſ		21 jours	5 d	
10 ans	4 l			20 jours	5 d	
9 ans	3 l	12 ſ		19 jours	5 d	
8 ans	3 l	4 ſ		18 jours	4 d	
7 ans	2 l	16 ſ		17 jours	4 d	
6 ans	2 l	8 ſ		16 jours	4 d	
5 ans	2 l			15 jours	4 d	
4 ans	1 l	12 ſ		14 jours	3 d	
3 ans	1 l	4 ſ		13 jours	3 d	
2 ans		16 ſ		12 jours	2 d	
1 an		8 ſ		11 jours	2 d	
				10 jours	2 d	
11 mois		7 ſ	4 d	9 jours	2 d	
10 mois		6 ſ	8 d	8 jours	2 d	
9 mois		6 ſ		7 jours	1 d	
8 mois		5 ſ	4 d	6 jours	1 d	
7 mois		4 ſ	8 d	5 jours	1 d	
6 mois		4 ſ		4 jours	1 d	
5 mois		3 ſ	4 d	3 jours	0 d	
4 mois		2 ſ	8 d	2 jours	0 d	
3 mois		2 ſ		1 jour	0 d	
2 mois		1 ſ	4 d			
1 mois			8 d			

Les Intérêts

De 7 livres

Au Denier 20.

Montent pour				Montent pour	
20 ans	7 l			30 jours	7 d
19 ans	6 l 13 ſ			29 jours	6 d
18 ans	6 l 6 ſ			28 jours	6 d
17 ans	5 l 19 ſ			27 jours	6 d
16 ans	5 l 12 ſ			26 jours	6 d
15 ans	5 l 5			25 jours	5 d
14 ans	4 l 18 ſ			24 jours	5 d
13 ans	4 l 11 ſ			23 jours	5 d
12 ans	4 l 4 ſ			22 jours	5 d
11 ans	3 l 17 ſ			21 jours	4 d
10 ans	3 l 10			20 jours	4 d
9 ans	3 l 3 ſ			19 jours	4 d
8 ans	2 l 16 ſ			18 jours	4 d
7 ans	2 l 9 ſ			17 jours	3 d
6 ans	2 l 2 ſ			16 jours	3 d
5 ans	1 l 15			15 jours	3 d
4 ans	1 l 8 ſ			14 jours	3 d
3 ans	1 l 1 ſ			13 jours	3 d
2 ans	14 ſ			12 jours	2 d
1 an	7 ſ			11 jours	2 d
				10 jours	2 d
11 mois	6 ſ 5 d			9 jours	2 d
10 mois	5 ſ 10 d			8 jours	1 d
9 mois	5 ſ 3 d			7 jours	1 d
8 mois	4 ſ 8 d			6 jours	1 d
7 mois	4 ſ 1 d			5 jours	1 d
6 mois	3 ſ 6 d			4 jours	0 d
5 mois	2 ſ 11 d			3 jours	0 d
4 mois	2 ſ 4 d			2 jours	0 d
3 mois	1 ſ 9 d			1 jour	0 d
2 mois	1 ſ 2 d				
1 mois	7 d				

Les Intérêts

De 6 livres

Au Denier 20.

Montent pour				Montent pour	
20 ans	6 l			30 jours	6 d
19 ans	5 l	14 ſ		29 jours	5 d
18 ans	5 l	8 ſ		28 jours	5 d
17 ans	5 l	2 ſ		27 jours	5 d
16 ans	4 l	16 ſ		26 jours	5 d
15 ans	4 l	10 ſ		25 jours	5 d
14 ans	4 l	4 ſ		24 jours	4 d
13 ans	3 l	18 ſ		23 jours	4 d
12 ans	3 l	12 ſ		22 jours	4 d
11 ans	3 l	6 ſ		21 jours	4 d
10 ans	3 l			20 jours	4 d
9 ans	2 l	14 ſ		19 jours	3 d
8 ans	2 l	8 ſ		18 jours	3 d
7 ans	2 l	2 ſ		17 jours	3 d
6 ans	1 l	16 ſ		16 jours	3 d
5 ans	1 l	10 ſ		15 jours	3 d
4 ans	1 l	4 ſ		14 jours	2 d
3 ans		18 ſ		13 jours	2 d
2 ans		12 ſ		12 jours	2 d
1 an		6 ſ		11 jours	2 d
				10 jours	2 d
11 mois		5 ſ	6 d	9 jours	1 d
10 mois		5 ſ		8 jours	1 d
9 mois		4 ſ	6 d	7 jours	1 d
8 mois		4 ſ		6 jours	1 d
7 mois		3 ſ	6 d	5 jours	1 d
6 mois		3 ſ		4 jours	0 d
5 mois		2 ſ	6 d	3 jours	0 d
4 mois		2 ſ		2 jours	0 d
3 mois		1 ſ	6 d	1 jour	0 d
2 mois		1 ſ			
1 mois			6 d		

Les Intérêts

De 5 livres

Au Denier 20.

Montent pour				Montent pour	
20 ans	5 l			30 jours	5 d
19 ans	4 l	15 ſ		29 jours	4 d
18 ans	4 l	10 ſ		28 jours	4 d
17 ans	4 l	5 ſ		27 jours	4 d
16 ans	4 l			26 jours	4 d
15 ans	3 l	15 ſ		25 jours	4 d
14 ans	3 l	10 ſ		24 jours	4 d
13 ans	3 l	5 ſ		23 jours	3 d
12 ans	3 l			22 jours	3 d
11 ans	2 l	15 ſ		21 jours	3 d
10 ans	2 l	10 ſ		20 jours	3 d
9 ans	2 l	5 ſ		19 jours	3 d
8 ans	2 l			18 jours	3 d
7 ans	1 l	15 ſ		17 jours	2 d
6 ans	1 l	10 ſ		16 jours	2 d
5 ans	1 l	5 ſ		15 jours	2 d
4 ans	1 l			14 jours	2 d
3 ans		15 ſ		13 jours	2 d
2 ans		10 ſ		12 jours	2 d
1 an		5 ſ		11 jours	1 d
				10 jours	1 d
11 mois	4 ſ	7 d		9 jours	1 d
10 mois	4 ſ	2 d		8 jours	1 d
9 mois	3 ſ	9 d		7 jours	1 d
8 mois	3 ſ	4 d		6 jours	1 d
7 mois	2 ſ	11 d		5 jours	0 d
6 mois	2 ſ	6 d		4 jours	0 d
5 mois	2 ſ	1 d		3 jours	0 d
4 mois	1 ſ	8 d		2 jours	0 d
3 mois	1 ſ	3 d		1 jour	0 d
2 mois		10 d			
1 mois		5 d			

Les Intérêts

De 4 livres

Au Denier 20.

Montent pour				Montent pour	
20 ans	4 l			30 jours	4 d
19 ans	3 l 16 ſ			29 jours	3 d
18 ans	3 l 12 ſ			28 jours	3 d
17 ans	3 l 8 ſ			27 jours	3 d
16 ans	3 l 4 ſ			26 jours	3 d
15 ans	3 l			25 jours	3 d
14 ans	2 l 16 ſ			24 jours	3 d
13 ans	2 l 12 ſ			23 jours	3 d
12 ans	2 l 8 ſ			22 jours	2 d
11 ans	2 l 4 ſ			21 jours	2 d
10 ans	2 l			20 jours	2 d
9 ans	1 l 16 ſ			19 jours	2 d
8 ans	1 l 12 ſ			18 jours	2 d
7 ans	1 l 8 ſ			17 jours	2 d
6 ans	1 l 4 ſ			16 jours	2 d
5 ans	1 l			15 jours	2 d
4 ans	16 ſ			14 jours	1 d
3 ans	12 ſ			13 jours	1 d
2 ans	8 ſ			12 jours	1 d
1 an	4 ſ			11 jours	1 d
				10 jours	1 d
11 mois	3 ſ 8 d			9 jours	1 d
10 mois	3 ſ 4 d			8 jours	1 d
9 mois	3 ſ			7 jours	0 d
8 mois	2 ſ 8 d			6 jours	0 d
7 mois	2 ſ 4 d			5 jours	0 d
6 mois	2 ſ			4 jours	0 d
5 mois	1 ſ 8 d			3 jours	0 d
4 mois	1 ſ 4 d			2 jours	0 d
3 mois	1 ſ			1 jour	0 d
2 mois	8 d				
1 mois	4 d				

Les Intéréts

De 3 livres

Au Denier 20.

Montent pour				Montent pour	
20 ans	3 l			30 jours	3 d
19 ans	2 l 17 ſ			29 jours	2 d
18 ans	2 l 14 ſ			28 jours	2 d
17 ans	2 l 11 ſ			27 jours	2 d
16 ans	2 l 8 ſ			26 jours	2 d
15 ans	2 l 5 ſ			25 jours	2 d
14 ans	2 l 2 ſ			24 jours	2 d
13 ans	1 l 19 ſ			23 jours	2 d
12 ans	1 l 16 ſ			22 jours	2 d
11 ans	1 l 13 ſ			21 jours	2 d
10 ans	1 l 10 ſ			20 jours	2 d
9 ans	1 l 7 ſ			19 jours	2 d
8 ans	1 l 4 ſ			18 jours	1 d
7 ans	1 l 1 ſ			17 jours	1 d
6 ans	18 ſ			16 jours	1 d
5 ans	15 ſ			15 jours	1 d
4 ans	12 ſ			14 jours	1 d
3 ans	9 ſ			13 jours	1 d
2 ans	6 ſ			12 jours	1 d
1 an	3 ſ			11 jours	1 d
				10 jours	1 d
11 mois	2 ſ	9 d		9 jours	1 d
10 mois	2 ſ	6 d		8 jours	0 d
9 mois	2 ſ	3 d		7 jours	0 d
8 mois	2 ſ			6 jours	0 d
7 mois	1 ſ	9 d		5 jours	0 d
6 mois	1 ſ	6 d		4 jours	0 d
5 mois	1 ſ	3 d		3 jours	0 d
4 mois	1 ſ			2 jours	0 d
3 mois		9 d		1 jour	● d
2 mois		6 d			
1 mois		3 d			

Les Intérêts

De 2 livres

Au Denier 20.

Montent pour					Montent pour		
20 ans	2 l				30 jours	2 d
19 ans	1 l	18 ſ			29 jours	1 d
18 ans	1 l	16 ſ			28 jours	1 d
17 ans	1 l	14 ſ			27 jours	1 d
16 ans	1 l	12 ſ			26 jours	1 d
15 ans	1 l	10 ſ			25 jours	1 d
14 ans	1 l	8 ſ			24 jours	1 d
13 ans	1 l	6 ſ			23 jours	1 d
12 ans	1 l	4 ſ			22 jours	1 d
11 ans	1 l	2 ſ			21 jours	1 d
10 ans	1 l				20 jours	1 d
9 ans		18 ſ			19 jours	1 d
8 ans		16 ſ			18 jours	1 d
7 ans		14 ſ			17 jours	1 d
6 ans		12 ſ			16 jours	1 d
5 ans		10 ſ			15 jours	1 d
4 ans		8 ſ			14 jours	0 d
3 ans		6 ſ			13 jours	0 d
2 ans		4 ſ			12 jours	0 d
1 an		2 ſ			11 jours	0 d
					10 jours	0 d
11 mois		1 ſ	10 d		9 jours	0 d
10 mois		1 ſ	8 d		8 jours	0 d
9 mois		1 ſ	6 d		7 jours	0 d
8 mois		1 ſ	4 d		6 jours	0 d
7 mois		1 ſ	2 d		5 jours	0 d
6 mois		1 ſ			4 jours	0 d
5 mois			10 d		3 jours	0 p
4 mois			8 d		2 jours	0 d
3 mois			6 d		1 jour	0 d
2 mois			4 d			
1 mois			2 d			

Les Intérêts	Les Intérêts
De 20 sols.	*De 10 sols*
Au Denier 20.	*Au Denier 20.*

Montent pour

	De 20 sols		De 10 sols	
20 ans	20 ſ		10 ſ	
19 ans	19 ſ		9 ſ	6 d
18 ans	18 ſ		9 ſ	
17 ans	17 ſ		8 ſ	6 d
16 ans	16 ſ		8 ſ	
15 ans	15 ſ		7 ſ	6 d
14 ans	14 ſ		7 ſ	
13 ans	13 ſ		6 ſ	6 d
12 ans	12 ſ		6 ſ	
11 ans	11 ſ		5 ſ	6 d
10 ans	10 ſ		5 ſ	
9 ans	9 ſ		4 ſ	6 d
8 ans	8 ſ		4 ſ	
7 ans	7 ſ		3 ſ	6 d
6 ans	6 ſ		3 ſ	
5 ans	5 ſ		2 ſ	6 d
4 ans	4 ſ		2 ſ	
3 ans	3 ſ		1 ſ	6 d
2 ans	2 ſ		1 ſ	
1 an	1 ſ			6 d
11 mois	11 d		5 d	
10 mois	10 d		5 d	
9 mois	9 d		4 d	
8 mois	8 d		4 d	
7 mois	7 d		3 d	
6 mois	6 d		3 d	
5 mois	5 d		2 d	
4 mois	4 d		2 d	
3 mois	3 d		1 d	
2 mois	2 d		1 d	
1 mois	1 d			

APRÈS AVOIR TRAITÉ AMPLEMENT

LES TARIFS D'INTÉREST,

Au Denier 20,

Au Denier 25,

& au Denier 40, &c.

dans lesquels on trouve, à l'ouverture
& dans un même Tarif, les Calculs tous
faits, pour telle quantité d'Années, Mois
& Jours qu'on souhaitera.

Et pour tous les autres Deniers d'In-
térest, fussent-ils au Denier 9, 12, 14,
19, 25, &c. de quelque somme que ce
soit. Pour un an, vous les trouverez dans
les *Tarifs de Division*, & pour telle quan-
tité de mois & de jours qu'on souhaitera,
vous les trouverez tous liquidés & calculés
dans les *Tarifs à tant par an*.

Voïez les Exemples suivans.

Exemple.

J'ai à prendre ou calculer l'Intérêt de 6000 livres, au Denier 12, pour 1 an 11 mois 19 jours.

Il faut premierement aller aux *Tarifs de Division* qui font ci-après, & y chercher le Tarif.

à diviser en 12 parties.

Et à la ligne 6000 livres, il vient   500 l.
     pour *la valeur d'un an.*
Et pour les 11 mois 19 jours,
     voïez les *Tarifs à tant par an*,
     vous trouverez au feuillet 122,
à 500 l. par an monte pour 11 mois   458 l.   6 f. 8 d.
     Et au feuillet 143
à 500 l. par an monte pour 19 jours   26 l.   7 f. 9 d.

L'Addition defdites trois fommes donneront pour 1 an 11 mois 19 jours qui eft le montant d'Intérêt au Denier 12 de 6000 livres de principal.   584 l. 14 f. 5 d.

La raifon pourquoi il faut fe fervir des Tarifs de divifion pour trouver la valeur de l'année,

C'eft que l'Intérêt au denier 12, c'eft de 12 en donner un ; ainfi c'eft avoir la douzieme partie de 6000 livres, qui eft 500 livres pour un an, comme il eft dit ci-deffus.

Autre Exemple.

J'ai à calculer l'Intérêt au Denier 25
de 7500 liv. de principal pour 10 mois 23 jours.

Voïez le Tarif de Divifion
à divifer en 25 parties.

Pour 7000 l. vient	280 l.
Pour 500 l. vient	20 l. ainfi
Pour 7500 l. vient	300 l.

Pour la valeur d'une année.

Enfuite voïez les Tarifs à tant par an
vous y trouverez au feuillet 123,
à 300 l. par an, monte pour 10 mois 250 l.
Et au feuillet 139.
à 300 l. par an, monte pour 23 jours   19 l. 3 f. 4 d.

L'Addition defdites deux fommes
donneront pour 10 mois 23 jours 269 l. 3 f. 4 d.
qui eft leur montant d'Intérêt au de-
nier 25 de 7500 livres de principal.
Ainfi des autres.

La même raifon du denier 12, ci-contre, eft pour celle
du denier 25;
C'eft-à-dire que l'Intérêt au denier 25, c'eft de 25 en
donner un d'Intérêt; ainfi c'eft avoir la vingt-cinquieme
partie tous les ans de la fomme qu'on a prêtée à Intérêt.

TEMPS FIXÉ PAR LES ORDONNANCES
pour les différens Deniers d'Intérêt courans.

ON a cru, pour l'utilité du Public, devoir mettre ici les dattes des Ordonnances de nos Rois, en vertu desquelles les Rentes ont été mises d'un denier plus haut à un plus bas, afin que les Personnes qui sont emploïées à des Comptes, trouvent tout d'un coup les dates de ces changemens.

En 1565, le 29 Septembre, par Edit du Roi Charles IX, vérifié en Parlement le 3 Avril de la même année, les Rentes en bled ont été évaluées au denier 12 jusqu'au mois de Juillet 1601, pendant lequel temps les Rentes provenans des deniers constitués, ont aussi été tolerées sur le même pied.

En 1601, au mois de Juillet, par Edit du Roi Henri IV, vérifié au Parlement le 18 Février 1602, toutes les Rentes ont été fixées au denier 16, ce qui a duré depuis ledit jour 18 Février 1602, jusqu'au 16 Juin 1634.

En 1634, au mois de Mars, par Edit du Roi Louis XIII, vérifié en Parlement le 16 Juin de la même année, les Rentes du denier 16 ont été fixées au denier 18, & font demeurées fur ce pied jusqu'au 22 Décembre 1665.

En 1665, au mois de Décembre, par Edit du Roi Louis XIV, vérifié en Parlement le 22 du même mois & de la même année, les Rentes qui étoient au Denier 18 ont été fixées au Denier 20, & c'est le Denier qui court à présent pour les particuliers; mais au Parlement & en toutes les Cours, on fixe ladite date du 22 Décembre 1665 au dernier Décembre 1665, où au premier Janvier 1666.

Ainsi l'Intérêt au Denier 12 se fixe jusqu'au mois de Juillet 1601, auquel jour commence le Denier 16, qui a subsisté jusqu'au 16 Juin 1634, auquel jour commence le Denier 18, qui a subsisté jusqu'au premier Janvier 1666, auquel jour commence le Denier 20, qui subsiste encore.

DES POIDS

DES POIDS
DE L'OR,
ET DE L'ARGENT.

Le Marc	a	8	Onces.
L'Once	a	8	Gros.
Le Gros	a	72	Grains, ou 3 deniers.
Le Denier	a	24	Grains.

Le Grain se divise,

En demi, quart, huitieme, seizieme & trente-deuxieme.

La Livre pesant, poids de Marc,

Pese	2	Marcs.
Ou	16	Onces.
Ou	128	Gros.
Ou	384	Deniers.
Ou	9104	Grains.
Ou	18208	demi grains.
Ou	36416	quart de grains.
Ou	72832	huitieme de grains.
Ou	145664	seizieme de grains.
Ou	291328	trente-deuxieme de grains.

Qu'une Livre d'Or, ou autre Matiere, pese.

Le Millier pesant est de 10 Quintaux.
Le Quintal est de 100 liv. pesant, poids de Marc.

A l'égard du Titre de l'Or & de l'Argent, voïez la page suivante.

Ii

DU TITRE DE L'OR,
& de fa valeur.

L'OR le plus parfait eft à 24 *Karats de fin*.
Le MARC vaut 514 *liv*. 1 *f*. 9 *d*. $\frac{9}{11}$.

DU TITRE DE L'ARGENT,
& de fa valeur.

L'ARGENT le plus parf. eft à 12 *den. de fin*.
Le MARC vaut 34 *liv*. 10 *d*. $\frac{10}{11}$.

DES POIDS ET TITRES
de toutes les MONNOIES courantes.

Dans un MARC il y a

    9 *Quadruples L' d'or* $\frac{1}{16}$ au tit. de 22 K. de fin.
ou 18 *Doubles Louis d'or* $\frac{1}{8}$ au même titre.
ou 36 *Louis d'or* $\frac{1}{4}$ au même titre.
ou 72 *Demi Louis d'or*. $\frac{1}{2}$ au même titre.

ARGENT.

    8 Ecus $\frac{11}{12}$ au tit. de 11 d. de fin.
ou 17 Demi Ecus $\frac{5}{6}$ au même titre.
ou 35 Quarts d'Ecus $\frac{2}{3}$ au même titre.
ou 107 Douziemes d'Ecus, au même titre.
    ou Pieces de fix fo's.
ou 80 Pieces de 10 fols au titre de 10 d. de fin.
ou 150 Pieces de 4 à 5 fols au titre de 10 d. de fin.

TARIF

Pour connoître le Poids de toutes les Especes d'Argent, depuis le vingtieme d'Ecu jusqu'à mille Ecus, de la taille de 8 Ecus $\frac{3}{10}$ au Marc, fabriqués en conséquence de l'Edit de Janvier 1726.

	Ma.	on.	gro.	grains	
$\frac{1}{20}$ d'Ecu pese	0	0	0	27	63
$\frac{1}{10}$	0	0	0	55	43
2 ou $\frac{1}{5}$	0	0	1	39	3
2 $\frac{1}{2}$ ou un quart	0	0	1	66	66
3	0	0	2	22	46
4	0	0	3	6	6
5 ou un demi	0	0	3	61	49
6	0	0	4	45	9
7	0	0	5	28	52
8	0	0	6	12	12
9	0	0	6	67	55
10 ou un Ecu	0	0	7	51	15
2 Ecus	0	1	7	30	30
3	0	2	7	9	45
4	0	3	6	60	60
5	0	4	6	39	75
6	0	5	6	19	7
7	0	6	5	70	22
8	0	7	5	49	37
8 $\frac{3}{10}$	1				
9	1	0	5	28	52
10	1	1	5	7	67
20	2	3	2	15	51
30	3	4	7	23	35
40	4	6	4	31	19
50	6	0	1	39	3

	Ma.	on.	gro.	grains	
60 Ecus	7	1	6	46	$\frac{72}{72}$
70	8	3	3	54	54
80	9	5		62	38
90	10	6	5	70	22
100	12	0	3	6	6
200	24		6	12	12
300	36	1	1	18	18
400	48	1	4	24	24
500	60	1	7	30	30
1000 Ecus	120	3	6	60	60

TARIF

Pour trouver le Poids en Marc, onces, gros & grains, & en quantité d'Ecus qu'un sac de mille francs, ou que mille livres en Ecus, doivent peser, & ce à tous les différens prix que l'Ecu de 8 $\frac{3}{10}$ au Marc peut être évalué, depuis 3 livres jusqu'à 6 livres.

Le Sac de ... *Doit peser*

Quand l'Ecu est	Ecus. apoint.	s	d	Mar.	on.	gro.	grains
à 3ˡ	333 $\frac{1}{3}$			40	1	2	$1\frac{61}{83}$
à 3ˡ 1ſ	327 $\frac{27}{20}$	1ſ	1 d $\frac{8}{10}$	39	4	0	
à 3ˡ 2ſ	322 $\frac{11}{20}$	1ſ	10 d $\frac{3}{10}$	38	6	7	$9\frac{45}{83}$
à 3ˡ 3ſ	317 $\frac{9}{20}$		7 d $\frac{8}{10}$	38	1	7	$58\frac{10}{83}$
à 3ˡ 4ſ	312 $\frac{5}{10}$			37	5	1	$45\frac{81}{83}$
à 3ˡ 5ſ	307 $\frac{13}{20}$	1ſ	9 d	37	0	4	$17\frac{29}{83}$
à 3ˡ 6ſ	303	2ſ		36	4	0	$27\frac{63}{83}$
à 3ˡ 7ſ	298 $\frac{1}{2}$		6 d	35	7	5	$49\frac{37}{83}$
à 3ˡ 8ſ	294 $\frac{1}{10}$	1ſ	2 d $\frac{4}{10}$	35	3	3	$54\frac{54}{83}$
à 3ˡ 9ſ	289 $\frac{17}{20}$		4 d $\frac{4}{10}$	34	7	3	$26\frac{74}{83}$
à 3ˡ 10ſ	285 $\frac{7}{10}$	1ſ		34	3	2	$71\frac{11}{83}$
à 3ˡ 11ſ	281 $\frac{13}{20}$	2ſ	10 d $\frac{2}{10}$	33	7	3	$54\frac{54}{83}$
à 3ˡ 12ſ	277 $\frac{15}{20}$	2ſ		33	3	5	$49\frac{37}{83}$
à 3ˡ 13ſ	273 $\frac{19}{20}$	1ſ	7 d $\frac{8}{10}$	33	0	0	$27\frac{63}{83}$
à 3ˡ 14ſ	270 $\frac{5}{20}$	1ſ	6 d	32	4	3	$61\frac{49}{83}$
à 3ˡ 15ſ	266 $\frac{13}{20}$	1ſ	3 d	32	1	0	$6\frac{78}{83}$
à 3ˡ 16ſ	263 $\frac{3}{20}$		7 d $\frac{2}{10}$	31	5	5	$7\frac{67}{83}$
à 3ˡ 17ſ	259 $\frac{7}{10}$	3ſ	1 d $\frac{2}{10}$	31	2	2	$36\frac{36}{83}$
à 3ˡ 18ſ	256 $\frac{4}{10}$		9 d $\frac{6}{10}$	30	7	1	$4\frac{28}{83}$
à 3ˡ 19ſ	253 $\frac{3}{20}$	1ſ	1 d $\frac{8}{10}$	30	4	0	
à 4ˡ	250			30	0	7	$51\frac{15}{83}$
à 4ˡ 1ſ	246 $\frac{9}{10}$		1 d $\frac{2}{10}$	29	5	7	$58\frac{10}{83}$
à 4ˡ 2ſ	243 $\frac{9}{10}$		2 d $\frac{4}{10}$	29	3	0	$48\frac{48}{83}$
à 4ˡ 3ſ	240 $\frac{19}{20}$	1ſ	1 d $\frac{3}{10}$	29	0	1	$67\frac{3}{83}$
à 4ˡ 4ſ	238 $\frac{1}{10}$	3ſ	9 d $\frac{6}{10}$	28	5	3	$40\frac{64}{83}$
à 4ˡ 5ſ	235 $\frac{5}{20}$	3ſ	9 d	28	2	5	$70\frac{22}{83}$
à 4ˡ 6ſ	232 $\frac{11}{20}$		8 d $\frac{4}{10}$	28	0	1	$15\frac{23}{83}$
à 4ˡ 7ſ	229 $\frac{17}{20}$	2ſ	6 d $\frac{4}{10}$	27	5	4	$24\frac{24}{83}$

Suite du Tarif du Prix de l'Ecu.

Quand l'Ecu est — *Le Sac de* — Ecus. apoint. — *Doit peser* — Mat. on. gro. grains.

Quand l'Ecu est	Ecus. apoint.	ſ	d	Mar.	on.	gro.	grains	
à 4 l 8 ſ	227 5/20	2		27	3	0	20	68/83
à 4 l 9 ſ	224 15/20	1	8 d 4/10	27	0	4	45	9
à 4 l 10 ſ	222 2/20	2		26	6	1	25	13
à 4 l 11 ſ	219 15/20	2	9 d	66	3	6	32	80
à 4 l 12 ſ	217 7/20	2	9 d 6/10	26	1	3	68	44
à 4 l 13 ſ	215 2/20		4 d 2/10	25	7	2	15	51
à 4 l 14 ſ	212 15/20	1	6 d	25	5	0	34	58
à 4 l 15 ſ	210 5/10	2	6 d	25	2	7	9	45
à 4 l 16 ſ	208 3/10	3	2 d 4/10	25	0	6	12	12
à 4 l 17 ſ	206 3/20	3	5 d 4/10	24	6	5	42	42
à 4 l 18 ſ	204 1/20	3	1 d 2/10	24	4	5	28	52
à 4 l 19 ſ	202	2		24	2	5	42	42
à 5 l	200			24	0	6	12	12
à 5 l 1 ſ	198	2		23	6	6	53	65
à 5 l 2 ſ	196 1/20	2	10 d 8/10	23	4	7	51	5
à 5 l 3 ſ	194 3/20	2	6 d 6/10	23	3	1	4	28
à 5 l 4 ſ	192 3/10		9 d 6/10	23	1	2	57	71
à 5 l 5 ſ	190 9/20	2	9 d	22	7	4	38	14
à 5 l 6 ſ	188 13/20	3	1 d 2/10	22	5	6	46	70
à 5 l 7 ſ	186 9/10	1	8 d 4/10	22	4	1	11	23
à 5 l 8 ſ	185 3/20	3	9 d 6/10	22	2	3	47	59
à 5 l 9 ſ	183 9/20	3	11 d 4/10	22	0	6	39	75
à 5 l 10 ſ	181 8/10	2		21	7	1	59	71
à 5 l 11 ſ	180 3/10	3	4 d 2/10	21	5	5	7	67
à 5 l 12 ſ	178 11/20	2	4 d 8/10	21	4	0	55	43
à 5 l 13 ſ	176 19/20	4	7 d 8/10	21	2	4	31	19
à 5 l 14 ſ	175 4/10	4	4 d 6/10	21	1	0	34	58
à 5 l 15 ſ	173 9/10	1	6 d	20	7	4	65	77
à 5 l 16 ſ	172 4/10	5	7 d 2/10	20	6	1	25	13
à 5 l 17 ſ	170 9/10	4	8 d 4/10	20	4	5	56	32
à 5 l 18 ſ	169 9/20	4	10 d 8/10	20	3	2	43	31
à 5 l 19 ſ	168 8/20	2		20	1	7	58	10
à 6 l	166 13/20	2		20	0	5		72

LES TARIFS.

LES TARIFS,

POUR

DIVISER,

Sans avoir appris la Division.

AVANT-PROPOS.

ON dit ordinairement que la Division & les Fractions font les épines de *l'Arithmétique*. Or comme je tâche de rendre les chofes aifées, de difficiles qu'elles font, j'ai cru, avec raifon, devoir en ôter les épines ; c'eft - à - dire, rendre la Divifion fi aifée, qu'on la puiffe opérer fans peine.

Il eft certain que pour dix Perfonnes qui favent la *Divifion*, il s'en trouvera cent qui ne la favent point ; & même, de ces dix, il ne s'en trouvera pas fix qui la fachent bien. La connoiffance que j'ai acquife depuis fi long-temps que j'enfeigne L'ARITHMÉTIQUE, *& toutes les autres Sciences utiles au Palais, Finance, Commerce, & la Guerre,* m'affure de cette vérité.

C'eft pourquoi j'ai trouvé, non fans peine, cette Méthode facile, pour en faire part au Public, & le foulager dans les rencontres.

J'y montre à divifer depuis trente mille livres

juſqu'à dix ſols, quand même il faudroit partager quelque ſomme que ce fût en 140 parties ou perſonnes ; bien qu'il arrive rarement de
diviſer une grande ou petite ſomme en tant de
perſonnes.

Or, par le Tarif ſuivant,

On peut diviſer ſi facilement toutes les ſommes qui paroiſſent à chaque page, qu'il ne faut
que les regarder pour les diviſer ; car au bout de
chaque ligne, on y voit les Livres, les Sols &
Deniers, qui viennent à chacun pour ſa part.

Que ſi par hazard la ſomme eſt compoſée, la
choſe eſt encore aiſée, puiſqu'il ne faut, pour
la diviſer, ſe ſervir que de l'Addition, ainſi qu'on
le voit, par l'exemple que j'en ai donné, à la page
ci à côté.

Vous ſaurez que dans les Tarifs de Diviſions
ſuivans, on a abandonné tout ce qui ne peut produire un denier au produit, parceque celui qui
paie feroit obligé de donner du ſien, ce qui n'eſt
pas raiſonnable.

EXEMPLE.

Vous voulez divifer 29500 Livres

en 97 *Perfonnes, Parts ou Portions.*

Voyez au feuillet où il eft écrit en haut,

Divifer en 97 parties , & vous trouverez

que pour 20000 L. vient ——206 L. 3 f. 8 d.

pour 9000 L. vient —— 92 L. 15 f. 8 d.

& pour 500 L. vient —— 5 L. 3 f. 1 d.

Ainfi de 29500 Livres

Divifées en 97 parties vient 304 L. 2 f. 5 d.

à chacun pour fa part.

REMARQUEZ ICI
que c'eft une même chofe ,

De divifer une fomme par 3 ,

par 4 ,

par 5 ,

par 10 ,

par 15 ,

par 17 , &c.

Que de prendre le 3-fieme ,

le 4-trieme ,

le 5-quieme ,

le 10-zieme ,

le 15-zieme ,

le 17-tieme de la même fomme.

Et ainfi chacun faura prendre les Fractions , & les Parties aliquotes & non aliquotes de quelle fomme il voudra , *& divifera une grande ou petite quantité en plu-fieurs parties.*

K k

Diviser en 2 parties				Diviser en 3 parties			
De 30000 li res, il vient à chacun	15000 l			De 30000 livres, il vient à chacun	10000 l		
20000 l vient	10000 l			20000 l vient	6666 l	13 ſ	4
10000 l vient	5000 l			10000 l vient	3333 l	6 ſ	8
9000 l vient	4500 l			9000 l vient	3000 l		
8000 l vient	4000 l			8000 l vient	2666 l	13 ſ	4
7000 l vient	3500 l			7000 l vient	2333 l	6 ſ	8
6000 l vient	3000 l			6000 l vient	2000 l		
5000 l vient	2500 l			5000 l vient	1666 l	13 ſ	4
4000 l vient	2000 l			4000 l vient	1333 l	6 ſ	8
3000 l vient	1500 l			3000 l vient	1000 l		
2000 l vient	1000 l			2000 l vient	666 l	13 ſ	4
1000 l vient	500 l			1000 l vient	333 l	6 ſ	8
900 l vient	450 l			900 l vient	300 l		
800 l vient	400 l			800 l vient	266 l	13 ſ	4
700 l vient	350 l			700 l vient	233 l	6 ſ	8
600 l vient	300 l			600 l vient	200 l		
500 l vient	250 l			500 l vient	166 l	13 ſ	4
400 l vient	200 l			400 l vient	133 l	6 ſ	8
300 l vient	150 l			300 l vient	100 l		
200 l vient	100 l			200 l vient	66 l	13 ſ	4
100 l vient	50 l			100 l vient	33 l	6 ſ	8
90 l vient	45 l			90 l vient	30 l		
80 l vient	40 l			80 l vient	26 l	13 ſ	4
70 l vient	35 l			70 l vient	23 l	6 ſ	8
60 l vient	30 l			60 l vient	20 l		
50 l vient	25 l			50 l vient	16 l	13 ſ	4
40 l vient	20 l			40 l vient	13 l	6 ſ	8
30 l vient	15 l			30 l vient	10 l		
20 l vient	10 l			20 l vient	6 l	13 ſ	4
10 l vient	5 l			10 l vient	3 l	6 ſ	8
9 l vient	4 l	10 ſ		9 l vient	3 l		
8 l vient	4 l			8 l vient	2 l	13 ſ	4
7 l vient	3 l	10 ſ		7 l vient	2 l	6 ſ	8
6 l vient	3 l			6 l vient	2 l		
5 l vient	2 l	10 ſ		5 l vient	1 l	13 ſ	4
4 l vient	2 l			4 l vient	1 l	6 ſ	8
3 l vient	1 l	10 ſ		3 l vient	1 l		
2 l vient	1 l			2 l vient		13 ſ	4
1 l vient	10 ſ			1 l vient		6 ſ	8
10 ſols vient	5 ſ			10 ſols vient		3 ſ	4

Diviser en 4 parties		Diviser en 5 parties	
De 30000 livres, il vient à chacun	7500 l	De 30000 livres, il vient à chacun	6000 l
20000 l vient	5000 l	20000 l vient	4000 l
10000 l vient	2500 l	10000 l vient	2000 l
9000 l vient	2250 l	9000 l vient	1800 l
8000 l vient	2000 l	8000 l vient	1600 l
7000 l vient	1750 l	7000 l vient	1400 l
6000 l vient	1500 l	6000 l vient	1200 l
5000 l vient	1250 l	5000 l vient	1000 l
4000 l vient	1000 l	4000 l vient	800 l
3000 l vient	750 l	3000 l vient	600 l
2000 l vient	500 l	2000 l vient	400 l
1000 l vient	250 l	1000 l vient	200 l
900 l vient	225 l	900 l vient	180 l
800 l vient	200 l	800 l vient	160 l
700 l vient	175 l	700 l vient	140 l
600 l vient	150 l	600 l vient	120 l
500 l vient	125 l	500 l vient	100 l
400 l vient	100 l	400 l vient	80 l
300 l vient	75 l	300 l vient	60 l
200 l vient	50 l	200 l vient	40 l
100 l vient	25 l	100 l vient	20 l
90 l vient	22 l 10 ſ	90 l vient	18 l
80 l vient	20 l	80 l vient	16 l
70 l vient	17 l 10 ſ	70 l vient	14 l
60 l vient	15 l	60 l vient	12 l
50 l vient	12 l 10 ſ	50 l vient	10 l
40 l vient	10 l	40 l vient	8 l
30 l vient	7 l 10 ſ	30 l vient	6 l
20 l vient	5 l	20 l vient	4 l
10 l vient	2 l 10 ſ	10 l vient	2 l
9 l vient	2 l 5 ſ	9 l vient	1 l 16 ſ
8 l vient	2 l	8 l vient	1 l 12 ſ
7 l vient	1 l 15 ſ	7 l vient	1 l 8 ſ
6 l vient	1 l 10 ſ	6 l vient	1 l 4 ſ
5 l vient	1 l 5 ſ	5 l vient	1 l
4 l vient	1 l	4 l vient	16 ſ
3 l vient	15 ſ	3 l vient	12 ſ
2 l vient	10 ſ	2 l vient	8 ſ
1 l vient	5 ſ	1 l vient	4 ſ
10 fols vient	2 ſ 6	10 fols vient	2 ſ

Diviser en 6 parties.

	l	ſ	d
De 30000 Livres, il vient à chacun	5000		
20000 l vient	3333	6	8
10000 l vient	1666	13	4
9000 l vient	1500		
8000 l vient	1333	6	8
7000 l vient	1166	13	4
6000 l vient	1000		
5000 l vient	833	6	8
4000 l vient	666	13	4
3000 l vient	500		
2000 l vient	333	6	8
1000 l vient	166	13	4
900 l vient	150		
800 l vient	133	6	8
700 l vient	116	13	4
600 l vient	100		
500 l vient	83	6	8
400 l vient	66	13	4
300 l vient	50		
200 l vient	33	6	8
100 l vient	16	13	4
90 l vient	15		
80 l vient	13	6	8
70 l vient	11	13	4
60 l vient	10		
50 l vient	8	6	8
40 l vient	6	13	4
30 l vient	5		
20 l vient	3	6	8
10 l vient	1	13	4
9 l vient	1	10	
8 l vient	1	6	8
7 l vient	1	3	4
6 l vient	1		
5 l vient		16	8
4 l vient		13	4
3 l vient		10	
2 l vient		6	8
1 l vient		3	4
10 *ſols* vient		1	8

Diviser en 7 parties.

	l	ſ	d
De 30000 Livres, il vient à chacun	4285	14	3
20000 l vient	2857	2	10
10000 l vient	1428	11	5
9000 l vient	1285	14	3
8000 l vient	1142	17	1
7000 l vient	1000		
6000 l vient	857	2	10
5000 l vient	714	5	8
4000 l vient	571	8	6
3000 l vient	428	11	5
2000 l vient	285	14	3
1000 l vient	142	17	1
900 l vient	128	11	5
800 l vient	114	5	8
700 l vient	100		
600 l vient	85	14	3
500 l vient	71	8	6
400 l vient	57	2	10
300 l vient	42	17	1
200 l vient	28	11	5
100 l vient	14	5	8
90 l vient	12	17	1
80 l vient	11	8	6
70 l vient	10		
60 l vient	8	11	5
50 l vient	7	2	10
40 l vient	5	14	3
30 l vient	4	5	8
20 l vient	2	17	1
10 l vient	1	8	6
9 l vient	1	5	8
8 l vient	1	2	10
7 l vient	1		
6 l vient		17	1
5 l vient		14	3
4 l vient		11	5
3 l vient		8	6
2 l vient		5	8
1 l vient		2	10
10 *ſols* vient		1	5

Diviser en 8 parties.

De 30000 *Livres*, il vient à chacun 3750 l

20000 l vient	2500 l	
10000 l vient	1250 l	
9000 l vient	1125 l	
8000 l vient	1000 l	
7000 l vient	875 l	
6000 l vient	750 l	
5000 l vient	625 l	
4000 l vient	500 l	
3000 l vient	375 l	
2000 l vient	250 l	
1000 l vient	125 l	
900 l vient	112 l	10 ſ
800 l vient	100 l	
700 l vient	87 l	10 ſ
600 l vient	75 l	
500 l vient	62 l	10 ſ
400 l vient	50 l	
300 l vient	37 l	10 ſ
200 l vient	25 l	
100 l vient	12 l	10 ſ
90 l vient	11 l	5 ſ
80 l vient	10 l	
70 l vient	8 l	15 ſ
60 l vient	7 l	10 ſ
50 l vient	6 l	5 ſ
40 l vient	5 l	
30 l vient	3 l	15 ſ
20 l vient	2 l	10 ſ
10 l vient	1 l	5 ſ
9 l vient	1 l	2 ſ 6
8 l vient	1 l	
7 l vient		17 ſ 6
6 l vient		15 ſ
5 l vient		12 ſ 6
4 l vient		10 ſ
3 l vient		7 ſ 6
2 l vient		5 ſ
1 l vient		2 ſ 6
10 ſols vient		1 ſ 3

Diviser en 9 parties.

De 30000 *livres*, il vient à chacun 3333 l 6 ſ 8

20000 l vient	2222 l	4 ſ 5
10000 l vient	1111 l	2 ſ 2
9000 l vient	1000 l	
8000 l vient	888 l	17 ſ 9
7000 l vient	777 l	15 ſ 6
6000 l vient	666 l	13 ſ 4
5000 l vient	555 l	11 ſ 1
4000 l vient	444 l	8 ſ 10
3000 l vient	333 l	6 ſ 8
2000 l vient	222 l	4 ſ 5
1000 l vient	111 l	2 ſ 2
900 l vient	100 l	
800 l vient	88 l	17 ſ 9
700 l vient	77 l	15 ſ 6
600 l vient	66 l	13 ſ 4
500 l vient	55 l	11 ſ 1
400 l vient	44 l	8 ſ 10
300 l vient	33 l	6 ſ 8
200 l vient	22 l	4 ſ 5
100 l vient	11 l	2 ſ 2
90 l vient	10 l	
80 l vient	8 l	17 ſ 9
70 l vient	7 l	15 ſ 6
60 l vient	6 l	13 ſ 4
50 l vient	5 l	11 ſ 1
40 l vient	4 l	8 ſ 10
30 l vient	3 l	6 ſ 8
20 l vient	2 l	4 ſ 5
10 l vient	1 l	2 ſ 2
9 l vient	1 l	
8 l vient		17 ſ 9
7 l vient		15 ſ 6
6 l vient		13 ſ 4
5 l vient		11 ſ 1
4 l vient		8 ſ 10
3 l vient		6 ſ 8
2 l vient		4 ſ 5
1 l vient		2 ſ 2
10 ſols vient		1 ſ 1

De 30000 livres, il vient		De 30000 livres, il vient	
à chacun	3000 l	à chacun	2727 l 5 ſ 5
20000 l vient	2000 l	20000 l vient	1818 l 3 ſ 7
10000 l vient	1000 l	10000 l vient	909 l 1 ſ 9
9000 l vient	900 l	9000 l vient	818 l 3 ſ 7
8000 l vient	800 l	8000 l vient	727 l 5 ſ 5
7000 l vient	700 l	7000 l vient	636 l 7 ſ 3
6000 l vient	600 l	6000 l vient	545 l 9 ſ 1
5000 l vient	500 l	5000 l vient	454 l 10 ſ 10
4000 l vient	400 l	4000 l vient	363 l 12 ſ 8
3000 l vient	300 l	3000 l vient	272 l 14 ſ 6
2000 l vient	200 l	2000 l vient	181 l 16 ſ 4
1000 l vient	100 l	1000 l vient	90 l 18 ſ 2
900 l vient	90 l	900 l vient	81 l 16 ſ 4
800 l vient	80 l	800 l vient	72 l 14 ſ 6
700 l vient	70 l	700 l vient	63 l 12 ſ 8
600 l vient	60 l	600 l vient	54 l 10 ſ 10
500 l vient	50 l	500 l vient	45 l 9 ſ 1
400 l vient	40 l	400 l vient	36 l 7 ſ 3
300 l vient	30 l	300 l vient	27 l 5 ſ 5
200 l vient	20 l	200 l vient	18 l 3 ſ 7
100 l vient	10 l	100 l vient	9 l 1 ſ 9
90 l vient	9 l	90 l vient	8 l 3 ſ 7
80 l vient	8 l	80 l vient	7 l 5 ſ 5
70 l vient	7 l	70 l vient	6 l 7 ſ 3
60 l vient	6 l	60 l vient	5 l 9 ſ 1
50 l vient	5 l	50 l vient	4 l 10 ſ 10
40 l vient	4 l	40 l vient	3 l 12 ſ 8
30 l vient	3 l	30 l vient	2 l 14 ſ 6
20 l vient	2 l	20 l vient	1 l 16 ſ 4
10 l vient	1 l	10 l vient	18 ſ 2
9 l vient	18 ſ	9 l vient	16 ſ 4
8 l vient	16 ſ	8 l vient	14 ſ 6
7 l vient	14 ſ	7 l vient	12 ſ 8
6 l vient	12 ſ	6 l vient	10 ſ 10
5 l vient	10 ſ	5 l vient	9 ſ 1
4 l vient	8 ſ	4 l vient	7 ſ 3
3 l vient	6 ſ	3 l vient	5 ſ 5
2 l vient	4 ſ	2 l vient	3 ſ 7
1 l vient	2 ſ	1 l vient	1 ſ 9
10 *ſols* vient	1 ſ	10 *ſols* vient	10

Diviſer en 12 parties		Diviſer en 13 parties	
De 30000 livres, il vient à chacun	2500 l	De 30000 livres, il vient à chacun	2307 l 13 ſ 10
20000 l vient	1666 l 13 ſ 4	20000 l vient	1538 l 9 ſ 2
10000 l vient	833 l 6 ſ 8	10000 l vient	769 l 4 ſ 7
9000 l vient	750 l	9000 l vient	692 l 6 ſ 1
8000 l vient	666 l 13 ſ 4	8000 l vient	615 l 7 ſ 8
7000 l vient	583 l 6 ſ 8	7000 l vient	538 l 9 ſ 2
6000 l vient	500 l	6000 l vient	461 l 10 ſ 9
5000 l vient	416 l 13 ſ 4	5000 l vient	384 l 12 ſ 3
4000 l vient	333 l 6 ſ 8	4000 l vient	307 l 13 ſ 10
3000 l vient	250 l	3000 l vient	230 l 15 ſ 4
2000 l vient	166 l 13 ſ 4	2000 l vient	153 l 16 ſ 11
1000 l vient	83 l 6 ſ 8	1000 l vient	76 l 18 ſ 5
900 l vient	75 l	900 l vient	69 l 4 ſ 7
800 l vient	66 l 13 ſ 4	800 l vient	61 l 10 ſ 9
700 l vient	58 l 6 ſ 8	700 l vient	53 l 16 ſ 11
600 l vient	50 l	600 l vient	46 l 3 ſ
500 l vient	41 l 13 ſ 4	500 l vient	38 l 9 ſ 2
400 l vient	33 l 6 ſ 8	400 l vient	30 l 15 ſ 4
300 l vient	25 l	300 l vient	23 l 1 ſ 6
200 l vient	16 l 13 ſ 4	200 l vient	15 l 7 ſ 8
100 l vient	8 l 6 ſ 8	100 l vient	7 l 13 ſ 10
90 l vient	7 l 10 ſ	90 l vient	6 l 18 ſ 5
80 l vient	6 l 13 ſ 4	80 l vient	6 l 3 ſ
70 l vient	5 l 16 ſ 8	70 l vient	5 l 7 ſ 8
60 l vient	5 l	60 l vient	4 l 12 ſ 3
50 l vient	4 l 3 ſ 4	50 l vient	3 l 16 ſ 11
40 l vient	3 l 6 ſ 8	40 l vient	3 l 1 ſ 6
30 l vient	2 l 10 ſ	30 l vient	2 l 6 ſ 1
20 l vient	1 l 13 ſ 4	20 l vient	1 l 10 ſ 9
10 l vient	16 ſ 8	10 l vient	15 ſ 4
9 l vient	15 ſ	9 l vient	13 ſ 10
8 l vient	13 ſ 4	8 l vient	12 ſ 3
7 l vient	11 ſ 8	7 l vient	10 ſ 9
6 l vient	10 ſ	6 l vient	9 ſ 2
5 l vient	8 ſ 4	5 l vient	7 ſ 8
4 l vient	6 ſ 8	4 l vient	6 ſ 1
3 l vient	5 ſ	3 l vient	4 ſ 7
2 l vient	3 ſ 4	2 l vient	3 ſ
1 l vient	1 ſ 8	1 l vient	1 ſ 6
10 ſols vient	10	10 ſols vient	9

Diviser en 14 parties				Diviser en 15 parties			
De 30000 livres, il vient à chacun	2142 l	17 ſ	1	De 30000 livres, il vient à chacun	2000 l		
20000 l vient	1428 l	11	5	20000 l vient	1333 l	6 ſ	8
10000 l vient	714 l	5 ſ	8	10000 l vient	666 l	13 ſ	4
9000 l vient	642 l	17 ſ	1	9000 l vient	600 l		
8000 l vient	571 l	8 ſ	6	8000 l vient	533 l	6 ſ	8
7000 l vient	500 l			7000 l vient	466 l	13 ſ	4
6000 l vient	428 l	11 ſ	5	6000 l vient	400 l		
5000 l vient	357 l	2 ſ	10	5000 l vient	333 l	6 ſ	8
4000 l vient	285 l	14 ſ	3	4000 l vient	266 l	13 ſ	4
3000 l vient	214 l	5 ſ	8	3000 l vient	200 l		
2000 l vient	142 l	17 ſ	1	2000 l vient	133 l	6 ſ	8
1000 l vient	71 l	8 ſ	6	1000 l vient	66 l	13 ſ	4
900 l vient	64 l	5 ſ	8	900 l vient	60 l		
800 l vient	57 l	2 ſ	10	800 l vient	53 l	6 ſ	8
700 l vient	50 l			700 l vient	46 l	13 ſ	4
600 l vient	42 l	17 ſ	1	600 l vient	40 l		
500 l vient	35 l	14 ſ	3	500 l vient	33 l	6 ſ	8
400 l vient	28 l	11 ſ	5	400 l vient	26 l	13 ſ	4
300 l vient	21 l	8 ſ	6	300 l vient	20 l		
200 l vient	14 l	5 ſ	8	200 l vient	13 l	6 ſ	8
100 l vient	7 l	2 ſ	10	100 l vient	6 l	13 ſ	4
90 l vient	6 l	8 ſ	6	90 l vient	6 l		
80 l vient	5 l	14 ſ	3	80 l vient	5 l	6 ſ	8
70 l vient	5 l			70 l vient	4 l	13 ſ	4
60 l vient	4 l	5 ſ	8	60 l vient	4 l		
50 l vient	3 l	11 ſ	5	50 l vient	3 l	6 ſ	8
40 l vient	2 l	17 ſ	1	40 l vient	2 l	13 ſ	4
30 l vient	2 l	2 ſ	10	30 l vient	2 l		
20 l vient	1 l	8 ſ	6	20 l vient	1 l	6 ſ	8
10 l vient		14 ſ	3	10 l vient		13 ſ	4
9 l vient		12 ſ	10	9 l vient		12 ſ	
8 l vient		11 ſ	5	8 l vient		10 ſ	8
7 l vient		10 ſ		7 l vient		9 ſ	4
6 l vient		8 ſ	6	6 l vient		8 ſ	
5 l vient		7 ſ	1	5 l vient		6 ſ	8
4 l vient		5 ſ	8	4 l vient		5 ſ	4
3 l vient		4 ſ	3	3 l vient		4 ſ	
2 l vient		2 ſ	10	2 l vient		2 ſ	8
1 l vient		1 ſ	5	1 l vient		1 ſ	4
10 *ſols vient*			8	10 *ſols vient*			8

Diviſer en 16 parties.

De 30000 *livres*, il vient à chacun	1875 l		
20000 l vient	1250 l		
10000 l vient	625 l		
9000 l vient	562 l	10 ſ	
8000 l vient	500 l		
7000 l vient	437 l	10 ſ	
6000 l vient	375 l		
5000 l vient	312 l	10 ſ	
4000 l vient	250 l		
3000 l vient	187 l	10 ſ	
2000 l vient	125 l		
1000 l vient	62 l	10 ſ	
900 l vient	56 l	5 ſ	
800 l vient	50 l		
700 l vient	43 l	15 ſ	
600 l vient	37 l	10 ſ	
500 l vient	31 l	5 ſ	
400 l vient	25 l		
300 l vient	18 l	15 ſ	
200 l vient	12 l	10 ſ	
100 l vient	6 l	5 ſ	
90 l vient	5 l	12 ſ	6
80 l vient	5 l		
70 l vient	4 l	7 ſ	6
60 l vient	3 l	15 ſ	
50 l vient	3 l	2 ſ	6
40 l vient	2 l	10 ſ	
30 l vient	1 l	17 ſ	6
20 l vient	1 l	5 ſ	
10 l vient		12 ſ	6
9 l vient		11 ſ	3
8 l vient		10 ſ	
7 l vient		8 ſ	9
6 l vient		7 ſ	6
5 l vient		6 ſ	3
4 l vient		5 ſ	
3 l vient		3 ſ	9
2 l vient		2 ſ	6
1 l vient		1 ſ	3
10 *ſols* vient			7

Diviſer en 17 parties.

De 30000 *livres*, il vient à chacun	1764 l	14 ſ	1
20000 l vient	1176 l	9 ſ	4
10000 l vient	588 l	4 ſ	8
9000 l vient	529 l	8 ſ	2
8000 l vient	470 l	11 ſ	9
7000 l vient	411 l	15 ſ	3
6000 l vient	352 l	18 ſ	9
5000 l vient	294 l	2 ſ	4
4000 l vient	235 l	5 ſ	10
3000 l vient	176 l	9 ſ	4
2000 l vient	117 l	12 ſ	11
1000 l vient	58 l	16 ſ	5
900 l vient	52 l	18 ſ	9
800 l vient	47 l	1 ſ	2
700 l vient	41 l	3 ſ	6
600 l vient	35 l	5 ſ	10
500 l vient	29 l	8 ſ	2
400 l vient	23 l	10 ſ	7
300 l vient	17 l	12 ſ	11
200 l vient	11 l	15 ſ	3
100 l vient	5 l	17 ſ	7
90 l vient	5 l	5 ſ	10
80 l vient	4 l	14 ſ	1
70 l vient	4 l	2 ſ	4
60 l vient	3 l	10 ſ	7
50 l vient	2 l	18 ſ	9
40 l vient	2 l	7 ſ	
30 l vient	1 l	15 ſ	3
20 l vient	1 l	3 ſ	6
10 l vient		11 ſ	9
9 l vient		10 ſ	7
8 l vient		9 ſ	4
7 l vient		8 ſ	2
6 l vient		7 ſ	
5 l vient		5 ſ	10
4 l vient		4 ſ	8
3 l vient		3 ſ	6
2 l vient		2 ſ	4
1 l vient		1 ſ	2
10 *ſols* vient			7

Diviſer en 18 parties.

De 30000 *livres*, il vient à chacun 1666 l 13 ſ 4

	l	ſ	d
20000 l vient	1111	2	1
10000 l vient	555	11	1
9000 l vient	500		
8000 l vient	444	8	10
7000 l vient	388	17	9
6000 l vient	333	6	8
5000 l vient	277	15	6
4000 l vient	222	4	5
3000 l vient	166	13	4
2000 l vient	111	2	2
1000 l vient	55	11	1
900 l vient	50		
800 l vient	44	8	10
700 l vient	38	17	9
600 l vient	33	6	8
500 l vient	27	15	6
400 l vient	22	4	5
300 l vient	16	13	4
200 l vient	11	2	2
100 l vient	5	11	1
90 l vient	5		
80 l vient	4	8	10
70 l vient	3	17	9
60 l vient	3	6	8
50 l vient	2	15	6
40 l vient	2	4	5
30 l vient	1	13	4
20 l vient	1	2	2
10 l vient		11	1
9 l vient		10	
8 l vient		8	10
7 l vient		7	9
6 l vient		6	8
5 l vient		5	6
4 l vient		4	5
3 l vient		3	4
2 l vient		2	2
1 l vient		1	1
10 *ſols* vient			6

Diviſer en 19 parties.

De 30000 *livres*, il vient à chacun 1570 l 18 ſ 11

	l	ſ	d
20000 l vient	1052	12	7
10000 l vient	526	6	3
9000 l vient	473	13	8
8000 l vient	421	1	
7000 l vient	368	8	5
6000 l vient	315	15	9
5000 l vient	263	3	1
4000 l vient	210	10	6
3000 l vient	157	17	10
2000 l vient	105	5	3
1000 l vient	52	12	7
900 l vient	47	7	4
800 l vient	42	2	1
700 l vient	36	16	10
600 l vient	31	11	6
500 l vient	26	6	3
400 l vient	21	1	
300 l vient	15	15	9
200 l vient	10	10	6
100 l vient	5	5	3
90 l vient	4	14	8
80 l vient	4	4	2
70 l vient	3	13	8
60 l vient	3	3	1
50 l vient	2	12	7
40 l vient	2	2	1
30 l vient	1	11	6
20 l vient	1	1	
10 l vient		10	6
9 l vient		9	5
8 l vient		8	5
7 l vient		7	4
6 l vient		6	3
5 l vient		5	3
4 l vient		4	2
3 l vient		3	1
2 l vient		2	1
1 l vient		1	
10 *ſols* vient			6

Diviser en 20 parties			
De 30000 livres, il vient à chacun	1500 l		
20000 l vient	1000 l		
10000 l vient	500 l		
9000 l vient	450 l		
8000 l vient	400 l		
7000 l vient	350 l		
6000 l vient	300 l		
5000 l vient	250 l		
4000 l vient	200 l		
3000 l vient	150 l		
2000 l vient	100 l		
1000 l vient	50 l		
900 l vient	45 l		
800 l vient	40 l		
700 l vient	35 l		
600 l vient	30 l		
500 l vient	25 l		
400 l vient	20 l		
300 l vient	15 l		
200 l vient	10 l		
100 l vient	5 l		
90 l vient	4 l	10 ſ	
80 l vient	4 l		
70 l vient	3 l	10 ſ	
60 l vient	3 l		
50 l vient	2 l	10 ſ	
40 l vient	2 l		
30 l vient	1 l	10 ſ	
20 l vient	1 l		
10 l vient		10 ſ	
9 l vient		9 ſ	
8 l vient		8 ſ	
7 l vient		7 ſ	
6 l vient		6 ſ	
5 l vient		5 ſ	
4 l vient		4 ſ	
3 l vient		3 ſ	
2 l vient		2 ſ	
1 l vient		1 ſ	
10 *sols* vient			6

Diviser en 21 parties			
De 30000 livres, il vient à chacun	1428 l	11 ſ	5
20000 l vient	952 l	7 ſ	7
10000 l vient	476 l	3 ſ	9
9000 l vient	428 l	11 ſ	5
8000 l vient	380 l	19 ſ	
7000 l vient	333 l	6 ſ	8
6000 l vient	285 l	14 ſ	3
5000 l vient	238 l	1 ſ	10
4000 l vient	190 l	9 ſ	6
3000 l vient	142 l	17 ſ	1
2000 l vient	95 l	4 ſ	9
1000 l vient	47 l	12 ſ	4
900 l vient	42 l	17 ſ	1
800 l vient	38 l	1 ſ	10
700 l vient	33 l	6 ſ	8
600 l vient	28 l	11 ſ	5
500 l vient	23 l	16 ſ	2
400 l vient	19 l		11
300 l vient	14 l	5 ſ	8
200 l vient	9 l	10 ſ	5
100 l vient	4 l	15 ſ	2
90 l vient	4 l	5 ſ	8
80 l vient	3 l	16 ſ	2
70 l vient	3 l	6 ſ	8
60 l vient	2 l	17 ſ	1
50 l vient	2 l	7 ſ	7
40 l vient	1 l	18 ſ	1
30 l vient	1 l	8 ſ	6
20 l vient		19 ſ	
10 l vient		9 ſ	6
9 l vient		8 ſ	6
8 l vient		7 ſ	7
7 l vient		6 ſ	8
6 l vient		5 ſ	8
5 l vient		4 ſ	9
4 l vient		3 ſ	9
3 l vient		2 ſ	10
2 l vient		1 ſ	10
1 l vient			11
10 *sols* vient			5

Diviſer en 22 parties.

De 30000 livres, il vient	l	ſ	
à chacun	1363 l	12 ſ	8
20000 l vient	909 l	1 ſ	9
10000 l vient	454 l	10 ſ	10
9000 l vient	409 l	1 ſ	9
8000 l vient	363 l	12 ſ	8
7000 l vient	318 l	3 ſ	7
6000 l vient	272 l	14 ſ	6
5000 l vient	227 l	5 ſ	5
4000 l vient	181 l	16 ſ	4
3000 l vient	136 l	7 ſ	3
2000 l vient	90 l	18 ſ	2
1000 l vient	45 l	9 ſ	1
900 l vient	40 l	18 ſ	2
800 l vient	36 l	7 ſ	3
700 l vient	31 l	16 ſ	4
600 l vient	27 l	5 ſ	5
500 l vient	22 l	14 ſ	6
400 l vient	18 l	3 ſ	7
300 l vient	13 l	12 ſ	8
200 l vient	9 l	1 ſ	9
100 l vient	4 l	10 ſ	10
90 l vient	4 l	1 ſ	9
80 l vient	3 l	12 ſ	8
70 l vient	3 l	3 ſ	7
60 l vient	2 l	14 ſ	6
50 l vient	2 l	5 ſ	5
40 l vient	1 l	16 ſ	4
30 l vient	1 l	7 ſ	3
20 l vient		18 ſ	2
10 l vient		9 ſ	1
9 l vient		8 ſ	2
8 l vient		7 ſ	3
7 l vient		6 ſ	4
6 l vient		5 ſ	5
5 l vient		4 ſ	6
4 l vient		3 ſ	7
3 l vient		2 ſ	8
2 l vient		1 ſ	9
1 l vient			10
10 *ſols* vient			5

Diviſer en 23 parties.

De 30000 livres, il vient	l	ſ	
à chacun	1304 l	6 ſ	11
20000 l vient	869 l	11 ſ	3
10000 l vient	434 l	15 ſ	7
9000 l vient	391 l	6 ſ	1
8000 l vient	347 l	16 ſ	6
7000 l vient	304 l	6 ſ	11
6000 l vient	260 l	17 ſ	4
5000 l vient	217 l	7 ſ	9
4000 l vient	173 l	18 ſ	3
3000 l vient	130 l	8 ſ	8
2000 l vient	86 l	19 ſ	1
1000 l vient	43 l	9 ſ	6
900 l vient	39 l	2 ſ	7
800 l vient	34 l	15 ſ	7
700 l vient	30 l	8 ſ	8
600 l vient	26 l	1 ſ	8
500 l vient	21 l	14 ſ	9
400 l vient	17 l	7 ſ	9
300 l vient	13 l		10
200 l vient	8 l	13 ſ	10
100 l vient	4 l	6 ſ	11
90 l vient	3 l	18 ſ	3
80 l vient	3 l	9 ſ	6
70 l vient	3 l		10
60 l vient	2 l	12 ſ	2
50 l vient	2 l	3 ſ	5
40 l vient	1 l	14 ſ	9
30 l vient	1 l	6 ſ	1
20 l vient		17 ſ	4
10 l vient		8 ſ	8
9 l vient		7 ſ	9
8 l vient		6 ſ	11
7 l vient		6 ſ	1
6 l vient		5 ſ	2
5 l vient		4 ſ	4
4 l vient		3 ſ	5
3 l vient		2 ſ	7
2 l vient		1 ſ	8
1 l vient			10
10 *ſols* vient			5

Diviſer

Diviſer en 24 parties.	Diviſer en 25 parties.
De 30000 *livres, il vient à chacun* 1250 l	De 30000 *livres, il vient à chacun* 1200 l
20000 l vient 833 l 6 ſ 8	20000 l vient 800 l
10000 l vient 416 l 13 ſ 4	10000 l vient 400 l
9000 l vient 375 l	9000 l vient 360 l
8000 l vient 333 l 6 ſ 8	8000 l vient 320 l
7000 l vient 291 l 13 ſ 4	7000 l vient 280 l
6000 l vient 250 l	6000 l vient 240 l
5000 l vient 208 l 6 ſ 8	5000 l vient 200 l
4000 l vient 166 l 13 ſ 4	4000 l vient 160 l
3000 l vient 125 l	3000 l vient 120 l
2000 l vient 83 l 6 ſ 8	2000 l vient 80 l
1000 l vient 41 l 13 ſ 4	1000 l vient 40 l
900 l vient 37 l 10 ſ	900 l vient 36 l
800 l vient 33 l 6 ſ 8	800 l vient 32 l
700 l vient 29 l 3 ſ 4	700 l vient 28 l
600 l vient 25 l	600 l vient 24 l
500 l vient 20 l 16 ſ 8	500 l vient 20 l
400 l vient 16 l 13 ſ 4	400 l vient 16 l
300 l vient 12 l 10 ſ	300 l vient 12 l
200 l vient 8 l 6 ſ 8	200 l vient 8 l
100 l vient 4 l 3 ſ 4	100 l vient 4 l
90 l vient 3 l 15 ſ	90 l vient 3 l 12 ſ
80 l vient 3 l 6 ſ 8	80 l vient 3 l 4 ſ
70 l vient 2 l 18 ſ 4	70 l vient 2 l 16 ſ
60 l vient 2 l 10 ſ	60 l vient 2 l 8 ſ
50 l vient 2 l 1 ſ 8	50 l vient 2 l
40 l vient 1 l 13 ſ 4	40 l vient 1 l 12 ſ
30 l vient 1 l 5 ſ	30 l vient 1 l 4 ſ
20 l vient 16 ſ 8	20 l vient 16 ſ
10 l vient 8 ſ 4	10 l vient 8 ſ
9 l vient 7 ſ 6	9 l vient 7 ſ 2
8 l vient 6 ſ 8	8 l vient 6 ſ 4
7 l vient 5 ſ 10	7 l vient 5 ſ 7
6 l vient 5 ſ	6 l vient 4 ſ 9
5 l vient 4 ſ 2	5 l vient 4 ſ
4 l vient 3 ſ 4	4 l vient 3 ſ 2
3 l vient 2 ſ 6	3 l vient 2 ſ 4
2 l vient 1 ſ 8	2 l vient 1 ſ 7
1 l vient 10	1 l vient 9
10 *ſols vient* 5	10 *ſols vient* 4

Diviſer en 26 parties.

	l	ſ	
De 30000 *livres, il vient à chacun* 1153	16	ſ 11	
20000 l vient 769 l	4	ſ 7	
10000 l vient 384 l	12	ſ 3	
9000 l vient 346 l	3	ſ	
8000 l vient 307 l	13	ſ 10	
7000 l vient 269 l	4	ſ 7	
6000 l vient 230 l	15	ſ 4	
5000 l vient 192 l	6	ſ 1	
4000 l vient 153 l	16	ſ 11	
3000 l vient 115 l	7	ſ 8	
2000 l vient 76 l	18	ſ 5	
1000 l vient 38 l	9	ſ 2	
900 l vient 34 l	12	ſ 3	
800 l vient 30 l	15	ſ 4	
700 l vient 26 l	18	ſ 5	
600 l vient 23 l	1	ſ 6	
500 l vient 19 l	4	ſ 7	
400 l vient 15 l	7	ſ 8	
300 l vient 11 l	10	ſ 9	
200 l vient 7 l	13	ſ 10	
100 l vient 3 l	16	ſ 11	
90 l vient 3 l	9	ſ 2	
80 l vient 3 l	1	ſ 6	
70 l vient 2 l	13	ſ 10	
60 l vient 2 l	6	ſ 1	
50 l vient 1 l	18	ſ 5	
40 l vient 1 l	10	ſ 9	
30 l vient 1 l	3	ſ	
20 l vient	15	ſ 4	
10 l vient	7	ſ 8	
9 l vient	6	ſ 11	
8 l vient	6	ſ 1	
7 l vient	5	ſ 4	
6 l vient	4	ſ 7	
5 l vient	3	ſ 10	
4 l vient	3	ſ	
3 l vient	2	ſ 3	
2 l vient	1	ſ 6	
1 l vient		9	
10 *ſols vient*		4	

Diviſer en 27 parties.

	l	ſ	
De 30000 *livres, il vient à chacun* 1111	2	ſ 2	
20000 l vient 740 l	14	ſ 9	
10000 l vient 370 l	7	ſ 4	
9000 l vient 333 l	6	ſ 8	
8000 l vient 296 l	5	ſ 11	
7000 l vient 259 l	5	ſ 2	
6000 l vient 222 l	4	ſ 5	
5000 l vient 185 l	3	ſ 8	
4000 l vient 148 l	2	ſ 11	
3000 l vient 111 l	2	ſ 2	
2000 l vient 74 l	1	ſ 5	
1000 l vient 37 l		8	
900 l vient 33 l	6	ſ 8	
800 l vient 29 l	12	ſ 7	
700 l vient 25 l	18	ſ 6	
600 l vient 22 l	4	ſ 5	
500 l vient 18 l	10	ſ 4	
400 l vient 14 l	16	ſ 3	
300 l vient 11 l	2	ſ 2	
200 l vient 7 l	8	ſ 1	
100 l vient 3 l	14	ſ	
90 l vient 3 l	6	ſ 8	
80 l vient 2 l	19	ſ 3	
70 l vient 2 l	11	ſ 10	
60 l vient 2 l	4	ſ 5	
50 l vient 1 l	17	ſ	
40 l vient 1 l	9	ſ 7	
30 l vient 1 l	2	ſ 2	
20 l vient	14	ſ 9	
10 l vient	7	ſ 4	
9 l vient	6	ſ 8	
8 l vient	5	ſ 11	
7 l vient	5	ſ 2	
6 l vient	4	ſ 5	
5 l vient	3	ſ 8	
4 l vient	2	ſ 11	
3 l vient	2	ſ 2	
2 l vient	1	ſ 5	
1 l vient		8	
10 *ſols vient*		4	

Diviſer en 28 parties			Diviſer en 29 parties		
De 30000 *livres, il vient à chacun* 1071 l 8 ſ 6			De 30000 *livres, il vient à chacun* 1034 l 9 ſ 7		
20000 l vient 714 l 5 ſ 8			20000 l vient 689 l 13 ſ 1		
10000 l vient 357 l 2 ſ 10			10000 l vient 344 l 16 ſ 6		
9000 l vient 321 l 8 ſ 6			9000 l vient 310 l 6 ſ 10		
8000 l vient 285 l 14 ſ 3			8000 l vient 275 l 17 ſ 2		
7000 l vient 250 l			7000 l vient 241 l 7 ſ 7		
6000 l vient 214 l 5 ſ 8			6000 l vient 206 l 17 ſ 11		
5000 l vient 178 l 11 ſ 5			5000 l vient 172 l 8 ſ 3		
4000 l vient 142 l 17 ſ 1			4000 l vient 137 l 18 ſ 7		
3000 l vient 107 l 2 ſ 10			3000 l vient 103 l 8 ſ 11		
2000 l vient 71 l 8 ſ 6			2000 l vient 68 l 19 ſ 3		
1000 l vient 35 l 14 ſ 3			1000 l vient 34 l 9 ſ 7		
900 l vient 32 l 2 ſ 10			900 l vient 31 l 8		
800 l vient 28 l 11 ſ 5			800 l vient 27 l 11 ſ 8		
700 l vient 25 l			700 l vient 24 l 2 ſ 9		
600 l vient 21 l 8 ſ 6			600 l vient 20 l 13 ſ 9		
500 l vient 17 l 17 ſ 1			500 l vient 17 l 4 ſ 9		
400 l vient 14 l 5 ſ 8			400 l vient 13 l 15 ſ 10		
300 l vient 10 l 14 ſ 3			300 l vient 10 l 6 ſ 10		
200 l vient 7 l 2 ſ 10			200 l vient 6 l 17 ſ 11		
100 l vient 3 l 11 ſ 5			100 l vient 3 l 8 ſ 11		
90 l vient 3 l 4 ſ 3			90 l vient 3 l 2 ſ		
80 l vient 2 l 17 ſ 1			80 l vient 2 l 15 ſ 2		
70 l vient 2 l 10 ſ			70 l vient 2 l 8 ſ 3		
60 l vient 2 l 2 ſ 10			60 l vient 2 l 1 ſ 4		
50 l vient 1 l 15 ſ 8			50 l vient 1 l 14 ſ 5		
40 l vient 1 l 8 ſ 6			40 l vient 1 l 7 ſ 7		
30 l vient 1 l 1 ſ 5			30 l vient 1 l 8		
20 l vient 14 ſ 3			20 l vient 13 ſ 9		
10 l vient 7 ſ 1			10 l vient 6 ſ 10		
9 l vient 6 ſ 5			9 l vient 6 ſ 2		
8 l vient 5 ſ 8			8 l vient 5 ſ 6		
7 l vient 5 ſ			7 l vient 4 ſ 9		
6 l vient 4 ſ 3			6 l vient 4 ſ 1		
5 l vient 3 ſ 6			5 l vient 3 ſ 5		
4 l vient 2 ſ 10			4 l vient 2 ſ 9		
3 l vient 2 ſ 1			3 l vient 2 ſ		
2 l vient 1 ſ 5			2 l vient 1 ſ 4		
1 l vient 8			1 l vient 8		
10 *ſols vient* 4			10 *ſols vient* 4		

Diviſer en 30 parties.

De 30000 *livres*, il vient à chacun 1000 l

De 30000 livres	l	ſ	
20000 l vient	666 l	13 ſ	4
10000 l vient	333 l	6 ſ	8
9000 l vient	300 l		
8000 l vient	266 l	13 ſ	4
7000 l vient	233 l	6 ſ	8
6000 l vient	200 l		
5000 l vient	166 l	13 ſ	4
4000 l vient	133 l	6 ſ	8
3000 l vient	100 l		
2000 l vient	66 l	13 ſ	4
1000 l vient	33 l	6 ſ	8
900 l vient	30 l		
800 l vient	26 l	13 ſ	4
700 l vient	23 l	6 ſ	8
600 l vient	20 l		
500 l vient	16 l	13 ſ	4
400 l vient	13 l	6 ſ	8
300 l vient	10 l		
200 l vient	6 l	13 ſ	4
100 l vient	3 l	6 ſ	8
90 l vient	3 l		
80 l vient	2 l	13 ſ	4
70 l vient	2 l	6 ſ	8
60 l vient	2 l		
50 l vient	1 l	13 ſ	4
40 l vient	1 l	6 ſ	8
30 l vient	1 l		
20 l vient		13 ſ	4
10 l vient		6 ſ	8
9 l vient		6 ſ	
8 l vient		5 ſ	4
7 l vient		4 ſ	8
6 l vient		4 ſ	
5 l vient		3 ſ	4
4 l vient		2 ſ	8
3 l vient		2 ſ	
2 l vient		1 ſ	4
1 l vient			8
10 ſols vient			4

Diviſer en 31 parties.

De 30000 *livres*, il vient à chacun 967 l 14 ſ 10

De 30000 livres	l	ſ	
20000 l vient	645 l	3 ſ	2
10000 l vient	322 l	11 ſ	7
9000 l vient	290 l	6 ſ	5
8000 l vient	258 l	1 ſ	3
7000 l vient	215 l	16 ſ	1
6000 l vient	193 l	10 ſ	11
5000 l vient	161 l	5 ſ	9
4000 l vient	129 l		7
3000 l vient	96 l	15 ſ	5
2000 l vient	64 l	10 ſ	3
1000 l vient	32 l	5 ſ	1
900 l vient	29 l		7
800 l vient	25 l	16 ſ	1
700 l vient	22 l	11 ſ	7
600 l vient	19 l	7 ſ	1
500 l vient	16 l	2 ſ	6
400 l vient	12 l	18 ſ	
300 l vient	9 l	13 ſ	6
200 l vient	6 l	9 ſ	
100 l vient	3 l	4 ſ	6
90 l vient	2 l	18 ſ	
80 l vient	2 l	11 ſ	7
70 l vient	2 l	5 ſ	1
60 l vient	1 l	18 ſ	8
50 l vient	1 l	12 ſ	3
40 l vient	1 l	5 ſ	9
30 l vient		19 ſ	4
20 l vient		12 ſ	10
10 l vient		6 ſ	5
9 l vient		5 ſ	9
8 l vient		5 ſ	1
7 l vient		4 ſ	6
6 l vient		3 ſ	10
5 l vient		3 ſ	2
4 l vient		2 ſ	6
3 l vient		1 ſ	11
2 l vient		1 ſ	3
1 l vient			7
10 ſols vient			3

Diviser en 32 parties		Diviser en 33 parties	
De 30000 *livres*, il vient à chacun	937 l 10 ſ	De 30000 *Livres*, il vient à chacun	909 l 1 ſ 9
20000 l vient	625 l	20000 l vient	606 l 1 ſ 2
10000 l vient	312 l 10 ſ	10000 l vient	303 l 7
9000 l vient	281 l 5 ſ	9000 l vient	272 l 14 ſ 6
8000 l vient	250 l	8000 l vient	242 l 8 ſ 5
7000 l vient	218 l 15 ſ	7000 l vient	212 l 2 ſ 5
6000 l vient	187 l 10 ſ	6000 l vient	181 l 16 ſ 4
5000 l vient	156 l 5 ſ	5000 l vient	151 l 10 ſ 3
4000 l vient	125 l	4000 l vient	121 l 4 ſ 2
3000 l vient	93 l 15 ſ	3000 l vient	90 l 18 ſ 2
2000 l vient	62 l 10 ſ	2000 l vient	60 l 12 ſ 1
1000 l vient	31 l 5 ſ	1000 l vient	30 l 6 ſ
900 l vient	28 l 2 ſ 6	900 l vient	27 l 5 ſ 5
800 l vient	25 l	800 l vient	24 l 4 ſ 10
700 l vient	21 l 17 ſ 6	700 l vient	21 l 4 ſ 2
600 l vient	18 l 15 ſ	600 l vient	18 l 3 ſ 7
500 l vient	15 l 12 ſ 6	500 l vient	15 l 3 ſ
400 l vient	12 l 10 ſ	400 l vient	12 l 2 ſ 5
300 l vient	9 l 7 ſ 6	300 l vient	9 l 1 ſ 9
200 l vient	6 l 5 ſ	200 l vient	6 l 1 ſ 2
100 l vient	3 l 2 ſ 6	100 l vient	3 l 7
90 l vient	2 l 16 ſ 3	90 l vient	2 l 14 ſ 6
80 l vient	2 l 10 ſ	80 l vient	2 l 8 ſ 5
70 l vient	2 l 3 ſ 9	70 l vient	2 l 2 ſ 5
60 l vient	1 l 17 ſ 6	60 l vient	1 l 16 ſ 4
50 l vient	1 l 11 ſ 3	50 l vient	1 l 10 ſ 3
40 l vient	1 l 5 ſ	40 l vient	1 l 4 ſ 2
30 l vient	18 ſ 9	30 l vient	18 ſ 2
20 l vient	12 ſ 6	20 l vient	12 ſ 1
10 l vient	6 ſ 3	10 l vient	6 ſ
9 l vient	5 ſ 7	9 l vient	5 ſ 5
8 l vient	5 ſ	8 l vient	4 ſ 10
7 l vient	4 ſ 4	7 l vient	4 ſ 2
6 l vient	3 ſ 9	6 l vient	3 ſ 7
5 l vient	3 ſ 1	5 l vient	3 ſ
4 l vient	2 ſ 6	4 l vient	2 ſ 5
3 l vient	1 ſ 10	3 l vient	1 ſ 9
2 l vient	1 ſ 3	2 l vient	1 ſ 2
1 l vient	7	1 l vient	7
10 *ſols* vient	3	10 *ſols* vient	3

Diviser en 34 parties.

De 30000 *livres, il vient à chacun* 882 l 7 ſ

	l	ſ	d
20000 l vient	588	4	8
10000 l vient	294	2	4
9000 l vient	264	14	1
8000 l vient	235	5	10
7000 l vient	205	17	7
6000 l vient	176	9	4
5000 l vient	147	1	2
4000 l vient	117	12	11
3000 l vient	88	4	8
2000 l vient	58	16	5
1000 l vient	29	8	2
900 l vient	26	9	4
800 l vient	23	10	7
700 l vient	20	11	9
600 l vient	17	12	11
500 l vient	14	14	1
400 l vient	11	15	3
300 l vient	8	16	5
200 l vient	5	17	7
100 l vient	2	18	9
90 l vient	2	12	11
80 l vient	2	7	
70 l vient	2	1	2
60 l vient	1	15	3
50 l vient	1	9	4
40 l vient	1	3	6
30 l vient		17	7
20 l vient		11	9
10 l vient		5	10
9 l vient		5	3
8 l vient		4	8
7 l vient		4	1
6 l vient		3	6
5 l vient		2	11
4 l vient		2	4
3 l vient		1	9
2 l vient		1	2
1 l vient			7
10 ſols vient			3

Diviser en 35 parties.

De 30000 *livres, il vient à chacun* 857 l 2 ſ 10

	l	ſ	d
20000 l vient	571	8	6
10000 l vient	285	14	3
9000 l vient	257	2	10
8000 l vient	228	11	5
7000 l vient	200		
6000 l vient	171	8	6
5000 l vient	142	17	1
4000 l vient	114	5	8
3000 l vient	85	14	3
2000 l vient	57	2	10
1000 l vient	28	11	5
900 l vient	25	14	3
800 l vient	22	17	1
700 l vient	20		
600 l vient	17	2	10
500 l vient	14	5	8
400 l vient	11	8	6
300 l vient	8	11	5
200 l vient	5	14	3
100 l vient	2	17	1
90 l vient	2	11	5
80 l vient	2	5	8
70 l vient	2		
60 l vient	1	14	3
50 l vient	1	8	6
40 l vient	1	2	10
30 l vient		17	1
20 l vient		11	5
10 l vient		5	8
9 l vient		5	1
8 l vient		4	6
7 l vient		4	
6 l vient		3	5
5 l vient		2	10
4 l vient		2	3
3 l vient		1	8
2 l vient		1	1
1 l vient			
10 ſols vient			6

Diviser en 36 parties.

De 30000 *livres*, *il vient*

à chacun	833 l	6 ſ	8
20000 l vient	555 l	11 ſ	1
10000 l vient	277 l	15 ſ	6
9000 l vient	250 l		
8000 l vient	222 l	4 ſ	5
7000 l vient	194 l	8 ſ	10
6000 l vient	166 l	13 ſ	4
5000 l vient	138 l	17 ſ	9
4000 l vient	111 l	2 ſ	2
3000 l vient	83 l	6 ſ	8
2000 l vient	55 l	11 ſ	1
1000 l vient	27 l	15 ſ	6
900 l vient	25 l		
800 l vient	22 l	4 ſ	5
700 l vient	19 l	8 ſ	10
600 l vient	16 l	13 ſ	4
500 l vient	13 l	17 ſ	9
400 l vient	11 l	2 ſ	2
300 l vient	8 l	6 ſ	8
200 l vient	5 l	11 ſ	1
100 l vient	2 l	15 ſ	6
90 l vient	2 l	10 ſ	
80 l vient	2 l	4 ſ	5
70 l vient	1 l	18 ſ	10
60 l vient	1 l	13 ſ	4
50 l vient	1 l	7 ſ	9
40 l vient	1 l	2 ſ	2
30 l vient		16 ſ	8
20 l vient		11 ſ	1
10 l vient		5 ſ	6
9 l vient		5 ſ	
8 l vient		4 ſ	5
7 l vient		3 ſ	10
6 l vient		3 ſ	4
5 l vient		2 ſ	9
4 l vient		2 ſ	2
3 l vient		1 ſ	8
2 l vient		1 ſ	1
1 l vient			6
10 *sols vient*			3

Diviser en 37 parties.

De 30000 *livres*, *il vient*

à chacun	810 l	16 ſ	2
20000 l vient	540 l	10 ſ	9
10000 l vient	270 l	5 ſ	4
9000 l vient	243 l	4 ſ	10
8000 l vient	216 l	4 ſ	3
7000 l vient	189 l	3 ſ	9
6000 l vient	162 l	3 ſ	2
5000 l vient	135 l	2 ſ	8
4000 l vient	108 l	2 ſ	1
3000 l vient	81 l	1 ſ	7
2000 l vient	54 l	1 ſ	
1000 l vient	27 l		6
900 l vient	24 l	6 ſ	5
800 l vient	21 l	12 ſ	5
700 l vient	18 l	18 ſ	4
600 l vient	16 l	4 ſ	3
500 l vient	13 l	10 ſ	3
400 l vient	10 l	16 ſ	2
300 l vient	8 l	2 ſ	1
200 l vient	5 l	8 ſ	1
100 l vient	2 l	14 ſ	
90 l vient	2 l	8 ſ	7
80 l vient	2 l	3 ſ	2
70 l vient	1 l	17 ſ	10
60 l vient	1 l	12 ſ	5
50 l vient	1 l	7 ſ	
40 l vient	1 l	1 ſ	7
30 l vient		16 ſ	2
20 l vient		10 ſ	9
10 l vient		5 ſ	4
9 l vient		4 ſ	10
8 l vient		4 ſ	3
7 l vient		3 ſ	9
6 l vient		3 ſ	2
5 l vient		2 ſ	8
4 l vient		2 ſ	1
3 l vient		1 ſ	7
2 l vient		1 ſ	
1 l vient			6
10 *sols vient*			3

Diviser en 38 parties.			
De 30000 *Livres, il vient à chacun*	789 l	9 ſ	5
20000 l vient	526 l	6 ſ	3
10000 l vient	263 l	3 ſ	1
9000 l vient	236 l	16 ſ	10
8000 l vient	210 l	10 ſ	6
7000 l vient	184 l.	4 ſ	2
6000 l vient	157 l	17 ſ	10
5000 l vient	131 l	11 ſ	6
4000 l vient	105 l	5 ſ	3
3000 l vient	78 l	18 ſ	11
2000 l vient	52 l	12 ſ	7
1000 l vient	26 l	6 ſ	3
900 l vient	23 l	13 ſ	8
800 l vient	21 l	1 ſ	
700 l vient	18 l	8 ſ	5
600 l vient	15 l	15 ſ	9
500 l vient	13 l	3 ſ	1
400 l vient	10 l	10 ſ	6
300 l vient	7 l	17 ſ	10
200 l vient	5 l	5 ſ	3
100 l vient	2 l	12 ſ	7
90 l vient	2 l	7 ſ	4
80 l vient	2 l	2 ſ	1
70 l vient	1 l	16 ſ	10
60 l vient	1 l	11 ſ	6
50 l vient	1 l	6 ſ	3
40 l vient	1 l	1 ſ	
30 l vient		15 ſ	9
20 l vient		10 ſ	6
10 l vient		5 ſ	3
9 l vient		4 ſ	8
8 l vient		4 ſ	2
7 l vient		3 ſ	8
6 l vient		3 ſ	1
5 l vient		2 ſ	7
4 l vient		2 ſ	1
3 l vient		1 ſ	6
2 l vient		1 ſ	
1 l vient			6
10 *ſols vient*			3

Diviser en 39 parties.			
De 30000 *livres, il vient à chacun*	769 l	4 ſ	7
20000 l vient	512 l	16 ſ	4
10000 l vient	256 l	8 ſ	2
9000 l vient	230 l	15 ſ	4
8000 l vient	205 l	2 ſ	6
7000 l vient	179 l	9 ſ	8
6000 l vient	153 l	16 ſ	11
5000 l vient	128 l	4 ſ	1
4000 l vient	102 l	11 ſ	3
3000 l vient	76 l	18 ſ	5
2000 l vient	51 l	5 ſ	7
1000 l vient	25 l	12 ſ	9
900 l vient	23 l	1 ſ	6
800 l vient	20 l	10 ſ	3
700 l vient	17 l	18 ſ	11
600 l vient	15 l	7 ſ	8
500 l vient	12 l	16 ſ	4
400 l vient	10 l	5 ſ	1
300 l vient	7 l	13 ſ	10
200 l vient	5 l	2 ſ	6
100 l vient	2 l	11 ſ	3
90 l vient	2 l	6 ſ	1
80 l vient	2 l	1 ſ	
70 l vient	1 l	15 ſ	10
60 l vient	1 l	10 ſ	9
50 l vient	1 l	5 ſ	7
40 l vient	1 l		6
30 l vient		15 ſ	4
20 l vient		10 ſ	3
10 l vient		5 ſ	1
9 l vient		4 ſ	7
8 l vient		4 ſ	1
7 l vient		3 ſ	7
6 l vient		3 ſ	
5 l vient		2 ſ	6
4 l vient		2 ſ	
3 l vient		1 ſ	6
2 l vient		1 ſ	
1 l vient			6
10 *ſols vient*			3

Diviſer en 40 parties

De 30000 Livres il vient	l	ſ	d
à chacun	750 l		
20000 l vient	500 l		
10000 l vient	250 l		
9000 l vient	225 l		
800. l vient	200 l		
7000 l vient	175 l		
6000 l vi nt	150 l		
5000 l vient	125 l		
4000 l vient	100 l		
3000 l vient	75 l		
2000 l vient	50 l		
1000 l vient	25 l		
900 l vient	22 l	10 ſ	
800 l vient	20 l		
700 l vient	17 l	10 ſ	
600 l vient	15 l		
500 l vient	12 l	10 ſ	
400 l vient	10 l		
300 l vient	7 l	10 ſ	
200 l vient	5 l		
100 l vient	2 l	10 ſ	
90 l vient	2 l	5 ſ	
80 l vient	2 l		
70 l vient	1 l	15 ſ	
60 l vient	1 l	10 ſ	
50 l vient	1 l	5 ſ	
40 l vient	1 l		
30 l vient		15 ſ	
20 l vient		10 ſ	
10 l vient		5 ſ	
9 l vient		4 ſ	6
8 l vient		4 ſ	
7 l vient		3 ſ	6
6 l vient		3 ſ	
5 l vient		2 ſ	6
4 l vient		2 ſ	
3 l vient		1 ſ	6
2 l vient		1 ſ	
1 l vient			6
10 ſols vient			3

Diviſer en 41 parties

De 30000 livres, il vient	l	ſ	d
à chacun	731 l	14 ſ	1
20000 l vient	487 l	16 ſ	1
10000 l vient	243 l	18 ſ	
9000 l vient	219 l	10 ſ	2
8000 l vient	195 l	2 ſ	5
7000 l vient	170 l	14 ſ	7
6000 l vient	146 l	6 ſ	9
5000 l vient	121 l	19 ſ	
4000 l vient	97 l	11 ſ	2
3000 l vient	73 l	3 ſ	4
2000 l vient	48 l	15 ſ	7
1000 l vient	24 l	7 ſ	9
900 l vient	21 l	19 ſ	
800 l vient	19 l	10 ſ	2
700 l vient	17 l	1 ſ	5
600 l vient	14 l	12 ſ	8
500 l vient	12 l	3 ſ	10
400 l vient	9 l	15 ſ	1
300 l vient	7 l	6 ſ	4
200 l vient	4 l	17 ſ	6
100 l vient	2 l	8 ſ	9
90 l vient	2 l	3 ſ	10
80 l vient	1 l	19 ſ	
70 l vient	1 l	14 ſ	1
60 l vient	1 l	9 ſ	3
50 l vient	1 l	4 ſ	4
40 l vient		19 ſ	6
30 l vient		14 ſ	7
20 l vient		9 ſ	9
10 l vient		4 ſ	10
9 l vient		4 ſ	4
8 l vient		3 ſ	10
7 l vient		3 ſ	4
6 l vient		2 ſ	11
5 l vient		2 ſ	5
4 l vient		1 ſ	11
3 l vient		1 ſ	5
2 l vient			11
1 l vient			5
10 ſols vient			2

 |

Diviser en 42 parties.

De	l	ſ	d
De 30000 livres, il vient à chacun	714	5	8
20000 l vient	476	3	9
10000 l vient	238	1	10
9000 l vient	214	5	8
8000 l vient	190	9	6
7000 l vient	166	13	4
6000 l vient	142	17	1
5000 l vient	119		11
4000 l vient	95	4	9
3000 l vient	71	8	6
2000 l vient	47	12	4
1000 l vient	23	16	2
900 l vient	21	8	6
800 l vient	19		11
700 l vient	16	13	4
600 l vient	14	5	8
500 l vient	11	18	1
400 l vient	9	10	5
300 l vient	7	2	10
200 l vient	4	15	2
100 l vient	2	7	7
90 l vient	2	2	10
80 l vient	1	18	1
70 l vient	1	13	4
60 l vient	1	8	6
50 l vient	1	3	9
40 l vient		19	
30 l vient		14	3
20 l vient		9	6
10 l vient		4	9
9 l vient		4	3
8 l vient		3	9
7 l vient		3	4
6 l vient		2	10
5 l vient		2	4
4 l vient		1	10
3 l vient		1	5
2 l vient			11
1 l vient			5
10 ſols vient			2

Diviser en 43 parties.

De	l	ſ	d
De 30000 livres, il vient à chacun	697	13	5
20000 l vient	465	2	3
10000 l vient	232	11	1
9000 l vient	209	6	
8000 l vient	186		11
7000 l vient	162	15	9
6000 l vient	139	10	8
5000 l vient	116	5	6
4000 l vient	93		5
3000 l vient	69	15	4
2000 l vient	46	10	2
1000 l vient	23	5	1
900 l vient	20	18	7
800 l vient	18	12	1
700 l vient	16	5	6
600 l vient	13	19	
500 l vient	11	12	6
400 l vient	9	6	
300 l vient	6	19	6
200 l vient	4	13	
100 l vient	2	6	6
90 l vient	2	1	10
80 l vient	1	17	2
70 l vient	1	12	6
60 l vient	1	7	10
50 l vient	1	3	3
40 l vient		18	7
30 l vient		13	11
20 l vient		9	3
10 l vient		4	7
9 l vient		4	2
8 l vient		3	8
7 l vient		3	3
6 l vient		2	9
5 l vient		2	3
4 l vient		1	10
3 l vient		1	4
2 l vient			11
1 l vient			5
10 ſols vient			2

	Diviſer en 44 parties	Diviſer en 45 parties
De 30000 livres, il vient à chacun	681 l 16 ſ 4	666 l 13 ſ 4
20000 l vient	454 l 10 ſ 10	444 l 8 ſ 10
10000 l vient	227 l 5 ſ 5	222 l 4 ſ 5
9000 l vient	204 l 10 ſ 10	200 l
8000 l vient	181 l 16 ſ 4	177 l 15 ſ 6
7000 l vient	159 l 1 ſ 9	155 l 11 ſ 1
6000 l vient	136 l 7 ſ 3	133 l 6 ſ 8
5000 l vient	113 l 12 ſ 8	111 l 2 ſ 2
4000 l vient	90 l 18 ſ 2	88 l 17 ſ 9
3000 l vient	68 l 3 ſ 7	66 l 13 ſ 4
2000 l vient	45 l 9 ſ 1	44 l 8 ſ 10
1000 l vient	22 l 14 ſ 6	22 l 4 ſ 5
900 l vient	20 l 9 ſ 1	20 l
800 l vient	18 l 3 ſ 7	17 l 15 ſ 6
700 l vient	15 l 18 ſ 2	15 l 11 ſ 1
600 l vient	13 l 12 ſ 8	13 l 6 ſ 8
500 l vient	11 l 7 ſ 3	11 l 2 ſ 2
400 l vient	9 l 1 ſ 9	8 l 17 ſ 9
300 l vient	6 l 16 ſ 4	6 l 13 ſ 4
200 l vient	4 l 10 ſ 10	4 l 8 ſ 10
100 l vient	2 l 5 ſ 5	2 l 4 ſ 5
90 l vient	2 l 10	2 l
80 l vient	1 l 16 ſ 4	1 l 15 ſ 6
70 l vient	1 l 11 ſ 9	1 l 11 ſ 1
60 l vient	1 l 7 ſ 3	1 l 6 ſ 8
50 l vient	1 l 2 ſ 8	1 l 2 ſ 2
40 l vient	18 ſ 2	17 ſ 9
30 l vient	13 ſ 7	13 ſ 4
20 l vient	9 ſ 1	8 ſ 10
10 l vient	4 ſ 6	4 ſ 5
9 l vient	4 ſ 1	4 ſ
8 l vient	3 ſ 7	3 ſ 6
7 l vient	3 ſ 2	3 ſ 1
6 l vient	2 ſ 8	2 ſ 8
5 l vient	2 ſ 3	2 ſ 2
4 l vient	1 ſ 9	1 ſ 9
3 l vient	1 ſ 4	1 ſ 4
2 l vient	10	10
1 l vient	5	5
10 ſols vient	2	2

De 30000 *livres, il vient*			
à chacun	652 l	3 ſ	5
20000 l vient	434 l	15 ſ	7
10000 l vient	217 l	7 ſ	9
9000 l vient	195 l	13 ſ	
8000 l vient	173 l	18 ſ	3
7000 l vient	152 l	3 ſ	5
6000 l vient	130 l	8 ſ	8
5000 l vient	108 l	13 ſ	10
4000 l vient	86 l	19 ſ	1
3000 l vient	65 l	4 ſ	4
2000 l vient	43 l	9 ſ	6
1000 l vient	21 l	14 ſ	9
900 l vient	19 l	11 ſ	3
800 l vient	17 l	7 ſ	9
700 l vient	15 l	4 ſ	4
600 l vient	13 l		10
500 l vient	10 l	17 ſ	4
400 l vient	8 l	13 ſ	10
300 l vient	6 l	10 ſ	5
200 l vient	4 l	6 ſ	11
100 l vient	2 l	3 ſ	5
90 l vient	1 l	19 ſ	1
80 l vient	1 l	14 ſ	9
70 l vient	1 l	10 ſ	5
60 l vient	1 l	6 ſ	1
50 l vient	1 l	1 ſ	8
40 l vient		17 ſ	4
30 l vient		13 ſ	
20 l vient		8 ſ	8
10 l vient		4 ſ	4
9 l vient		3 ſ	10
8 l vient		3 ſ	5
7 l vient		3 ſ	
6 l vient		2 ſ	7
5 l vient		2 ſ	2
4 l vient		1 ſ	8
3 l vient		1 ſ	3
2 l vient			10
1 l vient			5
10 *ſols* vient			2

De 30000 *livres, il vient*			
à chacun	638 l	5 ſ	11
20000 l vient	425 l	10 ſ	7
10000 l vient	212 l	15 ſ	3
9000 l vient	191 l	9 ſ	9
8000 l vient	170 l	4 ſ	3
7000 l vient	148 l	18 ſ	8
6000 l vient	127 l	13 ſ	2
5000 l vient	106 l	7 ſ	7
4000 l vient	85 l	2 ſ	1
3000 l vient	63 l	16 ſ	7
2000 l vient	42 l	11 ſ	
1000 l vient	21 l	5 ſ	6
900 l vient	19 l	2 ſ	11
800 l vient	17 l	ſ	5
700 l vient	14 l	17 ſ	10
600 l vient	12 l	15 ſ	3
500 l vient	10 l	12 ſ	9
400 l vient	8 l	10 ſ	2
300 l vient	6 l	7 ſ	7
200 l vient	4 l	5 ſ	1
100 l vient	2 l	2 ſ	6
90 l vient	1 l	18 ſ	3
80 l vient	1 l	14 ſ	
70 l vient	1 l	9 ſ	9
60 l vient	1 l	5 ſ	6
50 l vient	1 l	1 ſ	3
40 l vient		17 ſ	
30 l vient		12 ſ	9
20 l vient		8 ſ	6
10 l vient		4 ſ	3
9 l vient		3 ſ	9
8 l vient		3 ſ	4
7 l vient		2 ſ	11
6 l vient		2 ſ	6
5 l vient		2 ſ	1
4 l vient		1 ſ	8
3 l vient		1 ſ	3
2 l vient			10
1 l vient			5
10 *ſols* vient			2

Diviſer.

Diviser en 48 parties.

De 30000 *livres*, *il vient à chacun* 625 l

	l	ſ	
20000 l vient	416	13 ſ	4
10000 l vient	208	6 ſ	8
9000 l vient	187	10 ſ	
8000 l vient	166	13 ſ	4
7000 l vient	145	16 ſ	8
6000 l vient	125		
5000 l vient	104	3 ſ	4
4000 l vient	83	6 ſ	8
3000 l vient	62	10 ſ	
2000 l vient	41	13 ſ	4
1000 l vient	20	16 ſ	8
900 l vient	18	15 ſ	
800 l vient	16	13 ſ	4
700 l vient	14	11 ſ	8
600 l vient	12	10 ſ	
500 l vient	10	8 ſ	4
400 l vient	8	6 ſ	8
300 l vient	6	5 ſ	
200 l vient	4	3 ſ	4
100 l vient	2	1 ſ	8
90 l vient	1	17 ſ	6
80 l vient	1	13 ſ	4
70 l vient	1	9 ſ	2
60 l vient	1	5 ſ	
50 l vient	1		10
40 l vient		16 ſ	8
30 l vient		12 ſ	6
20 l vient		8 ſ	4
10 l vient		4 ſ	2
9 l vient		3 ſ	9
8 l vient		3 ſ	4
7 l vient		2 ſ	11
6 l vient		2 ſ	6
5 l vient		2 ſ	1
4 l vient		1 ſ	8
3 l vient		1 ſ	3
2 l vient			10
1 l vient			5
10 *fols* vient			2

Diviser en 49 parties.

De 30000 *livres*, *il vient à chacun* 612 l 4 ſ 10

	l	ſ	
20000 l vient	408	3 ſ	3
10000 l vient	204	1 ſ	7
9000 l vient	183	13 ſ	5
8000 l vient	163	5 ſ	3
7000 l vient	142	17 ſ	1
6000 l vient	122	8 ſ	11
5000 l vient	102		9
4000 l vient	81	12 ſ	7
3000 l vient	61	4 ſ	5
2000 l vient	40	16 ſ	3
1000 l vient	20	8 ſ	1
900 l vient	18	7 ſ	4
800 l vient	16	6 ſ	6
700 l vient	14	5 ſ	8
600 l vient	12	4 ſ	10
500 l vient	10	4 ſ	
400 l vient	8	3 ſ	3
300 l vient	6	2 ſ	5
200 l vient	4	1 ſ	7
100 l vient	2		9
90 l vient	1	16 ſ	8
80 l vient	1	12 ſ	7
70 l vient	1	8 ſ	6
60 l vient	1	4 ſ	5
50 l vient	1		4
40 l vient		16 ſ	3
30 l vient		12 ſ	2
20 l vient		8 ſ	1
10 l vient		4 ſ	
9 l vient		3 ſ	8
8 l vient		3 ſ	1
7 l vient		2 ſ	10
6 l vient		2 ſ	5
5 l vient		2 ſ	
4 l vient		1 ſ	7
3 l vient		1 ſ	2
2 l vient			9
1 l vient			4
10 *fols* vient			2

Diviser en 50 parties.

De 30000 *livres, il vient* à chacun	600 l
20000 l vient	400 l
10000 l vient	200 l
9000 l vient	180 l
8000 l vient	160 l
7000 l vient	140 l
6000 l vient	120 l
5000 l vient	100 l
4000 l vient	80 l
3000 l vient	60 l
2000 l vient	40 l
1000 l vient	20 l
900 l vient	18 l
800 l vient	16 l
700 l vient	14 l
600 l vient	12 l
500 l vient	10 l
400 l vient	8 l
300 l vient	6 l
200 l vient	4 l
100 l vient	2 l
90 l vient	1 l 16 ſ
80 l vient	1 l 12 ſ
70 l vient	1 l 8 ſ
60 l vient	1 l 4 ſ
50 l vient	1 l
40 l vient	16 ſ
30 l vient	12 ſ
20 l vient	8 ſ
10 l vient	4 ſ
9 l vient	3 ſ 7
8 l vient	3 ſ 2
7 l vient	2 ſ 9
6 l vient	2 ſ 4
5 l vient	2 ſ
4 l vient	1 ſ 7
3 l vient	1 ſ 2
2 l vient	9
1 l vient	4
10 *ſols vient*	2

Diviser en 51 parties.

De 30000 *livres, il vient* à chacun	588 l 4 ſ 8
20000 l vient	392 l 3 ſ 1
10000 l vient	196 l 1 ſ 6
9000 l vient	176 l 9 ſ 4
8000 l vient	156 l 17 ſ 3
7000 l vient	137 l 5 ſ 1
6000 l vient	117 l 12 ſ 11
5000 l vient	98 l 9
4000 l vient	78 l 8 ſ 7
3000 l vient	58 l 16 ſ 5
2000 l vient	39 l 4 ſ 3
1000 l vient	19 l 12 ſ 6
900 l vient	17 l 12 ſ 11
800 l vient	15 l 13 ſ 8
700 l vient	13 l 14 ſ 6
600 l vient	11 l 15 ſ 3
500 l vient	9 l 16 ſ
400 l vient	7 l 16 ſ 10
300 l vient	5 l 17 ſ 7
200 l vient	3 l 18 ſ 5
100 l vient	1 l 19 ſ 2
90 l vient	1 l 15 ſ 3
80 l vient	1 l 11 ſ 4
70 l vient	1 l 7 ſ 5
60 l vient	1 l 3 ſ 6
50 l vient	19 ſ 7
40 l vient	15 ſ 8
30 l vient	11 ſ 9
20 l vient	7 ſ 10
10 l vient	3 ſ 11
9 l vient	3 ſ 6
8 l vient	3 ſ 1
7 l vient	2 ſ 8
6 l vient	2 ſ 4
5 l vient	1 ſ 11
4 l vient	1 ſ 6
3 l vient	1 ſ 2
2 l vient	9
1 l vient	4
10 *ſols vient*	2

Diviser en 52 parties				Diviser en 53 parties			
De 30000 *livres, il vient à chacun*	576 l	18 ſ	5	De 30000 *livres, il vient à chacun*	566 l		9
20000 l vient	384 l	12 ſ	3	20000 l vient	377 l	7 ſ	2
10000 l vient	192 l	6 ſ	2	10000 l vient	188 l	13 ſ	7
9000 l vient	173 l	1 ſ	6	9000 l vient	169 l	16 ſ	2
8000 l vient	153 l	16 ſ	11	8000 l vient	150 l	18 ſ	10
7000 l vient	134 l	12 ſ	3	7000 l vient	132 l	1 ſ	6
6000 l vient	115 l	7 ſ	8	6000 l vient	113 l	4 ſ	1
5000 l vient	96 l	3 ſ	1	5000 l vient	94 l	6 ſ	9
4000 l vient	76 l	18 ſ	5	4000 l vient	75 l	9 ſ	5
3000 l vient	57 l	13 ſ	10	3000 l vient	56 l	12 ſ	
2000 l vient	38 l	9 ſ	2	2000 l vient	37 l	14 ſ	8
1000 l vient	19 l	4 ſ	7	1000 l vient	18 l	17 ſ	4
900 l vient	17 l	6 ſ	2	900 l vient	16 l	19 ſ	7
800 l vient	15 l	7 ſ	8	800 l vient	15 l	1 ſ	10
700 l vient	13 l	9 ſ	2	700 l vient	13 l	4 ſ	1
600 l vient	11 l	10 ſ	9	600 l vient	11 l	6 ſ	4
500 l vient	9 l	12 ſ	3	500 l vient	9 l	8 ſ	8
400 l vient	7 l	13 ſ	10	400 l vient	7 l	10 ſ	11
300 l vient	5 l	15 ſ	4	300 l vient	5 l	13 ſ	2
200 l vient	3 l	16 ſ	11	200 l vient	3 l	15 ſ	5
100 l vient	1 l	18 ſ	5	100 l vient	1 l	17 ſ	3
90 l vient	1 l	14 ſ	7	90 l vient	1 l	13 ſ	11
80 l vient	1 l	10 ſ	9	80 l vient	1 l	10 ſ	2
70 l vient	1 l	6 ſ	11	70 l vient	1 l	6 ſ	4
60 l vient	1 l	3 ſ	1	60 l vient	1 l	2 ſ	7
50 l vient		19 ſ	2	50 l vient		18 ſ	10
40 l vient		15 ſ	4	40 l vient		15 ſ	1
30 l vient		11 ſ	6	30 l vient		11 ſ	3
20 l vient		7 ſ	8	20 l vient		7 ſ	6
10 l vient		3 ſ	10	10 l vient		3 ſ	9
9 l vient		3 ſ	5	9 l vient		3 ſ	4
8 l vient		3 ſ		8 l vient		3 ſ	
7 l vient		2 ſ	8	7 l vient		2 ſ	7
6 l vient		2 ſ	3	6 l vient		2 ſ	3
5 l vient		1 ſ	11	5 l vient		1 ſ	10
4 l vient		1 ſ	6	4 l vient		1 ſ	6
3 l vient		1 ſ	1	3 l vient		1 ſ	1
2 l vient			9	2 l vient			9
1 l vient			4	1 l vient			4
10 *ſols vient*			2	10 *ſols vient*			2

M m ij

De 30000 livres, il vient	Diviser en 54 parties	Diviser en 55 parties
à chacun	555 l 11 ſ 5	545 l 9 ſ 1
20000 l vient	370 l 7 ſ 4	363 l 12 ſ 8
10000 l vient	185 l 3 ſ 8	181 l 16 ſ 4
9000 l vient	166 l 13 ſ 4	163 l 12 ſ 8
8000 l vient	148 l 2 ſ 11	145 l 9 ſ 1
7000 l vient	129 l 12 ſ 7	127 l 5 ſ 5
6000 l vient	111 l 2 ſ 2	109 l 1 ſ 9
5000 l vient	92 l 11 ſ 10	90 l 18 ſ 1
4000 l vient	74 l 1 ſ 5	72 l 14 ſ 6
3000 l vient	55 l 11 ſ 1	54 l 10 ſ 10
2000 l vient	37 l 8	36 l 7 ſ 3
1000 l vient	18 l 10 ſ 4	18 l 3 ſ 7
900 l vient	16 l 13 ſ 4	16 l 7 ſ 3
800 l vient	14 l 16 ſ 3	14 l 10 ſ 10
700 l vient	12 l 19 ſ 3	12 l 14 ſ 6
600 l vient	11 l 2 ſ 2	10 l 18 ſ 2
500 l vient	9 l 5 ſ 2	9 l 1 ſ 9
400 l vient	7 l 8 ſ 1	7 l 5 ſ 5
300 l vient	5 l 11 ſ 1	5 l 9 ſ 1
200 l vient	3 l 14 ſ	3 l 12 ſ 8
100 l vient	1 l 17 ſ	1 l 16 ſ 4
90 l vient	1 l 13 ſ 4	1 l 12 ſ 8
80 l vient	1 l 9 ſ 7	1 l 9 ſ 1
70 l vient	1 l 5 ſ 11	1 l 5 ſ 5
60 l vient	1 l 2 ſ 2	1 l 1 ſ 9
50 l vient	18 ſ 6	18 ſ 2
40 l vient	14 ſ 9	14 ſ 6
30 l vient	11 ſ 1	10 ſ 10
20 l vient	7 ſ 4	7 ſ 3
10 l vient	3 ſ 8	3 ſ 7
9 l vient	3 ſ 4	3 ſ 3
8 l vient	2 ſ 11	2 ſ 10
7 l vient	2 ſ 7	2 ſ 6
6 l vient	2 ſ 2	2 ſ 2
5 l vient	1 ſ 10	1 ſ 9
4 l vient	1 ſ 5	1 ſ 5
3 l vient	1 ſ 1	1 ſ 1
2 l vient	8	8
1 l vient	4	4
10 ſols vient	2	2

Diviser en 56 parties.

De 30000 *livres, il vient* à chacun 535 l 14 ſ 3

De	l	ſ	d
20000 l vient	357 l	2 ſ	10
10000 l vient	178 l	11 ſ	5
9000 l vient	160 l	14 ſ	3
8000 l vient	142 l	17 ſ	1
7000 l vient	125 l		
6000 l vient	107 l	2 ſ	10
5000 l vient	89 l	5 ſ	8
4000 l vient	71 l	8 ſ	6
3000 l vient	53 l	11 ſ	5
2000 l vient	35 l	14 ſ	3
1000 l vient	17 l	17 ſ	1
900 l vient	16 l	1 ſ	5
800 l vient	14 l	5 ſ	8
700 l vient	12 l	10 ſ	
600 l vient	10 l	14 ſ	3
500 l vient	8 l	18 ſ	6
400 l vient	7 l	2 ſ	10
300 l vient	5 l	7 ſ	1
200 l vient	3 l	11 ſ	5
100 l vient	1 l	15 ſ	8
90 l vient	1 l	12 ſ	1
80 l vient	1 l	8 ſ	6
70 l vient	1 l	5 ſ	
60 l vient	1 l	1 ſ	5
50 l vient		17 ſ	10
40 l vient		14 ſ	3
30 l vient		10 ſ	8
20 l vient		7 ſ	1
10 l vient		3 ſ	6
9 l vient		3 ſ	2
8 l vient		2 ſ	10
7 l vient		2 ſ	6
6 l vient		2 ſ	1
5 l vient		1 ſ	9
4 l vient		1 ſ	5
3 l vient		1 ſ	
2 l vient			8
1 l vient			4
10 *ſols* vient			2

Diviser en 57 parties.

De 30000 *livres, il vient* à chacun 526 l 6 ſ 3

De	l	ſ	d
20000 l vient	350 l	17 ſ	6
10000 l vient	175 l	8 ſ	9
9000 l vient	157 l	17 ſ	10
8000 l vient	140 l	7 ſ	
7000 l vient	122 l	16 ſ	1
6000 l vient	105 l	5 ſ	3
5000 l vient	87 l	14 ſ	4
4000 l vient	70 l	3 ſ	6
3000 l vient	52 l	12 ſ	7
2000 l vient	35 l	1 ſ	9
1000 l vient	17 l	10 ſ	10
900 l vient	15 l	15 ſ	9
800 l vient	14 l		8
700 l vient	12 l	5 ſ	7
600 l vient	10 l	10 ſ	6
500 l vient	8 l	15 ſ	5
400 l vient	7 l		4
300 l vient	5 l	5 ſ	3
200 l vient	3 l	10 ſ	2
100 l vient	1 l	15 ſ	1
90 l vient	1 l	11 ſ	6
80 l vient	1 l	8 ſ	
70 l vient	1 l	4 ſ	6
60 l vient	1 l	1 ſ	
50 l vient		17 ſ	6
40 l vient		14 ſ	
30 l vient		10 ſ	6
20 l vient		7 ſ	
10 l vient		3 ſ	6
9 l vient		3 ſ	1
8 l vient		2 ſ	9
7 l vient		2 ſ	5
6 l vient		2 ſ	1
5 l vient		1 ſ	7
4 l vient		1 ſ	4
3 l vient		1 ſ	
2 l vient			8
1 l vient			4
10 *ſols* vient			2

Diviſer en 58 parties				Diviſer en 59 parties			
De 30000 livres, il vient à chacun	517 l	4 ſ	9	De 30000 Livres, il vient à chacun	508 l	9 ſ	5
20000 vient	344 l	16 ſ	6	20000 vient	338 l	19 ſ	7
10000 vient	172 l	8 ſ	3	10000 vient	169 l	9 ſ	9
9000 vient	155 l	3 ſ	5	9000 vient	152 l	10 ſ	10
8000 vient	137 l	18 ſ	7	8000 vient	135 l	11 ſ	10
7000 vient	120 l	13 ſ	9	7000 vient	118 l	12 ſ	10
6000 vient	103 l	8 ſ	11	6000 vient	101 l	13 ſ	10
5000 vient	86 l	4 ſ	1	5000 vient	84 l	14 ſ	10
4000 vient	68 l	19 ſ	3	4000 vient	67 l	15 ſ	11
3000 vient	51 l	14 ſ	5	3000 vient	50 l	16 ſ	11
2000 vient	34 l	9 ſ	7	2000 vient	33 l	17 ſ	11
1000 vient	17 l	4 ſ	9	1000 vient	16 l	18 ſ	11
900 vient	15 l	10 ſ	4	900 vient	15 l	5 ſ	1
800 vient	13 l	15 ſ	10	800 vient	13 l	11 ſ	2
700 vient	12 l	1 ſ	4	700 vient	11 l	17 ſ	3
600 vient	10 l	6 ſ	10	600 vient	10 l	3 ſ	4
500 vient	8 l	12 ſ	4	500 vient	8 l	9 ſ	5
400 vient	6 l	17 ſ	11	400 vient	6 l	15 ſ	7
300 vient	5 l	3 ſ	5	300 vient	5 l	1 ſ	8
200 vient	3 l	8 ſ	11	200 vient	3 l	7 ſ	9
100 vient	1 l	14 ſ	5	100 vient	1 l	13 ſ	10
90 vient	1 l	11 ſ		90 vient	1 l	10 ſ	6
80 vient	1 l	7 ſ	7	80 vient	1 l	7 ſ	1
70 vient	1 l	4 ſ	1	70 vient	1 l	3 ſ	8
60 vient	1 l		8	60 vient	1 l		4
50 vient		17 ſ	2	50 vient		16 ſ	11
40 vient		13 ſ	9	40 vient		13 ſ	6
30 vient		10 ſ	4	30 vient		10 ſ	2
20 vient		6 ſ	10	20 vient		6 ſ	9
10 vient		3 ſ	5	10 vient		3 ſ	4
9 vient		3 ſ	1	9 vient		3 ſ	
8 vient		2 ſ	9	8 vient		2 ſ	8
7 vient		2 ſ	4	7 vient		2 ſ	4
6 vient		2 ſ		6 vient		2 ſ	
5 vient		1 ſ	8	5 vient		1 ſ	8
4 vient		1 ſ	4	4 vient		1 ſ	4
3 vient		1 ſ		3 vient		1 ſ	
2 vient			8	2 vient			8
1 vient			4	1 vient			4
10 ſols vient			2	10 ſols vient			2

Diviſer en 60 parties.

De 30000 *livres, il vient à chacun* 500 l

20000 l vient	333 l	6 ſ	8
10000 l vient	166 l	13 ſ	4
9000 l vient	150 l		
8000 l vient	133 l	6 ſ	8
7000 l vient	116 l	13 ſ	4
6000 l vient	100 l		
5000 l vient	83 l	6 ſ	8
4000 l vient	66 l	13 ſ	4
3000 l vient	50 l		
2000 l vient	33 l	6 ſ	8
1000 l vient	16 l	13 ſ	4
900 l vient	15 l		
800 l vient	13 l	6 ſ	8
700 l vient	11 l	13 ſ	4
600 l vient	10 l		
500 l vient	8 l	6 ſ	8
400 l vient	6 l	13 ſ	4
300 l vient	5 l		
200 l vient	3 l	6 ſ	8
100 l vient	1 l	13 ſ	4
90 l vient	1 l	10 ſ	
80 l vient	1 l	6 ſ	8
70 l vient	1 l	3 ſ	4
60 l vient	1 l		
50 l vient		16 ſ	8
40 l vient		13 ſ	4
30 l vient		10 ſ	
20 l vient		6 ſ	8
10 l vient		3 ſ	4
9 l vient		3 ſ	
8 l vient		2 ſ	8
7 l vient		2 ſ	4
6 l vient		2 ſ	
5 l vient		1 ſ	8
4 l vient		1 ſ	4
3 l vient		1 ſ	
2 l vient			8
1 l vient			4
10 *ſols vient*			2

Diviſer en 61 parties.

De 30000 *livres, il vient à chacun* 491 l 16 ſ

20000 l vient	327 l	17 ſ	4
10000 l vient	163 l	18 ſ	8
9000 l vient	147 l	10 ſ	9
8000 l vient	131 l	2 ſ	11
7000 l vient	114 l	15 ſ	
6000 l vient	98 l	7 ſ	2
5000 l vient	81 l	19 ſ	4
4000 l vient	65 l	11 ſ	5
3000 l vient	49 l	3 ſ	7
2000 l vient	32 l	15 ſ	8
1000 l vient	16 l	7 ſ	10
900 l vient	14 l	15 ſ	
800 l vient	13 l	2 ſ	3
700 l vient	11 l	9 ſ	6
600 l vient	9 l	16 ſ	8
500 l vient	8 l	3 ſ	11
400 l vient	6 l	11 ſ	1
300 l vient	4 l	18 ſ	4
200 l vient	3 l	5 ſ	6
100 l vient	1 l	12 ſ	9
90 l vient	1 l	9 ſ	6
80 l vient	1 l	6 ſ	2
70 l vient	1 l	2 ſ	11
60 l vient		19 ſ	8
50 l vient		16 ſ	4
40 l vient		13 ſ	1
30 l vient		9 ſ	10
20 l vient		6 ſ	6
10 l vient		3 ſ	3
9 l vient		2 ſ	11
8 l vient		2 ſ	7
7 l vient		2 ſ	3
6 l vient		1 ſ	11
5 l vient		1 ſ	7
4 l vient		1 ſ	3
3 l vient			11
2 l vient			7
1 l vient			3
10 *ſols vient*			1

	Diviſer en 62 parties			Diviſer en 63 parties		
	l	ſ		l	ſ	
De 30000 livres, il vient à chacun	483	17	5	476	3	9
20000 l vient	322	11	7	317	9	2
10000 l vient	161	5	9	158	14	7
9000 l vient	145	3	2	142	17	1
8000 l vient	129		7	126	19	8
7000 l vient	112	18		111	2	2
6000 l vient	96	15	5	95	4	9
5000 l vient	80	12	10	79	7	3
4000 l vient	64	10	3	63	9	10
3000 l vient	48	7	8	47	12	4
2000 l vient	32	5	1	31	14	11
1000 l vient	16	2	6	15	17	5
900 l vient	14	10	3	14	5	8
800 l vient	12	18		12	13	11
700 l vient	11	5	9	11	2	2
600 l vient	9	13	6	9	10	5
500 l vient	8	1	3	7	18	8
400 l vient	6	9		6	6	11
300 l vient	4	16	9	4	15	2
200 l vient	3	4	6	3	3	5
100 l vient	1	11	3	1	11	8
90 l vient	1	9		1	8	6
80 l vient	1	5	9	1	5	4
70 l vient	1	2	6	1	2	2
60 l vient		19	4		19	
50 l vient		16	1		15	10
40 l vient		12	10		12	8
30 l vient		9	8		9	6
20 l vient		6	5		6	4
10 l vient		3	2		3	2
9 l vient		2	10		2	10
8 l vient		2	6		2	6
7 l vient		2	3		2	2
6 l vient		1	11		1	10
5 l vient		1	7		1	7
4 l vient		1	3		1	3
3 l vient			11			11
2 l vient			7			7
1 l vient			3			3
10 ſols vient			1			1

Diviser en 64 parties.

De 30000 livres, il vient à chacun	468 l	15 ſ	
20000 l vient	312 l	10 ſ	
10000 l vient	156 l	5 ſ	
9000 l vient	140 l	12 ſ	6
8000 l vient	125 l		
7000 l vient	109 l	7 ſ	6
6000 l vient	93 l	15 ſ	
5000 l vient	78 l	2 ſ	6
4000 l vient	62 l	10 ſ	
3000 l vient	46 l	17 ſ	6
2000 l vient	31 l	5 ſ	
1000 l vient	15 l	12 ſ	6
900 l vient	14 l	1 ſ	?
800 l vient	12 l	10 ſ	
700 l vient	10 l	18 ſ	9
600 l vient	9 l	7 ſ	6
500 l vient	7 l	16 ſ	3
400 l vient	6 l	5 ſ	
300 l vient	4 l	13 ſ	9
200 l vient	3 l	2 ſ	6
100 l vient	1 l	11 ſ	3
90 l vient	1 l	8 ſ	1
80 l vient	1 l	5 ſ	
70 l vient	1 l	1 ſ	10
60 l vient		18 ſ	9
50 l vient		15 ſ	7
40 l vient		12 ſ	6
30 l vient		9 ſ	4
20 l vient		6 ſ	3
10 l vient		3 ſ	1
9 l vient		2 ſ	9
8 l vient		2 ſ	6
7 l vient		2 ſ	2
6 l vient		1 ſ	10
5 l vient		1 ſ	6
4 l vient		1 ſ	3
3 l vient			11
2 l vient			7
1 l vient			3
10 ſols vient			1

Diviser en 65 parties.

De 30000 Livres, il vient à chacun	461 l	10 ſ	9
20000 l vient	307 l	13 ſ	10
10000 l vient	153 l	16 ſ	11
9000 l vient	138 l	9 ſ	2
8000 l vient	123 l	1 ſ	6
7000 l vient	107 l	13 ſ	10
6000 l vient	92 l	6 ſ	1
5000 l vient	76 l	18 ſ	5
4000 l vient	61 l	10 ſ	9
3000 l vient	46 l	3 ſ	
2000 l vient	30 l	15 ſ	4
1000 l vient	15 l	7 ſ	8
900 l vient	13 l	16 ſ	11
800 l vient	12 l	6 ſ	1
700 l vient	10 l	15 ſ	4
600 l vient	9 l	4 ſ	7
500 l vient	7 l	13 ſ	10
400 l vient	6 l	3 ſ	
300 l vient	4 l	12 ſ	3
200 l vient	3 l	1 ſ	6
100 l vient	1 l	10 ſ	9
90 l vient	1 l	7 ſ	8
80 l vient	1 l	4 ſ	7
70 l vient	1 l	1 ſ	6
60 l vient		18 ſ	5
50 l vient		15 ſ	4
40 l vient		12 ſ	3
30 l vient		9 ſ	2
20 l vient		6 ſ	1
10 l vient		3 ſ	
9 l vient		2 ſ	9
8 l vient		2 ſ	5
7 l vient		2 ſ	1
6 l vient		1 ſ	10
5 l vient		1 ſ	6
4 l vient		1 ſ	2
3 l vient			11
2 l vient			7
1 l vient			3
10 ſols vient			1

Diviser en 66 parties	l	ſ	d
De 30000 *Livres*, il vient à chacun	454	10	10
20000 l vient	303		7
10000 l vient	151	10	3
9000 l vient	136	7	3
8000 l vient	121	4	2
7000 l vient	106	1	2
6000 l vient	90	18	2
5000 l vient	75	15	1
4000 l vient	60	12	1
3000 l vient	45	9	1
2000 l vient	30	6	
1000 l vient	15	3	
900 l vient	13	12	8
800 l vient	12	2	5
700 l vient	10	12	1
600 l vient	9	1	9
500 l vient	7	11	6
400 l vient	6	1	2
300 l vient	4	10	10
200 l vient	3		7
100 l vient	1	10	3
90 l vient	1	7	3
80 l vient	1	4	2
70 l vient	1	1	2
60 l vient		18	2
50 l vient		15	1
40 l vient		12	1
30 l vient		9	1
20 l vient		6	
10 l vient		3	
9 l vient		2	8
8 l vient		2	5
7 l vient		2	1
6 l vient		1	9
5 l vient		1	6
4 l vient		1	2
3 l vient			10
2 l vient			7
1 l vient			3
10 *ſols* vient			1

Diviser en 67 parties	l	ſ	d
De 30000 *livres*, il vient à chacun	447	15	2
20000 l vient	298	10	1
10000 l vient	149	5	
9000 l vient	134	6	6
8000 l vient	119	8	
7000 l vient	104	9	6
6000 l vient	89	11	
5000 l vient	74	12	6
4000 l vient	59	14	
3000 l vient	44	15	6
2000 l vient	29	17	
1000 l vient	14	18	6
900 l vient	13	8	7
800 l vient	11	18	9
700 l vient	10	8	11
600 l vient	8	19	1
500 l vient	7	9	3
400 l vient	5	19	4
300 l vient	4	9	6
200 l vient	2	19	8
100 l vient	1	9	10
90 l vient	1	6	10
80 l vient	1	3	10
70 l vient	1		10
60 l vient		17	10
50 l vient		14	11
40 l vient		11	11
30 l vient		8	11
20 l vient		5	11
10 l vient		2	11
9 l vient		2	8
8 l vient		2	4
7 l vient		2	1
6 l vient		1	9
5 l vient		1	5
4 l vient		1	2
3 l vient			10
2 l vient			7
1 l vient			3
10 *ſols* vient			1

Diviſer en 68 parties			
De 30000 livres, il vient à chacun	441 l	3 ſ	6
20000 l vient	294 l	2 ſ	4
10000 l vient	147 l	1 ſ	2
9000 l vient	132 l	7 ſ	
8000 l vient	117 l	12 ſ	11
7000 l vient	102 l	18 ſ	9
6000 l vient	88 l	4 ſ	8
5000 l vient	73 l	10 ſ	7
4000 l vient	58 l	16 ſ	5
3000 l vient	44 l	2 ſ	4
2000 l vient	29 l	8 ſ	2
1000 l vient	14 l	14 ſ	1
900 l vient	13 l	4 ſ	8
800 l vient	11 l	15 ſ	3
700 l vient	10 l	5 ſ	10
600 l vient	8 l	16 ſ	5
500 l vient	7 l	7 ſ	
400 l vient	5 l	17 ſ	7
300 l vient	4 l	8 ſ	2
200 l vient	2 l	18 ſ	9
100 l vient	1 l	9 ſ	4
90 l vient	1 l	6 ſ	5
80 l vient	1 l	3 ſ	6
70 l vient	1 l		7
60 l vient		17 ſ	7
50 l vient		14 ſ	8
40 l vient		11 ſ	9
30 l vient		8 ſ	9
20 l vient		5 ſ	10
10 l vient		2 ſ	11
9 l vient		2 ſ	7
8 l vient		2 ſ	4
7 l vient		2 ſ	
6 l vient		1 ſ	9
5 l vient		1 ſ	5
4 l vient		1 ſ	2
3 l vient			10
2 l vient			7
1 l vient			3
10 ſols vient			1

Diviſer en 69 parties			
De 30000 livres, il vient à chacun	434 l	15 ſ	7
20000 l vient	289 l	17 ſ	1
10000 l vient	144 l	18 ſ	6
9000 l vient	130 l	8 ſ	8
8000 l vient	115 l	18 ſ	10
7000 l vient	101 l	8 ſ	11
6000 l vient	86 l	19 ſ	1
5000 l vient	72 l	9 ſ	3
4000 l vient	57 l	19 ſ	5
3000 l vient	43 l	9 ſ	6
2000 l vient	28 l	19 ſ	8
1000 l vient	14 l	9 ſ	10
900 l vient	13 l		10
800 l vient	11 l	11 ſ	10
700 l vient	10 l	2 ſ	10
600 l vient	8 l	13 ſ	10
500 l vient	7 l	4 ſ	11
400 l vient	5 l	15 ſ	11
300 l vient	4 l	6 ſ	11
200 l vient	2 l	17 ſ	11
100 l vient	1 l	8 ſ	11
90 l vient	1 l	6 ſ	1
80 l vient	1 l	3 ſ	2
70 l vient	1 l		3
60 l vient		17 ſ	4
50 l vient		14 ſ	5
40 l vient		11 ſ	7
30 l vient		8 ſ	8
20 l vient		5 ſ	9
10 l vient		2 ſ	10
9 l vient		2 ſ	7
8 l vient		2 ſ	3
7 l vient		2 ſ	
6 l vient		1 ſ	8
5 l vient		1 ſ	5
4 l vient		1 ſ	1
3 l vient			10
2 l vient			6
1 l vient			3
10 ſols vient			1

Diviser en 70 parties.	Diviser en 71 parties.
De 30000 *livres,* il vient à chacun 428 l 11 ſ 5	De 30000 *livres,* il vient à chacun 422 l 10 ſ 8
20000 l vient 285 l 14 ſ 3	20000 l vient 281 l 13 ſ 9
10000 l vient 142 l 17 ſ 1	10000 l vient 140 l 16 ſ 10
9000 l vient 128 l 11 ſ 5	9000 l vient 126 l 15 ſ 2
8000 l vient 114 l 5 ſ 8	8000 l vient 112 l 13 ſ 6
7000 l vient 100 l	7000 l vient 98 l 11 ſ 9
6000 l vient 85 l 14 ſ 3	6000 l vient 84 l 10 ſ 1
5000 l vient 71 l 8 ſ 6	5000 l vient 70 l 8 ſ 5
4000 l vient 57 l 2 ſ 10	4000 l vient 56 l 6 ſ 9
3000 l vient 42 l 17 ſ 1	3000 l vient 42 l 5 ſ
2000 l vient 28 l 11 ſ 5	2000 l vient 28 l 3 ſ 4
1000 l vient 14 l 5 ſ 8	1000 l vient 14 l 1 ſ 8
900 l vient 12 l 17 ſ 1	900 l vient 12 l 13 ſ 6
800 l vient 11 l 8 ſ 6	800 l vient 11 l 5 ſ 4
700 l vient 10 l	700 l vient 9 l 17 ſ 2
600 l vient 8 l 11 ſ 5	600 l vient 8 l 9 ſ
500 l vient 7 l 2 ſ 10	500 l vient 7 l 10
400 l vient 5 l 14 ſ 3	400 l vient 5 l 12 ſ 8
300 l vient 4 l 5 ſ 8	300 l vient 4 l 4 ſ 6
200 l vient 2 l 17 ſ 1	200 l vient 2 l 16 ſ 4
100 l vient 1 l 8 ſ 6	100 l vient 1 l 8 ſ 2
90 l vient 1 l 5 ſ 8	90 l vient 1 l 5 ſ 4
80 l vient 1 l 2 ſ 10	80 l vient 1 l 2 ſ 6
70 l vient 1 l	70 l vient 19 ſ 8
60 l vient 17 ſ 1	60 l vient 16 ſ 10
50 l vient 14 ſ 3	50 l vient 14 ſ 1
40 l vient 11 ſ 5	40 l vient 11 ſ 3
30 l vient 8 ſ 6	30 l vient 8 ſ 5
20 l vient 5 ſ 8	20 l vient 5 ſ 7
10 l vient 2 ſ 10	10 l vient 2 ſ 9
9 l vient 2 ſ 6	9 l vient 2 ſ 6
8 l vient 2 ſ 3	8 l vient 2 ſ 3
7 l vient 2 ſ	7 l vient 1 ſ 11
6 l vient 1 ſ 8	6 l vient 1 ſ 8
5 l vient 1 ſ 5	5 l vient 1 ſ 4
4 l vient 1 ſ 1	4 l vient 1 ſ 1
3 l vient 10	3 l vient 10
2 l vient 6	2 l vient 6
1 l vient 3	1 l vient 3
10 *sols* vient 1	10 *sols* vient 1

Diviser

Diviser en 72 parties.

	l	ſ	d
De 30000 livres, il vient à chacun	416	13	4
20000 l vient	277	15	6
10000 l vient	138	17	9
9000 l vient	125		
8000 l vient	111	2	2
7000 l vient	97	4	5
6000 l vient	83	6	8
5000 l vient	69	8	10
4000 l vient	55	11	1
3000 l vient	41	13	4
2000 l vient	27	15	6
1000 l vient	13	17	9
900 l vient	12	10	
800 l vient	11	2	2
700 l vient	9	14	5
600 l vient	8	6	8
500 l vient	6	18	10
400 l vient	5	11	1
300 l vient	4	3	4
200 l vient	2	15	6
100 l vient	1	7	9
90 l vient	1	5	
80 l vient	1	2	2
70 l vient		19	5
60 l vient		16	8
50 l vient		13	10
40 l vient		11	1
30 l vient		8	4
20 l vient		5	6
10 l vient		2	9
9 l vient		2	6
8 l vient		2	2
7 l vient		1	11
6 l vient		1	8
5 l vient		1	4
4 l vient		1	1
3 l vient			10
2 l vient			6
1 l vient			3
10 sols vient			1

Diviser en 73 parties.

	l	ſ	d
De 30000 livres, il vient à chacun	410	19	2
20000 l vient	273	19	5
10000 l vient	136	19	8
9000 l vient	123	5	9
8000 l vient	109	11	9
7000 l vient	95	17	9
6000 l vient	82	3	10
5000 l vient	68	9	10
4000 l vient	54	15	10
3000 l vient	41	1	11
2000 l vient	27	7	11
1000 l vient	13	13	11
900 l vient	12	6	6
800 l vient	10	19	2
700 l vient	9	11	9
600 l vient	8	4	4
500 l vient	6	16	11
400 l vient	5	9	7
300 l vient	4	2	2
200 l vient	2	14	9
100 l vient	1	7	4
90 l vient	1	4	7
80 l vient	1	1	11
70 l vient		19	2
60 l vient		16	5
50 l vient		13	8
40 l vient		10	11
30 l vient		8	2
20 l vient		5	5
10 l vient		2	8
9 l vient		2	5
8 l vient		2	2
7 l vient		1	11
6 l vient		1	7
5 l vient		1	4
4 l vient		1	1
3 l vient			9
2 l vient			6
1 l vient			3
10 sols vient			1

Diviser en 74 parties.

De 30000 *livres, il vient à chacun*		405 l	8 ſ	1
20000 l	vient	270 l	5 ſ	4
10000 l	vient	135 l	2 ſ	8
9000 l	vient	121 l	12 ſ	5
8000 l	vient	108 l	2 ſ	1
7000 l	vient	94 l	11 ſ	10
6000 l	vient	81 l	1 ſ	7
5000 l	vient	67 l	11 ſ	4
4000 l	vient	54 l	1 ſ	
3000 l	vient	40 l	10 ſ	9
2000 l	vient	27 l		6
1000 l	vient	13 l	10 ſ	3
900 l	vient	12 l	3 ſ	2
800 l	vient	10 l	16 ſ	2
700 l	vient	9 l	9 ſ	2
600 l	vient	8 l	2 ſ	1
500 l	vient	6 l	15 ſ	1
400 l	vient	5 l	8 ſ	1
300 l	vient	4 l	1 ſ	
200 l	vient	2 l	14 ſ	
100 l	vient	1 l	7 ſ	
90 l	vient	1 l	4 ſ	3
80 l	vient	1 l	1 ſ	7
70 l	vient		18 ſ	11
60 l	vient		16 ſ	2
50 l	vient		13 ſ	6
40 l	vient		10 ſ	9
30 l	vient		8 ſ	1
20 l	vient		5 ſ	4
10 l	vient		2 ſ	8
9 l	vient		2 ſ	5
8 l	vient		2 ſ	1
7 l	vient		1 ſ	10
6 l	vient		1 ſ	7
5 l	vient		1 ſ	4
4 l	vient		1 ſ	
3 l	vient			9
2 l	vient			6
1 l	vient			3
10 *sols vient*				1

Diviser en 75 parties.

De 30000 *livres, il vient à chacun*		400 l		
20000 l	vient	266 l	13 ſ	4
10000 l	vient	133 l	6 ſ	8
9000 l	vient	120 l		
8000 l	vient	106 l	13 ſ	4
7000 l	vient	93 l	6 ſ	8
6000 l	vient	80 l		
5000 l	vient	66 l	13 ſ	4
4000 l	vient	53 l	6 ſ	8
3000 l	vient	40 l		
2000 l	vient	26 l	13 ſ	4
1000 l	vient	13 l	6 ſ	8
900 l	vient	12 l		
800 l	vient	10 l	13 ſ	4
700 l	vient	9 l	6 ſ	8
600 l	vient	8 l		
500 l	vient	6 l	13 ſ	4
400 l	vient	5 l	6 ſ	8
300 l	vient	4 l		
200 l	vient	2 l	13 ſ	4
100 l	vient	1 l	6 ſ	8
90 l	vient	1 l	4 ſ	
80 l	vient	1 l	1 ſ	4
70 l	vient		18 ſ	8
60 l	vient		16 ſ	
50 l	vient		13 ſ	4
40 l	vient		10 ſ	8
30 l	vient		8 ſ	
20 l	vient		5 ſ	4
10 l	vient		2 ſ	8
9 l	vient		2 ſ	4
8 l	vient		2 ſ	1
7 l	vient		1 ſ	10
6 l	vient		1 ſ	7
5 l	vient		1 ſ	4
4 l	vient		1 ſ	
3 l	vient			9
2 l	vient			6
1 l	vient			3
10 *sols vient*				1

	Diviser en 76 parties				Diviser en 77 parties		
De 30000 livres, il vient à chacun	394 l	14 ſ	8	à chacun	389 l	12 ſ	2
20000 l vient	263 l	3 ſ	1		259 l	14 ſ	9
10000 l vient	131 l	11 ſ	6		129 l	17 ſ	4
9000 l vient	118 l	8 ſ	5		116 l	17 ſ	7
8000 l vient	105 l	5 ſ	3		103 l	17 ſ	11
7000 l vient	92 l	2 ſ	1		90 l	18 ſ	2
6000 l vient	78 l	18 ſ	11		77 l	18 ſ	5
5000 l vient	65 l	15 ſ	9		64 l	18 ſ	8
4000 l vient	52 l	12 ſ	7		51 l	18 ſ	11
3000 l vient	39 l	9 ſ	5		38 l	19 ſ	2
2000 l vient	26 l	6 ſ	3		25 l	19 ſ	5
1000 l vient	13 l	3 ſ	1		12 l	19 ſ	8
900 l vient	11 l	16 ſ	10		11 l	13 ſ	9
800 l vient	10 l	10 ſ	6		10 l	7 ſ	9
700 l vient	9 l	4 ſ	2		9 l	1 ſ	9
600 l vient	7 l	17 ſ	10		7 l	15 ſ	10
500 l vient	6 l	11 ſ	6		6 l	9 ſ	10
400 l vient	5 l	5 ſ	3		5 l	3 ſ	10
300 l vient	3 l	18 ſ	11		3 l	17 ſ	11
200 l vient	2 l	12 ſ	7		2 l	11 ſ	11
100 l vient	1 l	6 ſ	3		1 l	5 ſ	11
90 l vient	1 l	3 ſ	8		1 l	3 ſ	4
80 l vient	1 l	1 ſ			1 l		9
70 l vient		18 ſ	5			18 ſ	2
60 l vient		15 ſ	9			15 ſ	7
50 l vient		13 ſ	1			12 ſ	11
40 l vient		10 ſ	6			10 ſ	4
30 l vient		7 ſ	10			7 ſ	9
20 l vient		5 ſ	3			5 ſ	2
10 l vient		2 ſ	7			2 ſ	7
9 l vient		2 ſ	4			2 ſ	4
8 l vient		2 ſ	1			2 ſ	
7 l vient		1 ſ	10			1 ſ	9
6 l vient		1 ſ	6			1 ſ	6
5 l vient		1 ſ	3			1 ſ	3
4 l vient		1 ſ				1 ſ	
3 l vient			9				9
2 l vient			6				6
1 l vient			3				3
10 ſols vient			1	10 fols vient			1

Diviſer en 78 parties

	l	ſ	d
De 30000 livres, il vient à chacun	384	12	3
20000 l vient	256	8	2
10000 l vient	128	4	1
9000 l vient	115	7	8
8000 l vient	102	11	3
7000 l vient	89	14	10
6000 l vient	76	18	5
5000 l vient	64	2	
4000 l vient	51	5	7
3000 l vient	38	9	2
2000 l vient	25	12	9
1000 l vient	12	16	4
900 l vient	11	10	9
800 l vient	10	5	1
700 l vient	8	19	5
600 l vient	7	13	10
500 l vient	6	8	2
400 l vient	5	2	6
300 l vient	3	16	11
200 l vient	2	11	3
100 l vient	1	5	7
90 l vient	1	3	
80 l vient	1		6
70 l vient		17	11
60 l vient		15	4
50 l vient		12	9
40 l vient		10	3
30 l vient		7	8
20 l vient		5	1
10 l vient		2	6
9 l vient		2	3
8 l vient		2	
7 l vient		1	9
6 l vient		1	6
5 l vient		1	3
4 l vient		1	
3 l vient			9
2 l vient			6
1 l vient			3
10 ſols vient			1

Diviſer en 79 parties

	l	ſ	d
De 30000 livres, il vient à chacun	379	14	11
20000 l vient	253	3	3
10000 l vient	126	11	7
9000 l vient	113	18	5
8000 l vient	101	5	3
7000 l vient	88	12	1
6000 l vient	75	18	11
5000 l vient	63	5	9
4000 l vient	50	12	7
3000 l vient	37	19	5
2000 l vient	25	6	3
1000 l vient	12	13	1
900 l vient	11	7	10
800 l vient	10	2	6
700 l vient	8	17	2
600 l vient	7	11	10
500 l vient	6	6	6
400 l vient	5	1	3
300 l vient	3	15	11
200 l vient	2	10	7
100 l vient	1	5	3
90 l vient	1	2	9
80 l vient	1		3
70 l vient		17	8
60 l vient		15	2
50 l vient		12	7
40 l vient		10	1
30 l vient		7	7
20 l vient		5	
10 l vient		2	6
9 l vient		2	3
8 l vient		2	
7 l vient		1	9
6 l vient		1	6
5 l vient		1	3
4 l vient		1	
3 l vient			9
2 l vient			6
1 l vient			3
10 ſols vient			1

Diviser en 80 parties.

	livres	sols	deniers
De 30000 livres, il vient à chacun	375 l		
20000 l vient	250 l		
10000 l vient	125 l		
9000 l vient	112 l	10 ſ	
8000 l vient	100 l		
7000 l vient	87 l	10 ſ	
6000 l vient	75 l		
5000 l vient	62 l	10 ſ	
4000 l vient	50 l		
3000 l vient	37 l	10 ſ	
2000 l vient	25 l		
1000 l vient	12 l	10 ſ	
900 l vient	11 l	5 ſ	
800 l vient	10 l		
700 l vient	8 l	15 ſ	
600 l vient	7 l	10 ſ	
500 l vient	6 l	5 ſ	
400 l vient	5 l		
300 l vient	3 l	15 ſ	
200 l vient	2 l	10 ſ	
100 l vient	1 l	5 ſ	
90 l vient	1 l	2 ſ	6
80 l vient	1 l		
70 l vient		17 ſ	6
60 l vient		15 ſ	
50 l vient		12 ſ	6
40 l vient		10 ſ	
30 l vient		7 ſ	6
20 l vient		5 ſ	
10 l vient		2 ſ	6
9 l vient		2 ſ	3
8 l vient		2 ſ	
7 l vient		1 ſ	9
6 l vient		1 ſ	6
5 l vient		1 ſ	3
4 l vient		1 ſ	
3 l vient			9
2 l vient			6
1 l vient			3
10 ſols vient			1

Diviser en 81 parties.

	livres	sols	deniers
De 30000 livres, il vient à chacun	370 l	7 ſ	4
20000 l vient	246 l	18 ſ	3
10000 l vient	123 l	9 ſ	1
9000 l vient	111 l	2 ſ	2
8000 l vient	98 l	15 ſ	3
7000 l vient	86 l	8 ſ	4
6000 l vient	74 l	1 ſ	5
5000 l vient	61 l	14 ſ	6
4000 l vient	49 l	7 ſ	7
3000 l vient	37 l		8
2000 l vient	24 l	13 ſ	9
1000 l vient	12 l	6 ſ	10
900 l vient	11 l	2 ſ	2
800 l vient	9 l	17 ſ	6
700 l vient	8 l	12 ſ	10
600 l vient	7 l	8 ſ	1
500 l vient	6 l	3 ſ	5
400 l vient	4 l	18 ſ	9
300 l vient	3 l	14 ſ	
200 l vient	2 l	9 ſ	4
100 l vient	1 l	4 ſ	8
90 l vient	1 l	2 ſ	2
80 l vient		19 ſ	9
70 l vient		17 ſ	3
60 l vient		14 ſ	9
50 l vient		12 ſ	4
40 l vient		9 ſ	10
30 l vient		7 ſ	4
20 l vient		4 ſ	11
10 l vient		2 ſ	5
9 l vient		2 ſ	2
8 l vient		1 ſ	11
7 l vient		1 ſ	8
6 l vient		1 ſ	5
5 l vient		1 ſ	2
4 l vient			11
3 l vient			8
2 l vient			5
1 l vient			2
10 ſols vient			1

Diviser en 82 parties

De 30000 livres, il vient	l	ſ	d
à chacun	365 l	17 ſ	
20000 l vient	243 l	18 ſ	
10000 l vient	121 l	19 ſ	
9000 l vient	109 l	15 ſ	1
8000 l vient	97 l	11 ſ	2
7000 l vient	85 l	7 ſ	3
6000 l vient	73 l	3 ſ	4
5000 l vient	60 l	19 ſ	6
4000 l vient	48 l	15 ſ	7
3000 l vient	36 l	11 ſ	8
2000 l vient	24 l	7 ſ	9
1000 l vient	12 l	3 ſ	10
900 l vient	10 l	19 ſ	6
800 l vient	9 l	15 ſ	1
700 l vient	8 l	10 ſ	8
600 l vient	7 l	6 ſ	4
500 l vient	6 l	1 ſ	11
400 l vient	4 l	17 ſ	6
300 l vient	3 l	13 ſ	2
200 l vient	2 l	8 ſ	9
100 l vient	1 l	4 ſ	4
90 l vient	1 l	1 ſ	11
80 l vient		19 ſ	6
70 l vient		17 ſ	
60 l vient		14 ſ	7
50 l vient		12 ſ	2
40 l vient		9 ſ	9
30 l vient		7 ſ	3
20 l vient		4 ſ	10
10 l vient		2 ſ	5
9 l vient		2 ſ	2
8 l vient		1 ſ	11
7 l vient		1 ſ	8
6 l vient		1 ſ	5
5 l vient		1 ſ	2
4 l vient			11
3 l vient			8
2 l vient			5
1 l vient			2
10 ſols vient			1

Diviser en 83 parties

De 30000 Livres, il vient	l	ſ	d
à chacun	361 l	8 ſ	10
20000 l vient	240 l	19 ſ	3
10000 l vient	120 l	9 ſ	7
9000 l vient	108 l	8 ſ	8
8000 l vient	96 l	7 ſ	8
7000 l vient	84 l	6 ſ	8
6000 l vient	72 l	5 ſ	9
5000 l vient	60 l	4 ſ	9
4000 l vient	48 l	3 ſ	10
3000 l vient	36 l	2 ſ	10
2000 l vient	24 l	1 ſ	11
1000 l vient	12 l		11
900 l vient	10 l	16 ſ	10
800 l vient	9 l	12 ſ	9
700 l vient	8 l	8 ſ	8
600 l vient	7 l	4 ſ	6
500 l vient	6 l		5
400 l vient	4 l	16 ſ	4
300 l vient	3 l	12 ſ	3
200 l vient	2 l	8 ſ	2
100 l vient	1 l	4 ſ	1
90 l vient	1 l	1 ſ	8
80 l vient		19 ſ	3
70 l vient		16 ſ	10
60 l vient		14 ſ	5
50 l vient		12 ſ	
40 l vient		9 ſ	7
30 l vient		7 ſ	2
20 l vient		4 ſ	9
10 l vient		2 ſ	4
9 l vient		2 ſ	2
8 l vient		1 ſ	11
7 l vient		1 ſ	8
6 l vient		1 ſ	5
5 l vient		1 ſ	2
4 l vient			11
3 l vient			8
2 l vient			5
1 l vient			2
10 ſols vient			1

Diviser en 84 partiës	Diviser en 85 parties
De 30000 *livres*, il vient à chacun 357 l 2 ſ 10	De 30000 *livres*, il vient à chacun 352 l 18 ſ 9
20000 l vient 238 l 1 ſ 10	20000 l vient 235 l 5 ſ 10
10000 l vient 119 l 11	10000 l vient 117 l 12 ſ 11
9000 l vient 107 l 2 ſ 10	9000 l vient 105 l 17 ſ 7
8000 l vient 95 l 4 ſ 9	8000 l vient 94 l 2 ſ 4
7000 l vient 83 l 6 ſ 8	7000 l vient 82 l 7 ſ
6000 l vient 71 l 8 ſ 6	6000 l vient 70 l 11 ſ 9
5000 l vient 59 l 10 ſ 5	5000 l vient 58 l 16 ſ 5
4000 l vient 47 l 12 ſ 4	4000 l vient 47 l 1 ſ 2
3000 l vient 35 l 14 ſ 3	3000 l vient 35 l 5 ſ 10
2000 l vient 23 l 16 ſ 2	2000 l vient 23 l 10 ſ 7
1000 l vient 11 l 18 ſ 1	1000 l vient 11 l 15 ſ 3
900 l vient 10 l 14 ſ 3	900 l vient 10 l 11 ſ 9
800 l vient 9 l 10 ſ 5	800 l vient 9 l 8 ſ 2
700 l vient 8 l 6 ſ 8	700 l vient 8 l 4 ſ 8
600 l vient 7 l 2 ſ 10	600 l vient 7 l 1 ſ 2
500 l vient 5 l 19 ſ	500 l vient 5 l 17 ſ 7
400 l vient 4 l 15 ſ 2	400 l vient 4 l 14 ſ 1
300 l vient 3 l 11 ſ 5	300 l vient 3 l 10 ſ 7
200 l vient 2 l 7 ſ 7	200 l vient 2 l 7 ſ
100 l vient 1 l 3 ſ 9	100 l vient 1 l 3 ſ 6
90 l vient 1 l 1 ſ 5	90 l vient 1 l 1 ſ 2
80 l vient 19 ſ	80 l vient 18 ſ 9
70 l vient 16 ſ 8	70 l vient 16 ſ 5
60 l vient 14 ſ 3	60 l vient 14 ſ 1
50 l vient 11 ſ 10	50 l vient 11 ſ 9
40 l vient 9 ſ 6	40 l vient 9 ſ 4
30 l vient 7 ſ 1	30 l vient 7 ſ
20 l vient 4 ſ 9	20 l vient 4 ſ 8
10 l vient 2 ſ 4	10 l vient 2 ſ 4
9 l vient 2 ſ 1	9 l vient 2 ſ 1
8 l vient 1 ſ 10	8 l vient 1 ſ 10
7 l vient 1 ſ 8	7 l vient 1 ſ 7
6 l vient 1 ſ 5	6 l vient 1 ſ 4
5 l vient 1 ſ 2	5 l vient 1 ſ 2
4 l vient 11	4 l vient 11
3 l vient 8	3 l vient 8
2 l vient 5	2 l vient 5
1 l vient 2	1 l vient 2
10 *ſols* vient 1	10 *ſols* vient 1

Diviſer en 86 parties.

De 30000 *livres*, *il vient*

	l	ſ	
à chacun	348 l	16 ſ	8
20000 l vient	232 l	11 ſ	1
10000 l vient	116 l	5 ſ	6
9000 l vient	104 l	13 ſ	
8000 l vient	93 l	ſ	5
7000 l vient	81 l	7 ſ	10
6000 l vient	69 l	15 ſ	4
5000 l vient	58 l	2 ſ	9
4000 l vient	46 l	10 ſ	2
3000 l vient	34 l	17 ſ	8
2000 l vient	23 l	5 ſ	1
1000 l vient	11 l	12 ſ	6
900 l vient	10 l	9 ſ	3
800 l vient	9 l	6 ſ	
700 l vient	8 l	2 ſ	9
600 l vient	6 l	19 ſ	6
500 l vient	5 l	16 ſ	3
400 l vient	4 l	13 ſ	
300 l vient	3 l	9 ſ	9
200 l vient	2 l	6 ſ	6
100 l vient	1 l	3 ſ	3
90 l vient	1 l	ſ	11
80 l vient		18 ſ	7
70 l vient		16 ſ	3
60 l vient		13 ſ	11
50 l vient		11 ſ	7
40 l vient		9 ſ	3
30 l vient		6 ſ	11
20 l vient		4 ſ	7
10 l vient		2 ſ	3
9 l vient		2 ſ	1
8 l vient		1 ſ	10
7 l vient		1 ſ	7
6 l vient		1 ſ	4
5 l vient		1 ſ	1
4 l vient			11
3 l vient			8
2 l vient			5
1 l vient			2
10 ſols vient			1

Diviſer en 87 parties.

De 30000 *livres*, *il vient*

	l	ſ	
à chacun	344 l	16 ſ	6
20000 l vient	229 l	17 ſ	8
10000 l vient	114 l	18 ſ	10
9000 l vient	103 l	8 ſ	11
8000 l vient	91 l	19 ſ	
7000 l vient	80 l	9 ſ	2
6000 l vient	68 l	19 ſ	3
5000 l vient	57 l	9 ſ	5
4000 l vient	45 l	19 ſ	6
3000 l vient	34 l	9 ſ	7
2000 l vient	22 l	19 ſ	9
1000 l vient	11 l	9 ſ	10
900 l vient	10 l	6 ſ	10
800 l vient	9 l	3 ſ	10
700 l vient	8 l	ſ	11
600 l vient	6 l	17 ſ	11
500 l vient	5 l	14 ſ	11
400 l vient	4 l	11 ſ	11
300 l vient	3 l	8 ſ	11
200 l vient	2 l	5 ſ	11
100 l vient	1 l	2 ſ	11
90 l vient	1 l	ſ	8
80 l vient		18 ſ	4
70 l vient		16 ſ	1
60 l vient		15 ſ	9
50 l vient		11 ſ	5
40 l vient		9 ſ	2
30 l vient		6 ſ	10
20 l vient		4 ſ	7
10 l vient		2 ſ	3
9 l vient		2 ſ	
8 l vient		1 ſ	10
7 l vient		1 ſ	7
6 l vient		1 ſ	4
5 l vient		1 ſ	1
4 l vient			11
3 l vient			8
2 l vient			5
1 l vient			2
10 ſols vient			1

Diviſer en 88 parties				Diviſer en 89 parties			
De 30000 livres, il vient à chacun	340 l	18 ſ	2	De 30000 Livres, il vient à chacun	337 l	1 ſ	6
20000 l vient	227 l	5 ſ	5	20000 l vient	224 l	14 ſ	4
10000 l vient	113 l	12 ſ	8	10000 l vient	112 l	7 ſ	2
9000 l vient	102 l	5 ſ	5	9000 l vient	101 l	2 ſ	5
8000 l vient	90 l	18 ſ	2	8000 l vient	89 l	17 ſ	9
7000 l vient	79 l	10 ſ	10	7000 l vient	78 l	13 ſ	
6000 l vient	68 l	3 ſ	7	6000 l vient	67 l	8 ſ	3
5000 l vient	56 l	16 ſ	4	5000 l vient	56 l	3 ſ	7
4000 l vient	45 l	9 ſ	1	4000 l vient	44 l	18 ſ	10
3000 l vient	34 l	1 ſ	9	3000 l vient	33 l	14 ſ	1
2000 l vient	22 l	14 ſ	6	2000 l vient	22 l	9 ſ	5
1000 l vient	11 l	7 ſ	3	1000 l vient	11 l	4 ſ	8
900 l vient	10 l	4 ſ	6	900 l vient	10 l	2 ſ	2
800 l vient	9 l	1 ſ	9	800 l vient	8 l	19 ſ	9
700 l vient	7 l	19 ſ	1	700 l vient	7 l	17 ſ	3
600 l vient	6 l	16 ſ	4	600 l vient	6 l	14 ſ	9
500 l vient	5 l	13 ſ	7	500 l vient	5 l	12 ſ	4
400 l vient	4 l	10 ſ	10	400 l vient	4 l	9 ſ	10
300 l vient	3 l	8 ſ	2	300 l vient	3 l	7 ſ	4
200 l vient	2 l	5 ſ	5	200 l vient	2 l	4 ſ	11
100 l vient	1 l	2 ſ	8	100 l vient	1 l	2 ſ	5
90 l vient	1 l		5	90 l vient	1 l		2
80 l vient		18 ſ	2	80 l vient		17 ſ	11
70 l vient		15 ſ	10	70 l vient		15 ſ	8
60 l vient		13 ſ	7	60 l vient		13 ſ	5
50 l vient		11 ſ	4	50 l vient		11 ſ	2
40 l vient		9 ſ	1	40 l vient		8 ſ	11
30 l vient		6 ſ	9	30 l vient		6 ſ	8
20 l vient		4 ſ	6	20 l vient		4 ſ	5
10 l vient		2 ſ	3	10 l vient		2 ſ	2
9 l vient		2 ſ		9 l vient		2 ſ	
8 l vient		1 ſ	9	8 l vient		1 ſ	9
7 l vient		1 ſ	7	7 l vient		1 ſ	6
6 l vient		1 ſ	4	6 l vient		1 ſ	4
5 l vient		1 ſ	1	5 l vient		1 ſ	1
4 l vient			10	4 l vient			10
3 l vient			8	3 l vient			8
2 l vient			5	2 l vient			5
1 l vient			2	1 l vient			2
10 ſols vient			1	10 ſols vient			1

Diviser en 90 parties.

De 30000 Livres, il vient	l	ſ	den.
à chacun	333 l	6 ſ	8
20000 l vient	222 l	4 ſ	5
10000 l vient	111 l	2 ſ	2
9000 l vient	100 l		
8000 l vient	88 l	17 ſ	9
7000 l vient	77 l	15 ſ	6
6000 l vient	66 l	13 ſ	4
5000 l vient	55 l	11 ſ	1
4000 l vient	44 l	8 ſ	10
3000 l vient	33 l	6 ſ	8
2000 l vient	22 l	4 ſ	5
1000 l vient	11 l	2 ſ	2
900 l vient	10 l		
800 l vient	8 l	17 ſ	9
700 l vient	7 l	15 ſ	6
600 l vient	6 l	13 ſ	4
500 l vient	5 l	11 ſ	1
400 l vient	4 l	8 ſ	10
300 l vient	3 l	6 ſ	8
200 l vient	2 l	4 ſ	5
100 l vient	1 l	2 ſ	2
90 l vient	1 l		
80 l vient		17 ſ	9
70 l vient		15 ſ	6
60 l vient		13 ſ	4
50 l vient		11 ſ	1
40 l vient		8 ſ	10
30 l vient		6 ſ	8
20 l vient		4 ſ	5
10 l vient		2 ſ	2
9 l vient		2 ſ	
8 l vient		1 ſ	9
7 l vient		1 ſ	6
6 l vient		1 ſ	4
5 l vient		1 ſ	1
4 l vient			10
3 l vient			8
2 l vient			5
1 l vient			2
10 ſols vient			1

Diviser en 91 parties.

De 30000 livres, il vient	l	ſ	den.
à chacun	329 l	13 ſ	4
20000 l vient	219 l	15 ſ	7
10000 l vient	109 l	17 ſ	9
9000 l vient	98 l	18 ſ	
8000 l vient	87 l	18 ſ	2
7000 l vient	76 l	18 ſ	5
6000 l vient	65 l	18 ſ	8
5000 l vient	54 l	18 ſ	10
4000 l vient	43 l	19 ſ	1
3000 l vient	32 l	19 ſ	4
2000 l vient	21 l	19 ſ	6
1000 l vient	10 l	19 ſ	9
900 l vient	9 l	17 ſ	9
800 l vient	8 l	15 ſ	9
700 l vient	7 l	13 ſ	10
600 l vient	6 l	11 ſ	10
500 l vient	5 l	9 ſ	10
400 l vient	4 l	7 ſ	10
300 l vient	3 l	5 ſ	11
200 l vient	2 l	3 ſ	11
100 l vient	1 l	1 ſ	11
90 l vient		19 ſ	9
80 l vient		17 ſ	6
70 l vient		15 ſ	4
60 l vient		13 ſ	2
50 l vient		10 ſ	11
40 l vient		8 ſ	9
30 l vient		6 ſ	7
20 l vient		4 ſ	4
10 l vient		2 ſ	2
9 l vient		1 ſ	11
8 l vient		1 ſ	9
7 l vient		1 ſ	6
6 l vient		1 ſ	3
5 l vient		1 ſ	1
4 l vient			10
3 l vient			7
2 l vient			5
1 l vient			2
10 ſols vient			1

De 30000 livres, il vient	l	ſ	d		De 30000 livres, il vient	l	ſ	d
à chacun	326	1	8		à chacun	322	11	7
20000 l vient	217	7	9		20000 l vient	215	1	[illegible]
10000 l vient	108	13	10		10000 l vient	107	10	6
9000 l vient	97	16	6		9000 l vient	96	15	5
8000 l vient	86	19	1		8000 l vient	86		5
7000 l vient	76	1	8		7000 l vient	75	5	4
6000 l vient	65	4	4		6000 l vient	64	10	3
5000 l vient	54	6	11		5000 l vient	53	15	3
4000 l vient	43	9	6		4000 l vient	43		2
3000 l vient	32	12	2		3000 l vient	32	5	1
2000 l vient	21	14	9		2000 l vient	21	10	1
1000 l vient	10	17	4		1000 l vient	10	15	
900 l vient	9	15	7		900 l vient	9	13	6
800 l vient	8	13	10		800 l vient	8	12	
700 l vient	7	12	2		700 l vient	7	10	6
600 l vient	6	10	5		600 l vient	6	9	
500 l vient	5	8	8		500 l vient	5	7	6
400 l vient	4	6	11		400 l vient	4	6	
300 l vient	3	5	2		300 l vient	3	4	6
200 l vient	2	3	5		200 l vient	2	3	
100 l vient	1	1	8		100 l vient	1	1	6
90 l vient		19	6		90 l vient		19	4
80 l vient		17	4		80 l vient		17	2
70 l vient		15	2		70 l vient		15	
60 l vient		13			60 l vient		12	10
50 l vient		10	10		50 l vient		10	9
40 l vient		8	8		40 l vient		8	7
30 l vient		6	6		30 l vient		6	5
20 l vient		4	4		20 l vient		4	3
10 l vient		2	2		10 l vient		2	1
9 l vient		1	11		9 l vient		1	11
8 l vient		1	8		8 l vient		1	8
7 l vient		1	6		7 l vient		1	6
6 l vient		1	3		6 l vient		1	3
5 l vient		1	1		5 l vient		1	
4 l vient			10		4 l vient			10
3 l vient			7		3 l vient			7
2 l vient			5		2 l vient			5
1 l vient			2		1 l vient			2
10 fols vient			1		10 fols vient			1

Diviſer en 94 parties				Diviſer en 95 parties			
De 30000 *livres*, il vient à chacun	319 l	2 ſ	11	De 30000 *livres*, il vient à chacun	315 l	15 ſ	9
20000 l vient	212 l	15 ſ	3	20000 l vient	210 l	10 ſ	6
10000 l vient	106 l	7 ſ	7	10000 l vient	105 l	5 ſ	3
9000 l vient	95 l	14 ſ	10	9000 l vient	94 l	14 ſ	8
8000 l vient	85 l	2 ſ	1	8000 l vient	84 l	4 ſ	2
7000 l vient	74 l	9 ſ	4	7000 l vient	73 l	13 ſ	8
6000 l vient	63 l	16 ſ	7	6000 l vient	63 l	3 ſ	1
5000 l vient	53 l	3 ſ	9	5000 l vient	52 l	12 ſ	7
4000 l vient	42 l	11 ſ		4000 l vient	42 l	2 ſ	1
3000 l vient	31 l	18 ſ	3	3000 l vient	31 l	11 ſ	6
2000 l vient	21 l	5 ſ	6	2000 l vient	21 l	1 ſ	
1000 l vient	10 l	12 ſ	9	1000 l vient	10 l	10 ſ	6
900 l vient	9 l	11 ſ	5	900 l vient	9 l	9 ſ	5
800 l vient	8 l	10 ſ	2	800 l vient	8 l	8 ſ	5
700 l vient	7 l	8 ſ	11	700 l vient	7 l	7 ſ	4
600 l vient	6 l	7 ſ	7	600 l vient	6 l	6 ſ	3
500 l vient	5 l	6 ſ	4	500 l vient	5 l	5 ſ	3
400 l vient	4 l	5 ſ	1	400 l vient	4 l	4 ſ	2
300 l vient	3 l	3 ſ	9	300 l vient	3 l	3 ſ	1
200 l vient	2 l	2 ſ	6	200 l vient	2 l	2 ſ	1
100 l vient	1 l	1 ſ	3	100 l vient	1 l	1 ſ	
90 l vient		19 ſ	1	90 l vient		18 ſ	11
80 l vient		17 ſ		80 l vient		16 ſ	10
70 l vient		14 ſ	10	70 l vient		14 ſ	8
60 l vient		12 ſ	9	60 l vient		12 ſ	7
50 l vient		10 ſ	7	50 l vient		10 ſ	6
40 l vient		8 ſ	6	40 l vient		8 ſ	5
30 l vient		6 ſ	4	30 l vient		6 ſ	3
20 l vient		4 ſ	3	20 l vient		4 ſ	2
10 l vient		2 ſ	1	10 l vient		2 ſ	1
9 l vient		1 ſ	10	9 l vient		1 ſ	10
8 l vient		1 ſ	8	8 l vient		1 ſ	8
7 l vient		1 ſ	5	7 l vient		1 ſ	5
6 l vient		1 ſ	3	6 l vient		1 ſ	3
5 l vient		1 ſ		5 l vient		1 ſ	
4 l vient			10	4 l vient			10
3 l vient			7	3 l vient			7
2 l vient			5	2 l vient			5
1 l vient			2	1 l vient			2
10 *ſols* vient			1	10 *ſols* vient			1

Diviſer

Diviſer en 96 parties.		Diviſer en 97 parties.	
De 30000 livres, il vient à chacun	312 l 10 ſ	De 30000 livres, il vient à chacun	309 l 5 ſ 6
20000 l vient	208 l 6 ſ 8	20000 l vient	206 l 3 ſ 8
10000 l vient	104 l 3 ſ 4	10000 l vient	103 l 1 ſ 10
9000 l vient	93 l 15 ſ	9000 l vient	92 l 15 ſ 8
8000 l vient	83 l 6 ſ 8	8000 l vient	82 l 9 ſ 5
7000 l vient	72 l 18 ſ 4	7000 l vient	72 l 3 ſ 3
6000 l vient	62 l 10 ſ	6000 l vient	61 l 17 ſ 1
5000 l vient	52 l 1 ſ 8	5000 l vient	51 l 10 ſ 11
4000 l vient	41 l 13 ſ 4	4000 l vient	41 l 4 ſ 8
3000 l vient	31 l 5 ſ	3000 l vient	30 l 18 ſ 6
2000 l vient	20 l 16 ſ 8	2000 l vient	20 l 12 ſ 4
1000 l vient	10 l 8 ſ 4	1000 l vient	10 l 6 ſ 2
900 l vient	9 l 7 ſ 6	900 l vient	9 l 5 ſ 6
800 l vient	8 l 6 ſ 8	800 l vient	8 l 4 ſ 11
700 l vient	7 l 5 ſ 10	700 l vient	7 l 4 ſ 3
600 l vient	6 l 5 ſ	600 l vient	6 l 3 ſ 8
500 l vient	5 l 4 ſ 2	500 l vient	5 l 3 ſ 1
400 l vient	4 l 3 ſ 4	400 l vient	4 l 2 ſ 5
300 l vient	3 l 2 ſ 6	300 l vient	3 l 1 ſ 10
200 l vient	2 l 1 ſ 8	200 l vient	2 l 1 ſ 2
100 l vient	1 l 10	100 l vient	1 l 7
90 l vient	18 ſ 9	90 l vient	18 ſ 6
80 l vient	16 ſ 8	80 l vient	16 ſ 5
70 l vient	14 ſ 7	70 l vient	14 ſ 5
60 l vient	12 ſ 6	60 l vient	12 ſ 4
50 l vient	10 ſ 5	50 l vient	10 ſ 3
40 l vient	8 ſ 4	40 l vient	8 ſ 2
30 l vient	6 ſ 3	30 l vient	6 ſ 2
20 l vient	4 ſ 2	20 l vient	4 ſ 1
10 l vient	2 ſ 1	10 l vient	2 ſ
9 l vient	1 ſ 10	9 l vient	1 ſ 10
8 l vient	1 ſ 8	8 l vient	1 ſ 7
7 l vient	1 ſ 5	7 l vient	1 ſ 5
6 l vient	1 ſ 3	6 l vient	1 ſ 2
5 l vient	1 ſ	5 l vient	1 ſ
4 l vient	10	4 l vient	9
3 l vient	7	3 l vient	7
2 l vient	5	2 l vient	4
1 l vient	2	1 l vient	2
10 ſols vient	1	10 ſols vient	1

Diviser en 98 parties

De 30000 livres, il vient	livres	sols (ſ)	deniers
à chacun	306 l	2 ſ	5
20000 l vient	204 l	1 ſ	7
10000 l vient	102 l		9
9000 l vient	91 l	16 ſ	8
8000 l vient	81 l	12 ſ	7
7000 l vient	71 l	8 ſ	6
6000 l vient	61 l	4 ſ	5
5000 l vient	51 l		4
4000 l vient	40 l	16 ſ	3
3000 l vient	30 l	12 ſ	2
2000 l vient	20 l	8 ſ	1
1000 l vient	10 l	4 ſ	
900 l vient	9 l	3 ſ	8
800 l vient	8 l	3 ſ	3
700 l vient	7 l	2 ſ	10
600 l vient	6 l	2 ſ	5
500 l vient	5 l	2 ſ	
400 l vient	4 l	1 ſ	7
300 l vient	3 l	1 ſ	2
200 l vient	2 l		9
100 l vient	1 l		4
90 l vient		18 ſ	4
80 l vient		16 ſ	3
70 l vient		14 ſ	3
60 l vient		12 ſ	2
50 l vient		10 ſ	2
40 l vient		8 ſ	1
30 l vient		6 ſ	1
20 l vient		4 ſ	
10 l vient		2 ſ	
9 l vient		1 ſ	10
8 l vient		1 ſ	7
7 l vient		1 ſ	5
6 l vient		1 ſ	2
5 l vient		1 ſ	
4 l vient			9
3 l vient			7
2 l vient			4
1 l vient			2
10 ſols vient.			1

Diviser en 99 parties

De 30000 livres, il vient	livres	sols (ſ)	deniers
à chacun	303 l		7
20000 l vient	202 l		4
10000 l vient	101 l		2
9000 l vient	90 l	18 ſ	2
8000 l vient	80 l	16 ſ	1
7000 l vient	70 l	14 ſ	1
6000 l vient	60 l	12 ſ	1
5000 l vient	50 l	10 ſ	1
4000 l vient	40 l	8 ſ	
3000 l vient	30 l	6 ſ	
2000 l vient	20 l	4 ſ	
1000 l vient	10 l	2 ſ	
900 l vient	9 l	1 ſ	9
800 l vient	8 l	1 ſ	7
700 l vient	7 l	1 ſ	4
600 l vient	6 l	1 ſ	2
500 l vient	5 l	1 ſ	
400 l vient	4 l		9
300 l vient	3 l		7
200 l vient	2 l		4
100 l vient	1 l		2
90 l vient		18 ſ	2
80 l vient		16 ſ	1
70 l vient		14 ſ	1
60 l vient		12 ſ	1
50 l vient		10 ſ	1
40 l vient		8 ſ	
30 l vient		6 ſ	
20 l vient		4 ſ	
10 l vient		2 ſ	
9 l vient		1 ſ	9
8 l vient		1 ſ	7
7 l vient		1 ſ	4
6 l vient		1 ſ	2
5 l vient		1 ſ	
4 l vient			9
3 l vient			7
2 l vient			4
1 l vient			2
10 ſols vient			1

Diviser en 100 parties.

De 30000 livres, il vient à chacun	300 l		
20000 l vient	200 l		
10000 l vient	100 l		
9000 l vient	90 l		
8000 l vient	80 l		
7000 l vient	70 l		
6000 l vient	60 l		
5000 l vient	50 l		
4000 l vient	40 l		
3000 l vient	30 l		
2000 l vient	20 l		
1000 l vient	10 l		
900 l vient	9 l		
800 l vient	8 l		
700 l vient	7 l		
600 l vient	6 l		
500 l vient	5 l		
400 l vient	4 l		
300 l vient	3 l		
200 l vient	2 l		
100 l vient	1 l		
90 l vient		18 ſ	
80 l vient		16 ſ	
70 l vient		14 ſ	
60 l vient		12 ſ	
50 l vient		10 ſ	
40 l vient		8 ſ	
30 l vient		6 ſ	
20 l vient		4 ſ	
10 l vient		2 ſ	
9 l vient		1 ſ	9
8 l vient		1 ſ	7
7 l vient		1 ſ	4
6 l vient		1 ſ	2
5 l vient		1 ſ	
4 l vient			9
3 l vient			7
2 l vient			4
1 l vient			2
10 sols vient			1

Diviser en 101 parties.

De 30000 livres, il vient à chacun	297 l		7
20000 l vient	198 l		4
10000 l vient	99 l		2
9000 l vient	89 l	2 ſ	2
8000 l vient	79 l	4 ſ	1
7000 l vient	69 l	6 ſ	1
6000 l vient	59 l	8 ſ	1
5000 l vient	49 l	10 ſ	1
4000 l vient	39 l	12 ſ	
3000 l vient	29 l	14 ſ	
2000 l vient	19 l	16 ſ	
1000 l vient	9 l	18 ſ	
900 l vient	8 l	18 ſ	2
800 l vient	7 l	18 ſ	4
700 l vient	6 l	18 ſ	7
600 l vient	5 l	18 ſ	9
500 l vient	4 l	19 ſ	
400 l vient	3 l	19 ſ	2
300 l vient	2 l	19 ſ	4
200 l vient	1 l	19 ſ	7
100 l vient		19 ſ	9
90 l vient		17 ſ	9
80 l vient		15 ſ	10
70 l vient		13 ſ	10
60 l vient		11 ſ	10
50 l vient		9 ſ	10
40 l vient		7 ſ	11
30 l vient		5 ſ	11
20 l vient		3 ſ	11
10 l vient		1 ſ	11
9 l vient		1 ſ	9
8 l vient		1 ſ	7
7 l vient		1 ſ	4
6 l vient		1 ſ	2
5 l vient			1 1
4 l vient			9
3 l vient			7
2 l vient			4
1 l vient			2
10 sols vient			1

De 30000 *livres, il vient* / **De** 30000 *livres, il vient*

Diviser en 102 parties		Diviser en 103 parties	
à chacun	294 l 2 ſ 4	à chacun	291 l 5 ſ 2
20000 l vient	196 l 1 ſ 6	20000 l vient	194 l 3 ſ 5
10000 l vient	98 l 9	10000 l vient	97 l 1 ſ 8
9000 l vient	88 l 4 ſ 8	9000 l vient	87 l 7 ſ 6
8000 l vient	78 l 8 ſ 7	8000 l vient	77 l 13 ſ 4
7000 l vient	68 l 12 ſ 6	7000 l vient	67 l 19 ſ 2
6000 l vient	58 l 16 ſ 5	6000 l vient	58 l 5 ſ
5000 l vient	49 l 4	5000 l vient	48 l 10 ſ 10
4000 l vient	39 l 4 ſ 3	4000 l vient	38 l 16 ſ 8
3000 l vient	29 l 8 ſ 2	3000 l vient	29 l 2 ſ 6
2000 l vient	19 l 12 ſ 1	2000 l vient	19 l 8 ſ 4
1000 l vient	9 l 16 ſ	1000 l vient	9 l 14 ſ 2
900 l vient	8 l 16 ſ 5	900 l vient	8 l 14 ſ 9
800 l vient	7 l 16 ſ 10	800 l vient	7 l 15 ſ 4
700 l vient	6 l 17 ſ 3	700 l vient	6 l 15 ſ 11
600 l vient	5 l 17 ſ 7	600 l vient	5 l 16 ſ 6
500 l vient	4 l 18 ſ	500 l vient	4 l 17 ſ 1
400 l vient	3 l 18 ſ 5	400 l vient	3 l 17 ſ 8
300 l vient	2 l 18 ſ 9	300 l vient	2 l 18 ſ 3
200 l vient	1 l 19 ſ 2	200 l vient	1 l 18 ſ 10
100 l vient	19 ſ 7	100 l vient	19 ſ 5
90 l vient	17 ſ 7	90 l vient	17 ſ 5
80 l vient	15 ſ 8	80 l vient	15 ſ 6
70 l vient	13 ſ 8	70 l vient	13 ſ 7
60 l vient	11 ſ 9	60 l vient	11 ſ 7
50 l vient	9 ſ 9	50 l vient	9 ſ 8
40 l vient	7 ſ 10	40 l vient	7 ſ 9
30 l vient	5 ſ 10	30 l vient	5 ſ 9
20 l vient	3 ſ 11	20 l vient	3 ſ 10
10 l vient	1 ſ 11	10 l vient	1 ſ 11
9 l vient	1 ſ 9	9 l vient	1 ſ 8
8 l vient	1 ſ 6	8 l vient	1 ſ 6
7 l vient	1 ſ 4	7 l vient	1 ſ 4
6 l vient	1 ſ 2	6 l vient	1 ſ 1
5 l vient	11	5 l vient	11
4 l vient	9	4 l vient	9
3 l vient	7	3 l vient	6
2 l vient	4	2 l vient	4
1 l vient	2	1 l vient	2
10 ſols vient	1	10 ſols vient	1

Diviser en 104 parties.

	livres	sols	deniers
De 30000 livres, il vient à chacun	288 l	9 ſ	2
20000 l vient	192 l	6 ſ	1
10000 l vient	96 l	3 ſ	
9000 l vient	86 l	10 ſ	9
8000 l vient	76 l	18 ſ	5
7000 l vient	67 l	6 ſ	1
6000 l vient	57 l	13 ſ	10
5000 l vient	48 l	1 ſ	6
4000 l vient	38 l	9 ſ	2
3000 l vient	28 l	16 ſ	11
2000 l vient	19 l	4 ſ	7
1000 l vient	9 l	12 ſ	3
900 l vient	8 l	13 ſ	
800 l vient	7 l	13 ſ	10
700 l vient	6 l	14 ſ	7
600 l vient	5 l	15 ſ	4
500 l vient	4 l	16 ſ	1
400 l vient	3 l	16 ſ	11
300 l vient	2 l	17 ſ	8
200 l vient	1 l	18 ſ	5
100 l vient		19 ſ	2
90 l vient		17 ſ	3
80 l vient		15 ſ	4
70 l vient		13 ſ	5
60 l vient		11 ſ	6
50 l vient		9 ſ	7
40 l vient		7 ſ	8
30 l vient		5 ſ	9
20 l vient		3 ſ	10
10 l vient		1 ſ	11
9 l vient		1 ſ	8
8 l vient		1 ſ	6
7 l vient		1 ſ	4
6 l vient		1 ſ	1
5 l vient			11
4 l vient			9
3 l vient			6
2 l vient			4
1 l vient			2
10 *ſols* vient			1

Diviser en 105 parties.

	livres	sols	deniers
De 30000 livres, il vient à chacun	285 l	14 ſ	3
20000 l vient	190 l	9 ſ	6
10000 l vient	95 l	4 ſ	9
9000 l vient	85 l	14 ſ	3
8000 l vient	76 l	3 ſ	9
7000 l vient	66 l	13 ſ	4
6000 l vient	57 l	2 ſ	10
5000 l vient	47 l	12 ſ	4
4000 l vient	38 l	1 ſ	10
3000 l vient	28 l	11 ſ	5
2000 l vient	19 l		11
1000 l vient	9 l	10 ſ	5
900 l vient	8 l	11 ſ	5
800 l vient	7 l	12 ſ	4
700 l vient	6 l	13 ſ	4
600 l vient	5 l	14 ſ	3
500 l vient	4 l	15 ſ	2
400 l vient	3 l	16 ſ	2
300 l vient	2 l	17 ſ	1
200 l vient	1 l	18 ſ	1
100 l vient		19 ſ	
90 l vient		17 ſ	1
80 l vient		15 ſ	2
70 l vient		13 ſ	4
60 l vient		11 ſ	5
50 l vient		9 ſ	6
40 l vient		7 ſ	7
30 l vient		5 ſ	8
20 l vient		3 ſ	9
10 l vient		1 ſ	10
9 l vient		1 ſ	8
8 l vient		1 ſ	6
7 l vient		1 ſ	4
6 l vient		1 ſ	1
5 l vient			11
4 l vient			9
3 l vient			6
2 l vient			4
1 l vient			2
10 *ſols* vient			1

Diviser en 106 parties. | Diviser en 107 parties.

De 30000 livres, il vient	Diviser en 106 parties	Diviser en 107 parties
à chacun	283 l 4	280 l 7 ſ 5
20000 l vient	188 l 13 ſ 7	186 l 18 ſ 3
10000 l vient	94 l 6 ſ 9	93 l 9 ſ 1
9000 l vient	84 l 18 ſ 1	84 l 2 ſ 2
8000 l vient	75 l 9 ſ 5	74 l 15 ſ 3
7000 l vient	66 l 9	65 l 8 ſ 4
6000 l vient	56 l 12 ſ	56 l 1 ſ 5
5000 l vient	47 l 3 ſ 4	46 l 14 ſ 6
4000 l vient	37 l 14 ſ 8	37 l 7 ſ 7
3000 l vient	28 l 6 ſ	28 l 8
2000 l vient	18 l 17 ſ 4	18 l 13 ſ 9
1000 l vient	9 l 8 ſ 6	9 l 6 ſ 10
900 l vient	8 l 9 ſ 9	8 l 8 ſ 2
800 l vient	7 l 10 ſ 11	7 l 9 ſ 6
700 l vient	6 l 12 ſ	6 l 10 ſ 10
600 l vient	5 l 13 ſ 2	5 l 12 ſ 1
500 l vient	4 l 14 ſ 4	4 l 13 ſ 5
400 l vient	3 l 15 ſ 5	3 l 14 ſ 9
300 l vient	2 l 16 ſ 7	2 l 16 ſ
200 l vient	1 l 17 ſ 8	1 l 17 ſ 4
100 l vient	18 ſ 10	18 ſ 8
90 l vient	16 ſ 11	16 ſ 9
80 l vient	15 ſ 1	14 ſ 11
70 l vient	13 ſ 2	13 ſ 1
60 l vient	11 ſ 3	11 ſ 2
50 l vient	9 ſ 5	9 ſ 4
40 l vient	7 ſ 6	7 ſ 5
30 l vient	5 ſ 7	5 ſ 7
20 l vient	3 ſ 9	3 ſ 8
10 l vient	1 ſ 10	1 ſ 10
9 l vient	1 ſ 8	1 ſ 8
8 l vient	1 ſ 6	1 ſ 5
7 l vient	1 ſ 3	1 ſ 3
6 l vient	1 ſ 1	1 ſ 1
5 l vient	11	11
4 l vient	9	8
3 l vient	6	6
2 l vient	4	4
1 l vient	2	2
10 ſols vient	1	1

Diviser en 108 parties				Diviser en 109 parties			
De 30000 livres, il vient à chacun	277 l	15 ſ	6	De 30000 livres, il vient à chacun	275 l	4 ſ	7
20000 l vient	185 l	3 ſ	8	20000 l vient	183 l	9 ſ	8
10000 l vient	92 l	11 ſ	10	10000 l vient	91 l	14 ſ	10
9000 l vient	83 l	6 ſ	8	9000 l vient	82 l	11 ſ	4
8000 l vient	74 l	1 ſ	5	8000 l vient	73 l	7 ſ	10
7000 l vient	64 l	16 ſ	3	7000 l vient	64 l	4 ſ	4
6000 l vient	55 l	11 ſ	1	6000 l vient	55 l		11
5000 l vient	46 l	5 ſ	11	5000 l vient	45 l	17 ſ	5
4000 l vient	37 l		8	4000 l vient	36 l	13 ſ	11
3000 l vient	27 l	15 ſ	6	3000 l vient	27 l	10 ſ	5
2000 l vient	18 l	10 ſ	4	2000 l vient	18 l	6 ſ	11
1000 l vient	9 l	5 ſ	2	1000 l vient	9 l	3 ſ	5
900 l vient	8 l	6 ſ	8	900 l vient	8 l	5 ſ	1
800 l vient	7 l	8 ſ	1	800 l vient	7 l	6 ſ	9
700 l vient	6 l	9 ſ	7	700 l vient	6 l	8 ſ	5
600 l vient	5 l	11 ſ	1	600 l vient	5 l	10 ſ	1
500 l vient	4 l	12 ſ	7	500 l vient	4 l	11 ſ	8
400 l vient	3 l	14 ſ		400 l vient	3 l	13 ſ	4
300 l vient	2 l	15 ſ	6	300 l vient	2 l	15 ſ	
200 l vient	1 l	17 ſ		200 l vient	1 l	16 ſ	8
100 l vient		18 ſ	6	100 l vient		18 ſ	4
90 l vient		16 ſ	8	90 l vient		16 ſ	6
80 l vient		14 ſ	9	80 l vient		14 ſ	8
70 l vient		12 ſ	11	70 l vient		12 ſ	10
60 l vient		11 ſ	1	60 l vient		11 ſ	
50 l vient		9 ſ	3	50 l vient		9 ſ	2
40 l vient		7 ſ	4	40 l. vient		7 ſ	4
30 l vient		5 ſ	6	30 l vient		5 ſ	6
20 l vient		3 ſ	8	20 l vient		3 ſ	8
10 l vient		1 ſ	10	10 l vient		1 ſ	10
9 l vient		1 ſ	8	9 l vient		1 ſ	7
8 l vient		1 ſ	5	8 l vient		1 ſ	5
7 l vient		1 ſ	3	7 l vient		1 ſ	3
6 l vient		1 ſ	1	6 l vient		1 ſ	1
5 l vient			11	5 l vient			11
4 l vient			8	4 l vient			8
3 l vient			6	3 l vient			6
2 l vient			4	2 l vient			4
1 l vient			2	1 l vient			2
10 ſols vient			1	10 ſols vient			1

440 *Diviser en 110 parties.*

De 30000 *livres, il vient*

à chacun	272 l	14 ſ	6
20000 l vient	181 l	16 ſ	4
10000 l vient	90 l	18 ſ	2
9000 l vient	81 l	16 ſ	4
8000 l vient	72 l	14 ſ	6
7000 l vient	63 l	12 ſ	8
6000 l vient	54 l	10 ſ	10
5000 l vient	45 l	9 ſ	1
4000 l vient	36 l	7 ſ	3
3000 l vient	27 l	5 ſ	5
2000 l vient	18 l	3 ſ	7
1000 l vient	9 l	1 ſ	9
900 l vient	8 l	3 ſ	7
800 l vient	7 l	5 ſ	5
700 l vient	6 l	7 ſ	3
600 l vient	5 l	9 ſ	1
500 l vient	4 l	10 ſ	10
400 l vient	3 l	12 ſ	8
300 l vient	2 l	14 ſ	6
200 l vient	1 l	16 ſ	4
100 l vient		18 ſ	2
90 l vient		16 ſ	4
80 l vient		14 ſ	6
70 l vient		12 ſ	8
60 l vient		10 ſ	10
50 l vient		9 ſ	1
40 l vient		7 ſ	3
30 l vient		5 ſ	5
20 l vient		3 ſ	7
10 l vient		1 ſ	9
9 l vient		1 ſ	7
8 l vient		1 ſ	5
7 l vient		1 ſ	3
6 l vient		1 ſ	1
5 l vient			10
4 l vient			8
3 l vient			6
2 l vient			4
1 l vient			2
10 ſols vient			1

Diviſer en 111 parties.

De 30000 *livres, il vient*

à chacun	270 l	5 ſ	4
20000 l vient	180 l	3 ſ	7
10000 l vient	90 l	1 ſ	9
9000 l vient	81 l	1 ſ	7
8000 l vient	72 l	1 ſ	5
7000 l vient	63 l	1 ſ	3
6000 l vient	54 l	1 ſ	
5000 l vient	45 l		10
4000 l vient	36 l		8
3000 l vient	27 l		6
2000 l vient	18 l		4
1000 l vient	9 l		2
900 l vient	8 l	2 ſ	1
800 l vient	7 l	4 ſ	1
700 l vient	6 l	6 ſ	1
600 l vient	5 l	8 ſ	1
500 l vient	4 l	10 ſ	1
400 l vient	3 l	12 ſ	
300 l vient	2 l	14 ſ	
200 l vient	1 l	16 ſ	
100 l vient		18 ſ	
90 l vient		16 ſ	2
80 l vient		14 ſ	4
70 l vient		12 ſ	7
60 l vient		10 ſ	9
50 l vient		9 ſ	
40 l vient		7 ſ	2
30 l vient		5 ſ	4
20 l vient		3 ſ	7
10 l vient		1 ſ	9
9 l vient		1 ſ	7
8 l vient		1 ſ	5
7 l vient		1 ſ	3
6 l vient		1 ſ	
5 l vient			10
4 l vient			8
3 l vient			6
2 l vient			4
1 l vient			2
10 ſols vient			1

Diviser en 112 parties.

	l	ſ	d
De 30000 livres, il vient à chacun	267	17	1
20000 l vient	178	11	5
10000 l vient	89	5	8
9000 l vient	80	7	1
8000 l vient	71	8	6
7000 l vient	62	10	
6000 l vient	53	11	5
5000 l vient	44	12	10
4000 l vient	35	14	3
3000 l vient	26	15	8
2000 l vient	17	17	1
1000 l vient	8	18	6
900 l vient	8		8
800 l vient	7	2	10
700 l vient	6	5	
600 l vient	5	7	1
500 l vient	4	9	3
400 l vient	3	11	5
300 l vient	2	13	6
200 l vient	1	15	8
100 l vient		17	10
90 l vient		16	
80 l vient		14	3
70 l vient		12	6
60 l vient		10	8
50 l vient		8	11
40 l vient		7	1
30 l vient		5	4
20 l vient		3	6
10 l vient		1	9
9 l vient		1	7
8 l vient		1	5
7 l vient		1	3
6 l vient		1	
5 l vient			10
4 l vient			8
3 l vient			6
2 l vient			4
1 l vient			2
10 ſols vient			1

Diviser en 113 parties.

	l	ſ	d
De 30000 Livres, il vient à chacun	265	9	8
20000 l vient	176	19	9
10000 l vient	88	9	10
9000 l vient	79	12	10
8000 l vient	70	15	11
7000 l vient	61	18	11
6000 l vient	53	1	11
5000 l vient	44	4	11
4000 l vient	35	7	11
3000 l vient	26	10	11
2000 l vient	17	13	11
1000 l vient	8	16	11
900 l vient	7	19	3
800 l vient	7	1	7
700 l vient	6	3	10
600 l vient	5	6	2
500 l vient	4	8	5
400 l vient	3	10	9
300 l vient	2	13	1
200 l vient	1	15	4
100 l vient		17	8
90 l vient		15	11
80 l vient		14	1
70 l vient		12	4
60 l vient		10	7
50 l vient		8	10
40 l vient		7	
30 l vient		5	3
20 l vient		3	6
10 l vient		1	9
9 l vient		1	7
8 l vient		1	4
7 l vient		1	2
6 l vient		1	
5 l vient			10
4 l vient			8
3 l vient			6
2 l vient			4
1 l vient			2
10 ſols vient			1

Diviſer en 114 parties.

De 30000 *Livres*, il vient à chacun 263 l 3 ſ 1

Somme	l	ſ	d
20000 l vient	175	8	9
10000 l vient	87	14	4
9000 l vient	78	18	11
8000 l vient	70	3	6
7000 l vient	61	8	
6000 l vient	52	12	7
5000 l vient	43	17	2
4000 l vient	35	1	9
3000 l vient	26	6	3
2000 l vient	17	10	10
1000 l vient	8	15	5
900 l vient	7	17	10
800 l vient	7		4
700 l vient	6	2	9
600 l vient	5	5	3
500 l vient	4	7	8
400 l vient	3	10	2
300 l vient	2	12	7
200 l vient	1	15	1
100 l vient		17	6
90 l vient		15	9
80 l vient		14	
70 l vient		12	3
60 l vient		10	6
50 l vient		8	9
40 l vient		7	
30 l vient		5	3
20 l vient		3	6
10 l vient		1	9
9 l vient		1	6
8 l vient		1	4
7 l vient		1	2
6 l vient		1	
5 l vient			10
4 l vient			8
3 l vient			6
2 l vient			4
1 l vient			2
10 *ſols* vient			1

Diviſer en 115 parties.

De 30000 *livres*, il vient à chacun 260 l 17 ſ 4

Somme	l	ſ	d
20000 l vient	173	18	3
10000 l vient	86	19	1
9000 l vient	78	5	2
8000 l vient	69	11	3
7000 l vient	60	17	4
6000 l vient	52	3	7
5000 l vient	43	9	6
4000 l vient	34	15	7
3000 l vient	26	1	8
2000 l vient	17	7	9
1000 l vient	8	13	10
900 l vient	7	16	6
800 l vient	6	19	1
700 l vient	6	1	8
600 l vient	5	4	4
500 l vient	4	6	11
400 l vient	3	9	6
300 l vient	2	12	2
200 l vient	1	14	9
100 l vient		17	4
90 l vient		15	7
80 l vient		13	10
70 l vient		12	2
60 l vient		10	5
50 l vient		8	8
40 l vient		6	11
30 l vient		5	2
20 l vient		3	5
10 l vient		1	8
9 l vient		1	6
8 l vient		1	4
7 l vient		1	2
6 l vient		1	
5 l vient			10
4 l vient			8
3 l vient			6
2 l vient			4
1 l vient			2
10 *ſols* vient			1

Diviser en 116 parties.

De 30000 *livres, il vient à chacun* 258 l 12 ſ 4

20000 l	vient	172 l	8 ſ	3
10000 l	vient	86 l	4 ſ	1
9000 l	vient	77 l	11 ſ	8
8000 l	vient	68 l	19 ſ	3
7000 l	vient	60 l	6 ſ	10
6000 l	vient	51 l	14 ſ	5
5000 l	vient	43 l	2 ſ	
4000 l	vient	34 l	9 ſ	7
3000 l	vient	25 l	17 ſ	2
2000 l	vient	17 l	4 ſ	9
1000 l	vient	8 l	12 ſ	4
900 l	vient	7 l	15 ſ	2
800 l	vient	6 l	17 ſ	11
700 l	vient	6 l		8
600 l	vient	5 l	3 ſ	5
500 l	vient	4 l	6 ſ	2
400 l	vient	3 l	8 ſ	11
300 l	vient	2 l	11 ſ	8
200 l	vient	1 l	14 ſ	5
100 l	vient		17 ſ	2
90 l	vient		15 ſ	6
80 l	vient		13 ſ	9
70 l	vient		12 ſ	
60 l	vient		10 ſ	4
50 l	vient		8 ſ	7
40 l	vient		6 ſ	10
30 l	vient		5 ſ	2
20 l	vient		3 ſ	5
10 l	vient		1 ſ	8
9 l	vient		1 ſ	6
8 l	vient		1 ſ	4
7 l	vient		1 ſ	2
6 l	vient		1 ſ	
5 l	vient			10
4 l	vient			8
3 l	vient			6
2 l	vient			4
1 l	vient			2
10 *sols*	*vient*			1

Diviser en 117 parties.

De 30000 *livres, il vient à chacun* 256 l 8 ſ 2

20000 l	vient	170 l	18 ſ	9
10000 l	vient	85 l	9 ſ	4
9000 l	vient	76 l	18 ſ	5
8000 l	vient	68 l	7 ſ	6
7000 l	vient	59 l	16 ſ	6
6000 l	vient	51 l	5 ſ	7
5000 l	vient	42 l	14 ſ	8
4000 l	vient	34 l	3 ſ	9
3000 l	vient	25 l	12 ſ	9
2000 l	vient	17 l	1 ſ	10
1000 l	vient	8 l	10 ſ	11
900 l	vient	7 l	13 ſ	10
800 l	vient	6 l	16 ſ	9
700 l	vient	5 l	19 ſ	7
600 l	vient	5 l	2 ſ	6
500 l	vient	4 l	5 ſ	5
400 l	vient	3 l	8 ſ	4
300 l	vient	2 l	11 ſ	3
200 l	vient	1 l	14 ſ	2
100 l	vient		17 ſ	1
90 l	vient		15 ſ	4
80 l	vient		13 ſ	8
70 l	vient		11 ſ	11
60 l	vient		10 ſ	3
50 l	vient		8 ſ	6
40 l	vient		6 ſ	10
30 l	vient		5 ſ	1
20 l	vient		3 ſ	5
10 l	vient		1 ſ	8
9 l	vient		1 ſ	6
8 l	vient		1 ſ	4
7 l	vient		1 ſ	2
6 l	vient		1 ſ	
5 l	vient			10
4 l	vient			8
3 l	vient			6
2 l	vient			4
1 l	vient			2
10 *sols*	*vient*			1

De 30000 livres, il vient à chacun	254 l	4 ſ	8
20000 l vient	169 l	9 ſ	9
10000 l vient	84 l	14 ſ	10
9000 l vient	76 l	5 ſ	5
8000 l vient	67 l	15 ſ	11
7000 l vient	59 l	6 ſ	5
6000 l vient	50 l	16 ſ	11
5000 l vient	42 l	7 ſ	5
4000 l vient	33 l	17 ſ	11
3000 l vient	25 l	8 ſ	5
2000 l vient	16 l	18 ſ	11
1000 l vient	8 l	9 ſ	5
900 l vient	7 l	12 ſ	6
800 l vient	6 l	15 ſ	7
700 l vient	5 l	18 ſ	7
600 l vient	5 l	1 ſ	8
500 l vient	4 l	4 ſ	8
400 l vient	3 l	7 ſ	9
300 l vient	2 l	10 ſ	10
200 l vient	1 l	13 ſ	10
100 l vient		16 ſ	11
90 l vient		15 ſ	3
80 l vient		13 ſ	6
70 l vient		11 ſ	10
60 l vient		10 ſ	2
50 l vient		8 ſ	5
40 l vient		6 ſ	9
30 l vient		5 ſ	1
20 l vient		3 ſ	4
10 l vient		1 ſ	8
9 l vient		1 ſ	6
8 l vient		1 ſ	4
7 l vient		1 ſ	2
6 l vient		1 ſ	
5 l vient			10
4 l vient			8
3 l vient			6
2 l vient			4
1 l vient			2
10 ſols vient			1

De 30000 livres, il vient à chacun	252 l	2 ſ	
20000 l vient	168 l	1 ſ	4
10000 l vient	84 l		8
9000 l vient	75 l	12 ſ	7
8000 l vient	67 l	4 ſ	6
7000 l vient	58 l	16 ſ	5
6000 l vient	50 l	8 ſ	4
5000 l vient	42 l		4
4000 l vient	33 l	12 ſ	3
3000 l vient	25 l	4 ſ	2
2000 l vient	16 l	16 ſ	1
1000 l vient	8 l	8 ſ	
900 l vient	7 l	11 ſ	3
800 l vient	6 l	14 ſ	5
700 l vient	5 l	17 ſ	7
600 l vient	5 l		10
500 l vient	4 l	4 ſ	
400 l vient	3 l	7 ſ	2
300 l vient	2 l	10 ſ	5
200 l vient	1 l	13 ſ	7
100 l vient		16 ſ	9
90 l vient		15 ſ	1
80 l vient		13 ſ	5
70 l vient		11 ſ	9
60 l vient		10 ſ	1
50 l vient		8 ſ	4
40 l vient		6 ſ	8
30 l vient		5 ſ	
20 l vient		3 ſ	4
10 l vient		1 ſ	8
9 l vient		1 ſ	6
8 l vient		1 ſ	4
7 l vient		1 ſ	2
6 l vient		1 ſ	
5 l vient			10
4 l vient			8
3 l vient			6
2 l vient			4
1 l vient			2
10 ſols vient			1

Diviſer en 120 parties.	
De 30000 livres, il vient à chacun	250 l
20000 l vient	166 l 13 ſ 4
10000 l vient	83 l 6 ſ 8
9000 l vient	75 l
8000 l vient	66 l 13 ſ 4
7000 l vient	58 l 6 ſ 8
6000 l vient	50 l
5000 l vient	41 l 13 ſ 4
4000 l vient	33 l 6 ſ 8
3000 l vient	25 l
2000 l vient	16 l 13 ſ 4
1000 l vient	8 l 6 ſ 8
900 l vient	7 l 10 ſ
800 l vient	6 l 13 ſ 4
700 l vient	5 l 16 ſ 8
600 l vient	5 l
500 l vient	4 l 3 ſ 4
400 l vient	3 l 6 ſ 8
300 l vient	2 l 10 ſ
200 l vient	1 l 13 ſ 4
100 l vient	16 ſ 8
90 l vient	15 ſ
80 l vient	13 ſ 4
70 l vient	11 ſ 8
60 l vient	10 ſ
50 l vient	8 ſ 4
40 l vient	6 ſ 8
30 l vient	5 ſ
20 l vient	3 ſ 4
10 l vient	1 ſ 8
9 l vient	1 ſ 6
8 l vient	1 ſ 4
7 l vient	1 ſ 2
6 l vient	1 ſ
5 l vient	10
4 l vient	8
3 l vient	6
2 l vient	4
1 l vient	2
10 ſols vient	1

Diviſer en 121 parties.	
De 30000 livres, il vient à chacun	247 l 18 ſ 8
20000 l vient	165 l 5 ſ 9
10000 l vient	82 l 12 ſ 10
9000 l vient	74 l 7 ſ 7
8000 l vient	66 l 2 ſ 3
7000 l vient	57 l 17 ſ
6000 l vient	49 l 11 ſ 8
5000 l vient	41 l 6 ſ 5
4000 l vient	33 l 1 ſ 1
3000 l vient	24 l 15 ſ 10
2000 l vient	16 l 10 ſ 6
1000 l vient	8 l 5 ſ 3
900 l vient	7 l 8 ſ 9
800 l vient	6 l 12 ſ 2
700 l vient	5 l 15 ſ 8
600 l vient	4 l 19 ſ 2
500 l vient	4 l 2 ſ 7
400 l vient	3 l 6 ſ 1
300 l vient	2 l 9 ſ 7
200 l vient	1 l 13 ſ
100 l vient	16 ſ 6
90 l vient	14 ſ 10
80 l vient	13 ſ 2
70 l vient	11 ſ 6
60 l vient	9 ſ 11
50 l vient	8 ſ 5
40 l vient	6 ſ 7
30 l vient	4 ſ 11
20 l vient	3 ſ 3
10 l vient	1 ſ 7
9 l vient	1 ſ 5
8 l vient	1 ſ 3
7 l vient	1 ſ 1
6 l vient	1 ſ
5 l vient	9
4 l vient	7
3 l vient	5
2 l vient	3
1 l vient	1
10 ſols vient	0

Diviser en 122 parties.

De 30000 *livres, il vient à chacun* 245 l 18 f

	l	f	
20000 l vient	163	18 f	8
10000 l vient	81	19 f	4
9000 l vient	73	15 f	4
8000 l vient	65	11 f	5
7000 l vient	57	7 f	6
6000 l vient	49	3 f	7
5000 l vient	40	19 f	8
4000 l vient	32	15 f	8
3000 l vient	24	11 f	9
2000 l vient	16	7 f	10
1000 l vient	8	3 f	11
900 l vient	7	7 f	6
800 l vient	6	11 f	1
700 l vient	5	14 f	9
600 l vient	4	18 f	4
500 l vient	4	1 f	11
400 l vient	3	5 f	6
300 l vient	2	9 f	2
200 l vient	1	12 f	9
100 l vient		16 f	4
90 l vient		14 f	9
80 l vient		13 f	1
70 l vient		11 f	5
60 l vient		9 f	10
50 l vient		8 f	2
40 l vient		6 f	6
30 l vient		4 f	11
20 l vient		3 f	3
10 l vient		1 f	7
9 l vient		1 f	5
8 l vient		1 f	3
7 l vient		1 f	1
6 l vient			11
5 l vient			9
4 l vient			7
3 l vient			5
2 l vient			3
1 l vient			1
10 *fols vient*			0

Diviser en 123 parties.

De 30000 *livres, il vient à chacun* 243 l 18 f

	l	f	
20000 l vient	162	12 f	
10000 l vient	81	6 f	
9000 l vient	73	3 f	4
8000 l vient	65		9
7000 l vient	56	18 f	2
6000 l vient	48	15 f	7
5000 l vient	40	13 f	
4000 l vient	32	10 f	4
3000 l vient	24	7 f	9
2000 l vient	16	5 f	2
1000 l vient	8	2 f	7
900 l vient	7	6 f	4
800 l vient	6	10 f	
700 l vient	5	13 f	9
600 l vient	4	17 f	6
500 l vient	4	1 f	3
400 l vient	3	5 f	
300 l vient	2	8 f	9
200 l vient	1	12 f	6
100 l vient		16 f	3
90 l vient		14 f	7
80 l vient		13 f	
70 l vient		11 f	4
60 l vient		9 f	9
50 l vient		8 f	1
40 l vient		6 f	6
30 l vient		4 f	10
20 l vient		3 f	3
10 l vient		1 f	7
9 l vient		1 f	5
8 l vient		1 f	3
7 l vient		1 f	1
6 l vient			11
5 l vient			9
4 l vient			7
3 l vient			5
2 l vient			3
1 l vient			1
10 *fols vient*			0

Diviser en 124 parties.

De 30000 livres, il vient	l	ſ	d
à chacun	241	18	8
20000 l vient	161	5	9
10000 l vient	80	12	10
9000 l vient	72	11	7
8000 l vient	64	10	3
7000 l vient	56	9	
6000 l vient	48	7	8
5000 l vient	40	6	5
4000 l vient	32	5	1
3000 l vient	24	3	10
2000 l vient	16	2	6
1000 l vient	8	1	3
900 l vient	7	5	1
800 l vient	6	9	
700 l vient	5	12	10
600 l vient	4	16	9
500 l vient	4		7
400 l vient	3	4	6
300 l vient	2	8	4
200 l vient	1	12	3
100 l vient		16	1
90 l vient		14	6
80 l vient		12	10
70 l vient		11	3
60 l vient		9	8
50 l vient		8	
40 l vient		6	5
30 l vient		4	10
20 l vient		3	2
10 l vient		1	7
9 l vient		1	5
8 l vient		1	2
7 l vient		1	1
6 l vient			11
5 l vient			9
4 l vient			7
3 l vient			5
2 l vient			3
1 l vient			1
10 ſols vient			0

Diviser en 125 parties.

De 30000 livres, il vient	l	ſ	d
à chacun	240		
20000 l vient	160		
10000 l vient	80		
9000 l vient	72		
8000 l vient	64		
7000 l vient	56		
6000 l vient	48		
5000 l vient	40		
4000 l vient	32		
3000 l vient	24		
2000 l vient	16		
1000 l vient	8		
900 l vient	7	4	
800 l vient	6	8	
700 l vient	5	12	
600 l vient	4	16	
500 l vient	4		
400 l vient	3	4	
300 l vient	2	8	
200 l vient	1	12	
100 l vient		16	
90 l vient		14	4
80 l vient		12	9
70 l vient		11	2
60 l vient		9	7
50 l vient		8	
40 l vient		6	4
30 l vient		4	9
20 l vient		3	2
10 l vient		1	7
9 l vient		1	5
8 l vient		1	3
7 l vient		1	1
6 l vient			11
5 l vient			9
4 l vient			7
3 l vient			5
2 l vient			3
1 l vient			1
10 ſols vient			0

	Diviſer en 126 parties	Diviſer en 127 parties
De 30000 livres, il vient à chacun	238 l 1 ſ 10	236 l 4 ſ 4
20000 l vient	158 l 14 ſ 7	157 l 9 ſ 7
10000 l vient	79 l 7 ſ 3	78 l 14 ſ 9
9000 l vient	71 l 8 ſ 6	70 l 17 ſ 3
8000 l vient	63 l 9 ſ 10	62 l 19 ſ 10
7000 l vient	55 l 11 ſ 1	55 l 2 ſ 4
6000 l vient	47 l 12 ſ 4	47 l 4 ſ 10
5000 l vient	39 l 13 ſ 7	39 l 7 ſ 4
4000 l vient	31 l 14 ſ 11	31 l 9 ſ 11
3000 l vient	23 l 16 ſ 2	23 l 12 ſ 5
2000 l vient	15 l 17 ſ 5	15 l 14 ſ 11
1000 l vient	7 l 18 ſ 8	7 l 17 ſ 5
900 l vient	7 l 2 ſ 10	7 l 1 ſ 8
800 l vient	6 l 6 ſ 11	6 l 5 ſ 11
700 l vient	5 l 11 ſ 1	5 l 10 ſ 2
600 l vient	4 l 15 ſ 2	4 l 14 ſ 5
500 l vient	3 l 19 ſ 4	3 l 18 ſ 8
400 l vient	3 l 3 ſ 5	3 l 2 ſ 11
300 l vient	2 l 7 ſ 7	2 l 7 ſ 2
200 l vient	1 l 11 ſ 8	1 l 11 ſ 5
100 l vient	15 ſ 10	15 ſ 8
90 l vient	14 ſ 3	14 ſ 2
80 l vient	12 ſ 8	12 ſ 7
70 l vient	11 ſ 1	11 ſ
60 l vient	9 ſ 6	9 ſ 5
50 l vient	7 ſ 11	7 ſ 10
40 l vient	6 ſ 4	6 ſ 3
30 l vient	4 ſ 9	4 ſ 8
20 l vient	3 ſ 2	3 ſ 1
10 l vient	1 ſ 7	1 ſ 6
9 l vient	1 ſ 5	1 ſ 5
8 l vient	1 ſ 3	1 ſ 3
7 l vient	1 ſ 1	1 ſ 1
6 l vient	11	11
5 l vient	9	9
4 l vient	7	7
3 l vient	5	5
2 l vient	3	3
1 l vient	1	1
10 ſols vient	0	0

De 30000 livres, il vient	l	ſ	d		De 30000 livres, il vient	l	ſ	d
à chacun	234	7	6		à chacun	232	11	1
20000 l vient	156	5			20000 l vient	155		9
10000 l vient	78	2	6		10000 l vient	77	10	4
9000 l vient	70	6	3		9000 l vient	69	15	4
8000 l vient	62	10			8000 l vient	62		3
7000 l vient	54	13	9		7000 l vient	54	5	3
6000 l vient	46	17	6		6000 l vient	46	10	2
5000 l vient	39	1	3		5000 l vient	38	15	2
4000 l vient	31	5			4000 l vient	31		1
3000 l vient	23	8	9		3000 l vient	23	5	1
2000 l vient	15	12	6		2000 l vient	15	10	
1000 l vient	7	16	3		1000 l vient	7	15	
900 l vient	7		7		900 l vient	6	19	6
800 l vient	6	5			800 l vient	6	4	
700 l vient	5	9	4		700 l vient	5	8	6
600 l vient	4	13	9		600 l vient	4	13	
500 l vient	3	18	1		500 l vient	3	17	6
400 l vient	3	2	6		400 l vient	3	2	
300 l vient	2	6	10		300 l vient	2	6	6
200 l vient	1	11	3		200 l vient	1	11	
100 l vient		15	7		100 l vient		15	6
90 l vient		14			90 l vient		13	11
80 l vient		12	6		80 l vient		12	4
70 l vient		10	11		70 l vient		10	10
60 l vient		9	4		60 l vient		9	3
50 l vient		7	9		50 l vient		7	9
40 l vient		6	3		40 l vient		6	2
30 l vient		4	8		30 l vient		4	7
20 l vient		3	1		20 l v ent		3	1
10 l vient		1	6		10 l vient		1	6
9 l vient		1	4		9 l vient		1	4
8 l vient		1	3		8 l vient		1	2
7 l vient		1	1		7 l vient		1	1
6 l vient			11		6 l vient			11
5 l vient			9		5 l vient			9
4 l vient			7		4 l vient			7
3 l vient			5		3 l vient			5
2 l vient			3		2 l vient			3
1 l vient			1		1 l vient			1
10 ſols vient			0		10 ſols vient			0

Diviſer en 130 parties.			
De 30000 livres, il vient à chacun	230 l	15 ſ	4
20000 l vient	153 l	16 ſ	11
10000 l vient	76 l	18 ſ	5
9000 l vient	69 l	4 ſ	7
8000 l vient	61 l	10 ſ	9
7000 l vient	53 l	16 ſ	11
6000 l vient	46 l	3 ſ	
5000 l vient	38 l	9 ſ	2
4000 l vient	30 l	15 ſ	4
3000 l vient	23 l	1 ſ	6
2000 l vient	15 l	7 ſ	8
1000 l vient	7 l	13 ſ	10
900 l vient	6 l	18 ſ	5
800 l vient	6 l	3 ſ	
700 l vient	5 l	7 ſ	8
600 l vient	4 l	12 ſ	3
500 l vient	3 l	16 ſ	11
400 l vient	3 l	1 ſ	6
300 l vient	2 l	6 ſ	1
200 l vient	1 l	10 ſ	9
100 l vient		15 ſ	4
90 l vient		13 ſ	1
80 l vient		12 ſ	
70 l vient		10 ſ	9
60 l vient		9 ſ	
50 l vient		7 ſ	8
40 l vient		6 ſ	1
30 l vient		4 ſ	7
20 l vient		3 ſ	
10 l vient		1 ſ	6
9 l vient		1 ſ	4
8 l vient		1 ſ	2
7 l vient		1 ſ	
6 l vient			11
5 l vient			9
4 l vient			7
3 l vient			5
2 l vient			3
1 l vient			1
10 ſols vient			0

Diviſer en 131 parties.			
De 30000 Livres, il vient à chacun	229 l		1
20000 l vient	152 l	13 ſ	5
10000 l vient	76 l	6 ſ	8
9000 l vient	68 l	14 ſ	
8000 l vient	61 l	1 ſ	4
7000 l vient	53 l	8 ſ	8
6000 l vient	45 l	16 ſ	
5000 l vient	38 l	3 ſ	4
4000 l vient	30 l	10 ſ	8
3000 l vient	22 l	18 ſ	
2000 l vient	15 l	5 ſ	4
1000 l vient	7 l	12 ſ	8
900 l vient	6 l	17 ſ	4
800 l vient	6 l	2 ſ	1
700 l vient	5 l	6 ſ	10
600 l vient	4 l	11 ſ	7
500 l vient	3 l	16 ſ	4
400 l vient	3 l	1 ſ	
300 l vient	2 l	5 ſ	9
200 l vient	1 l	10 ſ	6
100 l vient		15 ſ	3
90 l vient		13 ſ	8
80 l vient		12 ſ	2
70 l vient		10 ſ	8
60 l vient		9 ſ	1
50 l vient		7 ſ	7
40 l vient		6 ſ	1
30 l vient		4 ſ	6
20 l vient		3 ſ	
10 l vient		1 ſ	6
9 l vient		1 ſ	4
8 l vient		1 ſ	2
7 l vient		1 ſ	
6 l vient			10
5 l vient			9
4 l vient			7
3 l vient			5
2 l vient			3
1 l vient			1
10 ſols vient			0

Diviſer en 132 parties.

De 30000 livres, il vient	l	ſ	d
à chacun	227	5	
20000 l vient	151	10	3
10000 l vient	75	15	1
9000 l vient	68	3	7
8000 l vient	60	12	1
7000 l vient	53		7
6000 l vient	45	9	1
5000 l vient	37	17	6
4000 l vient	30	6	
3000 l vient	22	14	6
2000 l vient	15	3	
1000 l vient	7	11	6
900 l vient	6	16	4
800 l vient	6	1	2
700 l vient	5	6	
600 l vient	4	10	10
500 l vient	3	15	9
400 l vient	3		7
300 l vient	2	5	5
200 l vient	1	10	3
100 l vient		15	1
90 l vient		13	7
80 l vient		12	1
70 l vient		10	7
60 l vient		9	1
50 l vient		7	6
40 l vient		6	
30 l vient		4	6
20 l vient		3	
10 l vient		1	6
9 l vient		1	4
8 l vient		1	2
7 l vient		1	
6 l vient			10
5 l vient			9
4 l vient			7
3 l vient			5
2 l vient			3
1 l vient			1
10 ſols vient			0

Diviſer en 133 parties.

De 30000 livres, il vient	l	ſ	d
à chacun	225	11	3
20000 l vient	150	7	6
10000 l vient	75	3	9
9000 l vient	67	13	4
8000 l vient	60	3	
7000 l vient	52	12	7
6000 l vient	45	2	3
5000 l vient	37	11	10
4000 l vient	30	1	6
3000 l vient	22	11	1
2000 l vient	15		9
1000 l vient	7	10	4
900 l vient	6	15	4
800 l vient	6		3
700 l vient	5	5	3
600 l vient	4	10	2
500 l vient	3	15	2
400 l vient	3		1
300 l vient	2	5	1
200 l vient	1	10	
100 l vient		15	
90 l vient		13	6
80 l vient		12	
70 l vient		10	6
60 l vient		9	
50 l vient		7	6
40 l vient		6	
30 l vient		4	6
20 l vient		3	
10 l vient		1	6
9 l vient		1	4
8 l vient		1	2
7 l vient		1	
6 l vient			10
5 l vient			9
4 l vient			7
3 l vient			5
2 l vient			3
1 l vient			1
10 ſols vient			0

Diviser en 134 parties			
De 30000 *livres, il vient à chacun*	223 l	17 ſ	7
20000 l vient	149 l	5 ſ	
10000 l vient	74 l	12 ſ	6
9000 l vient	67 l	3 ſ	3
8000 l vient	59 l	14 ſ	
7000 l vient	52 l	4 ſ	9
6000 l vient	44 l	13 ſ	6
5000 l vient	37 l	6 ſ	3
4000 l vient	29 l	17 ſ	
3000 l vient	22 l	7 ſ	9
2000 l vient	14 l	18 ſ	6
1000 l vient	7 l	9 ſ	3
900 l vient	6 l	14 ſ	3
800 l vient	5 l	19 ſ	4
700 l vient	5 l	4 ſ	5
600 l vient	4 l	9 ſ	6
500 l vient	3 l	14 ſ	7
400 l vient	2 l	19 ſ	8
300 l vient	2 l	4 ſ	9
200 l vient	1 l	9 ſ	10
100 l vient		14 ſ	11
50 l vient		13 ſ	5
80 l vient		11 ſ	11
70 l vient		10 ſ	5
60 l vient		8 ſ	11
50 l vient		7 ſ	5
40 l vient		5 ſ	11
30 l vient		4 ſ	5
20 l vient		2 ſ	11
10 l vient		1 ſ	5
9 l vient		1 ſ	4
8 l vient		1 ſ	2
7 l vient		1 ſ	
6 l vient			10
5 l vient			8
4 l vient			7
3 l vient			5
2 l vient			3
1 l vient			1
10 ſols vient			0

Diviser en 135 parties			
De 30000 *livres, il vient à chacun*	222 l	4 ſ	5
20000 l vient	148 l	2 ſ	11
10000 l vient	74 l	1 ſ	5
9000 l vient	66 l	13 ſ	4
8000 l vient	59 l	5 ſ	2
7000 l vient	51 l	17 ſ	
6000 l vient	44 l	8 ſ	10
5000 l vient	37 l		8
4000 l vient	29 l	12 ſ	7
3000 l vient	22 l	4 ſ	5
2000 l vient	14 l	16 ſ	3
1000 l vient	7 l	8 ſ	1
900 l vient	6 l	13 ſ	4
800 l vient	5 l	18 ſ	6
700 l vient	5 l	3 ſ	8
600 l vient	4 l	8 ſ	10
500 l vient	3 l	14 ſ	
400 l vient	2 l	19 ſ	3
300 l vient	2 l	4 ſ	5
200 l vient	1 l	9 ſ	7
100 l vient		14 ſ	9
90 l vient		13 ſ	4
80 l vient		11 ſ	10
70 l vient		10 ſ	4
60 l vient		8 ſ	10
50 l vient		7 ſ	4
40 l vient		5 ſ	11
30 l vient		2 ſ	5
20 l vient		1 ſ	11
10 l vient		1 ſ	5
9 l vient		1 ſ	4
8 l vient		1 ſ	2
7 l vient		1 ſ	
6 l vient			10
5 l vient			8
4 l vient			7
3 l vient			5
2 l vient			3
1 l vient			1
10 ſols vient			0

Diviser en 136 parties				Diviser en 137 parties			
De 30000 livres, il vient à chacun	220 l	11 ſ	9	De 30000 Livres, il vient à chacun	218 l	19 ſ	6
20000 l vient	147 l	1 ſ	2	20000 l vient	145 l	19 ſ	8
10000 l vient	73 l	10 ſ	7	10000 l vient	72 l	19 ſ	10
9000 l vient	66 l	3 ſ	6	9000 l vient	65 l	13 ſ	10
8000 l vient	58 l	16 ſ	5	8000 l vient	58 l	7 ſ	10
7000 l vient	51 l	9 ſ	4	7000 l vient	51 l	1 ſ	10
6000 l vient	44 l	2 ſ	4	6000 l vient	43 l	15 ſ	10
5000 l vient	36 l	15 ſ	3	5000 l vient	36 l	9 ſ	11
4000 l vient	29 l	8 ſ	2	4000 l vient	29 l	3 ſ	11
3000 l vient	22 l	1 ſ	2	3000 l vient	21 l	17 ſ	11
2000 l vient	14 l	14 ſ	1	2000 l vient	14 l	11 ſ	11
1000 l vient	7 l	7 ſ		1000 l vient	7 l	5 ſ	11
900 l vient	6 l	12 ſ	4	900 l vient	6 l	11 ſ	4
800 l vient	5 l	17 ſ	7	800 l vient	5 l	16 ſ	9
700 l vient	5 l	2 ſ	11	700 l vient	5 l	2 ſ	2
600 l vient	4 l	8 ſ	2	600 l vient	4 l	7 ſ	7
500 l vient	3 l	13 ſ	6	500 l vient	3 l	12 ſ	11
400 l vient	2 l	18 ſ	9	400 l vient	2 l	18 ſ	4
300 l vient	2 l	4 ſ	1	300 l vient	2 l	3 ſ	9
200 l vient	1 l	9 ſ	4	200 l vient	1 l	9 ſ	2
100 l vient		14 ſ	8	100 l vient		14 ſ	7
90 l vient		13 ſ	2	90 l vient		13 ſ	1
80 l vient		11 ſ	9	80 l vient		11 ſ	8
70 l vient		10 ſ	3	70 l vient		10 ſ	2
60 l vient		8 ſ	9	60 l vient		8 ſ	9
50 l vient		7 ſ	4	50 l vient		7 ſ	3
40 l vient		5 ſ	10	40 l vient		5 ſ	10
30 l vient		4 ſ	4	30 l vient		4 ſ	4
20 l vient		2 ſ	11	20 l vient		2 ſ	11
10 l vient		1 ſ	5	10 l vient		1 ſ	5
9 l vient		1 ſ	3	9 l vient		1 ſ	3
8 l vient		1 ſ	2	8 l vient		1 ſ	2
7 l vient		1 ſ		7 l vient		1 ſ	
6 l vient			10	6 l vient			10
5 l vient			8	5 l vient			8
4 l vient			7	4 l vient			7
3 l vient			5	3 l vient			5
2 l vient			3	2 l vient			3
1 l vient			1	1 l vient			1
10 ſols vient			0	10 ſols vient			0

De 30000 Livres, il vient	Diviser en 138 parties	Diviser en 139 parties
à chacun	217 l 7 ſ 9	215 l 16 ſ 6
20000 l vient	144 l 18 ſ 6	143 l 17 ſ 8
10000 l vient	72 l 9 ſ 3	71 l 18 ſ 10
9000 l vient	65 l 4 ſ 4	64 l 14 ſ 11
8000 l vient	57 l 19 ſ 5	57 l 11 ſ
7000 l vient	50 l 14 ſ 5	50 l 7 ſ 2
6000 l vient	43 l 9 ſ 6	43 l 3 ſ 3
5000 l vient	36 l 4 ſ 7	35 l 19 ſ 5
4000 l vient	28 l 19 ſ 8	28 l 15 ſ 6
3000 l vient	21 l 14 ſ 9	21 l 11 ſ 7
2000 l vient	14 l 9 ſ 10	14 l 7 ſ 9
1000 l vient	7 l 4 ſ 11	7 l 3 ſ 10
900 l vient	6 l 10 ſ 5	6 l 9 ſ 5
800 l vient	5 l 15 ſ 11	5 l 15 ſ 1
700 l vient	5 l 1 ſ 5	5 l 8
600 l vient	4 l 6 ſ 11	4 l 6 ſ 3
500 l vient	3 l 12 ſ 5	3 l 11 ſ 11
400 l vient	2 l 17 ſ 11	2 l 17 ſ 6
300 l vient	2 l 3 ſ 5	2 l 3 ſ 1
200 l vient	1 l 8 ſ 11	1 l 8 ſ 9
100 l vient	14 ſ 5	14 ſ 4
90 l vient	13 ſ	12 ſ 11
80 l vient	11 ſ 7	11 ſ 6
70 l vient	10 ſ 1	10 ſ
60 l vient	8 ſ 8	8 ſ 7
50 l vient	7 ſ 2	7 ſ 2
40 l vient	5 ſ 9	5 ſ 9
30 l vient	4 ſ 4	4 ſ 3
20 l vient	2 ſ 10	2 ſ 10
10 l vient	1 ſ 5	1 ſ 5
9 l vient	1 ſ 3	1 ſ 3
8 l vient	1 ſ 1	1 ſ 1
7 l vient	1 ſ	1 ſ
6 l vient	10	10
5 l vient	8	8
4 l vient	6	6
3 l vient	5	5
2 l vient	3	3
1 l vient	1	1
10 fols vient	0	0

Diviser en 140 parties.

De 30000 livres, il vient à chacun	214 l	5 ſ	8
20000 l vient	142 l	17 ſ	1
10000 l vient	71 l	8 ſ	6
9000 l vient	64 l	5 ſ	8
8000 l vient	57 l	2 ſ	10
7000 l vient	50 l		
6000 l vient	42 l	17 ſ	1
5000 l vient	35 l	14 ſ	3
4000 l vient	28 l	11 ſ	5
3000 l vient	21 l	8 ſ	6
2000 l vient	14 l	5 ſ	8
1000 l vient	7 l	2 ſ	10
900 l vient	6 l	8 ſ	6
800 l vient	5 l	14 ſ	3
700 l vient	5 l		
600 l vient	4 l	5 ſ	8
500 l vient	3 l	11 ſ	5
400 l vient	2 l	17 ſ	1
300 l vient	2 l	2 ſ	10
200 l vient	1 l	8 ſ	6
100 l vient		14 ſ	3
90 l vient		12 ſ	10
80 l vient		11 ſ	5
70 l vient		10 ſ	
60 l vient		8 ſ	6
50 l vient		7 ſ	1
40 l vient		5 ſ	8
30 l vient		4 ſ	3
20 l vient		2 ſ	10
10 l vient		1 ſ	5
9 l vient		1 ſ	3
8 l vient		1 ſ	1
7 l vient		1 ſ	
6 l vient			10
5 l vient			8
4 l vient			6
3 l vient			5
2 l vient			3
1 l vient			1
10 sols vient			0

Diviser en 141 parties.

De 30000 livres, il vient à chacun	212 l	15 ſ	3
20000 l vient	141 l	16 ſ	10
10000 l vient	70 l	18 ſ	5
9000 l vient	63 l	16 ſ	7
8000 l vient	56 l	14 ſ	9
7000 l vient	49 l	12 ſ	10
6000 l vient	42 l	11 ſ	
5000 l vient	35 l	9 ſ	2
4000 l vient	28 l	7 ſ	4
3000 l vient	21 l	5 ſ	6
2000 l vient	14 l	3 ſ	8
1000 l vient	7 l	1 ſ	10
900 l vient	6 l	7 ſ	7
800 l vient	5 l	13 ſ	5
700 l vient	4 l	19 ſ	3
600 l vient	4 l	5 ſ	1
500 l vient	3 l	10 ſ	11
400 l vient	2 l	16 ſ	3
300 l vient	2 l	2 ſ	6
200 l vient	1 l	8 ſ	4
100 l vient		14 ſ	2
90 l vient		12 ſ	9
80 l vient		11 ſ	4
70 l vient		9 ſ	11
60 l vient		8 ſ	6
50 l vient		7 ſ	1
40 l vient		5 ſ	8
30 l vient		4 ſ	3
20 l vient		2 ſ	10
10 l vient		1 ſ	5
9 l vient		1 ſ	3
8 l vient		1 ſ	1
7 l vient		1 ſ	1
6 l vient			11
5 l vient			10
4 l vient			8
3 l vient			6
2 l vient			5
1 l vient			3
10 sols vient			0

Diviſer en 142 parties

De 30000 *livres, il vient*			
à chacun	211 l	5 ſ	4
20000 l vient	140 l	16 ſ	10
10000 l vient	70 l	8 ſ	5
9000 l vient	63 l	7 ſ	7
8000 l vient	56 l	6 ſ	9
7000 l vient	49 l	5 ſ	10
6000 l vient	42 l	5 ſ	
5000 l vient	35 l	4 ſ	2
4000 l vient	28 l	3 ſ	4
3000 l vient	21 l	2 ſ	6
2000 l vient	14 l	1 ſ	8
1000 l vient	7 l		10
900 l vient	6 l	6 ſ	9
800 l vient	5 l	12 ſ	8
700 l vient	4 l	18 ſ	7
600 l vient	4 l	4 ſ	6
500 l vient	3 l	10 ſ	5
400 l vient	2 l	16 ſ	4
300 l vient	2 l	2 ſ	3
200 l vient	1 l	8 ſ	2
100 l vient		14 ſ	1
90 l vient		12 ſ	8
80 l vient		11 ſ	3
70 l vient		9 ſ	10
60 l vient		8 ſ	5
50 l vient		7 ſ	
40 l vient		5 ſ	7
30 l vient		4 ſ	2
20 l vient		2 ſ	9
10 l vient		1 ſ	4
9 l vient		1 ſ	3
8 l vient		1 ſ	1
7 l vient		ſ	1
6 l vient			10
5 l vient			8
4 l vient			6
3 l vient			5
2 l vient			3
1 l vient			1
10 ſols vient			0

Diviſer en 143 parties

De 30000 *livres, il vient*			
à chacun	209 l	15 ſ	9
20000 l vient	139 l	17 ſ	4
10000 l vient	69 l	18 ſ	7
9000 l vient	62 l	18 ſ	8
8000 l vient	55 l	18 ſ	10
7000 l vient	48 l	19 ſ	
6000 l vient	41 l	19 ſ	1
5000 l vient	34 l	19 ſ	3
4000 l vient	27 l	19 ſ	5
3000 l vient	20 l	19 ſ	6
2000 l vient	13 l	19 ſ	8
1000 l vient	6 l	19 ſ	10
900 l vient	6 l	5 ſ	10
800 l vient	5 l	11 ſ	10
700 l vient	4 l	17 ſ	10
600 l vient	4 l	3 ſ	10
500 l vient	3 l	9 ſ	11
400 l vient	2 l	15 ſ	11
300 l vient	2 l	1 ſ	11
200 l vient	1 l	7 ſ	11
100 l vient		13 ſ	11
90 l vient		12 ſ	7
80 l vient		11 ſ	2
70 l vient		9 ſ	9
60 l vient		8 ſ	4
50 l vient		6 ſ	11
40 l vient		5 ſ	7
30 l vient		4 ſ	2
20 l vient		2 ſ	9
10 l vient		1 ſ	4
9 l vient		1 ſ	3
8 l vient		1 ſ	1
7 l vient		1	1
6 l vient			10
5 l vient			8
4 l vient			6
3 l vient			5
2 l vient			3
1 l vient			1
10 ſols vient			0

Diviſer.

Diviser en 144 parties.

De 30000 *livres, il vient* à chacun 208 l 6 ſ 8

	l	ſ	d
20000 l vient	138	17	9
10000 l vient	69	8	10
9000 l vient	62	10	
8000 l vient	55	11	1
7000 l vient	48	12	2
6000 l vient	41	13	4
5000 l vient	34	14	5
4000 l vient	27	15	6
3000 l vient	20	16	8
2000 l vient	13	17	9
1000 l vient	6	18	10
900 l vient	6	5	
800 l vient	5	11	1
700 l vient	4	17	2
600 l vient	4	3	4
500 l vient	3	9	5
400 l vient	2	15	6
300 l vient	2	1	8
200 l vient	1	7	9
100 l vient		13	10
90 l vient		12	6
80 l vient		11	1
70 l vient		9	8
60 l vient		8	4
50 l vient		6	11
40 l vient		5	6
30 l vient		4	2
20 l vient		2	9
10 l vient		1	4
9 l vient		1	3
8 l vient		1	1
7 l vient			11
6 l vient			10
5 l vient			8
4 l vient			6
3 l vient			5
2 l vient			3
1 l vient			1
10 *ſols* vient			0

Diviser en 145 parties.

De 30000 *livres, il vient* à chacun 206 l 17 ſ 11

	l	ſ	d
20000 l vient	137	18	7
10000 l vient	68	19	3
9000 l vient	62	1	4
8000 l vient	55	3	5
7000 l vient	48	5	6
6000 l vient	41	7	7
5000 l vient	34	9	7
4000 l vient	27	11	8
3000 l vient	20	13	9
2000 l vient	13	15	10
1000 l vient	6	17	11
900 l vient	6	4	1
800 l vient	5	10	4
700 l vient	4	16	6
600 l vient	4	2	9
500 l vient	3	8	11
400 l vient	2	15	2
300 l vient	2	1	4
200 l vient	1	7	7
100 l vient		13	9
90 l vient		12	4
80 l vient		11	
70 l vient		9	7
60 l vient		8	3
50 l vient		6	10
40 l vient		5	6
30 l vient		4	1
20 l vient		2	9
10 l vient		1	4
9 l vient		1	2
8 l vient		1	1
7 l vient			11
6 l vient			9
5 l vient			8
4 l vient			6
3 l vient			4
2 l vient			3
1 l vient			1
10 *ſols* vient			0

Diviser en 146 parties

De 30000 livres, il vient	l	ſ	d
à chacun	205	9	7
20000 l vient	136	19	8
10000 l vient	68	9	10
9000 l vient	61	12	10
8000 l vient	54	15	10
7000 l vient	47	18	10
6000 l vient	41	1	11
5000 l vient	34	4	11
4000 l vient	27	7	11
3000 l vient	20	10	11
2000 l vient	13	13	11
1000 l vient	6	16	11
900 l vient	6	3	3
800 l vient	5	9	7
700 l vient	4	15	10
600 l vient	4	2	2
500 l vient	3	8	5
400 l vient	2	14	9
300 l vient	2	1	1
200 l vient	1	7	4
100 l vient		13	8
90 l vient		12	4
80 l vient		10	11
70 l vient		9	7
60 l vient		8	2
50 l vient		6	10
40 l vient		5	5
30 l vient		4	1
20 l vient		2	3
10 l vient		1	4
9 l vient		1	2
8 l vient		1	1
7 l vient			11
6 l vient			9
5 l vient			8
4 l vient			6
3 l vient			4
2 l vient			3
1 l vient			1
10 ſols vient			0

Diviser en 147 parties

De 30000 livres, il vient	l	ſ	d
à chacun	204	1	7
20000 l vient	136	1	1
10000 l vient	68		6
9000 l vient	61	4	5
8000 l vient	54	8	5
7000 l vient	47	12	4
6000 l vient	40	16	3
5000 l vient	34		3
4000 l vient	27	4	2
3000 l vient	20	8	1
2000 l vient	13	12	1
1000 l vient	6	16	
900 l vient	6	2	5
800 l vient	5	8	10
700 l vient	4	15	2
600 l vient	4	1	7
500 l vient	3	8	
400 l vient	2	14	5
300 l vient	2		9
200 l vient	1	7	2
100 l vient		13	7
90 l vient		12	2
80 l vient		10	10
70 l vient		9	6
60 l vient		8	1
50 l vient		6	9
40 l vient		5	5
30 l vient		4	
20 l vient		2	8
10 l vient		1	4
9 l vient		1	2
8 l vient		1	1
7 l vient			11
6 l vient			9
5 l vient			8
4 l vient			6
3 l vient			4
2 l vient			3
1 l vient			1
10 ſols vient			0

Diviser en 148 parties.

De 30000 livres, il vient	l	ſ	d
à chacun	202	14	
20000 l vient	135	2	8
10000 l vient	67	11	4
9000 l vient	60	16	2
8000 l vient	54	1	
7000 l vient	47	5	11
6000 l vient	40	10	9
5000 l vient	33	15	8
4000 l vient	27		6
3000 l vient	20	5	4
2000 l vient	13	10	3
1000 l vient	6	15	1
900 l vient	6	1	7
800 l vient	5	8	1
700 l vient	4	14	7
600 l vient	4	1	
500 l vient	3	7	6
400 l vient	2	14	
300 l vient	2		6
200 l vient	1	7	
100 l vient		13	6
90 l vient		12	1
80 l vient		10	9
70 l vient		9	5
60 l vient		8	1
50 l vient		6	9
40 l vient		5	4
30 l vient		4	
20 l vient		2	8
10 l vient		1	4
9 l vient		1	2
8 l vient		1	
7 l vient			11
6 l vient			9
5 l vient			8
4 l vient			6
3 l vient			4
2 l vient			3
1 l vient			1
10 ſols vient			0

Diviser en 149 parties.

De 30000 livres, il vient	l	ſ	d
à chacun	201	6	10
20000 l vient	134	4	6
10000 l vient	67	2	3
9000 l vient	60	8	
8000 l vient	53	13	9
7000 l vient	46	19	7
6000 l vient	40	5	4
5000 l vient	33	11	1
4000 l vient	26	16	10
3000 l vient	20	2	8
2000 l vient	13	8	5
1000 l vient	6	14	2
900 l vient	6		9
800 l vient	5	7	4
700 l vient	4	13	11
600 l vient	4		6
500 l vient	3	7	1
400 l vient	2	13	8
300 l vient	2		3
200 l vient	1	6	10
100 l vient		13	5
90 l vient		12	
80 l vient		10	8
70 l vient		9	4
60 l vient		8	
50 l vient		6	8
40 l vient		5	4
30 l vient		4	
20 l vient		2	8
10 l vient		1	4
9 l vient		1	2
8 l vient		1	
7 l vient			11
6 l vient			9
5 l vient			8
4 l vient			6
3 l vient			4
2 l vient			3
1 l vient			1
10 ſols vient			0

De 30000 livres, il vient	Diviser en 150 parties	Diviser en 151 parties
à chacun	200 l	198 l 13 ſ 6
20000 l vient	133 l 6 ſ 8	132 l 9 ſ
10000 l vient	66 l 13 ſ 4	66 l 4 ſ 6
9000 l vient	60 l	59 l 12 ſ
8000 l vient	53 l 6 ſ 8	52 l 19 ſ 7
7000 l vient	46 l 13 ſ 4	46 l 7 ſ 1
6000 l vient	40 l	39 l 14 ſ 8
5000 l vient	33 l 6 ſ 8	33 l 2 ſ 3
4000 l vient	26 l 13 ſ 4	26 l 9 ſ 9
3000 l vient	20 l	19 l 17 ſ 4
2000 l vient	13 l 6 ſ 8	13 l 4 ſ 10
1000 l vient	6 l 13 ſ 4	6 l 12 ſ 5
900 l vient	6 l	5 l 19 ſ 2
800 l vient	5 l 6 ſ 8	5 l 5 ſ 11
700 l vient	4 l 13 ſ 4	4 l 12 ſ 8
600 l vient	4 l	3 l 19 ſ 5
500 l vient	3 l 6 ſ 8	3 l 6 ſ 2
400 l vient	2 l 13 ſ 4	2 l 12 ſ 11
300 l vient	2 l	1 l 19 ſ 8
200 l vient	1 l 6 ſ 8	1 l 6 ſ 5
100 l vient	13 ſ 4	13 ſ 2
90 l vient	12 ſ	11 ſ 11
80 l vient	10 ſ 8	10 ſ 7
70 l vient	9 ſ 4	9 ſ 3
60 l vient	8 ſ	7 ſ 11
50 l vient	6 ſ 8	6 ſ 7
40 l vient	5 ſ 4	5 ſ 3
30 l vient	4 ſ	3 ſ 11
20 l vient	2 ſ 8	2 ſ 7
10 l vient	1 ſ 4	1 ſ 3
9 l vient	1 ſ 2	1 ſ 2
8 l vient	1 ſ	1 ſ
7 l vient	11	11
6 l vient	9	9
5 l vient	8	7
4 l vient	6	6
3 l vient	4	4
2 l vient	3	3
1 l vient	1	1
10 ſols vient	0	0

Diviser en 152 parties			
De 30000 livres, il vient à chacun	197 l	7 ſ	4
20000 l vient	131 l	11 ſ	6
10000 l vient	65 l	15 ſ	9
9000 l vient	59 l	4 ſ	2
8000 l vient	52 l	12 ſ	7
7000 l vient	46 l	1 ſ	
6000 l vient	39 l	9 ſ	5
5000 l vient	32 l	17 ſ	10
4000 l vient	26 l	6 ſ	3
3000 l vient	19 l	14 ſ	3
2000 l vient	13 l	3 ſ	1
1000 l vient	6 l	11 ſ	6
900 l vient	5 l	18 ſ	5
800 l vient	5 l	5 ſ	3
700 l vient	4 l	12 ſ	1
600 l vient	3 l	18 ſ	11
500 l vient	3 l	5 ſ	9
400 l vient	2 l	12 ſ	7
300 l vient	1 l	19 ſ	5
200 l vient	1 l	6 ſ	3
100 l vient		13 ſ	1
90 l vient		11 ſ	10
80 l vient		10 ſ	6
70 l vient		9 ſ	2
60 l vient		7 ſ	10
50 l vient		6 ſ	6
40 l vient		5 ſ	3
30 l vient		3 ſ	11
20 l vient		2 ſ	7
10 l vient		1 ſ	3
9 l vient		1 ſ	2
8 l vient		1 ſ	
7 l vient			11
6 l vient			9
5 l vient			7
4 l vient			6
3 l vient			4
2 l vient			3
1 l vient			1
10 ſols vient			0

Diviser en 153 parties			
De 30000 livres, il vient à chacun	196 l	1 ſ	6
20000 l vient	130 l	14 ſ	4
10000 l vient	65 l	7 ſ	2
9000 l vient	58 l	16 ſ	5
8000 l vient	52 l	5 ſ	9
7000 l vient	45 l	15 ſ	
6000 l vient	39 l	4 ſ	3
5000 l vient	32 l	13 ſ	7
4000 l vient	26 l	2 ſ	10
3000 l vient	19 l	12 ſ	1
2000 l vient	13 l	1 ſ	5
1000 l vient	6 l	10 ſ	8
900 l vient	5 l	17 ſ	7
800 l vient	5 l	4 ſ	6
700 l vient	4 l	11 ſ	6
600 l vient	3 l	18 ſ	5
500 l vient	3 l	5 ſ	4
400 l vient	2 l	12 ſ	3
300 l vient	1 l	19 ſ	2
200 l vient	1 l	6 ſ	1
100 l vient		13 ſ	
90 l vient		11 ſ	9
80 l vient		10 ſ	5
70 l vient		9 ſ	1
60 l vient		7 ſ	10
50 l vient		6 ſ	6
40 l vient		5 ſ	2
30 l vient		3 ſ	11
20 l vient		2 ſ	7
10 l vient		1 ſ	3
9 l vient		1 ſ	2
8 l vient		1 ſ	
7 l vient			10
6 l vient			9
5 l vient			7
4 l vient			6
3 l vient			4
2 l vient			3
1 l vient			1
10 ſols vient			0

Diviser en 154 parties

	l	ſ	d
De 30000 livres, il vient à chacun	194	16	1
20000 l vient	129	17	4
10000 l vient	64	18	8
9000 l vient	58	8	9
8000 l vient	51	18	11
7000 l vient	45	9	1
6000 l vient	38	19	2
5000 l vient	32	9	4
4000 l vient	25	19	5
3000 l vient	19	9	7
2000 l vient	12	19	8
1000 l vient	6	9	10
900 l vient	5	16	10
800 l vient	5	3	10
700 l vient	4	10	10
600 l vient	3	17	11
500 l vient	3	4	11
400 l vient	2	11	11
300 l vient	1	18	11
200 l vient	1	5	11
100 l vient		12	11
90 l vient		11	8
80 l vient		10	4
70 l vient		9	1
60 l vient		7	9
50 l vient		6	5
40 l vient		5	2
30 l vient		3	10
20 l vient		2	7
10 l vient		1	3
9 l vient		1	2
8 l vient		1	
7 l vient			10
6 l vient			9
5 l vient			7
4 l vient			6
3 l vient			4
2 l vient			3
1 l vient			1
10 ſols vient			0

Diviser en 155 parties

	l	ſ	d
De 30000 Livres, il vient à chacun	193	10	11
20000 l vient	129		7
10000 l vient	64	10	3
9000 l vient	58	1	3
8000 l vient	51	12	3
7000 l vient	45	3	2
6000 l vient	38	14	2
5000 l vient	32	5	1
4000 l vient	25	16	1
3000 l vient	19	7	1
2000 l vient	12	18	
1000 l vient	6	9	
900 l vient	5	16	1
800 l vient	5	3	2
700 l vient	4	10	3
600 l vient	3	17	5
500 l vient	3	4	6
400 l vient	2	11	7
300 l vient	1	18	8
200 l vient	1	5	9
100 l vient		12	10
90 l vient		11	7
80 l vient		10	3
70 l vient		9	
60 l vient		7	8
50 l vient		6	5
40 l vient		5	1
30 l vient		3	10
20 l vient		2	6
10 l vient		1	3
9 l vient		1	1
8 l vient		1	
7 l vient			10
6 l vient			9
5 l vient			7
4 l vient			6
3 l vient			4
2 l vient			3
1 l vient			1
10 ſols vient			0

Diviſer en 156 parties.

De 30000 *livres*, il vient	l	ſ	
à chacun	192	6	ſ 1
20000 l vient	128	4	ſ 1
10000 l vient	64	2	ſ
9000 l vient	57	13	ſ 10
8000 l vient	51	5	ſ 7
7000 l vient	44	17	ſ 5
6000 l vient	38	9	ſ 2
5000 l vient	32	1	ſ
4000 l vient	25	11	ſ 9
3000 l vient	19	4	ſ 7
2000 l vient	12	16	ſ 4
1000 l vient	6	8	ſ 2
900 l vient	5	15	ſ 4
800 l vient	5	2	ſ 6
700 l vient	4	9	ſ 8
600 l vient	3	16	ſ 11
500 l vient	3	4	ſ 1
400 l vient	2	11	ſ 3
300 l vient	1	18	ſ 5
200 l vient	1	5	ſ 7
100 l vient		12	ſ 9
90 l vient		11	ſ 6
80 l vient		10	ſ 3
70 l vient		8	ſ 11
60 l vient		7	ſ 8
50 l vient		6	ſ 4
40 l vient		5	ſ 1
30 l vient		3	ſ 10
20 l vient		2	ſ 6
10 l vient		1	ſ 3
9 l vient		1	ſ 1
8 l vient		1	ſ
7 l vient			10
6 l vient			9
5 l vient			7
4 l vient			6
3 l vient			4
2 l vient			3
1 l vient			1
10 *ſols* vient			0

Diviſer en 157 parties.

De 30000 *livres*, il vient	l	ſ	
à chacun	191	1	ſ 7
20000 l vient	127	7	ſ 9
10000 l vient	63	13	ſ 10
9000 l vient	57	6	ſ 5
8000 l vient	50	19	ſ 1
7000 l vient	44	11	ſ 8
6000 l vient	38	4	ſ 3
5000 l vient	31	16	ſ 11
4000 l vient	25	9	ſ 6
3000 l vient	19	2	ſ 1
2000 l vient	12	14	ſ 9
1000 l vient	6	7	ſ 4
900 l vient	5	14	ſ 7
800 l vient	5	1	ſ 10
700 l vient	4	9	ſ 2
600 l vient	3	16	ſ 5
500 l vient	3	3	ſ 8
400 l vient	2	10	ſ 11
300 l vient	1	18	ſ 2
200 l vient	1	5	ſ 5
100 l vient		12	ſ 8
90 l vient		11	ſ 5
80 l vient		10	ſ 2
70 l vient		8	ſ 11
60 l vient		7	ſ 7
50 l vient		6	ſ 4
40 l vient		5	ſ 1
30 l vient		3	ſ 9
20 l vient		2	ſ 6
10 l vient		1	ſ 3
9 l vient		1	ſ 1
8 l vient		1	ſ
7 l vient			10
6 l vient			9
5 l vient			7
4 l vient			6
3 l vient			4
2 l vient			3
1 l vient			1
10 *ſols* vient			0

Diviser en 158 parties

De 30000 livres, il vient	l	ſ	
à chacun	189 l	17 ſ	5
20000 l vient	126 l	11 ſ	7
10000 l vient	63 l	5 ſ	9
9000 l vient	56 l	19 ſ	2
8000 l vient	50 l	12 ſ	7
7000 l vient	44 l	6 ſ	
6000 l vient	37 l	19 ſ	5
5000 l vient	31 l	12 ſ	10
4000 l vient	25 l	6 ſ	3
3000 l vient	18 l	19 ſ	8
2000 l vient	12 l	13 ſ	1
1000 l vient	6 l	6 ſ	6
900 l vient	5 l	13 ſ	11
800 l vient	5 l	1 ſ	3
700 l vient	4 l	8 ſ	7
600 l vient	3 l	15 ſ	11
500 l vient	3 l	3 ſ	3
400 l vient	2 l	10 ſ	7
300 l vient	1 l	17 ſ	11
200 l vient	1 l	5 ſ	3
100 l vient		12 ſ	7
90 l vient		11 ſ	4
80 l vient		10 ſ	1
70 l vient		8 ſ	10
60 l vient		7 ſ	7
50 l vient		6 ſ	3
40 l vient		5 ſ	
30 l vient		3 ſ	9
20 l vient		2 ſ	6
10 l vient		1 ſ	3
9 l vient		1 ſ	1
8 l vient		1 ſ	
7 l vient			10
6 l vient			9
5 l vient			7
4 l vient			6
3 l vient			4
2 l vient			3
1 l vient			1
10 ſols vient			0

Diviser en 159 parties

De 30000 livres, il vient	l	ſ	
à chacun	188 l	13 ſ	6
20000 l vient	125 l	15 ſ	8
10000 l vient	62 l	17 ſ	11
9000 l vient	56 l	12 ſ	
8000 l vient	50 l	6 ſ	3
7000 l vient	44 l		6
6000 l vient	37 l	14 ſ	8
5000 l vient	31 l	8 ſ	11
4000 l vient	25 l	3 ſ	1
3000 l vient	18 l	17 ſ	4
2000 l vient	12 l	11 ſ	6
1000 l vient	6 l	5 ſ	9
900 l vient	5 l	13 ſ	2
800 l vient	5 l		7
700 l vient	4 l	8 ſ	
600 l vient	3 l	15 ſ	5
500 l vient	3 l	2 ſ	10
400 l vient	2 l	10 ſ	3
300 l vient	1 l	17 ſ	8
200 l vient	1 l	5 ſ	1
100 l vient		12 ſ	6
90 l vient		11 ſ	3
80 l vient		10 ſ	
70 l vient		8 ſ	9
60 l vient		7 ſ	6
50 l vient		6 ſ	3
40 l vient		5 ſ	
30 l vient		3 ſ	9
20 l vient		2 ſ	6
10 l vient		1 ſ	3
9 l vient		1 ſ	1
8 l vient		1 ſ	
7 l vient			10
6 l vient			9
5 l vient			7
4 l vient			6
3 l vient			4
2 l vient			3
1 l vient			1
10 ſols vient			0

Diviſer en 160 parties			
De 30000 *livres*, il vient à chacun	187 l	10 ſ	
20000 l vient	125 l		
10000 l vient	62 l	10 ſ	
9000 l vient	56 l	5 ſ	
8000 l vient	50 l		
7000 l vient	43 l	15 ſ	
6000 l vient	37 l	10 ſ	
5000 l vient	31 l	5 ſ	
4000 l vient	25 l		
3000 l vient	18 l	15 ſ	
2000 l vient	12 l	10 ſ	
1000 l vient	6 l	5 ſ	
900 l vient	5 l	12 ſ	6
800 l vient	5 l		
700 l vient	4 l	7 ſ	6
600 l vient	3 l	15 ſ	
500 l vient	3 l	2 ſ	6
400 l vient	2 l	10 ſ	
300 l vient	1 l	17 ſ	6
200 l vient	1 l	5 ſ	
100 l vient		12 ſ	6
90 l vient		11 ſ	3
80 l vient		10 ſ	
70 l vient		8 ſ	9
60 l vient		7 ſ	6
50 l vient		6 ſ	3
40 l vient		5 ſ	
30 l vient		3 ſ	9
20 l vient		2 ſ	6
10 l vient		1 ſ	3
9 l vient		1 ſ	1
8 l vient		1 ſ	
7 l vient			10
6 l vient			9
5 l vient			7
4 l vient			6
3 l vient			4
2 l vient			3
1 l vient			1
10 *ſols* vient			0

Diviſer en 161 parties			
De 30000 *Livres*, il vient à chacun	186 l	6 ſ	8
20000 l vient	124 l	4 ſ	5
10000 l vient	62 l	2 ſ	2
9000 l vient	55 l	18 ſ	
8000 l vient	49 l	13 ſ	9
7000 l vient	43 l	9 ſ	6
6000 l vient	37 l	5 ſ	4
5000 l vient	31 l	1 ſ	1
4000 l vient	24 l	16 ſ	10
3000 l vient	18 l	12 ſ	8
2000 l vient	12 l	8 ſ	5
1000 l vient	6 l	4 ſ	2
900 l vient	5 l	11 ſ	9
800 l vient	4 l	19 ſ	4
700 l vient	4 l	6 ſ	11
600 l vient	3 l	14 ſ	6
500 l vient	3 l	2 ſ	1
400 l vient	2 l	9 ſ	8
300 l vient	1 l	17 ſ	3
200 l vient	1 l	4 ſ	10
100 l vient		12 ſ	5
90 l vient		11 ſ	2
80 l vient		9 ſ	11
70 l vient		8 ſ	8
60 l vient		7 ſ	5
50 l vient		6 ſ	2
40 l vient		4 ſ	11
30 l vient		3 ſ	8
20 l vient		2 ſ	5
10 l vient		1 ſ	2
9 l vient		1 ſ	1
8 l vient			11
7 l vient			10
6 l vient			8
5 l vient			7
4 l vient			5
3 l vient			4
2 l vient			2
1 l vient			1
10 *ſols* vient			0

Diviser en 162 parties.

De 30000 *Livres*, il vient

	l	ſ	den.
à chacun	185	3	8
20000 l vient	123	9	1
10000 l vient	61	14	6
9000 l vient	55	11	1
8000 l vient	49	7	7
7000 l vient	43	4	2
6000 l vient	37		8
5000 l vient	30	17	3
4000 l vient	24	13	9
3000 l vient	18	10	4
2000 l vient	12	6	10
1000 l vient	6	3	5
900 l vient	5	11	1
800 l vient	4	18	9
700 l vient	4	6	5
600 l vient	3	14	
500 l vient	3	1	8
400 l vient	2	9	4
300 l vient	1	17	
200 l vient	1	4	8
100 l vient		12	4
90 l vient		11	1
80 l vient		9	10
70 l vient		8	7
60 l vient		7	4
50 l vient		6	2
40 l vient		4	11
30 l vient		3	8
20 l vient		2	5
10 l vient		1	2
9 l vient		1	1
8 l vient			11
7 l vient			10
6 l vient			8
5 l vient			7
4 l vient			5
3 l vient			4
2 l vient			2
1 l vient			1
10 *ſols* vient			9

Diviser en 163 parties.

De 30000 *livres*, il vient

	l	ſ	den.
à chacun	184		11
20000 l vient	122	13	11
10000 l vient	61	6	11
9000 l vient	55	4	3
8000 l vient	49	1	7
7000 l vient	42	18	10
6000 l vient	36	16	2
5000 l vient	30	13	5
4000 l vient	24	10	9
3000 l vient	18	8	1
2000 l vient	12	5	4
1000 l vient	6	2	8
900 l vient	5	10	5
800 l vient	4	18	1
700 l vient	4	5	10
600 l vient	3	13	7
500 l vient	3	1	4
400 l vient	2	9	
300 l vient	1	16	9
200 l vient	1	4	6
100 l vient		12	3
90 l vient		11	
80 l vient		9	9
70 l vient		8	7
60 l vient		7	4
50 l vient		6	1
40 l vient		4	10
30 l vient		3	8
20 l vient		2	5
10 l vient		1	2
9 l vient		1	1
8 l vient			11
7 l vient			10
6 l vient			8
5 l vient			7
4 l vient			5
3 l vient			4
2 l vient			2
1 l vient			1
10 *ſols* vient			

Diviser en 164 parties				Diviser en 165 parties			
De 30000 livres, il vient à chacun	182 l	18 f	6	De 30000 livres, il vient à chacun	181 l	16 f	4
20000 l vient	121 l	19 f		20000 l vient	121 l	4 f	2
10000 l vient	60 l	19 f	6	10000 l vient	60 l	12 f	1
9000 l vient	54 l	17 f	6	9000 l vient	54 l	10 f	10
8000 l vient	48 l	15 f	7	8000 l vient	48 l	9 f	8
7000 l vient	42 l	13 f	7	7000 l vient	42 l	8 f	5
6000 l vient	36 l	11 f	8	6000 l vient	36 l	7 f	3
5000 l vient	30 l	9 f	9	5000 l vient	30 l	6 f	
4000 l vient	24 l	7 f	9	4000 l vient	24 l	4 f	10
3000 l vient	18 l	5 f	10	3000 l vient	18 l	3 f	7
2000 l vient	12 l	3 f	10	2000 l vient	12 l	2 f	5
1000 l vient	6 l	1 f	11	1000 l vient	6 l	1 f	2
900 l vient	5 l	9 f	9	900 l vient	5 l	9 f	1
800 l vient	4 l	17 f	6	800 l vient	4 l	16 f	11
700 l vient	4 l	5 f	4	700 l vient	4 l	4 f	10
600 l vient	3 l	13 f	2	600 l vient	3 l	12 f	8
500 l vient	3 l		11	500 l vient	3 l		7
400 l vient	2 l	8 f	9	400 l vient	2 l	8 f	5
300 l vient	1 l	16 f	7	300 l vient	1 l	16 f	4
200 l vient	1 l	4 f	4	200 l vient	1 l	4 f	2
100 l vient		12 f	2	100 l vient		12 f	1
90 l vient		10 f	11	90 l vient		10 f	10
80 l vient		9 f	9	80 l vient		9 f	8
70 l vient		8 f	6	70 l vient		8 f	5
60 l vient		7 f	3	60 l vient		7 f	3
50 l vient		6 f	1	50 l vient		6 f	
40 l vient		4 f	10	40 l vient		4 f	10
30 l vient		3 f	7	30 l vient		3 f	7
20 l vient		2 f	5	20 l vient		2 f	5
10 l vient		1 f	2	10 l vient		1 f	2
9 l vient		1 f	1	9 l vient		1 f	1
8 l vient			11	8 l vient			11
7 l vient			10	7 l vient			10
6 l vient			8	6 l vient			8
5 l vient			7	5 l vient			7
4 l vient			5	4 l vient			5
3 l vient			4	3 l vient			4
2 l vient			2	2 l vient			2
1 l vient			1	1 l vient			1
10 sols vient			0	10 sols vient			0

De 30000 livres, il vient à chacun	180 l	14 ſ	5
20000 l vient	120 l	9 ſ	7
10000 l vient	60 l	4 ſ	9
9000 l vient	54 l	4 ſ	4
8000 l vient	48 l	3 ſ	10
7000 l vient	42 l	3 ſ	4
6000 l vient	36 l	2 ſ	10
5000 l vient	30 l	2 ſ	4
4000 l vient	24 l	1 ſ	11
3000 l vient	18 l	1 ſ	5
2000 l vient	12 l		11
1000 l vient	6 l		5
900 l vient	5 l	8 ſ	5
800 l vient	4 l	16 ſ	4
700 l vient	4 l	4 ſ	4
600 l vient	3 l	12 ſ	3
500 l vient	3 l		2
400 l vient	2 l	8 ſ	2
300 l vient	1 l	16 ſ	1
200 l vient	1 l	4 ſ	1
100 l vient		12 ſ	
90 l vient		10 ſ	10
80 l vient		9 ſ	7
70 l vient		8 ſ	5
60 l vient		7 ſ	2
50 l vient		6 ſ	
40 l vient		4 ſ	9
30 l vient		3 ſ	7
20 l vient		2 ſ	4
10 l vient		1 ſ	2
9 l vient		1 ſ	1
8 l vient			11
7 l vient			10
6 l vient			8
5 l vient			7
4 l vient			5
3 l vient			4
2 l vient			2
1 l vient			1
10 ſols vient			0

De 30000 livres, il vient à chacun	179 l	12 ſ	9
20000 l vient	119 l	15 ſ	2
10000 l vient	59 l	17 ſ	7
9000 l vient	53 l	17 ſ	10
8000 l vient	47 l	18 ſ	1
7000 l vient	41 l	18 ſ	3
6000 l vient	35 l	18 ſ	6
5000 l vient	29 l	18 ſ	9
4000 l vient	23 l	19 ſ	
3000 l vient	17 l	19 ſ	3
2000 l vient	11 l	19 ſ	6
1000 l vient	5 l	19 ſ	9
900 l vient	5 l	7 ſ	9
800 l vient	4 l	15 ſ	9
700 l vient	4 l	3 ſ	9
600 l vient	3 l	11 ſ	10
500 l vient	2 l	19 ſ	10
400 l vient	2 l	7 ſ	10
300 l vient	1 l	15 ſ	11
200 l vient	1 l	3 ſ	11
100 l vient		11 ſ	11
90 l vient		10 ſ	9
80 l vient		9 ſ	6
70 l vient		8 ſ	4
60 l vient		7 ſ	2
50 l vient		5 ſ	11
40 l vient		4 ſ	9
30 l vient		3 ſ	7
20 l vient		2 ſ	4
10 l vient		1 ſ	2
9 l vient		1 ſ	
8 l vient			11
7 l vient			10
6 l vient			8
5 l vient			7
4 l vient			5
3 l vient			4
2 l vient			2
1 l vient			1
10 ſols vient			0

Diviſer.

Somme	en 168 parties	en 169 parties
De 30000 livres, il vient à chacun	178 l 11 ſ 5	177 l 10 ſ 3
20000 l vient	119 l ſ 11	118 l 6 ſ 10
10000 l vient	59 l 10 ſ 5	59 l 3 ſ 5
9000 l vient	53 l 11 ſ 5	53 l 5 ſ 1
8000 l vient	47 l 12 ſ 4	47 l 6 ſ 8
7000 l vient	41 l 13 ſ 4	41 l 8 ſ 4
6000 l vient	35 l 14 ſ 3	35 l 10 ſ
5000 l vient	29 l 15 ſ 2	29 l 11 ſ 8
4000 l vient	23 l 16 ſ 2	23 l 13 ſ 4
3000 l vient	17 l 17 ſ 1	17 l 15 ſ
2000 l vient	11 l 18 ſ 1	11 l 16 ſ 8
1000 l vient	5 l 19 ſ	5 l 18 ſ 4
900 l vient	5 l 7 ſ 1	5 l 6 ſ 6
800 l vient	4 l 15 ſ 2	4 l 14 ſ 8
700 l vient	4 l 3 ſ 4	4 l 2 ſ 10
600 l vient	3 l 11 ſ 5	3 l 11 ſ
500 l vient	2 l 19 ſ 6	2 l 19 ſ 2
400 l vient	2 l 7 ſ 7	2 l 7 ſ 4
300 l vient	1 l 15 ſ 3	1 l 15 ſ 6
200 l vient	1 l 3 ſ 9	1 l 3 ſ 8
100 l vient	11 ſ 10	11 ſ 10
90 l vient	10 ſ 8	10 ſ 7
80 l vient	9 ſ 6	9 ſ 5
70 l vient	8 ſ 4	8 ſ 3
60 l vient	7 ſ 1	7 ſ 1
50 l vient	5 ſ 11	5 ſ 11
40 l vient	4 ſ 9	4 ſ 8
30 l vient	3 ſ 6	3 ſ 6
20 l vient	2 ſ 4	2 ſ 4
10 l vient	1 ſ 2	1 ſ 2
9 l vient	1 ſ	1 ſ
8 l vient	11	11
7 l vient	10	9
6 l vient	8	8
5 l vient	7	7
4 l vient	5	5
3 l vient	4	4
2 l vient	2	2
1 l vient	1	1
10 ſols vient	6	9

Diviser en 170 parties.

De 30000 *livres, il vient* à chacun	l	ſ	d
	176	9	4
20000 l vient	117	12	11
10000 l vient	58	16	5
9000 l vient	52	18	9
8000 l vient	47	1	2
7000 l vient	41	3	6
6000 l vient	35	5	10
5000 l vient	29	8	2
4000 l vient	23	10	7
3000 l vient	17	12	11
2000 l vient	11	15	3
1000 l vient	5	17	7
900 l vient	5	5	10
800 l vient	4	14	1
700 l vient	4	2	4
600 l vient	3	10	7
500 l vient	2	18	9
400 l vient	2	7	
300 l vient	1	15	3
200 l vient	1	3	6
100 l vient		11	9
90 l vient		10	7
80 l vient		9	4
70 l vient		8	2
60 l vient		7	
50 l vient		5	10
40 l vient		4	8
30 l vient		3	6
20 l vient		2	4
10 l vient		1	2
9 l vient		1	
8 l vient			11
7 l vient			9
6 l vient			8
5 l vient			7
4 l vient			5
3 l vient			4
2 l vient			2
1 l vient			1
10 ſols vient			0

Diviser en 171 parties.

De 30000 *livres, il vient* à chacun	l	ſ	d
	175	8	9
20000 l vient	116	19	2
10000 l vient	58	9	7
9000 l vient	52	12	7
8000 l vient	46	15	8
7000 l vient	40	18	8
6000 l vient	35	1	9
5000 l vient	29	4	9
4000 l vient	23	7	10
3000 l vient	17	10	10
2000 l vient	11	13	11
1000 l vient	5	16	11
900 l vient	5	5	3
800 l vient	4	13	6
700 l vient	4	1	10
600 l vient	3	10	2
500 l vient	2	18	5
400 l vient	2	6	9
300 l vient	1	15	1
200 l vient	1	3	4
100 l vient		11	8
90 l vient		10	6
80 l vient		9	4
70 l vient		8	2
60 l vient		7	
50 l vient		5	10
40 l vient		4	8
30 l vient		3	6
20 l vient		2	4
10 l vient		1	2
9 l vient		1	
8 l vient			11
7 l vient			9
6 l vient			8
5 l vient			7
4 l vient			5
3 l vient			4
2 l vient			3
1 l vient			1
10 ſols vient			0

Diviſer en 172 parties.

De 30000 *livres*, il vient à chacun 174 l 8 ſ 4

Somme	l	ſ	d
à chacun	174	8	4
20000 l vient	116	5	6
10000 l vient	58	2	9
9000 l vient	52	6	6
8000 l vient	46	10	2
7000 l vient	40	13	11
6000 l vient	34	17	8
5000 l vient	29	1	4
4000 l vient	23	5	1
3000 l vient	17	8	10
2000 l vient	11	12	6
1000 l vient	5	16	3
900 l vient	5	4	7
800 l vient	4	13	
700 l vient	4	1	4
600 l vient	3	9	9
500 l vient	2	18	1
400 l vient	2	6	6
300 l vient	1	14	10
200 l vient	1	3	3
100 l vient		11	7
90 l vient		10	5
80 l vient		9	3
70 l vient		8	1
60 l vient		6	11
50 l vient		5	9
40 l vient		4	7
30 l vient		3	5
20 l vient		2	3
10 l vient		1	1
9 l vient		1	
8 l vient			11
7 l vient			9
6 l vient			8
5 l vient			6
4 l vient			5
3 l vient			4
2 l vient			2
1 l vient			1
10 ſols vient			0

Diviſer en 173 parties.

De 30000 *livres*, il vient à chacun 173 l 8 ſ 2

Somme	l	ſ	d
à chacun	173	8	2
20000 l vient	115	12	1
10000 l vient	57	16	
9000 l vient	52		5
8000 l vient	46	4	10
7000 l vient	40	9	2
6000 l vient	34	13	7
5000 l vient	28	18	
4000 l vient	23	2	5
3000 l vient	17	6	9
2000 l vient	11	11	2
1000 l vient	5	15	7
900 l vient	5	4	
800 l vient	4	12	5
700 l vient	4		11
600 l vient	3	9	4
500 l vient	2	17	9
400 l vient	2	6	2
300 l vient	1	14	8
200 l vient	1	3	1
100 l vient		11	6
90 l vient		10	4
80 l vient		9	2
70 l vient		8	1
60 l vient		6	11
50 l vient		5	9
40 l vient		4	7
30 l vient		3	5
20 l vient		2	3
10 l vient		1	1
9 l vient		1	
8 l vient			11
7 l vient			9
6 l vient			8
5 l vient			6
4 l vient			5
3 l vient			4
2 l vient			2
1 l vient			1
10 ſols vient			0

	Diviser en 174 parties	Diviser en 175 parties
De 30000 livres, il vient à chacun	172 l 8 ſ 3	171 l 8 ſ 6
20000 l vient	114 l 18 ſ 10	114 l 5 ſ 8
10000 l vient	57 l 9 ſ 5	57 l 2 ſ 10
9000 l vient	51 l 14 ſ 5	51 l 8 ſ 6
8000 l vient	45 l 19 ſ 6	45 l 14 ſ 3
7000 l vient	40 l 4 ſ 7	40 l
6000 l vient	34 l 9 ſ 7	34 l 5 ſ 8
5000 l vient	28 l 14 ſ 8	28 l 11 ſ 5
4000 l vient	22 l 19 ſ 9	22 l 17 ſ 1
3000 l vient	17 l 4 ſ 9	17 l 2 ſ 10
2000 l vient	11 l 9 ſ 10	11 l 8 ſ 6
1000 l vient	5 l 14 ſ 11	5 l 14 ſ 3
900 l vient	5 l 3 ſ 5	5 l 2 ſ 10
800 l vient	4 l 11 ſ 11	4 l 11 ſ 5
700 l vient	4 l ſ 5	4 l
600 l vient	3 l 8 ſ 11	3 l 8 ſ 6
500 l vient	2 l 17 ſ 5	2 l 17 ſ 1
400 l vient	2 l 5 ſ 11	2 l 5 ſ 8
300 l vient	1 l 14 ſ 5	1 l 14 ſ 3
200 l vient	1 l 2 ſ 11	1 l 2 ſ 10
100 l vient	11 ſ 5	11 ſ 5
90 l vient	10 ſ 4	10 ſ 3
80 l vient	9 ſ 2	9 ſ 1
70 l vient	8 ſ	8 ſ
60 l vient	6 ſ 10	6 ſ 10
50 l vient	5 ſ 8	5 ſ 8
40 l vient	4 ſ 7	4 ſ 6
30 l vient	3 ſ 5	3 ſ 5
20 l vient	2 ſ 3	2 ſ 3
10 l vient	1 ſ 1	1 ſ 1
9 l vient	1 ſ	1 ſ
8 l vient	11	10
7 l vient	9	9
6 l vient	8	8
5 l vient	6	6
4 l vient	5	5
3 l vient	4	4
2 l vient	2	2
1 l vient	1	1
10 ſols vient	0	0

Diviſer en 176 parties.

De 30000 *livres*, il vient

	l	ſ	
à chacun	170 l	9 ſ	1
20000 l vient	113 l	12 ſ	8
10000 l vient	56 l	16 ſ	4
9000 l vient	51 l	2 ſ	8
8000 l vient	45 l	9 ſ	1
7000 l vient	39 l	15 ſ	5
6000 l vient	34 l	1 ſ	9
5000 l vient	28 l	8 ſ	2
4000 l vient	22 l	14 ſ	6
3000 l vient	17 l		10
2000 l vient	11 l	7 ſ	3
1000 l vient	5 l	13 ſ	7
900 l vient	5 l	2 ſ	3
800 l vient	4 l	10 ſ	10
700 l vient	3 l	19 ſ	6
600 l vient	3 l	8 ſ	2
500 l vient	2 l	16 ſ	9
400 l vient	2 l	5 ſ	5
300 l vient	1 l	14 ſ	1
200 l vient	1 l	2 ſ	8
100 l vient		11 ſ	4
90 l vient		10 ſ	2
80 l vient		9 ſ	1
70 l vient		7 ſ	11
60 l vient		6 ſ	9
50 l vient		5 ſ	8
40 l vient		4 ſ	6
30 l vient		3 ſ	4
20 l vient		2 ſ	3
10 l vient		1 ſ	1
9 l vient		1 ſ	
8 l vient			10
7 l vient			9
6 l vient			8
5 l vient			6
4 l vient			5
3 l vient			4
2 l vient			2
1 l vient			1
10 *ſols* vient			0

Diviſer en 177 parties.

De 30000 *livres*, il vient

	l	ſ	
à chacun	169 l	9 ſ	9
20000 l vient	112 l	19 ſ	10
10000 l vient	56 l	9 ſ	11
9000 l vient	50 l	16 ſ	11
8000 l vient	45 l	3 ſ	11
7000 l vient	39 l	10 ſ	11
6000 l vient	33 l	17 ſ	11
5000 l vient	28 l	4 ſ	11
4000 l vient	22 l	11 ſ	11
3000 l vient	16 l	18 ſ	11
2000 l vient	11 l	5 ſ	11
1000 l vient	5 l	12 ſ	11
900 l vient	5 l	1 ſ	8
800 l vient	4 l	10 ſ	4
700 l vient	3 l	19 ſ	1
600 l vient	3 l	7 ſ	9
500 l vient	2 l	16 ſ	5
400 l vient	2 l	5 ſ	2
300 l vient	1 l	13 ſ	10
200 l vient	1 l	2 ſ	7
100 l vient		11 ſ	3
90 l vient		10 ſ	2
80 l vient		9 ſ	
70 l vient		7 ſ	10
60 l vient		6 ſ	9
50 l vient		5 ſ	7
40 l vient		4 ſ	6
30 l vient		3 ſ	4
20 l vient		2 ſ	3
10 l vient		1 ſ	1
9 l vient		1 ſ	
8 l vient			10
7 l vient			9
6 l vient			8
5 l vient			6
4 l vient			5
3 l vient			4
2 l vient			2
1 l vient			1
10 *ſols* vient			0

474 Diviser en 178 parties.			
De 30000 livres, il vient	l	ſ	
à chacun	168	10	9
20000 l vient	112	7	2
10000 l vient	56	3	7
9000 l vient	50	11	2
8000 l vient	44	18	10
7000 l vient	39	6	6
6000 l vient	33	14	1
5000 l vient	28	1	9
4000 l vient	22	9	5
3000 l vient	16	17	
2000 l vient	11	4	8
1000 l vient	5	12	4
900 l vient	5	1	1
800 l vient	4	9	10
700 l vient	3	18	7
600 l vient	3	7	4
500 l vient	2	16	2
400 l vient	2	4	11
300 l vient	1	13	8
200 l vient	1	2	5
100 l vient		11	2
90 l vient		10	1
80 l vient		8	11
70 l vient		7	10
60 l vient		6	8
50 l vient		5	7
40 l vient		4	5
30 l vient		3	4
20 l vient		2	2
10 l vient		1	1
9 l vient		1	
8 l vient			10
7 l vient			9
6 l vient			8
5 l vient			6
4 l vient			5
3 l vient			4
2 l vient			2
1 l vient			1
10 ſols vient			0

Diviser en 179 parties.			
De 30000 Livres, il vient	l	ſ	
à chacun	167	11	11
20000 l vient	111	14	7
10000 l vient	55	17	3
9000 l vient	50	5	7
8000 l vient	44	13	10
7000 l vient	39	2	1
6000 l vient	33	10	4
5000 l vient	27	18	7
4000 l vient	22	6	11
3000 l vient	16	15	2
2000 l vient	11	3	5
1000 l vient	5	11	8
900 l vient	5		6
800 l vient	4	9	4
700 l vient	3	18	2
600 l vient	3	7	
500 l vient	2	15	10
400 l vient	2	4	8
300 l vient	1	13	6
200 l vient	1	2	4
100 l vient		11	2
90 l vient		10	
80 l vient		8	11
70 l vient		7	9
60 l vient		6	8
50 l vient		5	7
40 l vient		4	5
30 l vient		3	4
20 l vient		2	2
10 l vient		1	1
9 l vient		1	
8 l vient			10
7 l vient			9
6 l vient			8
5 l vient			6
4 l vient			5
3 l vient			4
2 l vient			2
1 l vient			1
10 ſols vient			0

De 30000 livres, il vient	en 180 parties	en 181 parties
à chacun	166 l 13 ſ 4	165 l 14 ſ 11
20000 l vient	111 l 2 ſ 2	110 l 9 ſ 11
10000 l vient	55 l 11 ſ 1	55 l 4 ſ 11
9000 l vient	50 l	49 l 14 ſ 5
8000 l vient	44 l 8 ſ 10	44 l 3 ſ 11
7000 l vient	38 l 17 ſ 9	38 l 13 ſ 5
6000 l vient	33 l 6 ſ 8	33 l 2 ſ 11
5000 l vient	27 l 15 ſ 6	27 l 12 ſ 5
4000 l vient	22 l 4 ſ 5	22 l 1 ſ 11
3000 l vient	16 l 13 ſ 4	16 l 11 ſ 5
2000 l vient	11 l 2 ſ 2	11 l 11
1000 l vient	5 l 11 ſ 1	5 l 10 ſ 5
900 l vient	5 l	4 l 19 ſ 5
800 l vient	4 l 8 ſ 10	4 l 8 ſ 4
700 l vient	3 l 17 ſ 9	3 l 17 ſ 4
600 l vient	3 l 6 ſ 8	3 l 6 ſ 3
500 l vient	2 l 15 ſ 6	2 l 15 ſ 2
400 l vient	2 l 4 ſ 5	2 l 4 ſ 2
300 l vient	1 l 13 ſ 4	1 l 13 ſ 1
200 l vient	1 l 2 ſ 2	1 l 2 ſ 1
100 l vient	11 ſ 1	11 ſ
90 l vient	10 ſ	9 ſ 11
80 l vient	8 ſ 10	8 ſ 10
70 l vient	7 ſ 9	7 ſ 8
60 l vient	6 ſ 8	6 ſ 7
50 l vient	5 ſ 6	5 ſ 6
40 l vient	4 ſ 5	4 ſ 5
30 l vient	3 ſ 4	3 ſ 3
20 l vient	2 ſ 2	2 ſ 2
10 l vient	1 ſ 1	1 ſ 1
9 l vient	1 ſ	11
8 l vient	10	10
7 l vient	9	9
6 l vient	8	7
5 l vient	6	6
4 l vient	5	5
3 l vient	4	3
2 l vient	2	2
1 l vient	1	1
10 ſols vient	0	0

Diviser en 182 parties				Diviser en 183 parties			
De 30000 livres, il vient à chacun	164 l	16 ſ	8	De 30000 livres, il vient à chacun	163 l	18 ſ	8
20000 l vient	109 l	17 ſ	9	20000 l vient	109 l	5 ſ	9
10000 l vient	54 l	18 ſ	10	10000 l vient	54 l	12 ſ	10
9000 l vient	49 l	9 ſ		9000 l vient	49 l	3 ſ	7
8000 l vient	43 l	19 ſ	1	8000 l vient	43 l	14 ſ	3
7000 l vient	38 l	9 ſ	2	7000 l vient	38 l	5 ſ	
6000 l vient	32 l	19 ſ	4	6000 l vient	32 l	15 ſ	8
5000 l vient	27 l	9 ſ	5	5000 l vient	27 l	6 ſ	5
4000 l vient	21 l	19 ſ	6	4000 l vient	21 l	17 ſ	1
3000 l vient	16 l	9 ſ	8	3000 l vient	16 l	7 ſ	10
2000 l vient	10 l	19 ſ	9	2000 l vient	10 l	18 ſ	6
1000 l vient	5 l	9 ſ	10	1000 l vient	5 l	9 ſ	3
900 l vient	4 l	18 ſ	10	900 l vient	4 l	18 ſ	4
800 l vient	4 l	7 ſ	10	800 l vient	4 l	7 ſ	5
700 l vient	3 l	16 ſ	11	700 l vient	3 l	16 ſ	6
600 l vient	3 l	5 ſ	10	600 l vient	3 l	5 ſ	6
500 l vient	2 l	14 ſ	11	500 l vient	2 l	14 ſ	7
400 l vient	2 l	3 ſ	11	400 l vient	2 l	3 ſ	8
300 l vient	1 l	12 ſ	11	300 l vient	1 l	12 ſ	9
200 l vient	1 l	1 ſ	11	200 l vient	1 l	1 ſ	10
100 l vient		10 ſ	11	100 l vient		10 ſ	11
90 l vient		9 ſ	10	90 l vient		9 ſ	10
80 l vient		8 ſ	9	80 l vient		8 ſ	8
70 l vient		7 ſ	8	70 l vient		7 ſ	7
60 l vient		6 ſ	7	60 l vient		6 ſ	6
50 l vient		5 ſ	5	50 l vient		5 ſ	5
40 l vient		4 ſ	4	40 l vient		4 ſ	4
30 l vient		3 ſ	3	30 l vient		3 ſ	3
20 l vient		2 ſ	2	20 l vient		2 ſ	2
10 l vient		1 ſ	1	10 l vient		1 ſ	1
9 l vient			11	9 l vient			11
8 l vient			10	8 l vient			10
7 l vient			9	7 l vient			9
6 l vient			7	6 l vient			7
5 l vient			6	5 l vient			6
4 l vient			5	4 l vient			5
3 l vient			3	3 l vient			3
2 l vient			2	2 l vient			2
1 l vient			1	1 l vient			1
10 *ſols* vient			0	10 *ſols* vient			0

Diviſer en 184 parties.

	l	ſ	d
De 30000 livres, il vient à chacun	163 l		10
20000 l vient	108 l	13 ſ	10
10000 l vient	54 l	6 ſ	11
9000 l vient	48 l	18 ſ	3
8000 l vient	43 l	9 ſ	6
7000 l vient	38 l		10
6000 l vient	32 l	12 ſ	2
5000 l vient	27 l	3 ſ	5
4000 l vient	21 l	14 ſ	9
3000 l vient	16 l	6 ſ	1
2000 l vient	10 l	17 ſ	4
1000 l vient	5 l	8 ſ	8
900 l vient	4 l	17 ſ	9
800 l vient	4 l	6 ſ	11
700 l vient	3 l	16 ſ	1
600 l vient	3 l	5 ſ	2
500 l vient	2 l	14 ſ	4
400 l vient	2 l	3 ſ	5
300 l vient	1 l	12 ſ	7
200 l vient	1 l	1 ſ	8
100 l vient		10 ſ	10
90 l vient		9 ſ	9
80 l vient		8 ſ	8
70 l vient		7 ſ	7
60 l vient		6 ſ	6
50 l vient		5 ſ	5
40 l vient		4 ſ	4
30 l vient		3 ſ	3
20 l vient		2 ſ	2
10 l vient		1 ſ	1
9 l vient			11
8 l vient			10
7 l vient			9
6 l vient			7
5 l vient			6
4 l vient			5
3 l vient			3
2 l vient			2
1 l vient			1
10 ſols vient			0

Diviſer en 185 parties.

	l	ſ	d
De 30000 Livres, il vient à chacun	162 l	3 ſ	2
20000 l vient	108 l	2 ſ	1
10000 l vient	54 l	1 ſ	
9000 l vient	48 l	12 ſ	11
8000 l vient	43 l	4 ſ	10
7000 l vient	37 l	16 ſ	9
6000 l vient	32 l	8 ſ	7
5000 l vient	27 l		6
4000 l vient	21 l	12 ſ	5
3000 l vient	16 l	4 ſ	3
2000 l vient	10 l	16 ſ	2
1000 l vient	5 l	8 ſ	1
900 l vient	4 l	17 ſ	3
800 l vient	4 l	6 ſ	5
700 l vient	3 l	15 ſ	8
600 l vient	3 l	4 ſ	10
500 l vient	2 l	14 ſ	
400 l vient	2 l	3 ſ	2
300 l vient	1 l	12 ſ	5
200 l vient	1 l	1 ſ	7
100 l vient		10 ſ	9
90 l vient		9 ſ	8
80 l vient		8 ſ	7
70 l vient		7 ſ	6
60 l vient		6 ſ	5
50 l vient		5 ſ	4
40 l vient		4 ſ	3
30 l vient		3 ſ	2
20 l vient		2 ſ	1
10 l vient		1 ſ	
9 l vient			11
8 l vient			10
7 l vient			9
6 l vient			7
5 l vient			6
4 l vient			5
3 l vient			3
2 l vient			2
1 l vient			1
10 ſols vient			0

De 30000 *Livres*, il vient	186 parties (l)	(ſ)	(d)	187 parties (l)	(ſ)	(d)
à chacun	161	5	9	160	8	6
20000 l vient	107	10	6	106	19	
10000 l vient	53	15	3	53	9	6
9000 l vient	48	7	8	48	2	6
8000 l vient	43		2	42	15	7
7000 l vient	37	12	8	37	8	7
6000 l vient	32	5	1	32	1	8
5000 l vient	26	17	7	26	14	9
4000 l vient	21	10	1	21	7	9
3000 l vient	16	2	6	16		10
2000 l vient	10	15		10	13	10
1000 l vient	5	7	6	5	6	11
900 l vient	4	16	9	4	16	3
800 l vient	4	6		4	5	6
700 l vient	3	15	3	3	14	10
600 l vient	3	4	6	3	4	2
500 l vient	2	13	9	2	13	5
400 l vient	2	3		2	2	9
300 l vient	1	12	3	1	12	1
200 l vient	1	1	6	1	1	4
100 l vient		10	9		10	8
90 l vient		9	8		9	7
80 l vient		8	7		8	6
70 l vient		7	6		7	5
60 l vient		6	5		6	5
50 l vient		5	4		5	4
40 l vient		4	3		4	3
30 l vient		3	2		3	2
20 l vient		2	1		2	1
10 l vient		1			1	
9 l vient			11			11
8 l vient			10			10
7 l vient			9			8
6 l vient			7			7
5 l vient			6			6
4 l vient			5			5
3 l vient			3			3
2 l vient			2			2
1 l vient			1			1
10 *ſols* vient			0			0

Diviser en 188 parties.

De 30000 livres, il vient	l	ſ	d
à chacun	159	11	5
20000 l vient	106	7	7
10000 l vient	53	3	9
9000 l vient	47	17	5
8000 l vient	42	11	
7000 l vient	37	4	8
6000 l vient	31	18	3
5000 l vient	26	11	10
4000 l vient	21	5	6
3000 l vient	15	19	1
2000 l vient	10	12	9
1000 l vient	5	6	4
900 l vient	4	15	8
800 l vient	4	5	1
700 l vient	3	14	5
600 l vient	3	3	9
500 l vient	2	13	2
400 l vient	2	2	6
300 l vient	1	11	10
200 l vient	1	1	3
100 l vient		10	7
90 l vient		9	6
80 l vient		8	6
70 l vient		7	5
60 l vient		6	4
50 l vient		5	3
40 l vient		4	3
30 l vient		3	2
20 l vient		2	1
10 l vient		1	
9 l vient			11
8 l vient			10
7 l vient			8
6 l vient			7
5 l vient			6
4 l vient			5
3 l vient			3
2 l vient			2
1 l vient			1
10 ſols vient			0

Diviser en 189 parties.

De 30000 livres, il vient	l	ſ	d
à chacun	158	14	7
20000 l vient	105	16	4
10000 l vient	52	18	2
9000 l vient	47	12	4
8000 l vient	42	6	6
7000 l vient	37		8
6000 l vient	31	14	11
5000 l vient	26	9	1
4000 l vient	21	3	3
3000 l vient	15	17	5
2000 l vient	10	11	7
1000 l vient	5	5	9
900 l vient	4	15	2
800 l vient	4	4	7
700 l vient	3	14	
600 l vient	3	3	5
500 l vient	2	12	10
400 l vient	2	2	3
300 l vient	1	11	8
200 l vient	1	1	1
100 l vient		10	6
90 l vient		9	6
80 l vient		8	5
70 l vient		7	4
60 l vient		6	4
50 l vient		5	3
40 l vient		4	2
30 l vient		3	2
20 l vient		2	1
10 l vient		1	
9 l vient			11
8 l vient			10
7 l vient			8
6 l vient			7
5 l vient			6
4 l vient			5
3 l vient			3
2 l vient			2
1 l vient			1
10 ſols vient			0

	en 190 parties	en 191 parties
De 30000 livres, il vient à chacun	157 l 17 ſ 10	157 l 1 ſ 4
20000 l vient	105 l 5 ſ 3	104 l 14 ſ 2
10000 l vient	52 l 12 ſ 7	52 l 7 ſ 1
9000 l vient	47 l 7 ſ 4	47 l 2 ſ 4
8000 l vient	42 l 2 ſ 1	41 l 17 ſ 8
7000 l vient	36 l 16 ſ 10	36 l 12 ſ 11
6000 l vient	31 l 11 ſ 6	31 l 8 ſ 3
5000 l vient	26 l 6 ſ 3	26 l 3 ſ 6
4000 l vient	21 l 1 ſ	20 l 18 ſ 10
3000 l vient	15 l 15 ſ 9	15 l 14 ſ 1
2000 l vient	10 l 10 ſ 6	10 l 9 ſ 5
1000 l vient	5 l 5 ſ 3	5 l 4 ſ 8
900 l vient	4 l 14 ſ 8	4 l 14 ſ 2
800 l vient	4 l 4 ſ 2	4 l 3 ſ 9
700 l vient	3 l 13 ſ 8	3 l 13 ſ 3
600 l vient	3 l 3 ſ 1	3 l 2 ſ 9
500 l vient	2 l 12 ſ 7	2 l 12 ſ 4
400 l vient	2 l 2 ſ 1	2 l 1 ſ 10
300 l vient	1 l 11 ſ 6	1 l 11 ſ 4
200 l vient	1 l 1 ſ	1 l 1 ſ
100 l vient	10 ſ 6	10 ſ 5
90 l vient	9 ſ 5	9 ſ 5
80 l vient	8 ſ 5	8 ſ 4
70 l vient	7 ſ 4	7 ſ 3
60 l vient	6 ſ 3	6 ſ 3
50 l vient	5 ſ 3	5 ſ 2
40 l vient	4 ſ 2	4 ſ 2
30 l vient	3 ſ 1	3 ſ 1
20 l vient	2 ſ 1	2 ſ 1
10 l vient	1 ſ	1 ſ
9 l vient	11	11
8 l vient	10	10
7 l vient	8	8
6 l vient	7	7
5 l vient	6	6
4 l vient	5	5
3 l vient	3	3
2 l vient	2	2
1 l vient	1	1
	19 ſols vient 0	10 ſols vient 0

Diviſer en 192 parties.

	l	ſ	d
De 30000 livres, il vient à chacun	156	5	
20000 l vient	104	3	4
10000 l vient	52	1	8
9000 l vient	46	17	6
8000 l vient	41	13	4
7000 l vient	36	9	2
6000 l vient	31	5	
5000 l vient	26		10
4000 l vient	20	16	8
3000 l vient	15	12	6
2000 l vient	10	8	4
1000 l vient	5	4	2
900 l vient	4	13	9
800 l vient	4	3	4
700 l vient	3	12	11
600 l vient	3	2	6
500 l vient	2	12	1
400 l vient	2	1	8
300 l vient	1	11	3
200 l vient	1		10
100 l vient		10	5
90 l vient		9	4
80 l vient		8	4
70 l vient		7	3
60 l vient		6	3
50 l vient		5	2
40 l vient		4	2
30 l vient		3	1
20 l vient		2	1
10 l vient		1	
9 l vient			11
8 l vient			10
7 l vient			8
6 l vient			7
5 l vient			6
4 l vient			5
3 l vient			3
2 l vient			2
1 l vient			1
10 fols vient			0

Diviſer en 193 parties.

	l	ſ	d
De 30000 livres, il vient à chacun	155	8	9
20000 l vient	103	12	6
10000 l vient	51	16	3
9000 l vient	46	12	7
8000 l vient	41	9	
7000 l vient	36	5	4
6000 l vient	31	1	9
5000 l vient	25	18	1
4000 l vient	20	14	6
3000 l vient	15	10	10
2000 l vient	10	7	3
1000 l vient	5	3	7
900 l vient	4	13	3
800 l vient	4	2	10
700 l vient	3	12	6
600 l vient	3	2	2
500 l vient	2	11	9
400 l vient	2	1	5
300 l vient	1	11	1
200 l vient	1		8
100 l vient		10	4
90 l vient		9	3
80 l vient		8	3
70 l vient		7	3
60 l vient		6	2
50 l vient		5	2
40 l vient		4	1
30 l vient		3	1
20 l vient		2	
10 l vient		1	
9 l vient			11
8 l vient			9
7 l vient			8
6 l vient			7
5 l vient			6
4 l vient			4
3 l vient			3
2 l vient			2
1 l vient			1
10 fols vient			0

De 30000 *livres, il vient*	De 30000 *livres, il vient*
à *chacun* 154 l 12 ſ 9	à *chacun* 153 l 16 ſ 11
20000 l vient 103 l 1 ſ 10	20000 l vient 102 l 11 ſ 3
10000 l vient 51 l 10 ſ 11	10000 l vient 51 l 5 ſ 7
9000 l vient 46 l 7 ſ 10	9000 l vient 46 l 3 ſ
8000 l vient 41 l 4 ſ 8	8000 l vient 41 l 6 ſ
7000 l vient 36 l 1 ſ 7	7000 l vient 35 l 17 ſ 11
6000 l vient 30 l 18 ſ 6	6000 l vient 30 l 15 ſ 4
5000 l vient 25 l 15 ſ 5	5000 l vient 25 l 12 ſ 9
4000 l vient 20 l 12 ſ 4	4000 l vient 20 l 10 ſ 3
3000 l vient 15 l 9 ſ 3	3000 l vient 15 l 7 ſ 8
2000 l vient 10 l 6 ſ 2	2000 l vient 10 l 5 ſ 1
1000 l vient 5 l 3 ſ 1	1000 l vient 5 l 2 ſ 6
900 l vient 4 l 12 ſ 9	900 l vient 4 l 12 ſ 3
800 l vient 4 l 2 ſ 5	800 l vient 4 l 2 ſ
700 l vient 3 l 12 ſ 1	700 l vient 3 l 11 ſ 9
600 l vient 3 l 1 ſ 10	600 l vient 3 l 1 ſ 6
500 l vient 2 l 11 ſ 6	500 l vient 2 l 11 ſ 3
400 l vient 2 l 1 ſ 2	400 l vient 2 l 1 ſ
300 l vient 1 l 10 ſ 11	300 l vient 1 l 10 ſ 9
200 l vient 1 l 7	200 l vient 1 l 6
100 l vient 10 ſ 3	100 l vient 10 ſ 3
90 l vient 9 ſ 3	90 l vient 9 ſ 2
80 l vient 8 ſ 2	80 l vient 8 ſ 2
70 l vient 7 ſ 2	70 l vient 7 ſ 2
60 l vient 6 ſ 2	60 l vient 6 ſ 1
50 l vient 5 ſ 1	50 l vient 5 ſ 1
40 l vient 4 ſ 1	40 l vient 4 ſ 1
30 l vient 3 ſ 1	30 l vient 3 ſ
20 l vient 2 ſ	20 l vient 2 ſ
10 l vient 1 ſ	10 l vient 1 ſ
9 l vient 11	9 l vient 11
8 l vient 9	8 l vient 9
7 l vient 8	7 l vient 8
6 l vient 7	6 l vient 7
5 l vient 6	5 l vient 6
4 l vient 4	4 l vient 4
3 l vient 3	3 l vient 3
2 l vient 2	2 l vient 2
1 l vient 1	1 l vient 1
10 *ſols vient* 0	10 *ſols vient* 0

Diviser en 196 parties.				Diviser en 197 parties.			
De 30000 *livres*, il vient				De 30000 *livres*, il vient			
à chacun	153 l	1 ſ	2	à chacun	152 l	5 ſ	8
20000 l vient	102 l		9	20000 l vient	101 l	10 ſ	5
10000 l vient	51 l		4	10000 l vient	50 l	15 ſ	2
9000 l vient	45 l	18 ſ	4	9000 l vient	45 l	13 ſ	8
8000 l vient	40 l	16 ſ	3	8000 l vient	40 l	12 ſ	2
7000 l vient	35 l	14 ſ	3	7000 l vient	35 l	10 ſ	7
6000 l vient	30 l	12 ſ	2	6000 l vient	30 l	9 ſ	1
5000 l vient	25 l	10 ſ	2	5000 l vient	25 l	7 ſ.	7
4000 l vient	20 l	8 ſ	1	4000 l vient	20 l	6 ſ	1
3000 l vient	15 l	6 ſ	1	3000 l vient	15 l	4 ſ	6
2000 l vient	10 l	4 ſ		2000 l vient	10 l	3 ſ	
1000 l vient	5 l	2 ſ		1000 l vient	5 l	1 ſ	6
900 l vient	4 l	11 ſ	10	900 l vient	4 l	11 ſ	4
800 l vient	4 l	1 ſ	7	800 l vient	4 l	1 ſ	2
700 l vient	3 l	11 ſ	5	700 l vient	3 l	11 ſ	
600 l vient	3 l	1 ſ	2	600 l vient	3 l		10
500 l vient	2 l	11 ſ		500 l vient	2 l	10 ſ	9
400 l vient	2 l		9	400 l vient	2 l		7
300 l vient	1 l	10 ſ	7	300 l vient	1 l	10 ſ	5
200 l vient	1 l		4	200 l vient	1 l		3
100 l vient		10 ſ	2	100 l vient		10 ſ	1
90 l vient		9 ſ	2	90 l vient		9 ſ	1
80 l vient		8 ſ	1	80 l vient		8 ſ	1
70 l vient		7 ſ	1	70 l vient		7 ſ	1
60 l vient		6 ſ	1	60 l vient		6 ſ	1
50 l vient		5 ſ	1	50 l vient		5 ſ	
40 l vient		4 ſ		40 l vient		4 ſ	
30 l vient		3 ſ		30 l vient		3 ſ	
20 l vient		2 ſ		20 l vient		2 ſ	
10 l vient		1 ſ		10 l vient		1 ſ	
9 l vient			11	9 l vient			10
8 l vient			9	8 l vient			9
7 l vient			8	7 l vient			8
6 l vient			7	6 l vient			7
5 l vient			6	5 l vient			6
4 l vient			4	4 l vient			4
3 l vient			3	3 l vient			3
2 l vient			2	2 l vient			2
1 l vient			1	1 l vient			1
10 *ſols* vient			0	10 *ſols* vient			0

Diviser en 198 parties	l	sols	den.
De 30000 livres, il vient à chacun	151 l	10 ſ	3
20000 l vient	101 l		2
10000 l vient	50 l	10 ſ	1
9000 l vient	45 l	9 ſ	1
8000 l vient	40 l	8 ſ	
7000 l vient	35 l	7 ſ	
6000 l vient	30 l	6 ſ	
5000 l vient	25 l	5 ſ	
4000 l vient	20 l	4 ſ	
3000 l vient	15 l	3 ſ	
2000 l vient	10 l	2 ſ	
1000 l vient	5 l	1 ſ	
900 l vient	4 l	10 ſ	10
800 l vient	4 l		9
700 l vient	3 l	10 ſ	8
600 l vient	3 l		7
500 l vient	2 l	10 ſ	6
400 l vient	2 l		4
300 l vient	1 l	10 ſ	3
200 l vient	1 l		2
100 l vient		10 ſ	1
90 l vient		9 ſ	1
80 l vient		8 ſ	
70 l vient		7 ſ	
60 l vient		6 ſ	
50 l vient		5 ſ	
40 l vient		4 ſ	
30 l vient		3 ſ	
20 l vient		2 ſ	
10 l vient		1 ſ	
9 l vient			10
8 l vient			9
7 l vient			8
6 l vient			7
5 l vient			6
4 l vient			4
3 l vient			3
2 l vient			2
1 l vient			1
10 ſols vient			0

Diviser en 199 parties	l	sols	den.
De 30000 livres, il vient à chacun	150 l	15 ſ	
20000 l vient	100 l	10 ſ	
10000 l vient	50 l	5 ſ	
9000 l vient	45 l	4 ſ	6
8000 l vient	40 l	4 ſ	
7000 l vient	35 l	3 ſ	6
6000 l vient	30 l	3 ſ	
5000 l vient	25 l	2 ſ	6
4000 l vient	20 l	2 ſ	
3000 l vient	15 l	1 ſ	6
2000 l vient	10 l	1 ſ	
1000 l vient	5 l		6
900 l vient	4 l	10 ſ	5
800 l vient	4 l		4
700 l vient	3 l	10 ſ	4
600 l vient	3 l		3
500 l vient	2 l	10 ſ	3
400 l vient	2 l		2
300 l vient	1 l	10 ſ	1
200 l vient	1 l		1
100 l vient		10 ſ	
90 l vient		9 ſ	
80 l vient		8 ſ	
70 l vient		7 ſ	
60 l vient		6 ſ	
50 l vient		5 ſ	
40 l vient		4 ſ	
30 l vient		3 ſ	
20 l vient		2 ſ	
10 l vient		1 ſ	
9 l vient			10
8 l vient			9
7 l vient			8
6 l vient			7
5 l vient			6
4 l vient			4
3 l vient			3
2 l vient			2
1 l vient			1
10 ſols vient			0

Diviser en 200 parties	l	ſ	d		Diviser en 220 parties	l	ſ	d
De 30000 livres, il vient à chacun	150 l				De 30000 livres, il vient à chacun	136 l	7 ſ	3
20000 l vient	100 l				20000 l vient	90 l	18 ſ	2
10000 l vient	50 l				10000 l vient	45 l	9 ſ	1
9000 l vient	45 l				9000 l vient	40 l	18 ſ	2
8000 l vient	40 l				8000 l vient	36 l	7 ſ	3
7000 l vient	35 l				7000 l vient	31 l	16 ſ	4
6000 l vient	30 l				6000 l vient	27 l	5 ſ	5
5000 l vient	25 l				5000 l vient	22 l	14 ſ	6
4000 l vient	20 l				4000 l vient	18 l	3 ſ	7
3000 l vient	15 l				3000 l vient	13 l	12 ſ	8
2000 l vient	10 l				2000 l vient	9 l	1 ſ	9
1000 l vient	5 l				1000 l vient	4 l	10 ſ	10
900 l vient	4 l	10 ſ			900 l vient	4 l	1 ſ	9
800 l vient	4 l				800 l vient	3 l	12 ſ	8
700 l vient	3 l	10 ſ			700 l vient	3 l	3 ſ	7
600 l vient	3 l				600 l vient	2 l	14 ſ	6
500 l vient	2 l	10 ſ			500 l vient	2 l	5 ſ	5
400 l vient	2 l				400 l vient	1 l	16 ſ	4
300 l vient	1 l	10 ſ			300 l vient	1 l	7 ſ	3
200 l vient	1 l				200 l vient		18 ſ	2
100 l vient		10 ſ			100 l vient		9 ſ	1
90 l vient		9 ſ			90 l vient		8 ſ	2
80 l vient		8 ſ			80 l vient		7 ſ	3
70 l vient		7 ſ			70 l vient		6 ſ	4
60 l vient		6 ſ			60 l vient		5 ſ	5
50 l vient		5 ſ			50 l vient		4 ſ	6
40 l vient		4 ſ			40 l vient		3 ſ	7
30 l vient		3 ſ			30 l vient		2 ſ	8
20 l vient		2 ſ			20 l vient		1 ſ	9
10 l vient		1 ſ			10 l vient			10
9 l vient			10		9 l vient			9
8 l vient			9		8 l vient			8
7 l vient			8		7 l vient			7
6 l vient			7		6 l vient			6
5 l vient			6		5 l vient			5
4 l vient			4		4 l vient			4
3 l vient			3		3 l vient			3
2 l vient			2		2 l vient			2
1 l vient			1		1 l vient			1
10 ſols vient			0		10 ſols vient			0

Diviser en 240 parties.

De 30000 *livres*, il vient à chacun 125 l

	l		ſ	
20000 l vient	83	l	6 ſ	8
10000 l vient	41	l	13 ſ	4
9000 l vient	37	l	10 ſ	
8000 l vient	33	l	6 ſ	8
7000 l vient	29	l	3 ſ	4
6000 l vient	25	l		
5000 l vient	20	l	16 ſ	8
4000 l vient	16	l	13 ſ	4
3000 l vient	12	l	10 ſ	
2000 l vient	8	l	6 ſ	8
1000 l vient	4	l	3 ſ	4
900 l vient	3	l	15 ſ	
800 l vient	3	l	6 ſ	8
700 l vient	2	l	18 ſ	4
600 l vient	2	l	10 ſ	
500 l vient	2	l	1 ſ	8
400 l vient	1	l	13 ſ	4
300 l vient	1	l	5 ſ	
200 l vient			16 ſ	8
100 l vient			8 ſ	4
90 l vient			7 ſ	6
80 l vient			6 ſ	8
70 l vient			5 ſ	10
60 l vient			5 ſ	
50 l vient			4 ſ	2
40 l vient			3 ſ	4
30 l vient			2 ſ	6
20 l vient			1 ſ	8
10 l vient				10
9 l vient				9
8 l vient				8
7 l vient				7
6 l vient				6
5 l vient				5
4 l vient				4
3 l vient				3
2 l vient				2
1 l vient				1
10 *ſols* vient				0

Diviser en 260 parties.

De 30000 *Livres*, il vient à chacun 115 l 7 ſ 8

	l		ſ	
20000 l vient	76	l	18 ſ	5
10000 l vient	38	l	9 ſ	2
9000 l vient	34	l	12 ſ	3
8000 l vient	30	l	15 ſ	4
7000 l vient	26	l	18 ſ	5
6000 l vient	23	l	1 ſ	6
5000 l vient	19	l	4 ſ	7
4000 l vient	15	l	7 ſ	8
3000 l vient	11	l	10 ſ	9
2000 l vient	7	l	13 ſ	10
1000 l vient	3	l	16 ſ	11
900 l vient	3	l	9 ſ	2
800 l vient	3	l	1 ſ	6
700 l vient	2	l	13 ſ	10
600 l vient	2	l	6 ſ	1
500 l vient	1	l	18 ſ	5
400 l vient	1	l	10 ſ	9
300 l vient	1	l	3 ſ	
200 l vient			15 ſ	4
100 l vient			7 ſ	8
90 l vient			6 ſ	11
80 l vient			6 ſ	1
70 l vient			5 ſ	4
60 l vient			4 ſ	7
50 l vient			3 ſ	10
40 l vient			3 ſ	
30 l vient			2 ſ	3
20 l vient			1 ſ	6
10 l vient				9
9 l vient				8
8 l vient				7
7 l vient				6
6 l vient				5
5 l vient				4
4 l vient				3
3 l vient				2
2 l vient				1
1 l vient				0
10 *ſols* vient				0

Diviſer en 280 parties.

De 30000 *livres*, *il vient*

	l	ſ	
à chacun 107	l	2 ſ	10
20000 l vient 71	l	8 ſ	6
10000 l vient 35	l	14 ſ	3
9000 l vient 32	l	2 ſ	10
8000 l vient 28	l	11 ſ	5
7000 l vient 25	l		
6000 l vient 21	l	8 ſ	6
5000 l vient 17	l	17 ſ	1
4000 l vient 14	l	5 ſ	8
3000 l vient 10	l	14 ſ	3
2000 l vient 7	l	2 ſ	10
1000 l vient 3	l	11 ſ	5
900 l vient 3	l	4 ſ	3
800 l vient 2	l	17 ſ	1
700 l vient 2	l	10 ſ	
600 l vient 2	l	2 ſ	10
500 l vient 1	l	15 ſ	8
400 l vient 1	l	8 ſ	6
300 l vient 1	l	1 ſ	5
200 l vient		14 ſ	3
100 l vient		7 ſ	1
90 l vient		6 ſ	5
80 l vient		5 ſ	8
70 l vient		5 ſ	
60 l vient		4 ſ	3
50 l vient		3 ſ	6
40 l vient		2 ſ	10
30 l vient		2 ſ	1
20 l vient		1 ſ	5
10 l vient			8
9 l vient			7
8 l vient			6
7 l vient			6
6 l vient			5
5 l vient			4
4 l vient			3
3 l vient			2
2 l vient			1
1 l vient			0
10 *ſols* vient			0

Diviſer en 300 parties.

De 30000 *livres*, *il vient*

	l	ſ	
à chacun 100	l		
20000 l vient 66	l	13 ſ	4
10000 l vient 33	l	6 ſ	8
9000 l vient 30	l		
8000 l vient 26	l	13 ſ	4
7000 l vient 23	l	6 ſ	8
6000 l vient 20	l		
5000 l vient 16	l	13 ſ	4
4000 l vient 13	l	6 ſ	8
3000 l vient 10	l		
2000 l vient 6	l	13 ſ	4
1000 l vient 3	l	6 ſ	8
900 l vient 3	l		
800 l vient 2	l	13 ſ	4
700 l vient 2	l	6 ſ	8
600 l vient 2	l		
500 l vient 1	l	13 ſ	4
400 l vient 1	l	6 ſ	8
300 l vient 1	l		
200 l vient		13 ſ	4
100 l vient		6 ſ	8
90 l vient		6 ſ	
80 l vient		5 ſ	4
70 l vient		4 ſ	8
60 l vient		4 ſ	
50 l vient		3 ſ	4
40 l vient		2 ſ	8
30 l vient		2 ſ	
20 l vient		1 ſ	4
10 l vient			8
9 l vient			7
8 l vient			6
7 l vient			5
6 l vient			4
5 l vient			4
4 l vient			3
3 l vient			2
2 l vient			1
1 l vient			0
10 *ſols* vient			0

Diviser en 320 parties					Diviser en 340 parties				
De 30000 *livres , il vient*					De 30000 *livres , il vient*				
à chacun	93 l	15 ſ			à chacun	88 l	4 ſ	8	
20000 l vient	62 l	10 ſ			20000 l vient	58 l	16 ſ	5	
10000 l vient	31 l	5 ſ			10000 l vient	29 l	8 ſ	2	
9000 l vient	28 l	2 ſ	6		9000 l vient	26 l	9 ſ	4	
8000 l vient	25 l				8000 l vient	23 l	10 ſ	7	
7000 l vient	21 l	17 ſ	6		7000 l vient	20 l	11 ſ	9	
6000 l vient	18 l	15 ſ			6000 l vient	17 l	12 ſ	11	
5000 l vient	15 l	12 ſ	6		5000 l vient	14 l	14 ſ	1	
4000 l vient	12 l	10 ſ			4000 l vient	11 l	15 ſ	3	
3000 l vient	9 l	7 ſ	6		3000 l vient	8 l	16 ſ	5	
2000 l vient	6 l	5 ſ			2000 l vient	5 l	17 ſ	7	
1000 l vient	3 l	2 ſ	6		1000 l vient	2 l	18 ſ	9	
900 l vient	2 l	16 ſ	3		900 l vient	2 l	12 ſ	11	
800 l vient	2 l	10 ſ			800 l vient	2 l	7 ſ		
700 l vient	2 l	3 ſ	9		700 l vient	2 l	1 ſ	2	
600 l vient	1 l	17 ſ	6		600 l vient	1 l	15 ſ	3	
500 l vient	1 l	11 ſ	3		500 l vient	1 l	9 ſ	4	
400 l vient	1 l	5 ſ			400 l vient	1 l	3 ſ	6	
300 l vient		18 ſ	9		300 l vient		17 ſ	7	
200 l vient		12 ſ	6		200 l vient		11 ſ	9	
100 l vient		6 ſ	3		100 l vient		5 ſ	10	
90 l vient		5 ſ	7		90 l vient		5 ſ	3	
80 l vient		5 ſ			80 l vient		4 ſ	8	
70 l vient		4 ſ	4		70 l vient		4 ſ	1	
60 l vient		3 ſ	9		60 l vient		3 ſ	6	
50 l vient		3 ſ	1		50 l vient		2 ſ	11	
40 l vient		2 ſ	6		40 l vient		2 ſ	4	
30 l vient		1 ſ	10		30 l vient		1 ſ	9	
20 l vient		1 ſ	3		20 l vient		1 ſ	2	
10 l vient			7		10 l vient			7	
9 l vient			6		9 l vient			6	
8 l vient			6		8 l vient			5	
7 l vient			5		7 l vient			4	
6 l vient			4		6 l vient			4	
5 l vient			3		5 l vient			3	
4 l vient			3		4 l vient			2	
3 l vient			2		3 l vient			2	
2 l vient			1		2 l vient			1	
1 l vient			0		1 l vient			0	
10 *ſols vient*			0		10 *ſols vient*			0	

Diviser en 360 parties.	Diviser en 365 parties.
De 30000 livres, il vient à chacun 83 l. 6 ſ 8	De 30000 Livres, il vient à chacun 82 l 3 ſ 10
20000 l vient 55 l 11 ſ 1	20000 l vient 54 l 15 ſ 10
10000 l vient 27 l 15 ſ 6	10000 l vient 27 l 7 ſ 11
9000 l vient 25 l	9000 l vient 24 l 13 ſ 1
8000 l vient 22 l 4 ſ 5	8000 l vient 21 l 18 ſ 4
7000 l vient 19 l 8 ſ 10	7000 l vient 19 l 3 ſ 6
6000 l vient 16 l 13 ſ 4	6000 l vient 16 l 8 ſ 9
5000 l vient 13 l 17 ſ 9	5000 l vient 13 l 13 ſ 11
4000 l vient 11 l 2 ſ 2	4000 l vient 10 l 19 ſ 2
3000 l vient 8 l 6 ſ 8	3000 l vient 8 l 4 ſ 4
2000 l vient 5 l 11 ſ 1	2000 l vient 5 l 9 ſ 7
1000 l vient 2 l 15 ſ 6	1000 l vient 2 l 14 ſ 9
900 l vient 2 l 10 ſ	900 l vient 2 l 9 ſ 3
800 l vient 2 l 4 ſ 5	800 l vient 2 l 3 ſ 10
700 l vient 1 l 18 ſ 10	700 l vient 1 l 18 ſ 4
600 l vient 1 l 13 ſ 4	600 l vient 1 l 12 ſ 16
500 l vient 1 l 7 ſ 9	500 l vient 1 l 7 ſ 4
400 l vient 1 l 2 ſ 2	400 l vient 1 l 1 ſ 11
300 l vient 16 ſ 8	300 l vient 16 ſ 5
200 l vient 11 ſ 1	200 l vient 10 ſ 11
100 l vient 5 ſ 6	100 l vient 5 ſ 5
90 l vient 5 ſ	90 l vient 4 ſ 11
80 l vient 4 ſ 5	80 l vient 4 ſ 4
70 l vient 3 ſ 10	70 l vient 3 ſ 10
60 l vient 3 ſ 4	60 l vient 3 ſ 3
50 l vient 2 ſ 9	50 l vient 2 ſ 8
40 l vient 2 ſ 2	40 l vient 2 ſ 2
30 l vient 1 ſ 8	30 l vient 1 ſ 7
20 l vient 1 ſ 1	20 l vient 1 ſ 1
10 l vient 6	10 l vient 6
9 l vient 6	9 l vient 5
8 l vient 5	8 l vient 5
7 l vient 4	7 l vient 4
6 l vient 4	6 l vient 3
5 l vient 3	5 l vient 3
4 l vient 2	4 l vient 2
3 l vient 2	3 l vient 1
2 l vient 1	2 l vient 1
1 l vient 0	1 l vient 0
10 ſols vient 0	10 ſols vient 0

Diviser en 366 parties.

De 30000 *Livres* , il vient

	livres	sols	deniers
à chacun	81 l	19 ſ	4
20000 l vient	54 l	12 ſ	10
10000 l vient	27 l	6 ſ	5
9000 l vient	24 l	11 ſ	9
8000 l vient	21 l	17 ſ	1
7000 l vient	19 l	2 ſ	6
6000 l vient	16 l	7 ſ	10
5000 l vient	13 l	13 ſ	2
4000 l vient	10 l	18 ſ	6
3000 l vient	8 l	3 ſ	11
2000 l vient	5 l	9 ſ	3
1000 l vient	2 l	14 ſ	7
900 l vient	2 l	9 ſ	2
800 l vient	2 l	3 ſ	8
700 l vient	1 l	18 ſ	3
600 l vient	1 l	12 ſ	9
500 l vient	1 l	7 ſ	3
400 l vient	1 l	1 ſ	10
300 l vient		16 ſ	4
200 l vient		10 ſ	11
100 l vient		5 ſ	5
90 l vient		4 ſ	11
80 l vient		4 ſ	4
70 l vient		3 ſ	9
60 l vient		3 ſ	3
50 l vient		2 ſ	8
40 l vient		2 ſ	2
30 l vient		1 ſ	7
20 l vient		1 ſ	1
10 l vient			6
9 l vient			5
8 l vient			5
7 l vient			4
6 l vient			3
5 l vient			3
4 l vient			2
3 l vient			1
2 l vient			1
1 l vient			0
10 ſols vient			0

Diviser en 400 parties.

De 30000 *livres* , il vient

	livres	sols	deniers
à chacun	75 l		
20000 l vient	50 l		
10000 l vient	25 l		
9000 l vient	22 l	10 ſ	
8000 l vient	20 l		
7000 l vient	17 l	10 ſ	
6000 l vient	15 l		
5000 l vient	12 l	10 ſ	
4000 l vient	10 l		
3000 l vient	7 l	10 ſ	
2000 l vient	5 l		
1000 l vient	2 l	10 ſ	
900 l vient	2 l	5 ſ	
800 l vient	2 l		
700 l vient	1 l	15 ſ	
600 l vient	1 l	10 ſ	
500 l vient	1 l	5 ſ	
400 l vient	1 l		
300 l vient		15 ſ	
200 l vient		10 ſ	
100 l vient		5 ſ	
90 l vient		4 ſ	6
80 l vient		4 ſ	
70 l vient		3 ſ	6
60 l vient		3 ſ	
50 l vient		2 ſ	6
40 l vient		2 ſ	
30 l vient		1 ſ	6
20 l vient		1 ſ	
10 l vient			6
9 l vient			5
8 l vient			4
7 l vient			4
6 l vient			3
5 l vient			3
4 l vient			2
3 l vient			1
2 l vient			1
1 l vient			0
10 ſols vient			0

LES UTILITÉS

DU TARIF DE DIVISION;

Et les Queſtions qu'on y peut réſoudre.

Premierement,

On y peut tirer les Intéreſts, à quelque Denier que ce ſoit,

Fuſſent-ils depuis le Denier 8 de l'un à l'autre, conſécuti-
vement juſqu'au Denier 38, 39, 40 & 50, s'il étoit néceſ-
ſaire.

Et la raiſon d'une utilité ſi générale vient de ce que
lorſqu'on veut tirer l'Intéreſt d'une Somme, il la faut
toujours diviſer par le *Denier* de l'Intérêt ;

C'eſt-à-dire ,

Si c'eſt au Denier 20, la diviſer par 20.
Si c'eſt au Denier 25, la diviſer par 25.
Si c'eſt au Denier 40, la diviſer par 40.
Au Denier 50, par 50. Ainſi des autres.

Or, au Tarif précédent de Diviſion, les Sommes ſe trou-
vent toutes diviſées, & par conſéquent, les Intérêts y ſont
tous tirés à chaque ligne, & ces mots *vient* ou *il vient à
chacun*, montrent combien *vient chaque année.*

Exemple
& Preuve.

Pour   tirer l'Intérêt au Denier 20 de la Somm²
de 7000   Livres, il faudroit diviſer ladite Somme ;
par 20.   mais à la colonne 20, elle y eſt toute di-
viſée ; & au droit de 7000 livres, on trouve
qu'il vient 350 livres pour l'Intérêt.

Voilà l'Exemple familier, & voici enſuite la Preuve.

Pour prouver donc le petit Exemple précédent par le grand *Tarif des Intérêts du Denier* 20, voïez le feuillet 347, qui n'eſt deſtiné que pour tirer les Intérêts de 7000 l., & vous trouverez qu'un an monte 350 liv., ce qui prouve ce que j'ai dit.

Mais ſi leſdites 7000 livres n'étoient qu'au Denier 21, il faudroit voir la colonne 21 des Tarifs de Diviſion, qui eſt proche de celle de 20, & de 7000 livres, *viendroit* 333 livres 6 ſols 8 deniers.

Si c'étoit au Denier 19, *viendroit* 368 l. 8 ſ. 5 d.
Si c'étoit au Denier 14, *viendroit* 500 livres.

Enfin, à quel Denier que ſoit ou que puiſſe être une conſtitution de Rente & d'Intérêt, on la trouve toute tirée & toute faite ; il eſt vrai que ce ne peut être que pour une année ſeulement.

Mais pour tous les mois & les jours, vous les trouverez tous calculés dans les Tarifs nouveaux *à tant par an*, qui ſont contenus depuis le feuillet 121 juſqu'au 161.

Exemple.

J'ai 7 mois 17 jours à calculer, au Denier 14, de 7000 l. de principal, vous avez trouvé, comme ci-deſſus, que c'eſt 500 livres par an.

Voïez le Tarif des 7 *mois, feuillet* 126,
vous trouverez qu'à raiſon de
500 livres par an, montent pour 7 mois   291 l. 13 ſ. 4
Et au Tarif des 17 *jours, feuillet* 145,
vous trouverez qu'à la même raiſon de
500 livres par an, montent pour 17 jours   23 l. 12 ſ. 2

___

Ainſi l'Intérêt de 7000 liv. au Denier 14,
    pour 7 mois 17 jours, monte   315 l. 5 ſ. 6

Ainſi des autres Intérêts, Penſions, Gages, &c.

Par

Par ce Tarif de Diviſion, on peut diviſer juſqu'à 100000 livres, quoique ledit Tarif ne paroiſſe diviſer que juſqu'à 30000 livres.

Exemple.

Pour diviſer 40000 liv. en 136 parties ou perſonnes, ſavoir combien c'eſt pour chacune.

Voïez le Tarif 136, & prenez deux fois la ligne 20000. Vous trouverez,

Que 20000 l. donne 147 l. 1 ſ 2 d. à chacun.
Encore 20000 l. donne 147 l. 1 ſ 2 d.

Ainſi 40000 l. donne 294 l. 2 ſ 4 d. à chacun.

Autre Exemple.

Pour diviſer 50000 l. ou 100000 l. en 96 compagnies.

Voïez le Tarif 96, & prenez la ligne

30000 l. donnera 312 l. 10 ſ.
20000 l. donnera 208 l. 6 ſ 8 d.

Ainſi 50000 l. donnera 520 l. 16 ſ 8 d. à chacune comp.
Encore 50000 l. donnera 520 l. 16 ſ 8 d.

Ainſi 100000 l. donnera 1041 l. 13 ſ 4 d. à chacune comp.

Autre Exemple.

Aïant acheté 13750 liv. une Place de 161 Toiſes; ſavoir combien c'eſt la Toiſe, il faut diviſer par 161 leſdites 13750 liv. pour y parvenir.

Voïez le Tarif 161. Vous trouverez la ligne

10000 l. qui produit 62 l. 2 ſ 2 d.
3000 l. qui produit 18 l. 12 ſ 8 d.
700 l. qui produit 4 l. 6 ſ 11 d.
50 l. qui produit   6 ſ 2 d.

13750 l. qui produit 85 l. 7 ſ 11 d. la Toiſe.

Par ledit Tarif de Division, on peut prendre toutes sortes de Fractions, sans les avoir apprises.

On y peut prendre non-seulement les Fractions communes, c'est-à-dire, le *demi*, le *tiers*, le *quart*, le *sixieme*, le *huitieme*, & le *douzieme*, qui sont les plus en usage dans le Commerce & dans les Affaires; mais même les plus extraordinaires.

Par Exemple.

Une Piece de Drap, laquelle tire 17 aulnes, & coûte 80 livres, si on desiroit savoir à combien revient l'aulne, il faudroit prendre le dix-septieme de 80 liv., ou bien diviser 80 livres par 17, qui seroit la même chose.

Mais cela n'est pas nécessaire ici, puisqu'on le peut savoir tout d'un coup; car il ne faut que trouver la colonne 17 & droit de 80 livres, on trouvera que l'aulne *revient* à 4 livres 14 sols 1 denier.

Autre.

Une Compagnie de 157 Hommes ont à partager 2000 l. Si vous voulez savoir combien il faut donner à chacun pour sa part, il vous faudroit diviser 2000 liv. par 157.

Mais vous le ferez plus commodément & sans peine, faisant le même que dessus; c'est-à-dire, qu'aïant trouvé la Colonne 157, vous verrez que de 2000 livres il *revient à chacun*   12 livres 14 sols 9 deniers.

Ainsi pour d'autres Sommes & autre nombre de Personnes.

Autre Exemple.

A 70 Livres le Cent pefant,
Combien revient une Livre pefant :
Voïez la Colonne 100, *& de* 70 *Livres,*
vous trouverez qu'une Livre pefant revient
                    A . . . 14 f.

Autre.

A 9 Livres, la Livre de 16 Onces,
Combien revient une Once :
Voïez la Colonne 16, *& de* 9 *Livres,*
vous trouverez qu'une Once revient
                    A . . . 11 f. 3 d.

Autre.

A 100 Livres pour 1 mois,
Combien revient chaque jour :
Voïez la Colonne 30, *& de* 100 *Livres;*
vous trouverez qu'il revient par jour
                    A 3 L. 6 f. 8 d.

Autre.

A 7 Livres l'Aulne,
Combien revient le vingt-quatrieme d'Aulne :
Voïez la Colonne 24, *& de* 7 *Livres,*
vous trouverez que le vingt-quatrieme revient
                    A . . . 5 f. 10 d,

Autre.

A 19 Livres le Marc d'Argent,
Combien revient une Once :
Voïez la Colonne 8,
& de 10 L. viendra 2 L. 10 f.
& de 9 L. viendra 1 L. 2 f. 6 deniers.
____
Ainfi l'Once reviendra à 3 L. 12 f. 6 deniers.

LES PARTIES ALLICOTES,

ET NON ALLICOTES,

DE LA LIVRE,

telles qu'elles soient,

SE trouvent tirées audit TARIF DE DIVISION, & non seulement pour la Livre seule, mais même pour 2 Livres, 3, 4, 5, 6, 7, & jusqu'à trente mille Livres.

Et ce qui est extraordinaire, c'est qu'on y peut faire & résoudre des questions les plus difficiles sur les Fractions.

Exemples.

Combien valent Sept huitiemes d'une Livre.
     Huit onziemes d'une Livre.
     Neuf quinziemes d'une Livre.
     Dix-sept vingt-troisiemes.
     Onze dix-neuviemes.
     Cinquante soixante-septiemes.

Il est très aisé de réduire & résoudre ces propositions & questions ; mais il faut savoir cette maxime générale,

   que 7 huitiemes d'une Livre
   est un huitieme de 7 Livres.

   que 8 onziemes d'une Livre
   est un onzieme de 8 Livres.

   que 8 quinziemes d'une Livre
   est un quinzieme de 8 Livres.

Cela étant,

SI vous desirez savoir combien valent
   7 huitiemes d'une Livre, voïez la
Colonne 8, & vous trouverez que de 7 Livres
vient 17 Sols 6 Deniers, valeur de 7 huitiemes.

 Pour 8 quinziemes d'une Livre, voïez la
Colonne 15, & vous trouverez que de 8 Livres
vient 10 Sols 8 Deniers, valeur de 8 quinziemes.
    Ainsi des autres.

Autres Observations.

BIEN que le Tarif de Division semble ne pouvoir diviser que jusqu'à 199 parties, où je l'ai limité ; néanmoins on y peut diviser jusqu'à 1990 parties ; & la raison de cela est, parcequ'en augmentant d'un zero quel nombre ou quelle somme que ce soit, on l'augmente de 10 fois autant qu'elle étoit auparavant.

Au contraire, en retranchant la derniere figure de quel nombre ou de quelle somme que ce soit, on la divise, & on l'amoindrit de 10 fois ce qu'elle étoit auparavant.

Cela supposé,

Il est aisé de diviser une somme
en 1990 parties, en la divisant par la Colonne 199, il est vrai que ce qui en proviendra, il le faut diviser par 10, ce qui se fait en retranchant la derniere figure des Livres ; & les autres, qui devancent, seront la valeur & le produit.
Et pour la derniere figure retranchée, doublez-là,
& seront les Sols qu'il viendra.

Mais voici

Une autre façon de diviser par un plus grand nombre que le Tarif ne divise pas.

Posez le cas qu'il fallût diviser 3000 l. en 648 parties. Quoique le Tarif ne divise que jusqu'à 199 parties ; vous le pouvez, en prenant le quart de 648, viendra 162, & par la colonne 162, diviser les 3000 livres, il viendra 18 liv. 10 sols 4 deniers.

Or aïant pris le quart de votre Diviseur, le produit est 4 fois plus grand qu'il ne doit être, c'est pourquoi il faut prendre le quart de 18 liv. 10 s. 4 d. pour avoir le juste produit : il est vrai que je produis ces dernieres façons de diviser, autant par curiosité que pour utilité ; car les Divisions les plus utiles & les plus ordinaires, se peuvent faire avec moins de peine, puisqu'il ne faut qu'un regard ou qu'une addition.

Tt iij

Exemple.

Sur le Change à tant pour Cent, ou l'Intérêt des Billets.

Je prête à un Financier 6000 livres pour un an, à raison de 8 ¼ pour 100, pour ladite année ; savoir de combien ledit Financier me doit faire son Billet.

Il faut chercher, dans *le Change à tant pour Cent*, *le Change à* 8 ¼, qui est au feuillet 54, vous trouverez

que les 6000 l. doivent   495 l. d'Intérêt,
y jointes lesdites   6000 l.

Total du Billet   6495 l. païable dans un an.

Autre.

J'ai emprunté 10700 l., à raison de 7 ⅛ pour 100, pour rendre dans un temps fixé ; savoir de combien je dois faire mon Billet.

Voïez *le Change* à 7 ⅛ pour 100, qui est au feuillet 31, vous trouverez

que 10000 l. doivent   737 l. 10 f.   d'Intérêt,
& que   700 l. doivent   51 l. 12 f. 6 d.

Ainsi 10706 l. doivent   789 l. 2 f. 6 d. d'Intérêt,
y joint lesdites   10700 l.

Total de mon Billet   11489 l. 2 f. 6 d.

Autre pour les Assurances.

Je veux faire assurer 108000 liv., à raison de 17 & ½ pour 100, savoir combien je dois païer de Prisme ou Profit à l'Assureur.

Voïez *le Change* à 17 & ½ *pour Cent*, qui est au feuillet 49, vous trouverez

que 100000 l. doivent 17500 l. d'Assurance,
& que   8000 l. doivent 1400 l.

Ainsi les 108000 l. doivent 18900 l. de Prisme, à raison de 17 & ½ pour Cent, à l'Assureur.

Autre Exemple fur le Change à tant pour Cent,
mais par temps.

Je prête à l'Extraordinaire des Guerres, *pour 11 mois,*
la fomme de 5750 livres, à raifon de 8 pour 100 par an,
favoir combien je dois recevoir d'Intérêt.

Voïez *le Change* à 8 *pour Cent,* qui eft au feuillet 33,
vous y trouverez

que	5000 l. doivent par an	400 l.
que	700 l. doivent	56 l.
& que	50 l. doivent	4 l.

Ainfi les 5750 l. doivent par an   460 l. d'Intérêt.

Mais comme je ne prête que *pour 11 mois,*
voïez le Tarif de 11 mois *à tant par an,* qui eft au feuil-
let 122, vous trouverez en deux lignes, favoir,

à 400 l. par an monte pour 11 mois   366 l. 13 f. 4 d.
à 60 l. par an monte pour 11 mois   55 l.

L'Addition defdites 2 fommes donne   421 l. 13 f. 4 d.
pour votre Intérêt de 11 mois, à raifon de 8 pour 100
par an, de 5750 livres que vous prêtez.

Autre.

Je dois 6400 livres, & l'Intérêt de ladite fomme pour
2 ans 8 mois 13 jours, à raifon de 6 ¼ pour 100, par
an : favoir combien je dois d'Intérêt.

Voïez le Change à 6 ¼, feuillet 26, vous trouverez

que	6000 l. doivent	375 l.
& que	400 l. doivent	25 l.

Ainfi les 6400 l. doivent pour un an   400 l.
           & pour un autre an   400 l.

& pour les 8 mois 13 jours,
Voïez les Tarifs *à tant par an*
au feuillet 125, vous trouverez,
à 400 l. par an monte pour 8 mois   266 l. 13 f. 4 d.
Et au feuillet 149, vous trouverez,
à 400 l. par an monte pour 13 jours   14 l. 8 f. 10 d.

L'Addition defdites 4 fommes donne 1081 l. 2 f. 2 d.
pour l'intérêt de 2 ans 8 mois 13 jours,
de la fomme de 6400 l., à raifon de 6 ¼ pour 100 par an.
Ainfi des autres.

L'ESCOMPTE.

Suivant l'usage & pratique de Lyon, Tours, Amsterdam, &c.

Prenant le profit en dedans.

EXEMPLE.

Efcompter 7500 livres, à raifon de 9 & ½ pour 100, favoir quelle fomme je dois païer pour acquitter ladite fomme.

Voïez le fecond Tarif de l'Efcompte, à 9 & ½ pour 100, qui eft au feuillet 91, vous trouverez

    que 7000 l. gagnent 607 l. 6 f. 1 d. d'Efcompte.
& que   500 l. gagnent   43 l. 7 f. 7 d.

Ainfi   7500 l. gagnent 650 l. 13 f. 8 d. d'Efcompte, qui étant ôté ou fouftrait fur lefdites 7500 liv., ne refte à païer, pour acquitter ladite fomme, que celle de 6849 l. 6 f. 4 deniers.

Autrement, voïez le premier Tarif de l'Efcompte à 9 & ½ pour 100, qui eft audit feuillet 91, vous trouverez qu'on ne doit païer de 7000 l.   que   6392 l. 13 f. 10
         & de   500 l.   que   456 l. 12 f. 6

pour acquiter   { ne faut }
la fomme de   7500 l. { que } 6849 l. 6 f. 4

Notez : à caufe des fractions de deniers qui font négligées dans les Tarifs de ce Livre, il faut toujours augmenter un denier de deux en deux lignes, qu'on prendra fur tous lefdits Tarifs, ce qui fera la juftefle entiere.

L'on a trouvé à propos d'abandonner lefdites fractions de deniers, attendu que l'on ne peut païer un denier en efpece, par conféquent on ne pourroit païer une fraction de denier.

AUTRE EXEMPLE.

Sur le même Escompte, mais par temps.

Je veux escompter suivant l'usage de Lyon, qui est le bon, la somme de 2090 livres pour 5 mois 22 jours d'avance, à raison de 10 pour 100 par an, savoir quelle somme il faut païer pour acquitter ladite somme.

Voïez le Tarif du gain d'Escompte à 10 pour 100, qui est au feuillet 92, vous trouverez

 que 2000 l. gagnent 181 l. 16 s. 4 d. par an.
 & que 90 l. gagnent 8 l. 3 s. 8 d.

 Ainsi 2090 l. gagnent 190 L   par an.

Il faut ensuite aller aux Tarifs nouveaux, *à tant par an*, chercher les Tarifs pour 5 mois & pour 22 jours, vous trouverez au feuillet 128,

 à 100 l. par an monte pour 5 mois 41 l. 13 s. 4 d.
 à 90 l. par an monte pour 5 mois 37 l. 10 s.
   Et au feuillet 140,
 à 100 l. par an monte pour 22 jours 6 l. 2 s. 2 d.
 à 90 l. par an monte pour 22 jours 5 l. 10 s. 1 d.

L'Addition desd. quatre sommes monte 90 l. 15 s. 7 d. pour le profit d'Escompte pour 5 mois 22 jours, de 2090 livres, à raison de 10 pour 100 par an.

Otant lesdites 90 l. 15 s. 7 d. sur lesdites 2090 livres, restera 1999 l. 4 s. 5 d. qu'il faut païer pour acquitter la dette entiere.

Notez si on vouloit escompter à 13 & $\frac{5}{8}$ pour 100, il faudroit aller à deux Tarifs, savoir, à 13 pour 100, & à $\frac{5}{8}$ pour 100, au feuillet 95 & 70.

Voilà le véritable Escompte. Mais celui suivant la Méthode & l'Usage de Paris : Voïez à la page suivante.

L'ESCOMPTE.

SUIVANT L'USAGE DE PARIS,

Qui eſt par le Change prenant le profit d'Eſcompte en dehors.

EXEMPLE.

J'ai un Billet de 7500 livres, païable d'aujourd'hui en un an.

Le Débiteur du Billet me le veut païer aujourd'hui, en eſcomptant à 9 ¼ pour 100 pour ladite année d'avance.

Pour ſavoir quelle ſomme je dois recevoir, ſuivant ſon compte & l'uſage,

Il cherchera le Change à 9 & ¼ pour 100, qui eſt au feuillet 39, il trouvera

   que 7000 l. doivent   665 l.   de profit,
& que 500 l. doivent   47 l. 10 ſ.

Ainſi 7500 l. doivent 712 l. 10 ſ. de profit d'Eſcompte pour lui, qu'il ôtera ſur ladite ſomme de 7500 livres, en faiſant la Souſtraction comme ci-deſſous.

Souſtraction de 7500 l. total du Billet à païer dans un an
        ôter 712 l. 10 ſ. de profit d'Eſcompte,

    reſte 6787 l. 10 ſ. qui eſt la ſomme qu'il me paiera aujourd'hui, pour l'acquit entier de mon Billet de 7500 liv., qu'il ne me devoit païer que dans un an.

Notez : dans ce profit d'Eſcompte, il y a le profit naturel, & le profit dudit profit, ce qui ſera amplement expliqué dans *le Livre facile pour apprendre l'Arithmétique, de ſoi-même & ſans Maître*, qui s'imprime, avec augmentation, comme à ce préſent Livre, & aux *Comptes faits*.

POUR LES PENSIONS,

GAGES OU LOÏERS.

Exemple.

Il m'est dû 10 mois de Penfion, à raifon de 900 liv.
par an, favoir combien il m'eft dû : voïez les Tarifs
nouveaux à tant par an, au feüillet 123, vous trouverez

à 900 l. par an, monte pour 10 mois   750 l.

Autre.

Je dois 4 mois 29 jours de gage à un Valet, à raifon
de 200 liv. par an, favoir combien je lui dois païer : voïez
lefdits Tarifs nouveaux, vous trouverez au feuillet 129,

à 200 l. par an, monte pour 4 mois   66 l. 13 f. 4 d.
Et au feuillet 133,
à 200 l. par an, monte pour 29 jours   16 l. 2 f. 3 d.
____

L'Addition defd. deux fommes monte   82 l. 15 f. 7 d.
que je dois païer à mon Valet, pour fes Gages, pour
4 mois 29 jours, à 200 liv. par an.

Autre.

Il m'eft dû 1 an 6 mois 14 jours de nourriture, à raifon
de 650 liv. par an.
Mettez premierement pour un an   650 l.
puis voïez au feuillet 127, vous trouverez
à 600 l. par an, monte pour 6 mois   300 l.
à 50 l. par an, monte pour 6 mois   25 l.
Et au feuillet 148,
à 600 l. par an, monte pour 14 jours   23 l. 6 f. 8 d.
à 50 l. par an, monte pour 14 jours   1 l. 18 f. 11 d.
____

Enfuite faire l'Addition defd. 5 fommes, 1000 l. 5 f. 7 d.
qui me font dûes, pour 1 an 6 mois 14 jours de nourritu-
re, à raifon de 650 livres par an.
Ainfi des autres.

POUR LES INTÉRESTS,

TANT AU DENIER 20, 25, QUE 40.

Exemple.

Il m'eſt dû l'Intérêt, au denier 20, pour 17 ans 5 mois 19 jours, de la ſomme principale de 9000 livres : voïez au feuillet 345, pour 9000 livres vous trouverez le montant pour 17 ans   7650 l.
     pour 5 mois   187 l. 10 ſ.
     & pour 19 jours   23 l. 15 ſ.

Ainſi 17 ans 5 mois 19 jours montent 7861 l. 5 ſ. d'intérêt, au denier 20, de 9000 liv. de principal.

Autre.

Il eſt dû l'intérêt, au denier 25, pour 13 ans 7 mois, de 7600 livres : voïez au feuillet 313, pour 7000 livres, vous trouverez le montant pour 13 ans 3640 l.
       pour 7 mois 163 l. 6 ſ. 8 d.
Et au feuillet 323, pour 600 liv., vous trouverez le montant pour 13 ans   312 l.
     & pour 7 mois   14 l.

Ainſi 13 ans 7 mois montent   4129 l. 6 ſ. 8 d. d'intérêt, au denier 25, de 7600 liv. de principal.

Autre.

Je dois, au denier 40, pour 6 ans 23 jours, de 460 liv. voïez au feuillet 423, pour 400 livres vous trouverez le montant pour 6 ans   60 l.
     & pour 23 jours   12 ſ. 9 d.
Au feuillet 230, pour 60 l. vous trouverez le montant pour 6 ans   9 l.
     & pour 23 jours   1 ſ. 11 d.

L'Addition deſd. 4 ſommes montera 69 l. 14 ſ. 8 d. pour l'intérêt de 460 liv., au denier 40, pour 6 ans 23 jours.

LA

Exemple pour l'apréciement des Marchandifes.

Une Marchandife vous revient à 7 llv. 10 fols, vous y voulez gagner 12 pour 100 , favoir quel prix vous la devez vendre. Voïez le Tarif pour l'apréciement à 12 pour 100, qui eft au feuillet 164 , vous trouverez qu'à 7 livres, il faut vendre . 7 l. 16 f. 9 d.
& à 10 fols, il faut vendre 11 f. 3 d.

Ainfi ce qui revient à 7 l. 10 f. il faut le vendre 8 l. 8 f. pour y gagner 12 pour 100.

LA METHODE

ET LA MANIERE

De faire, par l'ADDITION, toutes fortes d'IMPOSITIONS,
de CONTRIBUTIONS,
& DÉPARTEMENS, au Sol la Livre.

C'eft-à-dire,

Trouver à plufieurs perfonnes , ou fommes diffé-rentes , ce qui doit venir à chacune , à proportion de ce qui leur eft dû , & de la fomme qu'il leur faut départir. Ce qui fe fait

fans avoir appris la MULTIPLICATION,
la DIVISION,
la REGLE de Trois,
& la REGLE de Compagnie,
de Partage,
& de Diftribution.

Le tout eft utile aux FINANCES,
au PALAIS,
& au COMMERCE.

V v

LA PROPOSITION,
L'INSTRUCTION,
ET L'EXEMPLE,

Pour tirer le SOL pour LIVRE
par la seule ADDITION.

PROPOSITION.

Trois Perfonnes ont fait Compagnie & Société :
Le premier a mis 10000 l.⎫
Le fecond a mis 9750 l.⎬ ils ont profité 7823 livres.
Le troifieme a mis 8690 l.⎭

———

Total 28440 livres.   *On demande*
combien ce profit revient pour livre à ce total, ¶
& combien chacun doit avoir pour fa part. *

INSTRUCTION.

Il faut premierement réduire lefdites 7823 livres de
profit en fols, ce qui fe fait par l'Addition, en pofant
deux fois ladite fomme. Mais il faut ajoûter un zéro au
bout, après que lefdites deux fommes font ajoûtées, ainfi
qu'on voit ci-deffous, & lors la réduction des livres en fols
eft toute faite.

7823 livres
7823 livres

———

Cela fait 156460 fols.

———

Pour tirer le Sol pour Livre, il faut favoir,

Combien de fois en 156460 fols de profit,
y peut entrer le nombre de 28440 l. de principal.

Ce qui fe fait ordinairement par la DIVISION ; mais
comme j'ai promis qu'on le peut faire par l'ADDITION, je
fuis tenu de tenir ma promeffe, & de m'acquitter de mon
devoir.

Pour ſavoir donc combien eſt de SOL
pour LIVRE,
Il faut poſer pluſieurs fois le Nombre total de 28440,
& les additionner, & en poſer autant qu'il en faut, juſ-
qu'à ce qu'il arrive le plus proche qu'il ſe pourra deſdits
156460 ſols.

Mais notez qu'aïant poſé pluſieurs fois ledit total, ſi
ce n'étoit pas aſſez pour arriver à ladite ſomme des Sols,
il faudroit encore ajoûter une demi fois, c'eſt-à-dire,
la moitié de 28440,
qui eſt 14220.

E X E M P L E.

Poſez cinq fois & demi ledit nombre de 28440

28440
28440
28440
28440

& le demi 14220

Le tout montera 156420

Maxime générale : ſoïez aſſuré qu'autant de fois que
vous aurez poſé ledit nombre, qu'autant de ſols pour
livre chacun doit avoir ſur la ſomme qu'ils ont miſe en
Société.

Or en cette Addition on y poſe 5 fois & demi ;
donc, chacun aura pour livre 5 ſols 6 deniers, qu
eſt la premiere demande marquée ¶.

Et pour la ſeconde demande marquée *,
Qui eſt de ſavoir
Combien vient à chacun pour ſa part, il faudroit mul-
tiplier les ſommes qu'ils ont miſes par 5 ſ. 6 den. & ce qui
proviendra de la Multiplication, ſera la part que chaque
Aſſocié doit avoir ſur les 7813 livres, qui ſont à partager
entr'eux.

Ceux qui ſavent la Multiplication s'en pourront ſervir,
ou bien recourir à mon LIVRE DE COMPTES FAITS ;
mais s'ils ne ſavent pas l'un, & qu'ils n'aient pas l'autre,
ils obſerveront ce qui ſuit.

V v ij

Sachant donc que 7823 livres de profit fur 18440 livres de principal, eft 5 f. 6 d. pour livres.

Pour favoir combien vient au PREMIER,
qui a mis 10000 livres,
il ne faut qu'ajoûter 5 fois & demi

10000 l.
10000 l.
10000 l.
10000 l.
10000 l.
5000 l.
____

viendra 5500:0 fols
____

Lefquels fols il faut réduire en livres 1750 liv.
en coupant le dernier chiffre ou figure,
& prenant la moitié des autres.

Pour favoir combien vient au SECOND,
qui a mis 9750 livres,
il faut ajoûter auffi 5 fois & demi

9750 l.
9750 l.
9750 l.
9750 l.
9750 l.
4875 l.
____

viendra 5362:5 fols.

Lefquels il faut réduire en livres,
comme deffus eft dit, qui feront 2681 l. 5 f.

Pour favoir ce qui vient au TROISIEME,
qui a mis 8690 livres,
il faut ajoûter auffi 5 fois & demi

8690 l.
8690 l.
8690 l.
8690 l.
8690 l.
4345 l.
____

viendra 4779:5 fols.

Lefquels il faut réduire en livres
comme il a été dit, qui feront 2389 l. 15 f.

LA PREUVE

DE LA PROPOSITION PRECEDENTE.

Au premier il vient pour sa part   2750 l.
Au second il vient   2681 l. 5 f.
Au troisieme il vient   2389 l. 15 f.

qui est en tout   7821 livres.

Il y a encore 2 livres, ou 40 sols, à diviser & partager entre lesdits trois Associés : mais lesdits 40 sols n'étant pas la seizieme partie d'un Denier pour Livre sur la totalité de la somme, je n'en ferai pas ici un détail particulier ; mais je dirai seulement, que lesdits 40 sols de reste, on ne les sauroit diviser en 28440 parties ; car étant réduits en obole & en pite, ce ne seroit que 1920 pites ; mais on les peut départir également entre les trois Associés.

Fin du premier Exemple.

J'avoue que les instructions d'Arithmétique, quelque clairement qu'on les explique, sont assez mal aisées à concevoir. Aussi à voir l'explication de cette méthode, il semble que l'opération en est difficile, & néanmoins la pratique en est aisée, pourvû qu'on y ait de l'application & de l'attachement.

Peut-être qu'un Savant dira, qu'en cela je ne donne pas un grand secours au Public ; mais je réponds, que c'est toujours beaucoup de lui donner un moïen par lequel on puisse opérer un partage sans mettre en usage la Multiplication, la Division, la Regle de Trois & de Compagnie.

AUTRE EXEMPLE

POUR TIRER LE SOL POUR LIVRE.

Un *Débiteur* doit à 3 *Créanciers* 16400 livres :

Savoir,

Au premier	8200 livres
Au second	4800 livres
Au troifieme	3400 livres

Total 16400 livres.

*Mais en tout fon bien il n'a que pour païer 3486 liv.
On demande combien c'eft pour livre fur le total,
& combien chacun d'eux doit avoir pour fa part.*

PREMIEREMENT,

Il faut réduire en fols lefdires	3486 livres
en les doublant & y ajoûtant un zéro	3486 livres

Cela fait   69720 fols.

Or pour favoir combien eft de Sol pour Livre, il faut
pofer plufieurs fois le nombre Total de 16400, & les addi-
tionner, & en pofer autant qu'il en faut pour approcher
de bien près defdits 69720 fols.

Mais aïant pofé 4 ou 5 fois, on voit que 4 fois c'eft
trop peu, & 5 c'eft trop; c'eft pourquoi il faut prendre
partie de partie, c'eft à-dire, la moitié d'une pofition,
ou le quart, ou la moitié dudit quart, qui eft une chofe
affez aifée, comme on a vû à l'opération précédente, &
comme on le voit à la fuivante.

Exemple.

Aïant posé 4 fois   16400 livres
                                          16400 livres
                                          16400 livres
                                          16400 livres
Et aïant ajoûté un quart   4100 livres

Le tout montera   69700 fols.

Cela veut dire
qu'aïant posé   4 fois & un quart,
Il vient à chacun   4 fols & 3 deniers pour livre.

Maintenant pour favoir
Combien vient à chacun pour fa part, il ne faut que pofer 4 fois & un quart la fomme de chacun, & aïant ajoûté le produit, feront des fols, qu'il faut réduire en livres, *en coupant*, comme il a été dit, *le dernier chiffre*, & prenant la moitié des autres. Et cela eft réduire les fols en livres.

Ainfi obfervant
L'inftruction & l'opération précédénte,
Vous trouverez Au premier   1742 l. 10 f.
                Au fecond   1020 l.
                Au troifieme   722 l. 10 f.

                               3485 livres.

Il refte encore 20 fols à partager entr'eux, parceque le bien abandonné monte 3486 livres; mais ces 20 fols n'étant que 960 pites, on ne les fauroit divifer en 16400. Ce qu'on peut faire, c'eft de diftribuer par jugement; au premier, à qui il eft dû 8 mille livres, donner 8 fols; au fecond, à qui il eft dû 4, donner 4 fols; & au dernier, 3 fols, qui feront 15 fols; & les 5 fol. reftant, 3 au premier, 2 au fecond, & 1 au dernier: ainfi égaler ces petits reftes à difcrétion, étant de petite confidération.

LES RAPPORTS
DES DENIERS
D'INTÉRÊT,
AVEC LES PRIX
DU CHANGE,
A TANT POUR CENT.

L'intérêt au denier 50,	c'est à 2 pour 100.
L'intérêt au denier 40,	c'est à 2 $\frac{1}{2}$ pour 100.
L'intérêt au denier 25,	c'est à 4 pour 100.
L'intérêt au denier 24,	c'est à 4 $\frac{1}{6}$ pour 100.
L'intérêt au denier 22,	c'est à 4 $\frac{6}{11}$ pour 100.
L'intérêt au denier 20,	c'est à 5 pour 100.
L'intérêt au denier 18,	c'est à 5 $\frac{5}{9}$ pour 100.
L'intérêt au denier 16,	c'est à 6 $\frac{1}{4}$ pour 100.
L'intérêt au denier 14,	c'est à 7 $\frac{1}{7}$ pour 100.
L'intérêt au denier 12,	c'est à 8 $\frac{1}{3}$ pour 100.
L'intérêt au denier 10,	c'est à 10 pour 100.
L'intérêt au denier 8,	c'est à 12 $\frac{1}{2}$ pour 100.

Ainsi des autres, à proportion.

TARIFS

DES PRIX

DU TAIN, DES GLACES,

DES BORDURES ou BANDES.

TARIF DU PRIX DU TAIN.

N°	liv.	f.	d.	liv.	fol.
8		10			6
10		12	6		7
12	1				8
17	1	8	4		10
20	1	13	4		12
30	3				15
40	4				18
50	5			1	
14	12	6		1	5
15	12	7		1	5
16	13	8		1	10
17	14	10		2	
18	15	12		2	10
19	16	14		3	
20	16	15		3	
21	17	17		3	
22	18	19		3	10
23	18	21		3	15
24	19	23		4	

		liv.	liv.	fol.
25	20	27	4	10
26	21	33	5	
27	21	36	5	10
28	22	41	6	
29	23	46	7	
30	24	52	8	
31	24	57	9	
32	25	68	10	
33	25	80	11	
34	26	90	12	
35	26	100	13	
36	26	110	14	
37	27	120	15	
38	28	130	16	
39	29	140	17	
40	30	150	18	
41	31	160	19	
42	32	170	20	
43	33	180	24	

		liv.	liv.			liv.	liv.
44	33	190	25	73	47	720	110
45	33	200	26	74	47	735	120
46	34	215	27	75	48	765	130
47	34	222	29	76	48	780	150
48	34	230	33	77	49	840	160
49	35	246	35	78	49	880	170
50	35	255	36	79	50	960	180
51	36	268	38	80	50	1000	190
52	36	275	40	81	51	1115	200
53	37	293	42	82	51	1200	210
54	37	305	44	83	52	1315	250
55	38	325	46	84	52	1400	270
56	38	340	48	85	53	1515	290
57	39	360	50	86	53	1600	340
58	39	370	53	87	54	1715	380
59	40	390	55	88	54	1800	400
60	40	400	57	89	55	1915	400
61	41	430	59	90	55	2000	400
62	41	440	63	91	56	2100	450
63	42	470	65	92	56	2200	450
64	42	480	67	93	57	2320	450
65	43	510	69	94	57	2400	450
66	43	520	71	95	58	2510	450
67	44	560	76	96	58	2600	500
68	44	580	78	97	59	2720	500
69	45	600	80	98	59	2800	500
70	45	620	85	99	60	2900	500
71	46	660	90	100	60	3000	500
72	46	680	100				

Avis pour le Tarif des Glaces.

La premiere colonne marque les pouces de largeur; & les nombres qui sont au haut des autres colonnes, les pouces de hauteur : les prix sont au-dessous. Exemple, 10 pouces sur 14 pouces, 5 liv. 5 sols : 16 pouces sur 16 pouces, 11 livres : ainsi des autres.

TARIF

Du Prix des Glaces:

	14	15	16	17	18	19	20	21
10	5 l. 5	5 l. 10	5 l. 15	6 l.	7 l.	8 l.	9 l.	10 l.
11	5 . 10	6	6 . 10	7	8	9	10	11
12	6	7	7 . 10	8	9	10	11	12
13	7	7 . 10	8	9	10	11	12	13
14	8	8 . 10	9	10	11	12	13	14
15		9	10	11	12	13	14	15
16			11	12	13	14	15	16
17			—	13	14	15	16	17
18					15	16	17	18
19						17	18	19
20							19	20
21								21

	22	23	24	25	26	27	28	29
10	11 l.	12 l.	13 l.	14 l.	15 l.	16 l.	17 l.	18 l.
11	12	13	14	15	16	17	18	19
12	13	14	15	16	17	18	19	20
13	14	15	16	17	18	19	20	21
14	15	16	17	18	19	20	21	23
15	16	17	18	19	20	21	23	25
16	17	18	19	20	21	23	25	27
17	18	19	20	21	23	25	27	29
18	19	21	22	23	25	27	29	31
19	20	22	23	25	27	29	32	34
20	21	23	25	27	30	32	35	37
21	23	25	27	29	33	36	38	40
22	25	27	29	31	36	38	41	43
23		29	31	33	38	40	43	46
24			33	35	40	43	46	49
25				37	43	46	49	52
26					46	49	52	55
27						52	55	58
28							58	61
29								64

	30	31	32	33	4	35	36	37
10	19	20	21	22	23	24	26	28
11	20	21	22	24	26	28	29	31
12	21	23	25	27	29	30	32	34
13	23	25	27	29	31	33	35	37
14	25	27	29	32	34	36	38	41
15	27	29	32	35	37	40	42	45
16	29	32	35	38	41	44	47	50
17	31	35	38	41	44	48	52	55
18	34	38	41	44	47	51	55	60
19	37	41	44	47	50	54	58	64
20	40	44	47	50	53	58	63	69
21	43	47	50	53	57	63	68	73
22	46	50	53	57	62	70	76	81
23	49	53	57	64	70	76	84	88
24	52	57	62	72	78	83	92	96
25	55	62	68	80	85	90	100	104
26	58	65	73	83	90	100	110	113
27	61	68	76	86	94	104	114	120
28	64	71	79	89	98	108	118	124
29	67	74	82	92	102	112	122	128
30	70	77	85	95	106	116	126	132
31		80	88	98	110	120	130	136
32			92	102	114	124	134	140
33				105	118	128	138	144
34					122	132	142	148
35						135	146	152
36							150	157
37								165

	38.	39	40	41	42	43	44	45
10	30	32	34	36	38	40	42	44
11	33	35	37	39	41	44	46	48
12	36	38	40	43	45	48	50	53
13	39	41	44	46	49	52	55	57
14	43	45	48	50	53	56	59	62

	38	39	40	41	42	43	44	45
15	47	49	52	54	57	60	63	66
16	52	54	57	59	62	65	68	72
17	57	59	62	64	67	70	73	77
18	62	64	67	70	73	76	79	82
19	67	70	73	76	79	82	86	89
20	72	75	78	82	85	88	92	95
21	76	80	84	88	91	95	99	103
22	84	88	91	95	99	103	107	111
23	92	96	99	102	106	111	115	120
24	100	103	106	110	114	119	124	129
25	108	111	114	118	122	128	133	138
26	116	119	122	126	130	136	141	146
27	124	128	131	134	138	144	149	154
28	130	134	138	142	146	152	157	162
29	134	140	145	150	153	160	165	170
30	138	144	150	155	160	165	171	177
31	142	148	154	160	165	170	175	184
32	146	152	158	165	170	175	182	190
33	150	156	63	170	175	180	190	200
34	154	160	167	175	182	190	198	206
35	158	164	172	180	190	197	205	213
36	164	172	180	185	197	204	212	220
37	172	180	186	193	204	211	219	227
38	180	186	193	200	211	218	226	234
39		195	200	208	218	225	234	242
40			210	216	225	232	242	250
41				225	232	240	250	258
42					240	247	257	264
43						255	263	272
44							270	280
45								290

	46	47	48	49	50	51	52	53
10	46	48	50	52	54	56	58	60
11	51	53	55	58	60	62	64	66
12	55	58	60	63	65	68	70	72
13	60	63	66	68	71	74	76	78
14	65	68	71	74	77	80	82	84
15	69	73	76	79	83	86	88	91

	46	47	48	49	50	51	52	53
16	75	79	82	86	89	92	94	97
17	81	84	88	91	95	98	100	103
18	86	90	94	97	101	104	106	109
19	93	96	100	103	107	110	113	116
20	99	102	106	109	113	116	119	123
21	107	111	115	119	123	126	129	133
22	116	120	124	128	133	136	139	143
23	124	129	133	138	143	146	149	153
24	133	138	143	148	153	156	159	163
25	143	148	153	158	163	166	169	173
26	151	156	161	167	171	175	179	183
27	159	164	169	175	180	184	189	194
28	167	172	177	184	190	195	200	205
29	175	180	185	194	200	205	210	217
30	183	188	194	202	210	215	220	230
31	191	196	202	210	220	225	230	240
32	200	205	212	220	230	235	240	250
33	208	215	222	230	240	245	250	260
34	215	222	230	240	250	255	260	270
35	222	229	237	246	255	260	270	280
36	228	236	244	252	260	268	275	285
37	235	244	251	259	267	275	284	293
38	242	251	258	266	275	284	293	302
39	250	258	265	274	283	292	301	310
40	258	265	272	281	290	300	310	320
41	266	273	281	290	300	310	320	330
42	274	282	290	300	310	320	330	340
43	282	290	300	310	320	330	340	350
44	290	300	310	320	330	340	350	360
45	300	310	320	330	340	350	360	370
46	310	320	330	340	350	360	370	380
47		330	340	350	360	370	380	390
48			350	360	370	380	390	405
49				370	380	390	405	425
50					390	405	425	440
51						425	440	455
52							455	470
53								485

	54	55	56	57	58	59	60	61
10	62	64	66	68	70	72	75	77
11	68	70	72	75	77	80	82	85
12	74	76	79	82	84	87	90	93
13	80	83	86	88	91	94	97	100
14	87	89	92	95	98	101	105	108
15	93	96	99	102	105	108	112	116
16	99	102	106	110	114	118	122	126
17	106	108	113	117	122	127	131	135
18	112	115	120	125	130	135	141	145
19	119	122	127	133	138	144	150	155
20	126	130	136	142	148	154	160	165
21	136	140	146	152	158	164	170	175
22	146	150	156	162	168	174	180	185
23	156	160	166	172	178	184	190	195
24	166	170	176	182	188	194	200	205
25	176	180	186	192	200	205	210	216
26	187	192	198	205	214	219	224	230
27	199	204	210	218	228	233	238	245
28	210	216	223	232	242	247	252	259
29	223	218	236	246	256	261	266	273
30	235	240	250	260	270	275	280	285
31	245	250	260	270	280	285	290	295
32	255	260	270	280	290	295	300	310
33	265	270	280	290	300	305	315	325
34	275	280	290	300	310	320	330	340
35	285	290	300	310	325	335	345	355
36	295	300	320	330	340	350	360	370
37	305	315	330	340	350	360	370	385
38	315	325	340	350	360	370	380	395
39	325	335	350	360	370	380	390	405
40	335	345	360	370	380	390	400	410
41	345	355	370	380	390	405	415	430
42	355	365	380	390	400	415	430	445
43	365	375	390	400	410	425	440	455
44	375	385	400	410	425	440	455	470
45	385	395	410	425	440	455	470	485
46	395	405	425	440	455	470	485	500
47	405	425	440	455	470	485	500	515
48	425	440	455	470	485	500	515	530

	54	55	56	57	58	59	60	61
49	440	455	470	485	500	515	530	545
50	455	470	485	500	515	530	545	560
51	470	485	500	515	530	545	560	580
52	485	500	515	530	545	560	580	600
53	500	515	530	545	560	580	600	620
54	515	530	545	560	580	600	620	640
55		545	560	580	600	620	640	660
56			580	600	620	640	660	680
57				620	640	660	680	700
58					660	680	700	720
59						700	720	740
60							740	760

	62	63	64	65	66	67	68	69
10	80	82	85	87	90	92	95	97
11	88	90	93	96	99	101	104	107
12	96	99	102	105	108	111	114	117
13	104	107	110	113	117	120	123	126
14	112	115	119	122	126	129	133	136
15	120	123	127	131	135	138	142	146
16	130	134	138	142	146	150	154	158
17	140	144	148	152	157	161	165	169
18	150	154	159	163	168	172	177	181
19	160	164	169	174	179	183	188	193
20	170	175	180	185	190	195	200	205
21	180	185	190	196	201	206	211	216
22	190	196	201	207	212	217	223	228
23	201	206	212	218	223	229	234	240
24	211	217	223	229	234	240	246	252
25	222	228	234	240	246	252	258	264
26	237	243	250	257	263	270	276	283
27	252	259	266	274	281	288	295	302
28	267	274	280	290	298	306	314	322
29	280	285	295	305	315	324	333	341
30	290	300	310	320	330	340	350	360
31	305	315	325	335	345	355	365	375
32	310	330	340	350	360	370	380	390
33	335	345	355	365	375	385	395	405

	62	63	64	65	66	67	68	69
34	350	360	370	380	390	400	410	420
35	365	375	385	395	405	415	425	435
36	380	390	400	410	420	430	440	450
37	395	405	415	425	435	445	455	465
38	410	420	430	440	450	460	470	480
39	420	430	440	455	465	475	485	500
40	430	445	455	470	480	490	505	520
41	440	460	470	485	495	510	525	540
42	455	470	480	500	510	525	540	560
43	470	480	495	510	520	540	560	580
44	485	500	515	530	540	560	580	590
45	500	515	530	545	560	580	590	600
46	515	530	545	560	580	595	605	620
47	530	545	560	580	600	615	625	640
48	545	560	580	600	610	635	645	660
49	560	580	600	620	640	655	665	680
50	580	600	620	640	660	675	685	700
51	600	620	640	660	680	695	705	720
52	610	640	660	680	700	715	725	740
53	640	660	680	700	720	735	745	760
54	660	680	700	720	740	755	765	780
55	680	700	720	740	760	775	785	800
56	700	720	740	760	780	795	805	820
57	720	740	760	780	800	815	825	840
58	740	750	780	800	820	835	845	880
59	760	780	800	820	840	855	880	920
60	780	800	820	840	860	880	920	960

	70	71	72	73	74	75	76	77
10	100	103	106	109	112	115	118	121
11	110	113	116	120	123	127	130	133
12	220	123	127	131	135	139	142	146
13	130	134	138	142	146	151	155	159
14	140	144	149	153	158	163	167	172
15	150	155	160	165	170	175	180	185
16	162	167	172	177	182	188	193	198
17	174	179	184	190	195	201	206	211
18	186	191	197	202	208	214	219	225
19	198	203	209	215	221	227	232	238
20	210	216	222	228	234	240	246	252

	70	71	72	73	74	75	76	77
21	222	228	235	241	248	255	261	268
22	234	241	248	255	262	270	277	284
23	246	253	261	269	277	285	292	300
24	258	266	274	283	291	300	308	316
25	270	279	288	297	306	315	324	333
26	290	299	308	317	326	336	345	354
27	310	319	328	338	347	357	366	375
28	330	339	349	358	368	378	387	397
29	350	359	369	379	389	399	408	418
30	370	380	390	400	410	420	430	440
31	385	396	407	418	429	440	451	462
32	400	412	424	436	448	461	473	485
33	415	428	441	454	468	481	494	508
34	430	444	458	472	486	501	515	530
35	445	460	475	490	505	520	535	550
36	460	475	490	505	520	540	555	570
37	475	490	505	520	540	560	575	590
38	490	505	520	540	560	580	595	610
39	510	525	540	560	580	600	615	630
40	530	545	560	580	600	620	635	650
41	550	565	580	600	620	640	655	670
42	570	585	600	620	640	660	675	690
43	590	605	620	640	660	680	695	710
44	600	620	640	660	680	700	710	725
45	610	640	660	680	700	710	720	740
46	640	660	680	700	715	725	740	760
47	660	680	700	720	735	745	760	780
48	680	700	720	740	755	765	780	800
49	700	720	740	760	775	785	800	840
50	720	740	760	780	795	805	840	880
51	740	760	780	800	820	840	880	920
52	760	780	800	820	840	880	920	960
53	780	800	820	840	880	920	960	1000
54	800	820	840	880	920	960	1000	1030
55	820	840	880	920	960	1000	1030	060
56	840	880	920	960	1000	1030	1060	1090
57	880	920	960	1000	1030	1060	1090	1120
58	920	960	1000	1030	1060	1090	1120	1150
59	960	1000	1030	1060	1090	1120	1150	1170
60	1000	1030	1060	1090	1120	1150	1070	1190

	78	79	80	81	82	83	84	85
10	124	127	133	145	156	168	179	190
11	137	140	147	159	174	189	204	216
12	150	154	162	175	193	211	228	242
13	163	167	176	192	212	232	253	268
14	176	181	190	209	232	255	278	295
15	190	195	205	225	251	277	302	321
16	203	208	220	242	271	299	328	348
17	217	222	235	259	290	322	353	375
18	230	236	250	276	310	345	379	402
19	244	250	265	293	330	367	405	429
20	258	264	280	310	350	390	430	456
21	274	281	295	330	373	416	459	487
22	291	298	312	351	397	443	489.	518
23	308	316	330	372	421	469	518	549
24	325	333	350	393	444	496	547	580
25	342	351	370	414	468	522	576	611
26	363	372	390	440	498	556	614	652
27	385	394	410	466	528	590	653	692
28	406	416	430	492	558	624	691	733
29	428	438	450	518	588	658	729	773
30	450	460	475	544	618	692	767	813
31	473	484	500	572	649	725	802	850
32	497	509	525	600	679	758	837	888
33	521	534	550	629	710	791	872	925
34	545	559	575	657	740	823	907	962
35	565	580	600	685	771	856	942	999
36	585	600	620	707	794	881	969	1028
37	605	620	640	729	818	907	996	1056
38	625	640	660	750	841	932	1023	1085
39	645	660	680	772	864	957	1049	1113
40	665	680	700	794	888	982	1076	1142
41	685	700	720	815	911	1007	1103	1170
42	705	720	740	837	935	1033	1130	1199
43	725	740	760	859	958	1058	1157	1227
44	740	760	780	881	982	1083	1184	1256
45	760	780	800	902	1005	1108	1211	1285
46	780	800	840	939	1039	1138	1238	1313
47	800	840	880	976	1072	1169	1265	1342
48	840	880	920	1013	1106	1199	1292	1370

	78	79	80	81	82	83	84	85
49	880	920	960	1049	1139	1229	1319	1399
50	920	960	1000	1086	1173	1259	1346	1428
51	960	1000	1030	1115	1200	1287	1373	1457
52	1000	1030	1060	1145	1230	1315	1400	1486
53	1030	1060	1090	1174	1258	1342	1426	1515
54	1060	1090	1120	1203	1286	1370	1453	1543
55	1090	1120	1150	1232	1315	1398	1480	1571
56	1120	1150	1170	1254	1338	1423	1507	1599
57	1150	1170	1190	1276	1362	1448	1534	1627
58	1170	1190	1210	1297	1385	1473	1561	1656
59	1190	1210	1230	1319	1409	1498	1588	1684
60	1210	1230	1250	1341	1432	1523	1615	1713

	86	87	88	89	90	91	9	93
10	201	211	222	232	242	252	261	271
11	228	240	252	264	275	286	297	308
12	256	269	283	296	309	321	333	345
13	284	299	313	328	342	356	369	383
14	311	328	344	360	375	390	405	420
15	339	357	375	392	409	425	441	457
16	368	387	406	425	443	461	479	496
17	396	417	438	458	478	497	516	535
18	425	447	469	491	512	533	553	573
19	454	477	501	524	547	569	591	612
20	483	508	533	557	581	605	628	651
21	515	542	569	595	621	646	671	695
22	548	577	605	633	660	687	713	739
23	581	611	641	671	700	728	756	783
24	614	646	678	708	739	769	799	827
25	646	680	714	746	779	810	841	872
26	689	725	761	795	830	864	897	929
27	732	770	808	845	882	917	952	987
28	775	815	855	894	933	971	1008	1044
29	817	860	902	943	984	1024	1064	1102
30	860	905	950	993	1036	1078	1119	1159
31	899	946	993	1038	1083	1127	1170	1212
32	938	987	1036	1083	1130	1176	1221	1265
33	978	1028	1079	1129	1178	1225	1272	1318

	86	87	88	89	90	91	92	93
34	1017	1069	1123	1174	1215	1274	1323	1371
35	1056	1111	1166	1219	1272	1323	13[illegible]	1424
36	1086	1143	1200	1254	1309	1363	1414	1465
37	1116	1175	1233	1289	1345	1392	1453	1505
38	1147	1206	1266	1324	1381	1432	1492	1546
39	1177	1238	1300	1359	1418	1473	1532	1587
40	1207	1270	1333	1393	1454	1512	1571	1627
41	1237	1302	1366	1428	1490	1551	1610	1668
42	1267	1333	1400	1463	1527	1582	1650	1709
43	1298	1365	1433	1498	1563	1622	[illegible]	1749
44	1328	1397	1466	1533	1600	1664	[illegible]	1790
45	1358	1429	1500	1568	1636	1702	1757	1831
46	1388	1461	1533	1603	1672	1735	1807	1872
47	1411	1492	1566	1637	1709	1771	1845	1912
48	1449	1524	1600	1672	1745	1815	1885	1953
49	1479	1556	1633	1707	1781	1853	1925	1994
50	1509	1588	1666	1742	1818	1891	1964	2034
51	1539	1619	1700	1777	1854	1929	2003	2075
52	1569	1651	1733	1812	1890	1966	2042	2116
53	1600	1683	1766	1847	1927	2004	2082	2156
54	1630	1715	1800	1881	1963	2042	2121	2197
55	1660	1746	1833	1915	2000	2081	2160	2238
56	1690	1778	1866	1951	2036	2120	2200	2279
57	1720	1810	1900	1986	2072	2156	2239	2320
58	1750	1842	1933	2021	2109	2193	2278	2361
59	1781	1873	1966	2056	2145	2231	2315	2401
60	1811	1905	2000	2090	2181	2269	2357	2441

	94	95	96	97	98	99	100
10	280	28[illegible]	29[illegible]	307	316	321	333
11	319	32[illegible]	33[illegible]	349	359	369	379
12	357	36[illegible]	381	392	403	414	424
13	396	409	422	434	446	458	470
14	435	44[illegible]	46[illegible]	476	490	503	516
15	473	489	501	519	533	548	562
16	513	530	54[illegible]	562	578	594	610
17	553	571	58[illegible]	606	623	640	657
18	593	612	632	650	669	687	705
19	633	654	674	694	714	733	752
20	673	695	717	738	759	779	800

	94	95	96	97	98	99	100
21	719	742	765	788	810	832	854
22	765	789	814	838	862	885	908
23	810	837	863	888	913	938	962
24	856	884	911	938	965	991	1017
25	902	931	960	988	1016	1044	1071
26	961	992	1024	1054	1084	1113	1142
27	1021	1054	1087	1119	1151	1181	1212
28	1080	1115	1150	1184	1218	1250	1283
29	1140	1177	1214	1249	1285	1319	1354
30	1200	1238	1277	1315	1352	1388	1425
31	1254	1295	1335	1375	1414	1452	1490
32	1309	1351	1394	1435	1475	1515	1555
33	1364	1408	1452	1495	1537	1578	1620
34	1418	1464	1510	1555	1599	1642	1683
35	1473	1521	1568	1615	1661	1705	1750
36	1515	1564	1613	1661	1708	1754	1800
37	1557	1608	1658	1707	1755	1802	1850
38	1600	1651	1703	1753	1803	1851	1900
39	1642	1695	1748	1799	1850	1900	1950
40	1684	1738	1793	1845	1898	1949	2000
41	1726	1782	1837	1891	1945	1997	2050
42	1768	1825	1882	1938	1993	2046	2100
43	1810	1869	1927	1984	2040	2095	2150
44	1852	1912	1972	2030	2088	2144	2200
45	1894	1956	2017	2076	2135	2192	2250
46	1936	1999	2062	2122	2183	2241	2300
47	1978	2042	2106	2168	2230	2290	2350
48	2021	2086	2151	2214	2278	2338	2400
49	2063	2129	2196	2261	2325	2387	2450
50	2105	2173	2241	2307	2372	2436	2500
51	2147	2216	2286	2353	2420	2484	2550
52	2189	2260	2331	2399	2467	2532	2600
53	2231	2303	2375	2445	2515	2581	2650
54	2273	2347	2420	2491	2562	2630	2700
55	2315	2390	2465	2537	2610	2679	2750
56	2357	2434	2510	2584	2657	2727	2800
57	2400	2477	2555	2630	2705	2776	2850
58	2441	2520	2600	2675	2752	2825	2900
59	2482	2564	2644	2720	2800	2873	2950
60	2526	2608	2689	2768	2847	2920	3000

TARIF

Du Prix des Bordures ou Bandes.

	1 l.	1 ſ.	1½ l.	1½ ſ.	2 l.	2 ſ.	3 l.	3 ſ.
12		6		7		12		18
13		7		8		14	1	1
14		8		10		16	1	4
15		9		11		18	1	7
16		10		12	1		1	10
17		11		13	1	2	1	13
18		12		15	1	4	1	16
19		13		17	1	6	1	19
20		15		19	1	10	2	5
21		17	1	1	1	14	2	11
22		19	1	3	1	18	2	17
23	1	1	1	5	2	2	3	3
24	1	3	1	7	2	6	3	9
25	1	5	1	9	2	10	3	15
26	1	7	1	12	2	14	4	1
27	1	9	1	15	2	18	4	7
28	1	11	1	18	3	2	4	13
29	1	13	2	1	3	6	4	19
30	1	15	2	4	3	10	5	5
31	1	17	2	7	3	14	5	11
32	2		2	10	4		6	
33	2	3	2	14	4	6	6	9
34	2	6	2	18	4	12	6	18
35	2	9	3	2	4	18	7	7
36	2	12	3	6	5	4	7	16
37	2	16	3	10	5	12	8	8
38	3		3	15	6		9	
39	3	4	4		6	8	9	12
40	3	8	4	5	6	16	10	4
41	3	12	4	10	7	4	10	16
42	3	16	4	15	7	12	11	8
43	4		5		8		12	
44	4	4	5	5	8	8	12	12
45	4	8	5	10	8	16	13	4
46	4	12	5	15	9	4	13	16

	1 l.	1 ſ.	1½ l.	1½ ſ.	2 l.	2 ſ.	3 l.	3 ſ.
47	4	16	6		9	12	14	8
48	5		6	5	10		15	
49	5	4	6	10	10	8	15	12
50	5	8	6	15	10	16	16	4
51	5	12	7		11	4	16	16
52	5	16	7	5	11	12	17	8
53	6		7	10	12		18	
54	6	4	7	15	12	8	18	12
55	6	8	8		12	16	19	4
56	6	12	8	5	13	4	19	16
57	6	16	8	10	13	12	20	8
58	7		8	15	14		21	
59	7	5	9	2	14	10	21	15
60	7	10	9	8	15		22	10
61	7	15	9	14	15	10	23	5
62	8		10		16		24	
63	8	5	10	6	16	10	24	15
64	8	10	10	12	17		25	10
65	8	15	10	18	17	10	26	5
66	9		11	4	18		27	
67	9	5	11	10	18	10	27	15
68	9	10	11	16	19		28	10
69	9	15	12	3	19	10	29	5
70	10		12	10	20		30	
71	10	6	12	17	20	12	30	18
72	10	12	13	5	21	4	31	16
73	10	18	13	12	21	16	32	14
74	11	4	14		22	8	33	12
75	11	10	14	7	23		34	10
76	11	16	14	15	23	12	35	8
77	12	2	15	2	24	4	36	6
78	12	8	15	10	24	16	37	4
79	12	14	15	18	25	8	38	2
80	13		16	5	26		39	
81	14	10	18	2	29		43	10

	1 (l.)	1 (ſ.)	1½ (l.)	1½ (ſ.)	2 (l.)	2 (ſ.)	3 (l.)	3 (ſ.)
82	15	13	19	11	31	7	47	1
83	16	16	21		33	12	50	9
84	17	18	22	8	35	17	53	16
85	19		23	16	38	1	57	2
86	20	2	25	3	40	5	60	7
87	21	3	26	9	42	7	63	10
88	22	4	27	15	44	8	66	13
89	23	4	29		46	9	69	14
90	24	4	30	6	48	9	72	14
91	25	4	31	10	50	8	75	13
92	26	3	32	14	52	7	78	11
93	27	2	33	18	54	5	81	7
94	28	1	35	1	56	2	84	4
95	28	19	36	4	57	19	86	18
96	29	17	37	7	59	15	89	12
97	30	15	38	9	61	10	92	5
98	31	12	39	11	63	5	94	18
99	32	9	40	1	64	19	97	9
100	33	6	41	11	66	13	100.	

	4 (l.)	4 (ſ.)	5 (l.)	5 (ſ.)	6 (l.)	6 (ſ.)
12	1	4	1	10	1	16
13	1	8	1	15	2	2
14	1	12	2		2	8
15	1	16	2	5	2	14
16	2		2	10	3	
17	2	4	2	15	3	6
18	2	8	3		3	12
19	2	12	3	5	3	18
20	3		3	15	4	10
21	3	8	4	5	5	2
22	3	16	4	15	5	14
23	4	4	5	5	6	6
24	4	12	5	15	6	18
25	5		6	5	7	10
26	5	8	6	15	8	2
27	5	16	7	5	8	14
28	6	4	7	15	9	6
29	6	12	8	5	9	18
30	7		8	15	10	10
31	7	8	9	5	11	2
32	8		10		12	
33	8	12	10	15	12	18
34	9	4	11	10	13	16
35	9	16	12	5	14	14
36	10	8	13		15	12
37	11	4	14		16	16
38	12		15		18	
39	12	16	16		19	4
40	13	12	17		20	8
41	14	8	18		21	12
42	15	4	19		22	16
43	16		20		24	
44	16	16	21		25	4
45	17	12	22		26	8
46	18	8	23		27	12
47	19	4	24		28	16
48	20		25		30	
49	20	16	26		31	4
50	21	12	27		32	8
51	22	8	28		33	12
52	23	4	29		34	16
53	24		30		36	
54	24	16	31		37	4
55	25	12	32		38	8
56	26	8	33		39	12
57	27	4	34		40	16
58	28		35		42	
59	29		36	5	43	12
60	30		37	10	45	
61	31		38	15	46	10

Tarif

	4		5		6	
	l.	ſ.	l.	ſ.	l.	ſ.
62	32		40		48	
63	33		41	5	49	10
64	34		42	10	51	
65	35		43	15	52	10
66	36		45		54	
67	37		46	5	55	10
68	38		47	10	57	
69	39		48	15	58	10
70	42		50		60	
71	41	4	51	5	61	16
72	42	8	53		63	12
73	43	12	54	10	65	8
74	44	16	56		67	4
75	46		57	10	69	
76	47	4	59		70	16
77	48	8	60	10	72	12
78	49	12	62		74	8
79	50	16	63	10	76	4
80	52		65		78	
81	58		72	10	87	1

	4		5		6	
	l.	ſ.	l.	ſ.	l.	ſ.
82	62	14	78	8	94	2
83	67	5	84	1	100	18
84	71	15	89	14	107	13
85	76	3	95	5	114	4
86	80	10	100	12	120	15
87	84	14	105	17	127	1
88	88	17	111	2	133	6
89	92	18	116	3	139	8
90	96	19	121	4	145	9
91	100	17	126	1	151	6
92	104	15	130	19	157	3
93	108	10	135	13	162	15
94	112	5	140	6	168	8
95	115	18	144	17	173	17
96	119	10	149	8	179	5
97	123	1	153	16	184	11
98	126	11	158	3	189	16
99	129	18	162	8	194	18
100	133	6	166	13	200	

F I N.

De l'Imprimerie de DIDOT.